普通高等教育“十一五”国家级规划教材

自动控制原理

第三版

王永骥　王金城　王　敏　主编

化学工业出版社

·北京·

本书包括以下几个内容：系统的基本概念；物理系统建模；一阶、二阶系统时域分析；控制系统稳定性分析；控制系统的瞬态响应与稳态误差；分析控制系统的根轨迹法、频率法、状态空间法；控制系统的综合校正；控制系统的鲁棒性分析；控制系统能控性、能观性；控制系统的状态空间反馈和极点配置；离散控制系统分析与综合；非线性控制系统的基本特点及典型分析方法。本书本着循序渐进、启发思维、培养创新精神的原则，设计了许多有关新技术领域（如计算机、航天、航海、航空方面）的例题、习题、思考题。

本书结合自动控制理论的基本概念的讲解，应用了 Matlab 及控制系统工具箱进行计算机辅助教学，通过例题、习题介绍 Matlab 在控制系统分析、综合及仿真中的应用。

本书可用作自动化、电气工程及其自动化、机械设计制造及其自动化等工科相关专业本科生的教材，亦可供相关工程技术人员参考。

图书在版编目（CIP）数据

自动控制原理/王永骥，王金城，王敏主编. —3 版 .—北京：化学工业出版社，2015.1（2024.3重印）
普通高等教育“十一五”国家级规划教材
ISBN 978-7-122-06036-5

Ⅰ.①自… Ⅱ.①王…②王…③王… Ⅲ.①自动控制理论-高等学校-教材 Ⅳ.①TP13

中国版本图书馆 CIP 数据核字（2015）第 008269 号

责任编辑：唐旭华 郝英华　　装帧设计：张 辉
责任校对：李 爽

出版发行：化学工业出版社（北京市东城区青年湖南街 13 号 邮政编码 100011）
印　　装：北京虎彩文化传播有限公司
787mm×1092mm 1/16 印张 24¾ 字数 679 千字 2024 年 3 月北京第 3 版第 4 次印刷

购书咨询：010-64518888　　售后服务：010-64518899
网　　址：http://www.cip.com.cn
凡购买本书，如有缺损质量问题，本社销售中心负责调换。

定　　价：58.00 元

前　言

控制工程是一个涉及多学科的科目，它已经在大多数的工科课程中占据了核心地位。

回顾自动控制理论的发展，可以看到，它是在生产实际的需要中发展起来的。20 世纪 40 年代到 50 年代形成的经典控制理论，主要以频域方法和根轨迹方法为基础，较好地解决了简单控制系统的分析和设计，其中形成的 PID 控制方法，至今仍在广泛应用。20 世纪 60 年代，为了解决航空航天中的复杂控制问题，采用了数字计算机这一强大的工具，形成了现代控制理论。随着微电子技术的迅速发展，现代控制理论得到了越来越广泛的应用。但是，现代控制理论不能完全代替经典控制理论，需根据不同情况加以选用。

自动控制的应用范围现在已经扩展到工程领域以外的诸多领域，如社会、经济、金融、生命科学等。1998 年长江流域特大洪水的控制，可以说是控制理论成功应用的典型范例。

从自动控制的发展历史看，自动控制理论所研究的问题已经从单输入单输出的较为简单的系统扩展到多输入多输出并且存在干扰噪声的系统，处理问题的方法近年来包括基于大系统理论的控制方法以及吸收人的经验智慧的智能方法。尽管如此，掌握自动控制的基本理论仍是十分重要的。

本书内容包括自动控制理论的基本概念和若干应用，主要以经典控制理论为主。其中，第 1 章主要介绍了自动控制的基本概念、基本分类，自动控制系统的基本要求和自动控制理论的简要发展历史。第 2 章以大量机械、电气系统等实际对象为例，介绍了建立控制系统数学模型的方法。第 3 章到第 6 章对线性定常控制系统进行了介绍，包括时域分析法、根轨迹法、频域分析法以及校正和设计方法。其中第 3 章讨论了二阶系统的时域响应和相应的性能指标，以及用于稳定性分析的劳斯判据。第 4 章介绍了根轨迹的原理、作图方法和基于根轨迹的系统分析。第 5 章介绍了控制系统分析的频域方法，讨论了基于极坐标的奈奎斯特图和基于对数坐标的频率特性图的绘制及其在系统性能分析和稳定性分析中的应用。第 6 章为单输入单输出线性定常系统，介绍了基于根轨迹和频域方法的控制系统校正和设计方法。第 7 章为线性离散系统的理论及其应用，在基本概念、数学模型、动态性能及数字校正方面，进行详细的讨论。第 8 章主要讨论了描述函数法、相平面法等常用的非线性系统分析方法。第 9 章现代控制理论部分主要介绍了状态空间模型的建立，可控性和可观性，基于状态空间模型的控制系统设计方法——极点配置和观测器设计和李雅普诺夫稳定性理论。鉴于一个系统不可避免地存在扰动和不确定因素，这种情况下系统的稳定性等问题属于系统鲁棒性讨论的范畴，因此，本书的第 10 章介绍了鲁棒控制的一些基本概念和基本方法，包括区间参数稳定性，频域和时域的鲁棒稳定性等。鲁棒控制的内容可以根据各个学校的具体情况作为选修内容。

近年来，Matlab 在理工科的教学中得到越来越广泛的应用。特别值得指出的是，Matlab 环境及其提供的若干工具箱，给自动控制系统的分析和设计带来了极大的便利。本书的一个重要特点是，结合自动控制理论的基本概念的讲解，应用了 Matlab 及控制系统工具箱进行计算机辅助教学。为了帮助读者，本书的附录部分介绍了 Matlab 的一些基本知识，讨论了 Matlab 在控制系统分析中的应用等，并且以表格形式介绍了 Matlab 控制系统工具箱的函数。

本书的主要内容已经制作成用于多媒体教学的电子课件，并将免费提供给采用本书作为教材的高等院校使用。如有需要可联系 cipedu@163.com。本书配套的学习指导书《自动控制原理知识要点及典型习题详解》，书号 978-7-122-12038-0，可供选用本书的读者参考。

本书是在第二版的基础上进行修订的，每章前均加了内容提要和知识要点，以方便读者学习和掌握相关内容。

本书由华中科技大学王永骥教授、大连理工大学王金城教授、华中科技大学王敏教授主编。各章编者：王永骥（第 1、9 章、附录），王金城、孟华（第 2、3 章），王敏（第 4、5、6 章），秦肖臻（第 7、8 章），以及方华京（第 10 章）。

对于本书中存在的疏漏和不妥之处，欢迎广大读者批评指正。

编者

2015 年 3 月

目　录

1　控制系统导论 ………………………… 1

1.1　自动控制的基本原理 ………………………… 1

1.1.1　一个实例 ………………………… 2

1.1.2　控制系统方框图 ………………………… 2

1.2　自动控制系统的分类 ………………………… 2

1.2.1　按信号的传递路径来分 ………………………… 2

1.2.2　按系统输入信号的变化规律来分 ………………………… 4

1.2.3　按系统传输信号的性质来分 ………………………… 4

1.2.4　按描述系统的数学模型来分 ………………………… 4

1.2.5　其他分类方法 ………………………… 6

1.3　对控制系统的基本要求 ………………………… 6

1.4　自动控制的发展简史 ………………………… 7

1.4.1　经典控制理论阶段 ………………………… 7

1.4.2　现代控制理论阶段 ………………………… 8

1.4.3　大系统控制理论阶段 ………………………… 8

1.4.4　智能控制阶段 ………………………… 9

本章小结 ………………………… 9

习题 1 ………………………… 10

2　控制系统数学模型 ………………………… 12

2.1　导论 ………………………… 12

2.2　控制系统的微分方程 ………………………… 13

2.2.1　微分方程式的建立 ………………………… 13

2.2.2　非线性方程的线性化 ………………………… 19

2.3　控制系统的传递函数 ………………………… 23

2.3.1　传递函数的概念 ………………………… 23

2.3.2　传递函数的性质 ………………………… 24

2.3.3　典型环节及其传递函数 ………………………… 25

2.4　控制系统结构图与信号流图 ………………………… 28

2.4.1　控制系统的结构图 ………………………… 28

2.4.2　控制系统的信号流图 ………………………… 36

2.4.3　控制系统的传递函数 ………………………… 40

2.5　应用 Matlab 控制系统仿真 ………………………… 42

2.5.1　举例 ………………………… 43

2.5.2　传递函数 ………………………… 44

2.5.3　结构图模型 ………………………… 45

本章小结 ………………………… 48

习题 2 ………………………… 48

3　控制系统的时域分析法 ………………………… 53

3.1　二阶系统的瞬态响应及性能指标 ………………………… 53

3.1.1　典型输入信号 ………………………… 54

3.1.2　系统的性能指标 ………………………… 55

3.1.3　瞬态响应分析 ………………………… 56

3.1.4　线性定常系统的重要特性 ………………………… 62

3.2　增加零极点对二阶系统响应的影响 ………………………… 63

3.3　反馈控制系统的稳态误差 ………………………… 66

3.3.1　稳态误差的概念 ………………………… 66

3.3.2　稳态误差的计算 ………………………… 67

3.3.3　主扰动输入引起的稳态误差 ………………………… 70

3.3.4　关于降低稳态误差问题 ………………………… 70

3.4　劳斯-赫尔维茨稳定性判据 ………………………… 72

3.4.1　稳定性的概念 ………………………… 72

3.4.2　劳斯判据 ………………………… 74

3.4.3　赫尔维茨判据 ………………………… 81

3.5　控制系统灵敏度分析 ………………………… 82

3.6　应用 Matlab 分析控制系统的性能 ………………………… 85

本章小结 ………………………… 89

习题 3 ………………………… 89

4　根轨迹法 ………………………… 93

4.1　根轨迹的基本概念 ………………………… 93

4.2　绘制根轨迹的基本规则 ………………………… 95

4.3　控制系统根轨迹的绘制 ………………………… 100

4.4　广义根轨迹 ………………………… 105

4.4.1　以非 K^* 为变参数的根轨迹 ………………………… 105

4.4.2　正反馈系统的根轨迹 ………………………… 107

4.4.3　非最小相位系统的根轨迹 ………………………… 108

4.5　线性系统的根轨迹分析方法 ………………………… 110

4.5.1　主导极点的概念 ………………………… 111

4.5.2　增加开环零极点对根轨迹的影响 ………………………… 113

4.6　利用 Matlab 绘制系统的根轨迹 ………………………… 115

本章小结 ………………………… 118

习题 4 ………………………… 118

5　线性系统的频域分析 ………………………… 121

5.1　频率特性的概念 ………………………… 121

5.2　开环系统频率特性的图形表示 ………………………… 124

5.2.1　幅相频率特性曲线 ………………………… 124

5.2.2　对数频率特性曲线 ………………………… 132

5.3　奈奎斯特稳定判据 ………………………… 140

5.3.1　奈奎斯特稳定判据的数学基础 ………………………… 140

5.3.2　奈奎斯特稳定判据 ………………………… 142

5.4　控制系统的相对稳定性 ………………………… 145

5.4.1　相对稳定性 ………………………… 146

5.4.2　稳定裕度的求取 ………………………… 147

5.5 闭环频率特性 …… 150
5.5.1 闭环频率特性的图形表示 …… 150
5.5.2 闭环系统的频域性能指标 …… 156
5.6 Matlab 在系统频域分析中的应用 …… 160
本章小结 …… 164
习题 5 …… 164
6 线性系统的校正方法 …… 168
6.1 校正与综合的概念 …… 168
6.1.1 校正的基本方式 …… 169
6.1.2 基本控制规律 …… 169
6.2 常用校正装置及其特性 …… 172
6.2.1 无源校正装置 …… 172
6.2.2 有源校正装置 …… 177
6.3 串联校正 …… 178
6.3.1 串联超前校正 …… 178
6.3.2 串联滞后校正 …… 180
6.3.3 串联滞后-超前校正 …… 182
6.3.4 期望频率特性法校正 …… 183
6.4 反馈校正 …… 187
6.5 Matlab 在系统校正中的应用 …… 189
本章小结 …… 191
习题 6 …… 192
7 线性离散控制系统 …… 195
7.1 引言 …… 195
7.1.1 直接数字控制系统 …… 195
7.1.2 计算机监督控制系统 …… 196
7.1.3 集散控制系统 …… 196
7.2 采样过程的数学描述 …… 197
7.2.1 采样过程及其数学描述 …… 197
7.2.2 采样定理 …… 199
7.2.3 采样周期的选择 …… 200
7.3 信号保持 …… 201
7.3.1 零阶保持器 …… 201
7.3.2 一阶保持器 …… 202
7.4 Z变换理论 …… 204
7.4.1 Z变换 …… 204
7.4.2 Z变换的性质 …… 205
7.4.3 Z反变换 …… 207
7.5 采样系统的数学模型 …… 209
7.5.1 描述离散控制系统的线性差分方程 …… 209
7.5.2 脉冲传递函数 …… 210
7.6 离散控制系统分析 …… 216
7.6.1 线性离散控制系统的稳定性分析 …… 216
7.6.2 离散控制系统的瞬态响应 …… 221
7.6.3 离散控制系统的稳态误差 …… 223
7.7 数字控制器的设计 …… 225
7.7.1 无稳态误差最少拍系统的设计 …… 226
7.7.2 $G(z)$ 具有单位圆上和单位圆外零极点的情况时数字控制器的设计 …… 229
7.7.3 无纹波无稳态误差最少拍系统的设计 …… 230
7.8 Matlab 在离散系统中的应用 …… 232
本章小结 …… 235
习题 7 …… 235
8 非线性系统理论 …… 240
8.1 引言 …… 240
8.1.1 非线性系统特点 …… 240
8.1.2 研究非线性系统的意义与方法 …… 242
8.2 典型非线性特性的数学描述及其对系统性能的影响 …… 242
8.2.1 饱和特性 …… 243
8.2.2 死区特性 …… 243
8.2.3 间隙特性 …… 243
8.2.4 继电特性 …… 244
8.3 描述函数法 …… 245
8.3.1 描述函数的概念 …… 245
8.3.2 典型非线性的描述函数 …… 246
8.3.3 多重非线性的描述函数 …… 251
8.3.4 用描述函数法分析非线性系统 …… 252
8.4 相平面法 …… 256
8.4.1 相轨迹及其绘制方法 …… 256
8.4.2 奇点与极限环 …… 257
8.4.3 用相平面法分析非线性系统 …… 261
本章小结 …… 264
习题 8 …… 264
9 状态空间分析与综合 …… 268
9.1 引言 …… 268
9.2 状态空间和状态方程 …… 268
9.2.1 状态空间方法的几个基本概念 …… 268
9.2.2 几个示例 …… 269
9.3 线性系统状态空间表达式的建立 …… 271
9.3.1 高阶微分方程到状态空间描述 …… 271
9.3.2 将传递函数转换成状态空间描述 …… 274
9.3.3 由状态变量图求系统的状态空间描述 …… 275
9.3.4 状态空间描述与传递函数的关系 …… 278
9.3.5 状态变量组的非唯一性 …… 281
9.3.6 系统矩阵 **A** 的特征方程和特征值 …… 282

9.3.7 利用 Matlab 进行系统模型之间的相互转换 …… 282
9.4 线性定常系统连续状态方程的解 …… 285
9.4.1 线性系统状态方程的解 …… 286
9.4.2 状态转移矩阵性质 …… 286
9.4.3 向量矩阵分析中的若干结果 …… 287
9.4.4 矩阵指数函数 e^{At} 的计算 …… 288
9.4.5 线性离散系统状态空间表达式的建立及其解 …… 291
9.5 线性定常系统的可控性与可观测性分析 …… 294
9.5.1 线性连续系统的可控性 …… 294
9.5.2 线性定常连续系统的可观测性 …… 297
9.5.3 对偶原理 …… 299
9.5.4 单输入/单输出系统状态空间描述的标准形 …… 300
9.5.5 基于系统标准形的可控可观判据 …… 302
9.5.6 离散系统的可控性和可观测性判据 …… 305
9.5.7 用 Matlab 判断系统的可控性和可观测性 …… 305
9.6 线性定常系统的状态反馈和状态观测器 …… 306
9.6.1 状态反馈与极点配置 …… 307
9.6.2 输出反馈与极点配置 …… 314
9.6.3 状态观测器 …… 314
9.7 李雅普诺夫稳定性分析 …… 334
9.7.1 李雅普诺夫意义下的稳定性问题 …… 334
9.7.2 李雅普诺夫稳定性理论 …… 337
本章小结 …… 347
习题 9 …… 348
10 鲁棒控制系统 …… 356
10.1 鲁棒性的基本概念 …… 356
10.2 参数不确定系统的稳定鲁棒性 …… 356
10.2.1 使用劳斯判据分析参数不确定系统的稳定区域 …… 356
10.2.2 Kharitonov 定理 …… 358
10.3 传递函数具有不确定性时的稳定鲁棒性 …… 358
10.4 状态方程具有不确定性时的稳定鲁棒性 …… 360
本章小结 …… 363
习题 10 …… 363
附录 Matlab 简介 …… 365
M.1 Matlab 的特点 …… 365
M.2 Matlab 的基本功能 …… 366
M.2.1 Matlab 的编程环境 …… 366
M.2.2 Matlab 的程序设计基础 …… 366
M.3 Matlab 控制系统工具箱简介 …… 375
M.3.1 线性系统的数学模型 …… 375
M.3.2 Matlab 控制系统工具箱函数介绍 …… 378
M.3.3 使用 Matlab 符号运算工具箱进行拉氏变换 …… 382
参考文献 …… 385

1 控制系统导论

内容提要

自动控制原理是自动化学科的重要基础课程，专门研究自动控制系统的基本概念、基本原理和基本方法。本章介绍了自动控制系统的基本组成和方框图，常用术语，自动控制系统的分类和基本要求，也简要介绍了自动控制的发展历史。

知识要点

开环控制系统，闭环控制系统，被控对象，控制器，动态特性，稳定性，快速性，准确性。

本章将讨论自动控制的基本概念，自动控制系统的分类，对控制系统的基本要求，自动控制的历史等内容。

1.1 自动控制的基本原理

当前，自动控制作为一种技术手段已经广泛地应用于工业、农业、国防乃至日常生活和社会科学许多领域。例如，数控车床按照预先编制好的程序加工部件，雷达自动跟踪空中的飞行体，洗衣机、微波炉等家用电器等，所有这些都离不开自动控制技术。

自动控制技术的广泛应用，不仅可以改善工作条件，降低劳动强度和提高生产效率，而且在人类征服自然、探知未来、建设高度文明等方面有着重要的意义。人类社会进入21世纪以来，经济以及科技、国防事业的发展和人们生活水平的提高，自动控制技术所起的作用越来越重要，自动控制技术本身也得到进一步发展。作为一个工程技术人员，了解掌握自动控制方面的知识是十分必要的。

所谓自动控制是指脱离人的直接干预，利用控制装置（简称控制器）使被控对象（如设备生产过程等）的工作状态或简称被控量（如温度、压力、流量、速度、pH值等）按照预定的规律运行。实现上述控制目的，由相互制约的各部分按一定规律组成的具有特定功能的整体称为自动控制系统。

从物理角度上来看，自动控制理论研究的是特定激励作用下的系统响应变化情况；从数学角度上来看，研究的是输入与输出之间的映射关系；从信息处理的角度来看，研究的是信息的获取、处理、变换、输出等问题。

一个具体的工程控制系统常要用到多方面的部件，如机械的、电气的、电子的、液压的、气动的以及它们的组合部件。它从不同的领域汲取知识，把原来看起来似乎相互独立的学科汇集起来，去解决共同的问题，因此，从事控制领域工作的人，要努力掌握多方面的知识，如各种装置的原理和特性，以及由这些装置组合而成的一个控制系统的设计、分析、改造等。

随着科学技术的进步，自动控制的概念也在扩大，人们已赋予它更广泛、更深远的意义。政治、经济、社会等各个领域也越来越多地被认为与自动控制有关，它现在已发展成为一门独立的学科——控制论。其中包括：工程控制论、生物控制论和经济控制论。我国人口计划生育政策的成功运用，1998年长江流域特大洪水的控制，神州九号载人航天飞行成功，嫦娥探月飞行可以说是控制理论成功应用的典型范例。从这个意义上来说，自动控制理论的应用几乎是无限的。

为了说明自动控制系统的基本概念，下面以一个电气工程中常见的电动机速度控制系统为例。

1.1.1 一个实例

直流电动机速度自动控制的原理结构图如图 1-1 所示。图中，电位器电压为输入信号。电位器动点的位置一定，电动机速度就有一定值，故电位器动点电压的变化称为参考输入或给定值输入。测速发电机是电动机转速的测量元件，又称为变送元件（变送器）。图 1-1 中，代表电动机转速变化的测速发电机电压送到输入端与电位器电压进行比较，两者的差值（又称偏差信号）控制功率放大器（控制器），控制器的输出控制电动机的转速，这就形成了电动机转速自动控制系统。

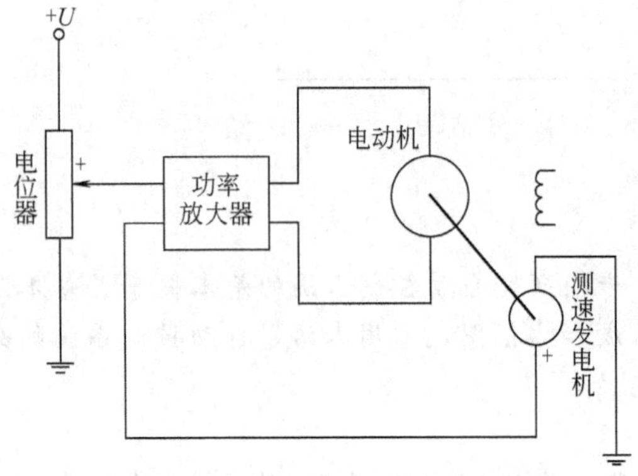

图 1-1 直流电动机速度自动控制的原理结构图

由电源变化、负载变化等引起的转速变化，称为扰动，电动机称为被控对象，转速称为被控量。当电动机受到扰动后，转速（被控量）发生变化，经测量元件（测速发电机）将转速信号（又称为反馈信号）反馈到控制器（功率放大器），使控制器的输出（称为控制量）发生相应的变化，从而可以自动地保持转速不变或使偏差保持在允许的范围内，即使被控量自动地保持为给定值或在给定值附近的一个很小的允许范围内变动。

如果在图 1-1 中，取消测速发电机及其反馈回路，电动机的转速由人工监测。当转速偏离给定时，由人工去改变电位器的动点，改变放大器的输出，从而改变电动机的电枢电压，改变电动机的转速，使之恢复到转速的给定值。这时，电动机的转速控制就成为人工控制系统。

1.1.2 控制系统方框图

从上例可以看出，自动控制系统至少包括测量、变送元件和控制器等组成的自动控制装置和被控对象，它的组成方框图如图 1-2 所示。在图 1-2 中，当被控对象受到扰动时，被控对象的输出量（被控量）就要发生变化，被控量 y 的变化值经过测量、变送元件测量变换成电量后送入比较元件与给定值 r 进行比较，产生了偏差值 $e=r-y$。偏差信号 e 送入控制器，在控制器中进行控制规律的运算后，输出控制信号 u，控制量 u 再作用到被控对象，使被控对象的被控量 y 恢复到给定值。

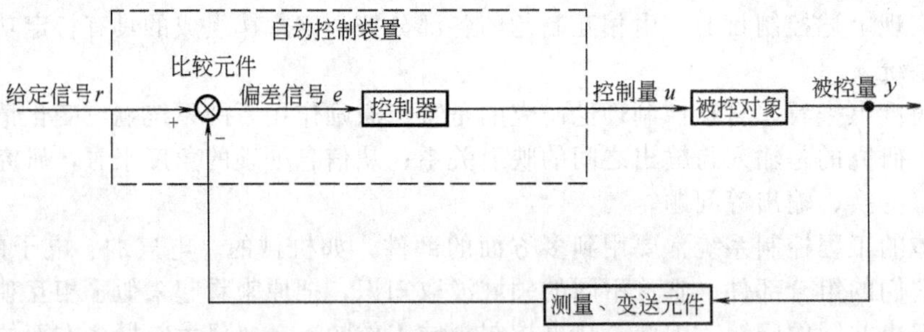

图 1-2 自动控制系统的组成框图

1.2 自动控制系统的分类

自动控制系统应用范围很广，种类繁多，名称上也很不一致，下面介绍几种常用的分类方法。

1.2.1 按信号的传递路径来分

（1）开环控制系统

指系统的输出端与输入端不存在反馈回路，输出量对系统的控制作用不发生影响的系统。如工业上使用的数字程序控制机床，参见图 1-3。

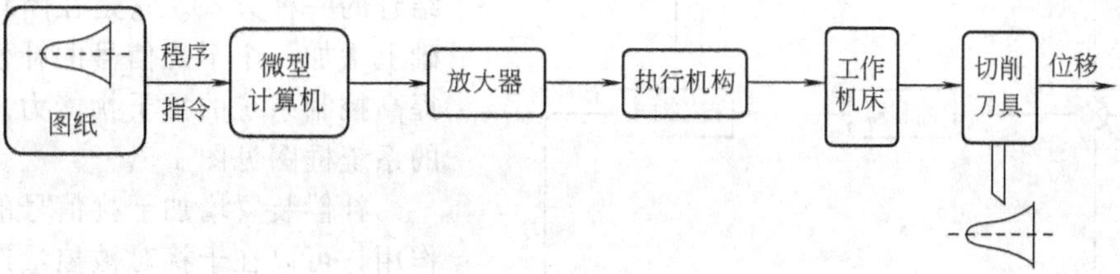

图 1-3 微型计算机控制机床（开环系统）

其工作过程是根据加工图纸的要求，确定加工过程，编制程序指令，输入到微型计算机，微机完成对控制脉冲的寄存、交换和计算，并输出控制脉冲给执行机构，驱动机床运动，完成程序指令的要求。这里用的执行机构一般是步进电机。这样的系统每一个输入信号，必有一个固定的工作状态和一个系统的输出量与之相对应，但是不具有修正由于扰动而引起的被控制量期望值与实际值之间误差的能力。例如，执行机构步进电机出现失步，机床某部分未能准确地执行程序指令的要求，切削刀具偏离了期望值，控制指令并不会相应改变。

开环控制系统结构简单、成本低廉、工作稳定。在输入和扰动已知情况下，开环控制仍可取得比较满意的结果。但是，由于开环控制不能自动修正被控制量的误差、系统元件参数的变化以及外来未知干扰对系统精度的影响，因此为了获得高质量的输出，就必须选用高质量的元件，其结果必然导致投资大、成本高。

开环控制的实例还有很多，如交通系统的传统红绿灯切换控制、洗衣机控制等。

(2) 闭环控制系统

凡是系统输出信号与输入端之间存在反馈回路的系统，叫闭环控制系统。闭环控制系统也叫反馈控制系统。“闭环”这个术语的含义，就是应用反馈作用来减小系统误差。现将图 1-3 稍加改进就构成了一个闭环控制系统，如图 1-4 所示。

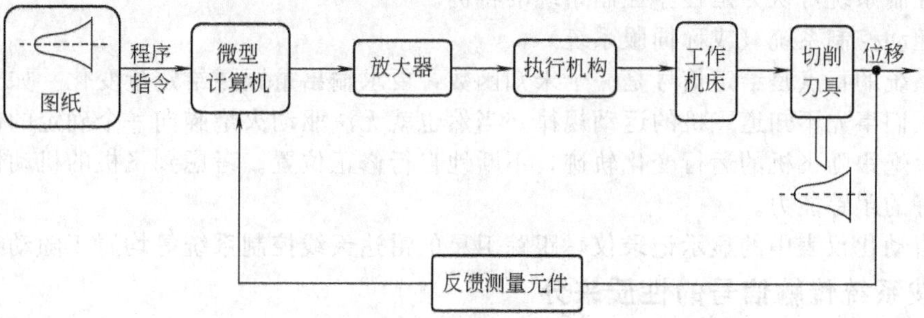

图 1-4 微型计算机控制机床（闭环系统）

在图 1-4 中，引入了反馈测量元件，它把切削刀具的实际位置不停地送给计算机，与根据图纸编制的程序指令相比较。经计算机处理后发出控制信号，再经放大后驱动执行机构，带动机床上的刀具按计算机给出的信号运行，从而实现自动控制的目的。

闭环控制系统由于有“反馈”作用的存在，具有自动修正被控量出现偏差的能力，可以修正元件参数变化及外界扰动引起的误差，所以其控制效果好，精度高。其实，只有按负反馈原理组成的闭环控制系统才能真正实现自动控制的任务。闭环控制系统也有不足之处，除了结构复杂，成本较高外，一个主要的问题是由于反馈的存在，控制系统可能出现“振荡”。严重时，会使系统失去稳定而无法工作。自动控制系统的研究中，一个很重要的工作是如何解决好“振荡”或“发散”问题。

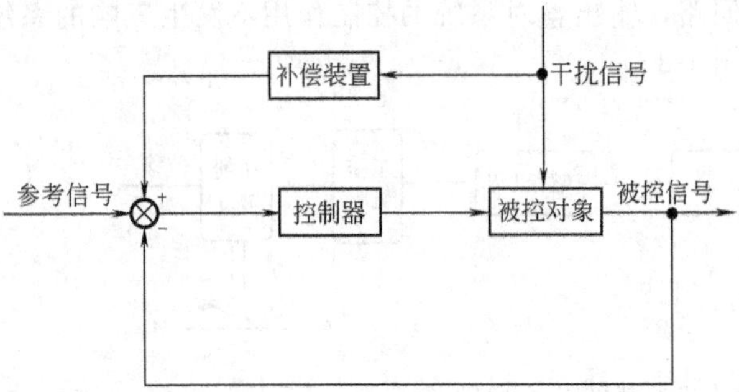

图 1-5 复合控制系统框图

(3) 复合控制系统

复合控制是闭环控制和开环控制相结合的一种方式。它是在闭环控制的基础上增加一个干扰信号的补偿控制，以提高控制系统的抗干扰能力。复合控制的系统框图见图 1-5。

补偿装置增加干扰信号的补偿控制作用，可以在干扰对被控量产生不利影响的同时及时提供控制作用以抵消此不利影响。纯闭环控制则要等待该不利影响反映到被控信号之后才引起控制作用，对干扰的反应较慢；但如果没有反馈信号回路，只按干扰进行补偿控制时，则只有顺馈控制作用，控制方式相当于开环控制，被控量又不能得到精确控制。两者的结合既能得到高精度控制，又能提高抗干扰能力，因此获得广泛的应用。当然，采用这种复合控制的前提是干扰信号可以测量到。

1.2.2 按系统输入信号的变化规律来分

(1) 恒值控制系统（或称自动调节系统）

这类系统的特点是给定信号是一个恒定的数值。工业生产中的恒温、恒速等自动控制系统都属于这一类型。图 1-1 所示的系统就是一个恒速控制系统。

恒值控制系统主要研究各种干扰对系统输出的影响，以及如何克服这些干扰，把输入、输出量尽量保持在希望数值上。

(2) 程序控制系统

这类系统的特点是给定信号是一个已知的时间函数，系统的控制过程按预定的程序进行，要求被控量能迅速准确地复现，如化工中反应的压力、温度、流量控制。图 1-3 中数字程序控制机床也属此类系统。

恒值控制系统可认为是程序控制系统的特例。

(3) 随动控制系统（或称伺服系统）

这类系统的特点是给定信号是一个未知函数，要求输出量跟随给定量变化。如火炮自动跟踪系统。人们事先不知道飞机的运动规律，当然也就无法驱动火炮瞄向一个确定的位置。这类系统要求火炮跟随飞机的运行变化轨迹，不断地自行修正位置。考虑到飞机的机动性，要求该系统有较好的跟踪能力。

工业自动化仪表中的显示记录仪，跟踪卫星的雷达天线控制系统等均属于随动控制系统。

1.2.3 按系统传输信号的性质来分

(1) 连续系统

系统各部分的信号都是模拟的连续函数。目前工业中普遍采用的常规控制仪表 PID 调节器控制的系统及图 1-1 所示的电动机速度自动控制系统就属于这一类型。

(2) 离散系统

系统的某一处或几处，信号以脉冲序列或数码的形式传递的控制系统。其主要特点是：系统中用脉冲开关或采样开关，将连续信号转变为离散信号。若离散信号取脉冲的系统又叫脉冲控制系统；若离散信号以数码形式传递的系统，又叫采样数字控制系统或数字控制系统。数字计算机控制系统就属于这一类型。

图 1-6 和图 1-7 分别给出了脉冲控制系统和数字控制系统的结构图。

1.2.4 按描述系统的数学模型来分

(1) 线性系统

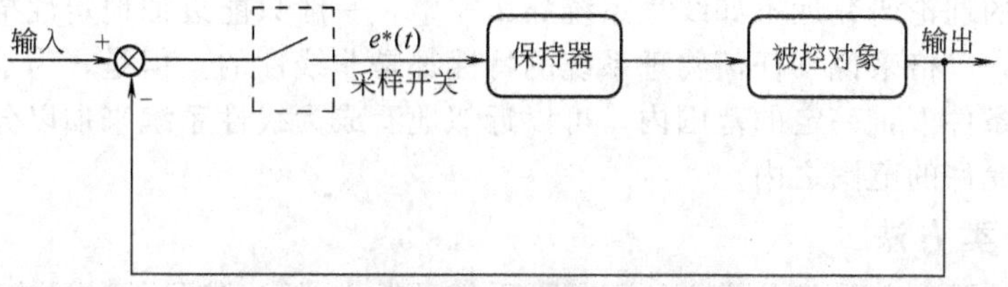

图 1-6 脉冲控制系统结构图

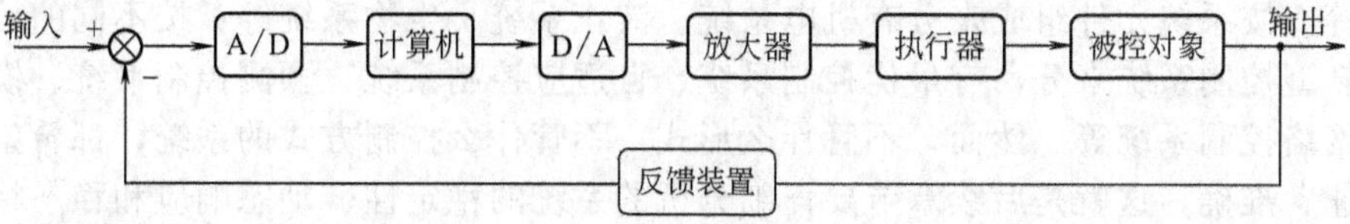

图 1-7 采样数字控制系统结构图

由线性元件构成的系统叫线性系统，其运动方程为线性微分方程。若各项系数为常数，则称为线性定常系统。其运动方程一般形式为

$$y^{(n)}+a_1 y^{(n-1)}+\cdots+a_{n-1}\dot{y}+a_n y=b_0 u^{(n)}+b_1 u^{(n-1)}+\cdots+b_{n-1}\dot{u}+b_n u$$

式中，$u(t)$ 为系统的输入量；$y(t)$ 为系统的输出量。

线性系统的主要特点是具有叠加性和齐次性，即当系统的输入分别为 $r_1(t)$ 和 $r_2(t)$ 时，对应的输出分别为 $c_1(t)$ 和 $c_2(t)$，则当输入为 $r(t)=a_1r_1(t)+a_2r_2(t)$ 时，输出量为 $c(t)=a_1c_1(t)+a_2c_2(t)$，其中为 a_1、a_2 为常系数。

（2）非线性系统

在构成系统的环节中有一个或一个以上的非线性环节时，称此系统为非线性系统。典型的非线性特性有饱和特性、死区特性、间隙特性、继电特性、磁滞特性等，如图 1-8 所示。

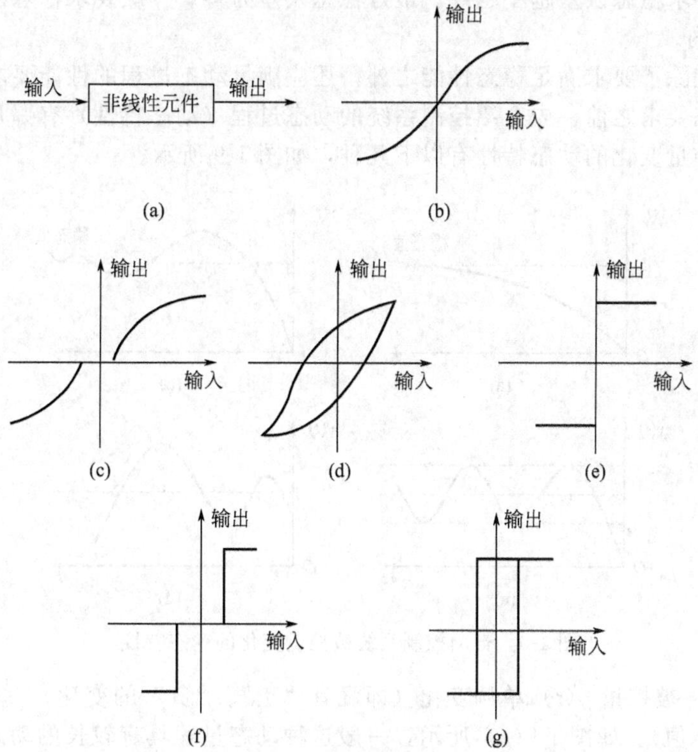

图 1-8 非线性元件特性举例

非线性系统的理论研究远不如线性系统那么完整，一般只能近似地定性描述和数值计算。

在自然界中，严格来说，任何物理系统的特性都是非线性的。但是，为了研究的方便，许多系统在一定的条件下，一定的范围内，可以近似地看成为线性系统来加以分析研究，其误差往往在工业生产允许的范围之内。

1.2.5 其他分类方法

自动控制系统还有其他的分类方法，如按系统的输入/输出信号的数量来分有单输入/单输出系统和多输入/多输出系统；按控制系统的功能来分有温度控制系统、速度控制系统、位置控制系统等。按系统元件组成来分有机电系统、液压系统、生物系统等；按不同的控制理论分支设计的新型控制系统来分，有最优控制系统、自适应控制系统、预测控制系统、模糊控制系统、神经网络控制系统等。然而，不管什么形式，不管什么控制方式的系统，都希望它能做到可靠、迅速、准确，这就是后续章节要详细分析的系统的稳定性、动态响应和稳态特性。一个系统的性能将用特定的品质指标来衡量其优劣。

1.3 对控制系统的基本要求

当自动控制系统受到各种干扰（扰动）或者人为要求给定值（参考输入）发生改变时，被控量就会发生变化，偏离给定值。通过系统的自动控制作用，经过一定的过渡过程，被控量又恢复到原来的稳定值或者稳定到一个新的给定值。这时系统从原来的平衡状态过渡到一个新的平衡状态，把被控量在变化过程中的过渡过程称为动态过程（即随时间而变的过程），而把被控量处于平衡状态称为静态或稳态。

自动控制系统最基本的要求是系统必须使控制系统被控量的稳态误差（偏差）为零或在允许的范围内（具体误差可以多大，要根据具体的生产过程的要求来确定）。对于一个好的自动控制系统来说，要求稳态误差越小越好，最好稳态误差为零。一般要求稳态误差在被控量额定值的2%～5%之内。

自动控制系统除了要求满足稳态性能之外，还应满足动态过程的性能要求，在具体介绍自动控制系统的动态要求之前，先介绍控制系统的动态过程（动态特性）有哪几种类型。一般的自动控制系统被控量变化的动态特性有以下几种，如图1-9所示。

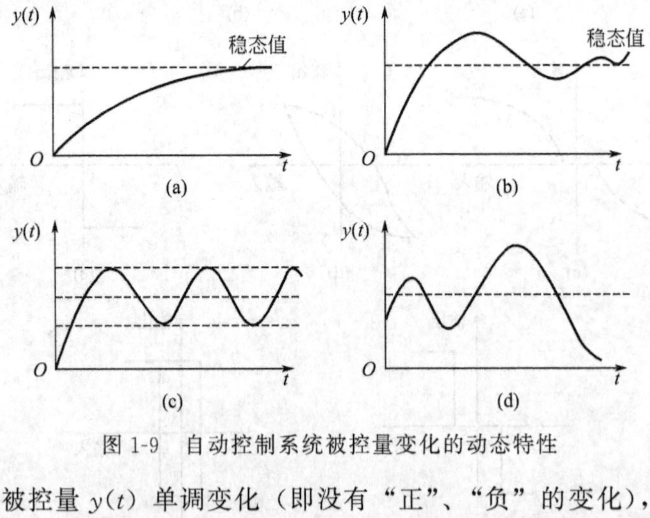

图1-9 自动控制系统被控量变化的动态特性

① 单调过程 被控量 $y(t)$ 单调变化（即没有“正”、“负”的变化），缓慢地到达新的平衡状态（新的稳态值）。如图1-9(a) 所示，一般这种动态过程具有较长的动态过程时间（到达新的平衡状态所需的时间）。

② 衰减振荡过程 被控量 $y(t)$ 的动态过程是一个振荡过程，但是振荡的幅度不断地衰减，到过渡过程结束时，被控量会达到新的稳态值。这种过程的最大幅度称为超调量，如图1-9(b) 所示。

③ 等幅振荡过程 被控量 $y(t)$ 的动态过程是一个持续等幅振荡过程，始终不能到达新的稳态值，如图 1-9(c) 所示。这种过程如果振荡的幅度较大，生产过程不允许，则认为是一种不稳定的系统，如果振荡的幅度较小，生产过程可以允许，则认为是一种稳定的系统。

④ 渐扩振荡过程 被控量 $y(t)$ 的动态过程不但是一个振荡过程，而且振荡的幅值越来越大，以致会大大超过被控量允许的误差范围，如图 1-9(d) 所示，这是一种典型的不稳定过程，设计自动控制系统要绝对避免产生这种情况。

一般来说，自动控制系统如果设计合理，其动态过程多属于图 1-9(b) 的情况。为了满足要求，希望控制系统的动态过程不仅是稳定的，并且过渡过程时间（又称调整时间）越短越好，振荡幅度越小越好，衰减得越快越好。

关于稳态性能和动态性能的性能指标，将在第 3 章详细讨论。

综上所述，对于一个自动控制的性能要求可以概括为三方面：稳定性、快速性和准确性。

① 稳定性 一个自动控制系统的最基本的要求是系统必须是稳定的，不稳定的控制系统是不能工作的。

② 快速性 在系统稳定的前提下，希望控制过程（过渡过程）进行得越快越好。但是有矛盾，如果要求过渡过程时间很短，可能使动态误差（偏差）过大。合理的设计应该兼顾这两方面的要求。

③ 准确性 即要求动态误差（偏差）和稳态误差（偏差）都越小越好。当与快速性有矛盾时，应兼顾这两方面的要求。

1.4 自动控制的发展简史

控制理论是关于控制系统建模、分析和综合的一般理论，也可以看作是控制系统的应用数学分支。但它不同于数学，是一门技术科学。控制理论的发展是与控制技术的发展密切相关的。

根据自动控制理论的发展历史，大致可分为如下四个阶段。

1.4.1 经典控制理论阶段

正如先有房子，后有建筑学一样，一个闭环的自动控制装置的应用，可以追溯到 1788 年瓦特（J. Watt）发明的飞锤调速器。然而最终形成完整的自动控制理论体系，是在 20 世纪 40 年代末。现在该理论已经成熟，并在工程实践中得到了广泛的应用。

反馈在控制系统中的使用有着吸引人的历史。最先使用反馈控制装置的是希腊人在公元前 300 年使用的浮子调节器。凯特斯比斯（Kitesibbios）在油灯中使用了浮子控制器以保持油面高度稳定。亚历山大时代的赫容（Heron），在公元一世纪时出版了一本叫《浮力学》的书，书中介绍了好几种用浮阀控制液位的方法。

现代欧洲最先发明反馈控制的是荷兰的德勒贝尔（C. Drebbel），使用了温度反馈控制。

邓尼斯·帕平（Dennis Papin）最先发明了蒸汽阀的压力控制器。帕平的这项发明是一种安全阀，相当于现在的压力安全阀。

最早的在工业中使用的压力反馈控制器是瓦特（J. Watt）用于限制蒸汽机引擎速度的。这种全机械化装置测出转速，利用飞轮来控制进入引擎的蒸汽量。

最早的有历史意义的反馈系统是俄国人制作的控制液位的浮动控制器，据说是波朱诺夫（I. Polzunov）在 1765 年发明的。

19 世纪 60 年代是控制系统高速发展的时期，无论在理论还是实践上都有很大发展。1868 年麦克斯韦尔（J. C. Maxwell）基于微分方程描述从理论上给出了它的稳定性条件。1877 年劳斯（E. J. Routh）、1895 年赫尔维茨（A. Hurwitz）分别独立给出了高阶线性系统的稳定性判据；另一方面，1892 年，李雅普诺夫（A. M. Lyapunov）给出了非线性系统的稳定性判据。在同一时期，维什哥热斯基（I. A. Vyshnegreskii）也用一种正规的数学理论描述了这种理论。

1922 年米罗斯基（N. Minorsky）给出了位置控制系统的分析，并对 PID 三作用控制给出了控制规律公式。1931 年，美国开始出售带有线性放大器和积分（I）作用的气动控制器，1934 年，哈仁（H. L. Hazen）给出了伺服机构的理论研究成果。1942 年，齐格勒（J. G. Zigler）和尼科尔斯（N. B. Nichols）给出了 PID 控制器的最优参数整定法。上述方法基本上是时域方法。另一方面，针对美国长距离电话线路负反馈放大器应用中出现的失真等问题，1932 年奈奎斯特（Nyquist）提出了负反馈系统的频率域稳定性判据。这种方法只需利用频率响应的实验数据，不用导出和求解微分方程。1940 年，波德（H. Bode）进一步研究通信系统频域方法，提出了频域响应的对数坐标图描述方法。1943 年，哈尔（A. C. Hall）利用传递函数（复数域模型）和方框图，把通信工程的频域响应方法和机械工程的时域方法统一起来，人们称此方法为复域方法。频域分析法主要用于描述反馈放大器的带宽和其他频域指标。

在二战时期使用和发展自动控制系统的主要动力是设计和发展自动导航系统、自动瞄准系统、自动雷达探测系统和其他在自动控制系统基础上发展的军事系统。这些控制系统的高性能要求和复杂性，促进了控制装备和控制系统研究的新方法与手段的飞速发展。对高性能武器的要求还促进了对非线性系统、采样数据系统以及随机控制系统的研究。

第二次世界大战结束时，经典控制技术和理论基本建立。1948 年伊文斯（W. Evans）又进一步提出了属于经典方法的根轨迹设计法，它给出了系统参数变化与时域性能变化之间的关系。至此，复数域与频率域的方法进一步完善。

复数域方法以传递函数作为系统数学模型，常利用图表进行分析设计，比求解微分方程简便。它可通过试验方法建立数学模型，物理概念清晰，因而至今仍得到广泛的工程应用。但它只适应单变量线性定常系统，对系统内部状态缺少了解，且复数域方法研究时域特性，得不到精确的结果，这是其缺点。

1.4.2 现代控制理论阶段

由于航天事业和电子计算机的迅速发展，20 世纪 60 年代初，在原有“经典控制理论”的基础上，又形成了所谓的“现代控制理论”，这是人类在自动控制技术认识上的一次飞跃。

为现代控制理论的状态空间法的建立做出开拓性贡献的有：1954 年贝尔曼（R. Bellman）的动态规划理论，1956 年庞特里雅金（L. S. Pontryagin）的极大值原理和 1960 年卡尔曼（R. E. Kalman）的多变量最优控制和最优滤波理论。

频域分析法在二战后持续占据着主导地位，特别是拉普拉斯变换和傅里叶变换的发展。在 20 世纪 50 年代，控制工程的发展的重点是复平面和根轨迹。在 20 世纪 80 年代，数字计算机在控制系统中得到普遍使用，这些新控制部件的使用使得控制精确、快速。

随着人造卫星的发展和太空时代的到来和其他一些因素，必须为导弹和太空卫星设计高精度复杂的控制系统。因而，重量小、控制精度高的系统使最优控制变得重要起来。基于这些原因，时域手段得到越来越多的重视。状态空间方法属于时域方法，其核心是最优化技术。它以状态空间描述（实质上是一阶微分或差分方程组）作为数学模型，利用计算机作为系统建模分析、设计乃至控制的手段，适应于多变量、非线性、时变系统。它不但在航空、航天、制导与军事武器控制中有成功的应用，在工业生产过程控制中也得到逐步应用。

1.4.3 大系统控制理论阶段

20 世纪 70 年代开始，一方面现代控制理论继续向深度和广度发展，出现了一些新的控制方法和理论。如①现代频域方法，该方法以传递函数矩阵为数学模型，研究线性定常多变量系统；②自适应控制理论和方法，该方法以系统辨识和参数估计为基础，处理被控对象不确定和缓时变，在实时辨识基础上在线确定最优控制规律；③鲁棒控制方法，该方法在保证系统稳定性和其他性能基础上，设计不变的鲁棒控制器，以处理数学模型的不确定性；④预测控制方法，该方法为一种计算机控制算法，在预测模型的基础上采用滚动优化和反馈校正，可以处理多变量系统。

另一方面随着控制理论应用范围的扩大，从个别小系统的控制，发展到若干个相互关联的子系统组成的大系统进行整体控制，从传统的工程控制领域推广到包括经济管理、生物工程、能源、运输、环境等大型系统以及社会科学领域，人们开始了对大系统理论的研究。

大系统理论是过程控制与信息处理相结合的综合自动化理论基础，是动态的系统工程理论，具有规模庞大、结构复杂、功能综合、目标多样、因素众多等特点。它是一个多输入、多输出、多干扰、多变量的系统。例如人体就可以看作为一个大系统，其中有体温的控制、化学成分的控制、情感的控制等。

大系统理论目前仍处于发展阶段。

1.4.4 智能控制阶段

这是近年来新发展起来的一种控制技术，是人工智能在控制上的应用。智能控制的概念和原理主要是针对被控对象、环境、控制目标或任务的复杂性提出来的，它的指导思想是依据人的思维方式和处理问题的技巧，解决那些目前需要人的智能才能解决的复杂的控制问题。被控对象的复杂性体现为：模型的不确定性、高度非线性、分布式的传感器和执行器、动态突变、多时间标度、复杂的信息模式、庞大的数据量以及严格的特性指标等。环境的复杂性则表现为变化的不确定性和难以辨识。

试图用传统的控制理论和方法去解决复杂的对象、复杂的环境和复杂的任务是不可能的。原因如下。

① 传统的控制理论都是建立在精确模型基础之上的，它们以微分和积分为工具，不是以直接使用工程技术用语描述和解决问题。目前出现的智能机器人等复杂对象，要求突破传统的数学语言的分析与设计方法，寻求新的描述方法。

② 传统的控制理论提供了一些方法处理对象的不确定性、复杂性，如自适应控制和鲁棒控制，达到优化控制的目的。但由于实际应用中，尤其在工业工程控制中，被控对象的严重非线性，不确定性，工作点的剧烈变化等因素，使得自适应和鲁棒控制应用的有效性受到限制，促使人们采用新的控制技术和方法。

③ 传统的控制理论输入信息比较单一，而现代的复杂系统必须处理多种形式的信息，进行信息融合。这样的控制系统就要求具有自适应、自学习和自组织的功能，因而需要新一代的控制理论和技术来支持。

智能控制是从“仿人”的概念出发的。一般认为，其方法包括模糊控制，神经元网络控制，专家控制和基于现代仿生优化（遗传算法、粒子群算法、蚁群算法等）方法的控制等。

本章小结

本章首先介绍了什么是自动控制，接着以电动机转速控制为例，介绍了自动控制理论中常用的术语：被控对象，参考输入信号（给定值信号），扰动、偏差信号、被控量、控制量和自动控制系统等。

本章还介绍了自动控制系统的组成及其方框图。并以微机数控机床为例，说明什么是开环控制系统和闭环控制系统，并指出实际生产过程的自动控制系统，绝大多数是闭环控制系统，也就是负反馈控制系统。本章介绍了自动控制系统的若干分类方法。

本章介绍了对自动控制系统的性能要求，即稳定性、快速性和准确性。一个自动控制系统的最基本要求是稳定性，然后进一步要求快速性和准确性，当后两者存在矛盾时，设计自动控制系统要兼顾两方面的要求。

本章最后一节介绍了自动控制理论发展的四个阶段，即经典控制理论、现代控制理论、大系统理论和智能控制理论阶段。

习 题 1

1-1 日常生活中有许多开环和闭环控制系统。试举几个具体例子，并说明它们的工作原理。

1-2 说明负反馈的工作原理及其在自动控制系统中的应用。

1-3 自动驾驶器用控制系统将汽车的速度限制在允许范围内。画出方块图说明此反馈系统。

1-4 描述人类对疼痛、身体温度等常规因素的生物反应过程。生物反应控制是一门依靠人类能力的技术。已成功运用的如有意识的规则脉冲，对疼痛的反应和体温的恒定控制等。

1-5 学生-教师教学进程继承了将错误减少到最少的反馈进程，要求的输出是学习的知识，学生可被考虑在此进程中。利用图 1-2 描述学习进程的反馈模型，说明每个模块的作用。

1-6 双输入控制系统的一个常见例子是有冷热两个阀门的家用淋浴器。目标是同时控制水温和流量，画出此闭环系统的方块图，你愿意用让别人给你开环控制的淋浴器吗？

1-7 所有人都体验到了伴随疾病的发烧，发烧和人体内温度控制的改变有关。尽管外部温度在－30～40℃之间或者更高，通常人体的温度控制在 37℃左右。对发烧者而言，实际的温度高于要求的温度，但发烧并不意味着我们身体的温度控制出了什么问题，而是将其保持在一个比通常要求的高的水平。草拟温度控制系统的方块图，解释阿司匹林是怎样退烧的。

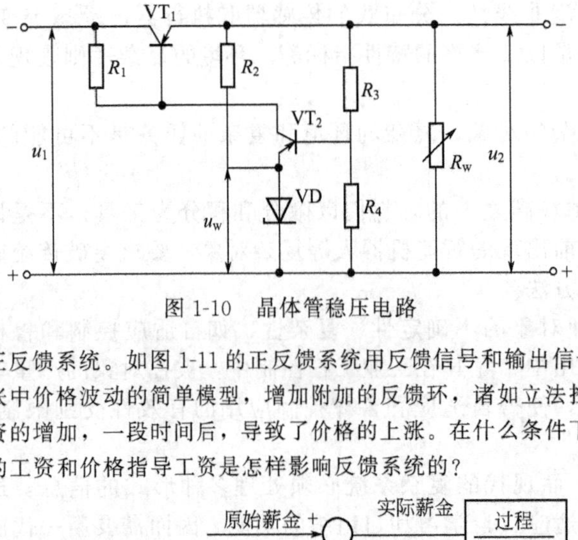

图 1-10 晶体管稳压电路

1-8 一晶体管稳压电路如图 1-10 所示。试画出其方框图，并说明在该电路图中哪些元件起着测量、放大、执行的作用，以及系统的干扰量和给定值是什么。

1-9 反馈控制系统实际上并非总是负反馈系统。通货膨胀表明了价格的持续上涨，它是一个正反馈系统。如图 1-11 的正反馈系统用反馈信号和输出信号之和作为过程的最终输入信号。图1-11是通货膨胀中价格波动的简单模型，增加附加的反馈环，诸如立法控制或税率控制，以使系统稳定。假设随着工人工资的增加，一段时间后，导致了价格的上涨。在什么条件下，改变或延迟生活资料的花费能稳定价格，国家的工资和价格指导工资是怎样影响反馈系统的？

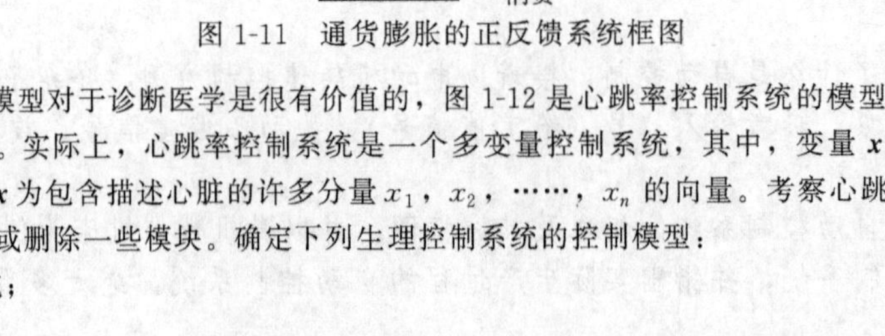

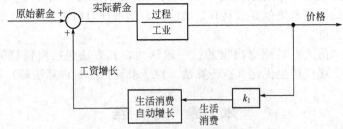

图 1-11 通货膨胀的正反馈系统框图

1-10 生理控制模型对于诊断医学是很有价值的，图 1-12 是心跳率控制系统的模型。该模型中包括大脑处理神经信号的过程。实际上，心跳率控制系统是一个多变量控制系统，其中，变量 $\boldsymbol{x}$，$\boldsymbol{y}$，$\boldsymbol{w}$，$\boldsymbol{v}$，$\boldsymbol{z}$ 和 $\boldsymbol{u}$ 均为向量。换句话说，$\boldsymbol{x}$ 为包含描述心脏的许多分量 x_1，x_2，……，x_n 的向量。考察心跳率控制系统模型，如果有必要的话，加上或删除一些模块。确定下列生理控制系统的控制模型：

① 呼吸控制系统；

② 肾上腺素控制系统；

③ 人类手臂控制系统；

④ 眼睛控制系统；

⑤ 胰腺和血糖水平控制系统；

⑥ 循环系控制系统。

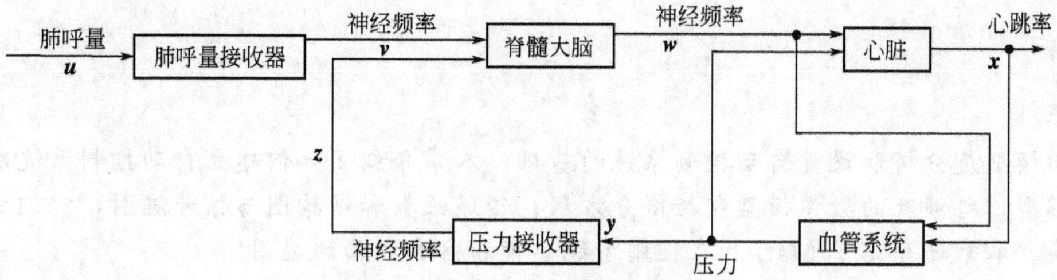

图 1-12 心跳率控制系统框图

1-11 开环控制系统和闭环控制系统各有什么优缺点？

1-12 反馈控制系统的动态特性有哪几种类型？生产过程希望的动态过程特性是什么？

1-13 对自动控制系统基本的性能要求是什么？最主要的要求是什么？

2 控制系统数学模型

内容提要

数学模型是分析和设计自动控制系统的基础。本章介绍了如何建立自动控制系统及元部件的属性模型。所涉及的数学模型包括微分方程、传递函数和结构图与信号流图，它们之间可以相互转换。本章还介绍了 Matlab 在控制系统建模和仿真方面的应用。

知识要点

线性系统的数学模型，微分方程，拉普拉斯变换，传递函数；典型环节的动态特性和传递函数；系统方框图的等效转换，信号流图，梅逊公式，用于控制系统分析的 Matlab 的常用函数。

描述系统各变量之间关系的数学表达式，叫做系统的数学模型。实际存在的系统，不管是机械的、电气的，还是气动的、液压的、热力的，甚至是生物学的、经济学的等等，它们的动态性能都可以通过数学模型来描述（例如微分方程、传递函数等）。控制理论对控制系统的研究，就是从数学模型着手，分析控制系统的性能，根据性能指标的要求，进行控制器的校正与设计。

因为控制系统的数学模型关系到对系统性能的分析结果，所以建立合理的数学模型是控制系统分析中最重要的事情。本章将对系统和元件数学模型的建立、传递函数的概念、结构图和信号流图的建立及简化等内容加以论述。

2.1 导论

数学模型有动态模型与静态模型之分。描述系统动态过程的方程式，如微分方程、偏微分方程、差分方程等，称为动态模型；在静态条件下（即变量的各阶导数为零），描述系统各变量之间关系的方程式，称为静态模型。本课程的重要内容之一是介绍控制系统的动态模型，即线性定常微分方程，分析系统的动态特性。

同一个物理系统，可以用不同的数学模型来表达。例如，实际的物理系统一般含有非线性特性，所以系统的数学模型就应该是非线性的。而且严格地讲，实际系统的参数不可能是集中的，所以系统的数学模型又应该用偏微分方程描述。但是求解非线性方程或偏微分方程相当困难，有时甚至不可能。因此，为了便于问题的求解，常常在误差允许的范围内，忽略次要因素，用简化的数学模型来表示实际的物理系统。这样同一个系统，就有完整的、复杂的数学模型和简单的、准确性较差的数学模型之分。一般情况下，在建立数学模型时，必须在模型的简化性与分析结果的精确性之间做出折衷考虑。

此外，数学模型的形式有多种。为了便于分析研究，可能某种形式的数学模型比另一种更合适。例如在求解最优控制或多变量系统的问题时，采取状态变量表达式(即状态空间表达式)比较方便；但是在对单输入、单输出系统的分析中，采用输入输出间的传递函数（或脉冲传递函数）作为系统的数学模型则比较合适。

所以在建立系统数学模型时，必须做到以下几点。

① 全面了解系统的特性，确定研究目的以及准确性要求，决定能否忽略一些次要因素而使系统数学模型简化，既不致造成数学处理上的困难，又不致影响分析的准确性。一般在条件允许下，最初尽可能采用简化的常系数线性数学模型。若有必要，再在线性模型分析的基础上

考虑被忽略因素所引起的误差，然后再建立系统比较完善准确的数学模型。但是必须指出，由于数学分析方法上的误差，数学模型不必要的复杂，不一定会带来预期的准确结果。

② 根据所应用的系统分析方法，建立相应形式的数学模型（微分方程、传递函数等），有时还要考虑便于计算机求解。

建立系统的数学模型主要有两条途径。第一种途径是利用已有的关于系统的知识，采用演绎的方法建立数学模型。演绎法是一种推理方法，用这种方法建立模型时，是通过系统本身机理（物理、化学规律）的分析确定模型的结构和参数，从理论上推导出系统的数学模型。这种利用演绎法得出的数学模型称为机理模型或解析模型。第二种途径是根据对系统的观察，通过测量所得到的大量输入、输出数据，推断出被研究系统的数学模型。这种方法称为归纳法，利用归纳法所建立的数学模型称为经验模型。一般地讲，采用演绎法建立的数学模型，是系统模型化问题的惟一解。而采用归纳法时，能够满足观测到的输入、输出数据关系的系统模型却有无穷多个。在本书范围内，仅介绍演绎法，即利用机理法建立系统数学模型。

2.2 控制系统的微分方程

控制系统的运动状态和动态性能可由微分方程式描述，而微分方程式就是系统的一种数学模型。关于建立系统（或元件）微分方程式的一般步骤如下。

① 在条件许可下适当简化，忽略一些次要因素。

② 根据物理或化学定律，列出元件的原始方程式。这里所说的物理或化学定律，不外乎牛顿第二定律、能量守恒定律、物质不灭定律、克希霍夫定律等。

③ 列出原始方程式中中间变量与其他因素的关系式。这种关系式可能是数学方程式，或是曲线图。它们在大多数场合是非线性的。若条件许可，应进行线性化处理。否则按非线性对待，问题就相当复杂。

④ 将上述关系式代入原始方程式，消去中间变量，得元件的输入输出关系方程式。若在步骤③不能进行线性化，则输入输出关系方程式将是复杂的非线性方程式。

⑤ 同理，求出其他元件的方程式。

⑥ 从所有元件的方程式中消去中间变量，最后得系统的输入输出微分方程式。

2.2.1 微分方程式的建立

下面举几个例子说明。

(1) 弹簧-质量-阻尼器系统

在控制系统中，经常会碰到机械运动部件，它们的运动通常分为平移和旋转。列写机械运动部件的微分方程式时，直接或间接应用的是牛顿定律。

图 2-1 表示一个弹簧-质量-阻尼器系统。当外力 $f(t)$ 作用时，系统产生位移 $y(t)$，要求写出系统在外力 $f(t)$ 作用下的运动方程式。在此，$f(t)$ 是系统的输入，$y(t)$ 是系统的输出。列出的步骤如下。

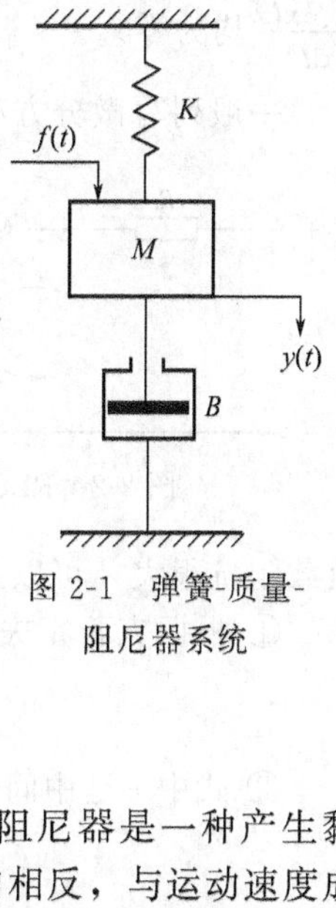

图 2-1 弹簧-质量-阻尼器系统

① 设运动部件质量用 M 表示，按集中参数处理。

② 列出原始方程式。根据牛顿第二定律，有

$$f(t)-f_1(t)-f_2(t)=M\frac{\mathrm{d}^2 y}{\mathrm{d}t^2} \tag{2-1}$$

式中，$f_1(t)$ 为阻尼器阻力；$f_2(t)$ 为弹簧力。

③ $f_1(t)$ 和 $f_2(t)$ 为中间变量，找出它们与其他因素的关系。由于阻尼器是一种产生黏性摩擦或阻尼的装置，活塞杆和缸体发生相对运动时，其阻力与运动方向相反，与运动速度成

正比，故有

$$f_1(t)=B\frac{\mathrm{d}y(t)}{\mathrm{d}t} \tag{2-2}$$

式中，B 为阻尼系数。

设弹簧为线性弹簧，则有

$$f_2(t)=Ky(t) \tag{2-3}$$

式中，K 为弹性系数。

④ 将式(2-2) 和式(2-3) 代入式(2-1)，经整理后得到系统的微分方程式

$$M\frac{\mathrm{d}^2y(t)}{\mathrm{d}t^2}+B\frac{\mathrm{d}y(t)}{\mathrm{d}t}+Ky(t)=f(t) \tag{2-4}$$

式中，M、B、K 均为常数，故上式为线性定常二阶微分方程式，此机械位移系统为线性定常系统。

式(2-4) 还可写成

$$\frac{M}{K}\frac{\mathrm{d}^2y(t)}{\mathrm{d}t^2}+\frac{B}{K}\frac{\mathrm{d}y(t)}{\mathrm{d}t}+y(t)=\frac{1}{K}f(t) \tag{2-4a}$$

令

$$T_{\mathrm{B}}=\frac{B}{K},\ T_{\mathrm{M}}^2=\frac{M}{K}$$

则有

$$T_{\mathrm{M}}^2\frac{\mathrm{d}^2y(t)}{\mathrm{d}t^2}+T_{\mathrm{B}}\frac{\mathrm{d}y(t)}{\mathrm{d}t}+y(t)=\frac{1}{K}f(t) \tag{2-4b}$$

计算时若采用国际单位制，即$[f(t)]=\mathrm{N}$，$[t]=\mathrm{s}$，$[M]=\mathrm{kg}$，$[y(t)]=\mathrm{m}$，$[B]=\mathrm{N\cdot s/m}$，$[K]=\mathrm{N/m}$，则

$$[T_{\mathrm{B}}]=\left[\frac{B}{K}\right]=\mathrm{s}$$

$$[T_{\mathrm{M}}^2]=\left[\frac{M}{K}\right]=\frac{\mathrm{kg\cdot m}}{\mathrm{N}}=\mathrm{s}^2$$

所以 T_{B} 和 T_{M} 是图 2-1 所示系统的时间常数。称 $1/K$ 为该系统的传递系数，它的意义是：在静止时，系统的输出与输入之比（系统静止时，它的输出不随 t 变化，$\frac{\mathrm{d}y(t)}{\mathrm{d}t}$，$\frac{\mathrm{d}^2y(t)}{\mathrm{d}t^2}$，…，$\frac{\mathrm{d}^ny(t)}{\mathrm{d}t^n}$均为零）。

一般列写微分方程式时，输出量及其各阶导数项列写在方程式左端，输入项列写在右端。由于一般物理系统均有质量、惯性或储能元件，左端的导数阶次总比右端的高。在本例中，有质量 M，又有吸收能量的阻尼器 B，系统有两个时间常数，故左端导数项最高阶次为 2。

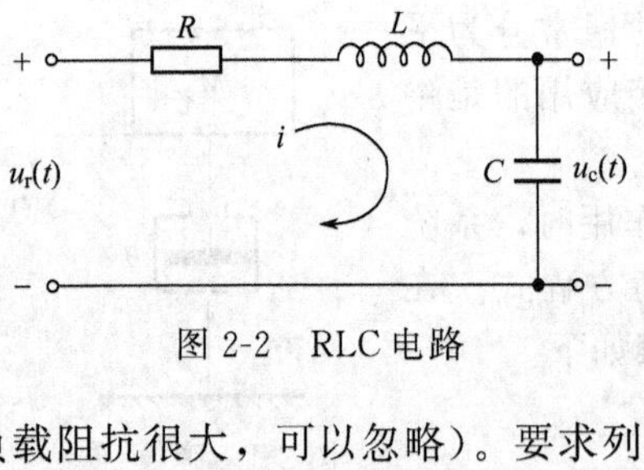

图 2-2 RLC 电路

（2）RLC 电路

设在图 2-2 所示 RLC 电路中，R，L，C 均为常值，$u_{\mathrm{r}}(t)$ 为输入电压，$u_{\mathrm{c}}(t)$ 为输出电压，输出端开路（或负载阻抗很大，可以忽略）。要求列出 $u_{\mathrm{c}}(t)$ 与 $u_{\mathrm{r}}(t)$ 的关系方程式。

① 根据克希霍夫定律可写出原始方程式

$$L\frac{\mathrm{d}i}{\mathrm{d}t}+Ri+\frac{1}{C}\int i\mathrm{d}t=u_{\mathrm{r}}(t) \tag{2-5}$$

② 式中 i 是中间变量，它与输出 $u_{\mathrm{c}}(t)$ 有如下关系

$$u_{\mathrm{c}}(t)=\frac{1}{C}\int i\mathrm{d}t \tag{2-6}$$

③ 消去式(2-5)、式(2-6) 的中间变量 i 后，便得输入输出微分方程式

$$LC\frac{d^2u_c(t)}{dt^2}+RC\frac{du_c(t)}{dt}+u_c(t)=u_r(t) \tag{2-7}$$

或

$$T_1T_2\frac{d^2u_c(t)}{dt^2}+T_2\frac{du_c(t)}{dt}+u_c(t)=u_r(t) \tag{2-8}$$

式中，$T_1=L/R$，$T_2=RC$ 为该电路的两个时间常数。当 t 的单位为 s 时，它们的单位也为 s。图 2-2 电路的传递系数为 1。

式(2-7) 或式(2-8) 也是线性定常系统二阶微分方程式，由于电路中有两个储能元件 L 和 C，故式中左端导数项最高阶次为 2。

比较式(2-4) 和式(2-7) 可知，当两个方程式的系数相同时，从动态性能角度来看，两个系统是相同的。这就有可能利用电气系统来模拟机械系统，进行试验研究。而且从系统理论来说，就有可能撇开系统的具体物理属性，进行普遍意义的研究。

(3) 直流电动机

直流电动机经常应用在输出功率较大的控制系统中，它有独立的激磁磁场，改变激磁或电枢电压均可进行控制。

① 电枢控制的直流电动机。

图 2-3 表示磁场固定不变（激磁电流 I_f 为常数），用电枢电压来控制的直流电动机。设它的控制输入为电枢电压 u_a，它的输出轴角位移 θ（用在位置随动系统时）或角速度 ω（用在转速控制系统时）为输出，负载转矩 M_L 变化为主要扰动。现欲求输入与输出关系微分方程式。

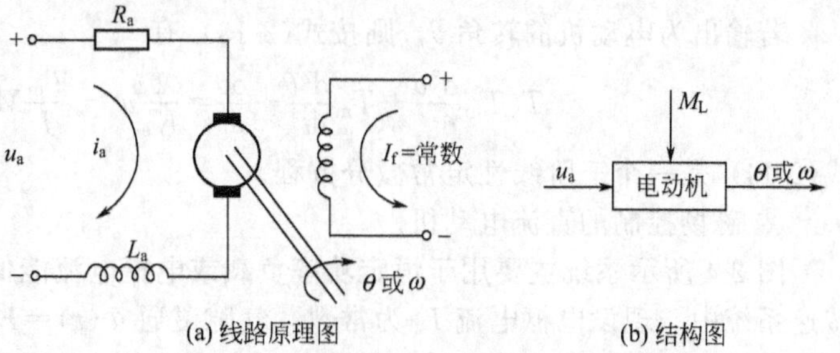

图 2-3 电枢电压控制的直流电动机

a. 考虑一般电机补偿是良好的，在反应速度不是很快的场合，可以不计电枢反应、涡流效应和磁滞影响；当 I_f 为常值时，磁场不变，并认为电机绕组温度在瞬变过程中是不变的。如此假设在工程上是允许的。

b. 列写原始方程式。首先根据克希霍夫定律写出电枢回路方程式如下

$$L_a\frac{di_a}{dt}+R_ai+K_e\omega=u_a \tag{2-9}$$

式中 L_a——电枢回路总电感，H；

R_a——电枢回路总电阻，Ω；

K_e——电势系数，V/(rad·s^{-1})；

ω——电动机角速度，rad/s，$\omega=\frac{d\theta}{dt}$；

u_a——电枢电压，V；

i_a——电枢电流，A。

又根据刚体旋转定律，可写运动方程式

$$J\frac{d\omega}{dt}+M_L=M_d \tag{2-10}$$

式中 J——转动部分转动惯量，kg·m^2（折算到电动机轴上）；

M_L——电动机轴上负载转矩，N·m；

M_d——电动机转矩，N·m。

c. M_d 和 i_a 是中间变量。由于电动机转矩与电枢电流和气隙磁通的乘积成正比，现在磁通恒定，所以有

$$M_d = K_m i_a \tag{2-11}$$

式中　K_m——电动机转矩系数，N·m/A。

d. 将式(2-11) 代入式(2-10)，并与式(2-9) 联立求解，整理后得

$$\frac{L_a J}{K_e K_m}\frac{d^2\omega}{dt^2}+\frac{R_a J}{K_e K_m}\frac{d\omega}{dt}+\omega=\frac{1}{K_e}u_a-\frac{R_a}{K_e K_m}M_L-\frac{L_a}{K_e K_m}\frac{dM_L}{dt} \tag{2-12}$$

或

$$T_a T_m\frac{d^2\omega}{dt^2}+T_m\frac{d\omega}{dt}+\omega=\frac{1}{K_e}u_a-\frac{T_m}{J}M_L-\frac{T_a T_m}{J}\frac{dM_L}{dt} \tag{2-13}$$

式中　T_m——机电时间常数，s，$T_m=\dfrac{R_a J}{K_e K_m}$；

T_a——电动机电枢回路时间常数，s，一般要比 T_m 小，$T_a=\dfrac{L_a}{R_a}$。

式(2-13) 就是电枢电压控制的直流电动机微分方程式。其输入为电枢电压 u_a，输出为角速度 ω，而负载转矩 M_L 是另一种输入，即扰动输入。M_L 变化会使 ω 随之变化，它对电动机的正常工作产生影响。所以式(2-13) 明确表达了电动机输出角速度与电枢电压和扰动之间的关系。

若输出为电动机的转角 θ，则按式(2-13) 有

$$T_a T_m\frac{d^3\theta}{dt^3}+T_m\frac{d^2\theta}{dt^2}+\frac{d\theta}{dt}=\frac{1}{K_e}u_a-\frac{T_m}{J}M_L-\frac{T_a T_m}{J}\frac{dM_L}{dt} \tag{2-14}$$

式(2-14) 是一个三阶线性定常微分方程。

② 磁场控制的直流电动机。

图 2-4 所示系统主要用于恒定功率负载或电枢电流能保持恒定的场合，或者用在自动整定转速系统中。现设电枢电流 I_a 为常数，气隙磁通 $\Phi(t)=K_f i_f(t)$，其中 K_f 为常数，即铁芯不饱和，工作在线性段。建立输入输出关系方程式的步骤如下。

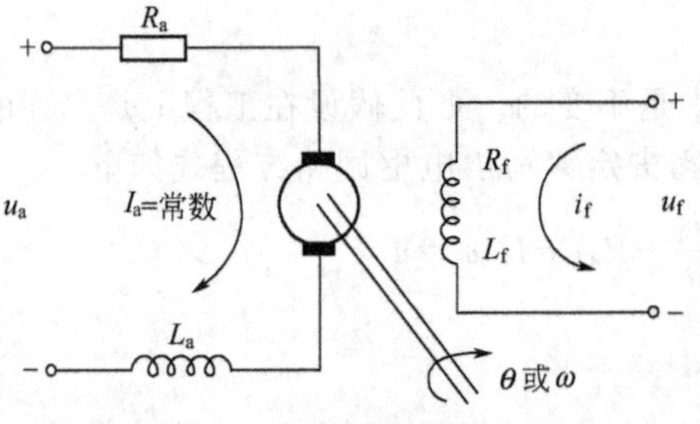

图 2-4　磁场控制的直流电动机

a. 假设铁芯不饱和，则激磁回路电感 L_f 为常值。其他简化与电枢控制时相同。

b. 激磁回路方程式

$$u_f = R_f i_f + \frac{d\varphi}{dt} \tag{2-15}$$

式中　u_f——激磁电压，V；

i_f——激磁电流，A；

R_f——激磁回路电阻，Ω；

φ——激磁绕组磁链，Wb。

设电动机转矩 M_d 是用来克服系统的惯性和负载的阻尼摩擦的，因此有

$$J\frac{d\omega}{dt}+B\omega=M_d \tag{2-16}$$

式中 J——转动部分转动惯量；

B——阻尼摩擦系数。

c. 中间变量有 φ，M_d。根据 a 中简化和 I_a 为常值的假设有

$$\varphi=L_f i_f \tag{2-17}$$

$$M_d=K_m\Phi=K_m K_f i_f=K_i i_f \tag{2-18}$$

式中，K_m，K_f 为常数，$K_i=K_m K_f$。

d. 将式(2-17) 和式(2-18) 分别代入式(2-15) 和式(2-16)，消去中间变量，最后可得磁场控制的直流电动机的方程式

$$\frac{L_f}{R_f}\frac{J}{B}\frac{d^2\omega}{dt^2}+\left(\frac{L_f}{R_f}+\frac{J}{B}\right)\frac{d\omega}{dt}+\omega=\frac{K_i}{R_f B}u_f \tag{2-19}$$

或

$$T_f T_m\frac{d^2\omega}{dt^2}+(T_f+T_m)\frac{d\omega}{dt}+\omega=K_d u_f \tag{2-20}$$

式中 T_f——激磁回路时间常数，$T_f=\frac{L_f}{R_f}$；

T_m——惯性和阻尼摩擦时间常数，$T_m=\frac{J}{B}$；

K_d——电动机传递系数，$K_d=\frac{K_i}{R_f B}$。

由式(2-20) 可知，磁场控制的直流电动机方程式，在假定条件下对 ω 仍为二阶线性方程式。实际上，φ 是 i_f 的非线性函数，如图 2-5 所示，由式(2-15)、式(2-16) 和式(2-18) 得到的电动机方程式，将是很复杂的非线性方程式，求解相当困难。

但若研究的是电动机在某一工作点附近的动态性能，应用上述的线性化方法得到的线性化方程式，就可充分准确地代替非线性方程式，因而也可以用线性理论来进行分析。

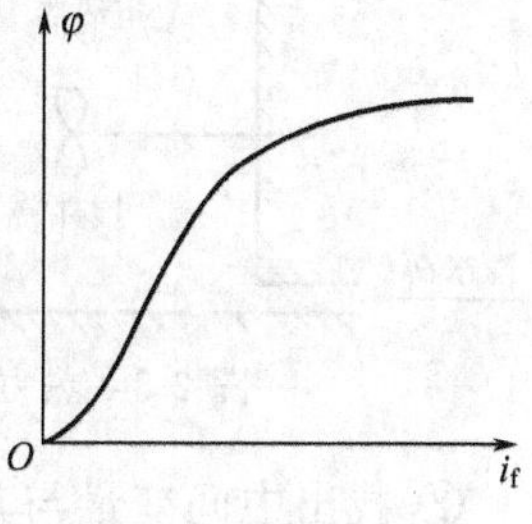

图 2-5 激磁绕组的 $\varphi(i_f)$ 曲线

(4) 电动机转速控制系统

图 2-6 是一个反馈控制系统。要建立反馈系统的方程式，应先画系统的结构图，明确各元件作用关系，如图 2-7 所示。然后写出各元件的微分方程式，消去中间变量，就可得到所求的输入输出关系方程式。对图 2-6 所示系统，其输出为角速度 ω，参考输入为 u_r，扰动输入为负载转矩 M_L。系统的方程式具体列写如下。

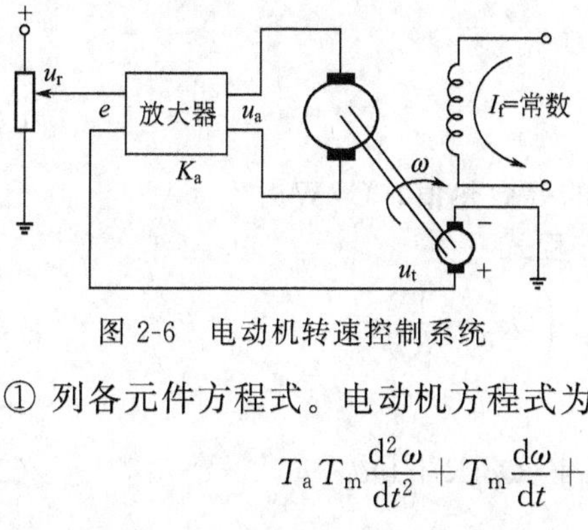

图 2-6 电动机转速控制系统

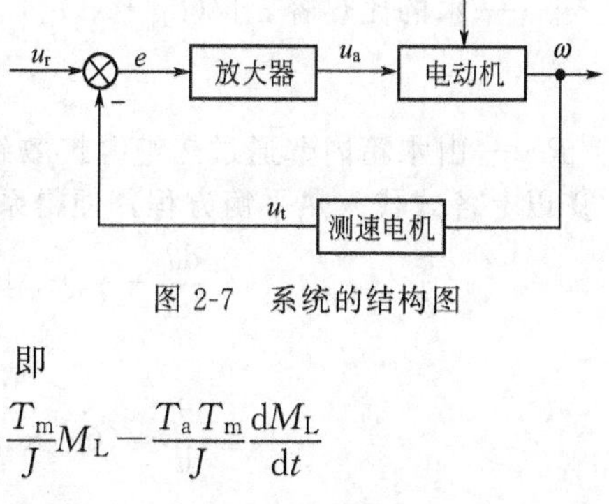

图 2-7 系统的结构图

① 列各元件方程式。电动机方程式为式(2-13)，即

$$T_a T_m\frac{d^2\omega}{dt^2}+T_m\frac{d\omega}{dt}+\omega=\frac{1}{K_e}u_a-\frac{T_m}{J}M_L-\frac{T_a T_m}{J}\frac{dM_L}{dt}$$

设放大器没有惯性，输出与输入成正比，即

$$u_a = K_a e \tag{2-21}$$

测速发电机输出为 u_t，输入为 ω，故有

$$u_t = K_t \omega \tag{2-22}$$

式中，K_t 为测速反馈系数。

e 是参考输入 u_r 和反馈电压 u_t 之差，即

$$e = u_r - u_t \tag{2-23}$$

② 消去中间变量。从式(2-13)、式(2-21)、式(2-22) 和式(2-23) 中消去中间变量 u_a，e，u_t，最后得到系统的微分方程式

$$T_a T_m \frac{d^2\omega}{dt^2} + T_m \frac{d\omega}{dt} + (1+K)\omega = \frac{K_a}{K_e} u_r - \frac{T_m}{J} M_L - \frac{T_a T_m}{J} \frac{dM_L}{dt} \tag{2-24}$$

式中，$K = \frac{K_a K_t}{K_e}$为各元件传递系数的乘积，称为系统的开环放大系数。

若把所建立的系统微分方程式与式(2-13) 比较，可以看出，假如 K 足够大，由于应用了反馈，扰动 M_L 对转速的影响大大降低（为原来的$\frac{1}{1+K}$），所以控制精度提高了。

（5）热力系统

图 2-8 表示一个热水供应系统，为了保证一定的热水温度 θ_o，由电热器提供热流量 φ_i(W)。在本系统中，输入量为 φ_i，输出量为 θ_o。假定环境温度为 θ_i，进水温度也是 θ_i，并且水箱中各处温度相同（即用集中参数代替分布参数），这样简化后系统方程式可列写如下。

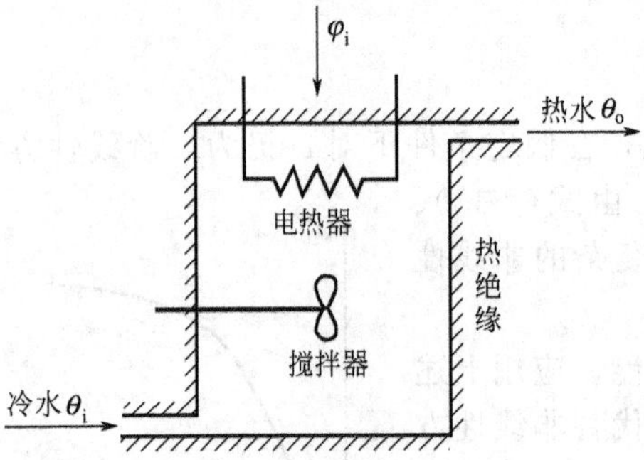

图 2-8 热力系统

① 按能量守恒定律可写出热流量平衡方程

$$\varphi_i = \varphi_t + \varphi_o - \varphi_c + \varphi_s \tag{2-25}$$

式中 φ_t——供给水箱中水的热流量，W；

φ_o——出水带走的热流量，W；

φ_c——进水带入的热流量，W；

φ_s——通过热绝缘耗散的热流量，W。

② 找出中间变量与其他因素关系

$$\varphi_t = C \frac{d\theta_o}{dt} \tag{2-26}$$

式中 C——水箱中水的热容，J/℃；

θ_o——水箱中水的温度，℃。

$$\varphi_o = Q c_p \theta_o,\ \varphi_c = Q c_p \theta_i \tag{2-27}$$

式中 Q——出水流量，kg/s；

c_p——水的比热容，J/(kg · ℃)。

$$\varphi_s = \frac{\theta_o - \theta_i}{R} \tag{2-28}$$

式中 R——由水箱内壁通过热绝缘扩散到周围环境的等效热值，℃/W。

③ 以上各式代入热平衡方程，便得系统的微分方程式

$$C \frac{d\theta_o}{dt} + \left(Q c_p + \frac{1}{R}\right)\theta_o = \varphi_i + \left(Q c_p + \frac{1}{R}\right)\theta_i \tag{2-29}$$

或

$$T \frac{d\theta_o}{dt} + (Q c_p R + 1)\theta_o = R\varphi_i + (Q c_p R + 1)\theta_i \tag{2-30}$$

式中，$T=RC$ 为热时间常数，s。

这是一个一阶非线性微分方程式。影响热水温度 θ_o 的扰动有出水流量 Q 和进水温度 θ_i。当出水流量 Q 一定，环境温度和进水温度 θ_i 也为常值时，可令

$$\theta=\theta_o-\theta_i \tag{2-31}$$

θ 为温升，系统输出为温升时的微分方程式为

$$T\frac{d\theta}{dt}+(Qc_pR+1)\theta=R\varphi_i \tag{2-32}$$

式(2-32) 为一阶线性定常微分方程。

(6) 流体过程

图 2-9 中流入流量为 Q_i，流出流量 Q_o，它们受相应的阀门控制。设该系统的输入量为 Q_i，输出量为液面高度 H，则它们之间的微分方程式可列写如下。

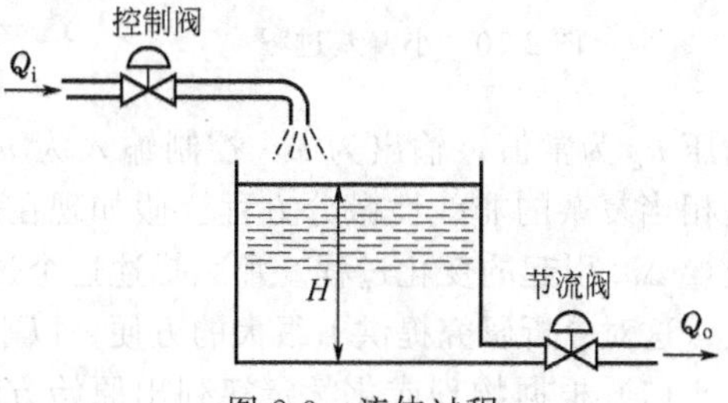

图 2-9 流体过程

① 流体是不可压缩的，根据物质守恒定律，可得

$$S\mathrm{d}H=(Q_i-Q_o)\mathrm{d}t \tag{2-33}$$

或

$$\frac{dH}{dt}=\frac{Q_i-Q_o}{S} \tag{2-34}$$

式中 S——液罐截面积，m^2；

H——液面高度，m；

Q_i，Q_o——流入、流出流量，m^3/s。

② 求出中间变量 Q_o 与其他变量的关系。由于通过节流阀的流体是紊流，按流量公式可得

$$Q_o=\alpha\sqrt{H} \tag{2-35}$$

式中，α 为节流阀的流量系数（$m^{2.5}/s$），当液体变化不大时，可近似认为只与节流阀的开度有关，现在设节流阀开度保持一定，则 α 为常数。

③ 消去中间变量 Q_o，就得输入输出关系式

$$\frac{dH}{dt}+\frac{\alpha}{S}\sqrt{H}=\frac{1}{S}Q_i \tag{2-36}$$

它是一阶非线性微分方程式。

从上述两个例子得到的非线性方程说明，很多过程控制中控制对象具有非线性特性。

以上阐明了如何建立一个系统微分方程式的过程。对于任何线性定常系统，假如它的输出为 c，输入为 r，则系统方程式的一般形式如下

$$a_n\frac{d^nc}{dt^n}+a_{n-1}\frac{d^{n-1}c}{dt^{n-1}}+\cdots+a_1\frac{dc}{dt}+a_0c=b_m\frac{d^mr}{dt^m}+b_{m-1}\frac{d^{m-1}r}{dt^{m-1}}+\cdots+b_1\frac{dr}{dt}+b_0r \tag{2-37}$$

式中，$a_i(i=0,1,\cdots,n)$，$b_i(i=0,1,\cdots,m)$ 为常数。对于实际系统来说，$n\geqslant m$，而大多数系统 $n>m$。

2.2.2 非线性方程的线性化

严格地说来，几乎所有元件或系统的运动方程都是非线性方程。也就是说，输入、输出、扰动这些变量间的关系都是非线性的。但是对于许多元件或系统来说，以及对更多的元件或系统在比较小的范围运动来说，如果把这些关系看作是线性关系，是不会产生很大误差的。而且方程式一经线性化，由于可以应用叠加原理等原因，就使得研究问题时非常方便。所以常常利用线性化方法来简化所研究的系统。

例如，对于某些非线性系统，若研究的是系统在某一工作点（平衡点）附近的性能，或者

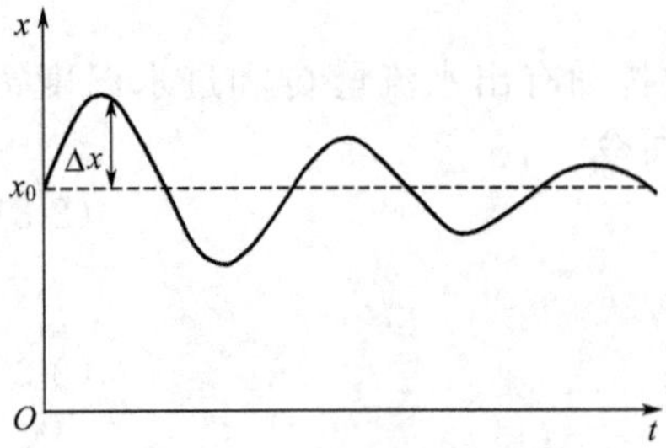

图 2-10 小偏差过程

说，研究的是系统变量在动态过程中偏离平衡点不大时的性能（如图 2-10 所示），x_0 为平衡点，受到扰动后，$x(t)$偏离 x_0，产生 $\Delta x(t)$，$\Delta x(t)$ 的变化过程，表征系统在 x_0 附近的性能，则可以应用下述的线性化方法得到的线性模型代替非线性模型来描述系统，而实际系统就可按线性系统对待。这就是常说的“小偏差理论或小信号理论”。应用线性化数学模型代替原来的非线性模型，这一过程就是线性化过程。

例如上节介绍的磁场控制的直流电动机。假定电枢电压 u_a 为常值，输出为 ω，控制输入为 u_f。如果考虑 i 与 φ 之间的非线性关系，其数学模型是相当复杂的非线性微分方程。假如现在研究的是它的小偏差过程，例如控制输入 u_f 改变一个微量 Δu_f 引起的变化过程。那么描述这个过程的偏量微分方程式，经过适当处理，将是线性方程式，这对分析研究提供了很大的方便。以下就看如何求出电动机输出输入偏量的微分方程式。

（1）根据物理或化学定律列出原始方程式

为此对激磁电路有

$$R_f i_f + \frac{d\varphi}{dt} = u_f \tag{2-38}$$

（2）找出中间变量 φ 与其他变量的关系，同时线性化

前已述及 φ 是 i_f 的非线性函数，所以式(2-38）是非线性方程式。由于是讨论小偏差过程，可用以下办法使之线性化。

设在平衡点的邻域内，φ 对 i_f 的各阶导数（直至 $n+1$）是存在的，它可展开成泰勒级数

$$\varphi = \varphi_0 + \left(\frac{d\varphi}{di_f}\right)_0 \Delta i_f + \frac{1}{2!}\left(\frac{d^2\varphi}{di_f^2}\right)_0 (\Delta i_f)^2 + \cdots + \frac{1}{n!}\left(\frac{d^n\varphi}{di_f^n}\right)_0 (\Delta i_f)^n + R_{n+1} \tag{2-39}$$

式中，R_{n+1}为余项，φ_0 和 i_{f0} 为原平衡点的磁链和激磁电流，$\left(\frac{d\varphi}{di_f}\right)_0$，$\left(\frac{d^2\varphi}{di_f^2}\right)_0$，…为原平衡点处的一阶、二阶、…导数，

$$\Delta i_f = i_f - i_{f0} \tag{2-40}$$

为激磁电流的偏量。

由于 Δu_f 很小，因此 Δi_f 也很小，微量的高次项就更小，故式(2-39）右端第三项及其以后的各项均可忽略不计，式(2-39）变为

$$\varphi = \varphi_0 + \left(\frac{d\varphi}{di_f}\right)_0 \Delta i_f \tag{2-41}$$

其中$\left(\frac{d\varphi}{di_f}\right)_0$ 可由图 2-11 所示的工作曲线求得

$$\left(\frac{d\varphi}{di_f}\right)_0 = \tan\alpha = L'_f \tag{2-42}$$

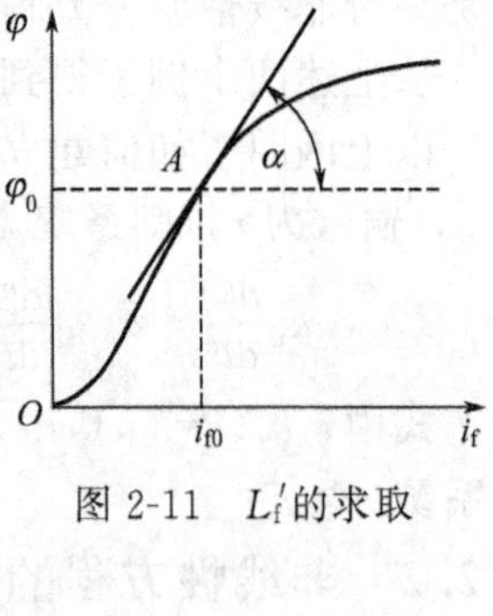

图 2-11 L'_f的求取

L'_f称为动态电感，它为常值，但在不同平衡点，它有不同的值。因此式(2-41）可写为

$$\varphi = \varphi_0 + L'_f \Delta i_f \tag{2-43}$$

或

$$\Delta\varphi = \varphi - \varphi_0 = L'_f \Delta i_f$$

上式说明在平衡点附近，经过线性化处理（忽略偏量的高次项）后，激磁回路偏量间具有线性关系。偏差愈小，这个关系愈准确。

（3）求以偏量表示的微分方程式，即线性化方程式

将 $u_f = u_{f0} + \Delta u_f$，$\varphi = \varphi_0 + L'_f \Delta i_f$，$i_f = i_{f0} + \Delta i_f$代入式(2-38)，则得

$$R_f(i_{f0} + \Delta i_f) + \frac{d}{dt}(\varphi_0 + L'_f \Delta i_f) = u_{f0} + \Delta u_f \tag{2-44}$$

在平衡点，式(2-38) 成为

$$R_f i_{f0}+\frac{d\varphi_0}{dt}=u_{f0} \tag{2-45}$$

式(2-44) 与式(2-45) 相减，就得激磁回路偏量微分方程式

$$R_f \Delta i_f+L_f'\frac{d\Delta i_f}{dt}=\Delta u_f \tag{2-46}$$

它是关于偏量的线性方程式，只是 L_f'的值随工作点不同而不同。式(2-46) 通常可直接对式(2-38) 两边取增量求得，从而简化推导过程。

若令$\frac{L_f'}{R_f}=T_f'$，它为激磁回路动态时间常数 (s)，则有

$$T_f'\frac{d\Delta i_f}{dt}+\Delta i_f=\frac{1}{R_f}\Delta u_f \tag{2-47}$$

式(2-47) 表明，由于考虑各变量的偏量为微量，就把原来非线性数学模型，转化成以偏量表示的常系数线性数学模型了。在线性化过程中，由于只考虑泰勒级数中的一次偏量，故式(2-47) 又称为一次线性化方程式。当然，在有些场合，非线性并不严重，偏量可以很大，这时线性化模型愈接近线性模型，甚至只是变量形式不同而已（即后者以偏量为变量)。

要建立整个系统的线性化微分方程式，首先要确定系统处于平衡状态时，各元件的工作点；然后列出各元件在工作点附近的偏量方程式，消去中间变量；最后得到整个系统以偏量表示的线性化方程式。假如有些元件方程式本来就是线性方程，为了使变量统一，可对线性方程式两端直接取偏量，即得以偏量表示的方程式。

下面举一个反馈控制系统的例子，来进一步说明系统的线性化方程式如何建立。

【例 2-1】 图 2-12 表示直流电动机转速自动镇定系统，图 2-13 为信号以偏量表示的系统结构图，电动机的转速由输入电压 u_r 给定。给定后，u_r 值保持不变，希望电动机转速不受任何扰动影响，保持给定的值（允许有一定误差，但稳态误差不能超过规定值)。稳态时，放大器输入 $e\neq0$，u_f 有一定值，保证电动机有必要的激磁电流 i_f。任何扰动都将引起转速的变化，系统通过测速发电机反馈自动调节 i_f，使转速保持基本不变。现在设电枢电压 u_a 恒定，转速变化由负载转矩变化引起。求输入为负载转矩、输出为转速的系统的偏量微分方程式。

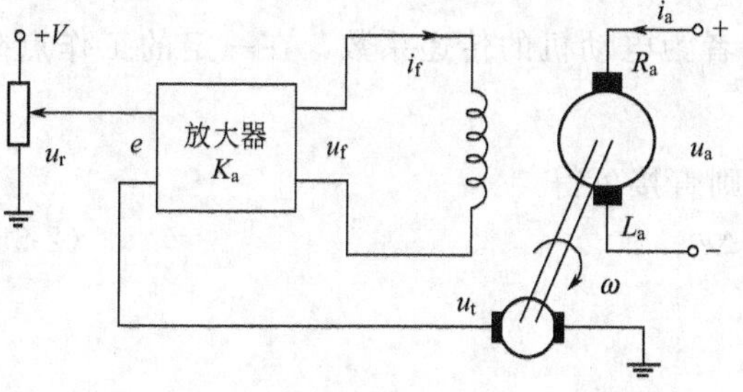

图 2-12 直流电动机转速自动镇定系统

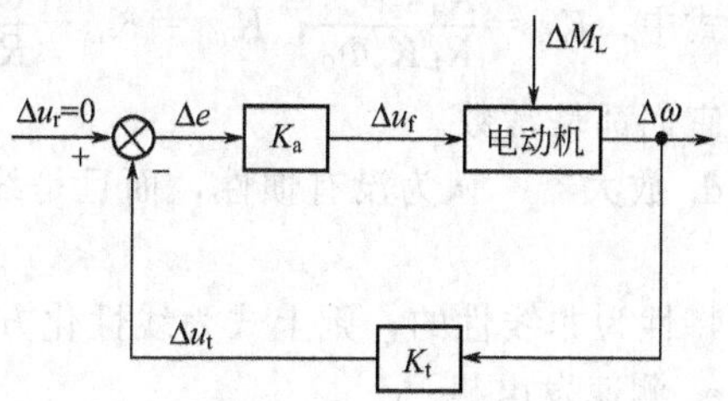

图 2-13 信号以偏量表示的系统结构图

解 ① 稳态时，系统平衡，各信号稳态值为 ω_0，u_{t0}，e_0，u_{f0}，i_{f0}，i_{a0} 等，负载转矩为 M_L。现在负载转矩发生变化，但变化不大，为 ΔM_L，故各处信号（变量）均在稳态值附近不大范围内变动，它们的偏量方程式可求之如下。

a. 激磁回路 由式(2-47) 决定。

b. 电枢回路

$$L_a\frac{di_a}{dt}+R_a i_a+e_a=u_a \tag{2-48}$$

式中，e_a 为电枢反电势，是中间变量，它由 $\Phi\omega$ 决定，即

$$e_a = K_e'\Phi\omega \tag{2-49}$$

在此，K_e'是常数，上式是非线性方程式。

将式(2-49) 代入式(2-48)，取增量后，得电枢回路线性化方程式为

$$L_a\frac{d\Delta i_a}{dt} + R_a\Delta i_a + K_e'\omega_0\Delta\Phi + K_e'\Phi_0\Delta\omega = 0$$

或

$$T_a\frac{d\Delta i_a}{dt} + \Delta i_a = -\frac{K_e'}{R_a}(\omega_0\Delta\Phi + \Phi_0\Delta\omega) \tag{2-50}$$

式中，$T_a = L_a/R_a$，电枢回路时间常数，s。

c. 电动机

$$J\frac{d\omega}{dt} + M_L = M_D$$

$$M_D = K_M'\Phi i_a$$

故

$$J\frac{d\omega}{dt} + M_L = K_M'\Phi i_a \tag{2-51}$$

式中，K_M'为常数。上式仍为非线性方程式，要进行线性化。由于 $\Delta M_L \neq 0$，则线性化后

$$J\frac{d\Delta\omega}{dt} + \Delta M_L = K_M'(\Phi_0\Delta i_a + i_{a0}\Delta\Phi) \tag{2-52}$$

式(2-50) 和式(2-52) 中 $\Delta\Phi$ 是中间变量，它与 Δi_f 有关系。气隙磁通 Φ 是 i_f 的非线性函数，它可由电动机空载曲线求得。由于是小偏差过程，和激磁回路一样，对它进行线性化后，可得

$$\Delta\Phi = C_f\Delta i_f \tag{2-53}$$

式中，C_f 在某一平衡工作点是常数，不同工作点，它具有不同的值。

联解式(2-47)、式(2-50)、式(2-52) 和式(2-53) 后，电动机线性化方程式为

$$\begin{aligned} &T_M T_a T_f'\frac{d^3\Delta\omega}{dt^3} + T_M(T_a + T_f')\frac{d^2\Delta\omega}{dt^2} + (T_f' + T_M)\frac{d\Delta\omega}{dt} + \Delta\omega \\ &= K_m T_a\frac{d\Delta u_f}{dt} + K_{mf}\Delta u_f - \frac{T_M}{J}\left[T_a T_f'\frac{d^2\Delta M_L}{dt^2} + (T_a + T_f')\frac{d\Delta M_L}{dt} + \Delta M_L\right] \end{aligned} \tag{2-54}$$

式中，$K_m = \frac{R_a}{R_f}\frac{C_f i_{a0}}{K_a'\Phi_0}$；$K_{mf} = K_m - \frac{C_f\omega_0}{R_f\Phi_0}$。后者为电动机的传递系数，在一定的工作点附近，它们都是常数。

d. 放大器　认为没有惯性，而且是线性的，则直接可得

$$\Delta u_f = K_a\Delta e \tag{2-55}$$

假如特性为非线性的，则上式为线性化方程式。

e. 测速发电机

$$\Delta u_t = K_t\Delta\omega \tag{2-56}$$

f. 比较器　因为 $\Delta u_r = 0$，故

$$\Delta e = -\Delta u_t \tag{2-57}$$

② 从式(2-54)～式(2-57) 消去中间变量 Δu_f，Δe 和 Δu_t 后，即得到该系统在扰动输入 ΔM_L 作用下的线性化微分方程式

$$\begin{aligned} &T_M T_a T_f'\frac{d^3\Delta\omega}{dt^3} + T_M(T_a + T_f')\frac{d^2\Delta\omega}{dt^2} + (T_f' + T_M + K_t K_a K_m T_a)\frac{d\Delta\omega}{dt} + (1+K)\Delta\omega \\ &= -\frac{T_M}{J}\left[T_a T_f'\frac{d^2\Delta M_L}{dt^2} + (T_a + T_f')\frac{d\Delta M_L}{dt} + \Delta M_L\right] \end{aligned} \tag{2-58}$$

式中，$K=K_{mf}K_aK_t$为系统开环放大系数。

一般为了书写方便，常省略方程式中偏量的符号“Δ”，例如 $\Delta\omega$，$\mathrm{d}\Delta\omega/\mathrm{d}t$ 写作 ω，$\mathrm{d}\omega/\mathrm{d}t$，但在系统具有非线性场合，线性方程式中的变量均应理解为偏量。这样式(2-58) 就可写作

$$T_MT_aT_f'\frac{\mathrm{d}^3\omega}{\mathrm{d}t^3}+T_M(T_a+T_f')\frac{\mathrm{d}^2\omega}{\mathrm{d}t^2}+(T_f'+T_M+K_mK_tK_aT_a)\frac{\mathrm{d}\omega}{\mathrm{d}t}+(1+K)\omega$$
$$=-\frac{T_M}{J}\left[T_aT_f'\frac{\mathrm{d}^2M_L}{\mathrm{d}t^2}+(T_a+T_f')\frac{\mathrm{d}M_L}{\mathrm{d}t}+M_L\right] \qquad (2\text{-}59)$$

2.3 控制系统的传递函数

控制系统的微分方程，是在时域描述系统动态性能的数学模型。在给定外作用及初始条件下，求解微分方程可以得到系统的输出响应。这种方法比较直观，特别是借助于计算机，可以迅速而准确地求得结果。但是，如果系统中某个参数变化或者结构形式改变，便需要重新列写并求解微分方程，因此不便于对系统进行分析和设计。

对线性常微分方程进行拉氏变换，可以得到系统在复数域的数学模型，称其为传递函数。传递函数不仅可以表征系统的动态特性，而且可以借以研究系统的结构或参数变化对系统性能的影响。在经典控制理论中广泛应用的频率法和根轨迹法，就是在传递函数基础上建立起来的。因此，传递函数是经典控制理论中最基本也是最重要的概念。

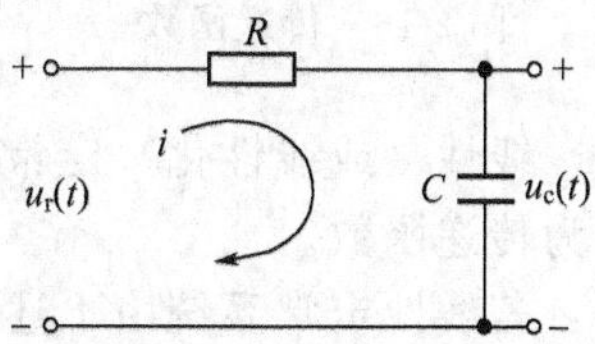

图 2-14 RC 电路

2.3.1 传递函数的概念

研究图 2-14 所示的 RC 电路中电容的端电压 $u_c(t)$。根据克希霍夫定律，可列写如下微分方程

$$i(t)R+u_c(t)=u_r(t) \qquad (2\text{-}60)$$

$$u_c(t)=\frac{1}{C}\int i(t)\mathrm{d}t \qquad (2\text{-}61)$$

消去中间变量 $i(t)$，得到输入 $u_r(t)$ 与输出 $u_c(t)$ 之间的线性定常微分方程

$$RC\frac{\mathrm{d}u_c(t)}{\mathrm{d}t}+u_c(t)=u_r(t) \qquad (2\text{-}62)$$

现在对上述微分方程两端进行拉氏变换，并考虑电容上的初始电压 $u_c(0)$，得

$$RCsU_c(s)-RCu_c(0)+U_c(s)=U_r(s) \qquad (2\text{-}63)$$

式中 $U_c(s)$——输出电压 $u_c(t)$ 的拉氏变换；

$U_r(s)$——输入电压 $u_r(t)$ 的拉氏变换。

由上式求出 $U_c(s)$ 的表达式

$$U_c(s)=\frac{1}{RCs+1}U_r(s)+\frac{RC}{RCs+1}u_c(0) \qquad (2\text{-}64)$$

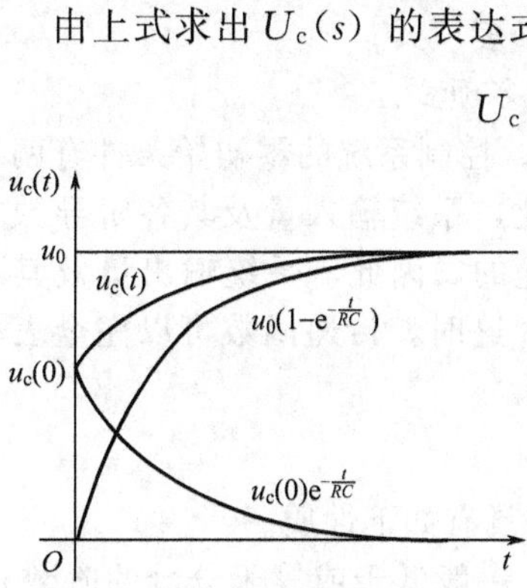

图 2-15 RC 网络的阶跃响应曲线

当输入为阶跃电压 $u_r(t)=u_0\cdot 1(t)$ 时，对 $U_c(s)$ 求拉氏反变换，即得 $u_c(t)$ 的变化规律

$$u_c(t)=u_0(1-\mathrm{e}^{-\frac{t}{RC}})+u_c(0)\mathrm{e}^{-\frac{t}{RC}} \qquad (2\text{-}65)$$

式中，第一项称为零状态响应，它是由 $u_r(t)$ 决定的分量；第二项称为零输入响应，它是由初始电压 $u_c(0)$ 决定的分量。图 2-15 表示各分量的变化曲线，电容电压 $u_c(t)$ 即为两者的合成，在式(2-65) 中，如果把初始电压 $u_c(0)$ 也视为一个输入作用，则根据线性系统的叠加原理，可以分别研

究在输入电压 $u_r(t)$ 和初始电压 $u_c(0)$ 作用时，电路的输出响应。若 $u_c(0)=0$，则有

$$U_c(s)=\frac{1}{RCs+1}U_r(s) \tag{2-66}$$

上式表明，当输入电压 $u_r(t)$ 一定时，电路输出响应的拉氏变换 $U_c(s)$ 完全由 $1/(RCs+1)$ 所确定，式(2-66) 亦可写为

$$\frac{U_c(s)}{U_r(s)}=\frac{1}{RCs+1} \tag{2-67}$$

由上式看出，当初始电压为零时，无论输入电压 $u_r(t)$ 是什么形式，电路输出响应的象函数与输入电压的象函数之比，是一个只与电路结构及参数有关的函数。因此，可以用式(2-67) 来表征电路本身的特性，称作传递函数，记为

$$G(s)=\frac{1}{Ts+1}$$

式中，$T=RC$。显然，传递函数 $G(s)$ 确立了电路输入电压与输出电压之间的关系。

传递函数可用图 2-16 直观表示。图中，方框内写传递函数，进入方框的箭头表示输入信号，离开方框的箭头表示输出信号。该图表明了电路中电压的传递关系，即输入电压 $U_r(s)$，经过 $G(s)$ 的传递，得到输出电压 $U_c(s)=G(s)U_r(s)$。由 RC 电路得到的传递函数的概念，可以推广到一般的元件或系统。现在对传递函数作如下定义。

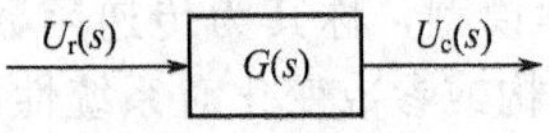

图 2-16　传递函数

线性（或线性化）定常系统在零初始条件下，输出量的拉氏变换与输入量的拉氏变换之比称为传递函数。

若线性定常系统由下述 n 阶微分方程描述

$$\begin{aligned}&a_n\frac{\mathrm{d}^n}{\mathrm{d}t^n}c(t)+a_{n-1}\frac{\mathrm{d}^{n-1}}{\mathrm{d}t^{n-1}}c(t)+\cdots+a_1\frac{\mathrm{d}}{\mathrm{d}t}c(t)+a_0c(t)\\&=b_m\frac{\mathrm{d}^m}{\mathrm{d}t^m}r(t)+b_{m-1}\frac{\mathrm{d}^{m-1}}{\mathrm{d}t^{m-1}}r(t)+\cdots+b_1\frac{\mathrm{d}}{\mathrm{d}t}r(t)+b_0r(t)\end{aligned} \tag{2-68}$$

式中，$c(t)$ 是系统输出量；$r(t)$ 是系统输入量；$a_0,a_1,\cdots,a_n,b_0,b_1,\cdots,b_m$ 是与系统结构参数有关的常系数。

令 $C(s)=\mathrm{L}[c(t)]$，$R(s)=\mathrm{L}[r(t)]$，在初始条件为零时，对式(2-68) 进行拉氏变换，可得到 s 的代数方程

$$[a_ns^n+a_{n-1}s^{n-1}+\cdots+a_1s+a_0]C(s)=[b_ms^m+b_{m-1}s^{m-1}+\cdots+b_1s+b_0]R(s)$$

根据传递函数的定义，由式(2-68) 描述的线性定常系统的传递函数

$$G(s)=\frac{C(s)}{R(s)}=\frac{b_ms^m+b_{m-1}s^{m-1}+\cdots+b_1s+b_0}{a_ns^n+a_{n-1}s^{n-1}+\cdots+a_1s+a_0}=\frac{N(s)}{D(s)} \tag{2-69}$$

式中　$N(s)=b_ms^m+b_{m-1}s^{m-1}+\cdots+b_1s+b_0$ 为传递函数的分子多项式；

$D(s)=a_ns^n+a_{n-1}s^{n-1}+\cdots+a_1s+a_0$ 为传递函数的分母多项式。

传递函数是在初始条件为零（或称零初始条件）时定义的。控制系统的零初始条件有两方面的含义，一是指输入作用是在 $t=0$ 以后才作用于系统，因此，系统输入量及其各阶导数在 $t=0$ 时的值均为零；二是指系统在输入作用加入前是相对静止的，因此，系统输出量及其各阶导数在 $t=0$ 时的值也为零。现实的控制系统多属此类情况，这时，传递函数可以完全表征系统的动态性能。

2.3.2　传递函数的性质

从线性定常系统传递函数的定义式(2-69) 可知，传递函数具有如下性质。

① 传递函数是复变量 s 的有理真分式函数，分子的阶数 m 一般低于或等于分母的阶数 n，且所有系数均为实数。$m\leqslant n$，这是因为物理系统必然具有惯性，而且能源又是有限的缘故；

各系数均为实数，是因为它们都是系统元件参数的函数，而元件的参数只能是实数。

② 传递函数只取决于系统和元件的结构和参数，与外作用及初始条件无关。

③ 一定的传递函数有一定的零、极点分布图与之对应，因此传递函数的零、极点分布图也表征了系统的动态性能。将式(2-69) 中分子多项式及分母多项式因式分解后，写为如下形式

$$G(s)=\frac{C(s)}{R(s)}=k\frac{(s+z_1)(s+z_2)\cdots(s+z_m)}{(s+p_1)(s+p_2)\cdots(s+p_n)} \tag{2-70}$$

式中，k 为常数，$-z_1,\cdots,-z_m$ 为传递函数分子多项式方程的 m 个根，称为传递函数的零点；$-p_1,\cdots,-p_n$ 为分母多项式方程的 n 个根，称为传递函数的极点。显然，零、极点的数值完全取决于诸系数 $b_0,\cdots,b_m$ 及 $a_0,\cdots,a_n$，即取决于系统的结构参数。一般 z_i，p_i 可为实数，也可为复数，且若为复数，必共轭成对出现。将零、极点标在复平面上，则得传递函数的零极点分布图，如图 2-17 所示。图中零点用“○”表示，极点用“×”表示。

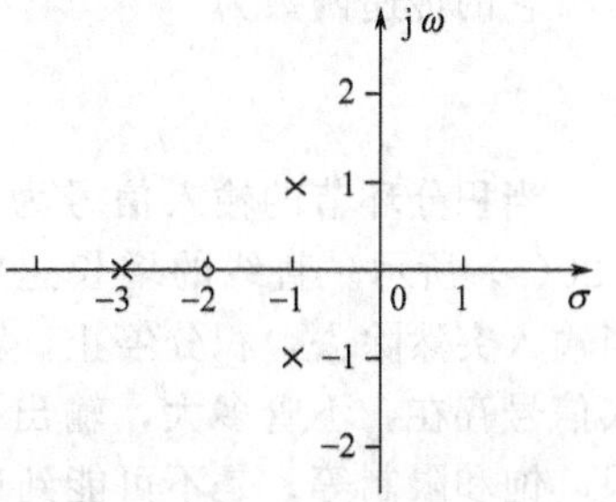

图 2-17 $G(s)=\dfrac{s+2}{(s+3)(s^2+2s+2)}$ 零极点分布图

④ 若取式(2-69) 中 $s=0$，则

$$G(0)=\frac{b_0}{a_0}$$

常称为传递系数（或静态放大系数）。从微分方程式(2-68) 看，$s=0$ 相当于所有导数项为零，方程蜕变为静态方程

$$a_0c=b_0r \quad 或\ c=\frac{b_0}{a_0}r$$

b_0/a_0 恰为输出输入时静态比值。

⑤ 一个传递函数只能表示一个输入对一个输出的函数关系，至于信号传递通路中的中间变量，传递函数无法全面反映。如果是多输入多输出系统，也不能用一个传递函数来表征该系统各变量间的关系，而要用传递函数阵表示。

2.3.3 典型环节及其传递函数

控制系统是由若干元件有机组合而成的。从结构上及作用原理上来看，有各种各样不同的元件，但从动态性能或数学模型来看，却可分成为数不多的基本环节，也就是典型环节。不管元件是机械式、电气式或液压式等，只要它们的数学模型一样，它们就是同一种环节。这样划分，为系统的分析和研究带来很多方便，对理解和掌握各种元件对系统动态性能的影响也很有帮助。

以下列举几种典型环节及其传递函数。这些环节是构成系统的基本环节，有时简单的系统也可以用它们来描述，它们的阶数最高不超过 2。

(1) 比例环节

比例环节的传递函数为

$$G(s)=K \tag{2-71}$$

这表明，输出量与输入量成正比，不失真也不延滞，所以比例环节又称为无惯性环节或放大环节。无弹性形变的杠杆、不计非线性和惯性的电子放大器、测速发电机（输出为电压、输入为转速时）等都可认为是比例环节。

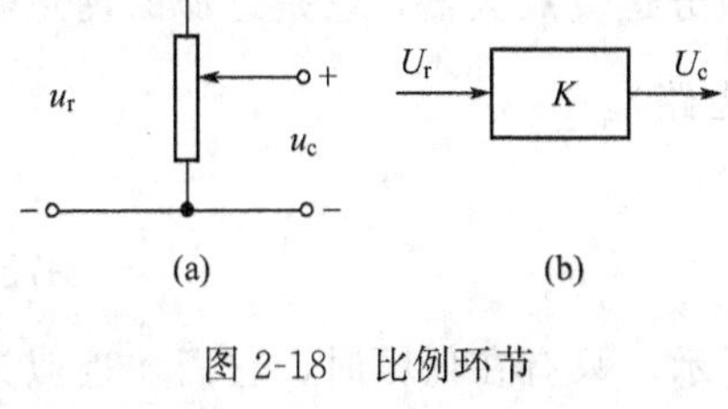

图 2-18 比例环节

图 2-18(a) 所示为一电位器，它的输入电压经分压后作为输出电压，所以在不考虑负载效应时，电位器可以看成比例环节。这一环节的输入量和输出量关系，可用图 2-18(b) 所示的结构图来表示。

(2) 惯性环节

凡传递函数具有如下形式的环节为惯性环节

$$G(s)=\frac{K}{Ts+1} \tag{2-72}$$

式中 K——环节的比例系数；

T——环节的时间常数。

当环节的输入量为单位阶跃函数时，环节的输出量将按指数曲线上升，具有惯性，如图2-19所示。RC回路、RL回路、直流电动机电枢回路（当电枢电感可忽略不计时）都可看做惯性环节。

(3) 积分环节

它的传递函数为

$$G(s)=\frac{1}{Ts} \tag{2-73}$$

当积分环节的输入信号为单位阶跃函数时，则输出为 t/T，它随着时间直线增长，如图2-20(a) 所示。直线的增长速度由 $1/T$ 决定，即 T 越小，上升越快。T 称为积分时间常数。当输入突然除去，积分停止，输出维持不变，故有记忆功能。对于理想的积分环节，只要有输入信号存在，不管多大，输出总要不断上升，直至无限（当然，对于实际元件，由于能量有限、饱和限制等，是不可能到达无限的）。

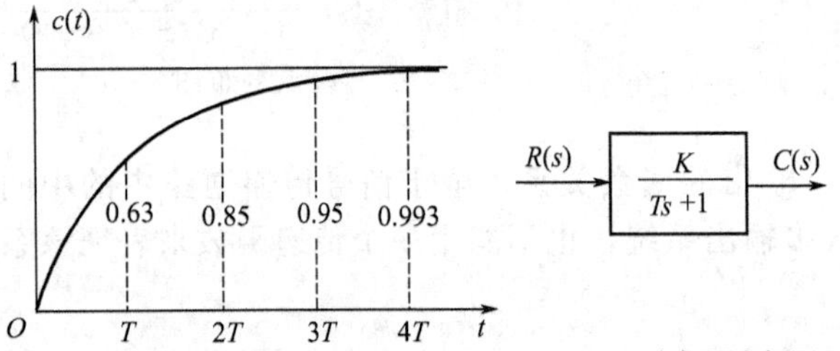

(a) 单位阶跃响应曲线框图 (b) 方框图方框图

图 2-19 惯性环节

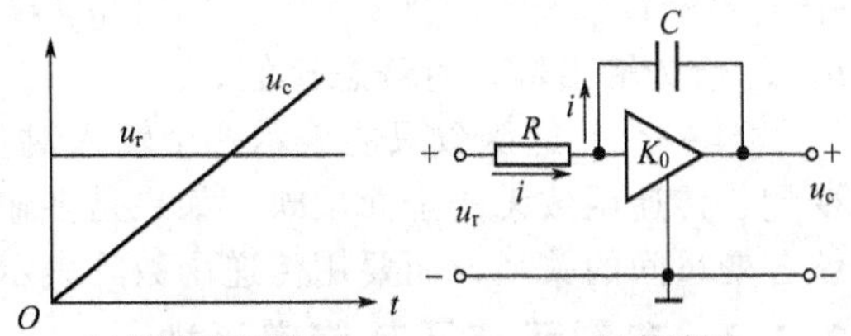

(a) 阶跃响应曲线 (b) 线路图

图 2-20 积分环节

实际上，比较图2-19(a) 和图2-20(a) 可知，当惯性环节的时间常数很大，在起始以后很长一段时间内，输出响应曲线近似为直线，所以这时惯性环节的作用就近似一个积分环节。

图2-20(b) 为控制系统中经常应用的积分调节器，积分时间常数为 RC。

(4) 微分环节

理想微分环节的传递函数为

$$G(s)=Ts \tag{2-74}$$

理想微分环节的输出量与输入量的一阶导数成正比。假如输入是单位阶跃函数 $1(t)$，则理想微分环节的输出为 $c(t)=T(t)$，是个脉冲函数。由于微分环节能预示输入信号的变化趋势，所以常用来改善控制系统的动态性能。

理想微分环节的实例示于图2-21(a)、(b)。其中图2-21(a) 为测速发电机，当其输入为转角 θ，输出为电枢电压时，则有 $u=K_t\frac{d\theta}{dt}$。图2-21(b) 为微分运算放大器，它是近似的理想微分环节（实际上，运算放大器作微分运算时，常接成隐式电路）。

在实际系统中，微分环节常带有惯性，它的传递函数为

$$G(s)=\frac{T_1 s}{T_2 s+1} \tag{2-75}$$

它由理想微分环节和惯性环节组成，如图2-21(c)、(d) 所示。只有在低频时，它们才近似为

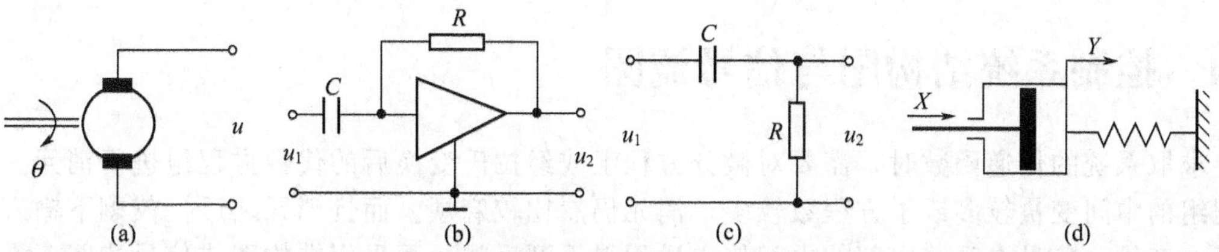

图 2-21 微分环节

理想微分环节，否则就有式(2-75)的传递函数。

（5）振荡环节

该环节包含有两个储能元件，在输入信号作用时，两个储能元件进行能量交换。图 2-22 所示为单位阶跃函数作用下的响应曲线。它的传递函数为

$$G(s)=\frac{1}{T^2s^2+2T\zeta s+1}=\frac{\omega_n^2}{s^2+2\omega_n\zeta s+\omega_n^2} \tag{2-76}$$

式中 ω_n——无阻尼自然振荡频率，$\omega_n=1/T$；

ζ——阻尼比，$0<\zeta<1$。

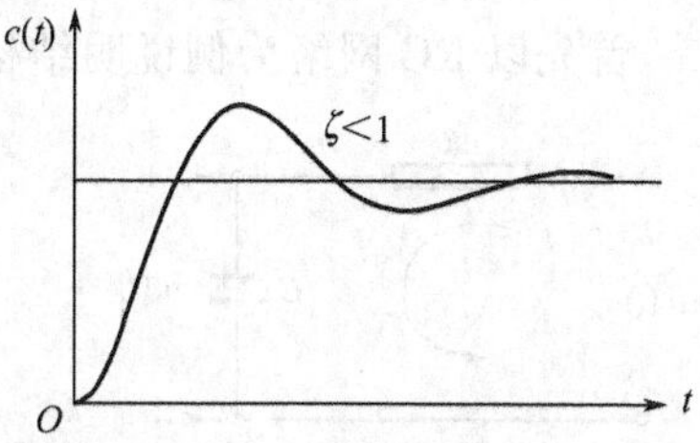

图 2-22 振荡环节的单位阶跃响应曲线

振荡环节实际上是一个二阶系统，对它的详细分析，将在第 3 章中进行。2.2 节中的机械位移系统、RLC 电路、只考虑电枢电压控制作用的直流电动机（输出为转速）等，从传递函数的特性讲都是振荡环节。

（6）延滞环节

在实际系统经常会遇到这样一种典型环节，当输入信号加入后，它的输出端要隔一定的时间后才能复现输入信号。例如图 2-23 所示，当输入为阶跃信号，输出要隔一定时间 τ 后才出现阶跃信号，在 $0<t<\tau$ 内，输出为零。这种环节叫做延滞环节 τ 叫做延滞时间（又称死时）。延滞环节也是线性环节，具有延滞环节的系统叫做延滞系统。

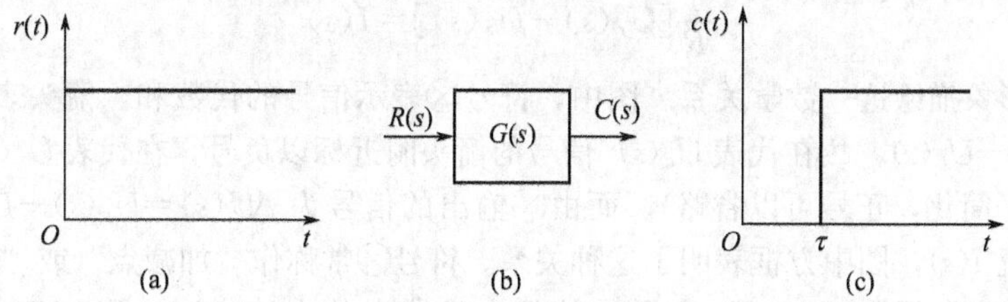

图 2-23 延滞环节

延滞环节的传递函数可求之如下

$$c(t)=r(t-\tau)$$

其拉氏变换为

$$C(s)=\int_0^{\infty}r(t-\tau)\mathrm{e}^{-st}\,\mathrm{d}t=\int_0^{\infty}r(\xi)\mathrm{e}^{-s(\xi+\tau)}\,\mathrm{d}\xi=\mathrm{e}^{-\tau s}R(s)$$

式中，$\xi=t-\tau$，所以延滞环节的传递函数为

$$G(s)=\mathrm{e}^{-\tau s} \tag{2-77}$$

系统中具有延滞环节，对系统的稳定性不利，延滞越大，影响越大。

大多数过程控制系统中，都具有延滞环节，例如燃料或其他物质的传输，从输入口至输出口有传输时间（即延滞时间），介质压力或热量在管道中的传播有传播延滞，以及各种机构运行中有延滞等。

以上是线性定常系统中，按数学模型区分的几个最基本的环节。一个元件可能是一个典型环节，也可能由几个典型环节组成。

2.4 控制系统结构图与信号流图

求取系统的传递函数时，需要对微分方程组或经拉氏变换后的代数方程组进行消元。如果方程组的中间变量较多或子方程数较多，消元仍然比较麻烦。而且消元之后，仅剩下输入与输出两个变量，信号在系统内部的中间传递过程得不到反映。而采用结构图或信号流图，将更便于求取系统的传递函数，同时还能形象直观地表明输入信号以及各中间变量在系统中的传递过程。因此，结构图和信号流图也作为一种数学模型，在控制理论中得到了广泛的应用。

2.4.1 控制系统的结构图

2.4.1.1 结构图的概念

首先以 RC 网络为例说明结构图的一般特点。图 2-24 RC 网络的微分方程式为

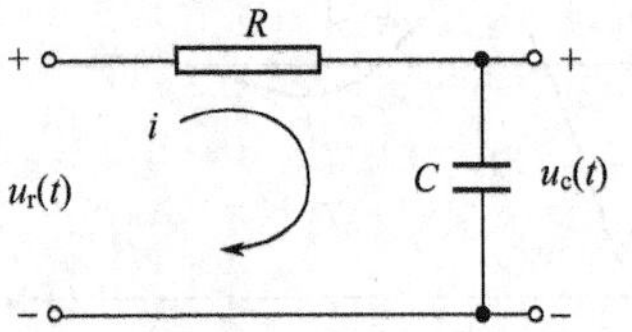

图 2-24 RC 网络

$$u_r = Ri + \frac{1}{C}\int i\mathrm{d}t$$

$$u_c = \frac{1}{C}\int i\mathrm{d}t$$

也可写为

$$u_r - u_c = Ri \tag{2-78}$$

$$u_c = \frac{1}{C}\int i\mathrm{d}t \tag{2-79}$$

对上面二式进行拉氏变换，得

$$U_r(s) - U_c(s) = RI(s) \tag{2-78a}$$

$$U_c(s) = \frac{1}{Cs}I(s) \tag{2-79a}$$

将式(2-78a) 表示成

$$\frac{1}{R}[U_r(s) - U_c(s)] = I(s)$$

并用图 2-25(a) 形象描绘这一数学关系。图中，符号⊗表示信号的代数和，箭头表示信号的传递方向。因为是 $U_r(s) - U_c(s)$，故在代表 $U_c(s)$ 信号的箭头附近标以负号，在代表 $U_r(s)$ 信号的箭头附近标以正号（为了简化，正号可以省略）。而由⊗输出的信号为 $\Delta U(s) = U_r(s) - U_c(s)$。$\Delta U(s)$ 经 $1/R$ 又转换为电流 $I(s)$，图中方框表明了这种关系。符号⊗常称作“加减点”或“综合点”。

方程（2-79a）可用图 2-25(b) 表示，流经电容器上的电流 $I(s)$ 经 $1/Cs$ 转换为输出电压 $U_c(s)$。将图 2-25(a)、图 2-25(b) 合并，并将输入量置于图的左端，输出量置于右端，同一变量的信号连接在一起，如图 2-25(c) 所示，即得 RC 网络的结构图。

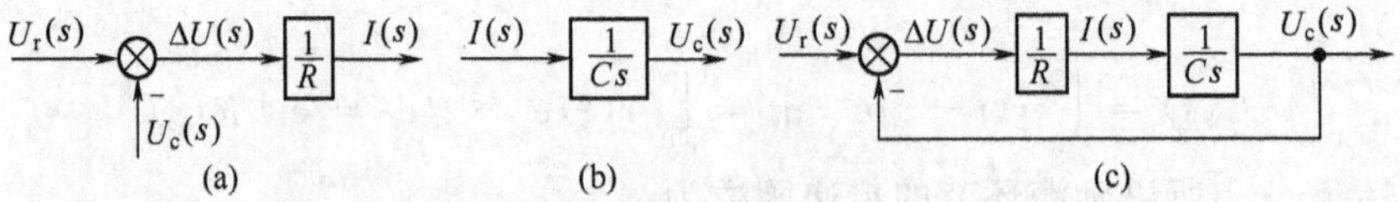

图 2-25 RC 网络的结构图

图中由 $U_c(s)$ 线段上引出的另一线段仍为 $U_c(s)$，该点称为引出点（或取出点）。需要注意，由引出点引出的信号是一样的，而不能理解为只是其中的一部分。

由上图可见，结构图是由一些符号组成的。有表示信号输入和输出的通路及箭头，有表示信号进行加减的综合点以及引出点，还有一些方框，方框内写入传递函数。根据由微分方程组得到的拉氏变换方程组，对每个子方程都用上述符号表示，并将各图形正确地连接起来，即为结构图，又称为方框图。

结构图实际上是数学模型的图解化，在分析系统的动态特性时，这将有助于了解信号传递过程中各部分的本质联系，也将有助于了解元件参数对系统动态性能的影响。结构图和微分方程、传递函数一样，也是系统的一种数学模型。

2.4.1.2　系统结构图的建立

建立系统的结构图，其步骤如下。

① 建立控制系统各元部件的微分方程。在建立微分方程时，应分清输入量、输出量，同时应考虑相邻元件之间是否有负载效应。

② 对各元件的微分方程进行拉氏变换，并作出各元件的结构图。

③ 按照系统中各变量的传递顺序，依次将各元件的结构图连接起来，置系统的输入变量于左端，输出变量于右端，便得到系统的结构图。

【例 2-2】 位置随动系统如图 2-26 所示，试建立系统的结构图。

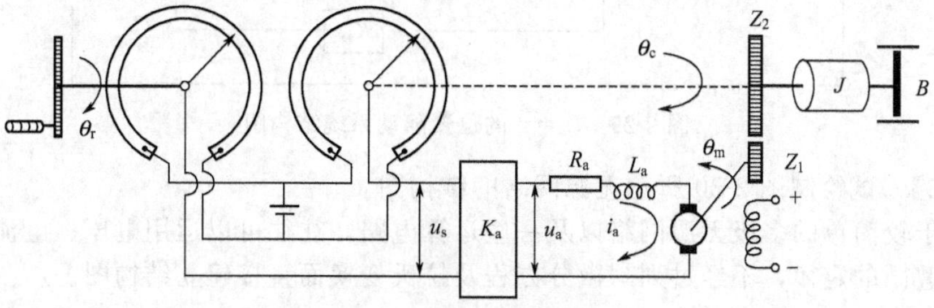

图 2-26　位置随动系统原理图

解　该系统各部分微分方程经拉氏变换后的关系式(2-80) 为

$$\theta_e(s)=\theta_r(s)-\theta_c(s) \qquad (2\text{-}80a)$$

$$U_s(s)=K_s\theta_e(s) \qquad (2\text{-}80b)$$

$$U_a(s)=K_aU_s(s) \qquad (2\text{-}80c)$$

$$I_a(s)=\frac{U_a(s)-E_b(s)}{L_as+R_a} \qquad (2\text{-}80d)$$

$$M_d(s)=K_mI_a(s) \qquad (2\text{-}80e)$$

$$\theta_m(s)=\frac{M_d(s)-M_L(s)}{Js^2+Bs} \qquad (2\text{-}80f)$$

$$E_b(s)=K_es\theta_m(s) \qquad (2\text{-}80g)$$

$$\theta_c(s)=\frac{1}{i}\theta_m(s) \qquad (2\text{-}80h)$$

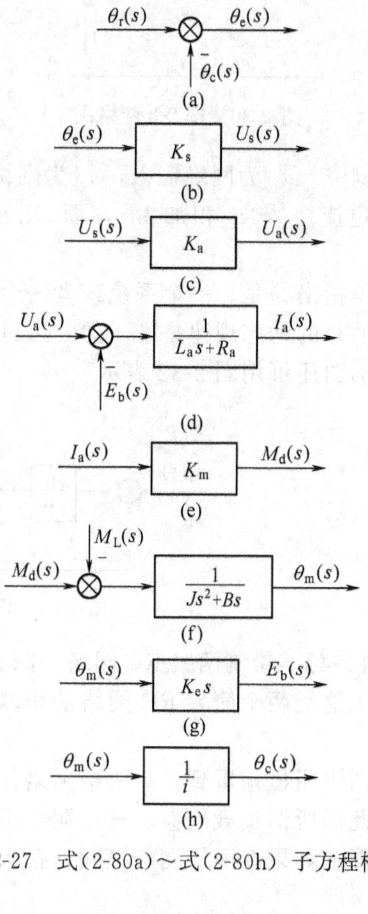

图 2-27　式(2-80a)～式(2-80h) 子方程框图

下一步是作出每个子方程的结构图，如图 2-27 所示。这里应按系统中各元件的相互关系，分清各输入量和输出量，如此各结构图才能正确地连接起来，如图 2-28 所示。如果略去 L_a，系统结构图如图 2-29 所示。

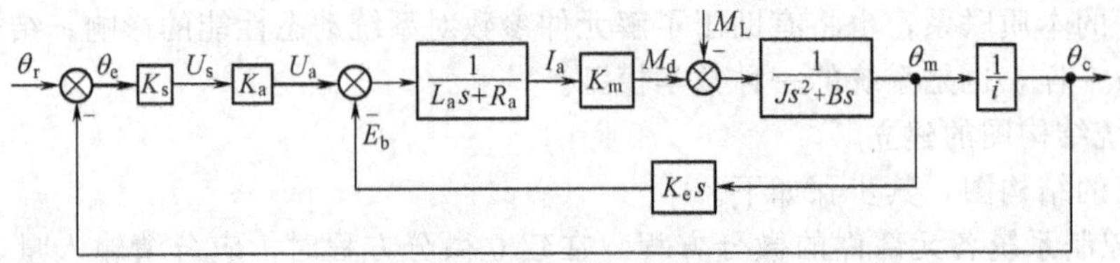

图 2-28 位置随动系统结构图

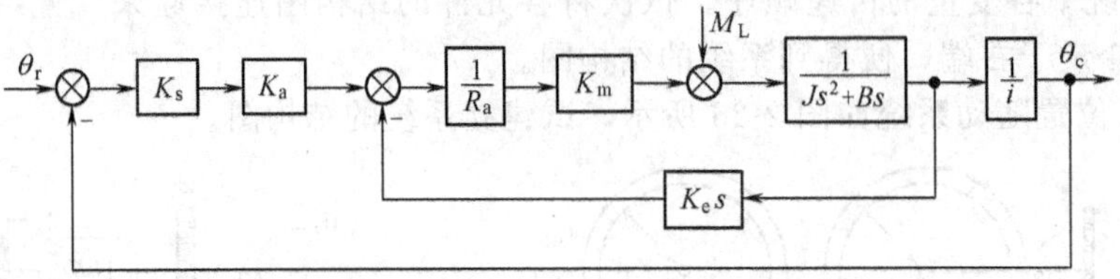

图 2-29 $L_a=0$ 的位置随动系统结构图

【例 2-3】 试绘制图 2-30 所示无源网络的结构图。

解 对于较简单的多级无源网络以及一些运算电路，往往可以运用电压、电流、电阻和复阻抗之间所遵循的定律，不经过列写微分方程及拉氏变换而直接建立结构图。

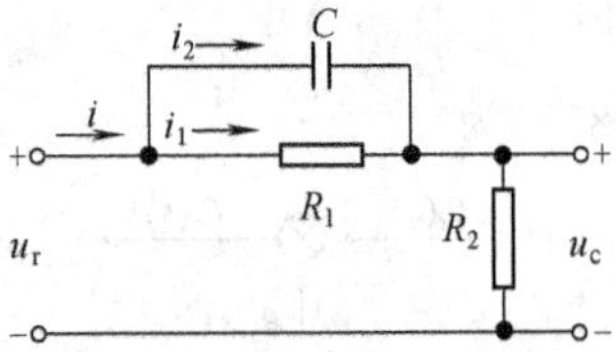

图 2-30 例 2-3 网络图

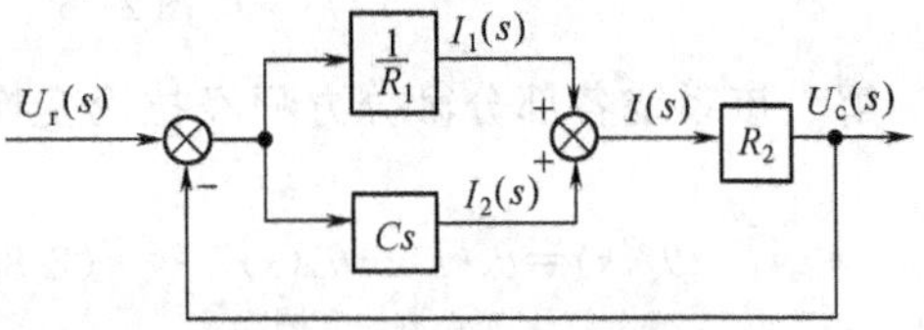

图 2-31 例 2-3 网络的结构图

本例中，u_r 为网络输入，u_c 为网络输出。u_r-u_c 为 R_1 与 C 并联支路的端电压，流经 R_1 与 C 的电流 i_1 与 i_2 相加为 i，而 $iR_2=u_c$。根据这些关系，可立即绘出如图 2-31 的网络结构图。

值得指出的是，一个系统或者一个元件，其结构图不惟一，可以绘出不同的形式。然而它们表示的总的动态规律是惟一的，经过变换求得的总传递函数应该是完全相同的。上例所示网络的结构图还可用图 2-32 表示。

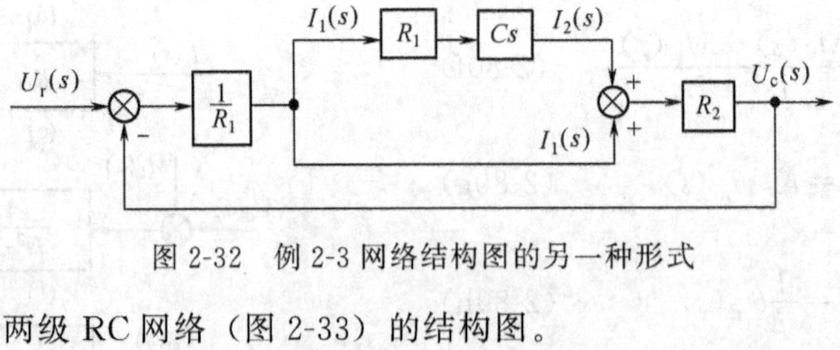

图 2-32 例 2-3 网络结构图的另一种形式

【例 2-4】 绘制两级 RC 网络（图 2-33）的结构图。

解 这是两个简单 RC 网络的串联。利用复阻抗概念，可直接绘出其结构图，如图 2-34 所示。

从图中明显地看到，后一级网络作为前一级网络的负载，对前级网络的输出电压 u_1 产生影响，此即所谓负载效应。这表明，不能简单地用两个单独网络结构图的串联，表示组合网络的结构图。如果在两级网络之间，接入一个输入阻抗很大而输出阻抗很小的隔离放大器，如图

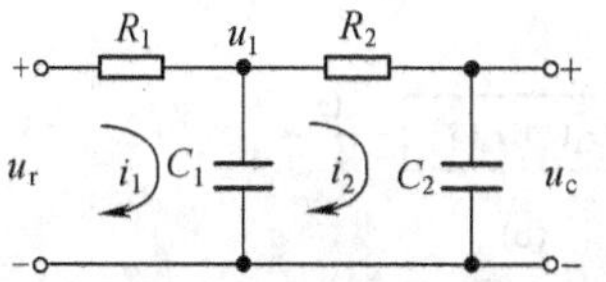

图 2-33 两级 RC 串联网络的线路图

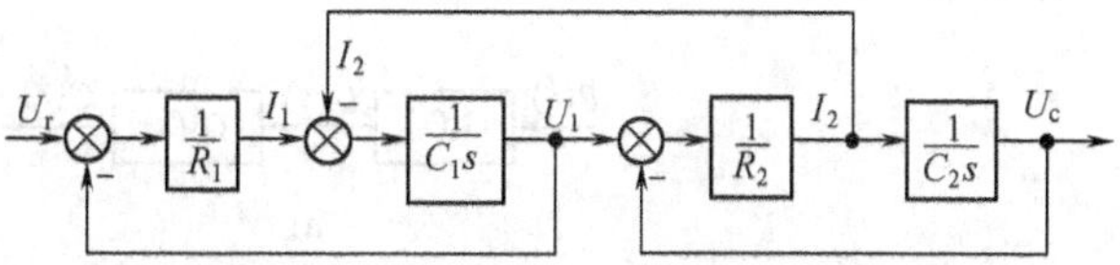

图 2-34 两级 RC 串联网络的结构图

2-35 所示，则该电路的结构图就可由两个简单的 RC 网络结构图组成，如图 2-36 所示，这时，网络之间的负载效应已被消除。

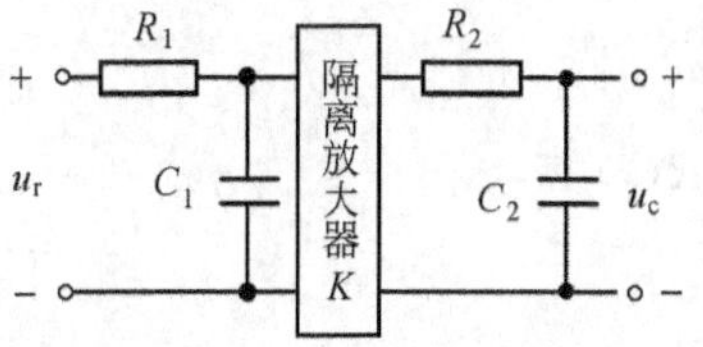

图 2-35 带隔离放大器的两级 RC 网络

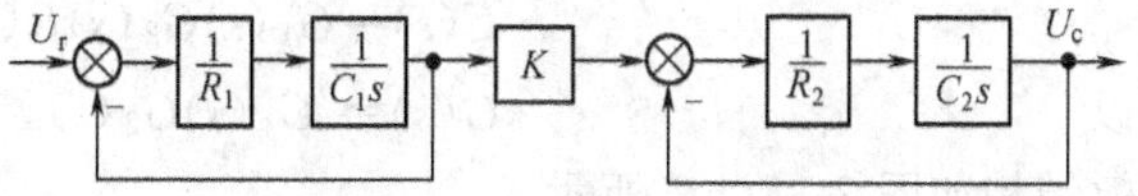

图 2-36 图 2-35 的结构图

2.4.1.3 结构图的等效变换

为了进一步计算系统的动态过程性能，需要对系统的结构图进行运算和变换，求出总的传递函数。这种运算和变换，就是设法将结构图化为一个等效的方框，而方框中的数学表达式即为总传递函数。变换的实质相当于对方程组进行消元。

结构图的变换应按等效原理进行。所谓等效，即对结构图的任一部分进行变换时，变换前、后输入输出总的数学关系保持不变。另外，变换应尽量简单易行。

(1) 结构图的基本组成形式

从前述的一些示例中可以看到，结构图的基本组成形式可分为三种。

① 串联连接　方框与方框首尾相连。前一个方框的输出，作为后一个方框的输入，这种结构形式称为串联连接。这是在许多系统的结构图中经常见到的结构。如图 2-28 中 K_s 与 K_a 两个方框即为串联连接。

② 并联连接　两个或多个方框，具有同一个输入，而以各方框输出的代数和作为总输出，这种结构称为并联连接。图 2-31 中 $1/R_1$ 与 Cs 两个方框即为这种连接形式。

③ 反馈连接　一个方框的输出，输入到另一个方框，得到的输出再返回作用于前一个方框的输入端，这种结构称为反馈连接，如图 2-37 所示。

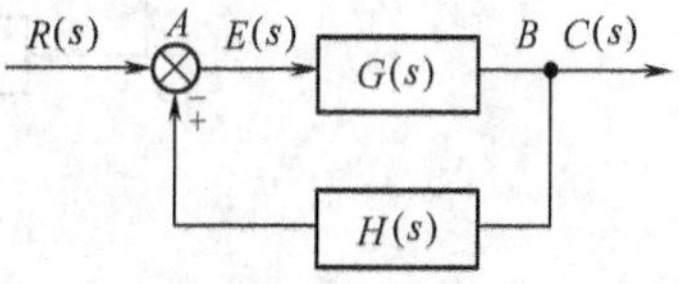

图 2-37 反馈连接

图中 A 处为综合点，两个信号代数相加后的 $E(s)$，作为 $G(s)$ 方框的输入，而 $G(s)$ 的输出，作为 $H(s)$ 方框的输入，并经 $H(s)$ 又返回作用于 $G(s)$ 方框的输入端，从而构成了由前向通路和反向通路组成的反馈连接形式。返回至 A 处的信号取“+”，称为正反馈；取“−”，称为负反馈。负反馈连接是控制系统的基本结构形式。

图中由 B 点引出的信号均为 $C(s)$，而不能理解为只是 $C(s)$ 的一部分，这是应该注意的。结构图中引出信息的点（位置）常称为引出点。

任何复杂系统的结构图，都不外乎由串联、并联和反馈三种基本结构交织组成。

(2) 结构图的等效变换法则

下面依据等效原理推导结构图变换的一般法则。

① 串联结构的等效变换　两个传递函数分别为 $G_1(s)$ 与 $G_2(s)$ 的环节，以串联方式连接，如图 2-38(a) 所示。现欲将二者合并，用一个传递函数 $G(s)$ 代替，并保持 $R(s)$ 与 $C(s)$

的关系不变。

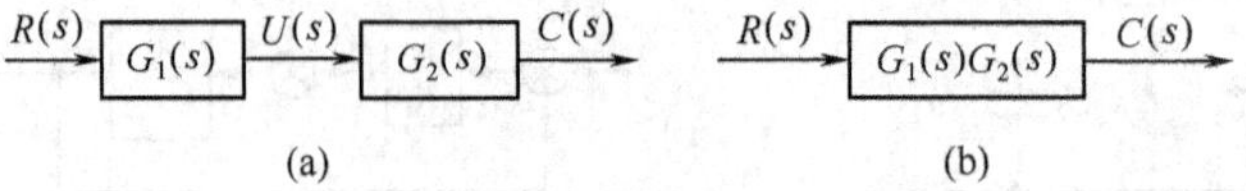

图 2-38 串联结构的等效变换

由图 2-38(a) 可写出

$$U(s)=G_1(s)R(s)$$

$$C(s)=G_2(s)U(s)$$

消去 $U(s)$，则有

$$C(s)=G_1(s)G_2(s)R(s)=G(s)R(s)$$

所以
$$G(s)=G_1(s)G_2(s) \tag{2-81}$$

等效结构如图 2-38(b) 所示。

式(2-81) 表明，两个传递函数串联的等效传递函数，等于该两个传递函数的乘积。

上述结论可以推广到多个传递函数的串联。如图 2-39 所示。n 个传递函数依次串联的等效传递函数，等于 n 个传递函数的乘积。

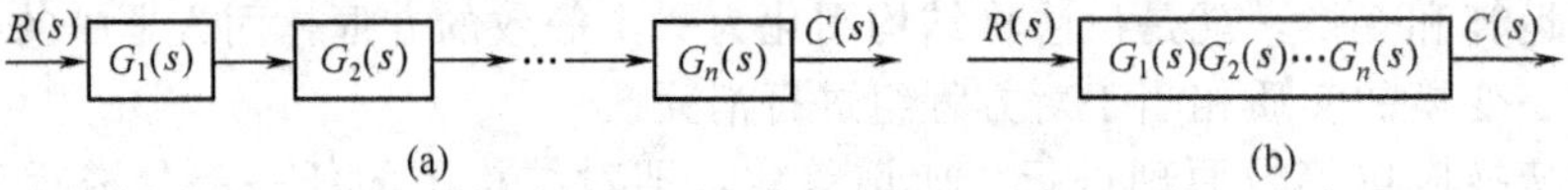

图 2-39 n 个方框串联的等效变换

② 并联连接的等效变换　传递函数分别为 $G_1(s)$ 与 $G_2(s)$ 两个环节并联连接，其等效传递函数等于该两个传递函数的代数和，即

$$G(s)=G_1(s)\pm G_2(s) \tag{2-82}$$

等效变换结果见图 2-40(b)。

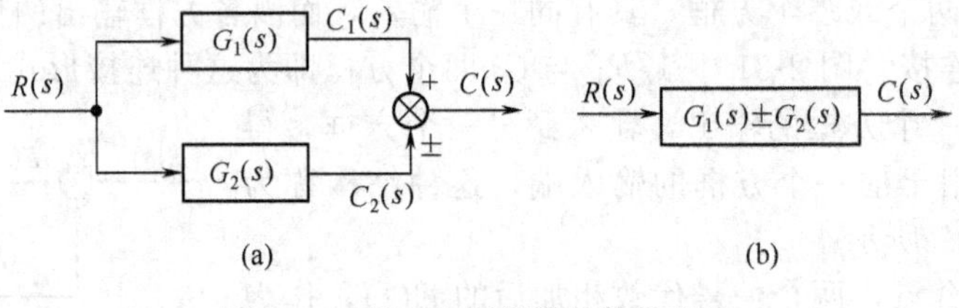

图 2-40 两个方框并联的等效变换

由图 2-40(a) 可写出

$$C_1(s)=G_1(s)R(s)$$

$$C_2(s)=G_2(s)R(s)$$

$$C(s)=C_1(s)\pm C_2(s)$$

经代换得

$$C(s)=G_1(s)R(s)\pm G_2(s)R(s)=[G_1(s)\pm G_2(s)]R(s)=G(s)R(S)$$

于是式(2-82) 成立。

式(2-82) 表明两个传递函数并联的等效传递函数，等于各传递函数的代数和。

同样，可将上述结论推广到 n 个传递函数的并联。图 2-41(a) 为 n 个方框并联，其等效传

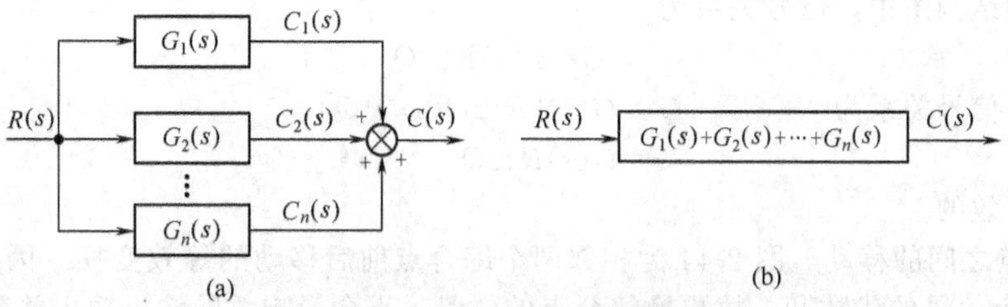

图 2-41 n 个方框并联的等效变换

递函数应等于该 n 个传递函数的代数和，如图 2-41(b) 所示。

③ 反馈连接的等效变换 图 2-42(a) 为反馈连接的一般形式，其等效变换结果如图 2-42(b) 所示。

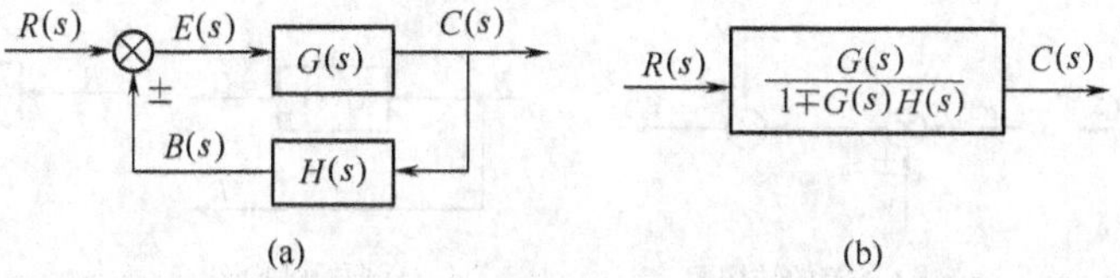

图 2-42 反馈连接的等效变换

由图 2-42(a) 按照信号传递的关系可写出

$$C(s)=G(s)E(s)$$
$$B(s)=H(s)C(s)$$
$$E(s)=R(s)\pm B(s)$$

消去 $E(s)$ 和 $B(s)$，得

$$C(s)=G(s)[R(s)\pm H(s)C(s)]$$
$$[1\mp G(s)H(s)]C(s)=G(s)R(s)$$

因此

$$\frac{C(s)}{R(s)}=G_{\mathrm{B}}(s)=\frac{G(s)}{1\mp G(s)H(s)} \tag{2-83}$$

故将反馈结构图等效简化为一个方框，方框内的传递函数为式(2-83)，称其为系统的闭环传递函数。式中分母上的加号，对应于负反馈；减号对应于正反馈。

若反馈通路的传递函数 $H(s)=1$，常称作单位反馈，此时

$$G_{\mathrm{B}}(s)=\frac{G(s)}{1\mp G(s)} \tag{2-84}$$

式(2-81)～式(2-84) 为结构变换中最常用的基本公式，也称基本变换法则。

④ 综合点与引出点的移动 在图 2-34 两级 RC 串联网络的结构图中，三个反馈回路都不是相互分开的，而是通过综合点或引出点相互交叉在一起，因此无法直接应用反馈法则(2-84) 进行等效化简。而必须设法将综合点或引出点的位置，在保证总的传递函数不变的条件下作适当的挪动，消除回路间的交叉联系，之后才能进一步变换。

a. 综合点前移 图 2-43 表示了综合点前移的等效变换。

如果欲将图 2-43(a) 中的综合点前移到 $G(s)$ 方框的输入端，而且仍要保持信号之间的关系不变，则必须在被挪动的通路上串以 $G(s)$ 的倒函数方框，如图 2-43(b) 所示。

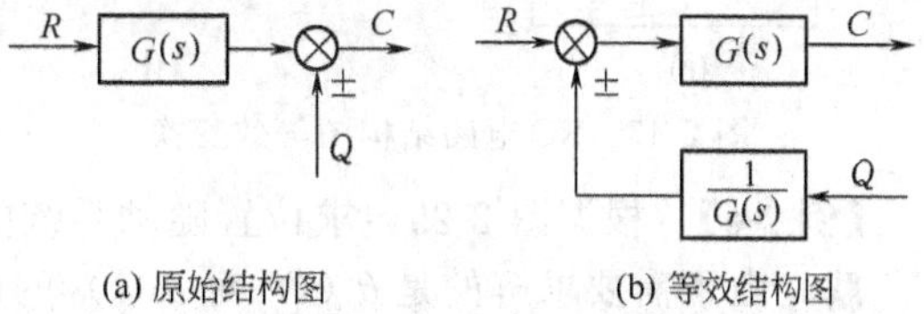

图 2-43 综合点前移的变换

挪动前的结构图中，信号关系为

$$C=G(s)R\pm Q$$

挪动后，信号关系为
$$\begin{aligned}C&=G(s)[R\pm G(s)^{-1}Q]\\&=G(s)R\pm Q\end{aligned}$$

二者是完全等效的。

b. 综合点之间的移动　图 2-44 为相邻两个综合点前后移动的等效变换。因为总输出 C 是 R、X、Y 三个信号的代数和，故更换综合点的位置，不会影响总的输出输入关系。

挪动前，总输出信号　$C=R\pm X\pm Y$

挪动后，总输出信号　$C=R\pm Y\pm X$

二者完全相同。因此，多个相邻综合点之间，可以随意调换位置。

c. 引出点后移　在图 2-45 中给出了引出点后移的等效变换。

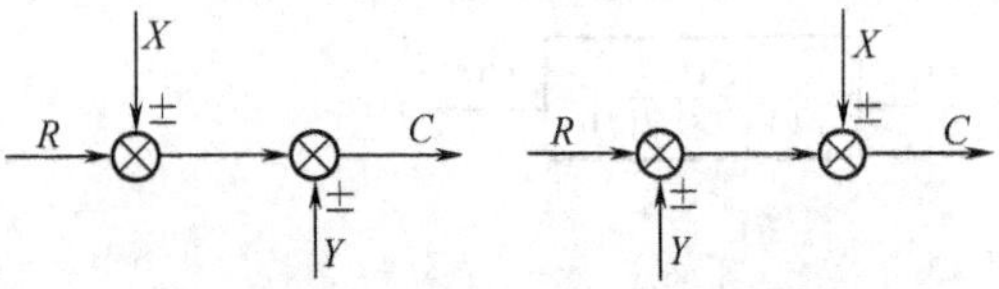

(a) 原始结构图　(b) 等效结构图

图 2-44　相邻综合点的移动

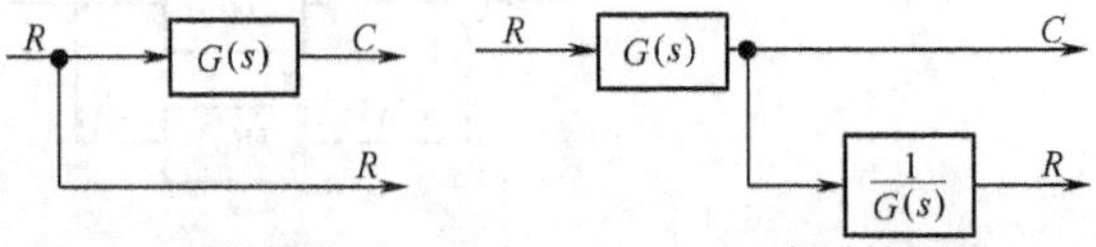

(a) 原始结构图　(b) 等效结构图

图 2-45　引出点后移的变换

将 $G(s)$ 方框输入端的引出点，移到 $G(s)$ 的输出端，仍要保持总的信号关系不变，则在被挪动的通路上应该串入 $G(s)$ 的倒函数方框，如图 2-45(b) 所示。如此，挪动后的支路上的信号为

$$R=\frac{1}{G(s)}G(s)R=R$$

d. 相邻引出点之间的移动　若干个引出点相邻，这表明是同一个信号输送到许多地方去。因此，引出点之间相互交换位置，完全不会改变引出信号的性质，亦即这种移动不需作任何传递函数的变换，如图 2-46 所示。

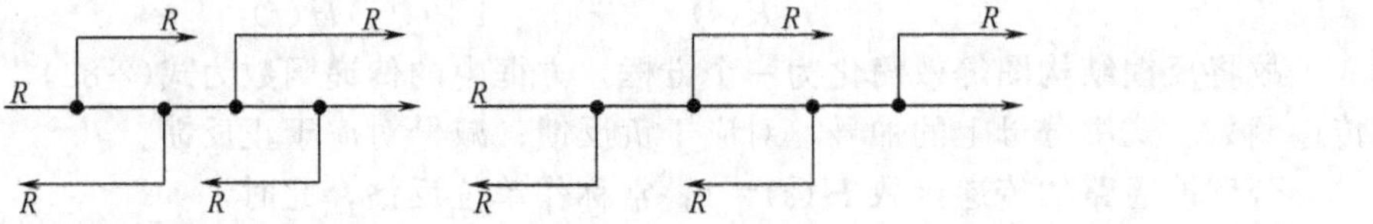

(a)　(b)

图 2-46　相邻引出点的移动

关于综合点后移和引出点前移的等效变换，读者可自行推证，此不赘述。

(3) 结构图变换举例

【例 2-5】 对图 2-25(c) 的结构图进行结构变换，求出 RC 网络的传递函数。

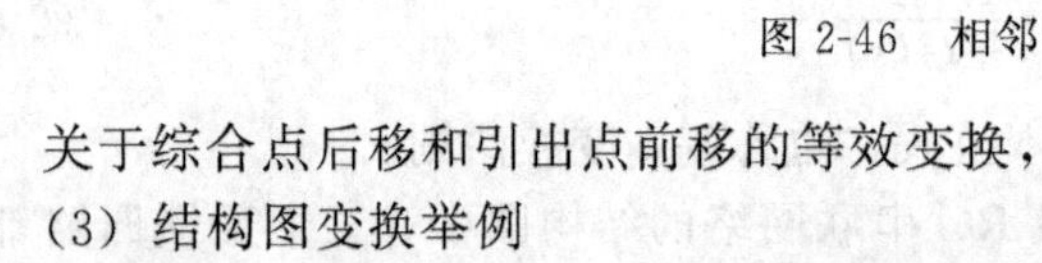

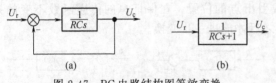

(a)　(b)

图 2-47　RC 电路结构图等效变换

解　利用串联法则 (2-81)，求得前向通路的等效传递函数 $G(s)=1/RCs$，则图 2-25(c) 化为图 2-47(a)。再由反馈法则 (2-84) 变换得图 2-47(b)，方框中即为网络传递函数。

【例 2-6】 根据图 2-29，求位置随动系统的闭环传递函数 $G_B(s)$[即 $\theta_c(s)/\theta_r(s)$]。

解　由于需要求解的是 $\theta_c(s)$ 对 $\theta_r(s)$ 的传递函数，因此，根据线性系统的叠加原理，可取力矩 $M_L=0$。

图 2-29 系统结构图有两个反馈回路，里面的称为局部反馈回路，外面的称为主反馈回路。等效变换时，从内部开始，由内向外逐步简化。

首先将局部反馈回路中的前向通路合并成一个方框，则图 2-29 变为图 2-48(a)；再运用反馈法则将局部反馈回路化简为一个方框，得到图 2-48(b)；继而用串联法则可化简为图 2-48(c)，最后用单位反馈变换法则将结构图简化为一个方框［见图 2-48(d)］，即求得 $\theta_c(s)$ 与 $\theta_r(s)$ 的关系式。

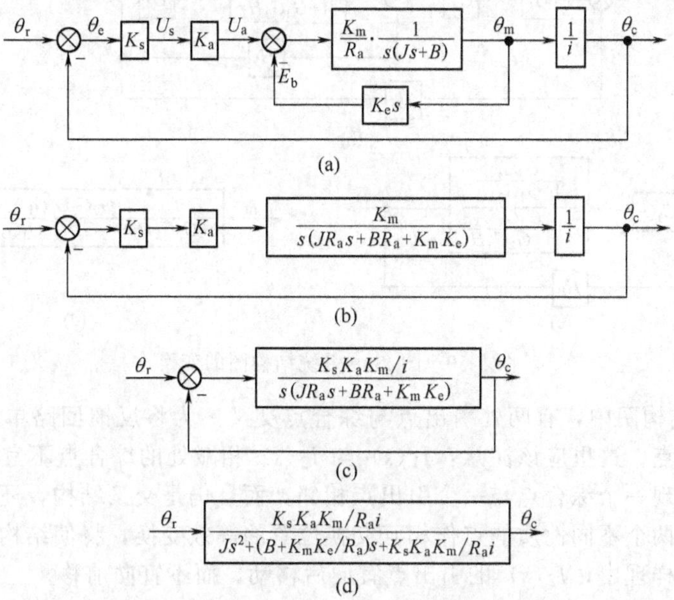

图 2-48　图 2-29 结构图的等效变换过程

【例 2-7】 简化图 2-49 所示系统的结构图，并求系统传递函数 $G_B(s)$［即 $C(s)/R(s)$］。

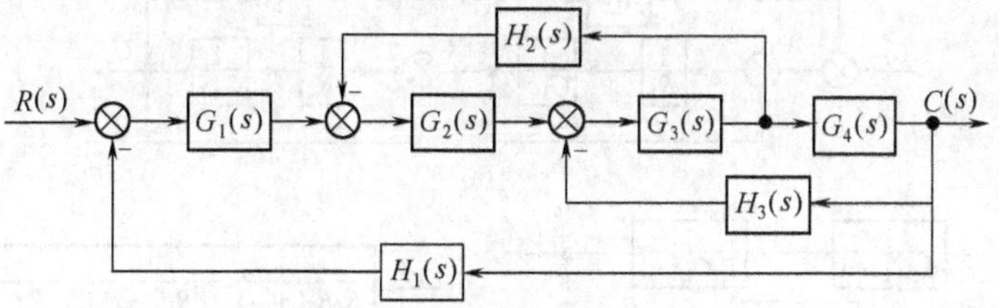

图 2-49　多回路系统结构图

解　这是一个多回路结构图，且有引出点、综合点的交叉。为了从内回路到外回路逐步化简，首先要消除交叉连接。方法之一是将综合点后移，然后交换综合点的位置，将图 2-49 化为图 2-50(a)。

然后，对图 2-50(a) 中由 G_2，G_3，H_2 组成的小回路实行串联及反馈变换，进而简化为图 2-50(b)。

其次，对内回路再实行串联及反馈变换，则只剩一个主反馈回路。如图 2-50(c) 所示。

最后，再变换为一个方框，如图 2-50(d) 所示，得系统总传递函数

$$G_B(s)=\frac{C(s)}{R(s)}=\frac{G_1G_2G_3G_4}{1+G_2G_3H_2+G_3G_4H_3+G_1G_2G_3G_4H_1}$$

第一步的变换也可采用其他的移动办法，读者可自行试作。

【例 2-8】 将图 2-34 所示两级 RC 串联网络的结构图化简，并求出此网络的传递函数 $G(s)$［即 $U_c(s)/U_r(s)$］。

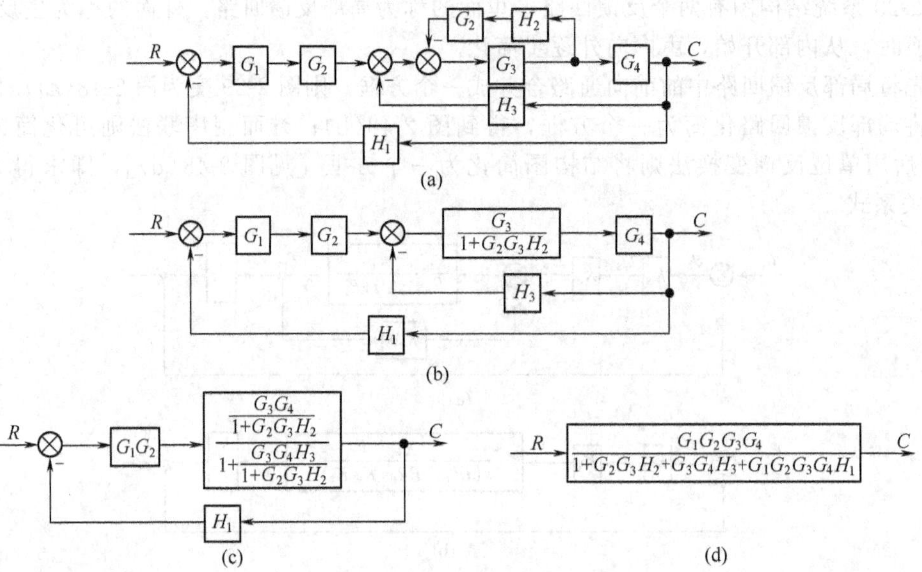

图 2-50　图 2-49 系统结构图的变换

解　图 2-34 结构图中，有两处引出点与综合点交叉。为将反馈回路单独分离出来，必须移动综合点与引出点。这里应该注意：$I_1(s)$ 与 $I_2(s)$ 相减处的综合点不宜向后移动，而应前移。否则，将会出现一个综合点与一个引出点相邻，而且仍是交叉结构，还需再交换位置。可以一试，这相邻的两个不同性质的点作相互交换位置的等效变换，将使结构愈加复杂化，一般是力求避免的。同样理由，$I_2(s)$ 的引出点宜向后移动，而不宜向前移。

将上述综合点与引出点移动后，消除了交叉关系，如图 2-51(a) 所示；然后化简两个内回路，得到图 2-51(b)；最后实行反馈变换，即得网络传递函数，见图 2-51(c)。

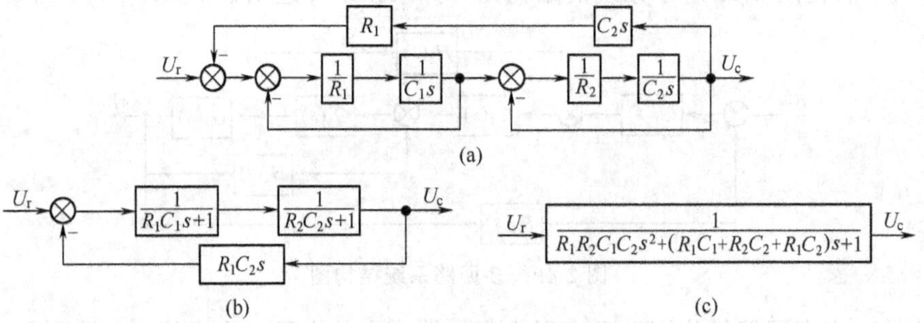

图 2-51　图 2-34 结构图的变换

从以上几个例子，可以归纳出简化结构图求总传递函数的一般步骤如下。

a. 确定输入量与输出量，如果作用在系统上的输入量有多个（分别作用在系统的不同部位），则必须分别对每个输入量逐个进行结构变换，求得各自的传递函数。对于有多个输出量的情况，也应分别变换。

b. 若结构图中有交叉关系，应运用等效变换法则，首先将交叉消除，化为无交叉的多回路结构。

c. 对多回路结构，可由里向外进行变换，直至变换为一个等效的方框，即得到所求的传递函数。

2.4.2　控制系统的信号流图

信号流图和结构图一样，都是控制系统中信号传递关系的图解描述，然而信号流图符号简单，便于绘制和运用。特别在控制系统的计算机模拟研究中，更能显示出信号流图的优越性。图 2-52(b) 就是一个例子，它与图 2-52(a) 的结构图相对应。

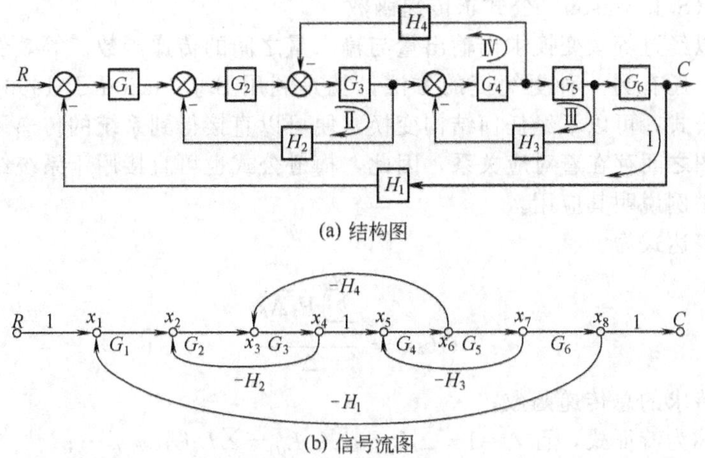

图 2-52 多回路系统

(1) 信号流图的定义

从图 2-52 中可以看出，信号流图是由节点和支路组成的信号传递网络。节点标志变量(信号)，在图中用小圆圈表示；支路是连接两个节点的定向线段，它有一定的复数增益（即传递函数)，称为支路增益，在图中标记在相应的线段旁。信号只能在支路上沿箭头方向传递，经支路传递的信号应乘以支路的增益。为了进一步讨论信号流图的构成和求解系统的传递函数，下面介绍几个常用术语。

① 输入节点　只有输出支路的节点称为输入节点。如图 2-52(b) 中的 R，它一般表示系统的输入变量。

② 输出节点　只有输入支路的节点称为输出节点。如图 2-52(b) 中的 C，它一般表示系统的输出变量。

③ 混合节点　既有输入支路又有输出支路的节点称为混合节点。如图 2-52(b) 中的 x_2 和 x_3 等。在混合节点处，如果有多个输入支路，则它们相加后成为混合节点的值，而所有从混合节点输出的支路都取该值。

④ 通路　从某一节点开始沿支路箭头方向经过各相连支路到另一节点所构成的路径称为通路。通路中各支路增益的乘积叫做通路增益。如图 2-52(b) 中 $x_3 \rightarrow x_4 \rightarrow x_5 \rightarrow x_6$ 之间的通路。

⑤ 前向通路　是指从输入节点开始并终止于输出节点且与其他节点相交不多于一次的通路。该通路的各增益乘积称为前向通路增益。如图 2-52(b) 中 $R \rightarrow x_1 \rightarrow x_2 \rightarrow x_3 \rightarrow x_4 \rightarrow x_5 \rightarrow x_6 \rightarrow x_7 \rightarrow x_8 \rightarrow C$ 的前向通路。

⑥ 回路　如果通路的终点就是通路的起点，并且与任何其他节点相交不多于一次的通路称为回路。回路中各支路增益的乘积称为回路增益。如图 2-52(b) 中 $x_2 \rightarrow x_3 \rightarrow x_4 \rightarrow x_2$ 的回路等。

⑦ 不接触回路　如果一信号流图有多个回路，各回路之间没有任何公共节点，则称为不接触回路，反之称为接触回路。如图 2-52(b) 中 $x_2 \rightarrow x_3 \rightarrow x_4 \rightarrow x_2$ 回路与 $x_5 \rightarrow x_6 \rightarrow x_7 \rightarrow x_5$ 回路为两个不接触回路，而 $x_2 \rightarrow x_3 \rightarrow x_4 \rightarrow x_2$ 回路与 $x_3 \rightarrow x_4 \rightarrow x_5 \rightarrow x_6 \rightarrow x_3$ 回路有公共节点 x_3 和 x_4，所以为接触回路。

信号流图可以根据系统微分方程绘制，也可以由系统结构图按照对应关系得出。从结构图变换为信号流图时，只要用小圆圈在结构图的信号线上标志出传递的信号，便是节点；用标有传递函数的线段代替结构图的方框，便得到支路。这样，结构图就变换为相应的信号流图了。

(2) 用梅逊（S. J. Mason）公式求传递函数

信号流图可以经过等效变换求出输出量与输入量之间的传递函数。等效变换法则与结构图情况类似。但是，还有另一种更简捷的方法，就是利用 S. J. Mason 于 1956 年提出的梅逊公式。借助于梅逊公式，可以不经任何结构变换，便可以直接得到系统的传递函数。当然，由于信号流图与结构图之间存在着对应关系，因此，梅逊公式也可直接用于系统结构图。这里只给出梅逊公式，并举例说明其应用。

梅逊公式的表达式为

$$G(s)=\frac{\sum_{k=1}^{n}P_k\Delta_k}{\Delta} \tag{2-85}$$

式中 $G(s)$——待求的总传递函数；

Δ——称为特征式，且 $\Delta=1-\sum L_i+\sum L_iL_j-\sum L_iL_jL_k+\cdots$； (2-86)

n——从输入节点到输出节点所有前向通路的条数；

P_k——从输入节点到输出节点第 k 条前向通路的增益；

Δ_k——在 Δ 中，将与第 k 条前向通路相接触的回路除去后所余下的部分，称为余子式；

$\sum L_i$——所有各回路的回路增益之和；

$\sum L_iL_j$——所有两两互不接触回路的回路增益乘积之和；

$\sum L_iL_jL_k$——所有三个互不接触回路的回路增益乘积之和。

在回路增益中应包含代表反馈极性的正、负符号。

下面以图 2-52(b) 为例具体说明 P_k,Δ,Δ_k 的求法。图中共有四个回路，故

$$\sum_{i=1}^{4}L_i=L_1+L_2+L_3+L_4=-G_1G_2G_3G_4G_5G_6H_1-G_2G_3H_2-G_4G_5H_3-G_3G_4H_4$$

在四个回路中，只有Ⅱ、Ⅲ回路互不接触，没有重合的部分。因此

$$\sum L_iL_j=L_2L_3=(-G_2G_3H_2)(-G_4G_5H_3)=G_2G_3G_4G_5H_2H_3$$

而

$$\sum L_iL_jL_k=0$$

故可得特征式

$$\begin{aligned}\Delta&=1-\sum L_i+\sum L_iL_j\\&=1+G_1G_2G_3G_4G_5G_6H_1+G_2G_3H_2+G_4G_5H_3+G_3G_4H_4+G_2G_3G_4G_5H_2H_3\end{aligned}$$

又因为图 2-52(b) 中只有一条前向通路。即输入信号只能经 $G_1G_2G_3G_4G_5G_6$ 传至输出端，因而 $P_1=G_1G_2G_3G_4G_5G_6$。由于所有回路均与前向通路相接触，故余子式 $\Delta_1=1$。

将上述各项代入式(2-85)，即可求得图 2-52(b) 系统的总传递函数

$$G(s)=\frac{P_1\Delta_1}{\Delta}=\frac{G_1G_2G_3G_4G_5G_6}{1+G_1G_2G_3G_4G_5G_6H_1+G_2G_3H_2+G_4G_5H_3+G_3G_4H_4+G_2G_3G_4G_5H_2H_3}$$

熟悉梅逊公式，将大大简化结构的变换。但当系统结构复杂时，容易将前向通路数或回路数以及互不接触的回路数算错，在使用时应格外注意。

【例 2-9】 求图 2-53 所示系统的传递函数。

解 从图中可见，回路有四个：$L_1=-G_1G_2H_1$，$L_2=-G_2G_3H_2$，$L_3=-G_1G_2G_3$，$L_4=-G_1G_4$。回路中 L_2 与 L_4 不接触，所以 $L_2L_4=(-G_2G_3H_2)(-G_1G_4)$。因而特征式

$$\begin{aligned}\Delta&=1-L_1-L_2-L_3-L_4+L_2L_4\\&=1+G_1G_2H_1+G_2G_3H_2+G_1G_2G_3+G_1G_4+G_1G_2G_3G_4H_2\end{aligned}$$

又因为有两条前向通路，故 $k=2$。第一条前向通路 $P_1=G_1G_2G_3$，与每个回路均有接触，

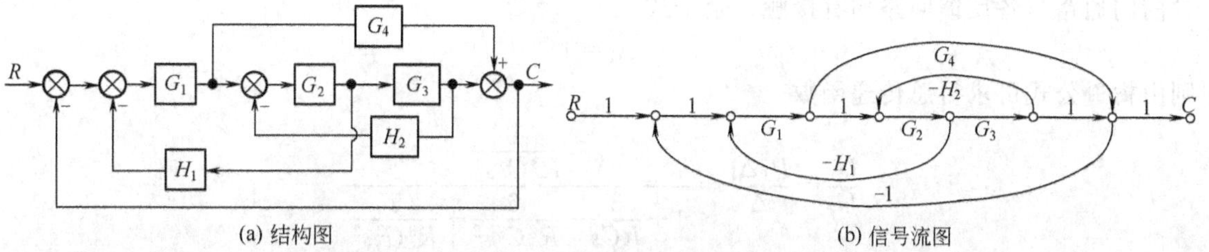

图 2-53 例 2-9 系统结构图

故 P_1 的余子式 $\Delta_1=1$；第二条前向通路 $P_2=G_1G_4$，与回路 $L_2=-G_2G_3H_2$ 不接触，故 P_2 的余子式 $\Delta_2=(1+G_2G_3H_2)$。

则由梅逊公式可得系统传递函数

$$\frac{C(s)}{R(s)}=\frac{1}{\Delta}(P_1\Delta_1+P_2\Delta_2)=\frac{G_1G_2G_3+G_1G_4(1+G_2G_3H_2)}{1+G_1G_2H_1+G_2G_3H_2+G_1G_2G_3+G_1G_4+G_1G_2G_3G_4H_2}$$

【例 2-10】 图 2-54 为三级 RC 滤波网络，试绘制其结构图，并求其传递函数 U_c/U_r。

解 将网络分为三个电流回路，回路电流分别为 i_1, i_2, i_3。

① 绘制结构图。用复阻抗与电压、电流关系，可以直接绘出网络的结构图，如图 2-55所示。

② 求传递函数。运用等效法则化简图 2-55是比较麻烦的，而采用梅逊公式求传递函数则简便得多。

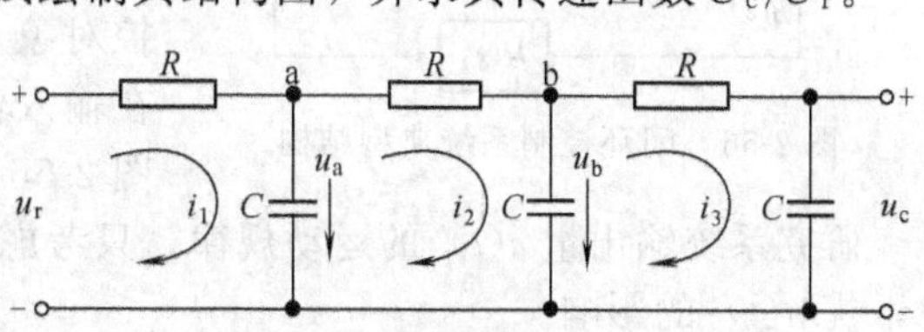

图 2-54 三级 RC 滤波网络

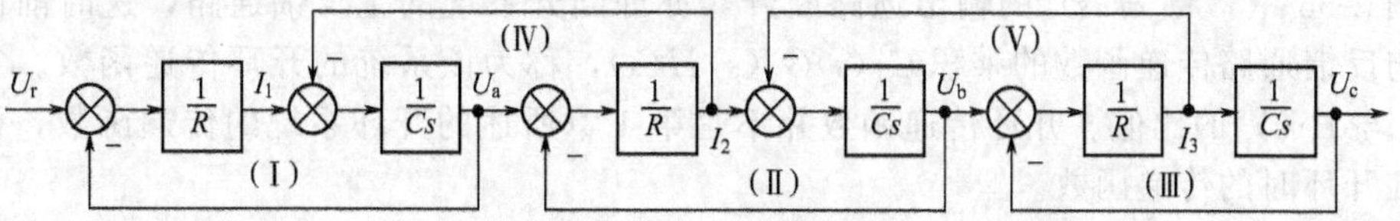

图 2-55 RC 网络结构图

该结构图有五个反馈回路，回路传递函数均相同，即

$$L_1=L_2=\cdots=L_5=-\frac{1}{RCs}$$

故

$$\sum L_i=-\frac{5}{RCs}$$

这五个回路中，可以找出六组两两互不接触的回路，它们是Ⅰ-Ⅱ、Ⅰ-Ⅲ、Ⅰ-Ⅴ、Ⅱ-Ⅲ、Ⅲ-Ⅳ及Ⅳ-Ⅴ，因此

$$\sum L_iL_j=\frac{6}{R^2C^2s^2}$$

又五个回路中还有一组三个互不接触的回路，即Ⅰ-Ⅱ-Ⅲ，故

$$\sum L_iL_jL_k=-\frac{1}{R^3C^3s^3}$$

则特征式

$$\Delta=1-\sum L_i+\sum L_iL_j-\sum L_iL_jL_k=1+\frac{5}{RCs}+\frac{6}{R^2C^2s^2}+\frac{1}{R^3C^3s^3}$$

而前向通路只有一条，即

$$P_1=\frac{1}{R^3C^3s^3}$$

且前向通路与各反馈回路均有接触，余子式

$$\Delta_1=1$$

则由梅逊公式可求得总传递函数

$$\frac{U_c}{U_r}=\frac{P_1\Delta_1}{\Delta}=\frac{\dfrac{1}{R^3C^3s^3}}{1+\dfrac{5}{RCs}+\dfrac{6}{R^2C^2s^2}+\dfrac{1}{R^3C^3s^3}}$$

$$=\frac{1}{R^3C^3s^3+5R^2C^2s^2+6RCs+1}$$

2.4.3 控制系统的传递函数

控制系统在工作过程中会受到两类外作用信号的影响。一类是有用信号，或称为输入信号、给定值、参考输入等，常用 $r(t)$ 表示；另一类则是扰动，或称为干扰，常用 $n(t)$ 表示。输入 $r(t)$ 通常是加在系统的输入端，而干扰 $n(t)$ 一般是作用在受控对象上，但也可能出现在其他元部件上，甚至夹杂在输入信号之中。一个闭环控制系统的典型结构可用图 2-56 表示。

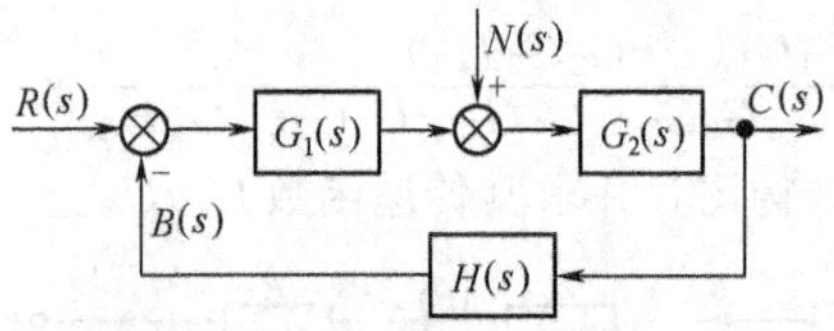

图 2-56 闭环控制系统典型结构

研究系统输出量 $c(t)$ 的运动规律，只考虑输入量 $r(t)$ 的作用是不完全的，往往还需要考虑干扰 $n(t)$ 的影响。

基于后面章节的需要，下面介绍几个系统传递函数的概念。

(1) 系统的开环传递函数

在图 2-56 中，将 $H(s)$ 的输出通路断开，亦即断开系统的主反馈通路，这时前向通路传递函数与反馈通路传递函数的乘积 $G_1(s)G_2(s)H(s)$，称为该系统的开环传递函数。它等于此时 $B(s)$ 与 $R(s)$ 的比值。开环传递函数并不是第 1 章所述的开环系统的传递函数，而是指闭环系统在开环时的传递函数。

(2) $r(t)$ 作用下系统的闭环传递函数

令 $n(t)=0$，这时图 2-56 简化为图 2-57，输出 $c(t)$ 对输入 $r(t)$ 之间的传递函数

$$G_B(s)=\frac{C(s)}{R(s)}=\frac{G_1(s)G_2(s)}{1+G_1(s)G_2(s)H(s)} \tag{2-87}$$

称 $G_B(s)$ 为在输入信号 $r(t)$ 作用下系统的闭环传递函数。而输出的拉氏变换式

$$C(s)=G_B(s)R(s)=\frac{G_1(s)G_2(s)}{1+G_1(s)G_2(s)H(s)}R(s) \tag{2-88}$$

可见，当系统中只有 $r(t)$ 信号作用时，系统的输出完全取决于 $c(t)$ 对 $r(t)$ 的闭环传递函数及 $r(t)$ 的形式。

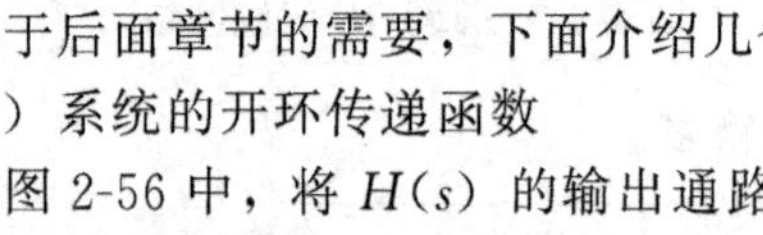

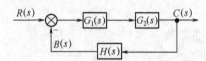

图 2-57 $r(t)$ 作用下的系统结构图

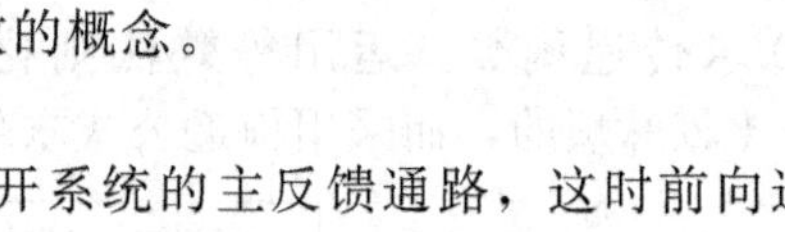

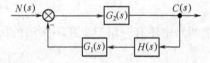

图 2-58 $n(t)$ 作用下系统的结构图

(3) $n(t)$ 作用下系统的闭环传递函数

为研究干扰对系统的影响，需要求出 $c(t)$ 对 $n(t)$ 之间的传递函数。这时，令 $r(t)=0$，则图 2-56 简化为图 2-58。由图可得

$$\frac{C(s)}{N(s)}=G_n(s)=\frac{G_2(s)}{1+G_1(s)G_2(s)H(s)} \tag{2-89}$$

称 $G_n(s)$ 为在干扰 $n(t)$ 作用下系统的闭环传递函数。而输出的拉氏变换式

$$C(s)=G_n(s)N(s)=\frac{G_2(s)}{1+G_1(s)G_2(s)H(s)}N(s) \tag{2-90}$$

由于干扰 $n(t)$ 在系统中的作用位置与输入信号 $r(t)$ 的作用点不一定是同一个地方，故两个闭环传递函数一般是不相同的。这也表明引入干扰作用下系统闭环传递函数的必要性。

(4) 系统的总输出

根据线性系统的叠加原理，系统的总输出应为各外作用引起的输出的总和。因而将式(2-88) 与式(2-90) 相加即得总输出量的变换式

$$C(s)=\frac{G_1(s)G_2(s)R(s)}{1+G_1(s)G_2(s)H(s)}+\frac{G_2(s)N(s)}{1+G_1(s)G_2(s)H(s)} \tag{2-91}$$

【例 2-11】 根据图 2-28 位置随动系统的结构图，试求系统在给定值 $\theta_r(t)$ 作用下的传递函数及在负载力矩 M_L 作用下的传递函数，并求两信号同时作用下，系统总输出 $\theta_c(t)$ 的拉氏变换式。

解 ① $\theta_r(t)$ 作用下系统的闭环传递函数 $\theta_c(s)/\theta_r(s)$。令 $M_L=0$，系统结构图简化为图 2-59。运用串联及反馈法则（或梅逊公式），可求得

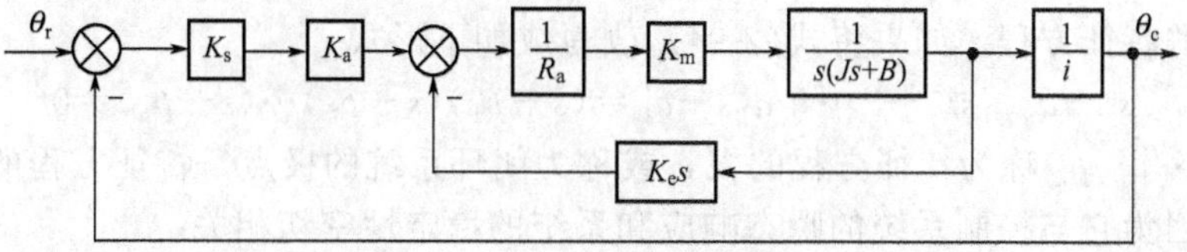

图 2-59 $M_L=0$ 时系统结构图

$$G_\theta(s)=\frac{\theta_c(s)}{\theta_r(s)}=\frac{K_aK_sK_m/iR_a}{Js^2+(B+K_mK_e/R_a)s+K_aK_sK_m/iR_a}$$

② M_L 作用下系统的闭环传递函数 $\theta_c(s)/M_L(s)$。令 $\theta_r=0$，系统结构图如图 2-60 所示。经结构变换可求得

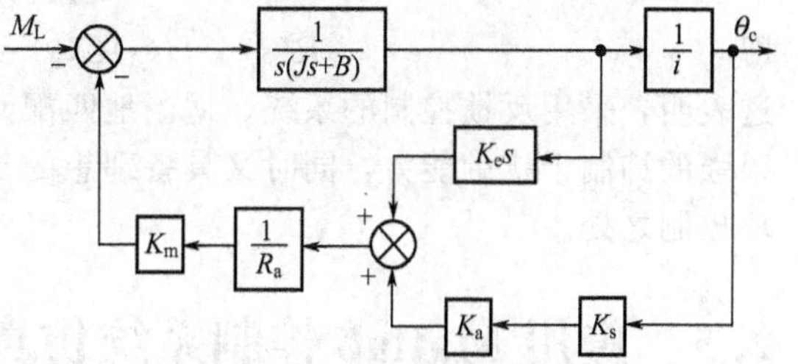

图 2-60 $\theta_r=0$ 时系统结构图

$$G_m(s)=\frac{\theta_c(s)}{M_L(s)}$$

$$=\frac{-1/i}{J^2s+(B+K_mK_e/R_a)s+K_aK_sK_m/iR_a}$$

③ 系统总输出。在 θ_r 及 M_L 同时作用下，系统的总输出为两部分叠加，即

$$\theta_c(s)=G_\theta(s)\theta_r(s)+G_m(s)M_L(s)$$

(5) 闭环系统的误差传递函数

在系统分析时，除了要了解输出量的变化规律之外，还经常关心控制过程中误差的变化规律。因为控制误差的大小直接反映了系统工作的精度，故寻求误差和系统的控制信号 $r(t)$ 及干扰作用 $n(t)$ 之间的数学模型，就是很必需的了。在图 2-56 中，规定代表被控量 $c(t)$ 的测量装置的输出 $b(t)$ 和给定输入 $r(t)$ 之差为系统的误差 $e(t)$，即

$$e(t)=r(t)-b(t) \quad 或 \quad E(s)=R(s)-B(s)$$

$E(s)$ 即图中综合点的输出量的拉氏变换式。

① $r(t)$ 作用下的误差传递函数，取 $n(t)=0$ 时的 $E(s)/R(s)$。则可通过图 2-61 求得

$$G_e(s)=\frac{E(s)}{R(s)}=\frac{1}{1+G_1(s)G_2(s)H(s)} \tag{2-92}$$

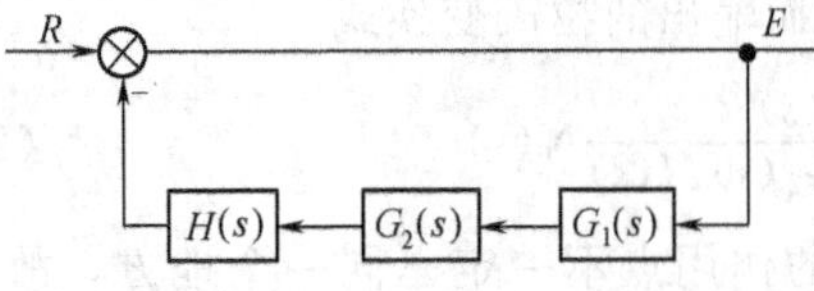

图 2-61 $r(t)$ 作用下误差输出的结构图

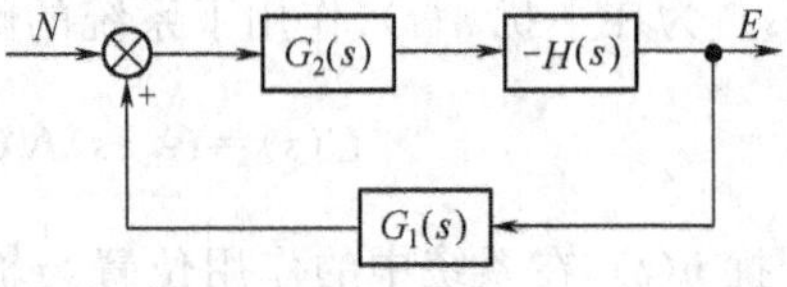

图 2-62 $n(t)$ 作用下误差输出的结构图

② $n(t)$ 作用下系统的误差传递函数，取 $r(t)=0$ 时的 $E(s)/N(s)$。通过图 2-62 可得

$$G_{en}(s)=\frac{E(s)}{N(s)}=\frac{-G_2(s)H(s)}{1+G_1(s)G_2(s)H(s)} \tag{2-93}$$

③ 系统的总误差，根据叠加原理可得

$$E(s)=G_e(s)R(s)+G_{en}(s)N(s)$$

(6) 闭环系统的特征方程

将上面导出的四个传递函数表达式(2-87)、式(2-89)、式(2-92) 及式(2-93) 相对比，可以看出它们虽然各不相同，但分母却是一样的，均为 $[1+G_1(s)G_2(s)H(s)]$，这是闭环控制系统各种传递函数的规律性。

令

$$D(s)=1+G_1(s)G_2(s)H(s)=0 \tag{2-94}$$

称为闭环系统的特征方程。如果将式(2-94) 改写成如下形式

$$s^n+a_{n-1}s^{n-1}+\cdots+a_1s+a_0=(s+p_1)(s+p_2)\cdots(s+p_n)=0 \tag{2-95}$$

则 $-p_1,-p_2,\cdots,-p_n$ 称为特征方程的根，或称为闭环系统的极点。特征方程的根是一个非常重要的参数，因为它与控制系统的瞬态响应和系统的稳定性密切相关。

另外，如果系统中控制装置的参数设置，能满足 $|G_1(s)G_2(s)H(s)|\gg 1$ 及 $|G_1(s)H(s)|\gg 1$，则系统的总输出表达式(2-91) 可近似为

$$C(s)\approx\frac{1}{H(s)}R(s)+0\cdot N(s)$$

即

$$R(s)-H(s)C(s)=R(s)-B(s)=E(s)\approx 0$$

这表明，采用反馈控制的系统，适当地匹配元部件的结构参数，有可能获得较高的工作精度和很强的抑制干扰的能力，同时又具备理想的复现、跟随指令输入的性能，这是反馈控制优于开环控制之处。

2.5 应用 Matlab 控制系统仿真

Matlab 是一套高性能的数值计算和可视化软件，它集数值分析、矩阵运算和图形显示于一体，构成了一个方便的界面友好的用户环境。由控制领域专家推出的 Matlab 工具箱之一的控制系统 (Control System)，在控制系统计算机辅助分析与设计方面获得了广泛的应用，并且 Matlab 工具箱的内容还在不断增加，应用范围也越来越宽。

控制系统的分析与设计方法，不论是古典的还是现代的，都是以数学模型为基础进行的。Matlab 可以用于以传递函数形式描述的控制系统。在本节中，首先以一个典型的动力学系统弹簧-重物-阻尼器的数学模型为例，说明如何使用 Matlab 进行辅助分析。

之后，讨论传递函数和结构图。特别的，主要介绍以下内容：如何使用 Matlab 求解多项式，计算传递函数的零点和极点，计算闭环传递函数，计算结构图的等效变换以及闭环系统对单位阶跃输入的响应等。

这部分所包含的 Matlab 函数有：roots，roots1，series，parallel，feedback，cloop，poly，conv，polyval，printsys，pzmap 和 step 等。

2.5.1 举例

一个弹簧-质量-阻尼器动力学系统如图 2-1 所示。重物 M 的位移由 $y(t)$ 表示，用微分方程描述如下

$$M\frac{\mathrm{d}^2 y(t)}{\mathrm{d}t^2}+B\frac{\mathrm{d}y(t)}{\mathrm{d}t}+Ky(t)=f(t)$$

该系统在初始位移作用下的瞬态响应为

$$y(t)=\frac{y(0)}{\sqrt{1-\zeta^2}}e^{-\zeta\omega_n t}\sin(\omega_n\sqrt{1-\zeta^2}t+\theta)$$

其中 $\theta=\cos^{-1}\zeta$，初始位移是 $y(0)$。系统的瞬态响应当 $\zeta<1$ 时为欠阻尼，当 $\zeta>1$ 时为过阻尼，当 $\zeta=1$ 时为临界阻尼。考虑

过阻尼情况 $y(0)=0.15\mathrm{m}$，$\omega_n=\sqrt{2}\mathrm{rad/s}$，$\zeta_1=\frac{3}{2\sqrt{2}}\left(\frac{K}{M}=2,\ \frac{B}{M}=3\right)$

欠阻尼情况 $y(0)=0.15\mathrm{m}$，$\omega_n=\sqrt{2}\mathrm{rad/s}$，$\zeta_2=\frac{1}{2\sqrt{2}}\left(\frac{K}{M}=2,\ \frac{B}{M}=1\right)$

利用 Matlab 程序 unforced. m 如图 2-63 所示，可以显示初始位移为 $y(0)$ 的物体自由运动曲线。在 unforced. m 程序中，变量 $y(0)$，ω_n，t，ζ_1 和 ζ_2 的值由指令直接输入工作区，然后运行 unforced. m 程序就可以产生响应曲线。Matlab 提供了一种交互式的应用环境，可以在指令窗口随时修改 ω_n，ζ_1 和 ζ_2 并再次运行 unforced. m 程序。在上述欠阻尼和过阻尼情况下的响应曲线如图 2-64 所示。可以看到程序运行后阻尼系数的值被标注在不同的曲线上，以防止混淆。

```
>>y0=0.15;wn=sqrt(2);
>>zeta1=3/(2*sqrt(2));zeta2=1/(2*sqrt
(2));
>>t=[0:0.1:10];
>>unforced
```

(a)Matlab 指令窗口

```
% unforced.m
%计算系统在给定初始条件下的自由运动
t1=acos(zeta1)*ones(1,length(t));
t2=acos(zeta2)*ones(1,length(t));
c1=(y0/sqrt(1-zeta1^2);c2=(y0/sqrt(1-zeta2^2);
y1=c1*exp(-zeta1*wn*t)sin(wn*sqrt(1-zeta1^2)*t+t1);
y2=c2*exp(-zeta2*wn*t)sin(wn*sqrt(1-zeta2^2)*t+t2);
%计算运动曲线的包络线
bu=c2*exp(-zeta2*wn*t);bl=-bu;
%画图
plot(t,y1,'-',t,y2,'-',t,bu,'--',bl,'--'),grid
xlabel('Time(s)'), ylabel('y(t) Displacement(m)')
text(0.2,0.85,['overdamped zeta1=',num2str(zeta1),])
```

(b) 分析弹簧-质量-阻尼器的 Matlab 程序 unforced. m

图 2-63 分析弹簧-质量-阻尼器的 Matlab 指令

对于弹簧-质量-阻尼器系统，利用 Matlab 求微分方程的解是容易而有效的。一般说来，当分析一个具有多样性的输入和初始条件以及元件参数的闭环反馈控制系统时，欲直接得到这

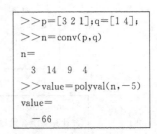

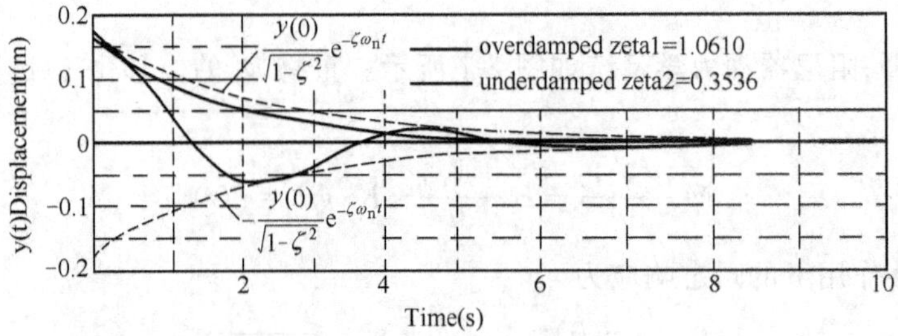

图 2-64 弹簧-质量-阻尼器的响应曲线

些因素与系统响应的关系是比较困难的。在这种情况下，可以利用 Matlab 非常有效的数值计算能力，反复运行 Matlab 程序并绘出曲线图，就可以得出结论。

Matlab 可以用来分析以传递函数形式描述的系统。由于传递函数是多项式的比值，所以如何处理多项式是 Matlab 首先需要解决的问题。请记住，分子多项式和分母多项式都必须在 Matlab 指令中指定。

在 Matlab 中多项式由行向量组成，而这些行向量包含了降次排列的多项式系数。例如多项式 $p(s)=1s^3+3s^2+0s^1+4s^0$，按图 2-65 的格式输入 $\boldsymbol{p}$=[1 3 0 4]，请注意，尽管 s 的系数为 0，它也一定要包含在确定 $p(s)$ 的行向量中。

如果 $\boldsymbol{p}$ 是一个包含降幂排列的 $p(s)$ 系数的行向量，那么 roots($\boldsymbol{p}$) 是一个包含多项式根的列向量。相反的，如果 $\boldsymbol{r}$ 是一个包含多项式根的列向量，那么，poly($\boldsymbol{r}$) 是一个包含降幂排列多项式系数的行向量，见图 2-65。我们可以用上述的 roots() 函数计算多项式 $p(s)$ 的根，但是当多项式有重根时，函数 roots1() 能给出更精确的结果。

```
>>p=[1 3 0 4];
>>r=roots(p)
r=
 -3.3553e+00
  1.7765e-01+1.0773e+00j
  1.7765e-01-1.0773e+00j
>>p=poly(r)
p=
  1.000 3.000 0.000-0.000j 4.000+0.000j
```

图 2-65 输入多项式并求根

```
>>p=[3 2 1];q=[1 4];
>>n=conv(p,q)
n=
  3  14  9  4
>>value=polyval(n,-5)
value=
  -66
```

图 2-66 Matlab 的 conv() 函数和 polyval() 函数

矩阵乘法由 Matlab 的 conv() 函数完成。假设要把两个多项式相乘合并成一个多项式 $n(s)$，即

$$n(s)=(3s^2+2s+1)(s+4)=3s^3+14s^2+9s+4$$

与此运算相关的 Matlab 函数就是 conv()，如图 2-66 所示。函数 polyval() 用来计算多项式的值。多项式 $n(s)$ 在 $s=-5$ 处的值为 $n(-5)=-66$，见图 2-66。

2.5.2 传递函数

下面将介绍如何利用 Matlab 函数获得传递函数在复平面内的零极点分布图。

设传递函数为 $G(s)$=num/den，其中 num 和 den 均为多项式。利用函数

$$[P,Z]=\text{pzmap}(\text{num},\text{den})$$

可以获得 $G(s)$ 的零极点位置，即 $\boldsymbol{P}$ 为极点位置列向量，$\boldsymbol{Z}$ 为零点位置列向量。该指令执行后自动生成零极点分布图。

考虑传递函数

$$G(s)=\frac{6s^2+1}{s^3+3s^2+3s+1} \quad 和 \quad H(s)=\frac{(s+1)(s+2)}{(s+2i)(s-2i)(s+3)}$$

利用一系列 Matlab 指令和函数，可以计算传递函数的零极点、特征方程和两个传递函数相除，还可以在复平面上获得 $G(s)/H(s)$ 的零极点分布图。

传递函数 $G(s)/H(s)$ 的零极点图如图 2-67 所示，相应的 Matlab 指令如图 2-68 所示。图 2-67 中清楚的表示出了 5 个零点的分布，但是看上去只有两个极点，实际上这是不可能的，因为极点的个数一定大于或等于零点的个数。应用函数，roots1() 可以看到，实际上有四个极点位于 $s=-1$。因此，在同一位置上重复的极点或零点在零极点分布图上是区分不出的。

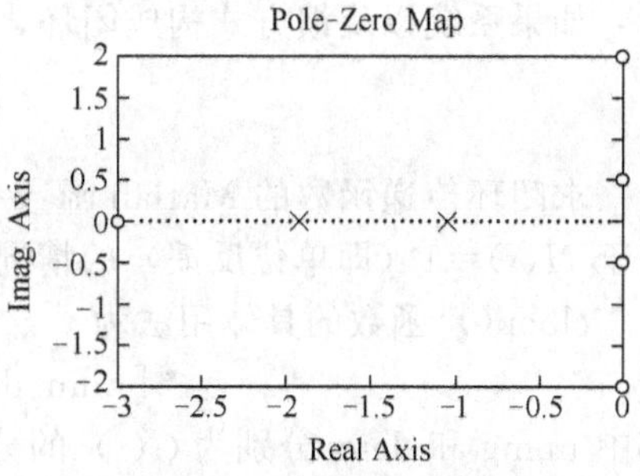

图 2-67　零极点图

2.5.3 结构图模型

假设已为某系统的各部分建立了传递函数，下一步的任务就是利用 Matlab 函数将这些部分连接起来构成一个闭环控制系统，实现结构图的转换，计算从输入 $R(s)$ 到输出 $C(s)$ 的传递函数。为了方便介绍 Matlab 函数，先从结构图的基本变换开始。

```
>>numg=[6 0 1];deng=[1 3 3 1];
>>z=roots(numg)
z=
  0+0.4082j
  0-0.4082j
>> p=roots1(deng)
p=
  -1
  -1
  -1
>>n1=[1 1];n2=[1 2];d1=[1 2*j];d2=[1 -2*j];d3=[1 3];
>>numh=conv(n1,n2); denh=conv(d1,conv(d2,d3));
>>num=conv(numg,denh); den=conv(deng,numh);
>>printsys(num,den)
num/den=
  6s^5+18s^4+25s^3+75s^2+4s+12
  ------------------------------
  s^5+6s^4+14s^3+16s^2+9s+2
>>pzmap(num,den)
>>title('Pole-Zero Map')
```

图 2-68　绘制零极点图指令

一个简单的开环控制系统可以通过 $G_1(s)$ 与 $G_2(s)$ 两个环节的串联而得到，利用 series() 函数可以求串联连接的传递函数，函数的具体形式为

[num,den]=series(num1,den1,num2,den2)

例如 $G_1(s)$ 和 $G_2(s)$ 的传递函数分别为

$$G_1(s)=\frac{s+1}{s+2},\ G_2(s)=\frac{1}{500s^2}$$

则

$$\frac{C(s)}{R(s)}=G_1(s)G_2(s)=\frac{s+1}{s+2}\times\frac{1}{500s^2}=\frac{s+1}{500s^3+1000s^2}$$

串联函数的用法示于图 2-69。

当系统是以并联的形式连接时，利用 parallel() 函数可得到系统的传递函数。指令的具体形式为

[num,den]= parallel(num1,den1,num2,den2)

如果系统以反馈方式构成闭环，则系统的闭环传递函数为

$$G_B(s)=\frac{G(s)}{1\pm G(s)H(s)}$$

求闭环传递函数的 Matlab 函数有两个：cloop() 和 feedback()，其中 cloop() 函数只能用于 $H(s)=1$（即单位反馈）的情况。

cloop() 函数的具体用法为

[num,den]=cloop(numg,deng,sign)

其中 numg 和 deng 分别为 $G(s)$ 的分子和分母多项式，sign=1 为正反馈，sign=−1 为负反馈（默认值）。

feedback() 函数的具体用法为

[num,den]=feedback(numg,deng,numh,denh,sign)

其中 numh 为 $H(s)$ 的分子多项式，denh 为分母多项式。

假设闭环反馈系统的结构图如图 2-70 所示，被控对象 $G(s)$ 和控制部分 $G_c(s)$ 以及测量环节 $H(s)$ 的传递函数分别为

$$G_c(s)=\frac{\text{numc}}{\text{denc}}=\frac{s+1}{s+2},G(s)=\frac{\text{numg}}{\text{deng}}=\frac{1}{5s^2},H(s)=\frac{\text{numh}}{\text{denh}}=\frac{1}{s+10}$$

```
>>num1=[1];den1=[500 0 0];
>>num2=[1 1];den2=[1 2];
>>[num,den]=series(num1,den1,num2,den2);
>>printsys(num,den)
num/den=
        s+1
  -----------------
  500s^3+1000s^2
```

图 2-69 series 函数的用法

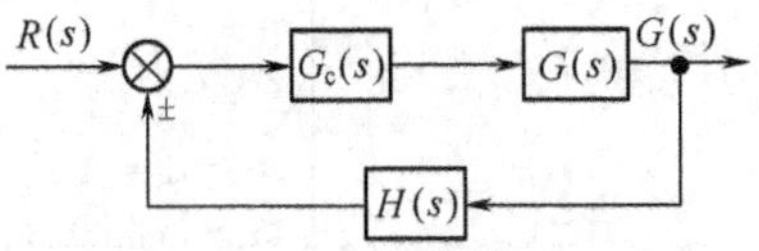

图 2-70 闭环反馈系统的结构图

应用 series() 函数和 feedback() 函数求解闭环传递函数的 Matlab 指令如图 2-71 所示。

```
>>numg=[1];deng=[5 0 0];
>>numc=[1 1];denc=[1 2];
>>numh=[1];denh=[1 10];
>>[num1,den1]=series(numc,denc,numg,deng);
>>[num,den]=feedback(num1,den1,numh,denh,-1);
>>printsys(num,den)
num/den=
            s^2+11s+10
  ---------------------------------
  5s^4+60s^3+100s^2+s+1
```

图 2-71 series () 函数和 feedback() 函数的应用

【例 2-12】 一个多环的反馈系统如图 2-49 所示，给定各环节的传递函数为

$$G_1(s)=\frac{1}{s+10},\ G_2(s)=\frac{1}{s+1},\ G_3(s)=\frac{s^2+1}{s^2+4s+4},\ G_4(s)=\frac{s+1}{s+6}$$

$$H_1(s)=1,\ H_2(s)=2,\ H_3(s)=\frac{s+1}{s+2}$$

试求闭环传递函数 $G_B(s)=C(s)/R(s)$。

解 求解过程可按如下步骤进行：

步骤 1 输入系统各环节的传递函数；

步骤 2 将 H_2 的综合点移至 G_2 后；

步骤 3 消去 G_3，G_2，H_2 环；

步骤 4 消去包含 H_3 的环；

步骤 5 消去其余的环，计算 $G_B(s)$。

根据上述步骤的 Matlab 指令以及计算结果在图 2-72 中。

有时需要关心闭环传递函数是否有零极点对消的情况出现。当然通过 pzmap() 或 roots() 函数可以查看传递函数是否有相同的零极点，另外还可以使用 minreal() 函数除去传递函数共同的零极点因子。正如图 2-73 所示，如果传递函数有相同的零极点，应用 minreal() 函数后，传递函数的分子和分母多项式各减少了一阶，消去了相同的零极点。

```
>>ng1=[1];dg1=[1 10];
>>ng2=[1];dg2=[1 1];
>>ng3=[1 0 1];dg3=[1 4 4];
>>ng4=[1 1];dg4=[1 6];
>>nh1=[1];dh1=[1];
>>nh2=[2];dh2=[1];
>>nh3=[1 1];dh3=[1 2];
>>[n1,d1]=series(ng2,dg2,nh2,dh2);
>>[n2,d2]=feedback(ng3,dg3,n1,d1,-1);
>>[n3,d3]=series(n2,d2,ng4,dg4);
>>[n4,d4]=feedback(n3,d3,nh3,dh3,-1);
>>[n5,d5]=series(ng1,dg1,ng2,dg2);
>>[n6,d6]=series(n5,d5,n4,d4);
>>[n7,d7]=cloop(n6,d6,-1);
>>printsys(n7,d7)
num/den=

                 s^4+ 3s^3+ 3s^2+3s+2
--------------------------------------------------
2s^6+38s^5+261s^4+1001s^3+1730s^2+1546s+732
```

图 2-72 多环结构图简化

```
>>numg=[1 6 11 6];deng=[1 7 12 11 5];
>>printsys(numg,deng)
numg/deng=
      s^3+6s^2+11s+6
  ----------------------
  s^4+7s^3+12s^2+11s+5
>>[num,den]=minreal(numg,deng);
>>printsys(num,den)
1 pole-zeros cancelled
num/den=
     s^2+4s+3
  --------------
  s^3+6s^2+6s+5
```

图 2-73 minreal() 函数的应用

最后重新考虑例 2-2 所示的位置随动系统，目的是计算闭环系统在输入作用下的响应。在给定各元件参数并忽略 L_a 和令 $M_L=0$ 的情况下，其结构图如图 2-74 所示。计算的第一步是求闭环传递函数 $G_B(s)=\theta_c(s)/\theta_r(s)$，求解过程及结果如图 2-75 所示。第二步是利用 step() 函数计算参考输入 $\theta_r(t)$ 为单位阶跃信号时输出 $\theta_c(t)$ 的响应。可见，特征方程是二阶的，且 $\omega_n=52$，$\zeta=0.012$，由于阻尼比很小，可以预料响应会强烈振荡。

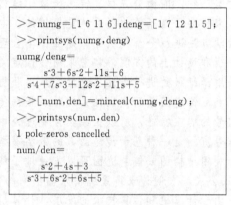

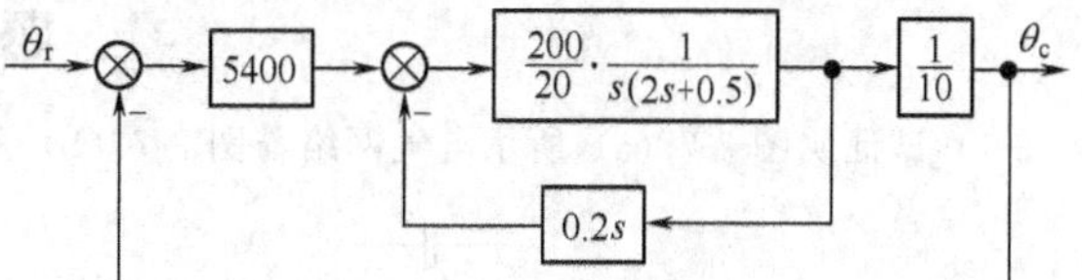

图 2-74 位置随动系统的结构图

图 2-76 给出了位置随动系统的阶跃响应曲线。$y(t)$，即 $\theta_c(t)$ 的离散时间点 t 将以行向量的形式给出，它从 0s 开始，按 0.005s 的步长增加，直到 3s 为止。使用 plot() 函数用于画出 $y(t)$ 曲线，grid 函数用于给图形加上网格。

由于控制系统的性能指标通常以阶跃响应的形式给出，因此 step() 函数是非常重要的。有关 step() 函数的内容将在后续章节中进一步介绍。

```
>>num1=[200];den1=[20];num2=[1];den2=[2 0.5 0];
>>num3=[0.2 0];den3=[1];num4=[540];den4=[1];
>>[na,da]=series(num1,den1,num2,den2);
>>[nb,db]=feedback(na,da,num3,den3,-1);
>>[nc,dc]=series(nb,db,num4,den4);
>>[num,den]=cloop(nc,dc,-1);
>>printsys(num,den)
num/den=      5400
        -----------------
        2s^2+2.5s+5400
>>t=[0:0.005:3];
>>[y,t]=step(num,den,t);
>>plot(t,y),grid
```

图 2-75 位置随动系统的结构图简化及阶跃响应指令

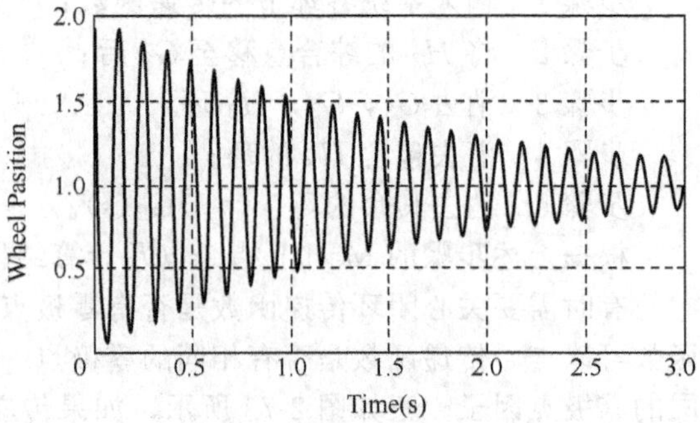

图 2-76 位置随动系统的阶跃响应曲线

本 章 小 结

这一章讨论了如何建立控制系统以及元部件的数学模型问题。实际上本章所涉及的数学模型共有三种，即微分方程、传递函数、结构图或信号流图。一旦物理系统的动态特性能用数学模型来描述，则不论物理系统是机械的、电气的、流体的或热力的等不同形式，就可以用统一的数学方法进行分析和研究。建立一个合理有效的数学模型是一件至关重要的事情，为了今后的分析和设计上的方便，常常采用线性定常的数学模型。如果控制系统具有非线性部分，则可以采用泰勒级数进行线性化逼近，从而获得系统在小偏差范围的线性化数学模型。

利用传递函数研究线性系统时，根据传递函数的极点和零点分布就可以判定系统对不同输入信号的响应特性，所以在经典控制理论中传递函数是应用最为广泛的一种数学模型。结构图或信号流图是一种基于传递函数的数学模型，它以图解的方式描述了系统各变量之间的关联关系。利用结构图或信号流图可以方便地了解到系统中的每个变量，同时还可以通过梅逊（Mason）公式，方便地求得系统输入输出间的传递函数。

由于计算机和仿真技术的发展，计算机仿真技术在控制系统的分析和设计中获得了广泛的应用。在本章，以 Matlab 软件为例讨论了系统在不同参数和输入情况下的响应，在后续各章中将继续介绍 Matlab 软件及其应用。

习 题 2

2-1 试证明图 2-77(a) 所示电气网络与图 2-77(b) 所示的机械系统具有相同的微分方程。

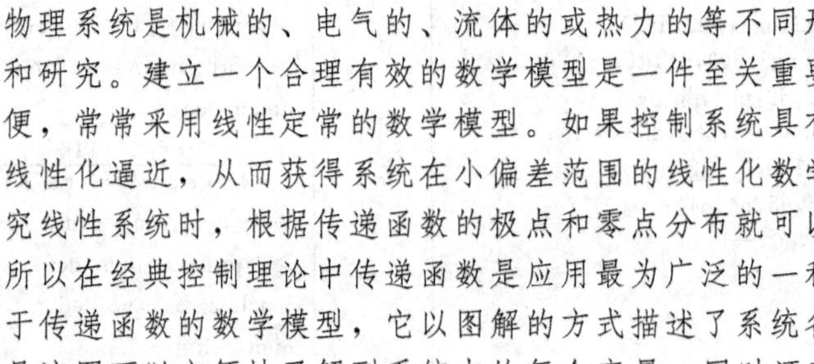

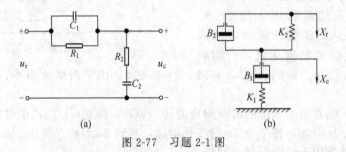

图 2-77 习题 2-1 图

2-2 试分别写出图 2-78 中各有源网络的微分方程。

2-3 某弹簧的力-位移特性曲线如图 2-79 所示。在仅存在小扰动的情况下，当工作点分别为 $x_0=-1.2$，

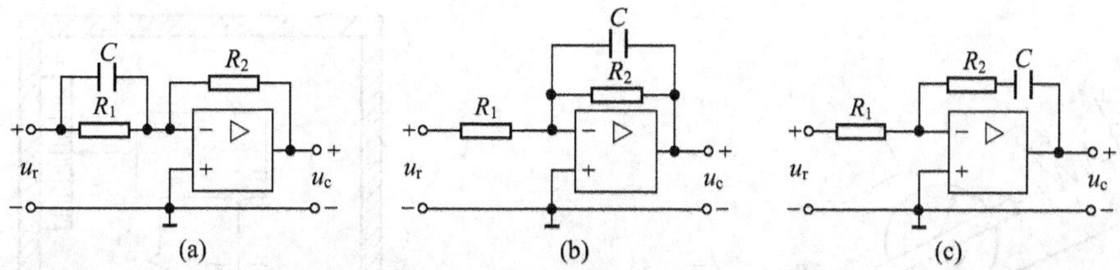

图 2-78 习题 2-2 图

0，2.5 时，试求弹簧在工作点附近的弹性系数。

2-4 图 2-80 是一个转速控制系统，其中电压 U 为输入量，负载转速 ω 为输出量。试写出该系统输入输出间的微分方程和传递函数。

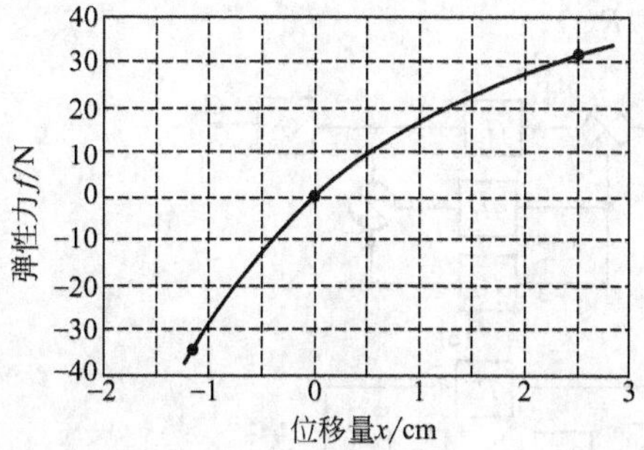

图 2-79 习题 2-3 图

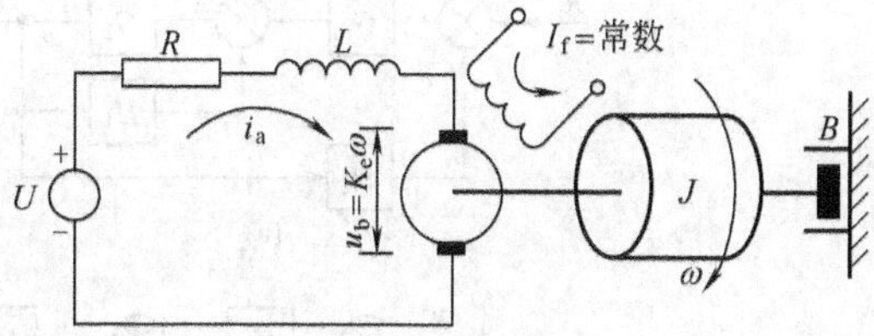

图 2-80 习题 2-4 图

2-5 系统的微分方程组如下

$$x_1(t)=r(t)-c(t),\ x_2(t)=\tau\frac{\mathrm{d}x_1(t)}{\mathrm{d}t}+K_1x_1(t)$$

$$x_3(t)=K_2x_2(t),\ x_4(t)=x_3(t)-x_5(t)-K_5c(t)$$

$$\frac{\mathrm{d}x_5(t)}{\mathrm{d}t}=K_3x_4(t),\ K_4x_5(t)=T\frac{\mathrm{d}c(t)}{\mathrm{d}t}+c(t)$$

式中，τ，K_1，K_2，K_3，K_4，K_5，T 均为常数。试建立系统 $r(t)$ 对 $c(t)$ 的结构图，并求系统传递函数 $C(s)/R(s)$。

2-6 图 2-81 是一个模拟调节器的电路示意图。

① 写出输入 u_r 与输出 u_c 之间的微分方程；

② 建立该调节器的结构图；

③ 求传递函数 $U_c(s)/U_r(s)$。

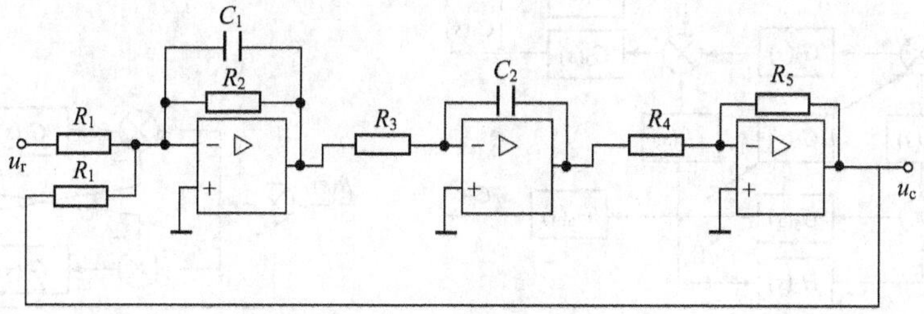

图 2-81 习题 2-6 图

2-7 某机械系统如图 2-82 所示。质量为 m、半径为 R 的均质圆筒与弹簧和阻尼器相连（通过轴心），假定圆筒在倾角为 α 的斜面上滚动（无滑动），求出其运动方程。

2-8 图 2-83 是一种地震仪的原理图。地震仪的壳体固定在地基上，重锤 M 由弹簧 K 支撑。当地基上下震动时，壳体随之震动，但是由于惯性作用，重锤的运动幅度很小，这样它与壳体之间的相对运动幅度就近似等于地震的幅度，而由指针指示出来。活塞 B 提供的阻尼力正比于运动的速度，以便地震停止后指针能及时停止震动。

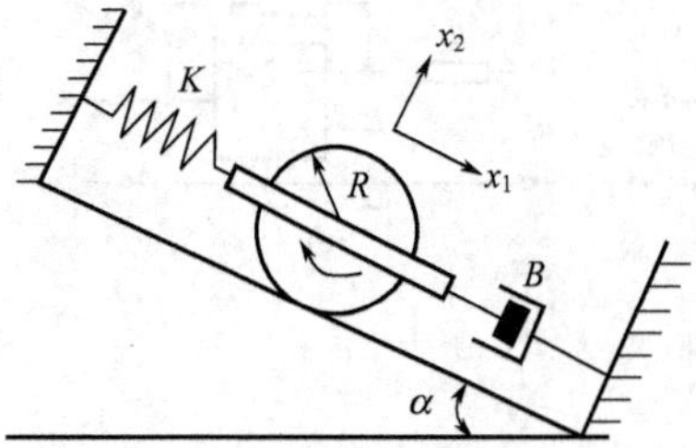

图 2-82　习题 2-7 图

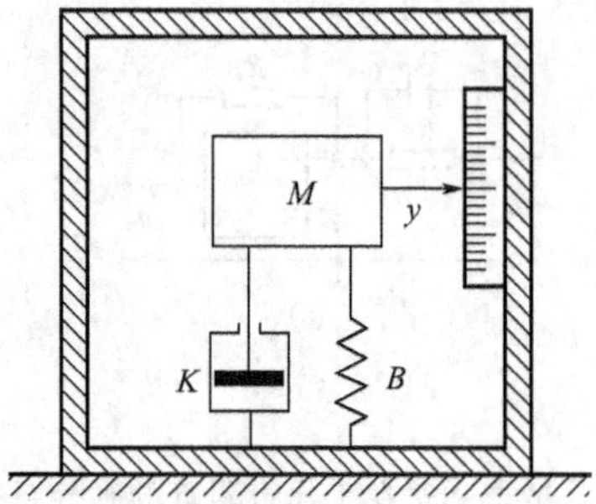

图 2-83　习题 2-8 图

①写出以指针位移 y 为输出量的微分方程；②核对方程的量纲。

2-9　试简化图 2-84 中各系统结构图，并求传递函数 $C(s)/R(s)$。

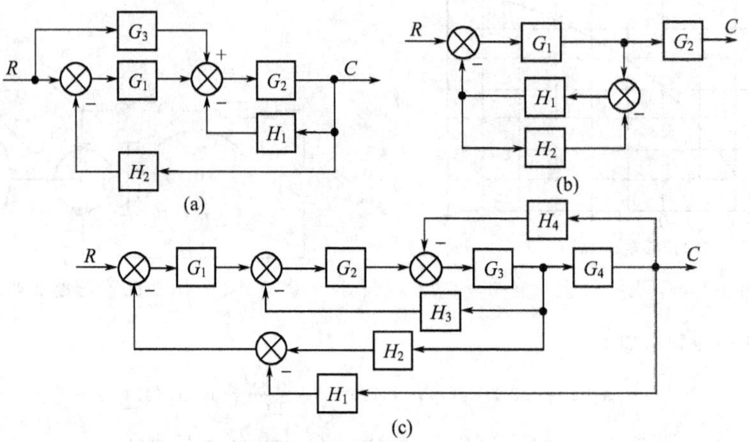

图 2-84　习题 2-9 图

2-10　试用梅逊公式求解习题 2-9 所示系统的传递函数 $C(s)/R(s)$。

2-11　系统的结构如图 2-85 所示。

① 求传递函数 $C_1(s)/R_1(s)$，$C_2(s)/R_1(s)$，$C_1(s)/R_2(s)$，$C_2(s)/R_2(s)$。

② 求传递函数阵 $\boldsymbol{G}(s)$，$\boldsymbol{C}(s)=\boldsymbol{G}(s)\boldsymbol{R}(s)$，其中 $\boldsymbol{C}(s)=\begin{bmatrix}C_1(s)\\C_2(s)\end{bmatrix}$，$\boldsymbol{R}(s)=\begin{bmatrix}R_1(s)\\R_2(s)\end{bmatrix}$。

2-12　试求图 2-86 所示结构图的传递函数 $C(s)/R(s)$。

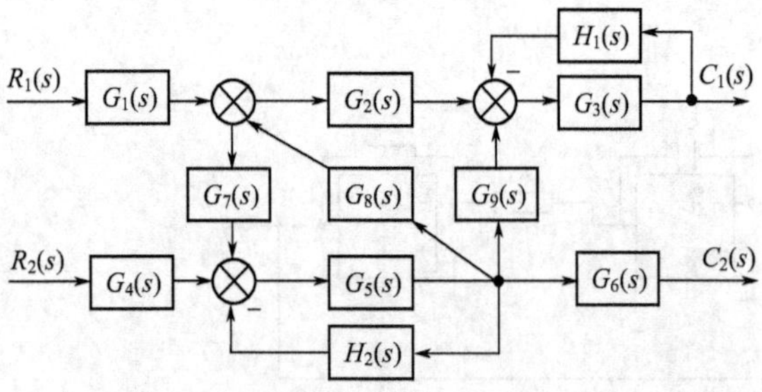

图 2-85　习题 2-11 图

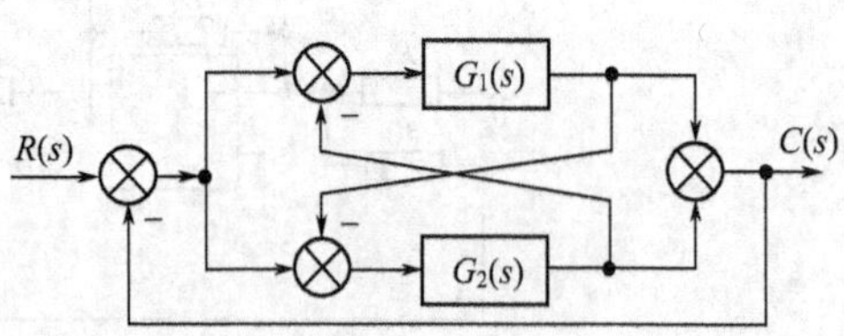

图 2-86　习题 2-12 图

2-13　已知系统结构如图 2-87 所示，试将其转换成信号流图，并求出 $C(s)/R(s)$。

2-14　系统的信号流图如图 2-88 所示，试求 $C(s)/R(s)$。

2-15　某系统的信号流图如图 2-89 所示，试计算传递函数 $C_2(s)/R_1(s)$。若进一步希望实现 $C_2(s)$ 与 $R_1(s)$ 解耦，即希望 $C_2(s)/R_1(s)=0$，试根据其他的 $G_i(s)$ 选择合适的 $G_5(s)$。

2-16　已知系统结构图如图 2-90 所示。

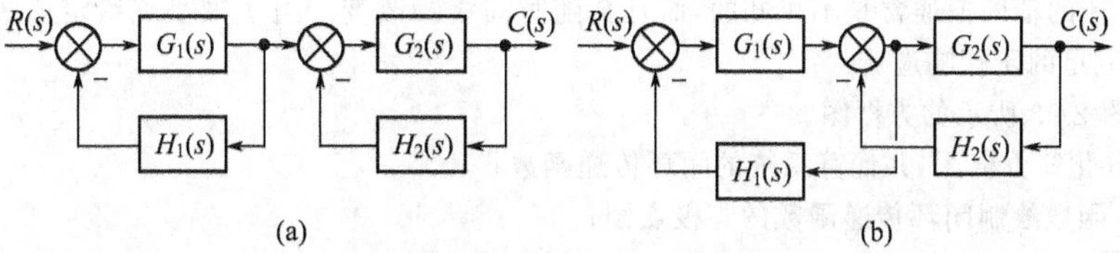

图 2-87 习题 2-13 图

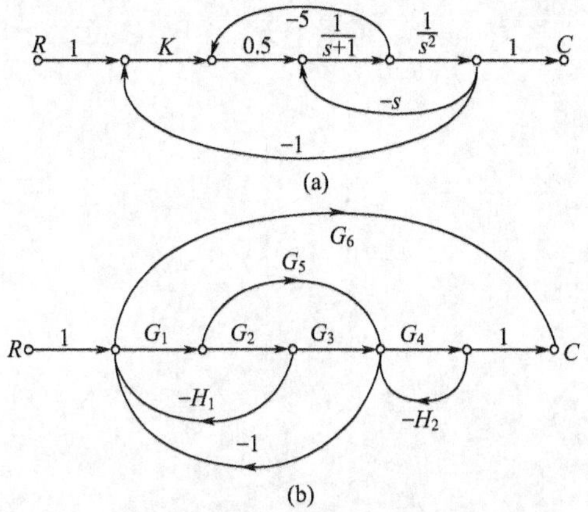

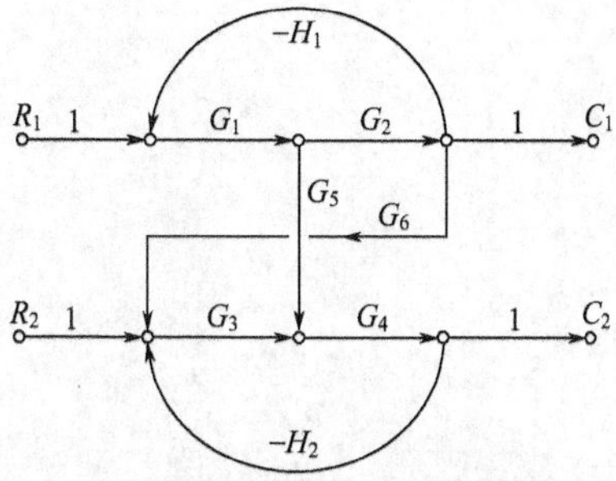

图 2-88 习题 2-14 图

图 2-89 习题 2-15 图

① 求传递函数 $C(s)/R(s)$和 $C(s)/N(s)$。

② 若要消除干扰对输出的影响［即 $C(s)/N(s)=0$］，问 $G_0(s)$的值。

2-17 考虑两个多项式 $p(s)=s^2+2s+1$，$q(s)=s+1$。用 Matlab 完成下列计算

① $p(s)q(s)$；　　② $G(s)=\dfrac{q(s)}{p(s)}\times\dfrac{s+2}{s+3}\times\dfrac{1}{s+1}$；　　③ $p(-1)$。

2-18 考虑图 2-91 描述的反馈系统。

① 利用函数 series 与 cloop，计算闭环传递函数，并用 printsys 函数显示结果；

② 用 step 函数求取闭环系统的单位阶跃响应，并验证输出终值为 2/5。

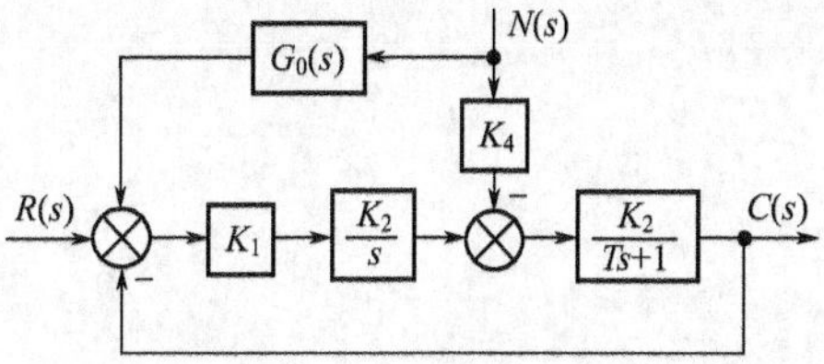

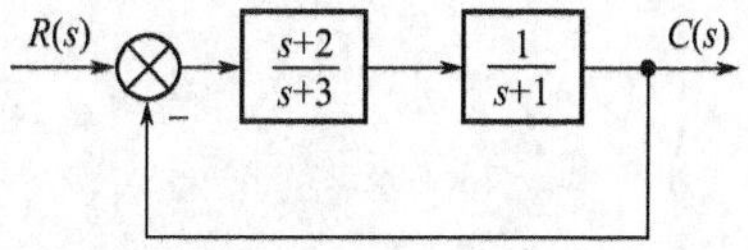

图 2-90 习题 2-16 图

图 2-91 习题 2-18 图

2-19 卫星单轴姿态控制系统的模型如图 2-92 所示，其中 $k=10.8\text{E}+08$，$a=1$ 和 $b=8$ 是控制器参数，$J=10.8\text{E}+08$ 是卫星的转动惯量。

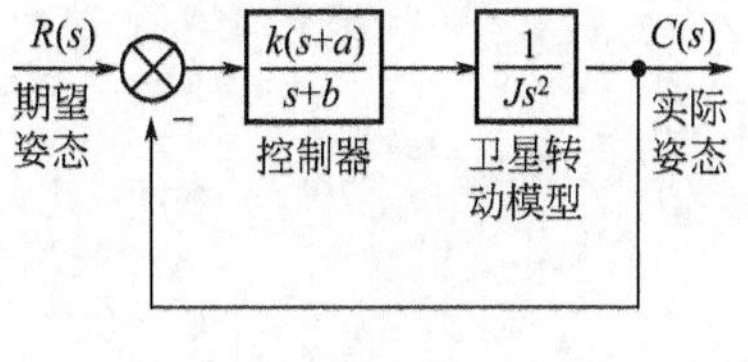

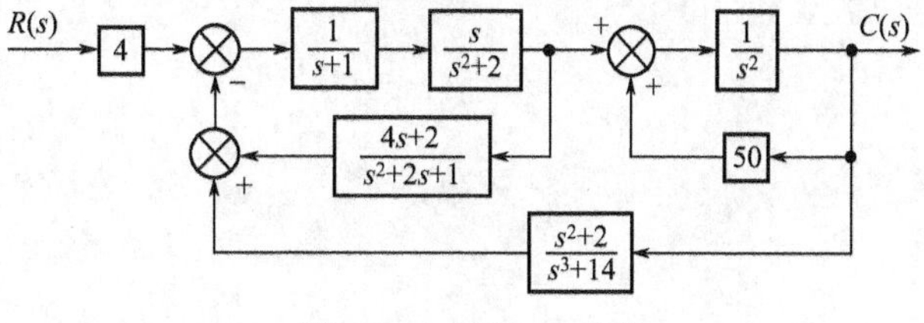

图 2-92 习题 2-19 图

图 2-93 习题 2-20 图

① 编制 Matlab 文本文件，计算其闭环传递函数 $\theta(s)/\theta_d(s)$；

② 当输入为 $\theta_d(t)=10°$的阶跃信号时，计算并作图显示阶跃响应；

③ 转动惯量 J 的精确值通常是不可知的，而且会随时间缓慢改变。当 J 减小到给定值的 80%和 50%时，分别计算并比较卫星的阶跃响应。

2-20　考虑图 2-93 所示的方框图。

① 用 Matlab 化简方框图，并计算系统的闭环传递函数；

② 用 pzmap 函数绘制闭环传递函数的零极点图；

③ 用 roots 函数计算闭环传递函数的零点和极点，并与②的结果比较。

3 控制系统的时域分析法

内容提要

在时间域中进行自动控制系统的分析，特点是比较直观。本章介绍了自动控制系统时域分析的基本概念和基本方法，主要介绍了典型输入信号，一、二阶及高阶系统的瞬态响应，系统的稳态分析，稳定性和灵敏度分析的方法，以及利用 Matlab 的进行控制系统时域分析的方法。

知识要点

典型输入信号，时域性能指标，一、二阶系统的时域响应及其分析，高阶系统的主导极点和偶极子，劳斯-赫尔维茨稳定性判据，系统的稳态误差分析及误差系数，控制系统的灵敏度分析。

系统分析是指一个实际系统的数学模型建立后，对系统的稳定性、稳态误差和瞬态响应等三个方面的性能进行分析，也就是以数学模型为基础分析系统在指定的性能指标方面是否满足要求。

在时间域内，上述三方面的性能都可以通过求解系统的微分方程得到。微分方程的解，则由系统本身的结构和参数、初始条件以及输入信号的形式所决定。

众所周知，在数字计算机问世之前，对三阶以上的微分方程式，即使是常系数的线性方程的求解也是很不容易的。因而人们研究并运用了很多间接方法来进行系统的分析和综合，诸如稳定性判据、根轨迹法和频率法等，这些方法的共同点都是不需要直接求解高阶微分方程式。

随着数字计算机的发展，很多复杂的数学运算都变得很容易了。所以，在时域内直接对系统进行分析和综合越来越受到人们的重视。

本章主要介绍利用经典控制理论在时域进行系统分析的基本内容和基本方法，主要包括二阶系统的瞬态响应分析、零极点对系统瞬态响应的影响、反馈控制系统的稳态误差计算、控制系统的稳定性判断、系统灵敏度的概念等，最后简要介绍应用 Matlab 进行控制系统分析的方法。

3.1 二阶系统的瞬态响应及性能指标

瞬态响应，是指从输入信号 $r(t)$ 作用时刻起到稳定状态为止，系统的输出随时间变化的过程。分析系统的瞬态响应，可以考查系统的稳定性和过渡过程的性能。分析系统的瞬态响应，有以下方法。

① 直接求解法　即对已建立的系统数学模型，在给定初始条件和输入信号的情况下，直接进行求解。因为求得了系统输出 $c(t)$ 在时域内变化的全过程，系统的瞬态响应特征就可完全知道。

② 间接评价法　它是通过某些间接的性能指标来评价系统的品质。这些间接性能指标或与时域指标有直接联系，或由它可以近似估计出系统的瞬态响应性能。同时，这些间接指标又与系统的结构和参数有明显的联系，所以在系统分析和设计中广泛采用着间接评价法。

③ 计算机仿真法　应用上述分析法可以分析系统的性能，也可以根据要求设计系统，确定有关参数和控制方式。但若要确切了解系统是否真正具有要求的瞬态响应，如何对参数作最后的必要调整等，还是需要求出系统的输出 $c(t)$。求解低阶微分方程是不难办到的，但是对复杂的、高阶的、多变量的系统，直接求解方程式是相当繁琐和复杂的，有时甚至是不可能的。而利用计算机进行仿真求解，则可以解决上述困难。所以，应用计算机仿真技术，进行控制系

统的分析、设计和调整，是一种非常重要的方法。

本小节首先讨论典型输入信号、性能指标等内容，然后讨论一阶、二阶系统的瞬态响应，最后讨论如何处理高阶系统的瞬态响应问题。间接分析方法将在第4、5章中专门讨论。

3.1.1 典型输入信号

控制系统的瞬态响应与输入信号的形式有关，输入信号不同，系统的响应也不同。一个控制系统的实际输入信号往往具有多种形式，并且也常常难于事先确定，这就给系统的分析和设计带来不便。为了便于分析和比较不同系统的性能，通常考虑某些典型输入信号对系统的影响。对系统性能的分析和要求，也归结为系统在典型输入信号作用下应具有的响应形式。

(1) 阶跃信号

这是最常用的一种试验输入信号。诸如电源的突然接通，电动机负荷的突然改变，阀的突开和突关等，均可视为阶跃信号。

阶跃信号的表达式为

$$r(t)=\begin{cases}A, & t>0\\ 0, & t\leqslant 0\end{cases} \tag{3-1}$$

当 $A=1$ 时，则称为单位阶跃信号，常用 $1(t)$ 表示，如图3-1所示。

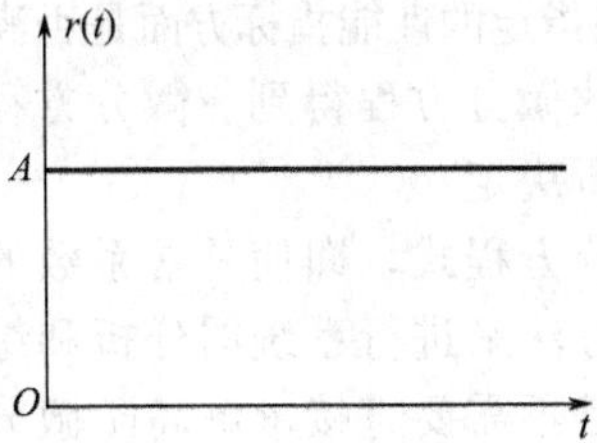

图 3-1 阶跃信号

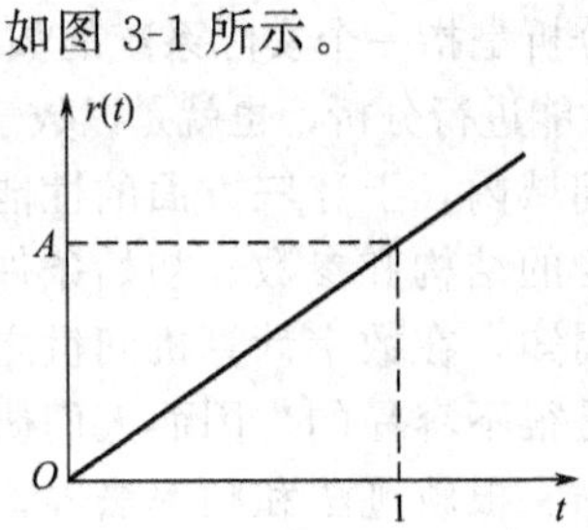

图 3-2 斜坡信号

(2) 斜坡信号

斜坡信号在 $t=0$ 时为零，并随时间线性增加，所以也叫等速度信号。它等于阶跃信号对时间的积分，而它对时间的导数就是阶跃信号。斜坡信号的表达式为

$$r(t)=\begin{cases}At, & t>0\\ 0, & t\leqslant 0\end{cases} \tag{3-2}$$

当 $A=1$ 时，则称为单位斜坡信号，如图3-2所示。

(3) 抛物线信号

抛物线信号也叫等加速度信号，它可以通过对斜坡信号的积分而得。抛物线信号的表达式为

$$r(t)=\begin{cases}\dfrac{1}{2}At^2, & t>0\\ 0, & t\leqslant 0\end{cases} \tag{3-3}$$

当 $A=1$ 时，则称为单位抛物线信号，如图3-3所示。

(4) 脉冲信号

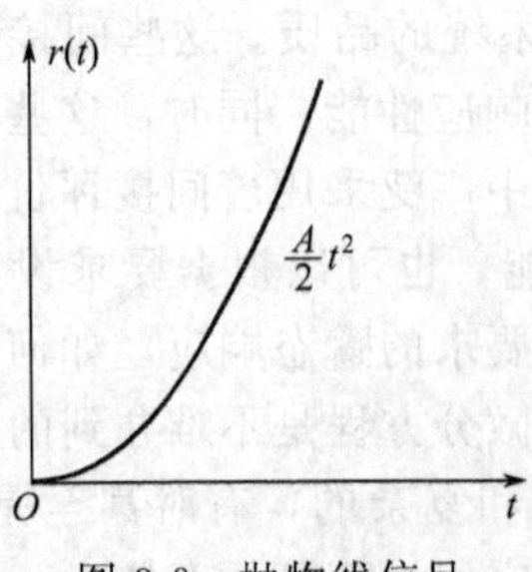

图 3-3 抛物线信号

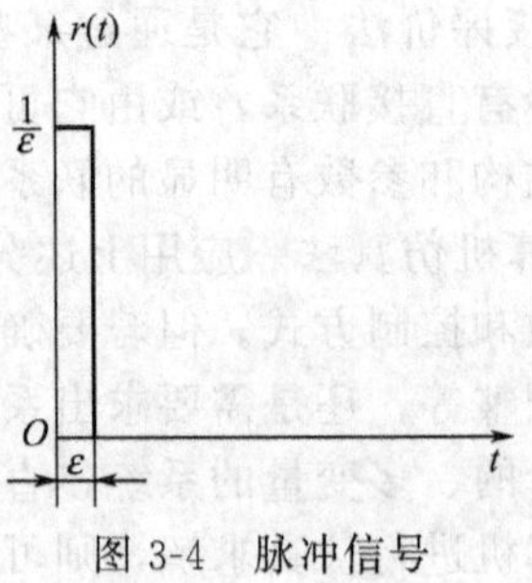

图 3-4 脉冲信号

单位脉冲信号的表达式为

$$r(t)=\begin{cases}\dfrac{1}{\varepsilon}, & 0<t<\varepsilon \\ 0, & t<0 \text{ 及 } t>\varepsilon\end{cases} \tag{3-4}$$

其图形如图 3-4 所示。是一宽度为 ε，高度为 1/ε 的矩形脉冲，当 ε 趋于零时就得理想的单位脉冲信号［亦称 $\delta(t)$ 函数］。

$$\int_{-\infty}^{\infty}\delta(t)\mathrm{d}t=1 \tag{3-5}$$

理想的单位脉冲信号实际上是不存在的，但在控制理论中它却是一个重要的数学信号。一些持续时间极短的脉冲信号，可视作理想脉冲信号，若已知系统对单位脉冲信号的响应，则系统对其他很多信号的响应，就可应用卷积分求得。

（5）正弦信号

除了上面阐述的典型输入信号外，正弦信号也是一种常用的典型输入信号，如图 3-5 所示。正弦信号的表达式为

$$r(t)=\begin{cases}A\sin\omega t, & t>0 \\ 0, & t\leqslant 0\end{cases} \tag{3-6}$$

式中，A 为幅值；$\omega=2\pi/T$ 为角频率。

系统对不同频率正弦输入信号的稳态响应，被称为频率响应。通过频率响应亦可获得关于系统性能的全部信息。这部分内容将在第 5 章中介绍。

3.1.2 系统的性能指标

性能指标是衡量系统性能的一组参数。对系统稳态响应和瞬态响应的要求，常由系统在一定的典型输入信号作用下的具体性能指标来表示。性能指标有许多形式，它随研究方法的不同而不同，而且各有特点。这里着重讨论时域的瞬态响应性能指标。关于系统稳态响应的性能指标将在 3.3 节中介绍。

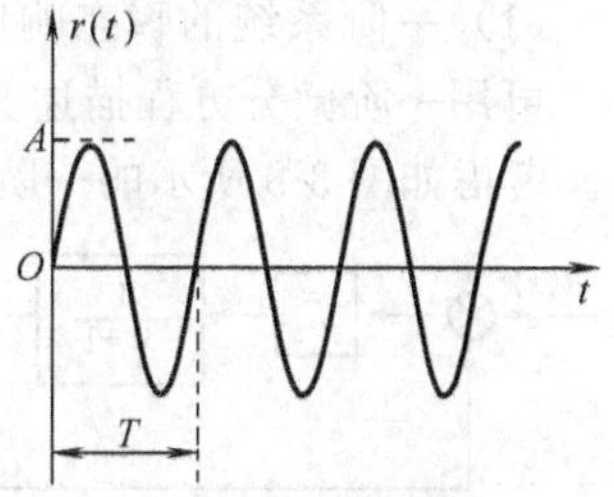

图 3-5 正弦信号

在系统能稳定工作的条件下，系统的瞬态性能通常以系统在初始条件为零的情况下，对单位阶跃输入信号的响应特性来衡量，如图 3-6 所示。这时瞬态响应的性能指标如下。

① 最大超调量 σ_p　响应曲线偏离稳态值的最大值，常以百分比表示，即

$$\text{最大百分比超调量 } \sigma_p=\frac{c(t_p)-c(\infty)}{c(\infty)}\times 100\%$$

最大超调量说明系统的相对稳定性。

② 延滞时间 t_d　响应曲线到达稳态值 50%所需的时间，称为延滞时间。

③ 上升时间 t_r　它有如下几种定义。

a. 响应曲线从稳态值的 10%到 90%所需时间。

b. 响应曲线从稳态值的 5%到 95%所需时间。

c. 响应曲线从零开始至第一次到达稳态值所需的时间。

一般对有振荡的系统常用 c，对无振荡的系统常用 a。

④ 峰值时间 t_p　响应曲线到达第一个峰值所需的时间，定义为峰值时间。

⑤ 调整时间 t_s　响应曲线从零开始到进入稳态值的 95%～105%（或 98%～102%）误差带时所需要的时间，定义为调整时间。

另外，还有振荡次数，衰减比 σ_p/σ_p'（第一个峰值与第二个峰值之比）等。当然这些指标不一定全部都要采用，有时根据使用条件和实际情况，只对其中几个重要的性能指标提出要求。

对于恒值控制系统，它的主要任务是维持恒值输出，扰动输入为主要输入，所以常以系统对单位扰动输入信号时的响应特性来衡量瞬态性能。这时参考输入不变、输出的希望值不变，响应曲线围绕原来工作状态上下波动，如图 3-7 所示。相应的性能指标就为 σ_p，t_s，t_p，σ_p/σ_p'，或者再加振荡次数等。

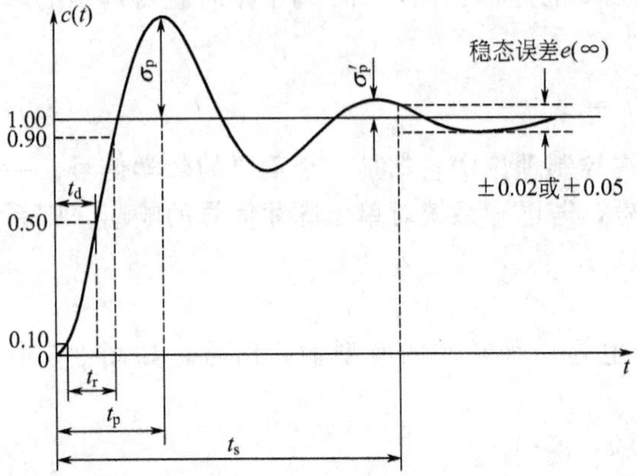

图 3-6 单位阶跃响应

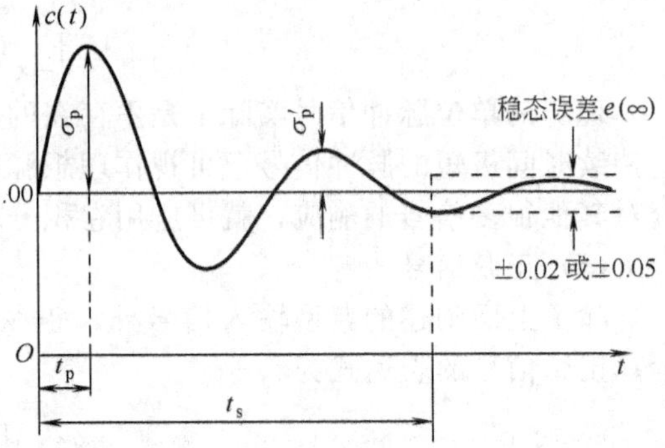

图 3-7 单位扰动输入响应

3.1.3 瞬态响应分析

(1) 一阶系统的瞬态响应

可用一阶微分方程描述其动态过程的系统，称为一阶系统，这是工程中最基本最简单的系统。考虑如图 3-8 所示的一阶系统，它代表一个电机的速度控制系统，其中 τ 是电机的时间常数。

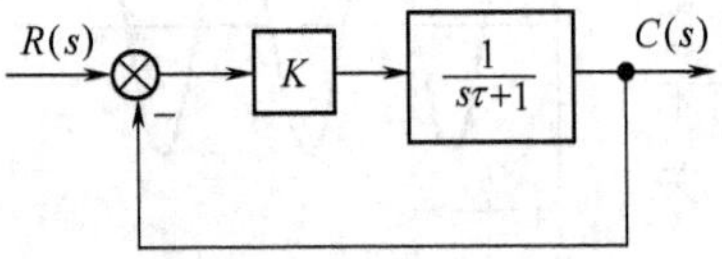

图 3-8 一阶控制系统

该一阶系统的闭环传递函数为

$$G_B(s)=\frac{C(s)}{R(s)}=\frac{K}{1+s\tau+K}=\frac{K/\tau}{s+(K+1)/\tau} \tag{3-7}$$

当系统输入为单位阶跃信号时，即 $r(t)=1(t)$ 或 $R(s)=1/s$，输出响应的拉氏变换为

$$C(s)=\frac{K/\tau}{s+(K+1)/\tau}\times\frac{1}{s}=\frac{K/(K+1)}{s}-\frac{K/(K+1)}{s+(K+1)/\tau} \tag{3-8}$$

取 $C(s)$ 的拉氏反变换，可得一阶系统的单位阶跃响应为

$$c(t)=\frac{K}{K+1}-\frac{K}{K+1}e^{-(K+1)t/\tau} \tag{3-9}$$

系统响应如图 3-9 所示。

从图中看出，响应的稳态值为

$$c(\infty)=\frac{K}{K+1} \tag{3-10}$$

该值总是小于输入值。若增加放大器增益 K，可使稳态值近似为 1。实际上，由于放大器的内部噪声随增益的增加而增大，K 不可能为无穷大。而且，线性模型也仅在工作点附近的一定范围内成立。所以，系统的稳态误差

$$e(\infty)=\lim_{t\to\infty}e(t)=\lim_{t\to\infty}[r(t)-c(t)]$$

$$=1-c(\infty)=\frac{1}{K+1} \tag{3-11}$$

不可能为零。

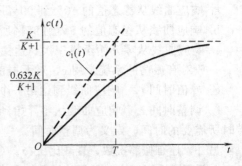

图 3-9 一阶系统的单位阶跃响应

系统的时间常数为

$$T=\frac{\tau}{K+1} \tag{3-12}$$

它可定义为系统响应达到稳态值的63.2%所需要的时间。

由式(3-9)，很容易找到系统输出值与时间常数 T 的对应关系

$$t=T,\ c(1T)=0.632c(\infty)$$
$$t=2T,\ c(2T)=0.865c(\infty)$$
$$t=3T,\ c(3T)=0.950c(\infty)$$
$$t=4T,\ c(4T)=0.982c(\infty)$$

从中可以看出，响应曲线在经过 $3T$（5%误差）或 $4T$（2%误差）的时间后进入稳态。

如果系统响应曲线以初始速率继续增加，如图3-9中的 $c_1(t)$ 所示，T 还可定义为 $c_1(t)$ 曲线达到稳态值所需要的时间。因为

$$\left.\frac{\mathrm{d}c(t)}{\mathrm{d}t}\right|_{t=0}=\left.\frac{K}{\tau}\mathrm{e}^{-(K+1)t/\tau}\right|_{t=0}=\frac{K}{\tau} \tag{3-13}$$

因此

$$c_1(t)=\frac{K}{\tau}t$$

当 $t=T$ 时，$c_1(t)$ 曲线到达稳态值，即 $c_1(T)=\frac{K}{\tau}T=\frac{K}{K+1}$，所以

$$T=\frac{\tau}{K+1}$$

(2) 二阶系统的阶跃响应

在分析和设计自动控制系统时，常常把二阶系统的响应特性视为一种基准。因为在工程实际中，三阶或三阶以上的系统，常可以近似或降阶为二阶系统处理。所以，二阶系统的瞬态响应分析就显得尤为重要。

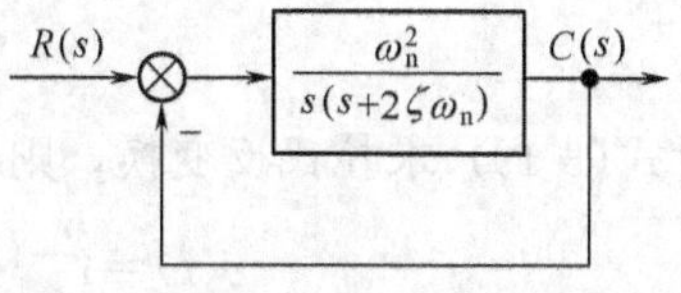

图3-10 二阶系统

图3-10是典型二阶系统的结构图，它的闭环传递函数为

$$G_B(s)=\frac{\omega_n^2}{s^2+2\zeta\omega_n s+\omega_n^2} \tag{3-14}$$

由上式可看出，ζ 和 ω_n 是决定二阶系统动态特性的两个非常重要参数，其中 ζ 称为阻尼比，ω_n 称为无阻尼自然振荡频率。任何其他的二阶系统传递函数都可化为式(3-14)形式，因此，常把式(3-14)称为二阶系统闭环传递函数的标准形式。

例如图2-2中RLC电路，其传递函数为

$$G_B(s)=\frac{U_c(s)}{U_r(s)}=\frac{1}{LCs^2+RCs+1}$$

或

$$G_B(s)=\frac{1/LC}{s^2+\frac{R}{L}s+\frac{1}{LC}}=\frac{\omega_n^2}{s^2+2\zeta\omega_n s+\omega_n^2}$$

式中，无阻尼自然振荡频率 $\omega_n=\frac{1}{\sqrt{LC}}=\frac{1}{\sqrt{T_1T_2}}$，就是电路当 $R=0$ 时的谐振频率；阻尼比 $\zeta=\frac{R/L}{2\omega_n}=\frac{R}{2}\sqrt{\frac{C}{L}}=\frac{1}{2\omega_n T_1}=\frac{1}{2}\sqrt{\frac{T_2}{T_1}}$。

又如图2-3中电枢控制的直流电动机，输出 ω 与电枢电压 u_a 之间传递函数为

$$G_B(s)=\frac{1/K_c}{T_aT_ms^2+T_ms+1}$$

或 $$G_B(s)=\frac{1}{K_c}\cdot\frac{1/T_aT_m}{s^2+\frac{1}{T_a}s+\frac{1}{T_aT_m}}=\frac{1}{K_c}\cdot\frac{\omega_n^2}{s^2+2\zeta\omega_n s+\omega_n^2}$$

式中，$\omega_n=\frac{1}{\sqrt{T_aT_m}}$；$\zeta=\frac{1}{2\omega_nT_a}=\frac{1}{2}\sqrt{\frac{T_m}{T_a}}$。

由式(3-14) 描述的系统特征方程为

$$s^2+2\zeta\omega_n s+\omega_n^2=0 \tag{3-15}$$

这是一个二阶的代数方程，故有两个特征方程根，分别为

$$s_1=-\zeta\omega_n+\omega_n\sqrt{\zeta^2-1},\ s_2=-\zeta\omega_n-\omega_n\sqrt{\zeta^2-1} \tag{3-16}$$

显然，阻尼比 ζ 不同，特征根的性质就不同，系统的响应特性也就不同。

下面分别对二阶系统在 $0<\zeta<1$，$\zeta=1$，和 $\zeta>1$ 三种情况下的阶跃响应进行讨论。

① $0<\zeta<1$，称为欠阻尼情况。

按式(3-14)，系统传递函数可写为

$$G_B(s)=\frac{\omega_n^2}{(s+\zeta\omega_n+j\omega_d)(s+\zeta\omega_n-j\omega_d)} \tag{3-17}$$

它有一对共轭复数根

$$s_{1,2}=-\zeta\omega_n\pm j\omega_d \tag{3-18}$$

式中，$\omega_d=\omega_n\sqrt{1-\zeta^2}$ 称为有阻尼振荡频率。

在初始条件为零，输入信号为单位阶跃信号 $r(t)=1(t)$ 时，系统输出的拉氏变换为

$$C(s)=\frac{\omega_n^2}{s(s^2+2\zeta\omega_n s+\omega_n^2)}$$
$$=\frac{1}{s}-\frac{s}{(s+\zeta\omega_n)^2+\omega_d^2}-\frac{\zeta\omega_n}{(s+\zeta\omega_n)^2+\omega_d^2} \tag{3-19}$$

对式(3-19) 求拉氏反变换，则得系统的单位阶跃响应 $c(t)$

$$c(t)=L^{-1}[C(s)]=1-e^{-\zeta\omega_n t}(\cos\omega_d t+\frac{\zeta}{\sqrt{1-\zeta^2}}\sin\omega_d t)$$
$$=1-\frac{1}{\sqrt{1-\zeta^2}}e^{-\zeta\omega_n t}\sin\left(\omega_n\sqrt{1-\zeta^2}t+\arctan\frac{\sqrt{1-\zeta^2}}{\zeta}\right) \tag{3-20}$$

它是一衰减的振荡过程，如图 3-11 所示，其振荡频率就是有阻尼振荡频率 ω_d，而其幅值则按指数曲线（响应曲线的包络线）衰减，两者均由参数 ζ 和 ω_n 决定。

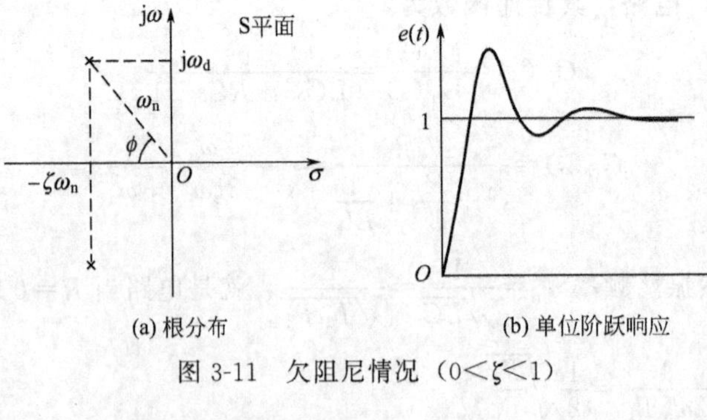

(a) 根分布　　(b) 单位阶跃响应

图 3-11　欠阻尼情况（$0<\zeta<1$）

系统的误差则为

$$e(t)=r(t)-c(t)=\frac{1}{\sqrt{1-\zeta^2}}e^{-\zeta\omega_n t}\sin\left(\omega_n\sqrt{1-\zeta^2}t+\arctan\frac{\sqrt{1-\zeta^2}}{\zeta}\right)\ (t\geqslant 0) \tag{3-21}$$

当 $t\to\infty$ 时，稳态误差 $e(\infty)=0$。

若 $\zeta=0$，称为无阻尼情况，系统的特征根为一对共轭虚根，即

$$s_{1,2}=\pm j\omega_n \tag{3-22}$$

此时单位阶跃响应为

$$c(t)=1-\cos\omega_n t \tag{3-23}$$

它是一等幅振荡过程，其振荡频率就是无阻尼自然振荡频率 ω_n。当系统有一定阻尼时，ω_d 总是小于 ω_n。

② $\zeta=1$，称为临界阻尼情况。

此时系统有两个相等的实数特征根

$$s_1=s_2=-\omega_n \tag{3-24}$$

系统输出的拉氏变换为

$$C(s)=\frac{\omega_n^2}{s(s+\omega_n)^2}=\frac{1}{s}-\frac{\omega_n}{(s+\omega_n)^2}-\frac{1}{s+\omega_n} \tag{3-25}$$

取 $C(s)$ 的拉氏反变换，求得临界阻尼二阶系统的单位阶跃响应为

$$c(t)=1-e^{-\omega_n t}(1+\omega_n t) \tag{3-26}$$

响应曲线如图 3-12 所示，它既无超调，也无振荡，是一个单调的响应过程。

③ $\zeta>1$，称为过阻尼情况。

当阻尼比 $\zeta>1$ 时，系统有两个不相等的实数根

$$s_{1,2}=-(\zeta\pm\sqrt{\zeta^2-1})\omega_n \tag{3-27}$$

对于单位阶跃输入，$C(s)$ 为

$$C(s)=\frac{1}{s}-\frac{[2\sqrt{\zeta^2-1}(\zeta-\sqrt{\zeta^2-1})]^{-1}}{s+(\zeta-\sqrt{\zeta^2-1})\omega_n}+\frac{[2\sqrt{\zeta^2-1}(\zeta+\sqrt{\zeta^2-1})]^{-1}}{s+(\zeta+\sqrt{\zeta^2-1})\omega_n} \tag{3-28}$$

将此式进行拉氏反变换，从而求得过阻尼二阶系统的单位阶跃响应为

$$c(t)=1-\frac{1}{2\sqrt{\zeta^2-1}}\left[\frac{e^{-(\zeta-\sqrt{\zeta^2-1})\omega_n t}}{\zeta-\sqrt{\zeta^2-1}}-\frac{e^{-(\zeta+\sqrt{\zeta^2-1})\omega_n t}}{\zeta+\sqrt{\zeta^2-1}}\right] \tag{3-29}$$

它由两个衰减的指数项组成。当 ζ 较大时，一个特征根靠近虚轴，另一个特征根远离虚轴。远离虚轴的特征根对响应的影响很小，可以忽略不计，这时二阶系统可近似为一个一阶惯性环节。

图 3-13 表示过阻尼二阶系统的根的分布和响应曲线。显然响应曲线无超调，而且过程拖得比 $\zeta=1$ 时来得长。

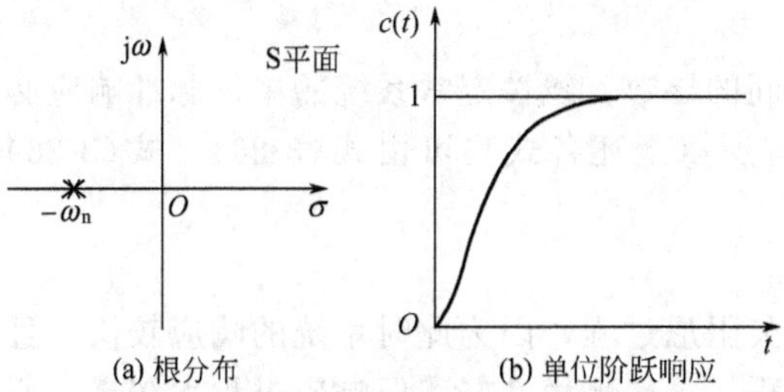

(a) 根分布　(b) 单位阶跃响应

图 3-12　临界阻尼情况（$\zeta=1$）

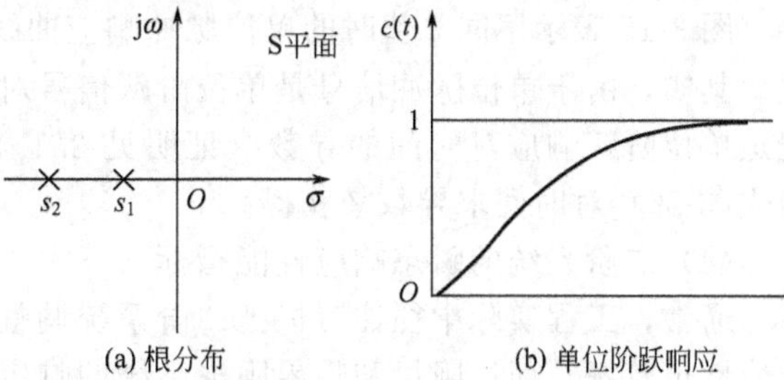

(a) 根分布　(b) 单位阶跃响应

图 3-13　过阻尼情况（$\zeta>1$）

根据以上分析，可得不同 ζ 值下的二阶系统单位阶跃响应曲线族，如图 3-14 所示。由于横坐标为 $\omega_n t$，所以曲线族只与 ζ 值有关。由图可见，在一定 ζ 值下，欠阻尼系统比临界阻尼系统更快地达到稳态值，过阻尼系统反应迟钝，动作很缓慢，所以一般系统大多设计成欠阻尼

系统。

(3) 二阶系统的脉冲响应

当输入信号为单位脉冲信号 $\delta(t)$，即 $R(s)=1$ 时，二阶系统单位脉冲响应的拉氏变换为

$$C(s)=G_{\mathrm{B}}(s)R(s)=\frac{\omega_{\mathrm{n}}^{2}}{s^{2}+2\zeta\omega_{\mathrm{n}}s+\omega_{\mathrm{n}}^{2}} \tag{3-30}$$

对式(3-30) 求拉氏反变换，得

$$c(t)=\mathrm{L}^{-1}[G_{\mathrm{B}}(s)]=\mathrm{L}^{-1}\left[\frac{\omega_{\mathrm{n}}^{2}}{s^{2}+2\zeta\omega_{\mathrm{n}}s+\omega_{\mathrm{n}}^{2}}\right] \tag{3-31}$$

可见，系统传递函数的拉氏反变换就是系统的单位脉冲响应，所以脉冲响应和传递函数一样，都可以用来描述系统的特征。

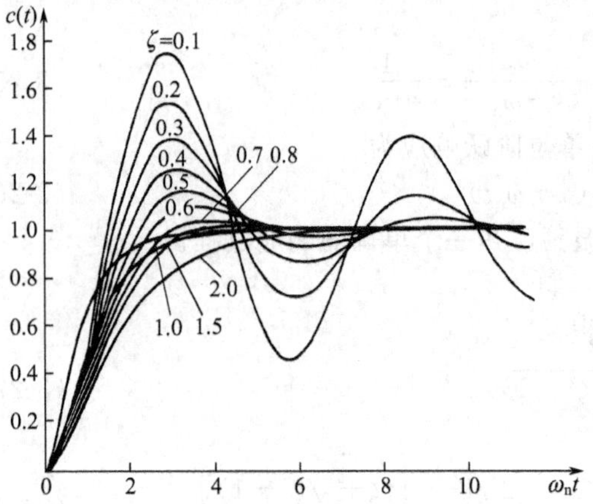

图 3-14　二阶系统单位阶跃响应

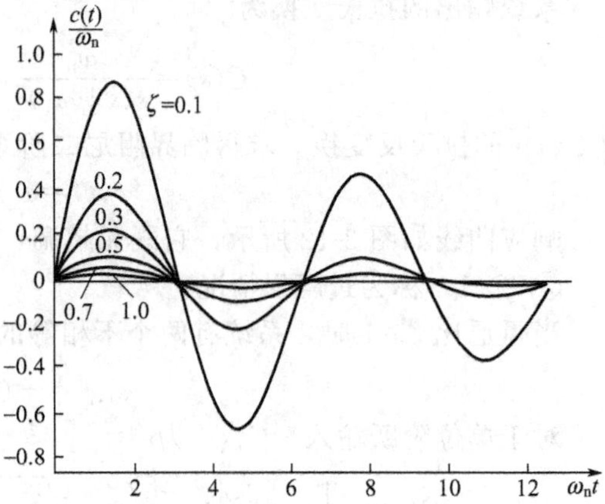

图 3-15　二阶系统单位脉冲响应

由式(3-31)，对于欠阻尼情况 ($0<\zeta<1$)，有

$$c(t)=\frac{\omega_{\mathrm{n}}}{\sqrt{1-\zeta^{2}}}\mathrm{e}^{-\zeta\omega_{\mathrm{n}}t}\sin\omega_{\mathrm{n}}\sqrt{1-\zeta^{2}}\,t \tag{3-32}$$

对于临界阻尼情况 ($\zeta=1$)，有

$$c(t)=\omega_{\mathrm{n}}^{2}t\mathrm{e}^{-\omega_{\mathrm{n}}t} \tag{3-33}$$

对于过阻尼情况 ($\zeta>1$)，有

$$c(t)=\frac{\omega_{\mathrm{n}}}{2\sqrt{\zeta^{2}-1}}\left[\mathrm{e}^{-(\zeta-\sqrt{\zeta^{2}-1})\omega_{\mathrm{n}}t}-\mathrm{e}^{-(\zeta+\sqrt{\zeta^{2}-1})\omega_{\mathrm{n}}t}\right] \tag{3-34}$$

图 3-15 表示不同 ζ 值时的单位脉冲响应曲线。

其实，由于单位脉冲信号是单位阶跃信号对时间的导数，线性定常系统的单位脉冲响应必定是单位阶跃响应对时间的导数（证明见 3.1.4）。所以上述各式均可由式(3-20)、式(3-26)和式(3-29) 对时间求导数来获得。

(4) 二阶系统的瞬态响应性能指标

通常，工程实际中往往习惯把二阶系统调整为欠阻尼过程，因为此时系统的响应较快，且平稳性也较好。而过阻尼和临界阻尼系统的响应过程，虽然平稳性好，但响应过程太缓慢。所以，根据欠阻尼响应来评价二阶系统的响应特性，具有较大的实际意义。

对于单位阶跃输入作用下的欠阻尼系统，有

① 上升时间 t_{r}。

按式(3-20)，令 $c(t_{\mathrm{r}})=1$，就可求得

$$\cos\omega_d t_r+\frac{\zeta}{\sqrt{1-\zeta^2}}\sin\omega_d t_r=0$$

$$\tan\omega_d t_r=-\frac{\sqrt{1-\zeta^2}}{\zeta}$$

因此

$$t_r=\frac{1}{\omega_d}\arctan\left(-\frac{\sqrt{1-\zeta^2}}{\zeta}\right)=\frac{\pi-\phi}{\omega_d} \tag{3-35}$$

式中

$$\phi=\arctan\frac{\sqrt{1-\zeta^2}}{\zeta} \tag{3-36}$$

由式(3-35)可见，要使系统反应快，必须减小 t_r。因此当 ζ 一定，ω_n 必须加大；若 ω_n 为固定值，则 ζ 越小，t_r 也越小。

② 峰值时间 t_p。

按式(3-20)，对 $c(t)$ 求一阶导数，并令其为零，可得到

$$\omega_d\cos(\omega_d t_p+\phi)-\zeta\omega_n\sin(\omega_d t_p+\phi)=0$$

$$\tan(\omega_d t_p+\phi)=\frac{\omega_d}{\zeta\omega_n}=\frac{\sqrt{1-\zeta^2}}{\zeta}$$

到达第一个峰值时

$$\omega_d t_p=\pi$$

所以

$$t_p=\frac{\pi}{\omega_d}=\frac{\pi}{\omega_n\sqrt{1-\zeta^2}} \tag{3-37}$$

上式表明，峰值时间 t_p 与有阻尼振荡频率 ω_d 成反比。当 ω_n 一定，ζ 越小，t_p 也越小。

③ 最大超调量 σ_p。

以 $t=t_p$ 代入式(3-20)，可得到最大百分比超调量

$$\sigma_p\%=e^{-\frac{\zeta\pi}{\sqrt{1-\zeta^2}}}\times100\% \tag{3-38}$$

由上式可见，最大百分比超调量完全由 ζ 决定，ζ 越小，超调量越大。当 $\zeta=0$ 时，$\sigma_p\%=100\%$，当 $\zeta=1$ 时，$\sigma_p\%=0$。σ_p 与 ζ 的关系曲线见图 3-16。

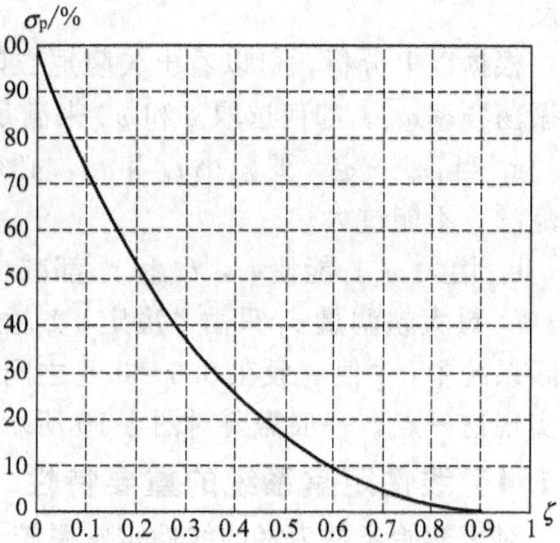

图 3-16 σ_p 与 ζ 的关系

④ 调节时间 t_s。

根据定义可以求出调节时间 t_s，如图 3-17 所示。图中 $T=1/\zeta\omega_n$，为 $c(t)$ 包络曲线的时间常数，在 $\zeta=0.69$（或 0.77），t_s 有最小值，以后 t_s 随 ζ 的增大而近乎线性地上升。图 3-17 中曲线的不连续性是由于 ζ 在虚线附近稍微变化会引起 t_s 突变造成的，如图 3-18 所示。

t_s 也可由式(3-21)的包络线近似求得，即令 $e(t)$ 的幅值

$$\frac{1}{\sqrt{1-\zeta^2}}e^{-\zeta\omega_n t}=0.05\text{ 或 }0.02$$

$$t_s=-\frac{1}{\zeta\omega_n}\ln(0.05\sqrt{1-\zeta^2}) \tag{3-39}$$

或

$$t_s=-\frac{1}{\zeta\omega_n}\ln(0.02\sqrt{1-\zeta^2})$$

当 $0<\zeta<0.9$ 时，则

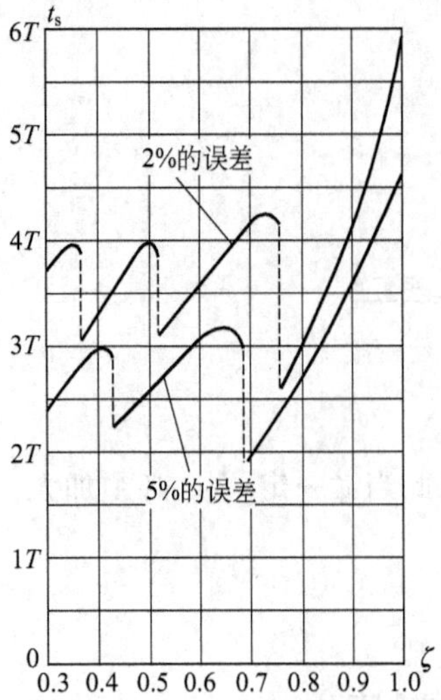

图 3-17 t_s 与 ζ 的关系

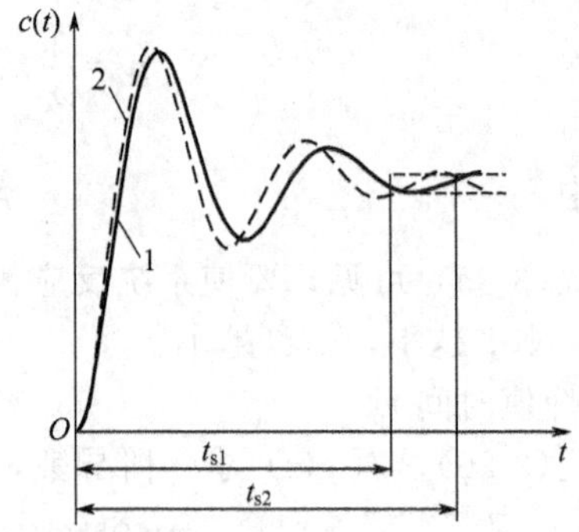

图 3-18 ζ 稍微突变引起的 t_s 突变

$$t_s=\frac{3}{\zeta\omega_n}=3T \text{（按到达稳态值的 95\%～105\%计）} \tag{3-40}$$

或

$$t_s=\frac{4}{\zeta\omega_n}=4T \text{（按到达稳态值的 98\%～102\%计）}$$

由此可见，$\zeta\omega_n$ 大，t_s 就小，当 ω_n 一定，则 t_s 与 ζ 成反比，这与 t_p，t_r 与 ζ 的关系正好相反。

根据以上分析，可以看出欠阻尼二阶系统瞬态响应的性能指标取决于阻尼比 ζ 和无阻尼自然振荡频率 ω_n。如何选取 ζ 和 ω_n 来满足系统设计要求，总结几点如下。

a. 当 ω_n 一定，要减小 t_r 和 t_p，必须减少 ζ 值，要减少 t_s 则应增大 $\zeta\omega_n$ 值，而且 ζ 值有一定范围，不能过大。

b. 增大 ω_n，能使 t_r，t_p 和 t_s 都减少。

c. 最大超调量 σ_p 只由 ζ 决定，ζ 越小，σ_p 越大。所以，一般根据 σ_p 的要求选择 ζ 值，在实际系统中，ζ 值一般在 0.5～0.8 之间。而对各种时间的要求，则可通过 ω_n 的选取来满足。要实现这一点，一般需要对图 3-10 所示的二阶系统进行校正。

3.1.4 线性定常系统的重要特性

对于初始条件为零的线性定常系统，在输入信号 $r(t)$ 的作用下，其输出 $c(t)$ 的拉氏变换为 $C(s)=G_B(s)R(s)$。

若系统的输入为 $r_1(t)=\frac{dr(t)}{dt}$，其拉氏变换为 $R_1(s)=L^{-1}\left[\frac{dr(t)}{dt}\right]=sR(s)$，这时系统的输出为

$$C_1(s)=G_B(s)R_1(s)=G_B(s)\cdot sR(s)=sC(s)$$

所以

$$c_1(t)=\frac{dc(t)}{dt}$$

即当系统输入信号为原来输入信号的导数时，系统的输出为原来输出的导数。

同理，若系统的输入为 $r_2(t)=\int r(t)dt$，其拉氏变换为 $R_2(s)=\frac{1}{s}R(s)$，这时

$$C_2(s)=G_B(s)R_2(s)=G_B(s)\cdot\frac{1}{s}R(s)=\frac{1}{s}C(s)$$

$$c_2(t)=\int c(t)\mathrm{d}t$$

此式说明，在零初始条件下，当系统输入信号为原来输入信号对时间的积分时，系统的输出则为原来输出对时间的积分。

由上可以推知如下两点。

① 由于单位脉冲信号是单位阶跃信号对时间的一阶导数，所以单位脉冲响应是单位阶跃响应对时间的一阶导数。同样，由于单位阶跃信号是单位斜坡信号和单位抛物线信号对时间的一阶导数和二阶导数，所以单位阶跃响应可以由单位斜坡响应和单位抛物线响应对时间的一阶导数和二阶导数求得。

② 由于单位斜坡信号和单位抛物线信号是单位阶跃信号对时间的一重和二重积分，所以单位斜坡响应和单位抛物线响应就为单位阶跃响应对时间的一重和二重积分。

这样只要知道系统对某一种典型信号的响应，对其他典型信号的响应也可推知。这是线性定常系统独具的特性。

3.2 增加零极点对二阶系统响应的影响

实际的控制系统，多数是高于二阶的系统，即高阶系统。高阶系统的传递函数一般可以写成如式(3-41) 的形式

$$\frac{C(s)}{R(s)}=\frac{b_m s^m+b_{m-1}s^{m-1}+\cdots+b_1 s+b_0}{a_n s^n+a_{n-1}s^{n-1}+\cdots+a_1 s+a_0}\quad (m\leqslant n) \tag{3-41}$$

将上式写成为零极点的形式，则

$$\frac{C(s)}{R(s)}=\frac{b_m\prod_{i=1}^{q}(s+z_i)\prod_{i=1}^{l}(s^2+2\zeta_{mi}\omega_{mi}s+\omega_{mi}^2)}{a_n\prod_{i=1}^{k}(s+p_i)\prod_{i=1}^{r}(s^2+2\zeta_{ni}\omega_{ni}s+\omega_{ni}^2)}\quad (m\leqslant n) \tag{3-42}$$

式中，$q+2l=m$；$k+2r=n$。

对于单位阶跃响应，则

$$C(s)=\frac{b_m\prod_{i=1}^{q}(s+z_i)\prod_{i=1}^{l}(s^2+2\zeta_{mi}\omega_{mi}s+\omega_{mi}^2)}{a_n\prod_{i=1}^{k}(s+p_i)\prod_{i=1}^{r}(s^2+2\zeta_{ni}\omega_{ni}s+\omega_{ni}^2)}\cdot\frac{1}{s}$$

假如没有重极点，则

$$C(s)=\frac{b_0}{a_0}\frac{1}{s}+\sum_{i=1}^{k}\frac{C_i}{s+p_i}+\sum_{i=1}^{r}\frac{A_i(s+\zeta_{ni}\omega_{ni})+B_i\omega_{ni}\sqrt{1-\zeta_{ni}^2}}{s^2+2\zeta_{ni}\omega_{ni}s+\omega_{ni}^2}$$

$$c(t)=\frac{b_0}{a_0}+\sum_{i=1}^{k}C_i\mathrm{e}^{-p_i t}+\sum_{i=1}^{r}\mathrm{e}^{-\zeta_{ni}\omega_{ni}t}(A_i\cos\omega_{ni}\sqrt{1-\zeta_{ni}^2}t+B_i\sin\omega_{ni}\sqrt{1-\zeta_{ni}^2}t)\quad (t\geqslant 0) \tag{3-43}$$

由上式可见，高阶系统的响应是由惯性环节和振荡环节（二阶系统）的单位阶跃响应构成，各分量的相对大小由系数 C_i，A_i 和 B_i 决定，所以了解了各分量及其相对大小，就可知高阶系统的瞬态响应。

当系统是稳定的，由式(3-42) 及拉氏反变换求系数可知如下几点。

① 高阶系统瞬态响应各分量的衰减快慢由 $-p_i$ 和 $-\zeta_{ni}\omega_{ni}$ 决定，也即系统极点在 S 平面左半部离虚轴越远，相应的分量衰减越快。

② 各分量所对应的系数决定于系统的零、极点分布（式 3-42）。当某极点 $-p_i$ 靠近零点，而远离其他极点和原点，则相应的系数 C_i 越小，该瞬态分量的影响就小；若一对零极点互相很接近，则在输出 $c(t)$ 中与该极点对应的分量就几乎被消除。

若某极点 $-p_i$ 远离零点、越接近其他极点和原点，则相应的系数 C_i 越大，该瞬态分量影响也就越大。

③ 系统的零点、极点共同决定了系统瞬态响应曲线的形状。根据上述，对于系数很小（影响很小）的分量、远离虚轴衰减很快的分量常常可以忽略，因而高阶系统的性能就可用低阶系统来近似估计。

假如高阶系统中距离虚轴最近的极点，其实数部分为其他极点的 1/10 或更小，并且附近又没有零点，则可认为系统的响应主要由该极点（或共轭复数极点）决定，这一分量衰减最慢。这种对系统瞬态响应起主要作用的极点，称为系统的主导极点。一般情况下，高阶系统具有振荡性，所以主导极点常常是共轭复数极点。找到了一对共轭复数主导极点，高阶系统就可以近似地当作二阶系统来分析，相应的性能指标都可以按二阶系统近似估计。

根据一定条件找出主导极点，在系统分析中是很重要的事。在系统设计中，也常常应用主导极点这一概念，使高阶系统具有一对主导极点。

下面通过具体实例来说明一个极点或一个零点对系统响应的影响。

考察一个三阶系统，其闭环传递函数为

$$G_B(s)=\frac{1}{(s^2+2\zeta s+1)(\tau s+1)}$$

这是一个 $\omega_n=1$ 的系统，其零极点在 S 平面的分布如图 3-19 所示。实验证明，若下式成立，即

$$|1/\tau|\geqslant 10|\zeta|$$

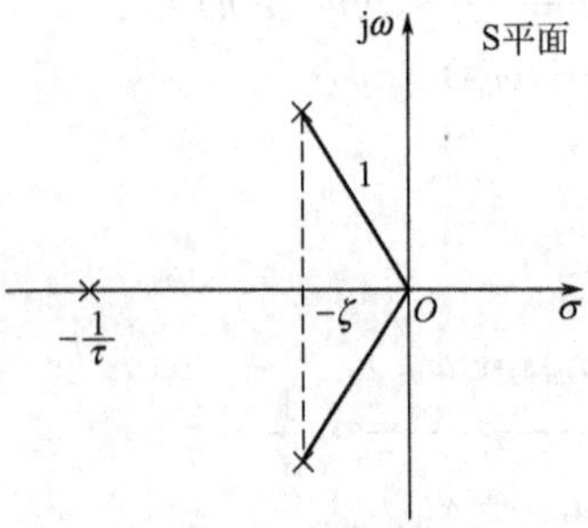

图 3-19 三阶系统的零极点分布图

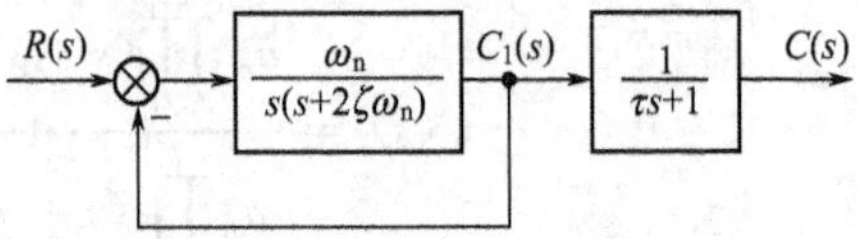

图 3-20 二阶系统与惯性环节串联

则该系统的性能指标如超调量 $\sigma_p\%$ 和调节时间 t_s 等，可用二阶系统的曲线来表示。也就是说，当主导极点 $s_{1,2}=-\zeta\pm\sqrt{1-\zeta^2}$ 的实部小于第 3 个根实部的 1/10 时，该三阶系统的响应可以用由主导极点表示的二阶系统的响应来近似。

实际上，可以将这样一个三阶系统看成是由主导极点决定的二阶系统与一个惯性环节（一阶滤波器）串联而成的，如图 3-20 所示。当惯性环节的时间常数较大，也就是第 3 个根的实部较小时，惯性环节的作用较强。二阶系统的输出 $c_1(t)$ 经过该惯性环节的滤波后，振荡现象自然减弱很多。

当 $\zeta=0.45$ 时，通过计算机仿真能够得到系统在单位阶跃输入下的响应。可以发现，当 $\tau=2.25$ 时，实数极点为 $-1/\tau=-0.444$，而复数极点的实部为 -0.45，二者相差不大，所以系统是过阻尼的，响应没有超调，如果按照 2% 的误差标准计算调节时间则为 9.6s。如果将 τ 调整为 0.9，即实数极点为 -1.11，则计算得到的超调量为 12%，调节时间为 8.8s。上述仿

真结果归纳在表 3-1 中。

表 3-1 三阶系统的第 3 个极点对性能指标的影响

τ	$-1/\tau$	超调量 $\sigma_p\%$	调节时间 t_s
2.25	0.444	0	9.63
1.5	0.66	3.90	9.30
0.9	1.111	12.3	8.81
0.4	2.50	18.6	8.67
0.05	20.0	20.5	8.37
0	∞	20.5	8.24

必须注意的是，上述的结果仅在闭环传递函数没有零点的情况下才是正确的。如果二阶系统的闭环传递函数中包含有零点，且该零点位于主导极点附近，则同样会对系统的瞬态响应产生影响。假设系统的传递函数为

$$G_B(s)=\frac{(\omega_n^2/a)(s+a)}{s^2+2\zeta\omega_n s+\omega_n^2}$$

可以认为这是一个在标准二阶系统的基础上附加一个零点而形成的系统。当 $\zeta\leqslant 1$ 时，系统阶跃响应的超调量是 $a/\zeta\omega_n$ 的函数，针对 $\zeta=0.45$，$a/\zeta\omega_n=5$，2,1,0.5 的取值，图 3-21 给出了实际的阶跃响应曲线，表 3-2 给出了相应的瞬态响应性能指标。从中可以看出，由于零点的存在，使得原来二阶系统阶跃响应的超调量加大了。这是由于

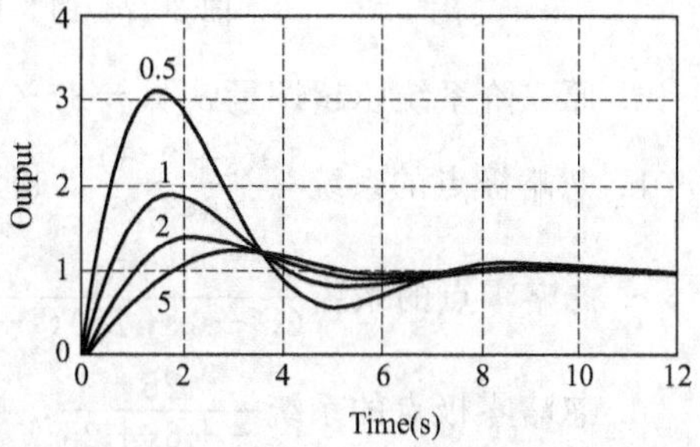

图 3-21 含有一个零点二阶系统的阶跃响应

$$\begin{aligned}C(s)=G_B(s)R(s)&=\frac{(\omega_n^2/a)(s+a)}{s^2+2\zeta\omega_n s+\omega_n^2}R(s)\\&=\frac{\omega_n^2}{s^2+2\zeta\omega_n s+\omega_n^2}R(s)+\frac{\omega_n^2/a}{s^2+2\zeta\omega_n s+\omega_n^2}sR(s)\\&=C_0(s)+\frac{1}{a}sC_0(s)\end{aligned}$$

表 3-2 二阶系统附加零点对性能指标的影响

$a/\zeta\omega_n$	超调量 $\sigma_p\%$	调节时间 t_s	峰值时间 t_p
5	23.1	8.0	3.0
2	39.7	7.6	2.2
1	89.9	10.1	1.8
0.5	210.0	10.3	1.5

即

$$c(t)=c_0(t)+\frac{1}{a}\times\frac{dc_0(t)}{dt}$$

从上式可以看出，系统的阶跃响应中包含有标准二阶系统的阶跃响应及该响应的导数，导数项的大小与零点成反比，也就是零点距离虚轴越远，附加零点的影响就越小。

【例 3-1】 假设系统的闭环传递函数为

$$G_B(s)=\frac{60(s+2.5)}{(s^2+6s+25)(s+6)}$$

试分析零点 −2.5 和极点 −6 对系统阶跃响应的影响。

解 ① 从闭环传递函数可以看出，系统的传递系数（或静态增益）为 1，所以系统对阶跃输入的稳态误差为零。系统零极点在 S 平面上的分布如图 3-22(a) 所示。

② 应用 Matlab 进行计算机仿真，可得到单位阶跃响应曲线，如图 3-22(b) 所示。

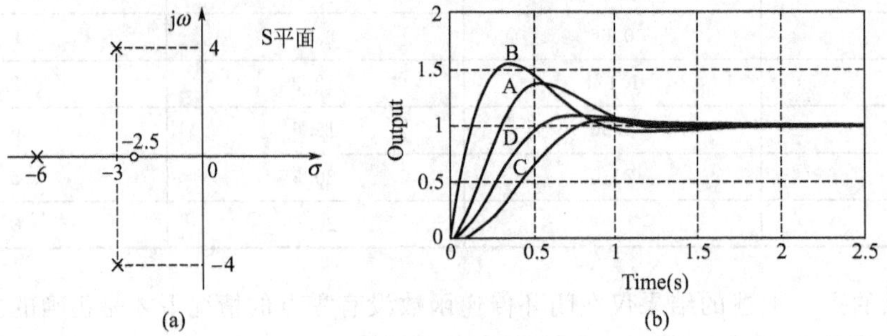

图 3-22 例 3-1 系统的零极点分布与阶跃响应

a. 原三阶系统，超调量 $\sigma_p\%=37\%$，调节时间 $t_s=1.6\text{s}$；

b. 忽略极点的系统 $\dfrac{10(s+2.5)}{s^2+6s+25}$，超调量 $\sigma_p\%=54.5\%$，调节时间 $t_s=1.5\text{s}$；

c. 忽略零点的系统 $\dfrac{150}{(s^2+6s+25)(s+6)}$，超调量 $\sigma_p\%=5.5\%$，调节时间 $t_s=1.4\text{s}$；

d. 忽略零极点的系统 $\dfrac{25}{s^2+6s+25}$，超调量 $\sigma_p\%=9.5\%$，调节时间 $t_s=1.2\text{s}$。

从以上数据可以看出，由于零极点距离较近，不论是忽略零点，还是忽略极点，都会造成对性能指标的估计误差，所以此时不能忽略零极点的影响。

综合以上分析，可以得出结论：一个不能忽略的零点对系统的影响是使超调量加大，响应速度加快，这是由于零点具有微分作用；一个不能忽略的极点对系统的影响是使超调量减小，调节时间增加，这是由于极点的滤波作用（或称为阻尼作用）。

3.3 反馈控制系统的稳态误差

通过上述内容可知，系统响应包括瞬态响应和稳态响应两部分。评价系统瞬态响应性能由瞬态响应性能指标描述。那么，衡量系统稳态响应的性能指标就是稳态误差。所以，稳态误差分析和计算也是系统分析的一项重要内容。

稳态误差是对系统精度的一种衡量，它表达了系统实际输出值与希望输出值之间的最终偏差。系统对典型输入信号（包括扰动信号）作用下的稳态误差要求是最基本的要求，稳态误差超过规定，系统就不能准确完成任务。实际上，由于系统固有的结构和特性，决定了系统在不同的输入信号作用下，会有不同的稳态误差。同时，系统静特性不稳定和参数变化等因素也会导致系统产生一定的稳态误差。

研究具有不同结构或不同传递函数的系统在不同的输入信号作用下产生的稳态误差，以及系统静特性不稳定或参数变化对系统稳态响应的影响，相应地如何降低系统的稳态误差，就是本节的主要内容。

3.3.1 稳态误差的概念

如图 3-23 所示，对于单位反馈系统或随动系统，稳态误差定义为

$$e_{ss}=e(\infty)=\lim_{t\to\infty}e(t)=\lim_{t\to\infty}[r(t)-c(t)] \tag{3-44}$$

它表示稳态时系统实际输出值与希望输出值间的偏差。

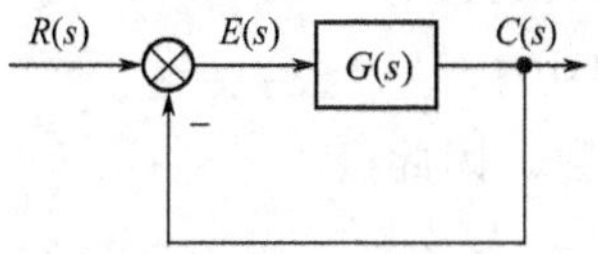

图 3-23 单位反馈系统

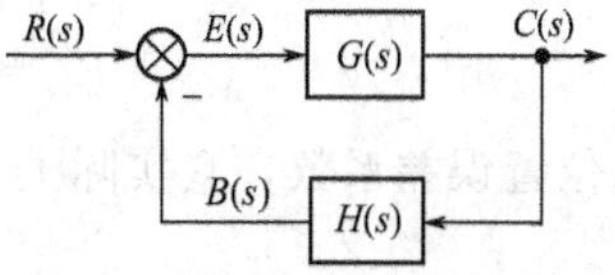

图 3-24 非单位反馈系统

有很多系统是非单位反馈系统，如图 3-24 所示，这时，稳态误差可以定义为

$$e_{ss}=e(\infty)=\lim_{t\to\infty}e(t)=\lim_{t\to\infty}[r(t)-b(t)] \tag{3-45}$$

实际上，单位反馈系统可以看成是非单位反馈系统的一种特例，此时的 $H(s)=1$。所以按照非单位反馈系统定义系统的误差 $e(t)$ 更具有一般性，即

$$e(t)=r(t)-b(t) \quad 或 \quad E(s)=R(s)-B(s) \tag{3-46}$$

容易求得，误差信号 $e(t)$ 与输入信号 $r(t)$ 之间的传递函数为

$$\frac{E(s)}{R(s)}=\frac{1}{1+G(s)H(s)}$$

根据终值定理，稳定系统的稳态误差为

$$e_{ss}=\lim_{t\to\infty}e(t)=\lim_{s\to 0}sE(s)=\lim_{s\to 0}\frac{sR(s)}{1+G(s)H(s)} \tag{3-47}$$

由式(3-47) 可知，稳态误差与输入信号和系统的结构、参数有关。图 3-25 示出某一系统在不同典型输入信号作用下的响应曲线。从图中可以看出，系统在某种典型信号作用下能正常工作，稳态误差 e_{ss} 维持在一定范围，但在另一种典型信号作用下稳态误差 e_{ss} 很大，甚至随着时间越来越大，则系统就不能正常工作。所以在规定稳态误差要求时，要指明输入信号类型。

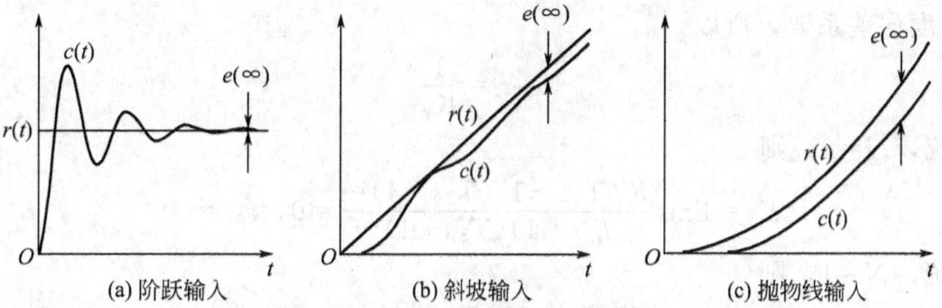

图 3-25 不同典型信号作用下的稳态误差

当输入信号的形式确定后，系统的稳态误差将只取决于系统的结构和参数。

3.3.2 稳态误差的计算

若控制系统的开环传递函数为

$$G_K(s)=G(s)H(s)=\frac{K(T_1s+1)(T_2s+1)\cdots(T_ms+1)}{s^N(T_as+1)(T_bs+1)\cdots(T_ns+1)}$$

说明系统有 N 个积分环节串联。因为系统的类型常按其开环传递函数中串联积分环节的数目分类，所以称此系统为 N 型系统，当 $N=0,1,2,\cdots,N$ 时，则分别称之为 0 型，1 型，2 型，…，N 型系统。增加型号数，可使系统精度提高，但对稳定性不利，实际系统中 $N\leqslant 2$。$G_K(s)$ 的其他零极点，对分类没有影响。

(1) 单位阶跃输入时的稳态误差

设系统输入为单位阶跃信号，按式(3-47)，系统的稳态误差为

$$e_{ss}=\lim_{s\to 0}\frac{s}{1+G(s)H(s)}\times\frac{1}{s}=\frac{1}{1+G(0)H(0)} \tag{3-48}$$

令

$$K_p=\lim_{s\to 0}G(s)H(s)=G(0)H(0) \tag{3-49}$$

K_p 定义为位置误差系数，它实际上等于系统的开环放大系数。因此

$$e_{ss}=\frac{1}{1+K_p} \tag{3-50}$$

对于 0 型系统，$N=0$，则

$$K_p=\lim_{s\to 0}\frac{K(T_1s+1)(T_2s+1)\cdots}{(T_as+1)(T_bs+1)\cdots}=K(\text{开环放大系数})，\quad e_{ss}=\frac{1}{1+K}$$

对于 1 型或 1 型以上的系统，$N\geqslant 1$，则

$$K_p=\lim_{s\to 0}\frac{K(T_1s+1)(T_2s+1)\cdots}{s^N(T_as+1)(T_bs+1)\cdots}=\infty，\quad e_{ss}=0$$

由上述分析可知，由于 0 型系统中没有积分环节，对阶跃输入的稳态误差为一定值，其值基本上与系统开环放大系数 K 成反比，K 越大，e_{ss} 越小，但总有误差，除非 K 为无穷大。所以这种没有积分环节的 0 型系统，又常称为有差系统。

对于实际系统，通常允许存在稳态误差，只要它不超过规定指标就可以。所以有时为了降低稳态误差，常在稳态条件允许的前提下，增大 K_p 或 K。若要求系统对阶跃输入的稳态误差为零，则系统必须是 1 型或 1 型以上的，即前向通道中必须具有积分环节。

(2) 单位斜坡输入时的稳态误差

当参考输入为单位斜坡信号时，系统的稳态误差为

$$e_{ss}=\lim_{s\to 0}\frac{s}{1+G(s)H(s)}\times\frac{1}{s^2}=\lim_{s\to 0}\frac{1}{sG(s)H(s)} \tag{3-51}$$

令

$$K_v=\lim_{s\to 0}sG(s)H(s) \tag{3-52}$$

K_v 定义为速度误差系数，所以

$$e_{ss}=\frac{1}{K_v} \tag{3-53}$$

对于 0 型系统，$N=0$，则

$$K_v=\lim_{s\to 0}s\frac{K(T_1s+1)(T_2s+1)\cdots}{(T_as+1)(T_bs+1)\cdots}=0，\quad e_{ss}=\infty$$

对于 1 型系统，$N=1$，则

$$K_v=\lim_{s\to 0}s\frac{K(T_1s+1)(T_2s+1)\cdots}{s(T_as+1)(T_bs+1)\cdots}=K，\quad e_{ss}=\frac{1}{K}$$

对于 2 型或高于 2 型系统，$N\geqslant 2$，则

$$K_v=\lim_{s\to 0}s\frac{K(T_1s+1)(T_2s+1)\cdots}{s^N(T_as+1)(T_bs+1)\cdots}=\infty，\quad e_{ss}=0$$

以上表明，0 型系统对于等速度输入（斜坡输入）不能紧跟，最后稳态误差为∞。具有单位反馈的 1 型系统，其输出能跟踪等速度输入，但总有一定误差，为使稳态误差不超过系统的规定值，K 值必须足够大。对于 2 型或高于 2 型系统，稳态误差为零，这种系统有时称为二阶无差系统。

所以对于等速度输入信号，要使系统稳态误差一定为零，必须使 $N\geqslant 2$，即必须有足够的积分环节数。

(3) 单位抛物线信号（等加速度信号）输入时的稳态误差

已知 $r(t)=\frac{1}{2}t^2(t>0)$，所以稳态误差

$$e_{ss}=\lim_{s\to 0}\frac{s}{1+G(s)H(s)}\times\frac{1}{s^3}=\lim_{s\to 0}\frac{1}{s^2G(s)H(s)} \tag{3-54}$$

令

$$K_a=\lim_{s\to 0}s^2G(s)H(s) \tag{3-55}$$

K_a 定义为加速度误差系数，所以

$$e_{ss}=\frac{1}{K_a} \tag{3-56}$$

对于 0 型或 1 型系统，$N=0$ 或 $N=1$，则

$$K_a=\lim_{s\to 0}s^2\frac{K(T_1s+1)(T_2s+1)\cdots}{s^N(T_as+1)(T_bs+1)\cdots}=0，\ e_{ss}=\infty$$

对于 2 型系统，$N=2$，则

$$K_a=\lim_{s\to 0}s^2\frac{K(T_1s+1)(T_2s+1)\cdots}{s^2(T_as+1)(T_bs+1)\cdots}=K，\ e_{ss}=\frac{1}{K}$$

对于 3 型或 3 型以上系统，$N\geqslant 3$，则

$$K_a=\infty，\ e_{ss}=0$$

所以当输入为单位抛物线信号时，0 型或 1 型系统都不能满足要求，2 型系统能工作，但要有足够大的 K_a 或 K。只有 3 型或 3 型以上的系统，当它为单位反馈时，系统输出才能紧跟输入，且稳态误差为零。但是必须指出，当前向通道积分环节数增多时，会降低系统的稳定性。

当输入信号是上述典型信号的组合时，为使系统满足稳态响应的要求，N 值应按最复杂的输入信号来选定（例如输入信号包含有阶跃和等速度信号时，N 值必须大于或等于 1)。

综上所述，表 3-3 概括了不同类型系统在不同的输入信号作用下的稳态误差。

表 3-3 系统的稳态误差 e_{ss}

系　　统	阶跃输入 $r(t)=1$	斜坡输入 $r(t)=t$	抛物线输入 $r(t)=\frac{1}{2}t^2$
0 型	$\frac{1}{1+K}$	∞	∞
1 型	0	$\frac{1}{K}$	∞
2 型	0	0	$\frac{1}{K}$

【例 3-2】 已知两个系统如图 3-26 所示，当参考输入 $r(t)=4+6t+3t^2$ 时，试分别求出两个系统的稳态误差。

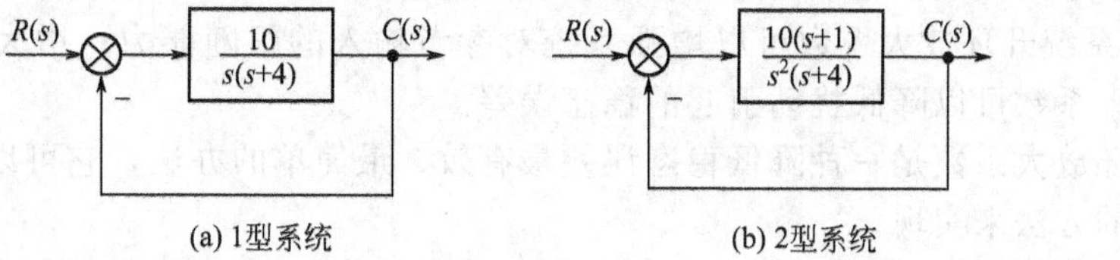

图 3-26 例 3-2 的系统

解 系统 (a) 为 1 型系统，其 $K_a=0$，不能紧跟 $r(t)$ 的 $3t^2$ 分量，所以

$$e_{ss}=\infty$$

系统 (b) 为 2 型系统，其 $K_a=K=10/4$，所以

$$e_{ss}=\frac{6}{K_a}=\frac{24}{10}=2.4$$

该例说明，当输入为阶跃、斜坡和抛物线信号的组合时，抛物线信号分量要求系统型号最高。系统（b）的型号为 2，能跟随输入信号中的抛物线信号分量，但仍有稳态误差。而系统（a）由于型号较低，故不能跟随抛物线信号分量，稳态误差为∞。

3.3.3 主扰动输入引起的稳态误差

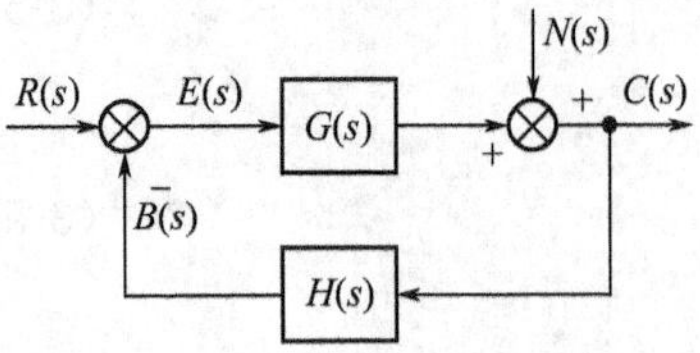

图 3-27 主扰动的影响

一般情况下，系统除受到输入信号的作用外，还可能承受各种扰动信号的作用，如系统负载的变化，电压的波动，以及工况引起的参数变化等。在这些扰动信号的作用下，系统也将产生稳态误差，称为扰动稳态误差。

通常认为系统的负载变化往往是系统的主要扰动，假设主扰动 $N(s)$ 的作用点如图 3-27 所示，现在分析它对输出或稳态误差的影响。

因为
$$C(s)=N(s)+G(s)E(s)=N(s)+G(s)[R(s)-H(s)C(s)]$$

所以
$$C(s)=\frac{1}{1+G(s)H(s)}N(s)+\frac{G(s)}{1+G(s)H(s)}R(s) \tag{3-57}$$

式中，右端第一项为扰动 $N(s)$ 对输出的影响。由于研究 $N(s)$ 的影响，故可认为 $R(s)=0$，所以

$$C(s)=\frac{1}{1+G(s)H(s)}N(s)$$

式中，$\frac{1}{1+G(s)H(s)}$为输出与扰动之间的传递函数。误差信号与扰动信号之间的关系为

$$E(s)=-H(s)C(s)=-\frac{H(s)}{1+G(s)H(s)}N(s)$$

稳态时
$$e_{ss}=\lim_{s\to 0}sE(s)=\lim_{s\to 0}\frac{-H(s)}{1+G(s)H(s)}sN(s)$$

若扰动为单位阶跃信号 $n(t)=1(t)$，则

$$e_{ss}=-\frac{H(0)}{1+G(0)H(0)}\approx-\frac{1}{G(0)}$$

由此可见，在扰动作用点以前的系统前向通道 $G(s)$ 中的放大系数愈大，则由扰动引起的稳态误差就愈小。对于无差系统，即型号为 1 型或 1 型以上的系统，$G(0)=\infty$，扰动不影响稳态响应。所以，为了降低主扰动引起的稳态误差，常采用增大扰动点以前的前向通道放大系数或在扰动点以前引入积分环节的办法，但是，这样会给系统稳定工作带来困难。

3.3.4 关于降低稳态误差问题

为了使稳态误差满足要求，以上分析已提出了可以采取的措施，并指出了降低误差与系统稳定性之间的矛盾。概括起来，降低稳态误差的措施如下。

① 增大系统开环放大系数可以增强系统对参考输入的跟随能力；增大扰动作用点以前的前向通道放大系数可以降低扰动引起的稳态误差。

增大开环放大系数是一种降低稳态误差最有效、最简单的办法，它可以用增加放大器或提高信号电平的方法来实现。

② 增加前向通道中积分环节数，使系统型号提高，可以消除不同输入信号时的稳态误差。

但是，增加前向通道中积分环节数，或是增大开环放大系数，都使闭环传递函数的极点发生变化，从而降低系统的稳定性，甚至造成系统不稳定，所以为了保证系统的稳定性，必须同时对系统进行校正。

③ 保证元件有一定的精度和稳定的性能，尤其是反馈通道元件。有关说明可参见 3.5 节内容。

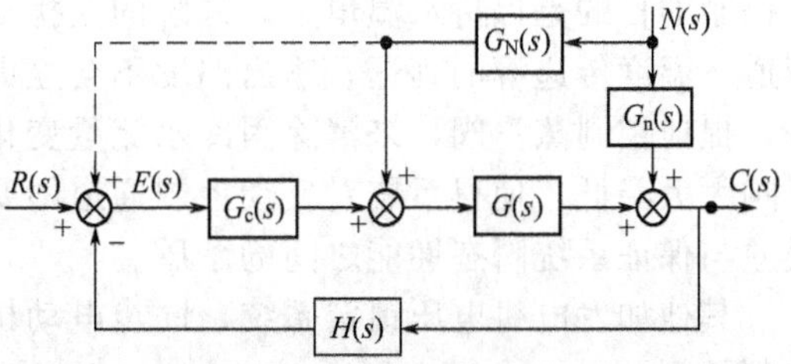

图 3-28 复合控制系统

④ 如果作用于系统的主要干扰可以测量时，采用复合控制来降低系统误差，消除扰动影响，是一个很有效的办法。图 3-28 表示了一个按输入反馈——按扰动顺馈的复合控制系统。图中 $G(s)$ 为被控对象的传递函数，$G_c(s)$ 为控制器传递函数，$G_n(s)$ 为干扰信号 $N(s)$ 影响系统输出的干扰通道的传递函数，$G_N(s)$ 为顺馈控制器的传递函数。如果扰动量是可测的，并且 $G_n(s)$ 是已知的话，则可通过适当选择 $G_N(s)$，达到消除扰动所引起的误差。

按系统结构图可求出 $C(s)$ 对 $N(s)$ 的传递函数

$$C(s)=\frac{G_n(s)+G(s)G_N(s)}{1+G(s)G_c(s)H(s)}N(s)$$

若取 $G_N(s)$ 使
$$G_n(s)+G(s)G_N(s)=0$$

即
$$G_N(s)=-\frac{G_n(s)}{G(s)}$$

则可消除扰动对系统的影响，其中包括对稳态响应的影响，从而提高系统的精度。

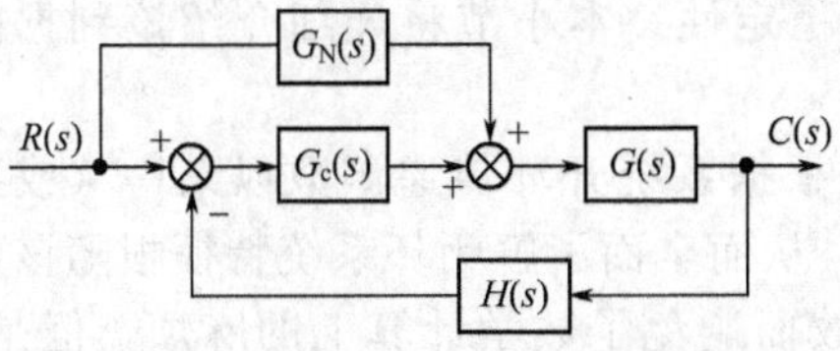

图 3-29 按参考输入顺馈的复合控制系统

由于顺馈控制是开环控制，精度受限，且对参考输入引起的响应没有作用。所以，为了满足系统对参考输入响应的要求，以及为了消除或降低其他扰动的影响，在复合控制系统中还需借助反馈和适当选取 $G_c(s)$ 来满足要求。

为了提高系统对参考输入的跟踪能力，也可按参考输入顺馈来消除或降低误差。其原理与按扰动顺馈相同，如图 3-29 所示，只是 $G_N(s)$ 的输入不是 $N(s)$ 而是 $R(s)$。

此时确定传递函数 $G_N(s)$ 的方法，是使系统在参考输入作用下的误差为零。按系统结构图，可求出 $E(s)$ 对 $R(s)$ 的传递函数

$$E(s)=\frac{1-G_N(s)G(s)H(s)}{1+G_c(s)G(s)H(s)}R(s)$$

令
$$1-G_N(s)G(s)H(s)=0$$

即
$$G_N(s)=\frac{1}{G(s)H(s)}$$

则可以消除由参考输入所引起的误差。

图 3-30(a) 表示一个温度复合控制系统的工艺流程，系统方框图如图 3-30(b) 所示。系

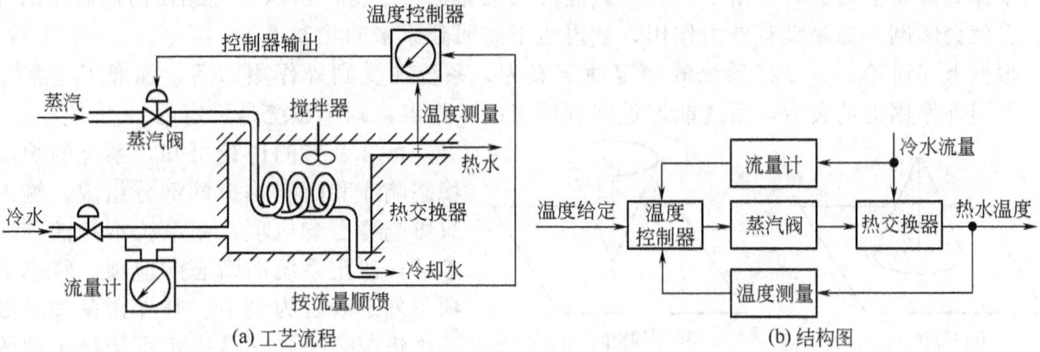

图 3-30 温度复合控制系统

统控制的目的是保持水温恒定，系统的主扰动是冷水量的变化。当冷水流量发生变化时，由于管道、温度传递等的延迟，输出温度不会立即变化。在控制方案中采用了按冷水流量顺馈的方法，提前控制蒸汽阀，来消除因冷水流量变化而引起的误差。同时，由于主扰动对输出温度的影响大大降低，使得系统对反馈控制通道的要求也可以大大降低，从而较好地解决了降低稳态误差与保证系统瞬态性能之间的矛盾。

其他如发电机电压镇定系统，同步电动机转速控制系统，位置随动系统等，都有应用复合控制的例子。

3.4 劳斯-赫尔维茨稳定性判据

稳定性是控制系统最重要的问题，也是对系统最起码的要求。控制系统在实际运行中，总会受到外界和内部一些因素的扰动，例如负载或能源的波动、环境条件的改变、系统参数的变化等。如果系统不稳定，当它受到扰动时，系统中各物理量就会偏离其平衡工作点，并随时间推移而发散，即使扰动消失了，也不可能恢复原来的平衡状态。因此，如何分析系统的稳定性并提出保证系统稳定的措施，是控制理论的基本任务之一。常用的稳定性分析方法如下。

① 劳斯-赫尔维茨（Routh-Hurwitz）判据　这是一种代数判据方法。它是根据系统特征方程式来判断特征根在S平面的位置，从而决定系统的稳定性。本小节将详细介绍该判据的内容。

② 根轨迹法　这是一种图解求特征根的方法。它是根据系统开环传递函数以某一（或某些）参数为变量作出闭环系统的特征根在S平面的轨迹，从而全面了解闭环系统特征根随该参数的变化情况。由于它不是直接对系统特征方程求解，故而避免了数学计算上的麻烦，但是，该求根方法带有一定的近似性。

③ 奈奎斯特（Nyquist）判据　这是一种在复变函数理论基础上建立起来的方法。它根据系统的开环频率特性确定闭环系统的稳定性，同样避免了求解闭环系统特征根的困难。这一方法在工程上是得到了比较广泛的应用。

④ 李雅普诺夫方法　上述几种方法主要适用于线性系统，而李雅普诺夫方法不仅适用于线性系统，更适用于非线性系统。该方法是根据李雅普诺夫函数的特征来决定系统的稳定性。

以上各种方法，将在以后有关章节中阐述。

3.4.1 稳定性的概念

稳定性的概念可以通过图3-31所示的方法加以说明。考虑置于水平面上的圆锥体，其底部朝下时，若将它稍微倾斜，外作用力撤消后，经过若干次摆动，它仍会返回到原来状态。而当圆锥体尖部朝下放置时，由于只有一点能使圆锥体保持平衡，所以在受到任何极微小的扰动后，它就会倾倒，如果没有外力作用，就再也不能回到原来的状态了。

根据上述讨论，可以将系统的稳定性定义为，系统在受到外作用力后，偏离了正常工作点，而当外作用力消失后，系统能够返回到原来的工作点，则称系统是稳定的。

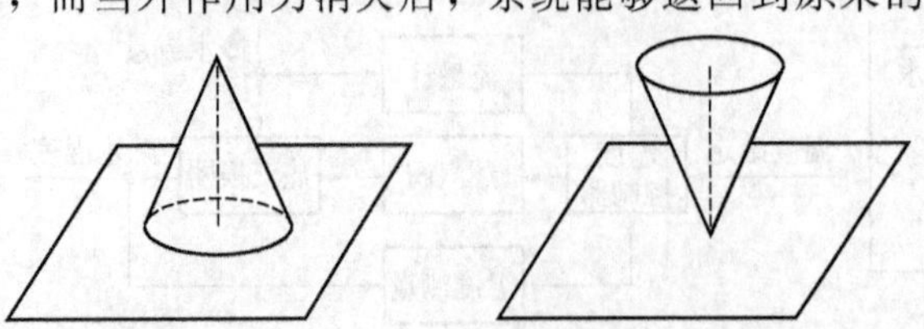

(a) 稳定的　(b) 不稳定的

图3-31　圆锥体的稳定性

由3.2节的讨论可知，系统的响应由稳态响应和瞬态响应两部分组成。输入量只影响稳态响应项，而系统本身的结构和参数，决定系统的瞬态响应项。瞬态响应项不外乎表现为衰减、临界振荡和发散这三种情况之一，它是决定系统稳定性的关键。由于输入量只影响到稳态响应项，并

且两者具有相同的特性，即如果输入量 $r(t)$ 是有界的

$$|r(t)|<\infty,\quad t\geqslant 0$$

则稳态响应项也必定是有界的。这说明对于系统稳定性的讨论可以归结为，系统在任何一个有界输入的作用下，其输出是否有界的问题。

一个稳定的系统定义为，在有界输入的作用下，其输出响应也是有界的。这叫做有界输入有界输出稳定，又简称为 BIBO 稳定。

线性闭环系统的稳定性可以根据闭环极点在 S 平面内的位置予以确定。假如单输入单输出线性系统由下述的微分方程式来描述，即

$$a_n c^{(n)}+a_{n-1}c^{(n-1)}+\cdots+a_1 c^{(1)}+a_0 c=b_m r^{(m)}+b_{m-1}r^{(m-1)}+\cdots+b_1 r^{(1)}+b_0 r \tag{3-58}$$

则系统的稳定性由上式左端决定，或者说系统稳定性可按齐次微分方程式

$$a_n c^{(n)}+a_{n-1}c^{(n-1)}+\cdots+a_1 c^{(1)}+a_0 c=0 \tag{3-59}$$

来分析。这时，在任何初始条件下，若满足

$$\lim_{t\to\infty}c(t)=\lim_{t\to\infty}c^{(1)}(t)=\cdots=\lim_{t\to\infty}c^{(n-1)}(t)=0 \tag{3-60}$$

则称系统（3-58）是稳定的。

为了决定系统的稳定性，可求出式(3-59）的解。由数学分析知道，式(3-59）的特征方程式为

$$a_n s^n+a_{n-1}s^{n-1}+\cdots+a_1 s+a_0=0 \tag{3-61}$$

设上式有 k 个实根 $-p_i(i=1,2,\cdots,k)$，r 对共轭复数根（$-\sigma_i\pm \mathrm{j}\omega_i$）（$i=1,2,\cdots,r$），$k+2r=n$，则齐次方程式(3-59）解的一般式为

$$c(t)=\sum_{i=1}^{k}C_i\mathrm{e}^{-p_i t}+\sum_{i=1}^{r}\mathrm{e}^{-\sigma_i t}(A_i\cos\omega_i t+B_i\sin\omega_i t) \tag{3-62}$$

式中，系数 A_i，B_i 和 C_i 由初始条件决定。

从式(3-62）可知如下几点。

① 若 $-p_i<0$，$-\sigma_i<0$（即极点都具有负实部），则式(3-60）成立，系统最终能恢复至平衡状态，所以系统是稳定的。但由于存在复数根的 $\omega_i\neq 0$，系统的运动是衰减振荡的；若 $\omega_i=0$，则系统的输出按指数曲线衰减。

② 若 $-p_i$ 或 $-\sigma_i$ 中有一个或一个以上是正数，则式(3-60）不满足。当 $t\to\infty$ 时，$c(t)$ 将发散，系统是不稳定的。

③ 只要 $-p_i$ 中有一个为零，或 $-\sigma_i$ 中有一个为零（即有一对虚根），则式(3-60）不满足。当 $t\to\infty$ 时，系统输出或者为一常值，或者为等幅振荡，不能恢复原平衡状态，这时系统处于稳定的临界状态。

总结上述，可以得出如下结论。

线性系统稳定的充分必要条件是它的所有特征根均为负实数，或具有负的实数部分。

由于系统特征方程式的根在根平面上是一个点，所以上述结论又可以这样说：线性系统稳定的充分必要条件是它的所有特征根，均在根平面的左半部分（见图 3-32）。

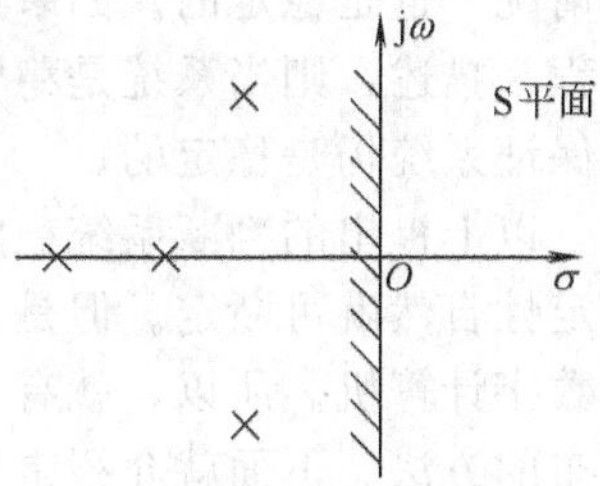

图 3-32 根平面

又由于系统特征方程式的根就是系统的极点，所以系统稳定的充分必要条件就是所有极点均位于 S 平面的左半部分。

表 3-4 列举了几个简单系统稳定性的例子。需要指出的是，对于线性定常系统，由于系统特征方程根是由特征方程的结构（即方程的阶数）和系数决定的，因此系统的稳定性与输入信号和初始条件无关，仅由系统的结构和参数决定。

表 3-4 系统稳定性的简单例子

系统特征方程及其特征根	极点分布	单位阶跃响应	稳定性
$s^2+2\zeta\omega_n+\omega_n^2=0$ $s_{1,2}=-\zeta\omega_n\pm j\omega_n\sqrt{1-\zeta^2}$ $(0<\zeta<1)$	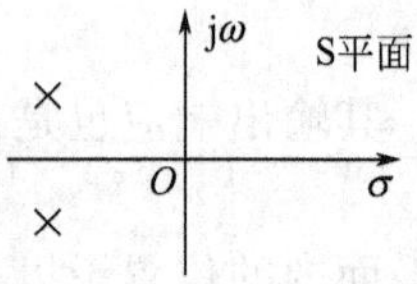	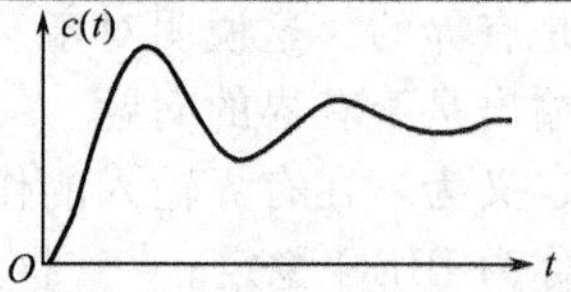 $c(t)=1-\frac{1}{\sqrt{1-\zeta^2}}e^{-\zeta\omega_n t}\sin(\omega_n t+\phi)$	稳定
$s^2+\omega_n^2=0$ $s_{1,2}=\pm j\omega_n$ $(\zeta=0)$	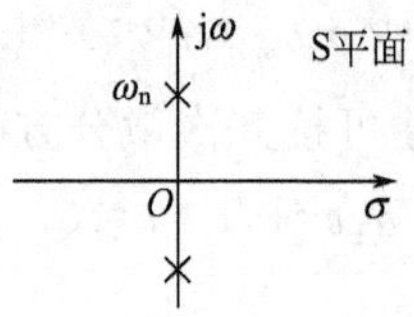	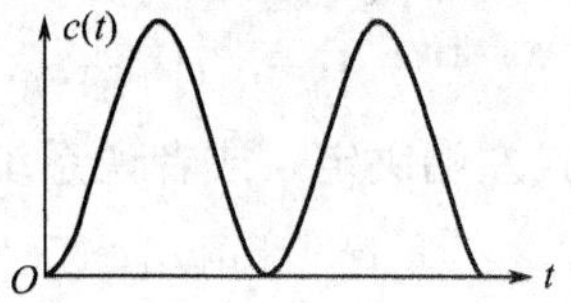 $c(t)=1-\cos\omega_n t$	临界 （属不稳定）
$s^2+2\zeta\omega_n+\omega_n^2=0$ $s_{1,2}=-\zeta\omega_n\pm j\omega_n\sqrt{1-\zeta^2}$ $(0>\zeta>-1)$	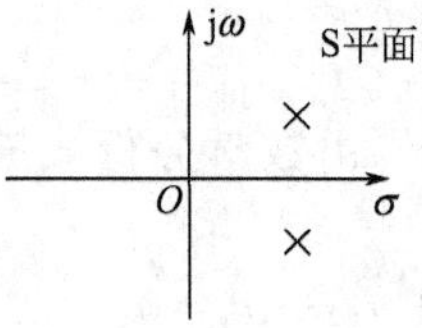	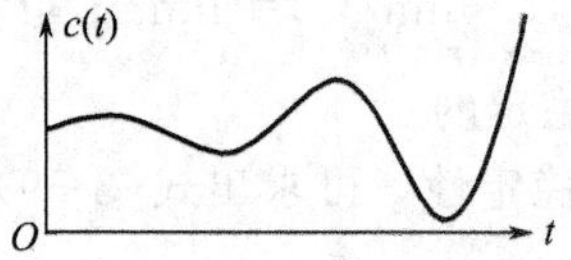 $c(t)=1-\frac{1}{\sqrt{1-\zeta^2}}e^{-\zeta\omega_n t}\sin(\omega_n t+\phi)$	不稳定
$Ts+1=0$ $s=-\frac{1}{T}$	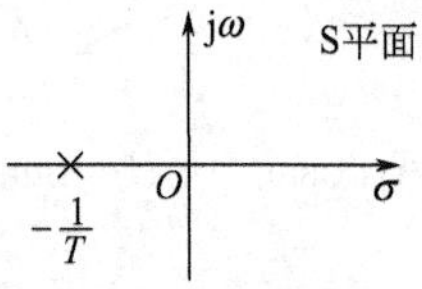	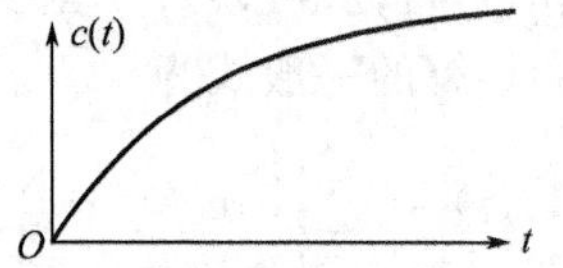 $c(t)=1-e^{-t/T}$	稳定
$Ts-1=0$ $s=\frac{1}{T}$	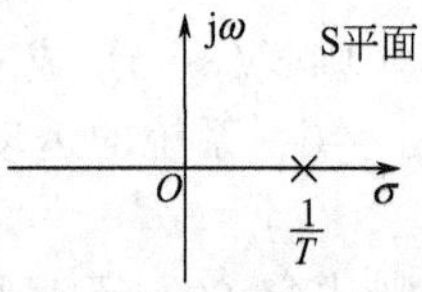	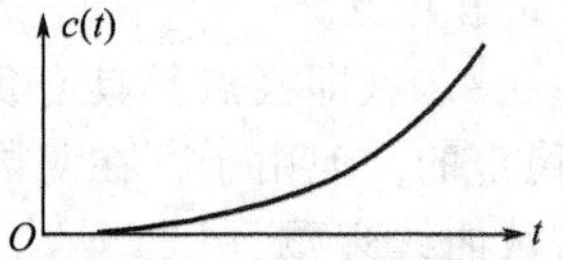 $c(t)=-1+e^{t/T}$	不稳定

如果系统中每个部分都可用线性常系数微分方程描述，那么，当系统是稳定时，它在大偏差情况下也是稳定的。如果系统中有的元件或装置是非线性的，但经线性化处理后可用线性化方程来描述，则当系统是稳定时，只能说这个系统在小偏差情况下是稳定的，而在大偏差时不能保证系统仍是稳定的。

以上提出的判断系统稳定性的条件是根据系统特征方程根，假如特征方程根能求得，系统稳定性自然就可断定。但是，要解四次或更高次的特征方程式，是相当麻烦的，往往需要求助于数字计算机。所以，就有人提出了在不解特征方程式的情况下，求解特征方程根在S平面上分布的方法。下面就介绍常用的劳斯判据和赫尔维茨判据。

3.4.2 劳斯判据

(1) 系统稳定性的初步判别

已知系统的闭环特征方程为

$$D(s)=a_n s^n+a_{n-1}s^{n-1}+\cdots+a_1 s+a_0=0 \tag{3-63}$$

式中所有系数均为实数，且 $a_n>0$，则系统稳定的必要条件是上述系统特征方程的所有系数均为正数。

证明如下。

设式(3-63)有 n 个根，其中 k 个实根 $-p_j(j=1,2,\cdots,k)$，r 对复根 $-\sigma_i\pm j\omega_i(i=1,2,\cdots,r)$，$n=k+2r$。则特征方程式可写为

$$\begin{aligned}D(s)&=a_ns^n+a_{n-1}s^{n-1}+\cdots+a_1s+a_0\\&=a_n(s+p_1)(s+p_2)\cdots(s+p_k)[(s+\sigma_1)^2+\omega_1^2]\cdots[(s+\sigma_r)^2+\omega_r^2]=0\end{aligned}$$

假如所有的根均在左半平面，即 $-p_j<0$，$-\sigma_i<0$，则 $p_j>0$，$\sigma_i>0$。所以将各因子项相乘展开后，式(3-63)的所有系数都是正数。

根据这一原则，在判别系统的稳定性时，可首先检查系统特征方程的系数是否都为正数，假如有任何系数为负数或等于零（缺项），则系统就是不稳定的。但是，假若特征方程的所有系数均为正数，并不能肯定系统是稳定的，还要做进一步的判别。因为上述所说的原则只是系统稳定性的必要条件，而不是充分必要条件。

(2) 劳斯判据

这是 1877 年由劳斯（Routh）提出的代数判据。

① 若系统特征方程式

$$a_ns^n+a_{n-1}s^{n-1}+\cdots+a_1s+a_0=0$$

设 $a_n>0$，即各项系数均为正数。

② 按特征方程的系数列写劳斯阵列表

$$\begin{array}{lllll}s^n & a_n & a_{n-2} & a_{n-4} & \cdots\\ s^{n-1} & a_{n-1} & a_{n-3} & a_{n-5} & \cdots\\ s^{n-2} & b_1 & b_2 & b_3 & \cdots\\ s^{n-3} & c_1 & c_2 & c_3 & \cdots\\ s^{n-4} & d_1 & d_2 & d_3 & \cdots\\ \vdots & \vdots & \vdots & \vdots & \vdots\\ s^1 & f_1 & & & \\ s^0 & g_1 & & & \end{array}$$

表中

$$b_1=-\frac{1}{a_{n-1}}\begin{vmatrix}a_n & a_{n-2}\\ a_{n-1} & a_{n-3}\end{vmatrix}$$

$$b_2=-\frac{1}{a_{n-1}}\begin{vmatrix}a_n & a_{n-4}\\ a_{n-1} & a_{n-5}\end{vmatrix}$$

$$b_3=-\frac{1}{a_{n-1}}\begin{vmatrix}a_n & a_{n-6}\\ a_{n-1} & a_{n-7}\end{vmatrix}$$

$$\vdots$$

直至其余 b_i 项均为零。

$$c_1=-\frac{1}{b_1}\begin{vmatrix}a_{n-1} & a_{n-3}\\ b_1 & b_2\end{vmatrix}$$

$$c_2=-\frac{1}{b_1}\begin{vmatrix}a_{n-1} & a_{n-5}\\ b_1 & b_3\end{vmatrix}$$

$$c_3=-\frac{1}{b_1}\begin{vmatrix}a_{n-1} & a_{n-7}\\ b_1 & b_4\end{vmatrix}$$

$$\vdots$$

按此规律一直计算到 $n-1$ 行为止。在上述计算过程中，为了简化数值运算，可将某一行

中的各系数均乘一个正数，不会影响稳定性结论。

③ 考察阵列表第一列系数的符号。假若劳斯阵列表中第一列系数均为正数，则该系统是稳定的，即特征方程所有的根均位于根平面的左半平面。假若第一列系数有负数，则第一列系数符号的改变次数等于在右半平面上根的个数。

【例 3-3】 系统特征方程为

$$s^4+6s^3+12s^2+11s+6=0$$

试用劳斯判据判别系统的稳定性。

解 从系统特征方程看出，它的所有系数均为正实数，满足系统稳定的必要条件。

列写劳斯阵列表如下

s^4	1	12	6
s^3	6	11	0
s^2	61/6	6	
s^1	455/61	0	
s^0	6		

第一列系数均为正实数，故系统稳定。事实上，从因式分解可将特征方程写为

$$(s+2)(s+3)(s^2+s+1)=0$$

其根为-2，-3，$-\frac{1}{2}\pm\mathrm{j}\frac{\sqrt{3}}{2}$，均具有负实部，所以系统稳定。

【例 3-4】 已知系统特征方程式为

$$s^5+3s^4+2s^3+s^2+5s+6=0$$

解 列写劳斯阵列表

s^5	1	2	5
s^4	3	1	6
s^3	5	9	（各系数均已乘 3）
s^2	-11	15	（各系数均已乘 5/2）
s^1	174		（各系数均已乘 11）
s^0	15		

劳斯阵列表第一列有负数，所以系统是不稳定的。由于第一列系数的符号改变了两次（$5\to-11\to174$），所以，系统特征方程有两个根的实部为正。

④ 两种特殊情况

在劳斯阵列表的计算过程中，如果出现下列两种特殊情况可做如下处理。

a. 劳斯阵列表中某一行的第一个系数为零，其余各系数不为零（或没有其余项），这时可用一个很小的正数 ε 来代替这个零，从而使劳斯阵列表可以继续运算下去（否则下一行将出现 ∞）。如果 ε 的上下两个系数均为正数，则说明系统特征方程有一对虚根，系统处于临界状态；如果 ε 的上下两个系数的符号不同，则说明这里有一个符号变化过程，则系统不稳定，不稳定根的个数由符号变化次数决定。

【例 3-5】 设系统特征方程为

$$s^3+2s^2+s+2=0$$

解 劳斯阵列表为

s^3	1	1
s^2	2	2
s^1	ε	
s^0	2	

由于 ε 的上下两个系数（2 和 2）符号相同，则说明有一对虚根存在。上述特征方程可因式分解为

$$(s^2+1)(s+2)=0$$

b. 若劳斯阵列表中某一行（设为第 k 行）的所有系数均为零，则说明在根平面内存在一些大小相等，并且关于原点对称的根。在这种情况下可做如下处理：

- 利用第 $k-1$ 行的系数构成辅助多项式，它的次数总是偶数的；
- 求辅助多项式对 s 的导数，将其系数构成新行，代替第 k 行；
- 继续计算劳斯阵列表；
- 关于原点对称的根可通过令辅助多项式等于零求得。

【例 3-6】 系统特征方程为

$$s^3+10s^2+16s+160=0$$

解 劳斯阵列表为

s^3	1	16		
s^2	10	160	⟶辅助多项式	$10s^2+160$
s^1	0	0		↓求导数
	20	0	⟵构成新行	$20s+0$
s^0	160			

从上表第一列可以看出，各系数均未变号，所以没有特征根位于右半平面。由辅助多项式 $10s^2+160=0$ 知道有一对共轭虚根为 $\pm$j4。

【例 3-7】 特征方程式为

$$s^5+2s^4+3s^3+6s^2-4s-8=0$$

解 劳斯阵列表如下：

s^5	1	3	-4		
s^4	2	6	-8	⟶辅助多项式	$2s^4+6s^2-8$
s^3	0	0	0		↓求导数
	8	12	0	⟵构成新行	$8s^3+12s$
s^2	3	-8			
s^1	100/3				
s^0	-8				

劳斯阵列表第一列变号一次，故有一个根在右半平面。由辅助多项式

$$2s^4+6s^2-8=0$$

可得 $s_{1,2}=\pm1$，$s_{3,4}=\pm$j2，它们均关于原点对称，其中一个根在 S 平面的右半平面。

（3）劳斯判据的应用

应用劳斯判据不仅可以判别系统稳定不稳定，即系统的绝对稳定性，而且也可检验系统是否有一定的稳定裕量，即相对稳定性。另外劳斯判据还可用来分析系统参数对稳定性的影响和鉴别延滞系统的稳定性。

① 稳定裕量的检验。

如图 3-33 所示，令

$$s=z-\sigma_1 \tag{3-64}$$

即把虚轴左移 σ_1。将上式代入系统的特征方程式，得以 z 为变量的新特征方程式，然后再检验新特征方程式有几个根位于新虚轴（垂直线 $s=-\sigma_1$）的右边。如果所有根均在新虚轴的左边（新劳斯阵列式第一列均为正数），则说系统具有稳定裕量 σ_1。

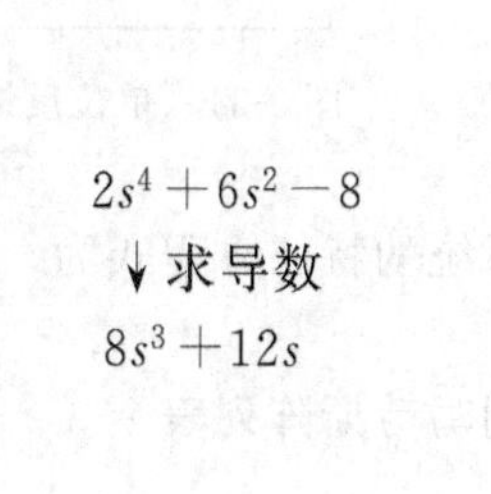

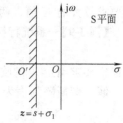

图 3-33 稳定裕量 σ_1

【例 3-8】 检验特征方程式

$$2s^3+10s^2+13s+4=0$$

是否有根在右半平面，并检验有几个根在直线 $s=-1$ 的右边。

解 劳斯阵列表为

s^3	2	13
s^2	10	4
s^1	12.2	
s^0	4	

第一列无符号改变，故没有根在S平面右半平面。

再令 $s=z-1$，代入特征方程式，得

$$2(z-1)^3+10(z-1)^2+13(z-1)+4=0$$

即

$$2z^3+4z^2-z-1=0$$

则新的劳斯阵列表

z^3	2	-1
z^2	4	-1
z^1	$-1/2$	
z^0	-1	

从表中可看出，第一列符号改变一次，故有一个根在直线 $s=-1$（即新坐标虚轴）的右边，因此稳定裕量不到1。

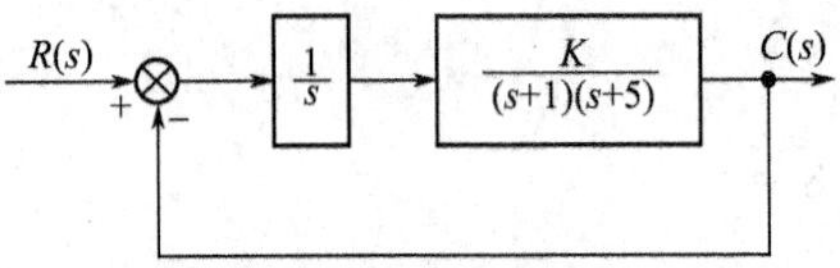

图 3-34 单位反馈控制系统

② 分析系统参数对稳定性的影响。

设一单位反馈控制系统如图 3-34 所示，其闭环传递函数为

$$G_B(s)=\frac{C(s)}{R(s)}=\frac{K}{s(s+1)(s+5)+K}$$

系统的特征方程式为

$$s^3+6s^2+5s+K=0$$

列写劳斯阵列表

s^3	1	5
s^2	6	K
s^1	$\frac{30-K}{6}$	
s^0	K	

若要使系统稳定，其充要条件是劳斯阵列表的第一列均为正数，即

$$K>0，30-K>0$$

所以 $0<K<30$，其稳定的临界值为30。

由此可以看出，为了保证系统稳定，系统的 K 值有一定限制。但是为了降低稳态误差，则要求较大的 K 值，两者是矛盾的。为了满足两方面的要求，必须采取校正的方法来处理。

【例 3-9】 系统特征方程式为

$$s^4+2s^3+Ts^2+10s+100=0$$

按稳定要求确定 T 的临界值。

解 劳斯阵列表为

s^4	1	T	100
s^3	2	10	

$$
\begin{array}{lll}
s^2 & T-5 & 100 \\
s^1 & \dfrac{10T-250}{T-5} & \\
s^0 & 100 &
\end{array}
$$

由劳斯阵列表可以看出，要使系统稳定，必须

$$T-5>0，\frac{10T-250}{T-5}>0$$

即必须 $T>25$ 系统才能稳定。

③ 鉴别延滞系统的稳定性。

劳斯判据适用于系统特征方程式是 s 的高阶代数方程的场合。而包含有延滞环节的控制系统，其特征方程式带有指数 $e^{-\tau s}$ 项。若应用劳斯判据来判别延滞系统的稳定性，则需要采用近似的方法处理。

例如图 3-35 是一个延滞系统，其闭环传递函数为

$$G_B(s)=\frac{Ke^{-\tau s}}{s(s+1)+Ke^{-\tau s}}$$

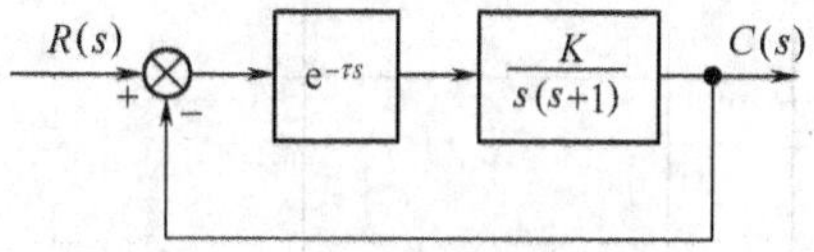

图 3-35 延滞系统

特征方程式为

$$s(s+1)+Ke^{-\tau s}=0 \tag{3-65}$$

若采用解析法来分析系统，首先需将指数函数 $e^{-\tau s}$ 用有理函数去近似。常用的指数函数近似法如下。

a. 有限项简单有理函数的乘积近似。

$$e^{-\tau s}=\lim_{n\to\infty}\left(\frac{1}{1+\frac{\tau s}{n}}\right)^n \tag{3-66}$$

若取 n 为有限值，则

$$e^{-\tau s}=\left(\frac{1}{1+\frac{\tau s}{n}}\right)^n \tag{3-67}$$

即用 n 个具有同一实数极点的有理函数的乘积来近似指数函数。式中 n 值的选取与 τs 值有关，而 s 是指在分析问题时所感兴趣的 S 平面中某一区域的值。例如在稳定性分析时，s 的值就是对应于那些在 S 平面虚轴附近的特征根所在的区域。只有选取的 n 值使式(3-67) 在该区域内成立，则近似分析才是正确的。

现在若把式(3-67) 代入式(3-65)，就可应用劳斯判据来判定系统稳定性或决定参数的稳定性范围。但是，为了保证一定的准确度，n 值往往较大，分析起来还是相当麻烦的。

b. 分式近似。

指数函数的泰勒级数为

$$e^{-\tau s}=1-\tau s+\frac{(\tau s)^2}{2!}-\frac{(\tau s)^3}{3!}+\cdots \tag{3-68}$$

由此可见，可用一个有理分式 $p(s)/q(s)$ 来近似 $e^{-\tau s}$。

表 3-5 所列出的派德（Pade）近似式，其分子为 m 次，分母为 n 次，在一定的 m 值和 n 值下，与式(3-68) 相同的项数为最多。关于阶次 m 和 n 的选取，应在满足近似准确度要求的前提下，尽可能少增加特征方程式的阶次。

因此，对式(3-65) 所示的特征方程式，令

$$e^{-\tau s}=p(s)/q(s) \tag{3-69}$$

则

$$s(s+1)q(s)+Kp(s)=0 \tag{3-70}$$

选择 $q(s)$ 的阶次 n 比 $p(s)$ 的阶次 m 低 2 阶，使之尽可能少增加特征方程式的次数。

表 3-5　e^{-x}的派德近似式

n \ m	0	1	2	3
0	$\frac{1}{1}$	$\frac{1-x}{1}$	$\frac{1-x+\frac{x^2}{2!}}{1}$	$\frac{1-x+\frac{x^2}{2!}-\frac{x^3}{3!}}{1}$
1	$\frac{1}{1+x}$	$\frac{1-\frac{1}{2}x}{1+\frac{1}{2}x}$	$\frac{1-\frac{2}{3}x+\frac{1}{3}\times\frac{x^2}{2!}}{1+\frac{1}{3}x}$	$\frac{1-\frac{3}{4}x+\frac{2}{4}\times\frac{x^2}{2!}-\frac{1}{4}\times\frac{x^3}{3!}}{1+\frac{1}{4}x}$
2	$\frac{1}{1+x+\frac{x^2}{2!}}$	$\frac{1-\frac{1}{3}x}{1+\frac{2}{3}x+\frac{1}{3}\times\frac{x^2}{2!}}$	$\frac{1-\frac{1}{2}x+\frac{1}{6}\times\frac{x^2}{2!}}{1+\frac{1}{2}x+\frac{1}{6}\times\frac{x^2}{2!}}$	$\frac{1-\frac{2}{3}x+\frac{3}{10}\times\frac{x^2}{2!}-\frac{1}{10}\times\frac{x^3}{3!}}{1+\frac{2}{5}x+\frac{1}{10}\times\frac{x^2}{2!}}$
3	$\frac{1}{1+x+\frac{x^2}{2!}+\frac{x^3}{3!}}$	$\frac{1-\frac{1}{4}x}{1+\frac{3}{4}x+\frac{2}{4}\times\frac{x^2}{2!}+\frac{1}{4}\times\frac{x^3}{3!}}$	$\frac{1-\frac{2}{5}x+\frac{1}{10}\times\frac{x^2}{2!}}{1+\frac{3}{5}x+\frac{1}{10}\times\frac{x^2}{2!}+\frac{1}{10}\times\frac{x^3}{3!}}$	$\frac{1-\frac{1}{2}x+\frac{3}{5}\times\frac{x^2}{2!}-\frac{1}{20}\times\frac{x^3}{3!}}{1+\frac{1}{2}x+\frac{1}{5}\times\frac{x^2}{2!}+\frac{1}{20}\times\frac{x^3}{3!}}$
4	$\frac{1}{1+x+\frac{x^2}{2!}+\frac{x^3}{3!}+\frac{x^4}{4!}}$	$\frac{1-\frac{1}{5}x}{1+\frac{4}{5}x+\frac{3}{5}\times\frac{x^2}{2!}+\frac{2}{5}\times\frac{x^3}{3!}+\frac{1}{5}\times\frac{x^4}{4!}}$	$\frac{1-\frac{1}{3}x+\frac{1}{15}\times\frac{x^2}{2!}}{1+\frac{2}{3}x+\frac{2}{5}\times\frac{x^2}{2!}+\frac{1}{5}\times\frac{x^3}{3!}+\frac{1}{15}\times\frac{x^4}{4!}}$	$\frac{1-\frac{3}{7}x+\frac{1}{7}\times\frac{x^2}{2!}-\frac{1}{35}\times\frac{x^3}{3!}}{1+\frac{4}{7}x+\frac{2}{7}\times\frac{x^2}{2!}+\frac{4}{35}\times\frac{x^3}{3!}+\frac{1}{35}\times\frac{x^4}{4!}}$

选 $n=1$，$m=3$，派德近似式为

$$e^{-\tau s}=\frac{1-\frac{3}{4}\tau s+\frac{2}{4}\frac{(\tau s)^2}{2!}-\frac{1}{4}\frac{(\tau s)^3}{3!}}{1+\frac{1}{4}\tau s}$$

设 $\tau=1\text{s}$，将上式代入式(3-65) 得

$$s(s+1)\left(1+\frac{1}{4}s\right)+K\left(1-\frac{3}{4}s+\frac{1}{4}s^2-\frac{1}{24}s^3\right)=0$$

或

$$\left(\frac{1}{4}-\frac{1}{24}K\right)s^3+\left(\frac{5}{4}+\frac{K}{4}\right)s^2+\left(1-\frac{3}{4}K\right)s+K=0$$

应用劳斯判据可求出 K 的临界值为 1.13，而实际上 K 的准确值为 1.14。所以应用派德近似式可以不增加分析的复杂程度，而仍能保证有较好的近似性。

应用上述分析方法的缺点是：只有应用近似式后，才能确定需要的近似准确度，同时随着近似程度的提高，多项式的阶次也将随之增加，分析会显得愈加复杂。

从上述分析可以看出，因为系统具有延滞，大大降低了系统的稳定性（当 $\tau=0$ 时，则 K 为任何正值，系统均能稳定）。

3.4.3 赫尔维茨判据

若系统特征方程式为

$$a_ns^n+a_{n-1}s^{n-1}+\cdots+a_1s+a_0=0$$

赫尔维茨判据为：系统稳定的必要和充分条件是 $a_n>0$ 的情况下，对角线上所有子行列式（如表中横竖线所隔）Δ_i $(i=1,2,\cdots,n)$ 均大于零。

a_{n-1}	a_n	0	0	0	$\cdots$
a_{n-3}	a_{n-2}	a_{n-1}	a_n	0	$\cdots$
a_{n-5}	a_{n-4}	a_{n-3}	a_{n-2}	a_{n-1}	$\cdots$
a_{n-7}	a_{n-6}	a_{n-5}	a_{n-4}	a_{n-3}	$\cdots$
a_{n-9}	a_{n-8}	a_{n-7}	a_{n-6}	a_{n-5}	$\cdots$
$\cdots$	$\cdots$	$\cdots$	$\cdots$	$\cdots$	$\cdots$
0	0	$\cdots$	$\cdots$	0	a_0

赫尔维茨行列式由特征方程的系数按下述规则构成：主对角线上为特征方程式自 a_{n-1} 至 a_0 的系数，每行以主对角线上的系数为准，若向左，系数的注脚号码依次下降；若向右，系数的注脚号码则依次上升。注脚号码若大于 n 或小于零时，此系数为零。

当 n 较大时，应用赫尔维茨判据比较麻烦，故它常应用于 n 较小的场合。事实上，赫尔维茨判据可从劳斯判据推导。

① 当 $n=1$，特征方程式为

$$a_1s+a_0=0$$

稳定条件为 $a_1>0$，$\Delta_1=a_0>0$，即要求系统特征方程的所有系数为正数。

② 当 $n=2$，特征方程式为

$$a_2s^2+a_1s+a_0=0$$

稳定条件为 $a_2>0$，

$$\Delta_1=a_1>0,\Delta_2=\begin{vmatrix}a_1 & a_2\\ 0 & a_0\end{vmatrix}=a_1a_0>0$$

即只要特征方程的所有系数为正数，系统总是稳定的。

③ 当 $n=3$，特征方程式为

$$a_3s^3+a_2s^2+a_1s+a_0=0$$

稳定条件为 $a_3>0$， $\Delta_1=a_2>0$

$$\Delta_2=\begin{vmatrix} a_2 & a_3 \\ a_0 & a_1 \end{vmatrix}=a_1a_2-a_0a_3>0$$

$$\Delta_3=\begin{vmatrix} a_2 & a_3 & 0 \\ a_0 & a_1 & a_2 \\ 0 & 0 & a_0 \end{vmatrix}=a_0\Delta_2>0$$

即要求所有系数为正数，而且还需 $\Delta_2>0$。

④ 当 $n=4$，特征方程式为

$$a_4s^4+a_3s^3+a_2s^2+a_1s+a_0=0$$

稳定条件为 $a_4>0$， $\Delta_1=a_3>0$

$$\Delta_2=\begin{vmatrix} a_3 & a_4 \\ a_1 & a_2 \end{vmatrix}=a_2a_3-a_1a_4>0$$

$$\Delta_3=\begin{vmatrix} a_3 & a_4 & 0 \\ a_1 & a_2 & a_3 \\ 0 & a_0 & a_1 \end{vmatrix}=a_1\begin{vmatrix} a_3 & a_4 \\ a_1 & a_2 \end{vmatrix}-a_0\begin{vmatrix} a_3 & 0 \\ a_2 & a_3 \end{vmatrix}=a_1\Delta_2-a_0{a_3}^2>0$$

$$\Delta_4=\begin{vmatrix} a_3 & a_4 & 0 & 0 \\ a_1 & a_2 & a_3 & a_4 \\ 0 & a_0 & a_1 & a_2 \\ 0 & 0 & 0 & a_0 \end{vmatrix}=a_0\Delta_3>0$$

所以，稳定条件是特征方程式所有系数为正数，还要 $\Delta_3>0$。

【例 3-10】 设系统特征方程式为

$$s^3+7s^2+14s+8=0$$

试用赫尔维茨判据判别系统的稳定性。

解 从特征方程式看出所有系数为正数，满足稳定的必要条件。下面计算赫尔维茨行列式

$$\Delta_2=\begin{vmatrix} 7 & 1 \\ 8 & 14 \end{vmatrix}=90>0$$

所以系统是稳定的。

3.5 控制系统灵敏度分析

一个实际系统，无论其本质如何，都要受到环境条件改变、元件磨损老化和过程特性参数变化的影响。这些影响有时是很严重的，尤其是要求较高的场合，不得不考虑。

控制系统在参数变化时的灵敏度是一个非常重要的概念。在开环系统中，所有的变化都会导致系统的输出产生偏差，并且系统自身没有能力消除这一偏差，这是由于开环系统没有反馈的缘故。但是，闭环系统能够察觉到输出所产生的偏差，并试图修正输出，这正是闭环反馈控制系统的一个主要好处，就是具有减少系统灵敏度的能力。

对于闭环系统$\dfrac{C(s)}{R(s)}=\dfrac{G(s)}{1+G(s)H(s)}$的情况，如果在所关心的复数域内，都有

$$|G(s)H(s)|\gg 1 \tag{3-71}$$

成立，则可得到

$$C(s) \approx \frac{1}{H(s)} R(s) \tag{3-72}$$

那么，输出仅受到 $H(s)$ 的影响，而且 $H(s)$ 有可能是一个常数。如果 $H(s)=1$，得到的结果正是期望的输入值，那就是，输出等于输入。但是，在对闭环控制系统应用式(3-72) 这样一个近似之前，必须注意式(3-71) 这一前提条件，可能会导致系统的响应为剧烈振荡，甚至于不稳定。尽管如此，增加开环传递函数 $G(s)H(s)$ 的大小会导致 $G(s)$ 对输出影响减少的事实是一个极有用的概念。因此，反馈控制系统的最重要优势就是被控过程参数 $G(s)$ 变化的影响被减少了。

为描述参数变化的影响，假设被控过程 $G(s)$ 发生变化，新被控过程就是 $G(s)+\Delta G(s)$。那么，在开环情况下，输出的变化为

$$\Delta C(s) = \Delta G(s) R(s) \tag{3-73}$$

在闭环系统中，有

$$C(s) + \Delta C(s) = \frac{G(s) + \Delta G(s)}{1 + [G(s) + \Delta G(s)]H(s)} R(s) \tag{3-74}$$

考虑到 $C(s) = \frac{G(s)}{1+G(s)H(s)} R(s)$，则输出的改变就是

$$\Delta C(s) = \frac{\Delta G(s)}{[1+G(s)H(s)+\Delta G(s)H(s)][1+G(s)H(s)]} R(s) \tag{3-75}$$

通常情况下，有 $G(s)H(s) \gg \Delta G(s)H(s)$，于是

$$\Delta C(s) = \frac{\Delta G(s)}{[1+G(s)H(s)]^2} R(s) \tag{3-76}$$

观察式(3-76) 可以看出，由于 $[1+G(s)H(s)]$ 在所关心的复数域范围内常常远大于 1，因此闭环系统输出的变化减少了。因子 $[1+G(s)H(s)]$ 在反馈控制系统的特征中起到了非常重要的作用。

系统灵敏度定义为系统传递函数的变化率与被控过程传递函数变化率的比值。如果系统传递函数为

$$G_B(s) = C(s)/R(s)$$

则，灵敏度定义为

$$S = \frac{\Delta G_B(s)/G_B(s)}{\Delta G(s)/G(s)} = \frac{\Delta G_B(s)}{\Delta G(s)} \times \frac{G(s)}{G_B(s)} \tag{3-77}$$

取微小增量的极限形式，则式(3-77) 成为

$$S = \frac{\partial G_B(s)}{\partial G(s)} \times \frac{G(s)}{G_B(s)} \tag{3-78}$$

很明显，从式(3-73) 可以看出，开环系统的灵敏度等于 1。闭环系统灵敏度可以从式(3-78) 容易得到。设闭环系统的系统传递函数为

$$G_B(s) = \frac{G(s)}{1+G(s)H(s)}$$

因此反馈系统关于 $G(s)$ 的灵敏度为

$$S_G = \frac{\partial G_B(s)}{\partial G(s)} \times \frac{G(s)}{G_B(s)} = \frac{1}{[1+G(s)H(s)]^2} \cdot \frac{G(s)}{G(s)/[1+G(s)H(s)]}$$

即

$$S_G = \frac{1}{1+G(s)H(s)} \tag{3-79}$$

再次可以看到，在所关心的复数域范围内 $G(s)H(s)$ 增加时，闭环系统的灵敏度将会低于开环系统的灵敏度。

同样道理，可以考察闭环系统对反馈环节 $H(s)$ 改变时的系统灵敏度，令

$$S_H=\frac{\partial G_B(s)}{\partial H(s)}\times\frac{H(s)}{G_B(s)} \tag{3-80}$$

即

$$S_H=\frac{-G(s)H(s)}{1+G(s)H(s)} \tag{3-81}$$

当 $G(s)H(s)$ 很大时，灵敏度约为 1，也就是 $H(s)$ 的变化将直接影响到系统的输出。因此，使用不随环境改变或基本恒定的反馈器件是很重要的。

由此可见，控制系统引入反馈环节后能减少因参数变化而造成的影响，尤其是因被控过程参数变化所造成的影响，这是反馈控制系统的一个重要优点。反馈系统的这种优点，在通讯工业中电子放大器的使用上得到了充分的体现。下面介绍一个利用反馈减少灵敏度的简单例子。

运算放大器是一种被广泛使用在电子线路上的集成电路器件，它的基本应用电路是图3-36(a) 所示的反相放大器电路。通常，运算放大器的增益 A 远大于 10^4。由于输入阻抗很高，所以运算放大器的输入电流可以忽略不计，因此在节点 n，可写出电流关系式如下

$$\frac{u_r-u_n}{R_1}+\frac{u_c-u_n}{R_f}=0 \tag{3-82}$$

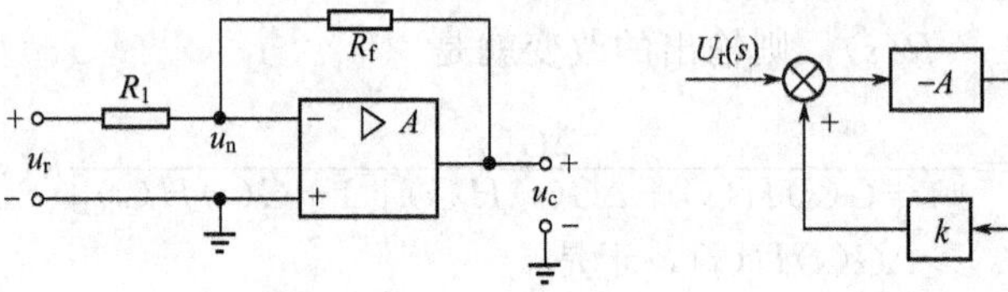

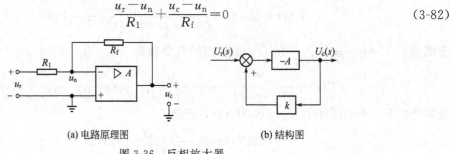

(a) 电路原理图　　(b) 结构图

图 3-36　反相放大器

由于放大器的增益是 A，并且是反相接法，所以 $u_c=-Au_n$，因此

$$u_n=-\frac{u_c}{A} \tag{3-83}$$

将式(3-83) 代入式(3-82)，得到

$$\frac{u_r}{R_1}+\frac{u_c}{AR_1}+\frac{u_c}{R_f}+\frac{u_c}{AR_f}=0 \tag{3-84}$$

解出输出电压 u_c，有

$$u_c=\frac{-A(R_f/R_1)}{1+(R_f/R_1)+A}u_r \tag{3-85}$$

可重写式(3-85) 如下

$$G_B(s)=\frac{U_c(s)}{U_r(s)}=\frac{-A}{1+R_1/R_f+A(R_1/R_f)}$$

当 $A\gg1$ 时，可忽略 R_1/R_f 项，则

$$G_B(s)=\frac{-A}{1+Ak} \tag{3-86}$$

式中，$k=R_1/R_f$。反相放大器电路结构图如图 3-36(b) 所示，图中反馈环节是 $H(s)=k$，前向通道的传递函数是 $G(s)=-A$。进一步，当 $A\gg1$ 时，反相放大器电路的传递函数为

$$G_B(s)\approx-\frac{1}{k}=-\frac{R_f}{R_1} \tag{3-87}$$

当运算放大器处于开环状态（即无反馈电阻 R_f）时，相对于增益 A 的开环灵敏度为 1。在闭环时，相对于增益 A 的闭环灵敏度为

$$S_A=\frac{\partial G_B(s)}{\partial A}\times\frac{A}{G_B(s)}=\frac{1}{1+Ak} \tag{3-88}$$

如果 $A=10^4$ 而且 $k=0.1$，有

$$S_A=\frac{1}{1+10^3} \tag{3-89}$$

则灵敏度接近于 0.001，是开环灵敏度的千分之一。

再来考虑闭环时相对于因子 k（或者反馈电阻 R_f）的灵敏度。处理方法同上，得

$$S_k=\frac{\partial G_B(s)}{\partial k}\times\frac{k}{G_B(s)}=\frac{-Ak}{1+Ak} \tag{3-90}$$

相对于 k 的闭环灵敏度接近于 1。

3.6 应用 Matlab 分析控制系统的性能

这一节将用两个例子描述反馈控制的优点，同时说明如何利用 Matlab 来分析控制系统。系统分析的主要内容包括如何抑制干扰、如何减小稳态误差、如何调节瞬态响应以及如何减少系统对参数变化的影响等。

第一个例子是带有负载转矩干扰信号的电枢控制直流电动机。开环系统结构图如图 3-37(a) 所示，为了改善系统性能，加入速度反馈如图 3-37(b) 所示。系统的各元器件参数值在表 3-6 中给出。

表 3-6 速度控制系统的参数

参数名	R_a	K_m	J	B	K_e	K_a	K_s
参数值	1	10	2	0.5	0.1	54	1

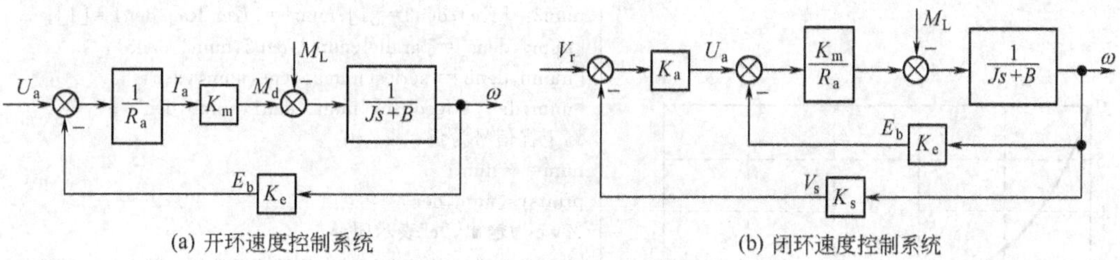

图 3-37 速度控制系统结构图

从图中可以看出，系统有 $U_a(s)$［或 $V_r(s)$ 和 $M_L(s)$ 两个输入］。由于这是一个线性系统，按叠加定理可以分别考虑两个输入的独立作用结果。为了研究干扰对系统的作用，可令 $U_a(s)=0$［或 $V_r(s)=0$］，此时只有干扰 $M_L(s)$ 起作用。相反地，为了研究参考输入对系统的响应，可令 $M_L(s)=0$。如果系统具有很好的抗干扰能力，则干扰信号 $M_L(s)$ 对输出 $\omega(s)$ 的影响就应该很小，下面就来验证此结论。

首先，考虑图 3-37(a) 所示的开环系统，从 $M_L(s)$ 到 $\omega_o(s)$（此处的下标“o”表示开环）的传递函数为

$$\frac{\omega_o(s)}{M_L(s)}=\frac{\text{num}}{\text{den}}=\frac{-1}{2s+1.5}$$

假设干扰信号为单位阶跃信号，即 $M_L(s)=1/s$。利用 Matlab 可以计算系统的单位阶跃响应如图 3-38(a) 所示，而用于分析此开环控制系统的 Matlab 程序文本 opentach.m 示于图3-38(b)。

在输入信号 $U_a(s)=0$ 的情况下，稳态误差就是干扰响应 $\omega_o(t)$ 的终值。在图 3-38(a) 的曲线中，干扰响应 $\omega_o(t)$ 在 $t=7$s 后已近似不变，所以近似稳态误差值为

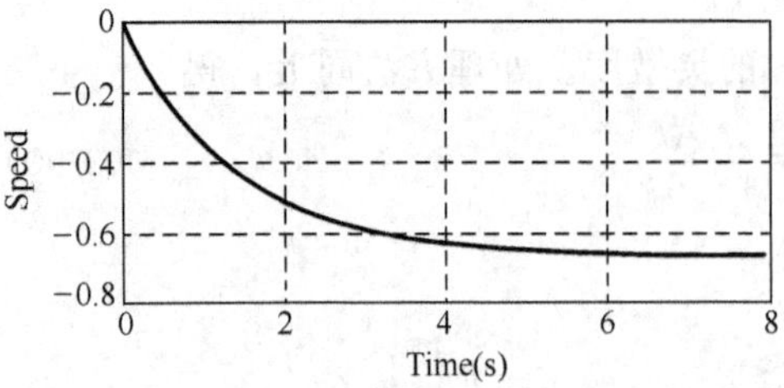

(a) 开环速度系统对单位阶跃干扰的响应曲线

```
%开环速度控制系统对干扰信号的单位阶跃响应：opentach.m
Ra=1;Km=10;J=2;B=0.5;Ke=0.1;
num1=[1];den1=[J  B];
num2=[Km*Ke/Ra];den2=[1];
[num,den]=feedback(num1,den1,num2,den2);
%干扰信号为负
num=-num;
printsys(num,den)
%wo为输出,"o"表示开环
[wo,x,t]=step(num,den);plot(t,wo)
xlabel('Time(s)'),ylabel('Speed'),grid
%显示稳态误差,即wo的最后一个值
wo(length(t))
```

(b) Matlab 程序文本：opentach.m

图 3-38　开环速度控制系统分析

$$\omega_o(\infty)\approx -0.663\text{rad/s}$$

同样，通过计算从 $M_L(s)$ 到 $\omega_c(s)$（此处下标"c"表示闭环）的闭环传递函数可分析图 3-37(b) 所示闭环系统的抗干扰性能。对于干扰输入的闭环传递函数为

$$\frac{\omega_c(s)}{M_L(s)}=\frac{\text{num}}{\text{den}}=\frac{-1}{2s+541.5}$$

闭环系统对单位阶跃干扰输入的响应曲线 $\omega(t)$ 和 Matlab 程序文本 closetach.m 分别示于图 3-39(a)、(b)。

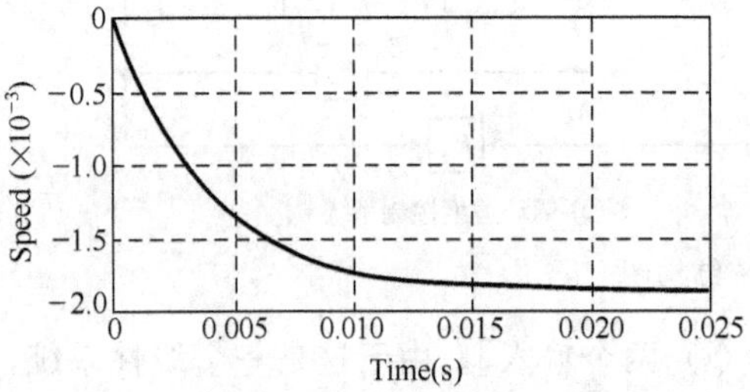

(a) 闭环系统对单位阶跃干扰的响应曲线

```
%闭环速度控制系统对干扰信号的单位阶跃响应：closetach.m
Ra=1;Km=10;J=2;B=0.5;Ke=0.1;Ka=54;Ks=1
num1=[1];den1=[J B];num2=[Ka*Ks];den2=[1];
num3=[Ke];den3=[1];num4=[Km/Ra];den4=[1];
[numa,dena]=parallel(num2,den2,num3,den3);
[numb,denb]=series(numa,dena,num4,den4);
[num,den]=feedback(num1,den1,numb,denb);
%干扰信号为负
num=-num;
printsys(num,den)
%wc为输出,"c"表示闭环
[wc,x,t]=step(num,den);plot(t,wc)
xlabel('Time(s)'),ylabel('Speed'),grid
%显示稳态误差,即wc的最后一个值
wc(length(t))
```

(b) Matlab 程序文本：closetach.m

图 3-39　闭环速度控制系统分析

同前，稳态误差就是 $\omega_c(t)$ 的终值，稳态误差的近似值为

$$\omega_c(\infty)\approx -0.002\text{rad/s}$$

在本例中，闭环系统与开环系统对单位阶跃干扰信号的输出响应的稳态值之比为

$$\frac{\omega_c(\infty)}{\omega_o(\infty)}=0.003$$

可见通过引入负反馈已明显减小了干扰对输出的影响，这说明闭环反馈系统具有抑制噪声特性。

第二个例子是分析闭环控制系统的控制器增益 K 对瞬态响应的影响。图 3-40 是闭环控制系统的结构图。在参考输入 $R(s)$和干扰输入 $N(s)$同时作用下系统的输出为

$$C(s)=\frac{K+11s}{s^2+12s+K}R(s)+\frac{1}{s^2+12s+K}N(s)$$

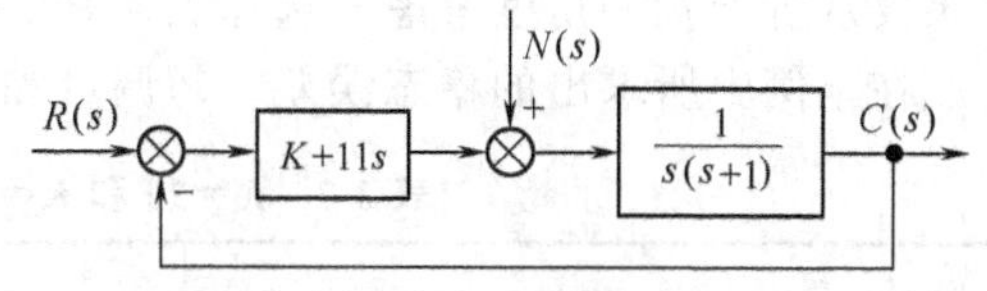

图 3-40 反馈控制系统的结构图

如果单纯考虑增益 K 对参考输入产生的瞬态响应的影响，可以预计增加 K 将导致超调量增加、调整时间减少和响应速度提高。在增益 $K=20$ 和 $K=100$ 时，系统对参考输入的单位阶跃响应曲线以及相应的 Matlab 程序文本 gain_kr. m 示于图 3-41。对比两条响应曲线，可以看出上述预计的正确性。尽管在图中不能明显看出增大 K 能减少调整时间，但是这一点可以通过观察 Matlab 程序的运行数据得以验证。这个例子说明了控制器增益 K 是如何改变系统瞬态响应的。根据以上分析，选择 $K=20$ 可能是一个比较好的方案。尽管如此，在做出最后决定之前还应该考虑其他因素。

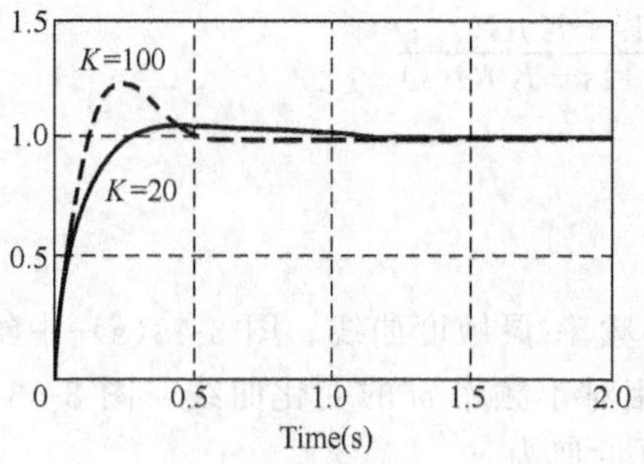

(a) 阶跃响应曲线

```
% K=20 和 K=100 时，参考输入的单位阶跃响应：gain_kr. m
numg=[1];deng=[1 1 0];
K1=100;K2=20;
num1=[11  K1];num2=[11  K2];den=[0 1];
%简化结构图
[na,da]=series(num1,den,numg,deng);
[nb,db]=series(num2,den,numg,deng);
[numa,dena]=cloop(na,da);
[numb,denb]=cloop(nb,db);
%选择时间间隔
t=[0 : 0.01 : 2.0];
[c1,x,t]=step(numa,dena,t);
[c2,x,t]=step(numb,denb,t);
plot(t,c1,'--',t,c2)
xlabel('Time(s)'),ylabel('Cr(t)'),grid
```

(b) Matlab 程序文本：gain_kr. m

图 3-41 单位阶跃输入的响应分析

在对 K 做出最后选择之前，非常重要的是要研究系统对单位阶跃干扰的响应，有关结果和相应的 Matlab 程序文本如图 3-42 所示。从中可以看到，增加 K 减少了单位干扰响应的幅值。对于 $K=20$ 和 $K=100$，响应的稳态值分别为 0.05 和 0.01。对干扰输入的稳态值可按终值定理求得

$$\lim_{t\to\infty}c(t)=\lim_{s\to 0}s\left\{\frac{1}{s(s+12)+K}\right\}\frac{1}{s}=\frac{1}{K}$$

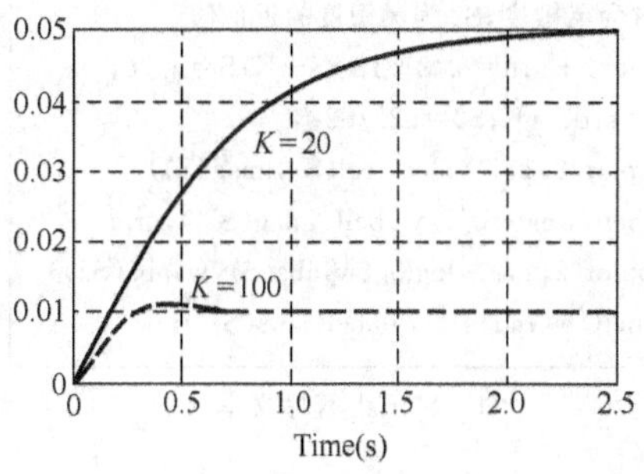

(a) 阶跃响应曲线

```
% K=20 和 K=100 时，干扰输入的单位阶跃响应：gain_kn. m
numg=[1];deng=[1 1 0];
K1=100;K2=20;
num1=[11  K1];num2=[11  K2];den=[0 1];
%简化结构图
[numa,dena]=feedback(numg,deng,num1,den);
[numb,denb]=feedback(numg,deng,num2,den);
%选择时间间隔
t=[0 : 0.01 : 2.5];
[c1,x,t]=step(numa,dena,t);
[c2,x,t]=step(numb,denb,t);
plot(t,c1,'--',t,c2)
xlabel('Time(s)'),ylabel('Cn(t)'),grid
```

(b) Matlab 程序文本：gain_kn. m

图 3-42 单位阶跃干扰的响应分析

如果仅从抗干扰的角度考虑，选择 $K=100$ 更合适。

在本例中所求出的稳态误差、超调量和调整时间（2%误差）归纳于表 3-7。

表 3-7 $K=20$ 和 $K=100$ 时，控制系统的响应特性

K 值	$K=20$	$K=100$
超调量 σ_p	4%	22%
调整时间 t_s	1.0s	0.7s
稳态误差 e_{ss}	5%	1%

在控制系统设计中有很多成熟的经验，设计者常常要权衡利弊，综合考虑。在这个例子中，增加 K 导致了更好的抗干扰性，然而减少 K 可以使系统具有更好的瞬态响应性能。如何选择 K 的最终权力留给了设计者。尽管 Matlab 软件对控制系统的分析和设计很有帮助，但是控制工程师的经验往往更重要。

最后来分析被控对象变化时系统的灵敏度。在本例中，被控对象的传递函数和闭环系统的传递函数分别为

$$G(s)=\frac{1}{s(s+1)},\quad G_B(s)=\frac{(11s+K)G(s)}{1+(11s+K)G(s)}$$

系统的灵敏度可由式(3-78)得出

$$S_G=\frac{s(s+1)}{s(s+12)+K}$$

利用上式可计算不同 s 值所对应的灵敏度 S_G，并绘制出频率-灵敏度曲线。图 3-43(a) 中给出的是 $K=20$，$s=j\omega$，$\omega=10^{-1}\sim10^3$ 时，系统的灵敏度相对于频率 ω 的变化曲线，图 3-43(b) 是相应的 Matlab 程序文本。在低频段，系统的灵敏度可近似为

$$S_G\approx\frac{s}{K}$$

可见，增大 K 值，可以减少系统的灵敏度。

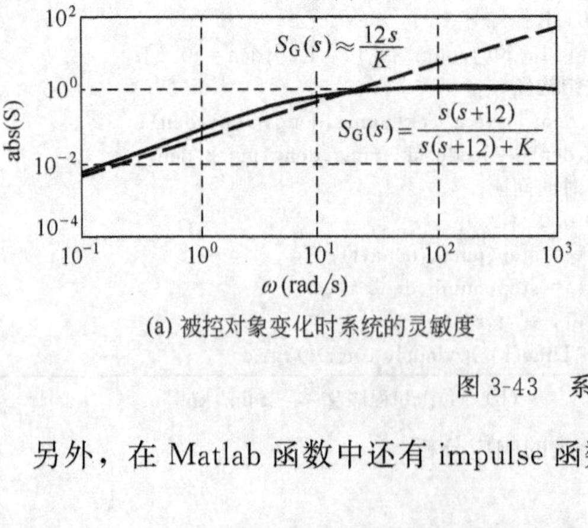

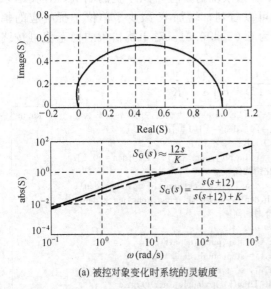

(a) 被控对象变化时系统的灵敏度

```
%系统灵敏度分析
K=20;num=[1 1 0];den=[1 12 K];
%取 s=jω,ω 的范围为 10^-1～10^3,共取 200 点
w=logspace(-1,3,200);s=w*j;
%S 为灵敏度,S2 为灵敏度的近似值
n=s.^2+s;d=s.^2+12*s+K;S=n./d;
n2=s;d2=K;S2=n2./d2;
subplot(2,1,1),plot(real(S),imag(S))
xlabel('Real(S)'),ylabel('Imag(S)'),grid
subplot(2,1,2),loglog(w,abs(S),w,abs(S2))
xlabel('w(rad/s)'),ylabel('abs(S)')
```

(b) Matlab 程序文本

图 3-43 系统的灵敏度分析

另外，在 Matlab 函数中还有 impulse 函数（脉冲响应函数）和 lsim 函数（任意输入下的

响应函数)，这两个函数的用法与 step 函数相近，这里不再介绍。

本章小结

本章对控制系统分析的基本内容进行了讨论，概括地讲，就是稳定性、瞬态性能和稳态性能。另外还对控制系统关于某个环节的灵敏度以及用 Matlab 进行系统分析等内容做了初步探讨。本章的内容是以后各章的基础。

使用闭环反馈，必然带来设备及元器件的花销和随之而来的系统复杂问题，另外，对于原本稳定的开环系统，由于反馈的引入，完全可以造成闭环系统的不稳定。但是，尽管如此，反馈控制系统在各行各业得到了广泛的应用，这是由于反馈控制能够：

① 减少被控过程 $G(s)$ 中参数变化时系统的灵敏度；

② 有利于控制和调节系统的瞬态响应性能；

③ 提高系统对干扰的抑制力；

④ 减小或消除系统的静态误差。

习题 3

3-1 已知控制系统的微分方程为

$$2.5\frac{dc(t)}{dt}+c(t)=20r(t)$$

试用拉普拉斯变换求系统的单位脉冲和单位阶跃响应，并讨论两者的关系，设初始条件为零。

3-2 已知系统的单位脉冲响应为

$$g(t)=10e^{-0.2t}+5e^{-0.5t}$$

试求系统的传递函数。

3-3 设控制系统闭环传递函数为 $G(s)=\dfrac{\omega_n^2}{s^2+2\zeta\omega_n s+\omega_n^2}$，试在 S 平面上绘出满足下述要求的系统特征方程根可能位于的区域。

①$1>\zeta\geqslant 0.707$，$\omega_n\geqslant 2$；②$0.5\geqslant\zeta>0$，$4\geqslant\omega_n\geqslant 2$；③$0.707\geqslant\zeta>0.5$，$\omega_n\leqslant 2$。

3-4 已知二阶系统的闭环传递函数为

$$\frac{C(s)}{R(s)}=\frac{\omega_n^2}{s^2+2\zeta\omega_n s+\omega_n^2}$$

确定在下述参数时的系统闭环极点，并求系统的单位阶跃响应和相应的性能指标。

①$\zeta=0.707$，$\omega_n=5$；②$\zeta=1.5$，$\omega_n=5$；

③当 $\zeta\geqslant 1.5$ 时，说明是否可忽略距离原点较远的极点及理由。

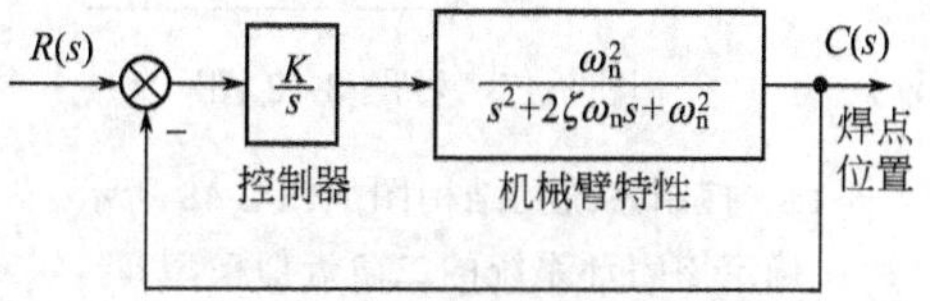

图 3-44 习题 3-5 图

3-5 在为焊接机器人设计手臂位置控制系统时，需要仔细选择系统参数。机械臂控制系统的结构图如图 3-44 所示，其中 $\zeta=0.2$。试确定 K 和 ω_n 的取值，使得系统单位阶跃响应的峰值时间不超过 1s，且超调量小于 5%（提示：先考虑 $0.1<K/\omega_n<0.3$）。

3-6 某系统的闭环传递函数为

$$\frac{C(s)}{R(s)}=\frac{96(s+3)}{(s^2+8s+36)(s+8)}$$

试分析零点 −3 和极点 −8 对系统瞬态性能（如超调量、调整时间等）的影响。

3-7 设单位反馈控制系统的开环传递函数为

$$G(s)=\frac{100}{s(0.1s+1)}$$

试求当输入信号 $r(t)=1+2t+t^2$ 时系统的稳态误差。

3-8 已知单位反馈系统闭环传递函数为

$$\frac{C(s)}{R(s)}=\frac{b_1 s+b_0}{s^4+1.25s^3+5.1s^2+2.6s+10}$$

① 在单位斜坡输入时，确定使稳态误差为零的参数 b_0，b_1 应满足的条件；

② 在①求得的参数 b_0，b_1 下，求单位抛物线输入时，系统的稳态误差。

3-9 系统结构图如图 3-45 所示。

①当 $r(t)=t$，$n(t)=t$ 时，试求系统总稳态误差；②当 $r(t)=1(t)$，$n(t)=0$ 时，试求 σ_p、t_p。

3-10 单位反馈系统的开环传递函数为

$$G(s)=\frac{4}{s(s^2+2s+2)}$$

① 求系统在单位阶跃输入信号 $r(t)=1(t)$ 作用下的误差函数 $e(t)$；

② 是否可以用拉普拉斯变换的终值定理求系统的稳态误差，为什么？

3-11 单位反馈系统的开环传递函数为

$$G(s)=\frac{K}{(s+1)(5s^2+2s+10)}$$

① 当 $K=1$ 时，求系统在 $r(t)=1(t)$ 作用下的稳态误差；

② 当 $r(t)=1(t)$ 时，为使稳态误差 $e_{ss}=0.6$，试确定 K 值。

3-12 已知系统结构图如图 3-46 所示。

① 求 $K=3$，$r(t)=t$ 时的稳态误差 e_{ss}；

② 如果欲使 $e_{ss}\leqslant 0.01$，试问是否可以通过改变 K 值达到，为什么？

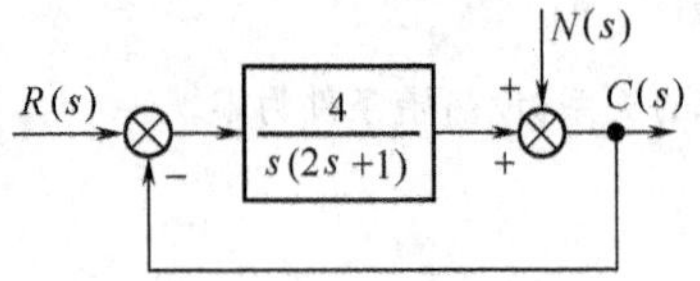

图 3-45 习题 3-9 图

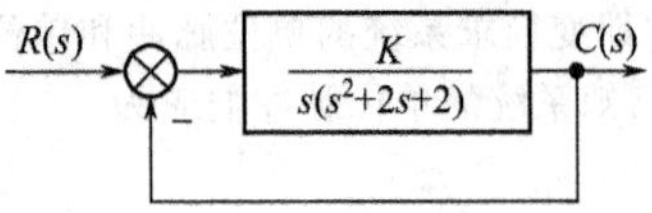

图 3-46 习题 3-12 图

3-13 系统结构图如图 3-47 所示，其中 $e=r-c$，K_1，T 均大于零。

① 当 $K_2=0$ 时系统是几型的？

② 如果 $r(t)$ 为单位斜坡函数，试选择 K_2 使系统的稳态误差为零。

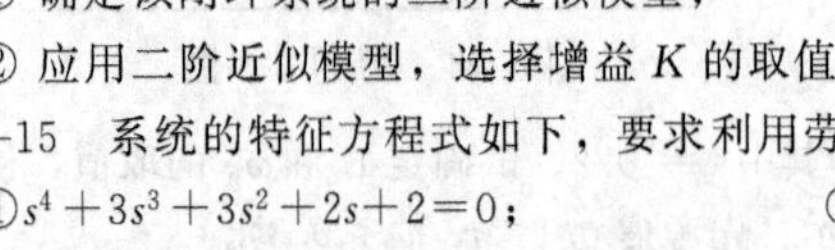

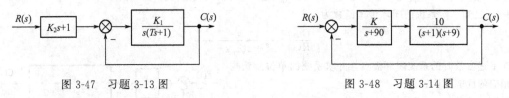

图 3-47 习题 3-13 图

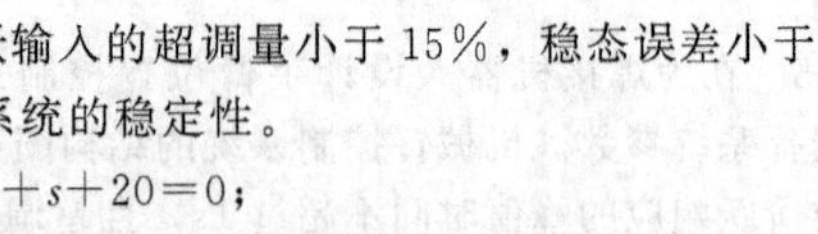

图 3-48 习题 3-14 图

3-14 控制系统的结构图如图 3-48 所示。

① 确定该闭环系统的二阶近似模型；

② 应用二阶近似模型，选择增益 K 的取值，使系统对阶跃输入的超调量小于 15%，稳态误差小于 0.12。

3-15 系统的特征方程式如下，要求利用劳斯判据判定各系统的稳定性。

①$s^4+3s^3+3s^2+2s+2=0$；　②$0.02s^3+0.3s^2+s+20=0$；

③$s^5+12s^4+44s^3+48s^2+s+1=0$；　④$0.1s^4+1.25s^3+2.6s^2+26s+25=0$。

3-16 设控制系统的开环传递函数分别为

①$G(s)H(s)=\dfrac{K(s+1)}{s(Ts+1)(2s+1)}$；②$G(s)H(s)=\dfrac{K(s+1)}{s(s-1)(s+5)}$；③$G(s)H(s)=\dfrac{K}{s(s-1)(s+5)}$。

试确定使闭环系统稳定的参数取值范围。

3-17 设单位反馈系统的开环传递函数为

$$G(s)=\frac{K}{s(s/3+1)(s/6+1)}$$

若要求闭环特征方程根的实部均小于 −1，试问 K 应在什么范围取值？如果要求实部均小于 −2，情况又如何？

3-18 试确定使图 3-49 所示控制系统稳定的 K_1 和 K_2 的取值范围。

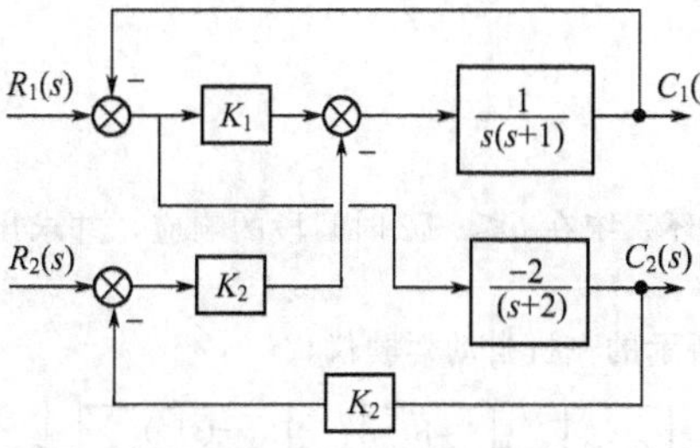

图 3-49 习题 3-18 图

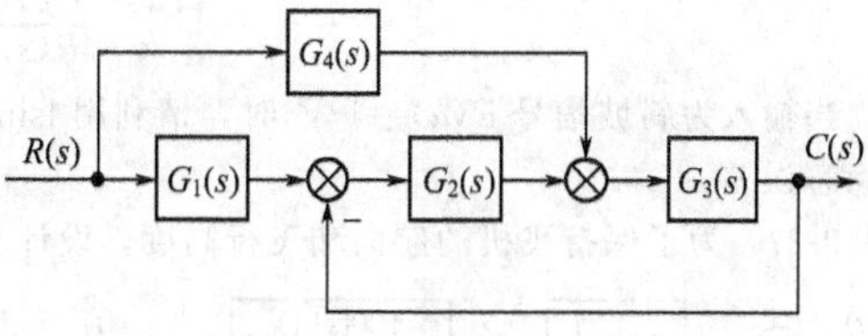

图 3-50 习题 3-20 图

3-19 某单位反馈系统的开环传递函数为

$$G(s)=\frac{100}{\tau s+1}$$

其中 $\tau=3\mathrm{s}$，试计算：

①τ 发生微小变化时，系统的灵敏度；②闭环系统的时间常数。

3-20 某系统的结构图如图 3-50 所示。

①确定系统的闭环传递函数 $C(s)/R(s)$；②计算系统对 $G_3(s)$ 的灵敏度。

③确定灵敏度是否依赖于 $G_1(s)$ 或 $G_4(s)$。

3-21 图 3-51 所示为一个超前校正网络。

① 试建立该超前校正网络的传递函数 $U_c(s)/U_r(s)$；

② 确定该超前校正网络对电容 C 的灵敏度。

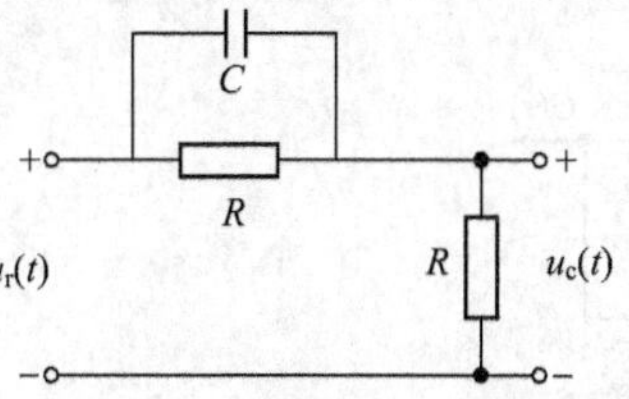

图 3-51 习题 3-21 图

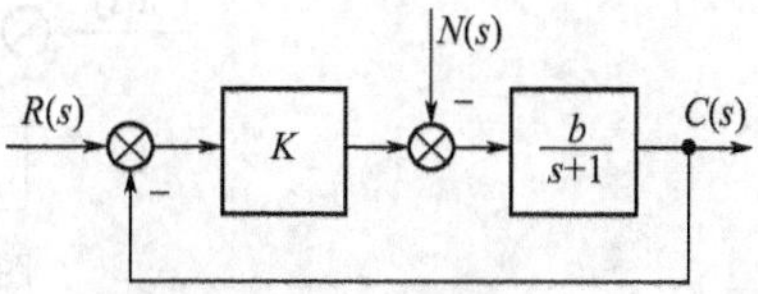

图 3-52 习题 3-22 图

3-22 某闭环系统的结构如图 3-52 所示。试确定闭环系统对 b 的灵敏度，并在 $1\leqslant K\leqslant 50$ 的范围内，确定 K 的最佳取值，使得干扰对系统的影响和系统对 b 的灵敏度为最小。

3-23 某单位反馈控制系统的前向传递函数为

$$G(s)=\frac{K}{s}$$

设系统的输入是幅度为 A 的阶跃信号，系统在 $t_0=0$ 时刻的初始状态是 $c(t_0)=Q$，其中 $c(t)$ 为系统的输出。性能指标定义为

$$I=\int_0^{\infty} e^2(t)\mathrm{d}t$$

① 证明 $I=(A-Q)^2/2K$；

② 确定增益 K 的取值，使性能指标 I 最小，并分析这个增益值是否符合实际。

3-24 导弹自动驾驶仪控制回路的结构图如图 3-53 所示。请先用二阶系统近似估计该系统对单位阶跃响应的 σ_p，t_p，t_s，然后用 Matlab 计算系统的实际单位阶跃响应，最后比较这两个结果，并解释产生差异的原因。

3-25 某二阶系统的传递函数为

$$\frac{C(s)}{R(s)}=\frac{\omega_n^2}{s^2+2\zeta\omega_n s+\omega_n^2}$$

考虑如下 4 种情况：

①$\omega_n=2$，$\zeta=0$；②$\omega_n=2$，$\zeta=0.1$；③$\omega_n=1$，$\zeta=0$；④$\omega_n=1$，$\zeta=0.2$。

请利用 impulse 函数和 subplot 函数，在 1 个图中画出这 4 种情况下的脉冲响应曲线，并分析参数对系统响应的影响。

3-26　某单位反馈系统的开环传递函数为

$$\frac{C(s)}{R(s)}=\frac{2}{s^2+3s+2}$$

当输入为斜坡信号 $R(a)=1/s^2$ 时，请利用 lsim 函数计算闭环系统在 $0\leqslant t\leqslant 2$ 时间段的响应，并求出系统的稳态误差。

3-27　为了保持飞机的航向和飞行高度，设计了如图 3-54 所示的飞机自动驾驶仪。

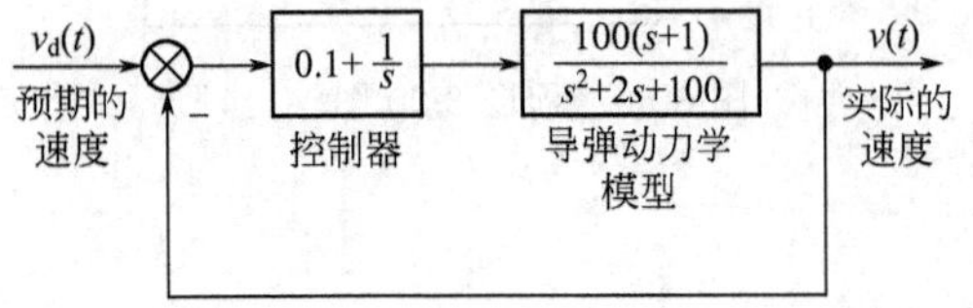

图 3-53　习题 3-24 图

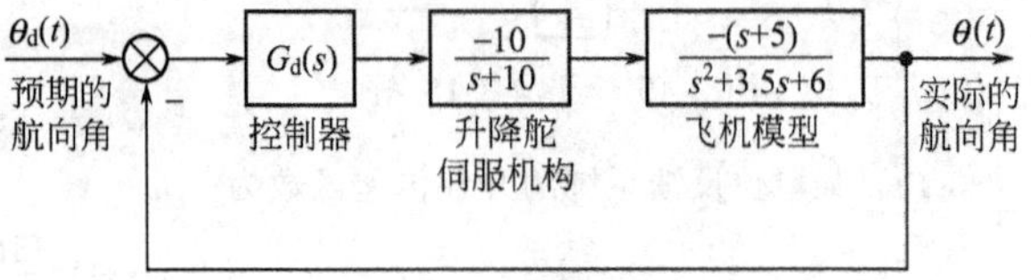

图 3-54　习题 3-27 图

① 假定结构图中的控制器是固定增益的比例控制器，即 $G_c(s)=2$，输入为斜坡信号 $\theta_d(t)=at$，$a=0.5°/s$，利用 lsim 函数计算并以曲线显示系统的斜坡响应，求出 10s 后的航向角误差。

② 为了减小稳态误差，可以采用比例积分控制器（PI），即

$$G_c(s)=K_1+\frac{K_2}{s}=2+\frac{1}{s}$$

试重复①中的仿真计算，并比较这两种情况下的稳态误差。

3-28　考虑图 3-55 所示的闭环控制系统，其中，控制器增益 $K=2$，受控设备的参数 $a=2$。请分析控制系统对参数 a 的灵敏度。

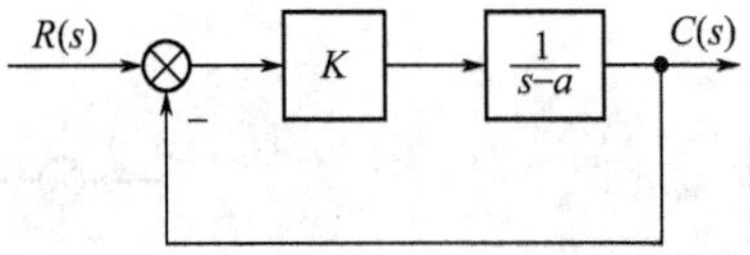

图 3-55　习题 3-28 图

① 用解析方法验证：当 $a=1$，$r(t)$ 为单位阶跃信号时，系统输出的稳态值为 $e_{ss}=2$，基于 2%误差的调节时间为 4s。

② 改变参数 a 的取值，观察系统瞬态响应的变化，可以研究系统对参数 a 的灵敏度。试画出 $a=0.5$，2 和 5 时系统的单位阶跃响应，并讨论所得的结果。

4 根轨迹法

内容提要

根轨迹是一种图解分析控制系统的方法。本章介绍了根轨迹的基本条件，常规根轨迹绘制的基本规则，广义根轨迹的绘制，以及利用根轨迹分析系统性能指标和确定闭环极点。最后介绍利用 Matlab 绘制自动控制系统的根轨迹的方法。

知识要点

传递函数的零极点模型表示方法，根轨迹的基本概念，绘制根轨迹图的基本条件，绘制根轨迹图的规则与方法，控制系统的根轨迹分析。

闭环控制系统的稳定性可以由闭环传递函数的极点，即由闭环系统特征方程的根所决定，系统瞬态响应的基本特征也是由闭环极点起主导作用的，闭环零点则影响系统瞬态响应的形态。闭环传递函数的分子通常是由一些低阶因子组成，故闭环零点容易求得。而闭环传递函数的分母则往往是高阶多项式，因此，必须解高阶代数方程才能求得系统的闭环极点，求根的过程是非常复杂的。尤其是当系统参数发生变化时，系统特征方程的根也随之变化。如果用解析的方法直接求解特征方程，需要进行反复大量的运算，就更加烦琐、费时了。1948 年，W. R. Evans 提出了一种求特征根的简单方法，并且在控制系统的分析与设计中得到广泛的应用。这一方法不直接求解特征方程，而是用作图的方法表示特征方程的根与系统某一参数的全部数值关系，当这一参数取特定值时，对应的特征根可在上述关系图中找到。这种方法叫根轨迹法。根轨迹法具有直观的特点，利用系统的根轨迹可以分析结构、参数已知的闭环系统的稳定性和瞬态响应特性，还可分析参数变化对系统性能的影响。在设计线性控制系统时，可以根据对系统性能指标的要求确定可调整参数以及系统开环零极点的位置，即根轨迹法可以用于系统的分析与综合。本章将介绍这一工程上常用的方法。

4.1 根轨迹的基本概念

为了说明根轨迹的基本概念，以图 4-1 所示系统为例，分析系统参数 K 从 0 变化到无穷大时，闭环系统特征方程的根在复平面上变化的情况。

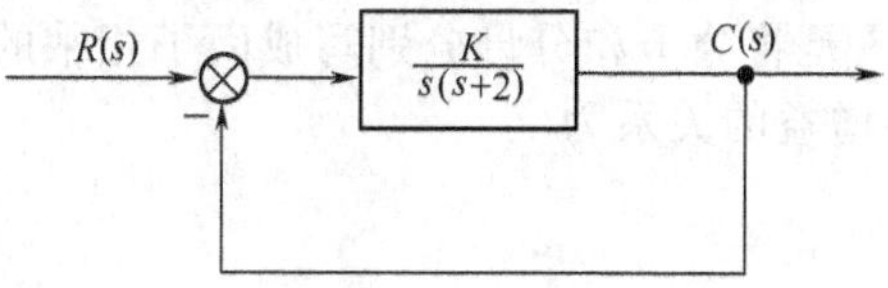

图 4-1 控制系统

由图 4-1 可知，系统的闭环传递函数为

$$\frac{C(s)}{R(s)}=\frac{K}{s^2+2s+K}$$

闭环特征方程为

$$s^2+2s+K=0$$

求解方程可得到系统特征方程的根（系统的闭环极点）为

$$s_1=-1+\sqrt{1-K},\quad s_2=-1-\sqrt{1-K}$$

这表明，特征根是随 K 值的改变而变化的。下面分析当增益 K 从 0 到∞变化时，特征方程的根在 S 平面上移动的轨迹。$K=0$ 时，$s_1=0$，$s_2=-2$，这时，系统的闭环极点与系统的开环极点相同。将这两个根用符号“×”在 S 平面上标注出来，如图 4-2 所示。以后，用符号“×”表示 $K=0$ 时特征方程的根，即开环极点。用符号“○”表示系统的开环零点。当 $0<$

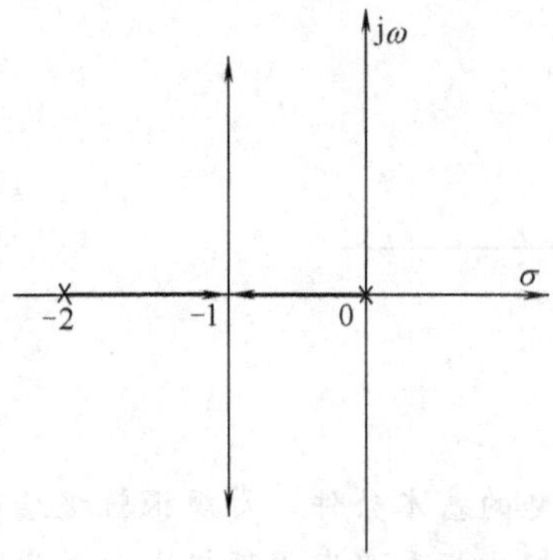

图 4-2　图 4-1 所示系统的根轨迹图

$K<1$ 时，两个极点 s_1 和 s_2 都是负实数极点，且随 K 值的增大，s_1 减小，s_2 增大，s_1 从原点开始沿负实轴向左移动，s_2 从 -2 开始沿负实轴向右移动。因此，从原点 0 到 $(-2,j0)$ 点这段负实轴是根轨迹的一部分。这时，系统处于过阻尼状态，其阶跃响应是非周期的。当 $K=1$ 时，$s_1=s_2=-1$，特征方程有两个重实根。这时系统处于临界阻尼状态，其阶跃响应仍然是非周期的。当 $K>1$ 时，$s_{1,2}=-1\pm j\sqrt{K-1}$，特征方程有两个共轭复数根，其实部为 -1，不随 K 值变化，虚部的数值则随 K 值的增大而增大，复平面上的直线 $s=-2$ 是根轨迹的一部分。s_1 从 $(-2,j0)$ 开始沿直线向上移动，s_2 从 $(-2,j0)$ 开始沿直线向下移动，当 K 从零变化到无穷时，闭环特征方程的根在复平面上的移动的轨迹如图 4-2 所示。图中，粗实线表示了所有 K 值时特征方程根在复平面上的轨迹，轨迹是以 K 为参量画出来的，直线的箭头表示当 K 值增大时，特征根移动的方向。

图 4-2 所示的根轨迹是由解析的方法得到的，对于阶次较高的系统，这种方法是非常繁琐的。下面通过对闭环系统特征方程的分析，得到求解特征根的作图方法。

控制系统如图 4-3 所示。它的闭环传递函数为

$$\Phi(s)=\frac{G(s)}{1+G(s)H(s)} \tag{4-1}$$

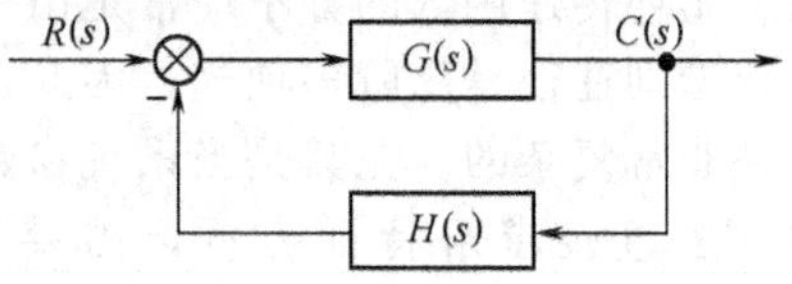

图 4-3　控制系统结构图

闭环特征方程为

$$1+G(s)H(s)=0 \tag{4-2}$$

或写成

$$G(s)H(s)=-1 \tag{4-3}$$

设系统的开环传递函数有如下形式

$$G(s)H(s)=K\frac{b_ms^m+b_{m-1}s^{m-1}+\cdots+b_1s+1}{a_ns^n+a_{n-1}s^{n-1}+\cdots+a_1s+1} \tag{4-4}$$

或写成

$$G(s)H(s)=K^*\frac{\prod_{j=1}^{m}(s-z_j)}{\prod_{i=1}^{n}(s-p_i)} \tag{4-5}$$

式(4-4) 中的 K 是系统的开环增益。式(4-5) 中的 z_j 和 p_i 分别是开环传递函数的零点和极点，K^* 是将分子和分母分别写成因子相乘的形式，提取的系数，称作根轨迹增益，它与系统的开环增益的关系为

$$K=K^*\frac{\prod_{j=1}^{m}(-z_j)}{\prod_{i=1}^{n}(-p_i)} \tag{4-6}$$

将特征方程写成如下形式

$$K^*\frac{\prod_{j=1}^{m}(s-z_j)}{\prod_{i=1}^{n}(s-p_i)}=-1 \tag{4-7}$$

称式(4-7) 为根轨迹方程，它是一复数方程，由于复数方程两边的幅值和相角应相等，因此可

将式(4-7) 用两个方程描述，即

$$K^{*}=\frac{\prod_{j=1}^{m}|s-p_i|}{\prod_{i=1}^{n}|s-z_j|} \tag{4-8}$$

和

$$\sum_{j=1}^{m}\angle(s-z_j)-\sum_{i=1}^{n}\angle(s-p_i)=(2k+1)\pi,k=0,\pm1,\pm2,\cdots \tag{4-9}$$

将式(4-8) 和式(4-9) 称作幅值条件和相角条件，满足幅值条件和相角条件的 s 值，就是特征方程的根，即系统的闭环极点。当 K^* 从零到无穷变化，特征方程的根在复平面上变化的轨迹就是根轨迹。实际上，只要满足相角条件的点都是根轨迹上的点，当 K^* 值确定之后，可依据幅值条件在根轨迹上确定相应的闭环极点。除了开环增益 K（或根轨迹增益 K^*）外，系统其他参数变化时对闭环特征方程根的影响也可通过根轨迹表示出来，只要将特征方程整理后，使可变参数在 K^* 的位置上，就可利用相角条件绘制出根轨迹来。

4.2 绘制根轨迹的基本规则

由上节可知，当 K^* 从零到无穷变化时，依据相角条件，可以在复平面上找到满足 K^* 变化时的所有闭环极点，即绘制出系统的根轨迹。但是在实际中，通常并不需要按相角条件逐点确定该点是否为根轨迹上的点，而是依据一定的规则，找到某些特殊的点，绘制出闭环极点随参数变化的大致轨迹，在感兴趣的范围内，再用幅值条件和相角条件确定极点的准确位置。

下面以变参量 K^* 为例，讨论绘制根轨迹的基本规则。

规则 1 根轨迹起始于开环极点，终止于开环零点。

证 根轨迹的起点对应根轨迹增益 $K^*=0$ 时特征方程的根，根轨迹的终点对应 $K^*=\infty$ 时的特征方程根。由根轨迹的幅值条件可知

$$\frac{\prod_{j=1}^{m}|s-z_j|}{\prod_{i=1}^{n}|s-p_i|}=\frac{1}{K^*} \tag{4-10}$$

对于物理可实现系统，开环传递函数分母多项式的阶次 n 与分子多项式的阶次 m，满足不等式 $n\geqslant m$。

当 $K^*=0$ 时，有

$$s=p_i,\ i=1,\ 2,\ \cdots,\ n$$

满足幅值条件，说明根轨迹的起点是开环极点。

当 $K^*=\infty$时，有

$$s=z_j,\ j=1,\ 2,\ \cdots,\ m$$

满足幅值条件，说明根轨迹的终点是开环零点。

当 $n=m$ 时，根轨迹起点的个数与根轨迹终点的个数相等。当 $n>m$ 时，根轨迹的终点数少于起点数，由式(4-10) 知，当 $K^*=\infty$时，

$$\frac{1}{K^*}=\lim_{s\to\infty}\frac{\prod_{j=1}^{m}|s-z_j|}{\prod_{i=1}^{n}|s-p_i|}=\lim_{s\to\infty}\frac{1}{|s|^{n-m}}=0 \tag{4-11}$$

说明有 $n-m$ 个终点在无穷远处。将这些终点称作无限零点，把有限数值的零点称作有限零点。

若研究的参变量不是系统的根轨迹增益 K^*，可能会有 $n<m$ 的情况，即根轨迹的起点数少于根轨迹的终点数。由式(4-10）知，当 $K^*=0$ 时，

$$\frac{1}{K^*}=\lim_{s\to\infty}\frac{\prod_{j=1}^{m}|s-z_j|}{\prod_{i=1}^{n}|s-p_i|}=\lim_{s\to\infty}|s|^{m-n}=\infty \tag{4-12}$$

说明有 $m-n$ 个根轨迹的极点在无穷远处，若将这些极点看作是无限极点，仍可认为根轨迹的起点是开环极点。

规则 2 根轨迹的分支数与 m 和 n 中的大者相等，根轨迹是连续的且关于实轴对称。

证 由于根轨迹是开环系统某一参数从零变化到无穷时，闭环特征方程的根在 S 平面上变化的轨迹，所以根轨迹的分支数与闭环特征方程的根的数目一样。由式(4-7）可得系统的特征方程为

$$\prod_{i=1}^{n}(s-p_i)+K^*\prod_{j=1}^{m}(s-z_j)=0 \tag{4-13}$$

可见，特征根的数目等于 m 和 n 中的较大者，即根轨迹的分支数与 m 和 n 中的较大者相等。

由幅值条件

$$K^*=\frac{\prod_{i=1}^{n}|s-p_i|}{\prod_{j=1}^{m}|s-z_j|}$$

可知，参变量 K^* 无限小增量与 S 平面上的长度 $|s-p_i|$ 和 $|s-z_j|$ 的无限小增量相对应，此时，复变量 s 在 n 条根轨迹上就各有一个无穷小的位移，因此，当 K^* 从零到无穷连续变化时，根轨迹在 S 平面上一定是连续的。

由于闭环特征方程是实系数多项式方程，其根或为实数位于实轴上，或为共轭复数成对出现在复平面上。因此，根轨迹是对称于实轴的。在绘制根轨迹时，只要作出 S 平面上半部的轨迹，就可根据对称性得到下半平面的根轨迹。

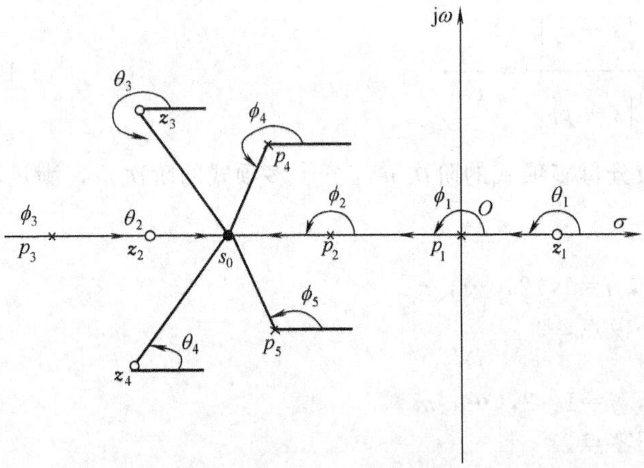

图 4-4 实轴上的根轨迹

规则 3 实轴上，若某线段右侧的开环实数零、极点个数之和为奇数，则此线段为根轨迹的一部分。

证 设开环零、极点在 S 平面上的分布如图 4-4 所示。

为确定实轴上的根轨迹，选择 s_0 作为试验点。图 4-4 中，开环极点到 s_0 点的向量的相角为 φ_i（$i=1,2,3,4,5$），开环零点到 s_0 点的向量的相角为 θ_j（$j=1,2,3,4$）。共轭复数极点 p_4 和 p_5 到 s_0 点的向量的相角和为 $\varphi_4+\varphi_5=2\pi$，共轭复数零点到 s_0 点的向量的相角和也为 2π，因此，当在确定实轴上的某点是否在根轨迹上时，可以不考虑复数开环零、极点对相角的影响。下面分析位于实轴上的开环零、极点对相角的影响。实轴上，s_0 点左侧的开环极点 p_3 和开环零点 z_2 构成的向量的夹角 φ_3 和 θ_2 均为零度，而 s_0 点右侧的开环极点 p_1、p_2 和开环零点 z_1 构成的向量的夹角 φ_1，φ_2 和 θ_1 均为 π。若 s_0 为根轨迹上的点，必满足相角条件，有

$$\sum_{j=1}^{4}\theta_j-\sum_{i=1}^{5}\varphi_i=(2k+1)\pi$$

由以上分析知，只有 s_0 点右侧实轴上的开环极点和开环零点的个数之和为奇数时，才满足相角条件。所以，在图 4-4 中，实轴上的 p_1 至 z_1、p_2 至 z_2 和 p_3 至 $-\infty$ 这三段是实轴上的根轨迹。

规则 4 当有限开环极点数 n 大于有限零点数 m 时，有 $n-m$ 条根轨迹沿 $n-m$ 条渐近线趋于无穷远处，这 $n-m$ 条渐近线在实轴上都交于一点，交点坐标为

$$\sigma_a=\frac{\sum_{i=1}^{n}p_i-\sum_{j=1}^{m}z_j}{n-m} \tag{4-14}$$

渐近线与实轴的夹角为

$$\varphi_a=\frac{(2k+1)\pi}{n-m},k=0,1,2,\cdots,n-m-1 \tag{4-15}$$

证 由式(4-5) 可得系统的特征方程为

$$1+K^*\frac{(s-z_1)(s-z_2)\cdots(s-z_m)}{(s-p_1)(s-p_2)\cdots(s-p_n)}=0$$

或

$$\frac{s^n+\sum_{i=1}^{n}(-p_i)s^{n-1}+\cdots+\prod_{i=1}^{n}(-p_i)}{s^m+\sum_{j=1}^{m}(-z_j)s^{m-1}+\cdots+\prod_{j=1}^{m}(-z_j)}=-K^* \tag{4-16}$$

上式左端用长除法，因 s 很大，故只保留前两项，得渐近线方程为

$$s^{n-m}-\left(\sum_{i=1}^{n}p_i-\sum_{j=1}^{m}z_j\right)s^{n-m-1}=-K^* \tag{4-17}$$

或

$$s\left(1-\frac{\sum_{i=1}^{n}p_i-\sum_{j=1}^{m}z_j}{s}\right)^{\frac{1}{n-m}}=(-K^*)^{\frac{1}{n-m}} \tag{4-18}$$

根据二项式定理，

$$\left(1-\frac{\sum_{i=1}^{n}p_i-\sum_{j=1}^{m}z_j}{s}\right)^{\frac{1}{n-m}}=1-\frac{\sum_{i=1}^{n}p_i-\sum_{j=1}^{m}z_j}{(n-m)s}-\frac{1}{2!}\frac{1}{n-m}\left(\frac{1}{n-m}-1\right)\left(\frac{\sum_{i=1}^{n}p_i-\sum_{j=1}^{m}z_j}{s}\right)^2+\cdots$$

由于 s 很大，只保留级数的前两项，可近似为

$$\left(1-\frac{\sum_{i=1}^{n}p_i-\sum_{j=1}^{m}z_j}{s}\right)^{\frac{1}{n-m}}=1-\frac{\sum_{i=1}^{n}p_i-\sum_{j=1}^{m}z_j}{(n-m)s} \tag{4-19}$$

将式(4-19) 代入式(4-18)，有渐近线方程

$$s\left(1-\frac{\sum_{i=1}^{n}p_i-\sum_{j=1}^{m}z_j}{(n-m)s}\right)=(-K^*)^{\frac{1}{n-m}} \tag{4-20}$$

令 $s=\sigma+j\omega$ 代入式(4-20)，并利用棣美弗定理，得

$$\left(\sigma-\frac{\sum_{i=1}^{n}p_i-\sum_{j=1}^{m}z_j}{n-m}\right)+\mathrm{j}\omega=\sqrt[n-m]{K^*}\left[\cos\frac{(2k+1)\pi}{n-m}+\mathrm{j}\sin\frac{(2k+1)\pi}{n-m}\right],k=0,1,\cdots,n-m-1 \tag{4-21}$$

令式(4-21) 两端实部和虚部分别相等，有

$$\sigma-\frac{\sum_{i=1}^{n}p_i-\sum_{j=1}^{m}z_j}{n-m}=\sqrt[n-m]{K^*}\cos\frac{(2k+1)\pi}{n-m} \tag{4-22}$$

$$\omega=\sqrt[n-m]{K^*}\sin\frac{(2k+1)\pi}{n-m} \tag{4-23}$$

令

$$\varphi_a=\frac{(2k+1)\pi}{n-m},$$

$$\sigma_a=\frac{\sum_{i=1}^{n}p_i-\sum_{j=1}^{m}z_j}{n-m}$$

由方程(4-22) 和方程(4-23) 可知

$$\sqrt[n-m]{K^*}=\frac{\omega}{\sin\varphi_a}=\frac{\sigma-\sigma_a}{\cos\varphi_a}$$

所以有

$$\omega=(\sigma-\sigma_a)\tan\varphi_a \tag{4-24}$$

方程(4-24) 即是渐近线方程。在S平面上为一直线方程，直线的斜率为 $\tan\varphi_a$，直线与实轴的交点为 σ_a。

对应不同的 k 值，渐近线与实轴的夹角 φ_a 也有 $n-m$ 个不同值，而交点 σ_a 不随 k 值变化。所以，当 $s\to\infty$ 时，根轨迹的渐近线是 $n-m$ 条与实轴的交点为 σ_a，夹角为 φ_a 的射线。

规则 5 两条或两条以上的根轨迹分支在S平面上某点相遇又立即分开，则称该点为分离点，分离点的坐标 d 可由以下方程求得

$$\sum_{j=1}^{m}\frac{1}{d-z_j}=\sum_{i=1}^{n}\frac{1}{d-p_i} \tag{4-25}$$

分离角为 $(2k+1)\pi/l$，l 为进入分离角的根轨迹分支数。

证 由式(4-7)，闭环系统的特征方程为

$$D(s)=\prod_{i=1}^{n}(s-p_i)+K^*\prod_{j=1}^{m}(s-z_j)=0 \tag{4-26}$$

根轨迹在S平面上相遇，说明闭环特征方程有重根，设重根为 d。根据代数方程中重根的条件，有 $D(s)=0$，$\dot{D}(s)=0$，即

$$\prod_{i=1}^{n}(s-p_i)+K^*\prod_{j=1}^{m}(s-z_j)=0$$

$$\frac{\mathrm{d}}{\mathrm{d}s}\left[\prod_{i=1}^{n}(s-p_i)+K^*\prod_{j=1}^{m}(s-z_j)\right]=0$$

或

$$\prod_{i=1}^{n}(s-p_i)=-K^*\prod_{j=1}^{m}(s-z_j) \tag{4-27}$$

$$\frac{\mathrm{d}}{\mathrm{d}s}\prod_{i=1}^{n}(s-p_i)=-K^*\frac{\mathrm{d}}{\mathrm{d}s}\prod_{j=1}^{m}(s-z_j) \tag{4-28}$$

式(4-27) 除式(4-28)，得

$$\frac{\frac{\mathrm{d}}{\mathrm{d}s}\prod_{i=1}^{n}(s-p_i)}{\prod_{i=1}^{n}(s-p_i)}=\frac{\frac{\mathrm{d}}{\mathrm{d}s}\prod_{j=1}^{m}(s-z_j)}{\prod_{j=1}^{m}(s-z_j)}$$

即

$$\frac{\mathrm{d}\ln\prod_{i=1}^{n}(s-p_i)}{\mathrm{d}s}=\frac{\mathrm{d}\ln\prod_{j=1}^{m}(s-z_j)}{\mathrm{d}s} \tag{4-29}$$

因为

$$\ln\prod_{i=1}^{n}(s-p_i)=\sum_{i=1}^{n}\ln(s-p_i)$$

$$\ln\prod_{j=1}^{mn}(s-z_j)=\sum_{j=1}^{m}\ln(s-z_j)$$

式(4-29) 可写为

$$\sum_{i=1}^{n}\frac{\mathrm{d}\ln(s-p_i)}{\mathrm{d}s}=\sum_{j=1}^{m}\frac{\mathrm{d}\ln(s-z_j)}{\mathrm{d}s} \tag{4-30}$$

有

$$\sum_{i=1}^{n}\frac{1}{s-p_i}=\sum_{j=1}^{m}\frac{1}{s-z_j} \tag{4-31}$$

解方程，可得根轨迹的分离点 d。应当指出，方程的根不一定都是分离点，只有代入特征方程后，满足 $K^*>0$ 的那些根才是真正的分离点。在实际中，往往根据具体情况就可确定方程(4-31) 的根是否为分离点，而不一定需要代入特征方程中去检验 K^* 是否大于零。

若开环传递函数无有限零点，则在分离点方程(4-31) 中应取 $\sum_{j=1}^{m}\frac{1}{s-z_j}=0$。

若将根轨迹进入分离点的切线方向与离开分离点的切线方向之间的夹角定义为分离角，则分离角可由 $(2k+1)\pi/l$ 确定，l 为进入分离角的根轨迹分支数。通常，两支根轨迹相遇的情况较多，$l=2$，其分离角为直角。

规则 6 根轨迹离开复数极点的切线方向与正实轴间的夹角称为起始角，用 θ_{p_l} 表示；进入复数零点的切线方向与正实轴间的夹角称为终止角，用 θ_{z_l} 表示，可根据下面的公式计算

$$\theta_{p_l}=180^\circ+\Big[\sum_{j=1}^{m}\angle(s-z_j)-\sum_{\substack{i=1\\i\neq l}}^{n}\angle(s-p_i)\Big] \tag{4-32}$$

$$\theta_{z_l}=180^\circ-\Big[\sum_{\substack{j=1\\j\neq l}}^{m}\angle(s-z_j)-\sum_{i=1}^{n}\angle(s-p_i)\Big] \tag{4-33}$$

证 设开环系统有 n 个极点，m 个零点。在根轨迹上无限靠近待求起始角的开环极点 p_l 附近取一点 s_1，由于 s_1 无限接近 p_l 点，所以除了 p_l 点之外，其他开环零点和极点到 s_1 点向量的相角都可用它们到 p_l 点的相角来代替，而 p_l 点到 s_1 点的相角即是起始角。因为 s_1 点在根轨迹上，必满足相角条件，有

$$\sum_{j=1}^{m}\angle(s-z_j)-\sum_{\substack{i=1\\i\neq l}}^{n}\angle(s-p_i)-\theta_{p_l}=-180^\circ \tag{4-34}$$

式(4-33) 的证明可类推。

规则 7 若根轨迹与虚轴相交，其交点处的 ω 值和相应的 K^* 可由劳斯判据求得，或将 $s=\mathrm{j}\omega$ 代入特征方程，并令其实部和虚部分别等于 0 求得。

证 若根轨迹与虚轴相交，则说明系统处于临界稳定状态，可令劳斯表的第一列系数含有 K^* 的项为零，求出 K^* 值。如果根轨迹与正虚轴有一个交点，说明特征方程有一对纯虚根，可利用劳斯表中 s^2 项的系数构成辅助方程，解此方程便可求得交点处的 ω 值。若根轨迹与正虚轴有两个或两个以上的交点，则说明特征方程有两对或两对以上的纯虚根，可用劳斯表中幂大于 2 的偶次方行的系数构成辅助方程，求得根轨迹与虚轴的交点。

除了用劳斯判据求根轨迹与虚轴的交点外，还可令 $s=\mathrm{j}\omega$ 代入特征方程，即

$$1+G(\mathrm{j}\omega)H(\mathrm{j}\omega)=0$$

令特征方程的实部和虚部分别相等，有

$$\mathrm{Re}[1+G(\mathrm{j}\omega)H(\mathrm{j}\omega)]=0$$
$$\mathrm{Im}[1+G(\mathrm{j}\omega)H(\mathrm{j}\omega)]=0$$

联立解上面二方程，即可求出与虚轴交点处的 K^* 值和 ω 值。

根据以上 7 条规则，就可以在 S 平面上绘制出大致的根轨迹图。

4.3 控制系统根轨迹的绘制

上一节讨论了绘制根轨迹的 7 条基本规则，按照这些规则，就可粗略地绘制出控制系统根轨迹的大致形状。在此基础上，可在感兴趣的区域内，利用幅值条件和相角条件对根轨迹进行修正，得到该区域内根轨迹的精确图形。

【例 4-1】 闭环系统的特征方程为 $s(s+5)(s+6)(s^2+2s+2)+K^*(s+3)=0$，试绘制系统的根轨迹图。

解 系统的开环传递函数为

$$G(s)H(s)=\frac{K^*(s+3)}{s(s+5)(s+6)(s^2+2s+2)}$$

按照以下步骤绘制根轨迹。

① 系统的特征方程为 5 阶，故根轨迹有 5 支。根轨迹的起点有 5 个，$p_1=0$，$p_2=-5$，$p_3=-6$，$p_4=-1+\mathrm{j}$，$p_5=-1-\mathrm{j}$。根轨迹的有限终点为-3，有四个无穷远终点。

② 有四条根轨迹趋于无穷远处，故有四条渐近线。渐近线与实轴的夹角为

$$\varphi_{\mathrm{a}}=\frac{(2k+1)\pi}{5-1},k=0,1,2,3$$

得 $\varphi_{\mathrm{a1}}=45°$，$\varphi_{\mathrm{a2}}=-45°$，$\varphi_{\mathrm{a3}}=135°$，$\varphi_{\mathrm{a4}}=-135°$。

渐近线与实轴的交点可根据式(4-14) 计算

$$\sigma_{\mathrm{a}}=\frac{(0-5-6-1+\mathrm{j}1-1-\mathrm{j}1)-(-3)}{4}=-2.5$$

③ 实轴上的渐近线位于 0～-3 及-5～-6 之间。

④ 根轨迹离开复数极点$-1+\mathrm{j}$ 的起始角为

$$\theta_{p_3}=180°+[\angle(s+3)-\angle s-\angle(s+1+\mathrm{j})-\angle(s+5)-\angle(s+6)]$$
$$=180°+(26.6°-135°-90°-14°-11.4°)=-43.8°$$

⑤ 按式(4-25) 求根轨迹的分离点

$$\frac{1}{d+3}=\frac{1}{d}+\frac{1}{d+5}+\frac{1}{d+6}+\frac{1}{d+1+\mathrm{j}}+\frac{1}{d+1-\mathrm{j}}$$

$$d^5+13.5d^4+66s^3+142s^2+123s+45=0 \tag{4-35}$$

式(4-35) 是一高阶代数方程，经分析知根轨迹在实轴上只有一个分离点，用试探法求得分离点为 $d=-5.53$。

⑥ 根轨迹与虚轴的交点可利用劳斯判据确定。由特征方程可列劳斯表如下

s^5	1	54	$60+K^*$
s^4	13	82	$3K^*$
s^3	47.7	$60+0.769K^*$	0
s^2	$65.6-0.212K^*$	$3K^*$	0
s^1	$\dfrac{3940-105K^*-0.163K^{*2}}{65.6-0.212K^*}$	0	0
s^0	$3K^*$	0	

若系统稳定，由劳斯表的第一列系数，有以下不等式成立

$$65.6-0.212K^*>0,\ 3940-105K^*-0.163K^{*2}>0 \text{ 和 } K^*>0$$

得

$$0<K^*<35.6$$

由此可知，当 $K^*=35.6$ 时，系统临界稳定，此时，根轨迹穿过虚轴。

$K^*=35.6$ 时的 ω 值由以下辅助方程确定

$$(65.6-0.212K^*)s^2+3K^*=0 \tag{4-36}$$

将 $K^*=35.6$ 代入辅助方程(4-36)，得

$$58.2s^2+107=0$$

解得

$$s=\pm \mathrm{j}1.35$$

由以上步骤，可绘出根轨迹如图 4-5 所示。

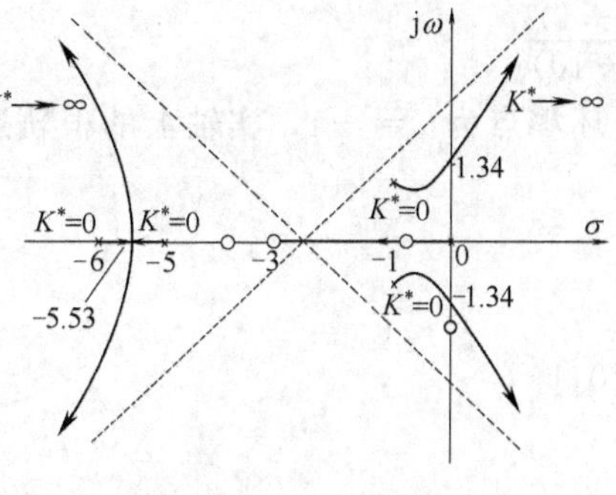

图 4-5 例 4-1 根轨迹

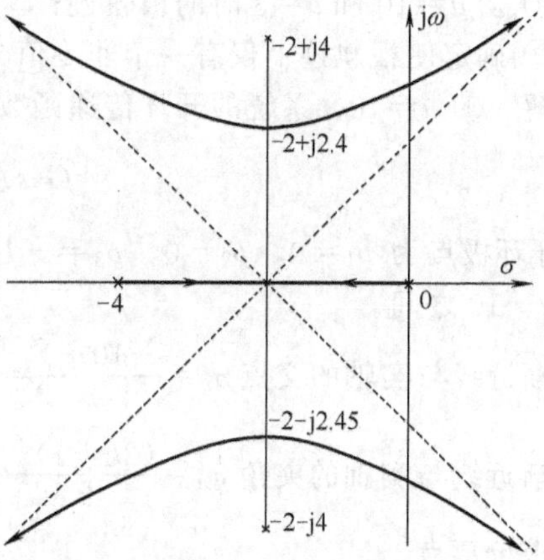

图 4-6 例 4-2 根轨迹

【例 4-2】 闭环系统的特征方程为 $s(s+4)(s^2+4s+20)+K^*=0$ 绘制控制系统的大致根轨迹。

解 系统的开环传递函数为

$$G(s)H(s)=\frac{K^*}{s(s+4)(s^2+4s+20)}$$

开环极点为 $p_1=0,\ p_2=-4,\ p_3=-2+\mathrm{j}4,\ p_4=-2-\mathrm{j}4$

实轴上的根轨迹位于 0～−4 之间。

由式(4-25) 可知，分离点方程为

$$d^3+6d^2+18d+20=0$$

解得

$$d_1=-2,\ d_2=-2+j2.45,\ d_3=-2-j2.45$$

渐近线与实轴的交点为

$$\sigma_a=\frac{0-4-2+j4-2-j4}{4}=-2$$

渐近线与实轴的夹角为

$$\varphi_a=\frac{(2k+1)\pi}{4},\ k=0,1,2,3$$

得 $\varphi_{a1}=45°,\ \varphi_{a2}=-45°\quad \varphi_{a3}=135°\quad \varphi_{a4}=-135°$

令 $s=j\omega$ 代入特征方程有

$$j\omega(j\omega+4)[(j\omega)^2+4j\omega+20]+K^*=\omega^4-36\omega^2+K^*+j\omega(-8\omega^2+80)=0$$

令上式实部和虚部分别为零，有

$$\omega^4-36\omega^2+K^*=0 \tag{4-37}$$

$$\omega(-8\omega^2+80)=0 \tag{4-38}$$

联立解式(4-37)、式(4-38) 得

$$\omega=\pm\sqrt{10}=\pm3.16$$

将 $\omega=3.16$ 代入式(4-37)，得到相应得 K^* 值

$$K^*=260$$

系统的根轨迹如图 4-6 所示。

【例 4-3】 已知负反馈系统的特征方程为 $s^3+as^2+k^*s+k^*=0$，研究以 k^* 为参变量，a 取几个特殊值时系统的根轨迹。

① 当 $a=10$ 和 $a=3$ 时的根轨迹；

② 确定使根轨迹上仅有一个非零值分离点时 a 的数值。

解 ① $a=10$，系统的开环传递函数为

$$G(s)H(s)=\frac{k^*(s+1)}{s^2(s+10)}$$

3 个开环极点为 $p_1=0$，$p_2=0$，$p_3=-10$，有限的开环零点为 $z=-1$，实轴上的根轨迹位于 $-1\sim-10$ 之间。

渐近线与实轴的交点 $\sigma_a=\dfrac{-10+1}{2}=-4.5$

渐近线与实轴的夹角 $\varphi_a=\dfrac{(2k+1)\pi}{2}=\begin{cases}90°\\270°\end{cases}\quad k=0,1$

求分离点

$$\frac{1}{d+1}=\frac{1}{d}+\frac{1}{d}+\frac{1}{d+10}$$

解方程得 $d_1=-4$，$d_2=-2.5$。

系统的根轨迹如图 4-7(a) 所示。

当 $a=3$，系统的开环传递函数为

$$G(s)H(s)=\frac{k^*(s+1)}{s^2(s+3)}$$

3 个开环极点为 $p_1=0$，$p_2=0$，$p_3=-3$，有限的开环零点为 $z=-1$。

渐近线与实轴的交点 $\quad\sigma_a=\dfrac{-3+1}{2}=-1$

渐近线与实轴的夹角 $\quad\theta=\dfrac{(2k+1)\pi}{2}=\begin{cases}90°\\270°\end{cases}\quad k=0,1$

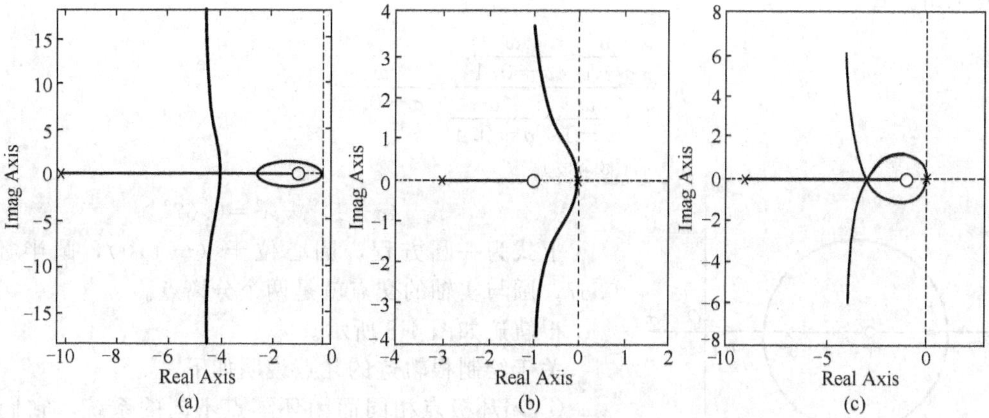

图 4-7 例 4-3 根轨迹

求分离点　由$\frac{1}{d+1}=\frac{1}{d}+\frac{1}{d}+\frac{1}{d+3}$，有 $d^2+3d+3=0$

解方程，得 $d_{1,2}=-1.5\pm j\frac{\sqrt{3}}{2}$

解为复数，故根轨迹在实轴上无分离点。

系统的根轨迹如图 4-7(b) 所示。

② 求仅有一个分离点时的 a 值，即求方程 $2d^2+(a+3)d+2a=0$ 有重根时的 a 值。

$d=\frac{-(a+3)\pm\sqrt{(a+3)^2-16a}}{4}$，若方程有重根，则有 $(a+3)^2-16a=0$，即 $a=1$ 或 $a=9$。当 $a=1$ 时，开环传递函数出现零极点对消，故 $a=9$ 为所求。$a=9$ 时的根轨迹如图 4-7(c) 所示。

【例 4-4】 设系统的开环传递函数为 $G(s)H(s)=\frac{K^*(s+1)}{(s+0.1)(s+0.5)}$，试绘制系统的根轨迹，并证明复平面上的根轨迹是圆。

解 根轨迹有两条分支。起点为 $p_1=-0.1$，$p_2=-0.5$，有限终点为 $z_1=-1$。实轴上的根轨迹为 $-0.1\sim-0.5$，$-1\sim-\infty$。

由式(4-25) 知，分离点方程为

$$s^2+2s+0.55=0$$

解得根轨迹在实轴上的分离点为

$$d_1=-1.67,\ d_2=-0.33$$

设 s 点在根轨迹上，则应满足相角条件

$$\angle(s+1)-\angle(s+0.1)-\angle(s+0.5)=180^\circ$$

将 $s=\sigma+j\omega$ 代入上式

$$\angle(\sigma+1+j\omega)-\angle(\sigma+0.1+j\omega)-\angle(\sigma+0.5+j\omega)=180^\circ$$

即

$$\arctan\frac{\omega}{\sigma+1}-\arctan\frac{\omega}{\sigma+0.1}=180^\circ+\arctan\frac{\omega}{\sigma+0.5}$$

$$\text{有}\ \arctan\frac{\frac{\omega}{\sigma+1}-\frac{\omega}{\sigma+0.1}}{1+\frac{\omega}{\sigma+1}\cdot\frac{\omega}{\sigma+0.1}}=\arctan\frac{\omega}{\sigma+0.5}$$

两边取正切，有

$$\frac{\frac{\omega}{\sigma+1}-\frac{\omega}{\sigma+0.1}}{1+\frac{\omega}{\sigma+1}\times\frac{\omega}{\sigma+0.1}}=\frac{\omega}{\sigma+0.5}$$

整理得

$$(\sigma+1)^2+\omega^2=0.67^2$$

上式为一圆方程，圆心位于（$-1,0$），圆半径 $r=0.67$，圆与实轴的交点就是两个分离点。

根轨迹如图 4-8 所示。

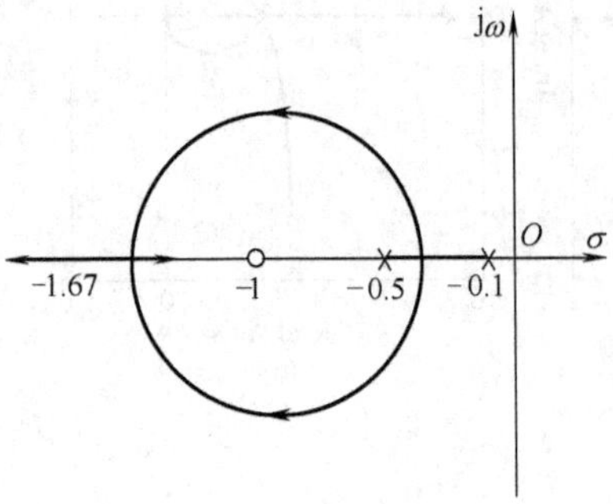

图 4-8 例 4-4 根轨迹

关于绘制根轨迹的几点说明如下。

① 闭环极点相同而闭环零点不同的系统，它们的根轨迹可能相同，但其瞬态响应是不同的。

② 开环零、极点位置微小的变化可能引起根轨迹形状较大的变化。

图 4-9(a) 是某系统的根轨迹，当开环零点右移，根轨迹的形状发生了较大变化，如图 4-9(b) 所示。

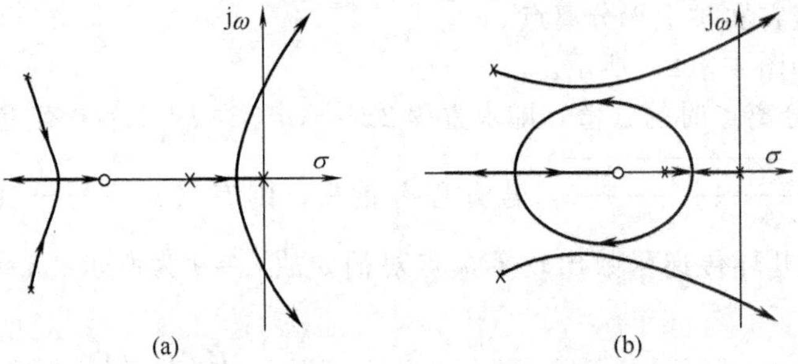

图 4-9 零极点位置微小的变化引起根轨迹形状的较大变化

③ 当 $G(s)$ 与 $H(s)$ 有公因子相约时，根轨迹不能代表系统特征方程的全部根，要将 $G(s)$ 与 $H(s)$ 中抵消掉的极点加到由根轨迹得到的闭环极点中去。

如图 4-10 所示控制系统，其闭环传递函数为

$$\Phi(s)=\frac{C(s)}{R(s)}=\frac{K}{(s+2)[s(s+3)+K]}$$

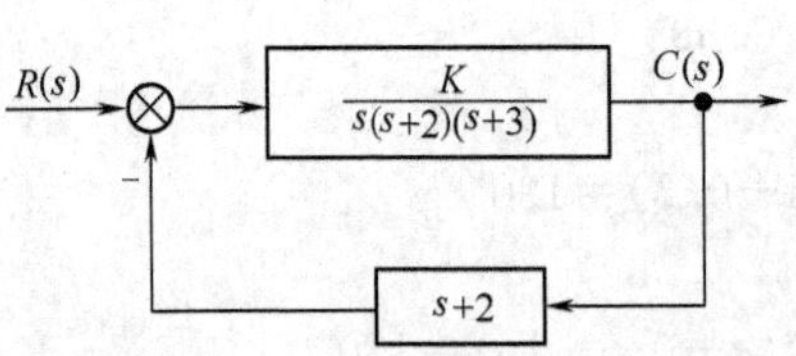

图 4-10 控制系统结构图一

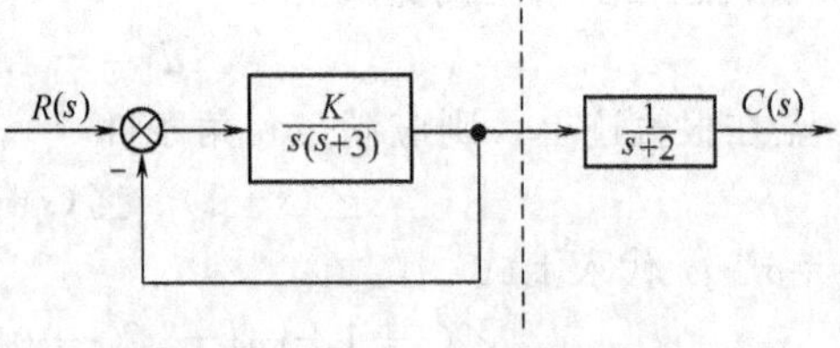

图 4-11 控制系统结构图二

系统的特征方程为

$$D(s)=(s+2)[s(s+3)+K] \tag{4-39}$$

若求系统的开环传递函数

$$G(s)H(s)=\frac{K}{s(s+3)} \tag{4-40}$$

则有

$$1+G(s)H(s)=0$$

得

$$s(s+3)+K=0$$

与式(4-39) 比较知，丢掉了 $s=-2$ 这一极点，而 $(s+2)$ 正是 $G(s)H(s)$ 中抵消掉的公因子。所以，根据式(4-40) 得到的根轨迹只能代表图 4-11 所示结构图的虚线以左的部分，而应将 $s=-2$ 这一极点增加到系统中去，如图 4-11 所示。

4.4 广义根轨迹

前面我们讨论了以 K^* 为变量的负反馈系统的根轨迹。在实际系统中，除了增益 K^* 以外，常常还要研究系统其他参数变化对闭环特征根的影响。在有些多回路系统中，还会遇到内环是正反馈的系统，因此，还有必要讨论正反馈系统的根轨迹。这里，把不是以 K^* 为变量、非负反馈系统的根轨迹称为广义根轨迹。下面分析这类根轨迹的绘制方法。

4.4.1 以非 K^* 为变参数的根轨迹

除了开环增益 K 以外，还常常分析系统其他参数变化对系统性能的影响，比如某环节的时间常数等。绘制这类参数变化时的根轨迹的方法与前面讨论的规则相同，但在绘制根轨迹之前，要先求出系统的等效开环传递函数。

设系统的开环传递函数为

$$G(s)H(s)=K\frac{M(s)}{N(s)} \tag{4-41}$$

则系统的闭环特征方程为

$$1+G(s)H(s)=N(s)+KM(s)=0 \tag{4-42}$$

将方程左端展开成多项式，用不含变参数的各项除方程两端，得到

$$1+G_1(s)H_1(s)=1+K'\frac{P(s)}{Q(s)}=0 \tag{4-43}$$

式(4-43) 中的 $G_1(s)H_1(s)=K'\frac{P(s)}{Q(s)}$ 即是系统的等效开环传递函数，等效是指系统的特征方程相同意义下的等效。根据等效开环传递函数 $G_1(s)H_1(s)$，按照 4-2 节介绍的根轨迹绘制规则，就可绘制出以 K' 为变量的参数根轨迹。由等效开环传递函数描述的系统与原系统有相同的闭环极点，但闭环零点不一定相同。因为系统的动态性能不仅与闭环极点有关，还与闭环零点有关，所以在分析系统性能时，可采用由等效系统的根轨迹得到的闭环极点和原系统的闭环零点来对系统进行分析。

【例 4-5】 已知负反馈系统的开环传递函数为 $G(s)H(s)=\frac{2}{s(Ts+1)(s+2)}$，试绘制以 T 为参变量的根轨迹图。

解 系统的闭环特征方程为

$$1+G(s)H(s)=Ts^2(s+2)+s^2+2s+2=0$$

① 求等效开环传递函数。以不含 T 的各项除方程两边，得

$$1+\frac{Ts^2(s+2)}{s^2+2s+2}=0$$

系统的等效开环传递函数为

$$G_1(s)H_1(s)=\frac{Ts^2(s+2)}{s^2+2s+2}$$

② 有两个 $z=0$ 的零点和一个 $z=-2$ 的零点，极点为 $p_1=-1+\mathrm{j}$，$p_2=-1-\mathrm{j}$。

③ 实轴上的根轨迹位于$-\infty \sim -2$之间。

④ 从复数极点起始的相角为

$$\theta_{p_1}=180°+45°+135°+135°-90°=45°$$
$$\theta_{p_2}=180°-45°-135°-135°+90°=-45°$$

终止于原点的相角为

$$\theta_z=\frac{1}{2}[180°+(-45°+45°)]=90°$$

以T为参变量的系统根轨迹如图 4-12 所示。

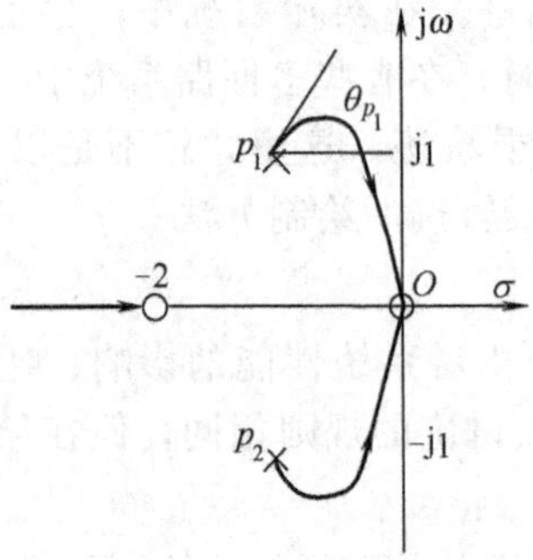

图 4-12　例 4-5 根轨迹

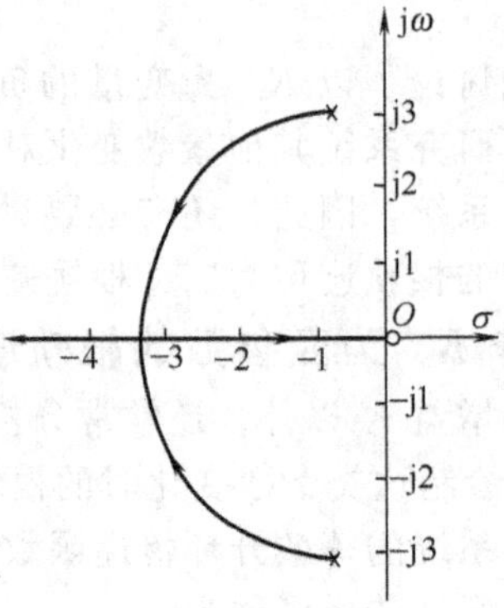

图 4-13　例 4-6 根轨迹

【例 4-6】 设负反馈系统前向通道的传递函数为$G(s)=\frac{10}{s(s+2)}$，若采用测速反馈$H(s)=1+K_s s$，试画出以K_s为参变量的根轨迹。

解　系统的开环传递函数为$G(s)H(s)=\frac{10(1+K_s s)}{s(s+2)}$

系统的特征方程为

$$s^2+2s+10K_s s+10=0$$

以不含K_s的各项除方程两边，可得

$$1+\frac{10K_s s}{s^2+2s+10}=0$$

等效开环传递函数为

$$G_1(s)H_1(s)=\frac{10K_s s}{s^2+2s+10}$$

开环极点为$-1\pm j3$，开环零点为 0。

实轴上的根轨迹为负实轴。

求根轨迹的分离点　$\frac{1}{d+1+j3}+\frac{1}{d+1-j3}=\frac{1}{d}$

解得　$d=\pm\sqrt{10}=\pm 3.16$，$d=3.16$ 舍去

将$d=-3.16$代入特征方程，得

$$(-3.16)^2+2\times(-3.16)+10K_s\times(-3.16)+10=0$$

求得K_s值为　$K_s=-0.432$

求根轨迹的起始角θ

$$\theta=180°+108.4°-90°=198.4°$$

以K_s为参变量的根轨迹如图 4-13 所示。

4.4.2 正反馈系统的根轨迹

在许多较复杂的系统中，系统可能由多个回路组成，其内回路可能是正反馈连接，所以，有必要讨论正反馈系统的根轨迹。

对于具有开环传递函数 $G(s)H(s)$ 的正反馈系统，其特征方程为

$$1-G(s)H(s)=0 \tag{4-44}$$

满足方程式(4-44) 的 s 值就是系统的闭环极点。所以，正反馈系统的根轨迹方程为

$$G(s)H(s)=1 \tag{4-45}$$

若系统的开环传递函数为

$$G(s)H(s)=K^*\frac{\prod_{j=1}^{m}(s-z_j)}{\prod_{i=1}^{n}(s-p_i)} \tag{4-46}$$

则有幅值条件

$$|G(s)H(s)|=K^*\frac{\prod_{j=1}^{m}|s-z_j|}{\prod_{i=1}^{n}|s-p_i|}=1 \tag{4-47}$$

或

$$K^*=\frac{\prod_{j=1}^{n}|s-p_i|}{\prod_{i=1}^{m}|s-z_j|} \tag{4-48}$$

相角条件为

$$\angle G(s)H(s)=2k\pi \tag{4-49}$$

即

$$\sum_{j=1}^{m}\angle(s-z_j)-\sum_{i=1}^{n}\angle(s-p_i)=2k\pi,\ k=0,\pm1,\pm2,\cdots \tag{4-50}$$

与负反馈系统的根轨迹方程相比，可知它们的幅值条件相同，相角条件不同。负反馈系统的相角满足 $\pi+2k\pi$，而正反馈系统的相角满足 $0+2k\pi$。所以，通常也称负反馈系统的根轨迹为 180°根轨迹，正反馈系统的根轨迹为 0°根轨迹。在负反馈系统根轨迹的画法规则中，凡是与相角条件有关的规则都要作相应的修改。需要修改的规则如下。

规则 3 实轴上，若某线段右侧的开环实数零、极点个数之和为偶数，则此线段为根轨迹的一部分。

规则 4 当有限开环极点数 n 大于有限零点数 m 时，有 $n-m$ 条根轨迹沿 $n-m$ 条渐近线趋于无穷远处，这 $n-m$ 条渐近线在实轴上都交于一点，交点坐标为

$$\sigma_a=\frac{\sum_{i=1}^{n}p_i-\sum_{j=1}^{m}z_j}{n-m}\quad \text{(与 180° 根轨迹相同)} \tag{4-51}$$

渐近线与实轴的夹角为

$$\varphi_a=\frac{2k\pi}{n-m},\ k=0,1,2,\cdots,n-m-1 \tag{4-52}$$

规则 6 根轨迹离开复数极点的切线方向与正实轴间的夹角称为起始角，用 θ_{p_l} 表示；进入复数零点的切线方向与正实轴间的夹角称为终止角，用 θ_{z_l} 表示，可根据下面的公式计算

$$\theta_{p_l}=\sum_{j=1}^{m}\angle(s-z_j)-\sum_{\substack{i=1\\i\neq l}}^{n}\angle(s-p_i) \tag{4-53}$$

$$\theta_{z_l}=-\sum_{\substack{j=1\\j\neq l}}^{m}\angle(s-z_j)+\sum_{i=1}^{n}\angle(s-p_i) \tag{4-54}$$

除以上 3 条规则外，其余规则与 180°根轨迹相同。

【例 4-7】 正反馈系统的开环传递函数为

$$G(s)H(s)=\frac{K^*}{(s^2+2s+2)(s^2+2s+5)} \tag{4-55}$$

绘制系统的根轨迹，并求出使系统稳定 K 的取值范围。

解 按 0°根轨迹的画法规则。系统的开环极点为

$$p_{1,2}=-1\pm j,\ p_{3,4}=-1\pm 2j$$

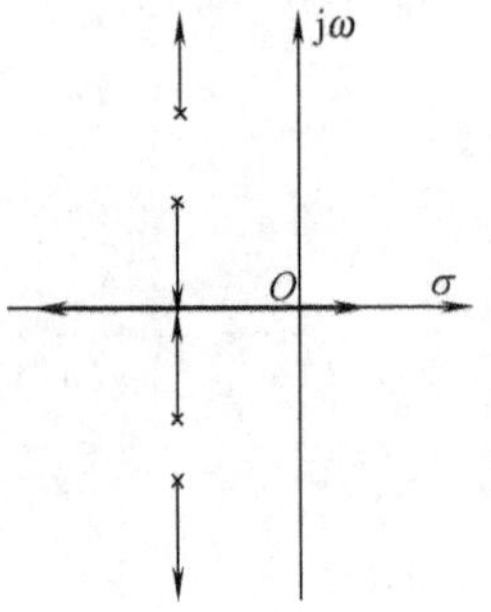

图 4-14 例 4-7 根轨迹

实轴上的根轨迹为 $(-\infty,+\infty)$。

根轨迹有 4 条渐近线。

渐近线与实轴的交点为 $\sigma_a=-1$，$\varphi_a=0°$，90°，180°，270°。

起始角为 $\theta_{p_1}=90°$，$\theta_{p_2}=-90°$，$\theta_{p_3}=270°$，$\theta_{p_4}=-270°$。

由分离点方程

$$\frac{1}{d+1+j2}+\frac{1}{d+1-j2}+\frac{1}{d+1+j}+\frac{1}{d+1-j}=0$$

得根轨迹的分离点 $d=-1$。

系统的特征方程为 $D(s)=s^4+4s^3+11s^2+14s+10-K^*=0$。

由劳斯判据可知，当 $K^*=10$ 时，闭环系统临界稳定，根轨迹与虚轴的交点为 $s=0$。根轨迹如图 4-14 所示。

4.4.3 非最小相位系统的根轨迹

若系统的开环传递函数在右半 S 平面有零点或极点，则该系统称为非最小相位系统。之所以称为“非最小相位系统”，是出自这类系统在正弦信号作用下的相移特性（见第 5 章内容）。

设某负反馈系统的开环传递函数为

$$G(s)H(s)=\frac{K(1-\tau s)}{s(1+Ts)},\tau>0,T>0 \tag{4-56}$$

由于系统存在一个在 S 右半平面的开环极点$\frac{1}{\tau}$，所以该系统是非最小相位系统。

系统的特征方程为

$$1+G(s)H(s)=1+\frac{K(1-\tau s)}{s(1+Ts)}=1-\frac{K(\tau s-1)}{s(Ts+1)}=0 \tag{4-57}$$

即有

$$\frac{K(\tau s-1)}{s(Ts+1)}=1 \tag{4-58}$$

由式(4-58) 知，该系统的根轨迹方程与正反馈系统的一样，其幅值条件和相角条件分别为

$$\left|\frac{K(\tau s-1)}{s(Ts+1)}\right|=1 \tag{4-59}$$

$$\angle(\tau s-1)-\angle s-\angle(Ts+1)=0°+2\pi \tag{4-60}$$

因此，应根据 0°根轨迹的规则绘制该非最小相位系统的根轨迹。但是，并不是所有非最小相位系统的根轨迹都是按照 0°根轨迹的规则画，应根据系统的特征方程来确定。首先，将非最小相位系统的开环传递函数写成式(4-5) 的标准形式，使其分子和分母中 s 的最高次幂的

系数为正，此时，若有负号提取出，则按 0°根轨迹的规则作图，否则，仍按 180°根轨迹的规则作图。下面两个例子说明了非最小相位系统根轨迹的画法。

【例 4-8】 设负反馈系统的开环传递函数为

$$G(s)H(s)=\frac{K(-s^2-2s+3)}{s(s^2+4s+16)}$$

试绘制系统的根轨迹。

解 系统存在两个在右半 S 平面的开环零点，故该系统为非最小相位系统。将系统的开环传递函数写成式(4-5) 的标准形式，有

$$G(s)H(s)=\frac{-K^*(s-1)(s+3)}{s(s^2+4s+16)}$$

其根轨迹方程为
$$\frac{-K^*(s-1)(s+3)}{s(s^2+4s+16)}=-1$$

亦即
$$\frac{K^*(s-1)(s+3)}{s(s^2+4s+16)}=1$$

由上式可知，该系统的根轨迹方程与正反馈系统根轨迹方程的形式一样，因此，应按 0°根轨迹的规则作图。

由标准形式的开环传递函数可求出系统的两个开环零点为 $z_1=1$，$z_2=-3$，开环极点为 $p_1=0$，$p_{2,3}=-2\pm j2\sqrt{3}$。

由 0°根轨迹的画法规则可知，实轴上的根轨迹为 $[0,-3]$，$[1,\infty)$。

渐近线与实轴正方向的夹角为 0°，因为渐近线与实轴相交，故渐近线与实轴重合。

由分离点方程
$$\frac{1}{d+3}+\frac{1}{d-1}=\frac{1}{d+2+j2\sqrt{3}}+\frac{1}{d+2-j2\sqrt{3}}$$

解得 $d=3.6$。

在两个复数极点处，根轨迹的起始角为

$$\begin{aligned}\theta_{p_2}&=0°+\angle(p_2-z_1)+\angle(p_2-z_2)-\angle(p_2-p_1)-\angle(p_2-p_3)\\&=0°+73.8°+130.9°-120°-90°=-5.3°\\\theta_{p_3}&=5.3°\end{aligned}$$

求根轨迹与虚轴的交点。将 $s=j\omega$ 代入特征方程，并令其实部和虚部分别为零，有

$$\mathrm{Re}\left[1+\frac{K^*(-s^2-2s+30)}{s(s^2+4s+16)}\right]_{s=j\omega}=0$$

$$\mathrm{Im}\left[1+\frac{K^*(-s^2-2s+30)}{s(s^2+4s+16)}\right]_{s=j\omega}=0$$

得到方程组
$$-(4-K^*)\omega^2+3K^*=0$$
$$-\omega^3+(16-2K^*)\omega=0$$

解得 $\omega_1=0$，$\omega_2=\pm3.14$。

根据以上所求，作出根轨迹如图 4-15 所示。

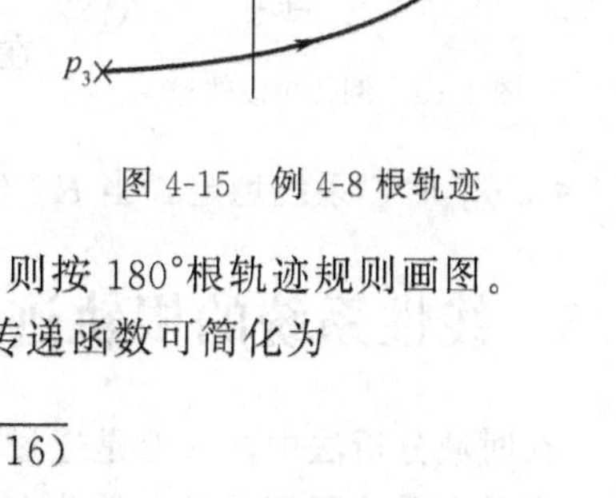

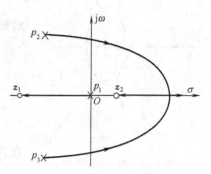

图 4-15 例 4-8 根轨迹

本例说明，对于非最小相位系统，先应将系统的开环传递函数化为式(4-5) 的标准形式，若此时系统的根轨迹方程与正反馈系统相同，即为 $G(s)H(s)=1$，则按 0°根轨迹规则画图，若与负反馈系统相同，即为 $G(s)H(s)=-1$，则按 180°根轨迹规则画图。

【例 4-9】 具有自动驾驶仪的飞机在纵向运动中的开环传递函数可简化为

$$G(s)H(s)=\frac{K^*(s+1)}{s(s-1)(s^2+4s+16)}$$

试绘制系统的根轨迹，并求使系统稳定的 K^* 的取值范围。

解 实轴上的根轨迹位于 $[0,1]$，$[-1,-\infty)$。

根轨迹有三条渐近线，它们与实轴的交点为

$$\sigma_a=\frac{0+1-2+j2\sqrt{3}-2-j2\sqrt{3}+1}{4-1}=-\frac{2}{3}$$

渐近线与实轴正方向的夹角为

$$\varphi_a=\frac{180°(2k+1)}{4-1}=60°,-60°,180°$$

由求根轨迹分离点的公式有

$$\frac{1}{d+1}=\frac{1}{d}+\frac{1}{d-1}+\frac{1}{d+2+j2\sqrt{3}}+\frac{1}{d+2-j2\sqrt{3}}$$

化简得

$$3d^4+10d^3+21d^2+24d-16=0$$

用试探法，可求得上面方程的两个实数根为 $d_1=0.46$，$d_2=-2.22$，用长除法可求得另外两个根为 $d_{3,4}=-0.79\pm j2.16$，两个复数根不满足幅值条件，舍去。所以，根轨迹在实轴上的分离点为 0.46 和 −2.22。

根据劳斯判据，可以求出根轨迹与虚轴的交点。系统的特征方程为

$$s^4+3s^3+12s^2+(K^*-16)s+K^*=0$$

劳斯表如下

$$\begin{array}{llll}
s^4 & 1 & 12 & K^* \\
s^3 & 3 & K^*-16 & 0 \\
s^2 & \dfrac{52-K^*}{3} & K^* & \\
s^1 & \dfrac{-K^{*2}+59K^*-832}{52-K^*} & 0 & \\
s^0 & K^* & &
\end{array}$$

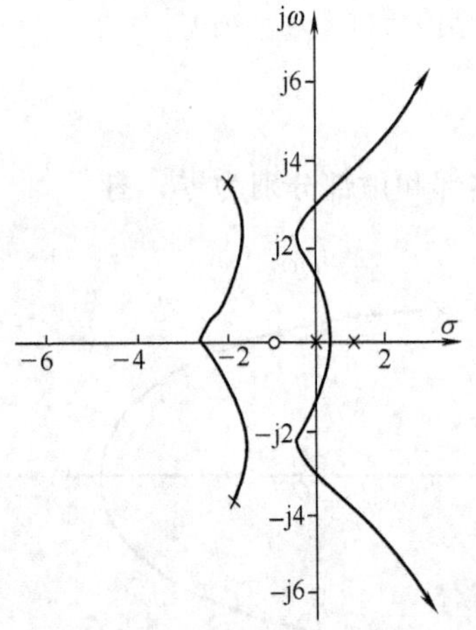

图 4-16 例 4-9 根轨迹

令 s^1 行的第一个系数为零，解得 K^* 值为

$$K_1^*=35.7,\quad K_2^*=23.3$$

由 s^2 行得到辅助方程

$$\frac{54-K^*}{3}s^2+K^*=0$$

解辅助方程可得到根轨迹与虚轴的交点

$$s=\pm j2.56\quad(K^*=35.7)$$
$$s=\pm j1.56\quad(K^*=23.3)$$

求在复数极点处的根轨迹的起始角。对于开环极点 $s=-2+j2\sqrt{3}$，起始角为

$$\theta=180°+106°-120°-130.5°-90°=-54.5°$$

在开环极点 $s=-2-j2\sqrt{3}$ 处，起始角为 $\theta=54.5°$。

系统的根轨迹如图 4-16 所示。由根轨迹可知，当 $23.3<K^*<35.7$ 时，系统稳定，当 K^* 值超出这一范围时，系统不稳定。

4.5 线性系统的根轨迹分析方法

在时域分析法中，一般是通过系统的单位阶跃响应来分析系统的性能。而根轨迹法分析系统，则是由系统开环零极点的分布得到系统的根轨迹，由根轨迹来分析系统的稳定性，分析闭

环极点随系统参数变化改变其在复平面上的分布位置，而使系统性能随之发生的变化。由于系统的闭环极点在系统的性能分析中起着主要作用，所以可以借助系统的根轨迹，研究某个参数或某些参数的变化对闭环系统特征方程的根在S平面上分布的影响，通过一些简单的作图和计算，就可以看到系统参数的变化对系统闭环极点影响的趋势，从而确定系统在某些特定参数下的性能，也可根据性能指标的要求，在根轨迹上选择合适的闭环极点的位置。因此，根轨迹法可为分析系统性能和改善系统性能提供依据。

4.5.1 主导极点的概念

在工程实际中，常常用主导极点的概念对系统进行分析，这样可使系统分析简化。例如研究具有以下闭环传递函数的系统

$$\Phi(s)=\frac{20}{(s+10)(s^2+2s+2)}$$

系统的单位阶跃响应为

$$h(t)=1-0.024e^{-10t}+1.55e^{-t}\cos(t+129^\circ)$$

式中，指数项是由闭环极点 $s_1=-10$ 产生的，衰减余弦项是由闭环复数极点 $s_{2,3}=-1\pm j$ 产生的，比较这两项可以发现，指数项随时间的增加迅速衰减且幅值很小，故可忽略，所以

$$h(t)\approx 1+1.55e^{-t}\cos(t+129^\circ)$$

上式表明，系统可近似为一个二阶系统，其动态特性可由离虚轴较近的一对闭环极点确定，这样的闭环极点称为闭环主导极点。一般来说，闭环主导极点定义为，在系统的时间响应过程中起主要作用的闭环极点，它们离虚轴的距离小于其他闭环极点的1/5，并且在它附近没有闭环零点。在系统的时间响应过程中，各分量所占的比重除了取决于相应的闭环极点外，还与该极点处的留数，即闭环零、极点间的相互位置有关。故只有既接近虚轴，又不十分接近闭环零点的闭环极点，才可能成为主导极点。在工程计算中，采用主导极点代替系统的全部闭环极点来估算系统性能指标的方法称为主导极点法。

【例 4-10】 已知系统的开环传递函数为

$$G(s)H(s)=\frac{K^*}{s(s+1)(s+2)(s+3)}$$

试根据系统的根轨迹分析系统的稳定性并计算闭环主导极点具有阻尼比 $\zeta=0.5$ 时系统的动态性能指标。

解 ① 作根轨迹图。

根轨迹在实轴上的线段为 [−1,0]，[−2,−3]。

渐近线与实轴的交点为

$$\sigma_a=\frac{-1-2-3}{4}=-1.5$$

渐近线与实轴正方向的夹角为

$$\theta_a=\pm 45^\circ \text{和}\ \theta_a=\pm 135^\circ$$

由规则5可求出根轨迹在实轴上的分离点为

$$d_1=-0.38,\ d_2=-2.62$$

由劳斯判据可求得根轨迹与虚轴的交点

s^4	1	11	K^*
s^3	6	6	0
s^2	10	K^*	0
s^1	$\frac{60-6K^*}{10}$	0	
s^0	K^*		

令 s^1 的首项系数为零求得 $K^*=10$，将 $s=j\omega$ 和 $K^*=10$ 代入 s^2 行的辅助方程 $10s^2+K^*=0$ 的根轨迹与虚轴交点为 $\omega_c=\pm1$。根轨迹的大致图形如图 4-17 所示。

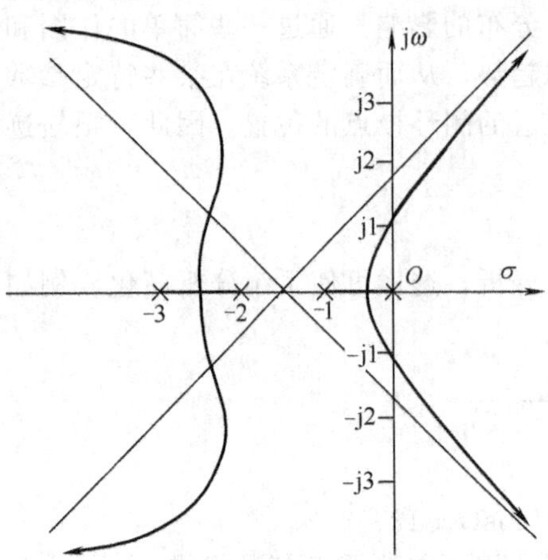

图 4-17　例 4-10 根轨迹

② 系统稳定性分析。

由图 4-17 可知，四条根轨迹中有两条从 S 平面左半部穿过虚轴进入右半 S 平面，它们与虚轴的交点为 $\omega_c=\pm1$，交点所对应的根轨迹增益 $K_c^*=10$，由根轨迹增益与开环增益间的关系有

$$K_c=K_c^*\frac{\prod_{j=1}^{m}(-z_j)}{\prod_{i=1}^{n}(-p_i)}=10\frac{1}{1\times2\times3}=\frac{10}{6}=1.67$$

所以，若使系统稳定，开环增益 K 的取值应小于 1.67。

③ 动态性能分析。

在根轨迹图上，求出主导极点 s_1 和 s_2 的位置（假定它们满足主导极点的条件）。方法是作 $\zeta=0.5$ 的等阻尼比线 OA，使 OA 与负实轴方向的夹角为 $\beta=\cos^{-1}\zeta=\cos^{-1}0.5=60°$，$OA$ 与根轨迹的交点 s_1 即是满足 $\zeta=0.5$ 的闭环主导极点之一。由图测得

$$s_1=-0.3+j0.52$$

由根轨迹的对称性，可求得另一极点为

$$s_2=-0.3-j0.25$$

由幅值条件可知，闭环极点 s_1 对应的根轨迹增益为

$$K_{r1}^*=|s_1||s_1+1||s_1+2||s_1+3|=6.35$$

将 s_1，s_2 和 K_{r1}^* 代入特征方程，可解得另两个闭环极点为

$$s_{3,4}=-2.7\pm j3.37$$

由于

$$\frac{\mathrm{Re}(s_{3,4})}{\mathrm{Re}(s_{1,2})}=\frac{-2.7}{-0.3}=9$$

共轭复数极点 $s_{3,4}$ 距虚轴的距离是共轭复数极点 $s_{1,2}$ 距虚轴距离的 9 倍，且闭环极点 $s_{1,2}$ 附近无闭环零点，因此，$s_{1,2}$ 满足主导极点的条件，该系统可近似成一个由主导极点构成的二阶系统，其闭环传递函数为

$$\Phi(s)=\frac{\omega_n{}^2}{s^2+2\zeta\omega_n s+\omega_n{}^2}=\frac{s_1s_2}{(s-s_1)(s-s_2)}=\frac{0.36}{s^2+0.6s+0.36}$$

此时，对应的系统开环增益为

$$K_v=\frac{K_{r1}}{6}=1.06$$

系统的动态性能可根据二阶系统的性能指标公式计算。

调节时间

$$t_s=\frac{3+\ln\frac{1}{\sqrt{1-\zeta^2}}}{\omega_n\zeta}=\frac{3+\ln\frac{1}{\sqrt{1-0.5^2}}}{0.6\times0.5}=10.5$$

超调量

$$\sigma_p\%=e^{-\frac{\zeta\pi}{\sqrt{1-\zeta^2}}}=e^{-\frac{0.5\pi}{\sqrt{1-0.5^2}}}=16.3\%$$

峰值时间

$$t_p=\frac{\pi}{\omega_n\sqrt{1-\zeta^2}}=\frac{\pi}{0.6\sqrt{1-0.5^2}}=6.04$$

通过该例，可将用根轨迹法分析系统性能的步骤归纳如下。

① 根据系统的开环传递函数和绘制根轨迹的基本规则绘制系统的根轨迹图。

② 由根轨迹在复平面上的分布分析系统的稳定性。若所有的根轨迹分支都位于S平面的左半部，则说明无论系统的开环增益（或根轨迹增益）取何值，系统始终都是稳定的；若有一条（或一条以上的）根轨迹始终位于S平面的右半部，则系统是不稳定的；若当开环增益在某一范围取值，系统的根轨迹都在S平面左半部，而当开环增益在另一范围取值时，有根轨迹分支进入S平面右半部，则系统为有条件稳定系统，系统根轨迹穿过虚轴，由左半S平面进入右半S平面所对应的 K^* 值，称为临界稳定的根轨迹增益 K_c^*。

③ 根据对系统的要求和系统的根轨迹图分析系统的瞬态性能，对于低阶系统，可以很容易地在根轨迹上确定对应参数的闭环极点，对于高阶系统，通常是用简单的作图法求出系统的主导极点（若存在主导极点），然后将高阶系统简化为由主导极点（通常是一对共轭复数极点）决定的二阶系统，来分析系统的性能。这种方法简单、方便、直观，在满足主导极点的条件下，分析结果的误差很小。如果求出的离虚轴最近的闭环极点不满足主导极点的条件，还应考虑其他极点和闭环零点的影响。

4.5.2 增加开环零极点对根轨迹的影响

从下面的例子中，可看到增加开环零点对系统性能的影响。

【例 4-11】 已知系统的开环传递函数为

$$G(s)H(s)=\frac{K^*}{s^2(s+a)}\quad (a>0)$$

试用根轨迹法分析系统的稳定性，如果使系统增加一个开环零点，试分析附加开环零点对根轨迹的影响。

解 ① 系统的根轨迹如图 4-18(a) 所示。由于根轨迹全部位于S平面的右半部，所以该系统无论 K^* 取何值，系统都是不稳定的。

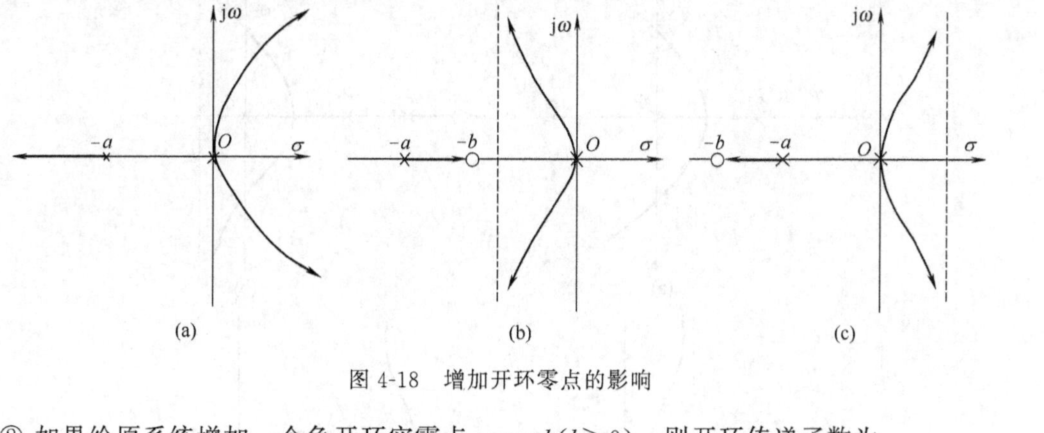

图 4-18 增加开环零点的影响

② 如果给原系统增加一个负开环实零点 $z=-b(b>0)$，则开环传递函数为

$$G(s)H(s)=\frac{K^*(s+b)}{s^2(s+a)}$$

当 $b<a$ 时，根轨迹的渐近线与实轴的交点为 $-\frac{a-b}{2}<0$，它们与实轴正方向的夹角分别为 90°和−90°，三条根轨迹均在S平面左半部，如图 4-18(b) 所示。这时，无论 K^* 取何值，系统始终都是稳定的。

当 $b>a$ 时，根轨迹的渐近线与实轴的交点为 $-\frac{a-b}{2}>0$，根轨迹如图 4-18(c) 所示，与原系统相比，虽然根轨迹的形状发生了变化，但仍有两条根轨迹位于S平面的右半部，系统仍不稳定。

由以上例子可知，选择合适的开环零点，可使原来不稳定的系统变为稳定的。否则，便达不到预期的目的。

【例 4-12】 系统的开环传递函数为

$$G(s)H(s)=\frac{K^*}{s(s-p_2)(s-p_3)},\quad p_3<p_2<0$$

试分析附加开环零点对系统性能的影响。

解 ① 原系统的根轨迹如图 4-19(a) 所示。由图可知，当系统的根轨迹增益 $K^*>K_c^*$ 时，由两支根轨迹进入S平面右半部，成为不稳定系统。

② 给原系统增加一负实零点 $z(z<0)$，系统的开环传递函数为

$$G(s)H(s)=\frac{K^*(s-z)}{s(s-p_2)(s-p_3)}$$

根轨迹的渐近线与正实轴的夹角分别为 $\pm 90°$，与实轴的交点坐标位置随附加零点的取值而改变，下面分几种情况加以讨论。

a. 当 $z<p_2+p_3<0$ 时，渐近线与实轴的交点为

$$\sigma_a=\frac{\sum p_i-\sum z_j}{n-m}>0$$

渐近线位于S平面的右半部，根轨迹如图 4-19(b) 所示。与原系统的根轨迹相比较，虽然根轨迹的形状发生了变化，但仍有根轨迹进入了右半S平面，当 $K^*>K_{c1}^*$ 时，系统变为不稳定。

b. 当 $p_3<z<p_2<0$ 时，渐近线与实轴的交点

$$\sigma_a=\frac{\sum p_i-\sum z_j}{n-m}<0$$

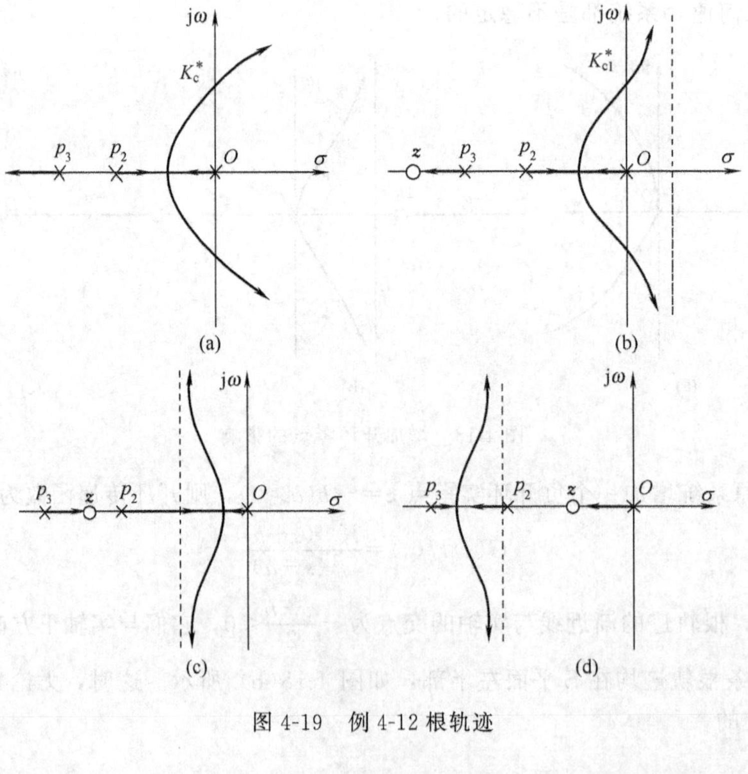

图 4-19 例 4-12 根轨迹

渐近线在S平面左半部，根轨迹如图 4-19(c) 所示，由图可知，无论根轨迹增益取何值，系统始终是稳定的。

c. 当 $p_3<p_2<z<0$ 时，渐近线与实轴的交点也小于零，根轨迹如图 4-19(d) 所示。

4.6 利用 Matlab 绘制系统的根轨迹

本章前面的内容介绍了控制系统根轨迹的绘制以及利用系统大致的根轨迹图分析系统性能的方法，若要由根轨迹获得系统在某一特定参数下准确的性能指标或者准确的闭环极点，需要依据幅值条件精确地作图。如果利用 Matlab 工具箱中函数，则可方便、准确地作出根轨迹图，并利用图对系统进行分析。

Matlab 工具箱中，求系统根轨迹的几个常用函数有 rlocus，rlocfind，sgrid，下面通过具体的例子来说明这些函数的应用。

【例 4-13】 控制系统的开环传递函数为

$$G(s)H(s)=\frac{K^*(s+5)}{s(s+1)(s+2)(s+3)}$$

绘制系统的根轨迹图。

解 利用函数 rlocus 函数可直接作出系统的根轨迹图，程序如下。

```
% example4-13
%
num=[1,5];
dun=[1,6,11,6,0];
rlocus(num,dun)
```

执行该程序后，可得到如图 4-20 所示的根轨迹。

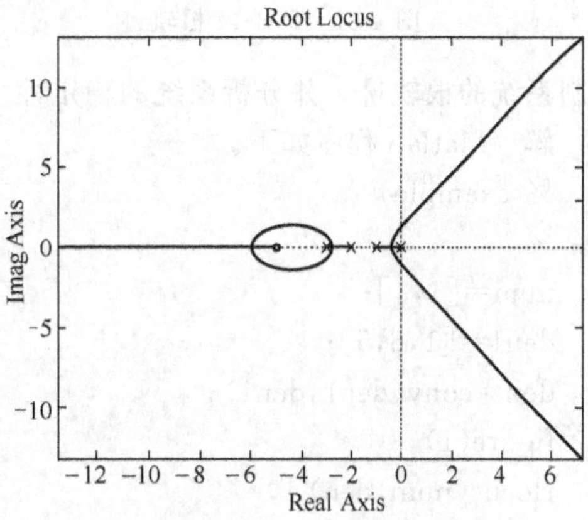

图 4-20 例 4-13 根轨迹图

利用函数 rlocus 画出系统的根轨迹图后，可用 rlocfind 函数在根轨迹上选择任意极点，得到相应的开环增益 K 和其他闭环极点。

【例 4-14】 控制系统的开环传递函数为

$$G(s)H(s)=\frac{K}{s(0.01s+1)(0.02s+1)}$$

绘制系统的根轨迹图，并确定根轨迹的分离点及相应的开环增益 K。

解 将开环传递函数写为

$$G(s)H(s)=\frac{K}{0.0002s^3+0.03s^2+s}$$

Matlab 程序如下。

```
% example4-14
%
num=[1];
den=[0.0002,0.03,1,0];
rlocus(num,den)
title('Root Locus')
[k,p]=rlocfind(num,den)
```

程序执行过程中，先绘出系统的根轨迹，并在图形窗口中出现十字光标，提示用户在根轨迹上选择一点，这时，将十字光标移到所选择的地方，可得到该处对应的系统开环增益及其他

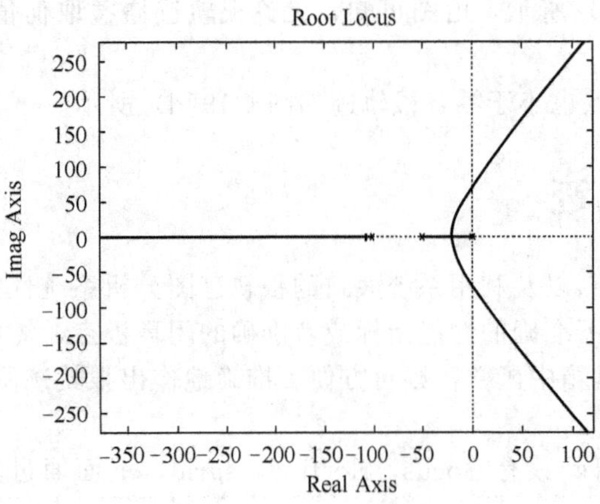

图 4-21 例 4-14 根轨迹

闭环极点。此例中，将十字光标移至根轨迹的分离点处，可得到

```
k=                    9.6115
p=
-107.7277
-21.9341
-20.3383
```

若光标能准确定位在分离点处，则应有两个重极点，即 p_2 与 p_3 相等。程序执行后，得到的根轨迹图如图 4-21 所示。

【例 4-15】 开环系统的传递函数为

$$G(s)H(s)=\frac{K^*(s+3)}{(s^2+6s+5)^2}$$

绘制系统的根轨迹，并分析系统的稳定性。

解 Matlab 程序如下。

```
% example4-15
%
num=[1,3];
den1=[1,6,5];
den=conv(den1,den1);
figure(1)
rlocus(num,den)
[k,p]=rlocfind(num,den)

% analyzing the stability
figure(2)
k=159;
num1=k*[1,3];
den=[1,6,5];
den1=conv(den,den);
[num,den]=cloop(num1,den1,-1);
impulse(num,den)
title('Impulse Response(k=160)')

% analyzing the stability
figure(3)
k=161
num1=k*[1,3];
den=[1,6,5];
den1=conv(den,den);
[num,den]=cloop(num1,den1,-1);
impulse(num,den)
```

由第 1 段程序得到根轨迹后，将十字线移到根轨迹与虚轴的交点上，可得到在交点处 $K^*=$

160，可知，使系统临界稳定的根轨迹增益为 $K_c^*=160$，根轨迹如图 4-22(a) 所示。当系统的根轨迹增益 $K^*=159$ 时，系统是稳定的，但系统的阻尼非常小，超调量近似为 100%，已接近临界稳定的状态。当 $K^*=161$ 时，系统具有正实部的复数极点，系统不稳定。执行第 2、3 段程序后，得到图 4-22(b)、(c)。由图 4-22(b)、(c) 可清楚看到，当 $K^*=159$ 时，闭环系统的脉冲响应是收敛的，故系统稳定，而当 $K^*=161$ 时，闭环系统的脉冲响应是发散的，故系统不稳定。

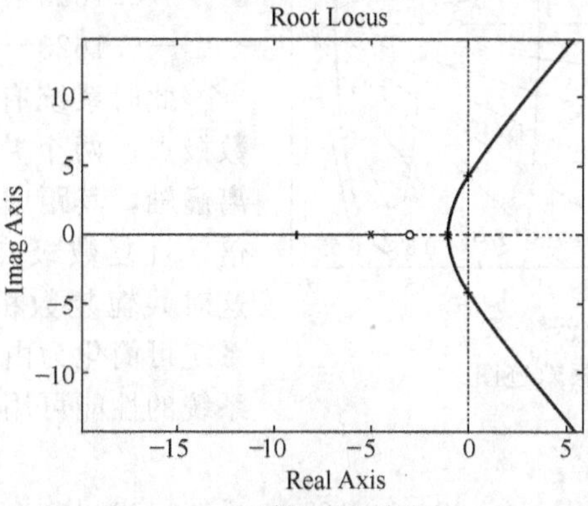

(a) 例4-15根轨迹

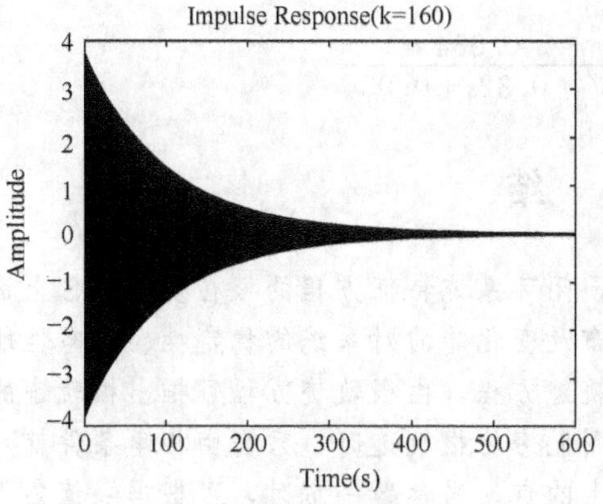

(b) K^*=159时系统的脉冲响应

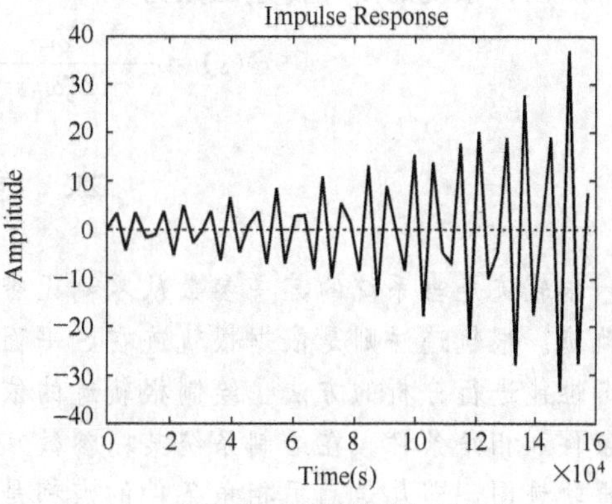

(c) K^*=161时系统的脉冲响应

图 4-22 例 4-15 相关图

【例 4-16】 单位反馈系统的开环传递函数为

$$G(s)=\frac{K(4s^2+3s+1)}{s(3s^2+5s+1)}$$

试绘制系统的根轨迹，确定当系统的阻尼比 $\zeta=0.7$ 时系统的闭环极点，并分析系统的性能。

解 Matlab 程序如下。

```
%example4-16
%
num=[4 3 1];
den=[3 5 1 0];
sgrid
rlocus(num,den)
[k,p]=rlocfind(num,den)
```

执行以上程序后，可得到绘有由等阻尼比系数和自然频率构成的栅格线的根轨迹图，如图

4-23所示。屏幕出现选择根轨迹上任意点的十字线，将十字线的交点移至根轨迹与$\zeta=0.7$的等阻尼比线相交处，可得到

k=

0.2752

p=

−1.7089

−0.1623+0.1653i

−0.1623−0.1653i

此时系统有三个闭环极点，一个负实数极点，两个共轭复数极点，实数极点远离虚轴，其距虚轴的距离是复数极点的10倍，且复数极点附近无闭环零点，因此，这对共轭复数极点满足主导极点的条件，系统可简化为由主导极点决定的二阶系统，系统的性能可用二阶系统的分析方法得到。

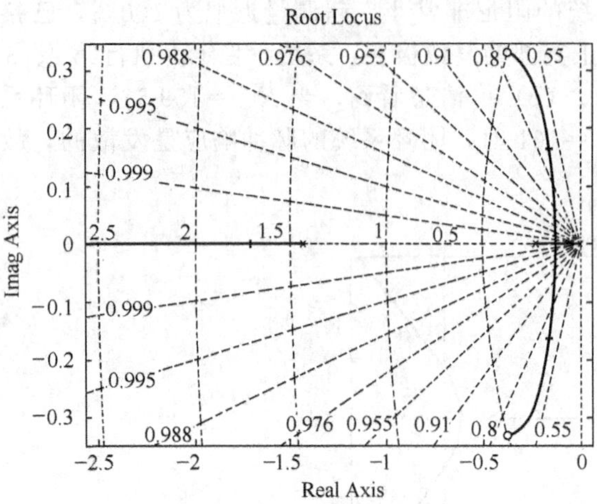

图 4-23　例 4-16 根轨迹图

系统的特征方程为

$$(s+0.162+\mathrm{j}0.165)(s+0.162-\mathrm{j}0.165)=s^2+0.32s+0.054=s^2+2\zeta\omega_n+\omega_n^2$$

所以，系统的闭环传递函数为

$$\Phi(s)=\frac{\omega_n{}^2}{s^2+2\zeta\omega_n s+\omega_n{}^2}=\frac{0.054}{s^2+0.32s+0.054}$$

本 章 小 结

根轨迹是当系统的某一参数从零到无穷变化时，闭环系统特征方程的根在复平面S上运动的轨迹。根轨迹法则是依据根轨迹在S平面上的分布及变化趋向对系统的稳定性、动态性能和稳态性能进行分析的方法。绘制根轨迹的依据是根轨迹方程，由根轨迹方程可推出根轨迹的幅值条件和相角条件。在绘制系统某一参数从零变化到无穷的根轨迹时，只需由相角条件就可得到根轨迹图，即凡是满足相角条件的点都是根轨迹上的点。当参数一定时，可根据幅值条件在根轨迹上确定与之相应的点（特征方程的根）。

学习本章，要掌握根轨迹的概念，绘制根轨迹的基本规则（180°根轨迹、0°根轨迹及参数根轨迹），增加系统开环传递函数的零、极点对根轨迹形状的影响及利用根轨迹对系统性能进行分析的方法。应用Matlab有关绘制根轨迹的函数可很容易得到系统的根轨迹，并可确定根轨迹上的点及相应的变参数的值，这对于用根轨迹对系统进行分析十分方便。

习 题 4

4-1　绘制具有下列开环传递函数的负反馈系统的根轨迹图。

①$G(s)H(s)=\dfrac{K^*}{s(s+4)(s+5)}$；　②$G(s)H(s)=\dfrac{K^*(s+0.1)}{s^2(s+1)}$；

③$G(s)H(s)=\dfrac{K^*}{s(s^2+4s+8)}$；　④$G(s)H(s)=\dfrac{K^*(s^2+2s+4)}{s(s+4)(s+6)(s^2+1.4s+1)}$。

4-2　已知系统的特征方程为

①$s^3+9s^2+K^*s+K^*=0$；　②$(s+1)(s+1.5)(s+2)+K^*=0$；

③$(s+1)(s+3)+K^*s+5K^*=0$。

试绘制以K^*为参数的根轨迹图。

4-3 已知系统的开环传递函数为 $G(s)H(s)=\dfrac{K^*}{s(s+1)^2}$

① 绘制系统的根轨迹图；

② 确定实轴上的分离点及 K^* 的值；

③ 确定使系统稳定的 K^* 值范围。

4-4 设单位负反馈系统的开环传递函数为

$$G(s)=\frac{K^*}{s(s+1)(s+10)}$$

绘制系统的根轨迹图，并确定系统对阶跃输入响应作等幅振荡时的 K^* 值。

4-5 设负反馈系统的开环传递函数为

$$G(s)H(s)=\frac{K}{s(0.01s+1)(0.02s+1)}$$

①作出系统准确的根轨迹； ②确定使系统临界稳定的开环增益 K_c；

③确定与系统临界阻尼比相应的开环增益 K。

4-6 单位负反馈系统的开环传递函数为

$$G(s)=\frac{K^*(s+z)}{s^2(s+10)(s+20)}$$

试绘制系统的根轨迹图，并确定产生纯虚根 $\pm$j1 时的 z 值和 K^* 值。

4-7 设控制系统的开环传递函数如下，试画出参数 b 从零变到无穷时的根轨迹图。

①$G(s)=\dfrac{20}{(s+4)(s+b)}$； ②$G(s)=\dfrac{30(s+b)}{s(s+10)}$。

4-8 设控制系统的开环传递函数为

$$G(s)=\frac{K^*(s+1)}{s^2(s+2)(s+4)}$$

试画出系统分别为正反馈和负反馈时的根轨迹图，并分析它们的稳定性。

4-9 已知正反馈系统的开环传递函数为

$$G(s)=\frac{K^*}{(s+1)(s-1)(s+4)^2}$$

试绘制系统的根轨迹图。

4-10 非最小相位系统的特征方程为

$$(s+1)(s+3)(s-1)(s-3)+K^*(s^2+4)=0$$

试绘制该系统的根轨迹图。

4-11 已知非最小相位负反馈系统的开环传递函数为

$$G(s)H(s)=\frac{K^*(1-0.5s)}{s(s+1)}$$

试绘制该系统的根轨迹图。

4-12 反馈系统的开环传递函数为

$$G(s)H(s)=\frac{K(0.25s+1)}{s(0.5s+1)}$$

试用根轨迹法确定系统无超调响应时的开环增益 K。

4-13 设负反馈控制系统的开环传递函数为

$$G(s)H(s)=\frac{K^*(s+5)}{(s+1)(s+3)}$$

证明系统的根轨迹含有圆弧的分支。

4-14 如图 4-24 所示控制系统

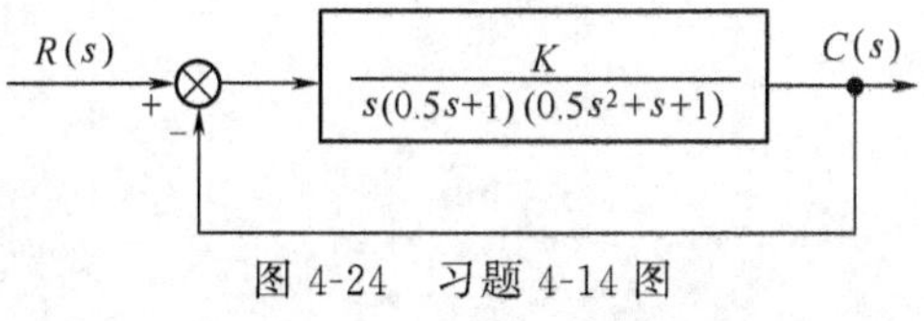

图 4-24 习题 4-14 图

① 画出系统的根轨迹图；

② 求系统输出 $c(t)$ 无振荡分量时的闭环传递函数。

4-15　设负反馈系统的开环传递函数为

$$G(s)H(s)=\frac{K^*}{(s+3)(s+2)}$$

试绘制系统根轨迹的大致图形。若系统

①增加一个 $z=-5$ 的零点；　　②增加一个 $z=-2.5$ 的零点；

③增加一个 $z=-0.5$ 的零点。

试绘制增加零点后系统的根轨迹，并分析增加开环零点后根轨迹的变化规律和对系统性能的影响。

4-16　已知负反馈系统的传递函数为

$$G(s)=\frac{K}{s^2(s+1)},\ H(s)=s+a$$

① 利用 Matlab 有关函数作出 $0\leqslant a<1$ 时系统的根轨迹和单位阶跃响应曲线；

② 讨论 a 值变化对系统动态性能及稳定性的影响（$0\leqslant a<1$）。

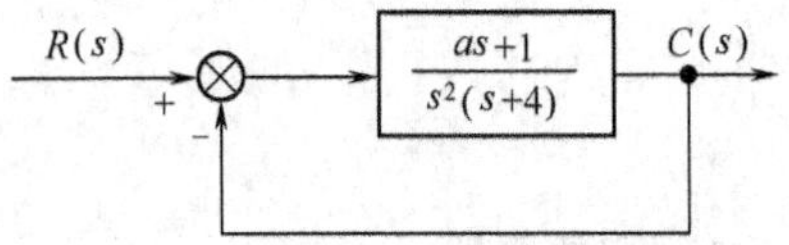

图 4-25　习题 4-17 图

4-17　设系统如图 4-25 所示。为使闭环系统的阻尼比 $\zeta=0.5$，无阻尼自然振荡频率 $\omega_n=2\text{rad/s}$，试用根轨迹法确定参数 a 的值，并求出此时系统所有的闭环极点。

4-18　控制系统的开环传递函数为

$$G(s)H(s)=\frac{K(1+Ts)}{s(s+1)(s+2)}$$

用 Matlab 函数绘制 K 和 T 同时变化的根轨迹簇，并分析微分控制作用对根轨迹的影响。

5　线性系统的频域分析

内容提要

频域方法是一种利用图解分析控制系统性能的方法，在工程上得到了广泛的应用。本章介绍了频率特性的基本概念，频率特性的图形表示，奈奎斯特稳定判据，系统的相对稳定性，闭环频率特性，频域指标与时域指标间的关系以及 Matlab 在频域分析中的应用等。

知识要点

频率特性的基本概念，频率特性的极坐标图（奈奎斯特图），对数坐标图（Bode 图），最小相位系统，奈奎斯特稳定性判据，相对稳定性和稳定裕度，闭环系统频率特性，等 M 圆，等 N 圆。

在前面的章节中，通过分析控制系统对阶跃信号的时间响应，分析了系统的稳态性能和动态性能。本章介绍线性系统的频域分析方法。该方法与时域分析法和根轨迹分析法不同，它不是通过系统的闭环极点和闭环零点来分析系统的时域性能，而是通过控制系统对正弦函数的稳态响应来分析系统性能的。虽然频率特性是系统对正弦函数的稳态响应，但它不仅能反映系统的稳态性能，也可用来研究系统的稳定性和动态性能。一般说来，用时域分析法和根轨迹法对系统进行分析时，必须首先已知系统的开环传递函数，而频域分析法既可以根据系统的开环传递函数采用解析的方法得到系统的频率特性，也可以用实验的方法测出稳定系统或元件的频率特性。实验法对于那些传递函数或内部结构未知的系统以及难以用分析的方法列写动态方程的系统尤其有用。从这个意义上讲，频域分析法更具有工程实用价值。

本章将介绍频率特性的基本概念、频率特性的图形表示、奈奎斯特稳定判据、系统的相对稳定性、闭环频率特性、频域指标与时域指标间的关系以及 Matlab 在频域分析中的应用等内容。

5.1　频率特性的概念

下面以一个简单的 RC 网络为例，说明频率特性的概念。图 5-1 所示的电路，其微分方程为

$$RC\frac{\mathrm{d}e_c}{\mathrm{d}t}+e_c=e_r$$

令 $RC=T$，网络的传递函数为

$$\frac{E_c}{E_r}=\frac{1}{Ts+1} \tag{5-1}$$

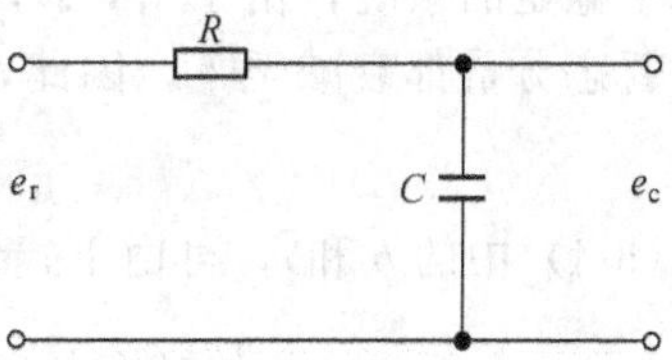

图 5-1　RC 电路

若在网络输入正弦电压，即

$$e_r=A\sin\omega t$$

则由式(5-1) 有

$$E_c(s)=\frac{1}{Ts+1}E_r(s)=\frac{1}{Ts+1}\times\frac{A\omega}{s^2+\omega^2}$$

经拉氏反变换，得到电容两端的电压为

$$e_c=\frac{A\omega T}{1+\omega^2T^2}\mathrm{e}^{-\frac{t}{T}}+\frac{A}{\sqrt{1+\omega^2T^2}}\sin(\omega t-\arctan\omega T)$$

式中，第一项为正弦响应的瞬态分量，第二项为稳态分量，当时间趋于无穷时，第一项趋于零，所以

$$\lim_{t\to\infty} e_r=\frac{A}{\sqrt{1+\omega^2 T^2}}\sin(\omega t-\arctan\omega T) \tag{5-2}$$

由式(5-2) 可知，网络的稳态输出仍然是与输入电压同频率的正弦电压，输出电压的幅值是输入电压的$\frac{1}{\sqrt{1+\omega^2 T^2}}$倍，相角比输入迟后了 $\arctan\omega T$ 弧度。$\frac{1}{\sqrt{1+\omega^2 T^2}}$称为 RC 网络的幅频特性，$\arctan\omega T$ 称作相频特性。显然，它们都是频率 ω 的函数。函数$\frac{1}{1+\mathrm{j}\omega T}$可表示为

$$\frac{1}{1+\mathrm{j}\omega T}=\left|\frac{1}{1+\mathrm{j}\omega T}\right| \mathrm{e}^{\mathrm{j}\angle\left(\frac{1}{1+\mathrm{j}\omega T}\right)}=\frac{1}{\sqrt{1+\omega^2 T^2}}\mathrm{e}^{-\mathrm{j}\arctan\omega T}$$

它能完整地描述 RC 网络在正弦函数作用下，稳态输出电压的幅值和相角随输入电压频率 ω 变化的情况，因此，将$\frac{1}{1+\mathrm{j}\omega T}$称作网络的频率特性。对于任何线性定常系统，都可得到类似的结论。

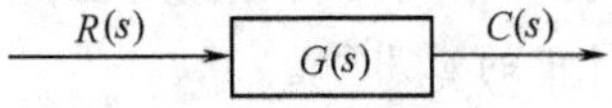

图 5-2 系统框图

如图 5-2 所示任意线性定常系统（闭环或开环系统），设其传递函数为

$$\frac{C(s)}{R(s)}=G(s)$$

输入信号为

$$R(s)=A\sin\omega t$$

其拉氏变换为

$$R(s)=\frac{A\omega}{s^2+\omega^2}=\frac{A\omega}{(s+\mathrm{j}\omega)(s-\mathrm{j}\omega)}$$

系统的传递函数通常可写成

$$G(s)=\frac{M(s)}{N(s)}=\frac{M(s)}{(s-s_1)(s-s_2)\cdots(s-s_n)}$$

故系统输出的拉氏变换为

$$C(s)=G(s)R(s)=\frac{M(s)}{(s-s_1)(s-s_2)\cdots(s-s_n)}\cdot\frac{A\omega}{(s+\mathrm{j}\omega)(s-\mathrm{j}\omega)}$$

$$=\frac{b}{s+\mathrm{j}\omega}+\frac{\bar{b}}{s-\mathrm{j}\omega}+\frac{a_1}{s-s_1}+\frac{a_2}{s-s_2}+\cdots+\frac{a_n}{s-s_n}$$

经拉氏反变换，可得系统的输出为

$$c(t)=b\mathrm{e}^{-\mathrm{j}\omega t}+\bar{b}\mathrm{e}^{\mathrm{j}\omega t}+a_1\mathrm{e}^{s_1 t}+a_2\mathrm{e}^{s_2 t}+\cdots+a_n\mathrm{e}^{s_n t} \tag{5-3}$$

对于稳定的系统，由于 s_1，s_2，…，s_n都具有负实部，所以，当时间趋于无穷时，式(5-3) 中的暂态分量都衰减至零，因此，系统输出的稳态分量为

$$c(t)_{\mathrm{w}}=\lim_{t\to\infty}c(t)=b\mathrm{e}^{-\mathrm{j}\omega t}+\bar{b}\mathrm{e}^{\mathrm{j}\omega t} \tag{5-4}$$

式(5-4) 中的 b 和$\bar{b}$，可由下式计算

$$b=G(s)\frac{A\omega}{(s+\mathrm{j}\omega)(s-\mathrm{j}\omega)}\cdot(s+\mathrm{j}\omega)\Big|_{s=-\mathrm{j}\omega}=-\frac{G(-\mathrm{j}\omega)A}{2\mathrm{j}} \tag{5-5}$$

$$\bar{b}=G(s)\frac{A\omega}{(s+\mathrm{j}\omega)(s-\mathrm{j}\omega)}\cdot(s-\mathrm{j}\omega)\Big|_{s=\mathrm{j}\omega}=\frac{G(\mathrm{j}\omega)A}{2\mathrm{j}} \tag{5-6}$$

$G(\mathrm{j}\omega)$ 是一复数，因此，可用复数的模和相角的形式表示为

$$G(\mathrm{j}\omega)=|G(\mathrm{j}\omega)|\mathrm{e}^{\mathrm{j}\phi(\omega)} \tag{5-7}$$

$$\phi(\mathrm{j}\omega)=\angle G(\mathrm{j}\omega)=\arctan\frac{\mathrm{Im}G(\mathrm{j}\omega)}{\mathrm{Re}G(\mathrm{j}\omega)} \tag{5-8}$$

同样，$G(-\mathrm{j}\omega)$ 也可表示为

$$G(-\mathrm{j}\omega)=|G(-\mathrm{j}\omega)|\mathrm{e}^{-\mathrm{j}\phi(\omega)}=|G(\mathrm{j}\omega)|\mathrm{e}^{-\mathrm{j}\phi(\omega)} \tag{5-9}$$

将式(5-5)～式(5-7) 及式(5-9) 代入式(5-3) 中，可得

$$c(t)_{\mathrm{w}}=-|G(\mathrm{j}\omega)|\mathrm{e}^{-\mathrm{j}\phi(\omega)}\cdot\frac{Ae^{-\mathrm{j}\omega t}}{2\mathrm{j}}+|G(\mathrm{j}\omega)|\mathrm{e}^{\mathrm{j}\phi(\omega)}\frac{A\mathrm{e}^{\mathrm{j}\omega t}}{2\mathrm{j}}$$

$$=|G(\mathrm{j}\omega)|A\cdot\frac{\mathrm{e}^{\mathrm{j}(\omega t+\phi)}-\mathrm{e}^{-\mathrm{j}(\omega t+\phi)}}{2\mathrm{j}}=C\sin(\omega t+\phi) \tag{5-10}$$

式(5-10) 中，$C=|G(\mathrm{j}\omega)|A$ 为稳态输出信号的幅值。

式(5-10) 表明，线性定常系统对正弦输入信号的稳态响应仍然是与输入信号同频率的正弦信号，输出信号的振幅是输入信号的 $|G(\mathrm{j}\omega)|$ 倍，输出信号相对输入信号的相移为 $\phi=\angle G(\mathrm{j}\omega)$，输出信号的振幅及相移都是角频率 ω 的函数。

把

$$G(\mathrm{j}\omega)=|G(\mathrm{j}\omega)|\mathrm{e}^{\mathrm{j}\angle G(\mathrm{j}\omega)} \tag{5-11}$$

称为系统的频率特性，它表明了正弦信号作用下，系统的稳态输出与输入信号的关系。其中，$|G(\mathrm{j}\omega)|=\dfrac{C}{A}(\omega)$ 为幅频特性，它反映了系统在不同频率的正弦信号作用下，稳态输出的幅值与输入信号幅值之比。$\angle G(\mathrm{j}\omega)=\arctan\dfrac{\mathrm{Im}G(\mathrm{j}\omega)}{\mathrm{Re}G(\mathrm{j}\omega)}$为相频特性，它反映了系统在不同频率的正弦信号作用下，输出信号相对输入信号的相移。系统的幅频特性和相频特性统称为系统的频率特性。

比较系统的频率特性和传递函数可知，频率特性与传递函数有如下关系

$$G(\mathrm{j}\omega)=G(s)|_{s=\mathrm{j}\omega} \tag{5-12}$$

一般地，若系统具有以下传递函数

$$G(s)=\frac{b_m s^m+b_{m-1}s^{m-1}+\cdots+b_1 s+b_0}{a_n s^n+a_{n-1}s^{n-1}+\cdots+a_1 s+a_0} \tag{5-13}$$

系统频率特性可写为

$$G(\mathrm{j}\omega)=\frac{b_m(\mathrm{j}\omega)^m+b_{m-1}(\mathrm{j}\omega)^{m-1}+\cdots+b_1(\mathrm{j}\omega)+b_0}{a_n(\mathrm{j}\omega)^n+a_{n-1}(\mathrm{j}\omega)^{n-1}+\cdots+a_1(\mathrm{j}\omega)+a_0} \tag{5-14}$$

由式(5-12)，可推导出线性定常系统的频率特性。对于稳定的系统，可以由实验的方法确定系统的频率特性，即在系统的输入端作用不同频率的正弦信号，在输出端测得相应的稳态输出的幅值和相角，根据幅值比和相位差，就可得到系统的频率特性。对于不稳定的系统，则不能由实验的方法得到系统的频率特性，这是由于系统传递函数中不稳定极点会产生发散或振荡的分量，随时间推移，其瞬态分量不会消失，所以不稳定系统的频率特性是观察不到的。

由频率特性的物理意义可知，当频率 ω 趋于无穷时，稳态输出的幅值不可能为无穷，故频率特性表达式(5-14) 或传递函数表达式(5-13) 中，分母多项式的最高次幂 n 总是大于或等于分子多项式的最高次幂 m。

第 2 章系统的数学模型中，定义线性定常系统的传递函数为在零初始条件下系统输出的拉氏变换与输入的拉氏变换之比

$$G(s)=\frac{C(s)}{R(s)}$$

上式的反变换为

$$g(t)=\frac{1}{2\pi\mathrm{j}}\int_{\sigma-\mathrm{j}\infty}^{\sigma+\mathrm{j}\infty}G(s)\mathrm{e}^{st}\,\mathrm{d}s \tag{5-15}$$

若系统稳定，则上式的 σ 可取为零，如果 $r(t)$ 的傅氏变换存在，可在式(5-15) 中令 $s=\mathrm{j}\omega$，则有

$$g(t)=\frac{1}{2\pi}\int_{-\infty}^{\infty}G(\mathrm{j}\omega)\mathrm{e}^{\mathrm{j}\omega t}\,\mathrm{d}\omega=\frac{1}{2\pi}\int_{-\infty}^{\infty}\frac{C(\mathrm{j}\omega)}{R(\mathrm{j}\omega)}\mathrm{e}^{\mathrm{j}\omega t}\,\mathrm{d}\omega$$

所以

$$G(\mathrm{j}\omega)=\frac{C(\mathrm{j}\omega)}{R(\mathrm{j}\omega)}=G(s)|_{s=\mathrm{j}\omega}$$

由此可知，稳定系统的频率特性为系统输出的傅氏变换与输入的傅氏变换之比。

系统的频率特性与传递函数、微分方程一样，也能表征系统的运动规律，它是频域中描述系统运动规律的数学模型。这三种数学模型之间存在图 5-3 所示关系

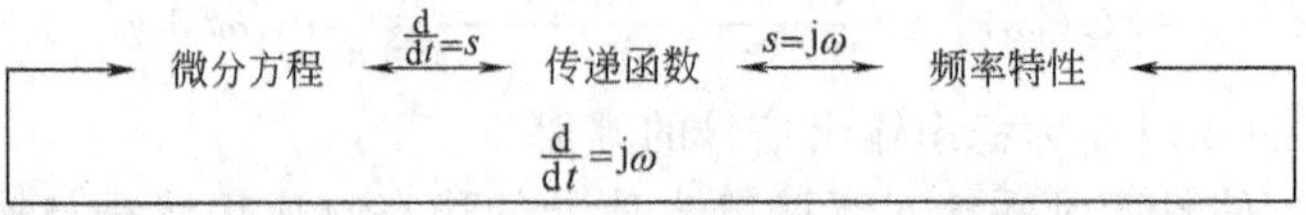

图 5-3 微分方程、频率特性、传递函数三种数学模型之间的关系

5.2 开环系统频率特性的图形表示

在实际应用中，常常把频率特性画成曲线，根据这些频率特性曲线对系统进行分析和设计。常用的曲线有幅相频率特性曲线和对数频率特性曲线。下面分别介绍这些曲线的绘制方法。

5.2.1 幅相频率特性曲线

幅相频率特性曲线简称幅相曲线，又称极坐标图。其特点是以角频率 ω 作自变量，把幅频特性和相频特性用一条曲线同时表示在复平面上。例如，5.1 节中的 RC 网络，当 $\omega=1/T$ 时，幅频特性 $1/\sqrt{1+\omega^2T^2}=0.71$，相频特性 $-\arctan\omega T=-45°$，幅值和相角在复平面上可用一矢量来表示，矢量的长度为 0.71，矢量与实轴正方向的夹角为 45°（逆时针方向角度为正，顺时针角度方向为负）。当角频率 ω 从 0 到∞变化时，可以在复平面上得到一系列这样的矢量，这些矢量的矢端在复平面上描绘出一条曲线，该曲线就是频率特性的幅相曲线。由于幅频特性是角频率 ω 的偶函数，相频特性是 ω 的奇函数，所以，ω 从零变化到∞时的幅相曲线与 ω 从 $-\infty$ 变化到零的幅相曲线关于实轴对称，通常，只画出 ω 从零变至∞时的幅相曲线，并在曲线上用箭头表示∞增大的方向。

（1）典型环节的幅相曲线

① 典型环节。

通常，控制系统的开环传递函数 $G(s)H(s)$ 的分子和分母多项式都可以分解成若干因子相乘的形式，如下式表示

$$G(s)H(s)=\frac{K(b_ms^m+b_{m-1}s^{m-1}+\cdots+b_1s+1)}{a_ns^n+a_{n-1}s^{n-1}+\cdots+a_1s+1}$$

$$=K\frac{1}{s^v}\prod_{i=1}^{h}\frac{1}{T_is+1}\prod_{i=1}^{\frac{1}{2}(n-v-h)}\frac{1}{T_i^2s^2+2\zeta_iT_is+1}\prod_{j=1}^{l}\tau_js+1\prod_{j=1}^{\frac{1}{2}(m-l)}\tau_j^2s^2+2\zeta_j\tau_js+1 \tag{5-16}$$

式(5-16) 描述了由一系列具有不同传递函数的环节串联组成的开环系统的特性，式中的这些环节依次称为比例环节、积分环节、惯性环节、振荡环节、一阶微分环节和二阶微分环节。一般线性系统的开环传递函数大多都由这些环节组成，因此，把它们称作典型环节。下面分别讨论这些环节的幅相曲线。

② 典型环节的幅相曲线。

a. 比例环节。比例环节的频率特性为

$$G(j\omega)=K$$

幅频特性 $|G(j\omega)|=K$

相频特性 $\angle G(j\omega)=0°$

可知，比例环节的幅值为常数 K，相角为零，它们都不随频率 ω 变化，故在复平面上，比例环节的幅相曲线为正实轴上的一点，幅相曲线如图 5-4 所示。

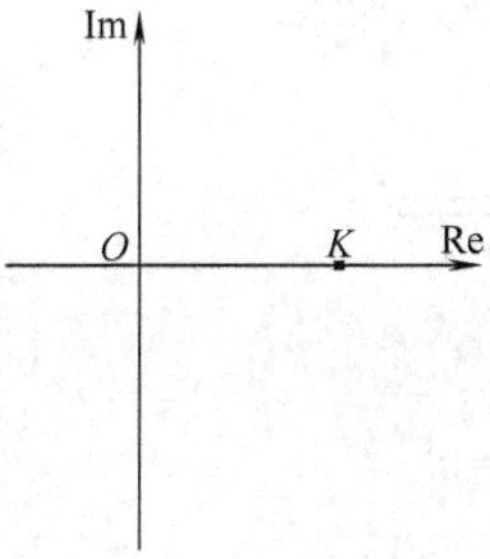

图 5-4 比例环节的幅相曲线

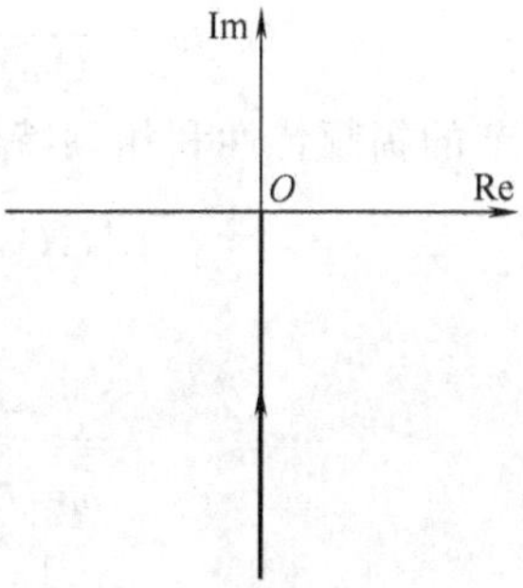

图 5-5 积分环节的幅相曲线

b. 积分环节。积分环节的频率特性为

$$G(\mathrm{j}\omega)=\frac{1}{\mathrm{j}\omega}$$

幅频特性 $$|G(\mathrm{j}\omega)|=\frac{1}{\omega} \tag{5-17}$$

相频特性 $$\angle G(\mathrm{j}\omega)=-\arctan\frac{\omega}{0}=-90^\circ \tag{5-18}$$

由式(5-17) 和式(5-18) 可知，当频率 ω 从 0 变化到∞时，积分环节的幅频特性由∞变化到 0，相频特性始终等于-90°。积分环节是相角滞后环节，幅相曲线是一条与负虚轴重合的曲线，如图 5-5 所示。

c. 惯性环节。惯性环节的频率特性为

$$G(\mathrm{j}\omega)=\frac{1}{\mathrm{j}\omega T+1} \tag{5-19}$$

幅频特性 $$|G(\mathrm{j}\omega)|=\frac{1}{\sqrt{1+\omega^2T^2}} \tag{5-20}$$

相频特性 $$\angle G(\mathrm{j}\omega)=-\arctan\omega T \tag{5-21}$$

由式(5-19) 知 $$\omega=0,\ |G(\mathrm{j}\omega)|=1,\ \angle G(\mathrm{j}\omega)=0^\circ$$

$$\omega=\frac{1}{T},\ |G(\mathrm{j}\omega)|=\frac{1}{\sqrt{2}}=0.707,\ \angle G(\mathrm{j}\omega)=-45^\circ$$

$$\omega=\infty,\ |G(\mathrm{j}\omega)|=0,\ \angle G(\mathrm{j}\omega)=-90^\circ$$

所以，ω 由 0 变化到∞时，幅频特性从 1 变化到 0，相频特性由 0 变化至-90°，故幅相曲线从正实轴上距原点为 1 处开始，顺时针变化，与负虚轴相切进入原点。可以证明，幅相曲线在 $G(\mathrm{j}\omega)$ 平面上是正实轴下方的半圆。

$$G(\mathrm{j}\omega)=\frac{1}{\mathrm{j}\omega T+1}=\frac{1}{1+\omega^2T^2}-\mathrm{j}\frac{\omega T}{1+\omega^2T^2}=u(\omega)+\mathrm{j}v(\omega) \tag{5-22}$$

则有

$$\left[u(\omega)-\frac{1}{2}\right]^2+[v(\omega)]^2=\left(\frac{1}{1+\omega^2T^2}-\frac{1}{2}\right)^2+\left(\frac{-\omega T}{1+\omega^2T^2}\right)^2=\left(\frac{1}{2}\right)^2 \tag{5-23}$$

式(5-23) 是一圆方程，圆心在$\left(\frac{1}{2},0\right)$处，圆半径为$\frac{1}{2}$。

惯性环节的幅相曲线如图 5-6 所示。

由图 5-6 知，惯性环节是一个相位滞后环节，在低频时，滞后相角较小，幅值的衰减也较小，频率越高，滞后相角越大，幅值的衰减也越大，最大的滞后相角为 90°。

d. 振荡环节。振荡环节的频率特性为

$$G(j\omega)=\frac{1}{(j\omega)^2T^2+j2\zeta\omega T+1}=\frac{1}{(1-\omega^2T^2)+j2\zeta\omega T} \tag{5-24}$$

振荡环节的幅频特性和相频特性为

$$|G(j\omega)|=\frac{1}{\sqrt{(1-\omega^2T^2)^2+4\zeta^2\omega^2T^2}} \tag{5-25}$$

$$\angle G(j\omega)=-\arctan\frac{2\zeta\omega T}{1-\omega^2T^2} \tag{5-26}$$

$$\omega=0,\ |G(j\omega)|=1,\ \angle G(j\omega)=0°$$

$$\omega=\frac{1}{T},\ |G(j\omega)|=\frac{1}{2\zeta},\ \angle G(j\omega)=-90°$$

$$\omega=\infty,\ |G(j\omega)|=0,\ \angle G(j\omega)=-180°$$

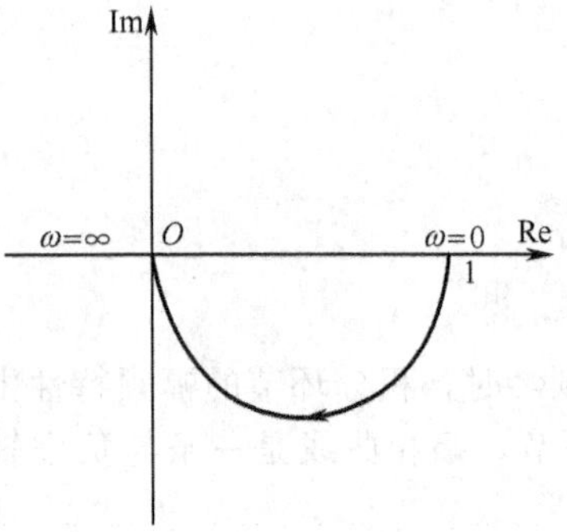

图 5-6 惯性环节的幅相曲线

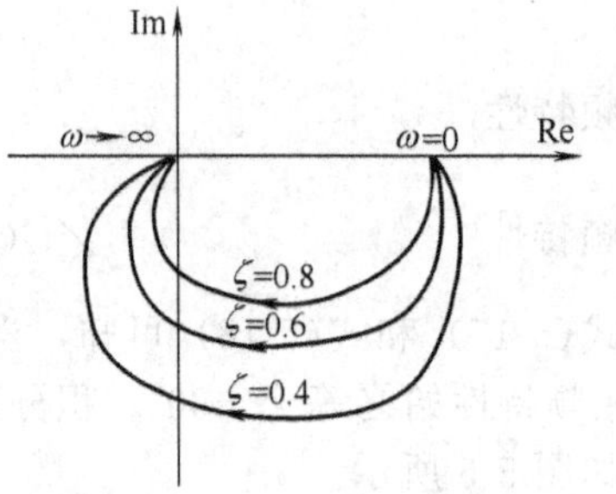

图 5-7 振荡环节的幅相曲线

由式(5-25) 和式(5-26) 知，振荡环节的幅频特性和相频特性不仅与频率 ω 有关，还与阻尼比 ζ 有关。不同阻尼比时的频率特性曲线如图 5-7 所示。由图可见，当阻尼比较小时，在某一频率时会产生谐振，谐振时的幅值大于 1。称此时的频率为谐振频率 ω_r，相应的幅值为谐振峰值 M_r。ω_r 和 M_r 都可以由极值方程得到。

$$\frac{d}{d\omega}|G(j\omega)|=\frac{d}{d\omega}\left[\frac{1}{\sqrt{(1-\omega^2T^2)^2+4\zeta^2\omega^2T^2}}\right]=0$$

可求得

$$\omega_r=\frac{1}{T}\sqrt{1-2\zeta^2} \tag{5-27}$$

将 ω_r 代入式(5-25)，可得

$$M_r=|G(j\omega)|=\frac{1}{2\zeta\sqrt{1-\zeta^2}} \tag{5-28}$$

式(5-27) 表明，当 $\zeta>\frac{1}{\sqrt{2}}$ 时，谐振频率不存在。当 $0<\zeta<\frac{\sqrt{2}}{2}$ 时，由式(5-27) 知，谐振频率 $\omega_r<\frac{1}{T}$。振荡环节的幅相曲线如图 5-7 所示。在 $0<\omega<\omega_r$ 的范围内，随 ω 的增加，$|G(j\omega)|$ 逐渐增大；当 $\omega=\omega_r$ 时，$|G(j\omega)|$ 达到最大值 M_r；当 $\omega>\omega_r$ 时，$|G(j\omega)|$ 迅速减小，当幅值衰减至 $|G(j\omega)|=0.707$ 时，对应的频率称为截止频率 ω_c。当频率大于 ω_c，幅值衰减得很快。振荡环节是相位滞后环节，最大的滞后相角是 180°。

e. 一阶微分环节。一阶微分环节的频率特性为

$$G(j\omega)=j\omega\tau+1$$

其中 τ 为微分时间常数，一阶微分环节的幅频特性和相频特性分别为

$$|G(j\omega)|=\sqrt{\omega^2\tau^2+1} \tag{5-29}$$

$$\angle G(j\omega)=\arctan\omega\tau \tag{5-30}$$

$$\omega=0,\ |G(j0)|=1,\ \angle G(j0)=0°$$

$$\omega=\frac{1}{\tau},\ \left|G\left(j\frac{1}{\tau}\right)\right|=\sqrt{2},\ \angle G\left(j\frac{1}{\tau}\right)=45°$$

$$\omega=\infty,\ |G(j\infty)|=\infty,\ G(j\infty)=90°$$

幅相频率特性如图 5-8 所示。它是一条起始于（1,j0）点，在实轴上方且与实轴垂直的直线。

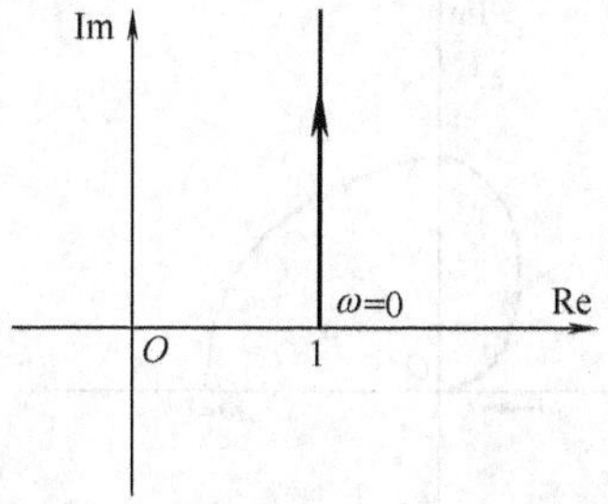

图 5-8　一阶微分环节的幅相曲线

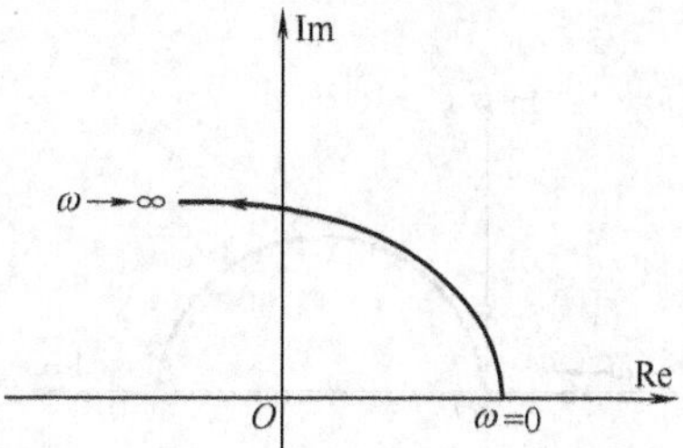

图 5-9　二阶微分环节的幅相曲线

f. 二阶微分环节。二阶微分环节的频率特性为

$$G(j\omega)=(j\omega)^2\tau^2+j2\zeta\omega\tau+1$$

幅频特性和相频特性分别为

$$|G(j\omega)|=\sqrt{(1-\omega^2\tau^2)^2+4\zeta^2\omega^2\tau^2} \tag{5-31}$$

$$\angle G(j\omega)=\arctan\frac{2\zeta\omega\tau}{1-\omega^2\tau^2} \tag{5-32}$$

$$\omega=0,\ |G(j0)|=1,\ \angle G(j0)=0°$$

$$\omega=\frac{1}{\tau},\ \left|G\left(j\frac{1}{\tau}\right)\right|=2\zeta,\ \angle G\left(j\frac{1}{\tau}\right)=90°$$

$$\omega=\infty,\ |G(j\infty)|=\infty,\ G(j\infty)=180°$$

二阶微分环节的幅相曲线如图 5-9 所示，它是相位超前环节，最大超前相角为 180°。

③ 不稳定环节。

不稳定环节具有在右半 S 平面的极点，如传递函数为 $G(s)=\frac{1}{-Ts+1}$，$G(s)=\frac{1}{T^2s^2-2\zeta Ts+1}$的环节就是不稳定环节。这两个环节传递函数的形式分别与惯性环节和振荡环节相似，故称它们为不稳定的惯性环节和不稳定的振荡环节。如传递函数具有$-Ts+1$，$\omega^2T^2-2\zeta\omega Ts+1$这样的形式，虽不能表明环节不稳定，但按前面不稳定的惯性环节和不稳定的振荡环节的叫法，仍将它们称作不稳定的一阶微分环节和不稳定的二阶微分环节。在第 4 章中，曾提到非最小相位环节，不稳定环节就属这类环节。这类环节（系统）与只含有左半 S 平面开环零极点的相对应环节（系统）相比，它们对于正弦信号稳态响应的幅频特性完全相同，而相频特性却有很大差别。下面以惯性环节和不稳定的惯性环节为例，研究它们的频率特性有什么特点。

不稳定惯性环节的频率特性为

$$G(j\omega)=\frac{1}{-j\omega T+1}$$

幅频特性和相频特性分别为

$$|G(j\omega)|=\frac{1}{\sqrt{1+\omega^2T^2}} \tag{5-33}$$

$$\angle G(j\omega)=-(-\arctan\omega T)=\arctan\omega T \tag{5-34}$$

将式(5-33) 和式(5-34) 与式(5-20) 和式(5-21) 相比，可知不稳定惯性环节的幅频特性与惯性环节的幅频特性完全一样，相频特性则不同。不稳定惯性环节当 ω 从 0 变化至∞时，相角变化从 0 至$\frac{\pi}{2}$，惯性环节的相角变化则从 0 至$-\frac{\pi}{2}$。两环节的幅相曲线关于实轴对称，如图 5-10 所示。

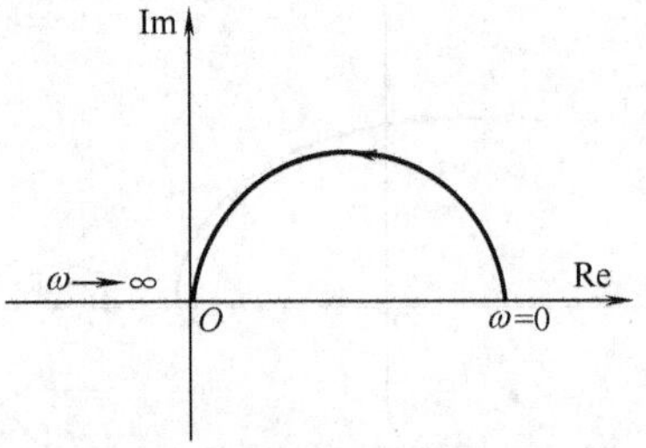

图 5-10　不稳定惯性环节的幅相曲线

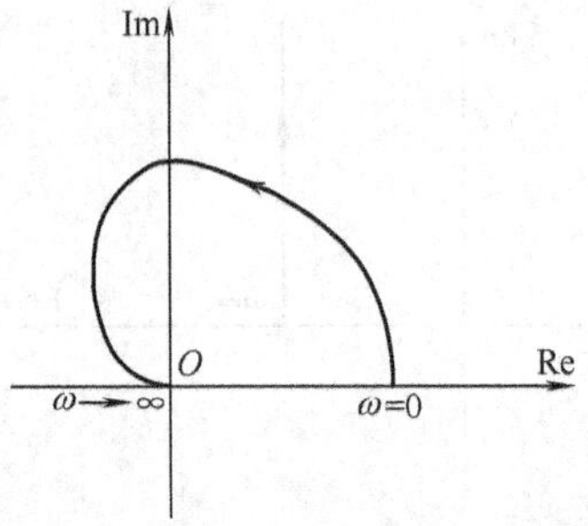

图 5-11　不稳定振荡环节的幅相曲线

与上面的分析方法类似，可知不稳定振荡环节和其对应的振荡环节的幅频特性相同，相频特性不同。不稳定振荡环节的相角变化范围是 0 至 π，振荡环节的相角范围是 0 至$-\pi$，它们的幅相频率特性曲线也对称于实轴，如图 5-11 所示。

(2) 开环系统的幅相曲线

前面讨论了构成控制系统的各个环节的幅相频率特性曲线，一般控制系统都可由以上各环节构成，掌握了这些环节的幅相频率特性曲线的画法，就不难得到系统的幅相频率特性曲线。在实际应用中，常常通过开环系统的幅相频率特性曲线（简称开环幅相曲线）来分析系统的稳定性。开环幅相曲线可以用解析的方法，给定 ω 值，计算出对应的幅值和相角，绘制幅相曲线，也可通过分析开环系统的频率特性，画出大致的幅相曲线。下面着重介绍开环幅相曲线的大致画法。

【例 5-1】 系统的开环传递函数为

$$G(s)H(s)=\frac{K}{(T_1s+1)(T_2s+1)},\quad T_1,\ T_2,\ K\ 均大于\ 0$$

试概略绘制系统的开环幅相曲线。

解 开环系统由比例环节和两个惯性环节组成，开环频率特性为

$$G(j\omega)H(j\omega)=\frac{K}{(j\omega T_1+1)(j\omega T_2+1)}$$

幅频特性 $$|G(j\omega)H(j\omega)|=K\frac{1}{\sqrt{\omega^2T_1^2+1}\sqrt{\omega^2T_2^2+1}}$$

相频特性 $$\angle G(j\omega)H(j\omega)=-\arctan\omega T_1-\arctan\omega T_2$$

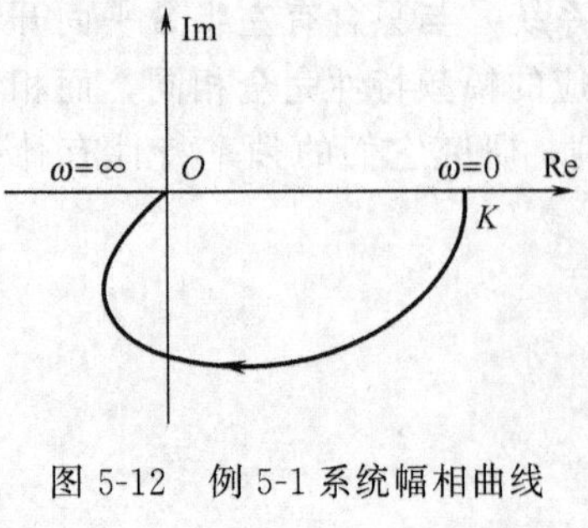

图 5-12　例 5-1 系统幅相曲线

根据开环系统的幅频特性和相频特性，可以计算出 $\omega=0$ 和 $\omega=\infty$时的幅值和相角，即得到幅相曲线的起始位置和终点位置。

$$\omega=0,\ |G(j\omega)H(j\omega)|=K,\ \angle G(j\omega)H(j\omega)=0^\circ$$

$$\omega=\infty,\ |G(j\omega)H(j\omega)|=0,\ \angle G(j\omega)H(j\omega)=-180^\circ$$

由此可知，开环幅相曲线起始于正实轴，至原点的距离为 K，曲线的终点在原点，且与负实轴相切进入原点，相角变化范围是 $0^\circ\sim-180^\circ$。大致的开环幅相曲线如图 5-12

所示。

【例 5-2】 控制系统的开环传递函数为

$$G(s)H(s)=\frac{K}{s(T_1s+1)(T_2s+1)}$$

试绘制系统大致的开环幅相曲线。

解 与上例中的系统比较，开环传递函数中增加了一个积分环节，为 1 型系统。幅相频率特性分别为

$$|G(j\omega)H(j\omega)|=K\frac{1}{\omega\sqrt{\omega^2T_1^2+1}\sqrt{\omega^2T_2^2+1}}$$

$$\angle G(j\omega)H(j\omega)=-90°-\arctan\omega T_1-\arctan\omega T_2$$

$$\omega=0,\ |G(j\omega)H(j\omega)|=\infty,\ \angle G(j\omega)H(j\omega)=-90°$$

$$\omega=\infty,\ |G(j\omega)H(j\omega)|=0,\ \angle G(j\omega)H(j\omega)=-270°$$

可知，相角变化范围：$-90°\sim-270°$，开环幅相曲线起始于负实轴无穷远处，终点在原点，且曲线与正虚轴相切进入原点。

将频率特性写成实部与虚部的形式

$$G(j\omega)H(j\omega)=\frac{K(1-j\omega T_1)(1-j\omega T_2)(-j)}{\omega(1+\omega^2T_1^2)(1+\omega^2T_2^2)}=\frac{K[-(T_1+T_2)\omega+j(-1+T_1T_2\omega^2)]}{\omega(1+\omega^2T_1^2)(1+\omega^2T_2^2)}$$

$$=\text{Re}[G(j\omega)H(j\omega)]+\text{Im}[G(j\omega)H(j\omega)]$$

分别称 $\text{Re}[G(j\omega)H(j\omega)]$ 和 $\text{Im}[G(j\omega)H(j\omega)]$ 为开环系统的实频特性和虚频特性。

在起点 $$\text{Re}[G(j\omega)H(j\omega)]=-K(T_1+T_2)$$

$$\text{Im}[G(j\omega)H(j\omega)]=-\infty$$

求幅相曲线与实轴的交点（该点对于分析系统的稳定性非常重要），可令 $\text{Im}[G(j\omega)H(j\omega)=0$，得

$$\omega_x=\frac{1}{\sqrt{T_1T_2}}$$

将 $\omega_x=\frac{1}{\sqrt{T_1T_2}}$ 代入实部，可得

$$G(j\omega_x)H(j\omega_x)=\text{Re}[G(j\omega_x)H(j\omega_x)]=-\frac{KT_1T_2}{T_1+T_2}$$

系统的开环幅相曲线如图 5-13 所示。

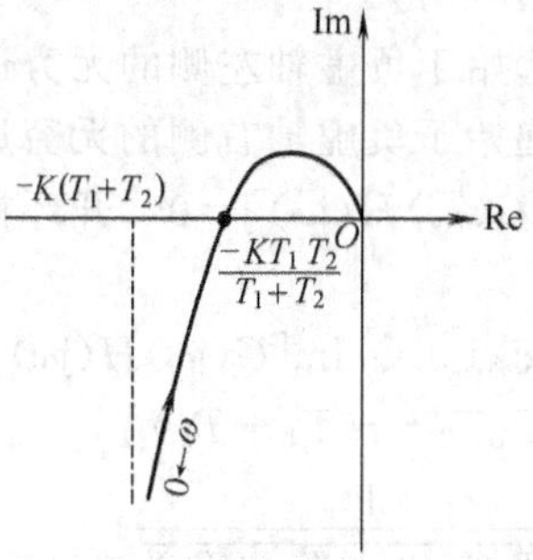

图 5-13 例 5-2 幅相曲线（1 型系统）

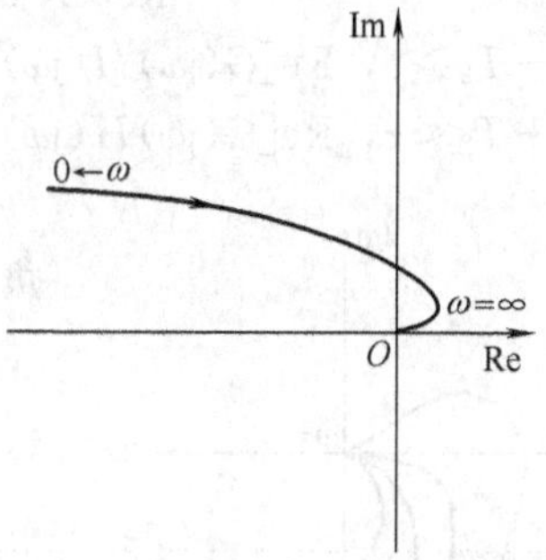

5-14 例 5-2 幅相曲线（2 型系统）

若在系统的开环传递函数中再增加一个积分环节，即

$$G(s)H(s)=\frac{K}{s^2(T_1s+1)(T_2s+1)}$$

则当 $\omega=0$ 时，$|G(j\omega)H(j\omega)|=\infty$，$\angle G(j\omega)H(j\omega)=-180°$，开环幅相曲线起始于负实轴无

穷远处，当 $\omega=\infty$ 时，$|G(j\omega)H(j\omega)|=0$，$\angle G(j\omega)H(j\omega)=-360^\circ$，开环幅相曲线与正实轴相切进入原点，如图 5-14 所示。

【例 5-3】 系统的开环传递函数为

$$G(s)H(s)=\frac{K(\tau s+1)}{s(T_1 s+1)(T_2 s+1)}$$

试绘制概略的开环幅相曲线。

解 系统的开环频率特性为

$$G(j\omega)H(j\omega)=\frac{K(j\omega\tau+1)}{j\omega(j\omega T_1+1)(j\omega T_2+1)}$$

相频特性为

$$\angle G(j\omega)H(j\omega)=\arctan\omega\tau-90^\circ-\arctan\omega T_1-\arctan\omega T_2$$

幅频特性为

$$|G(j\omega)H(j\omega)|=K\frac{\sqrt{\omega^2\tau^2+1}}{\omega\sqrt{\omega^2T_1^2+1}\sqrt{\omega^2T_2^2+1}}$$

$$\omega=0\text{ 时，}\angle G(j\omega)H(j\omega)=-90^\circ,\ |G(j\omega)H(j\omega)|=\infty$$

$$\omega=\infty\text{ 时，}\angle G(j\omega)H(j\omega)=-180^\circ,\ |G(j\omega)H(j\omega)|=0$$

由频率特性可知，开环幅相曲线起始于负虚轴方向的无穷远处，与负实轴相切进入原点。由于系统含有一阶微分环节和惯性环节，其幅相曲线的形状会因时间常数 τ，T_1，T_2 的取值不同而异，讨论如下。

将频率特性写成实频和虚频的形式，有

$$G(j\omega)H(j\omega)=\frac{K(j\omega\tau+1)}{j\omega(j\omega T_1+1)(j\omega T_2+1)}$$

$$\begin{aligned}G(j\omega)H(j\omega)&=\frac{K(1+j\omega\tau)(1-j\omega T_1)(1-j\omega T_2)(-j)}{\omega(1+\omega^2T_1^2)(1+\omega^2T_2^2)}\\&=\frac{K\{[\omega(T_1+T_2)-\omega\tau(1-\omega^2T_1T_2)+j[1-\omega^2T_1T_2+\omega^2\tau(T_1+T_2)]\}}{-\omega(1+\omega^2T_1^2)(1+\omega^2T_2^2)}\\&=\mathrm{Re}[G(j\omega)H(j\omega)]+\mathrm{Im}[G(j\omega)H(j\omega)]\end{aligned}$$

$$\mathrm{Re}[G(j\omega)H(j\omega)]=\frac{K[(T_1+T_2)-\tau(1-\omega^2T_1T_2)]}{-(1+\omega^2T_1^2)(1+\omega^2T_2^2)}$$

由实频特性可知，$\omega=0$ 时，有

$$\mathrm{Re}[G(j\omega)H(j\omega)]=-K(T_1+T_2-\tau)$$

若 $T_1+T_2>\tau$，$\mathrm{Re}[G(j\omega)H(j\omega)]<0$，开环幅相曲线起始于负虚轴左侧的无穷远处；

若 $T_1+T_2<\tau$，$\mathrm{Re}[G(j\omega)H(j\omega)]>0$，开环幅相曲线起始于负虚轴右侧的无穷远处；

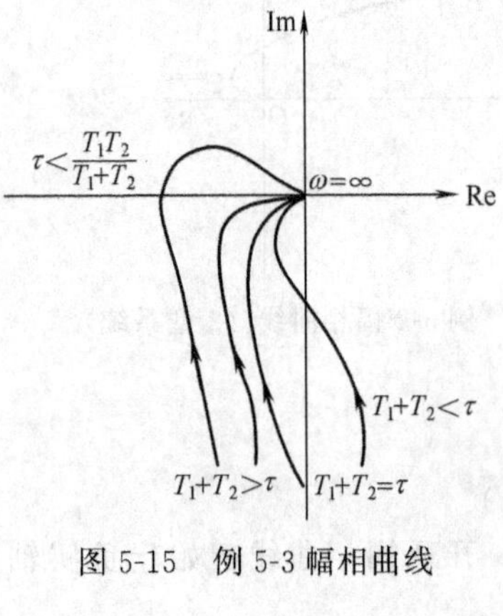

图 5-15 例 5-3 幅相曲线

若 $T_1+T_2=\tau$，$\mathrm{Re}[G(j\omega)H(j\omega)]=0$，开环幅相曲线从负虚轴上无穷远处起始。

求曲线与负实轴的交点，令 $\mathrm{Im}[G(j\omega)H(j\omega)]=0$，有

$$1-\omega^2[T_1T_2-\tau(T_1+T_2)]$$

$$\omega=\frac{1}{\sqrt{T_1T_2-\tau(T_1+T_2)}}$$

若 $$T_1T_2>\tau(T_1+T_2)$$

即 $$\tau<\frac{T_1T_2}{T_1+T_2}$$

则 ω 有解，亦即曲线与负实轴有交点。

不等式方程组 $\quad T_1+T_2\leqslant\tau$

$$\tau<\frac{T_1T_2}{T_1+T_2}$$

无解，故当幅相曲线从负虚轴右侧无穷远起始时，与负实轴无交点，开环幅相曲线如图 5-15 所示。

【例 5-4】 单位反馈系统的开环传递函数为

$$G(s)=\frac{\tau s+1}{Ts+1}$$

试绘制概略的开环幅相曲线。

解 系统的开环频率特性为

$$G(\mathrm{j}\omega)=\frac{\mathrm{j}\omega\tau+1}{\mathrm{j}\omega T+1}$$

幅频特性和相频特性分别为

$$|G(\mathrm{j}\omega)H(\mathrm{j}\omega)|=\frac{\sqrt{\omega^2\tau^2+1}}{\sqrt{\omega^2T^2+1}}$$

$$\angle G(\mathrm{j}\omega)H(\mathrm{j}\omega)=\arctan\omega\tau-\arctan\omega T$$

当 $\omega=0$ 时， $|G(\mathrm{j}\omega)H(\mathrm{j}\omega)|=1$，$\angle G(\mathrm{j}\omega)H(\mathrm{j}\omega)=0°$

当 $\omega=\infty$ 时， $|G(\mathrm{j}\omega)H(\mathrm{j}\omega)|=\frac{\tau}{T}$，$\angle G(\mathrm{j}\omega)H(\mathrm{j}\omega)=0°$

若 $\tau>T$，$\arctan\omega\tau-\arctan\omega T>0$，则幅相曲线在第一象限变化；若 $\tau<T$，则幅相曲线在第四象限内变化，如图 5-16 所示。

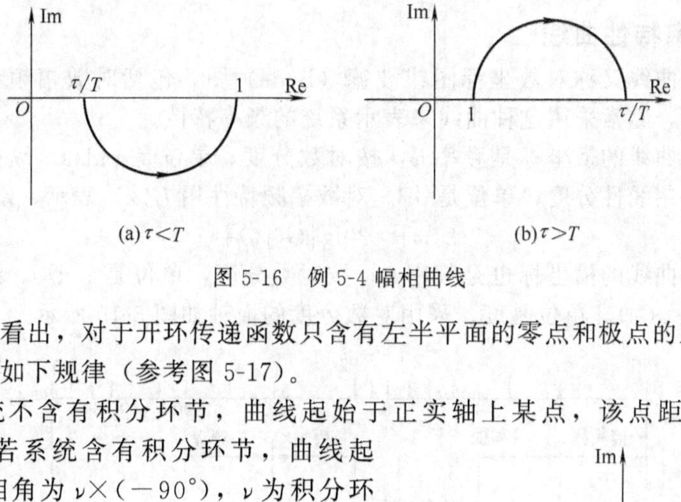

图 5-16 例 5-4 幅相曲线

从以上例子可看出，对于开环传递函数只含有左半平面的零点和极点的系统，其幅相曲线的起点和终点具有如下规律（参考图 5-17）。

起点：若系统不含有积分环节，曲线起始于正实轴上某点，该点距原点的距离值为开环增益 K 值；若系统含有积分环节，曲线起始于无穷远处，相角为 $\nu\times(-90°)$，ν 为积分环节的个数。

终点：一般，系统开环传递函数分母的阶次总是大于或等于分子的阶次，$n>m$ 时，终点在原点，且以角度 $(n-m)\times(-90°)$ 进入原点；$n=m$ 时，曲线终止于正实轴上某点，该点距原点的距离与各环节的时间常数及 K 等参数有关。

若开环传递函数中含有在右半平面的极点或零点，幅相曲线的起点和终点不具有以上规律。对于这样的系统，尤其应注意系统的相频特性。

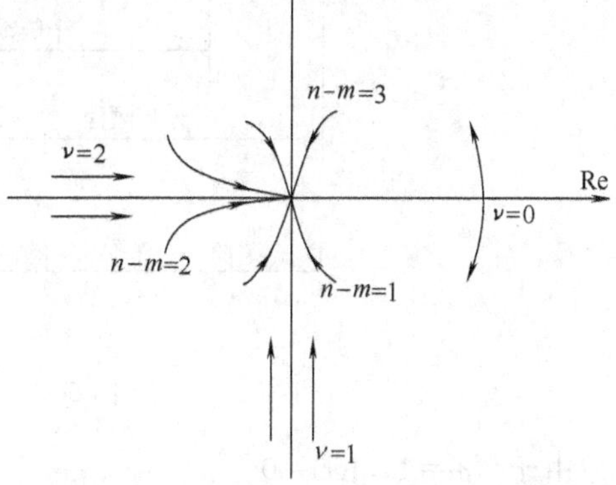

图 5-17 开环幅相曲线的起点和终点

【例 5-5】 设系统的开环传递函数为

$$G(s)H(s)=\frac{10(Ts+1)}{s(s-10)},\quad T>0$$

试绘制开环系统的大致幅相曲线。

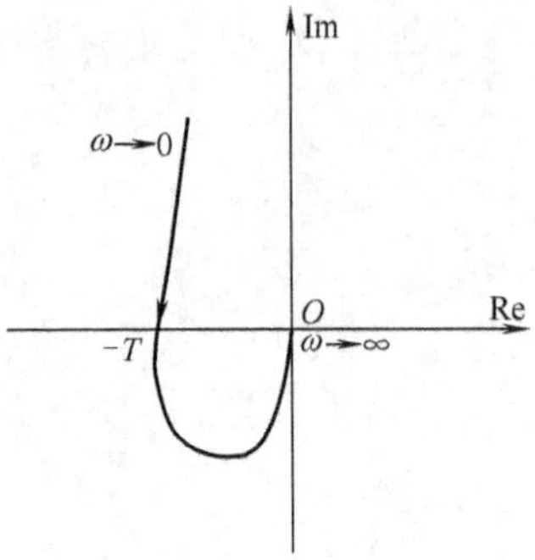

图 5-18 例 5-5 幅相曲线

解 系统的频率特性为

$$G(j\omega)H(j\omega)=\frac{10(j\omega T+1)}{j\omega(j\omega-10)}$$

幅相频率特性分别为

$$|G(j\omega)H(j\omega)|=\frac{10\sqrt{\omega^2T^2+1}}{\omega\sqrt{\omega^2+10^2}}$$

$$\angle G(j\omega)H(j\omega)=\arctan\omega T-90^\circ-\left(180^\circ-\arctan\frac{\omega}{10}\right)$$

$$\omega=0,\ |G(j\omega)H(j\omega)|=\infty,\quad \angle G(j\omega)H(j\omega)=-270^\circ$$

$$\omega=\infty,\ |G(j\omega)H(j\omega)|=0,\quad \angle G(j\omega)H(j\omega)=-90^\circ$$

幅相曲线如图 5-18 所示。

曲线与实轴得交点可求取如下。

$$G(j\omega)H(j\omega)=-\frac{10\omega(10T+1)+j10(T\omega^2-10)}{\omega(100+\omega^2)}=U(\omega)+jV(\omega)$$

式中，$U(\omega)$ 与 $V(\omega)$ 分别为开环系统的实频和虚频特性。

令 $V(\omega)=0$，解得 $\omega=\sqrt{\frac{10}{T}}$，将 $\omega=\sqrt{\frac{10}{T}}$ 代入 $U(\omega)$，得幅相曲线与实轴的交点为 $-T$。

5.2.2 对数频率特性曲线

对数频率特性曲线又称对数坐标图或波德（Bode）图，包括对数幅频和对数相频两条曲线。在实际应用中，经常采用这种曲线来表示系统的频率特性。

对数幅频特性曲线的横坐标是频率 ω，按对数分度，单位是 rad/s。纵坐标表示对数幅频特性的函数值，采用线性分度，单位是 dB。对数幅频特性用 $L(\omega)$ 表示，定义如下

$$L(\omega)=20\lg|G(j\omega)|$$

对数相频特性曲线的横坐标也是频率 ω，按对数分度，单位是 rad/s。纵坐标表示相频特性的函数值，记作 $\varphi(\omega)$，单位是度。采用对数分度的横轴如图 5-19 所示。

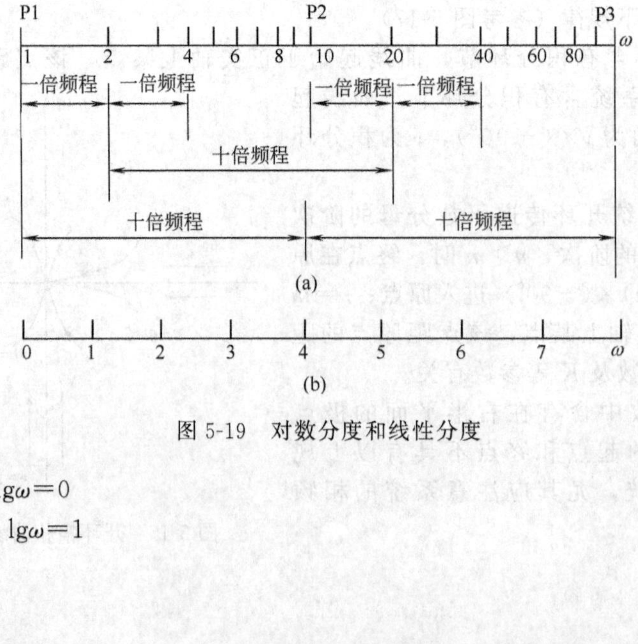

图 5-19 对数分度和线性分度

由于 $\omega=1$，$\lg\omega=0$

$\omega=10$，$\lg\omega=1$

$\omega=100$，$\lg\omega=2$

……

所以，频率 ω 每扩大十倍，对应横轴上变化一个单位长度，故对 ω 而言，坐标分度是不均匀的，对 $\lg\omega$ 则是均匀分度的。

采用对数坐标有如下特点：

① 在求幅频特性时，可以将各环节幅值相乘转化为幅值相加；

② 可以采用渐近线的方法，用直线段画出近似的对数幅频特性曲线；

③ 对于最小相位系统，可以由对数幅频特性曲线得到系统的传递函数。

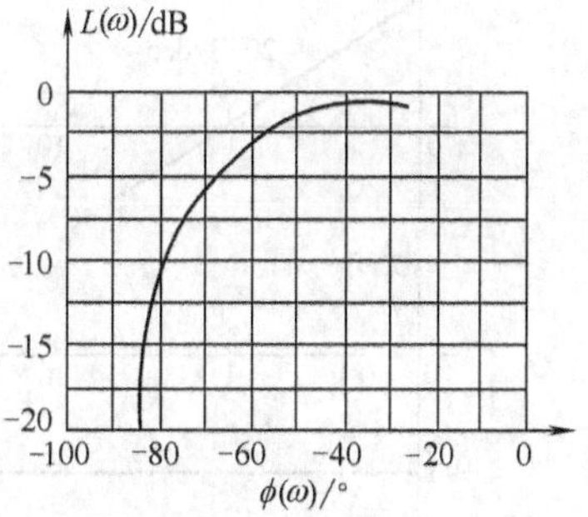

图 5-20 惯性环节的对数幅相曲线

另一种采用对数坐标表示系统频率特性的曲线是对数幅相曲线（又称尼柯尔斯曲线），用一条曲线表示相频特性和对数幅频特性，横坐标和纵坐标都是线性分度的。横坐标表示相角，纵坐标表示对数幅频特性的分贝数，都是以频率 ω 为参变量。以惯性环节 $\dfrac{1}{\mathrm{j}0.5\omega+1}$ 为例，其对数幅相曲线如图 5-20 所示。

(1) 典型环节的对数频率特性

首先讨论典型环节的对数频率特性曲线，再讨论由这些典型环节构成的开环系统的对数频率特性曲线的画法及其特点。

① 比例环节。

比例环节的频率特性

$$G(\mathrm{j}\omega)=K$$

由于其幅值和相角都不随 ω 变化，所以，对数幅频特性曲线是一条与 0dB 线平行且距 0dB 线为 $20\lg K$ 的直线。$K>1$ 时，$20\lg K>0$，直线在 0dB 线之上，$K<1$ 时，$20\lg K<0$ 直线在 0dB 线之下。对数相频特性为 0°，Bode 图如图 5-21 所示。

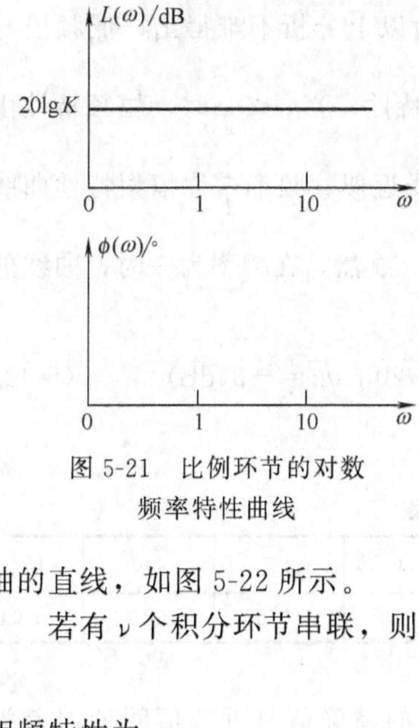

图 5-21 比例环节的对数频率特性曲线

② 积分环节。

由式(5-17)，求得积分环节的对数幅频特性为

$$20\lg\frac{1}{\omega}=-20\lg\omega \tag{5-35}$$

在 Bode 图上，是一条在 $\omega=1$ 处穿过横轴的直线，直线的斜率可由下式求出

$$20\lg\frac{1}{10\omega}-20\lg\frac{1}{\omega}=-20\lg10\omega+20\lg\omega=-20\mathrm{dB} \tag{5-36}$$

式(5-36) 表明，频率变化 10 倍，则对数幅值下降 −20dB，故直线的斜率为 −20dB/dec。相频特性是 −90°且平行于横轴的直线，如图 5-22 所示。

若有 ν 个积分环节串联，则其对数幅频特性为

$$20\lg\left|\frac{1}{(\mathrm{j}\omega)^{\nu}}\right|=-\nu\times20\lg\omega \tag{5-37}$$

相频特性为

$$\angle\frac{1}{(\mathrm{j}\omega)^{\nu}}=-\nu\times90° \tag{5-38}$$

式(5-37) 表明，ν 个积分环节串联的对数幅频特性曲线是在 $\omega=1$ 处穿过横轴的直线，直线的斜率为 $-\nu\times20$dB/dec。相频特性曲线是 $-\nu\times90°$ 且平行于横轴的直线，如图 5-23 所示。

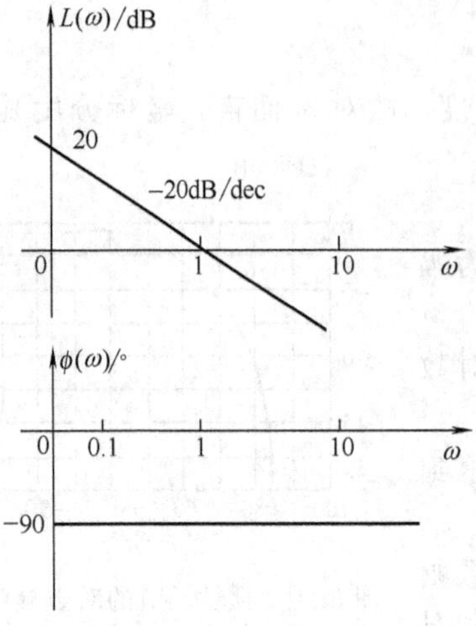

图 5-22　积分环节的对数频率特性曲线

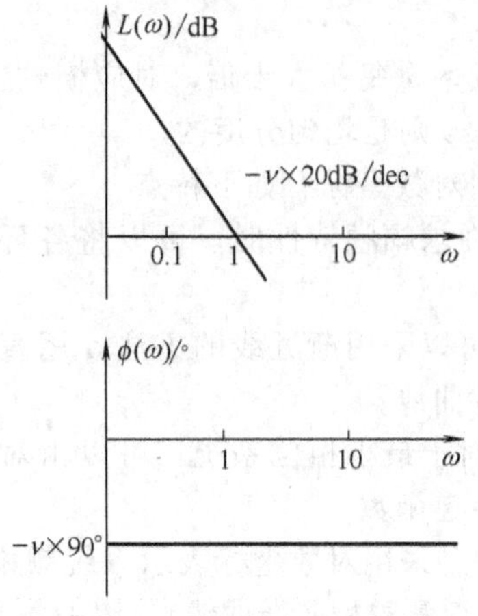

图 5-23　ν 个积分环节的对数频率特性

③ 惯性环节。

惯性环节的对数幅频特性为

$$20\lg\frac{1}{\sqrt{1+\omega^2T^2}}=-20\lg\sqrt{1+\omega^2T^2} \tag{5-39}$$

在 $\omega\ll\frac{1}{T}$ 的低频段，即 $\omega T\ll1$，则幅频特性可近似为

$$-20\lg\sqrt{1+\omega^2T^2}\approx-20\lg1=0(\text{dB}) \tag{5-40}$$

故在低频段，幅频特性是与横轴重合的直线。在 $\omega\gg\frac{1}{T}$ 的频段内，对数幅频特性可近似为

$$-20\lg\sqrt{1+\omega^2T^2}\approx-20\lg\omega T(\text{dB}) \tag{5-41}$$

这是一条在 $\omega=\frac{1}{T}$ 处穿越横轴，斜率为 −20dB/dec 的直线。由以上分析不难得出，低频段与高频段的两条直线在 $\omega=\frac{1}{T}$ 处相交。用渐近线来表示对数幅频特性，当 $\omega<\frac{1}{T}$ 时，幅频特性由 0dB 直线近似，$\omega>\frac{1}{T}$ 时，幅频特性由斜率为 −20dB/dec 的直线近似，频率 $\frac{1}{T}$ 称幅频特性曲线的转折频率，由这两条线段构成惯性环节的近似对数幅频特性。显然，在频率为 $\frac{1}{T}$ 时，曲线的误差最大，误差为

$$\Delta=-20\lg\sqrt{1+\omega^2T^2}\,\Big|_{\omega=\frac{1}{T}}-(-20\lg\omega T)\,\Big|_{\omega=\frac{1}{T}}=-20\lg\sqrt{2}=-3(\text{dB}) \tag{5-42}$$

在 $\omega=0.1\frac{1}{T}\sim10\frac{1}{T}$ 频段内的误差见表 5-1。

表 5-1　惯性环节渐近幅频特性误差表

$\frac{\omega}{1/T}$	0.1	0.25	0.4	0.5	1.0	2.0	2.5	4.0	10
误差/dB	−0.04	−0.32	−0.65	−1.0	−3.01	−1.0	−0.65	−0.32	−0.04

由表 5-1 可看到，在频率 $\omega=0.1\frac{1}{T}$ 和 $\omega=10\frac{1}{T}$ 处，幅值的精确值与近似值间的误差为 −0.04dB，在频段 $\left[0.1\frac{1}{T},\ 10\frac{1}{T}\right]$ 之外的误差更小。所以，若要获取较精确的幅频特性曲线，只需在频段 $\left[0.1\frac{1}{T},\ 10\frac{1}{T}\right]$ 内对渐近特性进行修正即可。

惯性环节的相频特性可根据 $\varphi(\omega)=-\arctan\omega T$ 绘制。$\omega=0$ 时，$\varphi(\omega)=0°$；$\omega=\infty$ 时，$\varphi(\omega)=-90°$，在转折频率 $\omega=\frac{1}{T}$ 处，$\varphi(\omega)=-45°$，惯性环节相频特性数据见表5-2。对数相频特性曲线关于点 $\omega=\frac{1}{T}$，$\varphi(\omega)=-45°$ 斜对称。惯性环节的 Bode 图如图 5-24 所示。

表 5-2　惯性环节的相频特性数据

$\frac{\omega}{1/T}$	0.1	0.25	0.4	0.5	1.0	2.0	2.5	4.0	10
$\varphi(\omega)/°$	−5.7	−14.1	−21.8	−26.6	−45	−63.4	−68.2	−75.9	−84.3

惯性环节的转折频率 $\frac{1}{T}$ 减小或增大，相频特性曲线和幅频特性曲线相应地左移或右移，但其形状不变。

④ 振荡环节。

由振荡环节的频率特性 $G(j\omega)=\frac{1}{(1-\omega^2T^2)+j2\zeta\omega T}$，得到其对数幅频特性为

$$20\lg\frac{1}{\sqrt{(1-\omega^2T^2)^2+(2\zeta\omega T)^2}}$$
$$=-20\lg\sqrt{(1-\omega^2T^2)^2+(2\zeta\omega T)^2} \tag{5-43}$$

由对数频率特性表达式可看出，在频率 $\omega\ll\frac{1}{T}$ 的低频段，对数频率特性可近似为

$$-20\lg\sqrt{(1-\omega^2T^2)^2+(2\zeta\omega T)^2}\approx 0$$

这表明在 $\omega\ll\frac{1}{T}$ 的频段内，对数幅频特性是与横轴重合的直线段。

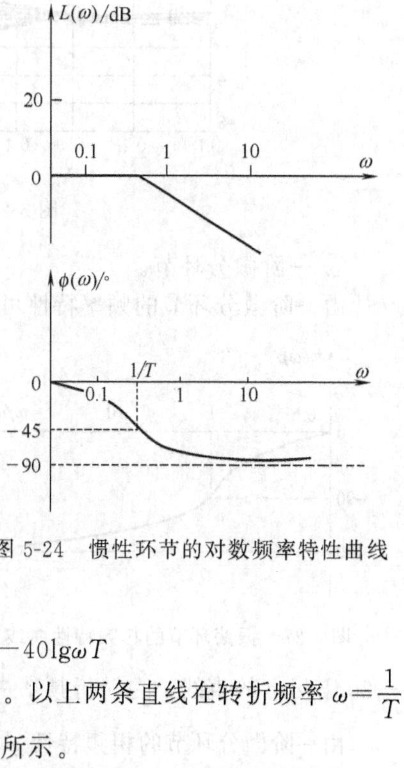

图 5-24　惯性环节的对数频率特性曲线

在频率 $\omega\gg\frac{1}{T}$ 的高频段内，频率特性可近似为

$$-20\lg\sqrt{(1-\omega^2T^2)^2+(2\zeta\omega T)^2}\approx -40\lg\omega T$$

这是一条在 $\omega=\frac{1}{T}$ 过零分贝线，斜率为 −40dB/dec 的直线段。以上两条直线在转折频率 $\omega=\frac{1}{T}$ 处相交，它们构成振荡环节的渐近对数幅频特性。如图5-25 所示。

若分别用 $L(\omega)$、$L_a(\omega)$ 和 ΔL 表示振荡环节对数幅频特性的精确值、近似值及它们之间的误差值，则有

$$\Delta L=L(\omega)-L_a(\omega) \tag{5-44}$$

$$\Delta L=-20\lg\sqrt{(1-\omega^2T^2)^2+(2\zeta\omega T)^2}-0,\quad \omega\leqslant\frac{1}{T} \tag{5-45}$$

$$\Delta L=-20\lg\sqrt{(1-\omega^2T^2)^2+(2\zeta\omega T)^2}-(-40\lg\omega T),\quad \omega\geqslant\frac{1}{T} \tag{5-46}$$

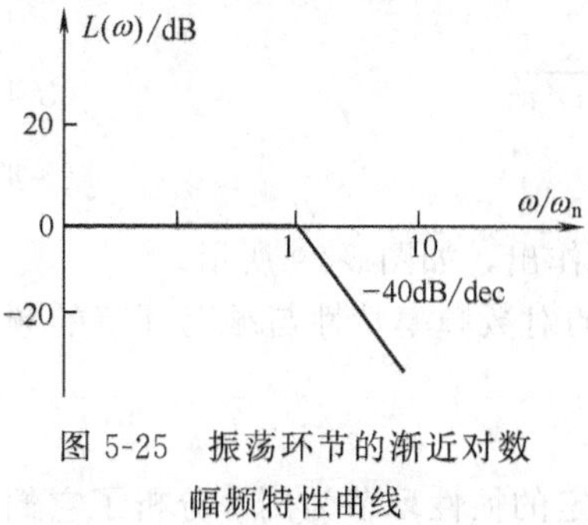

图 5-25　振荡环节的渐近对数幅频特性曲线

由式(5-45) 和式(5-46) 知，振荡环节的渐近幅频特性曲线与精确曲线间的误差是频率 ω 和阻尼比 ζ 的函数。由 ΔL 的表达式可绘制误差曲线如图 5-26 所示。由振荡环节的

相频特性$\angle G(j\omega)=-\arctan\frac{2\zeta\omega T}{1-\omega^2T^2}$，可绘制对数相频特性曲线如图 5-27 所示。由于相频特性也是频率 ω 和阻尼比 ζ 的函数，所以曲线形状随着 ζ 取值的不同各异，但都是在频率 $\omega=\frac{1}{T}$ 处通过$-90°$，且曲线在这点关于$-90°$线斜对称。

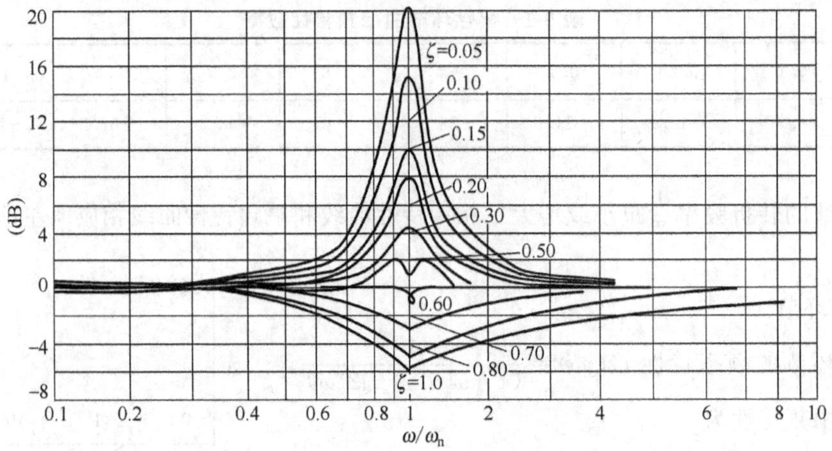

图 5-26　振荡环节的幅频特性的误差曲线

⑤ 一阶微分环节。

由一阶微分环节的频率特性可求得对数幅频特性为

$$L(\omega)=20\lg\sqrt{1+\omega^2\tau^2}$$

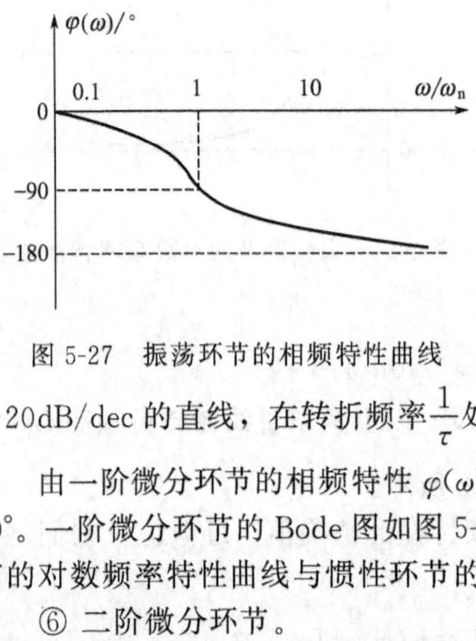

图 5-27　振荡环节的相频特性曲线

与惯性环节的分析方法类似，可得到在频率 $\omega<\frac{1}{\tau}$ 和 $\omega>\frac{1}{\tau}$ 两个频段内，用两条直线来表示一阶微分环节的渐近对数幅频特性。在频率 $\omega<\frac{1}{\tau}$ 的频段内，渐近特性是与 0dB 线重合的直线，在 $\omega>\frac{1}{\tau}$ 的频段内，是斜率为$+20$dB/dec 的直线，在转折频率$\frac{1}{\tau}$处，精确幅频特性与渐近频率特性之差为 3dB。

由一阶微分环节的相频特性 $\varphi(\omega)=\arctan\omega\tau$ 可绘制出相频特性曲线，相角变化范围是 0°～90°。一阶微分环节的 Bode 图如图 5-28 所示。将图 5-28 与图 5-24 比较可以发现，一阶微分环节的对数频率特性曲线与惯性环节的对数频率特性曲线关于横轴对称。

⑥ 二阶微分环节。

二阶微分环节的对数幅频特性和相频特性分别为

$$L(\omega)=20\lg\sqrt{(1-\omega^2\tau^2)^2+4\zeta^2\omega^2\tau^2} \tag{5-47}$$

$$\varphi(\omega)=\arctan\frac{2\zeta\omega\tau}{1-\omega^2\tau^2} \tag{5-48}$$

二阶微分环节的 Bode 图可仿照振荡环节 Bode 图的绘制过程作出，如图 5-29 所示。

将图 5-29 与图 5-25、图 5-27 比较可知，二阶微分环节的对数频率特性与振荡环节的频率特性关于横轴互为镜像。

⑦ 不稳定环节。

在典型环节幅相频率特性的讨论中，以惯性环节和不稳定的惯性环节为例，分析了它们的

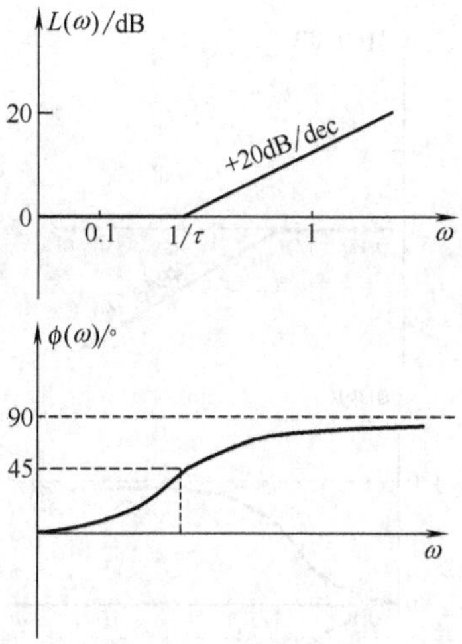

图 5-28 一阶微分环节的 Bode 图

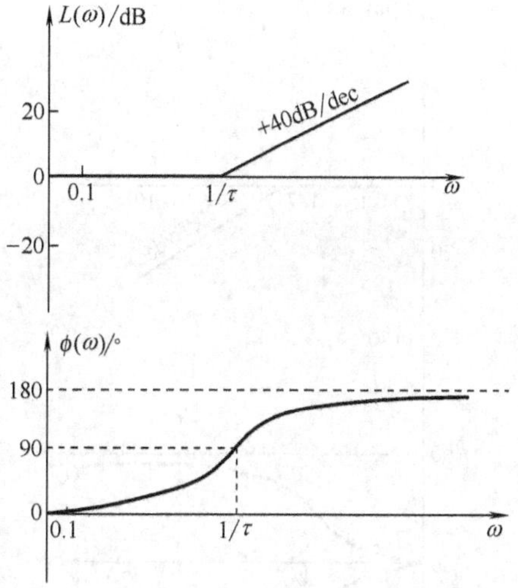

图 5-29 二阶微分环节的对数幅频特性曲线

频率特性的特点。下面以不稳定的惯性环节和不稳定的振荡环节为例，说明不稳定环节对数频率特性曲线的特点，并将它们与对应的稳定环节相比较。

不稳定惯性环节的频率特性为

$$G(\mathrm{j}\omega)=\frac{1}{-\mathrm{j}\omega T+1}$$

对数幅频特性为

$$L(\omega)=20\,\frac{1}{\sqrt{1+\omega^2T^2}}=-20\lg\sqrt{1+\omega^2T^2} \tag{5-49}$$

相频特性为

$$\varphi(\omega)=-(-\arctan\omega T)=\arctan\omega T \tag{5-50}$$

其对数幅频特性与惯性环节相同，当频率 ω 从 $0\sim\infty$ 变化时，相角变化范围是 $0°\sim90°$，如图 5-30 所示，与图 5-24 比较可知，不稳定惯性环节的对数幅频特性曲线与惯性环节相同，相频特性曲线与惯性环节关于横轴互为镜像。

不稳定振荡环节的频率特性为

$$G(\mathrm{j}\omega)=\frac{1}{T^2(\mathrm{j}\omega)^2-\mathrm{j}2\zeta\omega T+1}$$

对数幅频特性

$$L(\omega)=-20\lg\sqrt{(1-\omega^2T^2)^2+4\zeta^2\omega^2T^2} \tag{5-51}$$

相频特性为

$$\varphi(\omega)=-\left(-\arctan\frac{2\zeta\omega T}{1-\omega^2T^2}\right)=\arctan\frac{2\zeta\omega T}{1-\omega^2T^2},\ \omega\leqslant\frac{1}{T} \tag{5-52}$$

$$\varphi(\omega)=-\left(-180°+\arctan\frac{2\zeta\omega T}{\omega^2T^2-1}\right)=180°-\arctan\frac{2\zeta\omega T}{\omega^2T^2-1},\ \omega\geqslant\frac{1}{T} \tag{5-53}$$

比较式(5-51) 和式(5-43) 知，不稳定振荡环节的对数幅频特性与振荡环节的相同，而它们的相频特性关于横轴对称。由式(5-52) 和式(5-53) 可知，不稳定振荡环节的相角变化范围是 $0°\sim180°$，Bode 图如图 5-31 所示。

(2) 开环系统的对数频率特性曲线

掌握了典型环节的对数频率特性曲线的画法，可以很方便地绘制开环系统的对数频率特性曲线（Bode 图）。

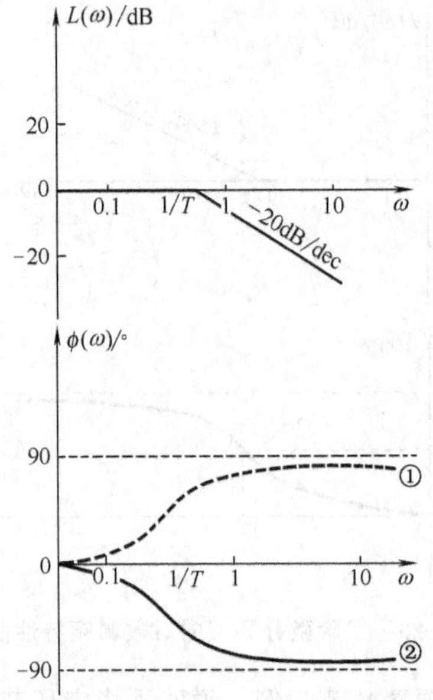

图 5-30 不稳定惯性环节的 Bode 图
①—不稳定惯性环节；②—稳定惯性环节

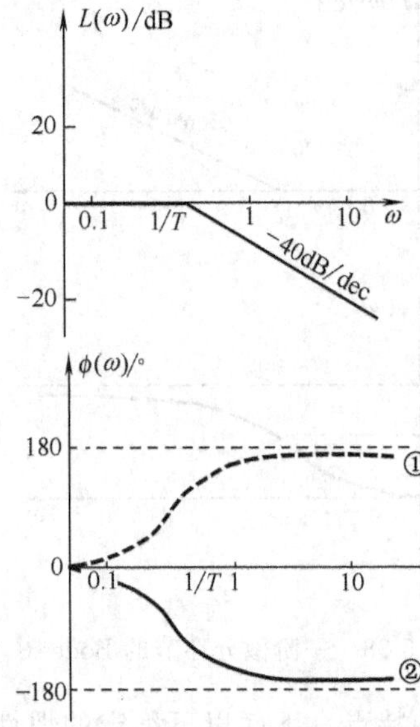

图 5-31 不稳定振荡环节的 Bode 图
①—不稳定振荡环节；②—稳定振荡环节

设开环系统由 N 个典型环节串联组成，这些环节的传递函数分别为 $G_1(s)$，$G_2(s)$，…，$G_n(s)$，则系统的开环传递函数为

$$G(s)=\prod_{i=1}^{n}G_i(s)$$

其对数幅频特性为

$$20\lg|G(j\omega)|=\sum_{i=1}^{n}20\lg|G_i(j\omega)| \tag{5-54}$$

相频特性为

$$\angle G(j\omega)=\sum_{i=1}^{n}\angle G_i(j\omega) \tag{5-55}$$

式(5-54) 和式(5-55) 表明由 N 个典型环节串联组成的开环系统的对数幅频特性曲线和对数相频特性曲线可由各典型环节相应的曲线叠加得到。

【例 5-6】 已知控制系统的开环传递函数为

$$G(s)H(s)=\frac{4(1+0.5s)}{s(1+2s)[1+0.05s+(0.125s)^2]}$$

试绘制系统 Bode 图。

解 开环系统由比例、积分、惯性、一阶微分和振荡环节组成，对数幅频特性和对数相频特性分别为

$$\begin{aligned}L(\omega)&=L_1(\omega)+L_2(\omega)+L_3(\omega)+L_4(\omega)+L_5(\omega)\\&=20\lg4-20\lg\omega-20\lg\sqrt{1+(2\omega)^2}+20\lg\sqrt{1+(0.5\omega)^2}-20\lg\sqrt{[1-(0.125\omega)^2]^2+(0.05\omega)^2}\end{aligned}$$

$$\begin{aligned}\varphi(\omega)&=\varphi_1(\omega)+\varphi_2(\omega)+\varphi_3(\omega)+\varphi_4(\omega)+\varphi_5(\omega)\\&=0°-90°-\arctan2\omega+\arctan0.5\omega-\arctan\frac{0.05\omega}{1-(0.125\omega)^2}\end{aligned}$$

开环系统有三个转折频率，分别是 $\omega_1=0.5$，$\omega_2=2$，$\omega_3=8$，首先分析在不同的频率范围内，$L(\omega)$ 的渐近特性。

① 在 $\omega\leqslant\omega_1$ 的频率范围内，L_1 和 L_2 为正值，$L_3=L_4=L_5=0$，$\omega=\omega_1$ 时，$L_1(\omega_1)=12\text{dB}$，

$L_2(\omega_1)=6\text{dB}$，$L_2(\omega)$ 的斜率为 -20dB/dec，故在 $\omega\leqslant\omega_1$ 的频段内，$L(\omega)$ 是一条在 $\omega=\omega_1$ 处幅值为 18dB，斜率为 -20dB/dec 的直线。

② 在 $\omega_1<\omega<\omega_2$ 的频率范围内，$L_3(\omega)\neq0$，斜率为 -20dB/dec，叠加后的 $L(\omega)$ 是一条斜率为 -40dB/dec，在 ω_2 处幅值为 -6dB 的直线。

③ 在 $\omega_2<\omega<\omega_3$ 的频率范围内，$L_4(\omega)\neq0$，其斜率为 $+20\text{dB/dec}$，因此叠加后的 $L(\omega)$ 是一条斜率为 -20dB/dec，在频率 ω_3 处幅值为 -18dB 的直线。

④ 在 $\omega>\omega_3$ 的频率范围内，$L_5(\omega)$ 的斜率为 -40dB/dec，故 $L(\omega)$ 的斜率为 -60dB/dec。

根据以上分析，各画出 $L(\omega)$ 的渐近特性如图 5-32(a) 所示。

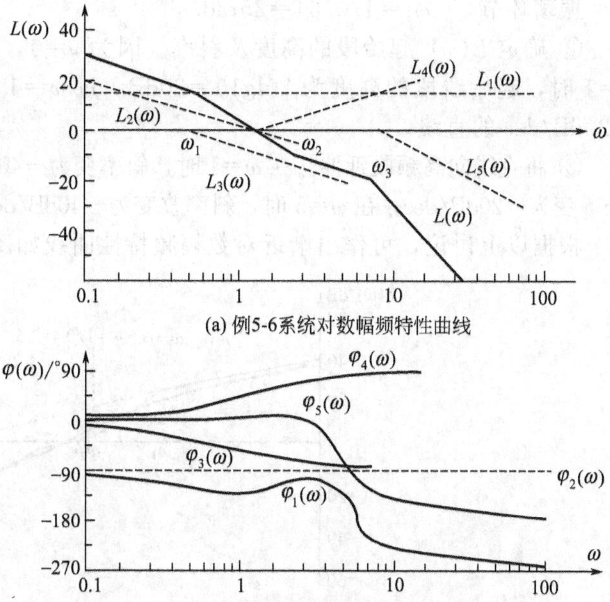

(a) 例5-6系统对数幅频特性曲线

(b) 例5-6系统对数相频特性曲线

图 5-32 例 5-6 图

对数相频特性曲线可分别将积分环节、惯性环节、微分环节和振荡环节的相频特性曲线画出，惯性环节和微分环节可根据表 5-2 确定几个点，再用曲线板连起来即可，振荡环节可根据图 5-27 和 ζ 的值确定几点，再连接成光滑的曲线。将各环节的相频特性曲线叠加起来，就可得到开环系统的对数相频特性如图 5-32(b) 所示。

最小相位系统的幅频特性曲线与相频特性曲线有一定的关系，当幅频特性曲线的负斜率加大时，相频特性曲线的负相角也增加，若 $\varphi(\omega)$ 向正相角方向变化，则对应的幅频特性曲线也向斜率增加的方向变化。因此，用 Bode 图分析最小相位系统时，只用画对数幅频特性曲线就可以了。$L(\omega)$ 的渐近线是由一些直线段组成的。$L(\omega)$ 曲线由低频段向高频段延伸时，每经过一个转折频率，直线段的斜率就相应的改变一次。经过一个比例微分环节，直线斜率增加 20dB/dec，经过一个惯性环节，直线斜率增加 -20dB/dec，经过一个振荡环节，直线斜率增加 -40dB/dec，按照这些规律，可以一次画成 $L(\omega)$ 的渐近线。具体画法步骤如下。

① 求出比例微分、惯性环节和振荡环节的转折频率，并将它们标在 Bode 图的 ω 轴上。

② 确定 $L(\omega)$ 渐近线起始段的斜率和位置。在 $L(\omega)$ 的起始段，$\omega\ll1$，则

$$L(\omega)=20\lg\left|\lim_{\omega\to0}G(\mathrm{j}\omega)\right|=20\lg K-20\lg|\mathrm{j}\omega|^{\nu} \tag{5-56}$$

根据式(5-56) 右端的第二项，可以确定渐近线起始段的斜率为 $-\nu\times20\text{dB/dec}$，第一项确定了在 $\omega=1$ 时，渐近线起始段的高度为 $20\lg K$。因此，过 $\omega=1$，$L(\omega)=20\lg K$ 这一点画一条斜率为 $-\nu\times20\text{dB/dec}$ 的直线，该直线从低频段开始向高频段延伸，直至第一个转折频率处，该条直线就是 $L(\omega)$ 渐近线的起始段。

③ 将 $L(\omega)$ 向高频段延伸，且每过一个转折频率，将渐近线的斜率相应的改变一次，就可得到 $L(\omega)$ 的渐近线。

【例 5-7】 绘制下面开环系统频率特性的对数幅频特性曲线

$$G(\mathrm{j}\omega)H(\mathrm{j}\omega)=\frac{10(1+\mathrm{j}0.4\omega)}{\mathrm{j}\omega(1+\mathrm{j}\omega)(1+\mathrm{j}0.2\omega)[1+\mathrm{j}0.008\omega+(\mathrm{j}0.04\omega)^2]}$$

解 首先作出 $L(\omega)$ 的渐近线，再画出精确曲线。

① 确定有关环节的转折频率。

惯性环节 1　$\omega_1=1\text{rad/s}$

微分环节　$\omega_2=1/0.4=2.5\text{rad/s}$

惯性环节 2　$\omega_3=1/0.2=5\text{rad/s}$

振荡环节　$\omega_4=1/0.04=25\text{rad/s}$

② 确定 $L(\omega)$ 起始段的高度及斜率。因为 $\nu=1$，渐近线起始段的斜率为 -20dB/dec，在 $\omega=1$ 时，起始线段的高度为 $20\lg10=20\text{dB}$。过 $\omega=1$ 和 $L(\omega)=20\text{dB}$ 一点向低频段画斜率为 -20dB/dec 的直线。

③ 将直线向高频段延伸。在 $\omega=1$ 时，斜率变为 -40dB/dec；在 $\omega=2.5$ 时，斜率应增加 20dB/dec，变为 -20dB/dec；在 $\omega=5$ 时，斜率改变为 -40dB/dec；在 $\omega=25$ 时，斜率变为 -80db/dec。

根据以上讨论，可作出渐近对数幅频特性曲线如图 5-33 中的细实线所示。

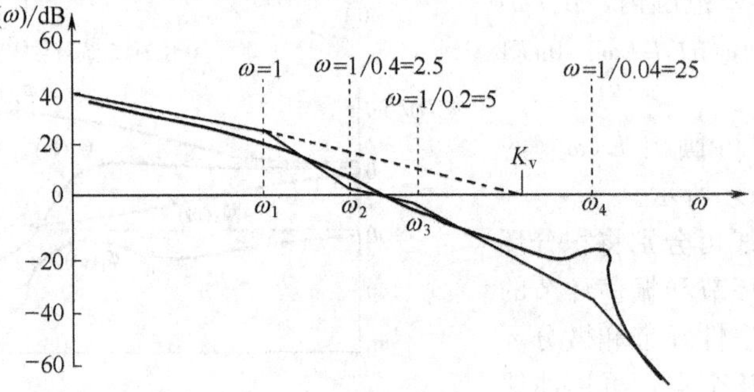

图 5-33　例 5-7 对数幅频特性曲线

当渐近对数幅频特性曲线的幅值穿越频率附近存在转折频率时，由渐近线确定的幅值穿越频率是不准确的，可根据表 5-1 或图 5-26 对渐近曲线进行修正，画出精确的对数幅值曲线。

5.3　奈奎斯特稳定判据

奈奎斯特稳定判据（简称为奈氏判据）是根据系统的开环频率特性对闭环系统的稳定性进行判断的一种方法。它把开环频率特性与复变函数 $1+G(s)H(s)$ 位于右半 S 平面的零点和极点联系起来，用图解的方法分析系统的稳定性。应用奈氏判据不仅可判断线性系统是否稳定，还可指出系统不稳定根的个数。

5.3.1　奈奎斯特稳定判据的数学基础

建立在复变函数理论基础上的幅角原理是奈氏判据的数学基础，首先将幅角原理作一简要介绍。

（1）映射的概念

若 $F(s)$ 为单值，在 S 平面上，除有限个奇点外，处处解析，则对于 S 平面上的每一个解析点，在 F 平面上，必有一点 $F(s)$ 与之对应。如 $F(s)=\dfrac{1}{s+1}$，在 S 平面上，取 $s=1$，则在 $F(s)$ 平面上，有 $F(s)=\dfrac{1}{2}$，在 S 平面上，取 $s=-1+\text{j}$，则在 $F(s)$ 平面上，有 $F(s)=-\text{j}1$。若在 S 平面上，任取一封闭轨迹 Γ_s，且使 Γ_s 不通过 $F(s)$ 的奇点，则在 F 平面上，就有一封闭轨迹 Γ_F 与之对应。

（2）幅角原理

设 $F(s)$ 除 S 平面上的有限个奇点外，为单值连续正则函数，若在 S 平面上任选一条封闭曲线 Γ_s，并使 Γ_s 不通过 $F(s)$ 的奇点，则在 S 平面上的封闭曲线 Γ_s 映射到 $F(s)$ 平面上也是一条封闭的曲线 Γ_F。当解析点 s 按顺时针方向沿 Γ_s 变化一周时，则在 $F(s)$ 平面上，Γ_F 曲线按逆时针方向绕原点的圈数 N 为封闭曲线 Γ_s 内包含的 $F(s)$ 的极点数 P 与零点数 Z 之差，即

$$N=P-Z$$

式中，若 $N>0$，表明 Γ_F 逆时针包围 $F(s)$ 平面上的原点 N 周；若 $N<0$，表明 Γ_F 顺时针包围 $F(s)$ 平面上的原点 N 周；若 $N=0$，则说明 Γ_F 曲线不包围 $F(s)$ 平面上的原点。

由幅角原理，可以确定函数 $F(s)$ 被曲线 Γ_s 所包围的极点与零点的个数之差。封闭曲线 Γ_s 和 Γ_F 的形状不影响上述结论。

关于幅角定理的数学证明请读者参考有关书籍，这里仅从几何图形上加以简单说明。

设有辅助函数为

$$F(s)=\frac{(s-z_1)(s-z_2)(s-z_3)}{(s-p_1)(s-p_2)(s-p_3)} \tag{5-57}$$

其零、极点在S平面上的分布如图5-34所示，在S平面上作一封闭曲线 Γ_s，且 Γ_s 不通过上述

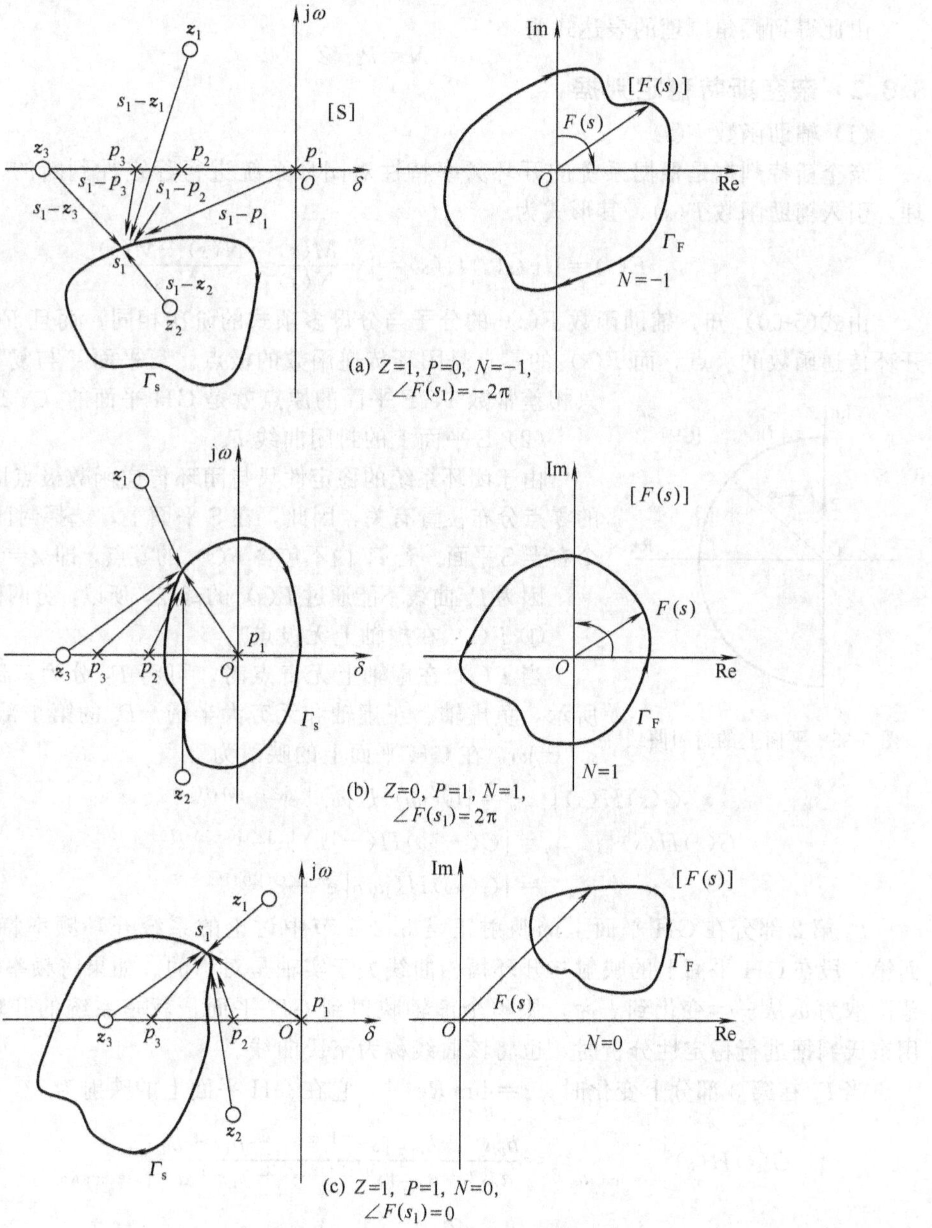

图5-34 S平面与 $F(s)$ 平面的映射关系

零、极点，在封闭曲线 Γ_s 上任取一点 s_1，其对应的辅助函数 $F(s_1)$ 的幅角应为

$$\angle F(s_1)=\sum_{j=1}^{3}\angle(s_1-z_j)-\sum_{i=1}^{3}\angle(s_1-p_i) \tag{5-58}$$

当解析点 s_1 沿封闭曲线 Γ_s 按顺时针方向旋转一周后再回到起始点时，由图可知，所有位于封闭曲线 Γ_s 外面的辅助函数 $F(s)$ 的零、极点指向 s_1 的向量转过的角度都为零，而位于封闭曲线 Γ_s 内的 $F(s)$ 的零、极点指向 s_1 的向量都按顺时针方向转过 2π（一周）。这样，对图 5-34(a)，$Z=1$，$P=0$，$\angle F(s_1)=-2\pi$，即 $N=-1$，$F(s_1)$ 绕 $F(s)$ 平面原点顺时针一周；对图 5-34(b)，$Z=0$，$P=1$，$\angle F(s_1)=2\pi$，即 $N=1$，$F(s_1)$ 绕 $F(s)$ 平面原点逆时针旋转一周；对图 5-34(c)，$Z=1$，$P=1$，$\angle F(s_1)=0$，即 $N=0$，$F(s_1)$ 不包围 $F(s)$ 平面的原点。

将上述分析推广到一般情况则有

$$\angle F(s)=2\pi(P-Z)=2\pi N$$

由此得到幅角原理的表达式为

$$N=P-Z \tag{5-59}$$

5.3.2 奈奎斯特稳定判据

(1) 辅助函数 $F(s)$

奈奎斯特判据是根据系统的开环频率特性对闭环系统进行稳定性判断的，为应用幅角原理，引入辅助函数 $F(s)$，其形式为

$$F(s)=1+G(s)H(s)=1+\frac{M(s)}{N(s)}=\frac{N(s)+M(s)}{N(s)} \tag{5-60}$$

由式(5-60)知，辅助函数 $F(s)$ 的分子与分母多项式的阶次相同，而且 $F(s)$ 的极点就是开环传递函数的极点，而 $F(s)$ 的零点是闭环传递函数的极点。复平面 F 与复平面 GH 的关系只相差常数 1，F 平面的原点就是 GH 平面的（-1,j0）点。

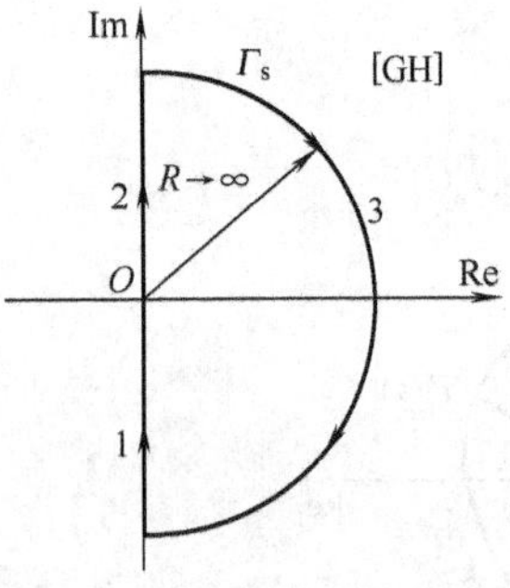

图 5-35 平面上的封闭曲线

(2) S 平面上的封闭曲线 Γ_s

由于闭环系统的稳定性只与闭环传递函数极点即辅助函数 $F(s)$ 的零点分布位置有关，因此，在 S 平面上，选择封闭曲线 Γ_s 包围整个右半 S 平面。若 Γ_s 内不包含 $F(s)$ 的零点，即 $Z=0$，则系统稳定。

因为 Γ_s 曲线不能通过 $F(s)$ 的奇点，所以，分两种情况加以讨论。

① $F(s)$ 在虚轴上无极点。

当 $F(s)$ 在虚轴上无奇点时，可将 Γ_s 分为三部分，如图 5-35 所示，负虚轴、正虚轴和无穷大半圆。Γ_s 的第 1 部分和第 2 部分，$s=\pm j\omega$，在 GH 平面上的映射为

$$G(s)H(s)\big|_{s=j\omega}=|G(j\omega)H(j\omega)|e^{j\angle G(j\omega)H(j\omega)}$$

$$G(s)H(s)\big|_{s=-j\omega}=|G(-j\omega)H(-j\omega)|e^{j\angle G(-j\omega)H(-j\omega)}$$

$$=|G(j\omega)H(j\omega)|e^{-j\angle G(j\omega)H(j\omega)}$$

Γ_s 第 2 部分在 GH 平面上的映射正是 5.2.1 节中讨论的系统开环频率特性的幅相曲线，而第 1 段在 GH 平面上的映射与开环幅相曲线关于实轴是对称的。如果将频率特性的频率变化范围取为 ω 从 $-\infty$ 变化到 $+\infty$，则整个虚轴映射到 GH 平面，就是系统的开环幅相曲线。在用奈氏判据进行稳定性分析时，也将该曲线称为奈氏曲线。

当 Γ_s 在第 3 部分上变化时，$s=\lim\limits_{R\to\infty}Re^{-j\phi}$，它在 GH 平面上的映射为

$$G(s)H(s)\Big|_{s=\lim\limits_{R\to\infty}Re^{-j\phi}}=\frac{b_ms^m+b_{m-1}s^{m-1}+\cdots+b_1s+b_0}{a_ns^n+a_{n-1}s^{n-1}+\cdots+a_1s+a_0}\Big|_{s=\lim\limits_{R\to\infty}Re^{-j\phi}}$$

$$=\left(\lim_{R\to\infty}\frac{b_m}{a_n}\cdot\frac{1}{R^{n-m}}\right)e^{j(n-m)\phi} \tag{5-61}$$

当 $n=m$ 时

$$G(s)H(s)\Big|_{s=\lim\limits_{R\to\infty}Re^{-j\phi}}=\frac{b_m}{a_n}=K$$

奈氏轨迹的第 3 部分（无穷大半圆弧）在 GH 平面上的映射为常数 K。

当 $n>m$ 时

$$G(s)H(s)\Big|_{s=\lim\limits_{R\to\infty}Re^{-j\phi}}=0\cdot e^{j(n-m)\phi}$$

Γ_s 的第 3 部分在 GH 平面上的映射是坐标原点。

把奈氏轨迹 Γ_s 在 GH 平面上的映射 Γ_{GH} 称为奈奎斯特曲线或奈氏曲线。

② $F(s)$ 在虚轴上有极点。

由于 Γ_s 曲线不能通过 $F(s)$ 的奇点，所以，当开环传递函数含有虚轴上的极点时，Γ_s 曲线必须绕过这些极点。这里，以开环传递函数含有积分环节为例进行讨论。此时，Γ_s 曲线增加第 4 部分，以原点为圆心，无穷小半径逆时针作圆，即右半平面的极点不包含该点，如图 5-36 所示。下面讨论 Γ_s 第 4 部分在 GH 平面上的映射。

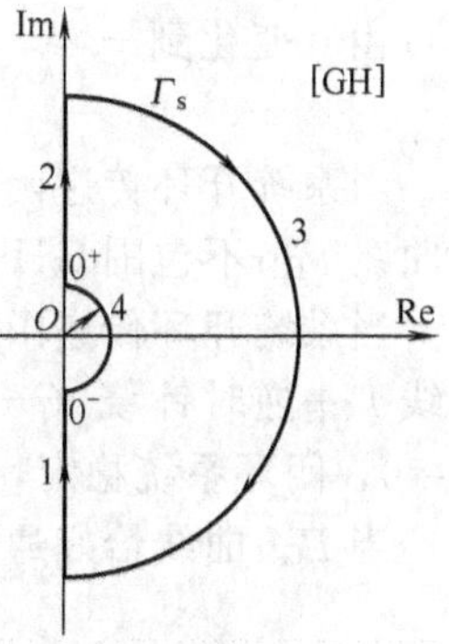

图 5-36　有积分环节时的 Γ_s 曲线

Γ_s 第 4 部分的定义是：$s=\lim\limits_{R\to 0}Re^{j\theta}\left(-\frac{\pi}{2}\leqslant\theta\leqslant\frac{\pi}{2}\right)$，表明 s 在以原点为圆心，半径为无穷小的右半圆弧上逆时针变化（ω 由 $0^-\to 0^+$）。这样，Γ_s 既绕过了位于 $G(s)H(s)$ 平面原点处的极点，又包围了整个右半 S 平面，如果在虚轴上还有其他极点，亦可采用同样的方法，将 Γ_s 绕过这些虚轴上的极点。

设系统的开环传递函数为

$$G(s)H(s)=\frac{k(s-z_1)(s-z_2)\cdots(s-z_m)}{s^{\nu}(s-p_1)(s-p_2)\cdots(s-p_{n-\nu})}\tag{5-62}$$

其中 ν 称为无差度，即系统中含积分环节的个数或位于原点的开环极点数。当 $s=\lim\limits_{r\to 0}re^{j\theta}$ 时

$$G(s)H(s)\Big|_{s=\lim\limits_{r\to 0}re^{j\theta}}=\frac{k(s-z_1)(s-z_2)\cdots(s-z_m)}{s^{\nu}(s-p_1)(s-p_2)\cdots(s-p_n)}\Big|_{s=\lim\limits_{r\to 0}re^{j\theta}}$$

$$=\lim_{r\to 0}\frac{K}{r^{\nu}}e^{-j\nu\theta}=\infty e^{-j\nu\theta}\tag{5-63}$$

式(5-63) 表明，Γ_s 的第 4 部分无穷小半圆弧在 GH 平面上的映射为顺时针旋转的无穷大圆弧，旋转的弧度为 $\nu\pi$。图 5-37 和图 5-38 分别表示当 $\nu=1$ 和 $\nu=2$ 时系统的奈氏曲线，其中虚线部分是 Γ_s 的无穷小半圆弧在 GH 平面上的映射。

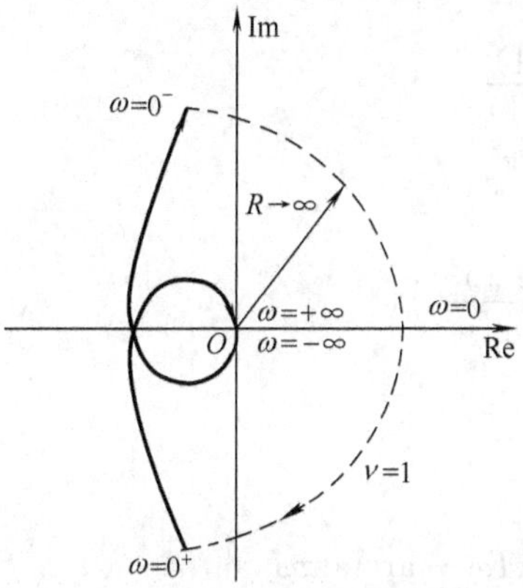

图 5-37　$\nu=1$ 时系统的奈氏曲线

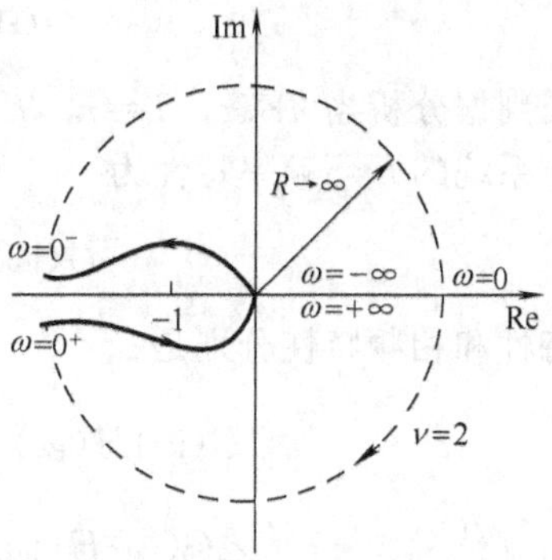

图 5-38　$\nu=2$ 时系统的奈氏曲线

(3) 幅角原理的应用

从上面的分析可知，奈氏曲线Γ_{GH}实际上是系统开环频率特性极坐标图的扩展。当已知系统的开环频率特性$G(j\omega)H(j\omega)$后，根据它的极坐标图和系统的性质（是否含有积分环节、开环传递函数中分子分母的最高阶次等）便可方便地在GH平面上绘制出奈氏曲线Γ_{GH}。由此得到基于开环频率特性$G(j\omega)H(j\omega)$的奈氏判据如下。

闭环系统稳定的充分必要条件是，GH平面上的开环频率特性$G(j\omega)H(j\omega)$曲线当ω由$-\infty$变化到$+\infty$时，按逆时针方向绕$(-1,j0)$点P周。

奈氏判据可表示为

$$Z=P-N \tag{5-64}$$

式中，Z为闭环极点在右半S平面的个数；P为开环极点在右半S平面的个数；N为奈氏曲线绕$(-1,j0)$的周数，逆时针绕$(-1,j0)$点，N为正，顺时针绕$(-1,j0)$点N为负。若ω由0变化到$+\infty$，则奈氏判据为

$$Z=P-2N \tag{5-65}$$

当系统开环传递函数的全部极点均位于S平面左半部（包括原点和虚轴），即$P=0$，若奈氏曲线Γ_{GH}不包围GH平面上的$(-1,j0)$点，那么，$N=0$，$Z=P-N=0$，闭环系统稳定。

当系统开环传递函数$G(s)H(s)$有位于S平面右半部的极点时$(P\neq 0)$，如果系统的奈氏曲线Γ_{GH}逆时针绕$(-1,j0)$点的周数等于位于S平面右半部的开环极点数，则$Z=P-N=0$，闭环系统稳定，否则不稳定，且不稳定根的个数为Z。

当Γ_{GH}曲线恰好通过GH平面的$(-1,j0)$点时，系统处于临界稳定状态。

【例5-8】 系统的开环传递函数为

$$G(s)H(s)=\frac{K}{(T_1s+1)(T_2s+1)},\quad T_1>T_2$$

试用奈氏判据分析系统的稳定性。

解 系统的频率特性为

$$G(j\omega)H(j\omega)=\frac{K}{(jT_1\omega+1)(jT_2\omega+1)}$$

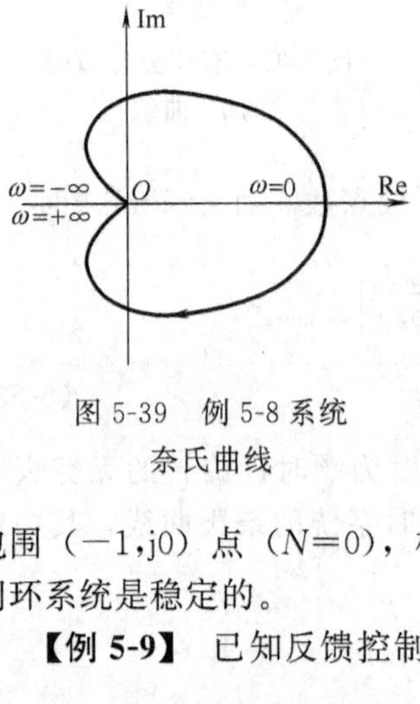

图5-39 例5-8系统奈氏曲线

当ω由$-\infty$至$+\infty$时，系统的奈氏曲线如图5-39所示。系统的两个开环极点$-\frac{1}{T_1}$和$-\frac{1}{T_2}$均在S平面左半部，即S平面右半部的开环极点数$P=0$，由图5-39可知，系统的奈氏曲线Γ_{GH}不包围$(-1,j0)$点$(N=0)$，根据奈氏判据，位于S平面右半部的闭环极点数$Z=P-N=0$，该闭环系统是稳定的。

【例5-9】 已知反馈控制系统的开环传递函数为

$$G(s)H(s)=\frac{K(\tau s+1)}{s^2(Ts+1)}$$

试用奈氏判据分析当$T<\tau$，$T=\tau$，$T>\tau$时系统的稳定性。

解 系统的开环频率特性为

$$G(j\omega)H(j\omega)=\frac{K(j\tau\omega+1)}{-\omega^2(1+jT\omega)}$$

其幅频特性和相频特性分别是

$$|G(j\omega)H(j\omega)|=\frac{K\sqrt{1+\tau^2\omega^2}}{\omega^2\sqrt{1+T^2\omega^2}}$$

$$\angle G(j\omega)H(j\omega)=-180^\circ-\arctan T\omega+\arctan\tau\omega$$

① 当$T<\tau$时，$\arctan T\omega<\arctan\tau\omega$，当$\omega$从0变至$+\infty$时，$|G(j\omega)H(j\omega)|$由$\infty$变至0，

$\angle G(j\omega)H(j\omega)$ 在第Ⅲ象限内由$-180°$变化为$-180°$，其对应的奈氏曲线如图 5-40(a) 所示，图中虚线表示的顺时针旋转的无穷大圆弧是开环重极点 $p=0$ 在 GH 平面上的映射。由于奈氏曲线左端无穷远处是开口的，它没有包围 $(-1,j0)$ 点 $(N=0)$，系统无 S 平面右半部的开环极点 $(P=0)$，由奈氏判据知，当 $T<\tau$ 时，该系统是稳定的。

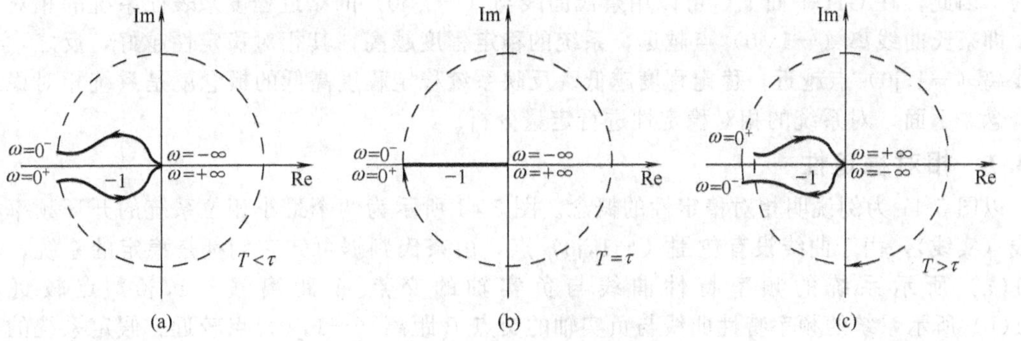

图 5-40 二阶无差系统的奈氏曲线

② 当 $T=\tau$ 时，$\arctan T\omega=\arctan\tau\omega$，系统的相频特性$\angle G(j\omega)H(j\omega)=-180°$，与角频率 ω 无关，当 ω 由 0 变至$+\infty$时，幅频特性$|G(j\omega)H(j\omega)|$由∞变至 0。如图 5-40(b) 所示，除无穷大圆弧外，奈氏曲线穿过 $(-1,j0)$ 点且与负实轴重合，故系统处于临界稳定状态。

③ 当 $T>\tau$ 时，$\arctan T\omega>\arctan\tau\omega$，当 ω 由 0 变至$+\infty$时，$|G(j\omega)H(j\omega)|$由∞变至 0，$\angle G(j\omega)H(j\omega)$ 由$-180°$在第Ⅱ象限内变化后再次变为$-180°$，其对应的奈氏曲线如图 5-40(c) 所示。由于奈氏曲线左端是封口的，它顺时针包围了 $(-1,j0)$ 点两周，$N=-2$。由奈氏判据知，$Z=P-N=2$，所以，当 $T>\tau$ 时，该系统是不稳定的。

若开环系统的频率特性用 Bode 图表示，也可根据奈奎斯特判据分析系统的稳定性。下面通过分析极坐标图和 Bode 图之间的对应关系，得出利用开环对数频率特性分析系统稳定性的方法：

① 极坐标图中的单位圆，由于其幅值$|G(j\omega)H(j\omega)|=1$，故与对数幅频特性图中的零分贝线相对应；

② 极坐标图中单位圆以外的部分，由于$|G(j\omega)H(j\omega)|>1$，故与对数幅频特性图中零分贝线以上部分相对应；单位圆以内，即 $0<|G(j\omega)H(j\omega)|<1$，与零分贝线以下部分相对应；

③ 极坐标图中的负实轴与对数相频特性图中的$-\pi$线相对应；

④ 极坐标图中，开环频率特性逆时针绕 $(-1,j0)$ 点，对应 Bode 图中，$L(\omega)>0\text{dB}$ 的频段内，相频特性曲线 $\varphi(\omega)$ 从下向上穿越$-\pi$线，称为正穿越（正相角增加）；开环频率特性顺时针绕 $(-1,j0)$ 点，对应 $L(\omega)>0\text{dB}$ 的频段内，相频特性曲线 $\varphi(\omega)$ 从上向下穿越$-\pi$线，称为负穿越（负相角增加）。

由以上分析可知，采用 Bode 图分析系统稳定性时，奈奎斯特判据可表述为：当 ω 由 $0\to+\infty$变化时，在开环对数幅频特性曲线 $L(\omega)>0\text{dB}$ 的频段内，相频特性曲线 $\varphi(\omega)$ 穿越$-\pi$线的正、负次数之差为$\frac{p}{2}$，则闭环系统稳定，否则不稳定，即

$$N_+-N_-=\frac{p}{2}$$

式中，N_+为正穿越次数，N_-为负穿越次数，p 为系统开环传递函数在 s 右半平面的极点数。

5.4 控制系统的相对稳定性

控制系统能正常工作的前提条件是系统必须稳定，除此之外，还要求稳定的系统具有适当

的稳定裕度，即有一定的相对稳定性。用奈氏判据分析系统的稳定性时，是通过系统的开环频率特性 $G(j\omega)H(j\omega)$ 曲线绕（$-1,j0$）点的情况来进行稳定性判断的。当系统的开环传递函数在右半S平面无极点时，若 $G(j\omega)H(j\omega)$ 曲线通过（$-1,j0$）点，则控制系统处于临界稳定。这时，如果系统的参数发生变化，则 $G(j\omega)H(j\omega)$ 曲线可能包围（$-1,j0$）点，系统变为不稳定的。因此，在GH平面上，可以用奈氏曲线与（$-1,j0$）的靠近程度来表征系统的相对稳定性，即奈氏曲线离（$-1,j0$）点越远，系统的稳定程度越高，其相对稳定性越好，反之，奈氏曲线离（$-1,j0$）点越近，稳定程度越低。反映系统稳定程度高低的概念就是系统相对稳定性的概念。下面，对系统的相对稳定性进行定量分析。

5.4.1 相对稳定性

以图5-41为例说明相对稳定性的概念。图5-41所示为两个最小相位系统的开环频率特性曲线（实线），由于曲线没有包围（$-1,j0$）点，由奈氏判据可知它们都是稳定的系统，但图5-41(a)所示系统的频率特性曲线与负实轴的交点 A 距离（$-1,j0$）点较远，图5-41(b)所示系统的频率特性曲线与负实轴的交点 B 距离（$-1,j0$）点较近。假定系统的开环放大系统由于系统参数的改变比原来增加了50%，则图5-41(a)中的 A 点移到 A'点，仍在（$-1,j0$）点右侧，系统仍然是稳定的。开环频率特性曲线如图5-41(a)虚线所示。而图5-41(b)中的 B 点则移到（$-1,j0$）点的左侧（B'点），如图5-41(b)虚线所示，系统便不稳定了。可见，前者较能适应系统参数的变化，即它的相对稳定性比后者好。

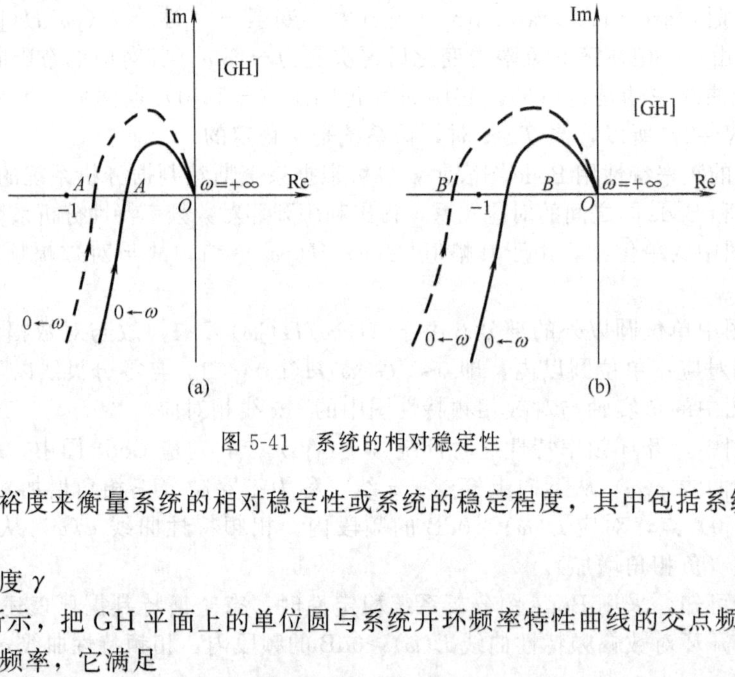

图5-41 系统的相对稳定性

通常用稳定裕度来衡量系统的相对稳定性或系统的稳定程度，其中包括系统的相角裕度和幅值裕度。

(1) 相角裕度 γ

如图5-42所示，把GH平面上的单位圆与系统开环频率特性曲线的交点频率 ω_c 称为幅值穿越频率或剪切频率，它满足

$$|G(j\omega_c)H(j\omega_c)|=1,\quad 0\leqslant\omega_c\leqslant+\infty \tag{5-66}$$

所谓相角裕度 γ 是指幅值穿越频率 ω_c 所对应的相移 $\varphi(\omega_c)$ 与 $-180°$角的差值，即

$$\gamma=\varphi(\omega_c)-(-180°)=\varphi(\omega_c)+180° \tag{5-67}$$

对于最小相位系统，如果相角裕度 $\gamma>0°$，系统是稳定的（图5-42），且 γ 值愈大，系统的相对稳定性愈好。如果相角裕度 $\gamma<0°$，系统则不稳定（图5-43）。当 $\gamma=0°$时，系统的开环频率特性曲线穿过（$-1,j0$）点，是临界稳定状态。

相角裕度的含义是，使系统达到临界稳定状态时开环频率特性的相角 $\varphi(\omega_c)=\angle G(j\omega_c)\cdot H(j\omega_c)$ 减小（对应稳定系统）或增加（对应不稳定系统）的数值。

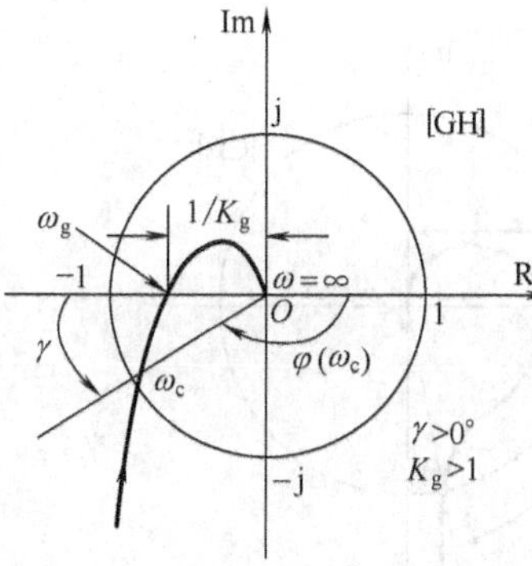

图 5-42 幅值裕度与相角裕度的定义

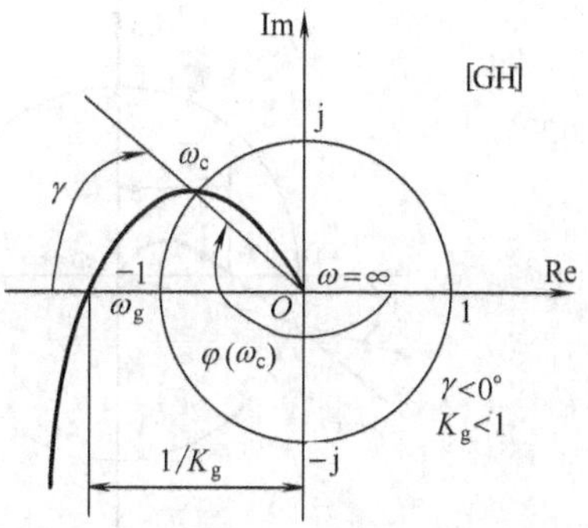

5-43 不稳定系统的幅值裕度与相角裕度

(2) 幅值裕度 K_g

如图 5-42 所示，把系统的开环频率特性曲线与 GH 平面负实轴的交点频率 ω_g 称为相位穿越频率，显然它满足

$$\angle G(j\omega_g)H(j\omega_g)=-180°,\qquad 0\leqslant\omega_g\leqslant+\infty \tag{5-68}$$

所谓幅值裕度 K_g 是指相位穿越频率 ω_g 所对应的开环幅频特性的倒数值，即

$$K_g=\frac{1}{|G(j\omega_g)H(j\omega_g)|} \tag{5-69}$$

对于最小相位系统，如果幅值裕度 $K_g>1$ [即$|G(j\omega_g)H(j\omega_g)|<1$]，系统是稳定的，且 K_g 值愈大，系统的相对稳定性愈好。如果幅值裕度 $K_g<1$ [即$|G(j\omega_g)H(j\omega_g)|>1$]，系统则不稳定。当 $K_g=1$ 时，系统的开环频率特性曲线穿过（-1,j0）点，是临界稳定状态。可见，求出系统的幅值裕度 K_g 后，便可根据 K_g 值的大小来分析最小相位系统的稳定性和稳定程度。

幅值裕度的含义是，使系统到达临界稳定状态时开环频率特性的幅值$|G(j\omega_g)H(j\omega_g)|$增大（对应稳定系统）或缩小（对应不稳定系统）的倍数，即

$$|G(j\omega_g)H(j\omega_g)|\cdot K_g=1$$

幅值裕度也可以用分贝数来表示，即

$$20\lg K_g=-20\lg|G(j\omega_g)H(j\omega_g)|\,\text{dB} \tag{5-70}$$

因此，可根据系统的幅值裕度大于、等于或小于零分贝来判断最小相位系统是稳定、临界稳定或不稳定。

这里要指出的是，系统相对稳定性的好坏不能仅从相角裕度或幅值裕度的大小来判断，必须同时考虑相角裕度和幅值裕度。这从图 5-44 所示的两个系统可以得到直观的说明。图 5-44(a) 所示系统的幅值裕度大，但相角裕度小；相反，图 5-44(b) 所示系统的相角裕度大，但幅值裕度小。这两个系统的相对稳定性都不好。对于一般系统，通常要求相角裕度 $\gamma=30°\sim60°$，幅值裕度 $K_g\geqslant2$。

5.4.2 稳定裕度的求取

(1) 计算稳定裕度的方法

通常有三种计算系统相角裕度和幅值裕度的方法，即解析法、极坐标图法和 Bode 图法。下面通过实例进行说明。

① 解析法 根据系统的开环频率特性，由式(5-66) 和式(5-67) 求出相角裕度；由式(5-68)和式(5-69) 求出幅值裕度，如果幅值裕度用分贝数表示，则由式(5-70) 求出。

【例 5-10】 已知最小相位系统的开环传递函数为

$$G(s)H(s)=\frac{40}{s(s^2+2s+25)}$$

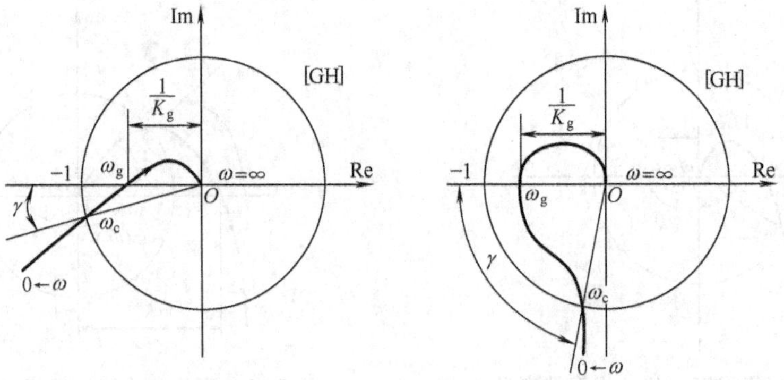

(a) K_g 较大，γ 较小　　(b) K_g 较小，γ 较大

图 5-44　稳定裕度的比较

试求出该系统的幅值裕度和相角裕度。

解　系统的开环频率特性为

$$G(j\omega)H(j\omega)=\frac{40}{j\omega(25-\omega^2+j2\omega)}$$

其幅频特性和相频特性分别是

$$|G(j\omega)H(j\omega)|=\frac{1}{\omega}\ \frac{40}{\sqrt{(25-\omega^2)^2+4\omega^2}}$$

$$\angle G(j\omega)H(j\omega)=-90°-\arctan\frac{2\omega}{25-\omega^2}$$

由式(5-66) 令　　$|G(j\omega)H(j\omega)|=1$　得 $\omega_c=1.82$

由式(5-67) 得

$$\gamma=180°+\angle G(j\omega_c)H(j\omega_c)=90°-\arctan\frac{2\times1.82}{25-1.82^2}=80.5°$$

由式(5-68) 令

$$\angle G(j\omega)H(j\omega)=-180°\quad 得\ \omega_g=5(\text{dB})$$

由式(5-69) 得

$$K_g=\frac{1}{|G(j\omega_g)H(j\omega_g)|}=1.25\quad 或\quad K_g(\text{dB})=20\lg K_g=1.94(\text{dB})$$

② 极坐标图法　在 GH 平面上作出系统的开环频率特性的极坐标图，并作一单位圆，由单位圆与开环频率特性的交点与坐标原点的连线与负实轴的夹角求出相角裕度 γ；由开环频率特性与负实轴交点处的幅值 $|G(j\omega_g)H(j\omega_g)|$ 的倒数得到幅值裕度 K_g。

在上例中，先作出系统的开环频率特性曲线如图 5-45 所示，作单位圆交开环频率特性曲线于 A 点，连接 OA 与负实轴的夹角即为系统的相角裕度，$\gamma\approx80°$。开环频率特性曲线与负实轴的交点坐标为（0.8，j0），由此得到系统的幅值裕度 $K_g=\frac{1}{0.8}=1.25$。

③ Bode 图法　画出系统的 Bode 图，由开环对数幅频特性与零分贝线（即 ω 轴）的交点频率 ω_c，求出对应的相频率特性与 $-180°$ 线的相移量，即为相角裕度 γ。当 ω_c 对应的相频特性位于 $-180°$ 线上方时，$\gamma>0°$，若 ω_c 对应的相频特性位于 $-180°$ 线下方，则 $\gamma<0°$。由相频率特性与 $-180°$ 线的交点频率 ω_g 求出对应幅频特性与零分贝线的差值，即为幅值裕度 K_g 的分贝数。当 ω_g 对应的幅频特性位于零分贝线下方时，$K_g(\text{dB})>0$，若 ω_g 对应的幅频特性位于零分贝线上方，则 $K_g(\text{dB})<0$。

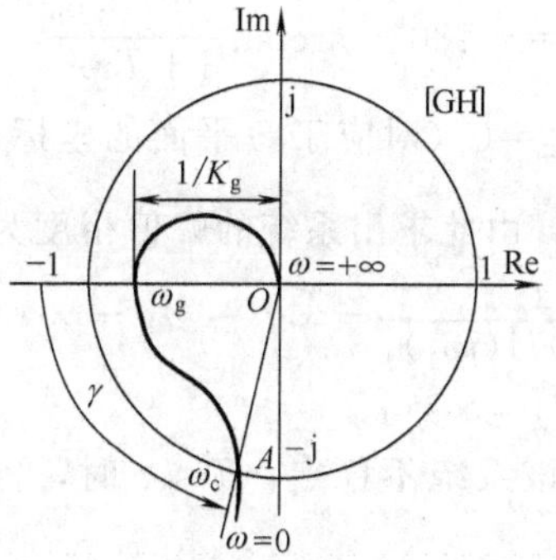

图 5-45　由极坐标图求相角裕度

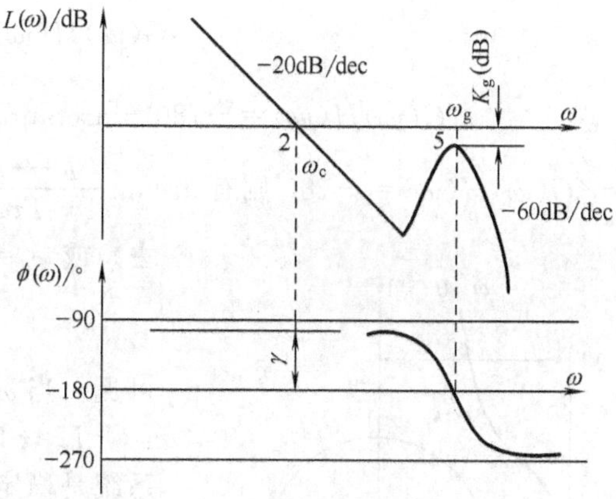

图 5-46　例 5-10 Bode 图

例 5-10 的 Bode 图如图 5-46 所示。从图中，可直接得到幅值穿越频率 $\omega_c \approx 2$，相角穿越频率 $\omega_g = 5$；相角裕度 $\gamma \approx 80°$，幅值裕度 $K_g \approx 2\text{dB}$。

比较上述三种解法不难发现，解析法比较精确，但计算步骤复杂，而且对于三阶以上的高阶系统，用解析法是很困难的。采用以极坐标图和 Bode 图为基础的图解法计算，避免了繁琐的计算，具有简便、直观的优点，对于高阶系统尤为方便。不过图解法是一种近似方法，所得结果有一定误差，误差的大小视作图的准确性而定。Bode 图法和极坐标法虽然都是图解法，但前者不仅可直接从 Bode 图上获得相角裕度 γ 和幅值裕度 K_g，而且还可直接得到相应的幅值穿越频率 ω_c 和相位穿越频率 ω_g。同时作 Bode 图较极坐标图方便，因此在工程实践中得到更为广泛的应用。

(2) 稳定裕度与系统的稳定性

前面已经介绍，求出系统的稳定裕度可以定量分析系统的稳定程度。下面通过两个示例进一步说明。

【例 5-11】 已知系统的开环传递函数为

$$G(s)H(s)=\frac{K(\tau s+1)}{s^2(Ts+1)}, \qquad T\neq\tau$$

试分析稳定裕度与系统稳定性之间的关系。

解 该系统的开环频率特性的极坐标图分别如图 5-47(a)（$T>\tau$）和图 5-47(b)（$T<\tau$）所示。由图 5-47(a) 可知，当 $T>\tau$ 时，系统的相角裕度 $\gamma<0°$，由图 5-47(b) 可知，当 $T<\tau$ 时，系统的相角裕度 $\gamma>0°$。系统的幅值裕度用解析法求解如下。

系统的幅频特性和相频特性分别为

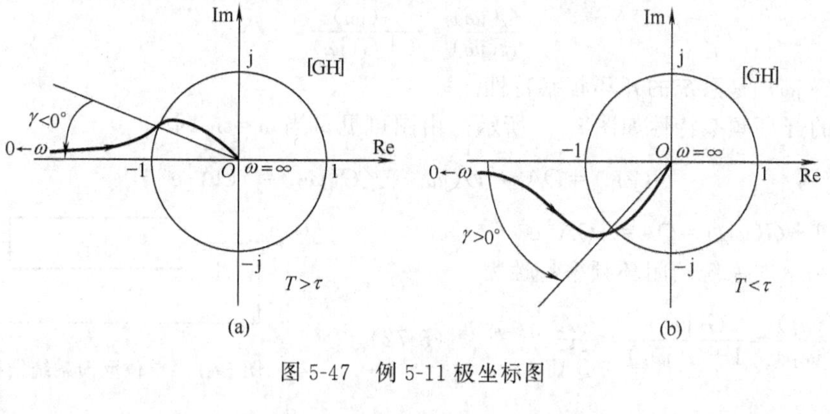

图 5-47　例 5-11 极坐标图

$$|G(j\omega)H(j\omega)|=\frac{K\sqrt{\tau^2\omega^2+1}}{\omega^2\sqrt{T^2\omega^2+1}}$$

$$\angle G(j\omega)H(j\omega)=-180°+\arctan\tau\omega-\arctan T\omega=-180°-\arctan\frac{(T-\tau)\omega}{1+T\tau\omega^2}$$

令$\angle G(j\omega)H(j\omega)=-180°$则有 $\arctan\frac{(T-\tau)\omega}{1+T\tau\omega^2}=0°$，故 $\omega_g=0$（对应于S平面的坐标原点，舍去）或 $\omega_g=\infty$（$T\neq\tau$），由此求出系统的幅值裕度为

$$K_g=\frac{1}{|G(j\omega_g)H(j\omega_g)|}=\infty,\qquad \omega_g=\infty$$

可见，当 $\omega_g=\infty$，则 $K_g=\infty>1$。

$T>\tau$ 时，$\gamma<0°$，该系统不稳定；$T<\tau$ 时，$\gamma>0°$，该系统是稳定的。

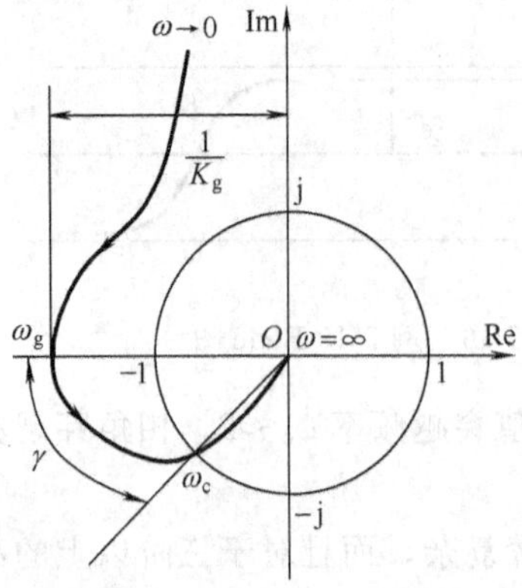

图 5-48 例 5-12 极坐标图

【例 5-12】 已知非最小相位系统的开环传递函数为

$$G(s)H(s)=\frac{K(\tau s+1)}{s(Ts-1)}$$

试分析该系统的稳定性及其与系统稳定裕度之间的关系。

解 在 K 取某一定值时，系统的开环频率特性如图 5-48 所示。由于该系统有一个位于右半S平面的开环极点（$P=1$），奈氏曲线逆时针包围（-1,j0）点一周（$N=1$），根据奈氏判据，$Z=P-N$，该系统为稳定系统。但由图解法求出该系统的相角裕度 $\gamma>0°$，幅值裕度 $K_g<1$，这说明以相角裕度 $\gamma>0°$和幅值裕度 $K_g>1$ 作为判别非最小相位系统稳定性的依据是不可靠的。

对于非最小相位系统，不能简单地用系统的相角裕度和幅值裕度的大小来判断系统的稳定性。而对于最小相位系统，相角裕度 $\gamma>0°$和幅值裕度 $K_g>1$［或 K_g(dB)>0］，系统是稳定的。

5.5 闭环频率特性

系统的开环频率特性对分析系统的稳定性和稳定程度（即相对稳定性）具有十分重要的意义。但稳定性是系统能否正常工作的一个基本条件，为了研究自动控制系统的其他性能指标，仅知道系统的开环频率特性是不够的。为此有必要进一步研究系统的闭环频率特性。一般情况下，求解系统的闭环频率特性十分复杂烦琐，在实际中通常采用图解法来求取系统的闭环频率特性。

5.5.1 闭环频率特性的图形表示

(1) 向量作图法

如图 5-49 所示单位负反馈系统，其闭环频率特性为

$$\frac{C(j\omega)}{R(j\omega)}=\frac{G(j\omega)}{1+G(j\omega)} \tag{5-71}$$

式中，$G(j\omega)$ 是系统的开环频率特性。

设系统的开环频率特性如图 5-50 所示。由图可见，当 $\omega=\omega_1$ 时

$$G(j\omega_1)=\overrightarrow{OA}=|G(j\omega_1)|\angle G(j\omega_1)=|\overrightarrow{OA}|e^{j\phi}$$

$$1+G(j\omega_1)=\overrightarrow{QA}=|\overrightarrow{QA}|e^{j\theta}$$

由此得到 $\omega=\omega_1$ 时系统的闭环频率特性为

$$\frac{C(j\omega_1)}{R(j\omega_1)}=\frac{G(j\omega_1)}{1+G(j\omega_1)}=\frac{\overrightarrow{OA}}{\overrightarrow{QA}}e^{j(\phi-\theta)} \tag{5-72}$$

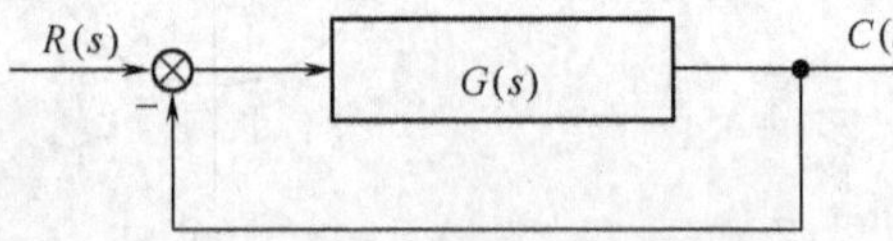

图 5-49 单位反馈系统结构图

上式表明，当 $\omega=\omega_1$ 时，系统的闭环频率特性的幅值等于向量 $\overrightarrow{OA}$ 与 $\overrightarrow{QA}$ 的幅值之比，而闭环频率特性的相角等于向量 $\overrightarrow{OA}$ 与 $\overrightarrow{QA}$ 的相角差。这样，逐点测出不同频率处对应向量的幅值和相角，便可绘制如图 5-51 所示的闭环幅频特性 $A(\omega)$ 和闭环相频特性 $\varphi(\omega)$。

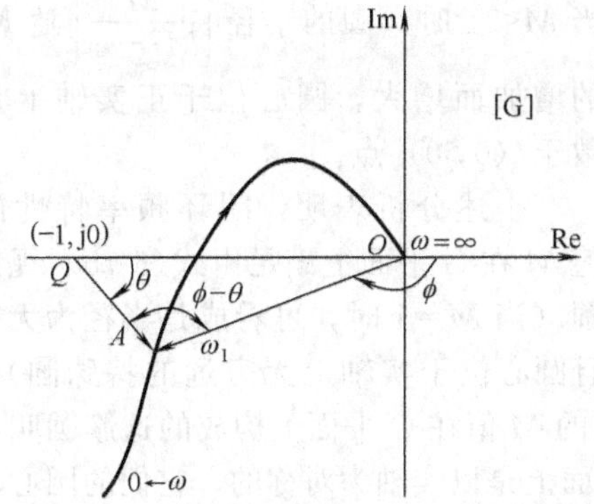

图 5-50 单位反馈系统的开环幅相曲线

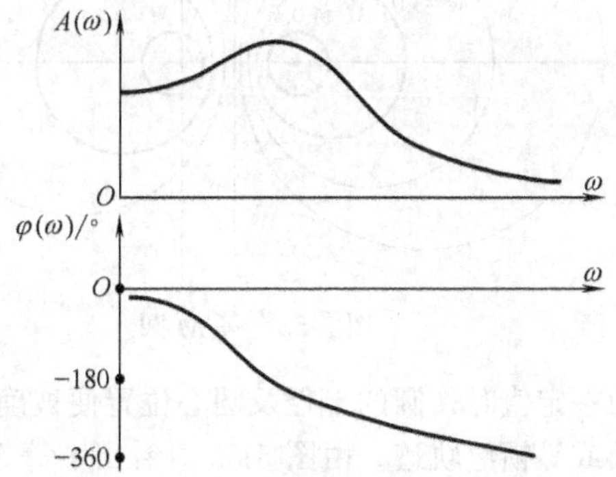

图 5-51 单位反馈系统的闭环频率特性

虽然向量作图法说明了开环频率特性 $G(\mathrm{j}\omega)$ 与闭环频率特性 $\frac{C(\mathrm{j}\omega)}{R(\mathrm{j}\omega)}$ 之间的几何关系，但由于需要逐点测量和作图，十分不便，因而在实际应用中很少采用。

(2) 等幅值轨迹与等相角轨迹

① 等 M 圆图（等幅值轨迹）。

由向量作图法和图 5-50 可看出，对于G平面上任一点 A，无论系统的开环频率特性具有何种形式，在该点的闭环幅值 $\left|\frac{C(\mathrm{j}\omega)}{R(\mathrm{j}\omega)}\right|$ 是相同的。设单位反馈系统的开环频率特性为

$$G(\mathrm{j}\omega)=U+\mathrm{j}V$$

式中，U，V 分别是 $G(\mathrm{j}\omega)$ 的实部与虚部，它们都是角频率 ω 的实函数，由此得到系统的闭环频率特性为

$$\frac{C(\mathrm{j}\omega)}{R(\mathrm{j}\omega)}=\frac{G(\mathrm{j}\omega)}{1+G(\mathrm{j}\omega)}=\frac{U+\mathrm{j}V}{1+U+\mathrm{j}V} \tag{5-73}$$

令

$$M=\left|\frac{C(\mathrm{j}\omega)}{R(\mathrm{j}\omega)}\right|=\frac{|U+\mathrm{j}V|}{|1+U+\mathrm{j}V|}$$

即

$$M^2=\frac{U^2+V^2}{(1+U)^2+V^2}$$

由此得到

$$(M^2-1)U^2+2M^2U+(M^2-1)V^2+M^2=0 \tag{5-74}$$

若 $M=1$，则 $U=-\frac{1}{2}$，这是在G平面上过点 $(-\frac{1}{2},\mathrm{j}0)$ 且平行于虚轴的直线方程，即 $U=-\frac{1}{2}$ 是 $M=1$ 在G平面上的等幅值轨迹。

若 $M\neq1$，则式(5-74) 可写成

$$U^2+2\frac{M^2}{M^2-1}U+V^2=-\frac{M^2}{M^2-1}$$

即

$$\left(U+\frac{M^2}{M^2-1}\right)^2+V^2=\frac{M^2}{(M^2-1)^2} \tag{5-75}$$

这是一个标准圆方程，圆心坐标 $\left(-\frac{M^2}{M^2-1},\mathrm{j}0\right)$，半径是 $\left|\frac{M}{M^2-1}\right|$。

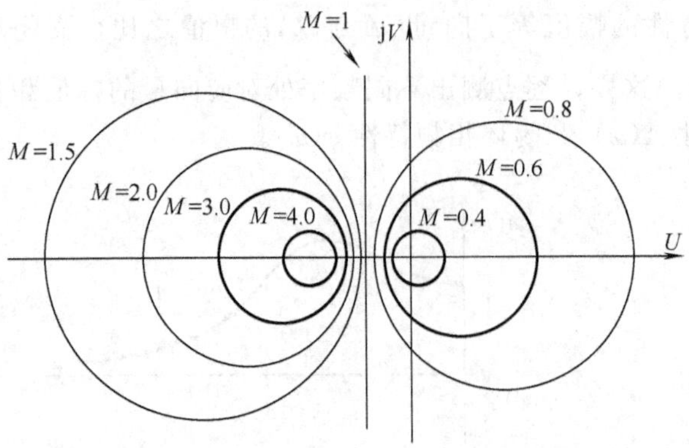

图 5-52 等 M 圆

当 $M>1$ 时，圆的半径 $\left|\frac{M}{M^2-1}\right|$ 随 M 值的增加而减小，圆心位于负实轴上 $(-1,j0)$ 点左侧且收敛于 $(-1,j0)$ 点；当 $M<1$ 时，圆的半径 $\left|\frac{M}{M^2-1}\right|$ 随 M 值的增加而增大，圆心位于正实轴上且收敛于 $(0,j0)$ 点。

上述分析表明，闭环频率特性的幅值 M 在 G 平面上满足由式(5-75) 规定的圆（当 $M=1$ 时，可看成是半径为无穷大且圆心位于实轴上无穷远的特殊圆），当 M 为一定值时，圆的半径及圆心位置便被确定，由不同的 M 值在 G 平面上构成的这簇圆叫做等 M 圆或等幅值轨迹。由图 5-52 可看出，等 M 圆在 G 平面上是以实轴为对称的，它们的圆心均在实轴上。当 $M=1$ 时，它是一条过 $\left(-\frac{1}{2},j0\right)$ 点且平行于虚轴的直线（无穷大圆弧）；当 $M>1$ 时，等 M 圆簇均位于直线 $U=-\frac{1}{2}$ 的左侧，且圆心由负实轴 $(-1,j0)$ 点左侧收敛于 $(-1,j0)$ 点。当 $M<1$ 时，等 M 圆簇均位于直线 $U=-\frac{1}{2}$ 的右侧，且圆心由原点右侧收敛于 $(0,j0)$ 点。

在工程实践中，应用等 M 圆求取闭环幅频特性时，需先在透明纸上绘制出标准等 M 圆簇，然后按相同的比例尺在白纸或坐标纸上绘制出给定的开环频率特性 $G(j\omega)$，将绘制有标准等 M 圆簇的透明纸放在开环频率特性图上，并将它们的坐标重合，根据 $G(j\omega)$ 曲线与等 M 圆簇的交点得到对应的 M 值和 ω 值，便可绘制出闭环幅频特性 $A(\omega)$（如图 5-53 和图 5-54 所示）。

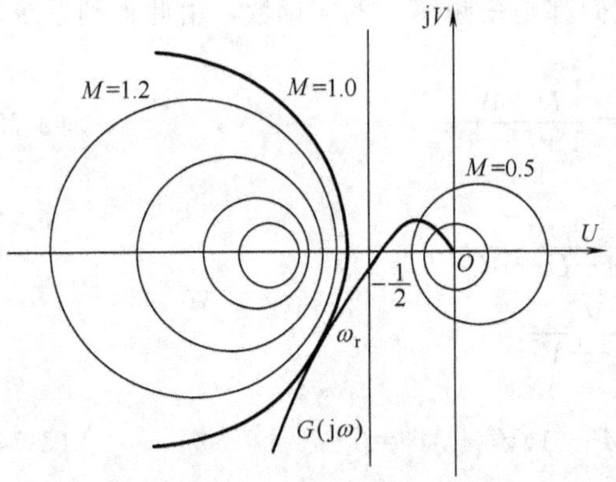

图 5-53 利用等 M 圆求取 $A(\omega)$

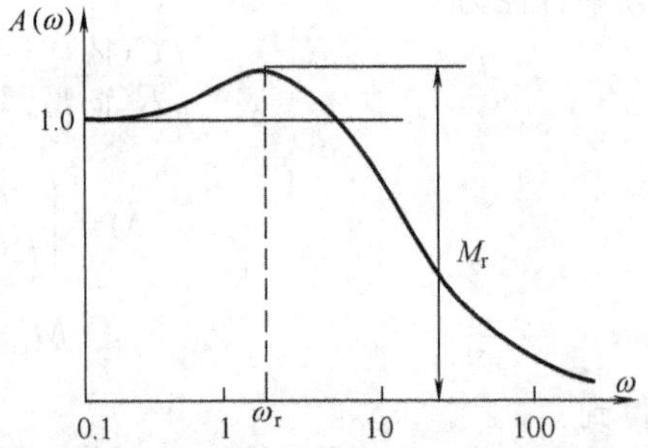

图 5-54 控制系统闭环幅频特性

用等 M 圆求取闭环幅频特性不仅简单方便，而且还可以在 G 平面上直接看到当开环频率特性曲线 $G(j\omega)$ 的形状发生变化时，闭环幅频特性 $A(\omega)$ 出现的相应变化，以及这些变化的趋势。由图 5-53 和图 5-54 还可看出，与 $G(j\omega)$ 曲线相切的圆所表示的 M 值就是闭环幅频特性的最大值，如果切点的 M 值大于 1，则切点处的 M 值就是谐振峰值 M_r，对应的频率值就是谐振频率 ω_r。谐振峰值 M_r 和谐振频率 ω_r 是闭环幅频特性的两个重要特征量，它们与闭环系统的性能密切相关。

② 等 N 圆图（等相角轨迹）。

用类似等 M 圆图的求取方法可分析系统的闭环相频特性 $\theta(\omega)$ 及其在 G 平面上的图形。用 θ 表示闭环频率特性的相角，由式(5-73) 有

$$\theta=\angle\frac{C(\mathrm{j}\omega)}{R(\mathrm{j}\omega)}=\arctan\frac{V}{U}-\arctan\frac{V}{1+U}$$

即

$$\theta=\arctan\left(\frac{\dfrac{V}{U}-\dfrac{V}{1+U}}{1+\dfrac{V}{U}\cdot\dfrac{V}{1+U}}\right)$$

化简后有

$$\tan\theta=\frac{V}{U^2+U+V^2}$$

令

$$N=\tan\theta$$

则有

$$N=\frac{V}{U^2+U+V^2}$$

整理后得到

$$\left(U+\frac{1}{2}\right)^2+\left(V-\frac{1}{2N}\right)^2=\frac{1}{4}+\left(\frac{1}{2N}\right)^2 \tag{5-76}$$

这也是一个标准圆方程，圆心坐标是 $\left(-\frac{1}{2},\mathrm{j}\frac{1}{2N}\right)$，半径为 $\sqrt{\frac{1}{4}+\left(\frac{1}{2N}\right)^2}$。当 N 或 θ($N=\tan\theta$) 为一定值时，它在 G 平面上是一个圆，改变 N 或 θ 的大小，它们在 G 平面上就构成了如图 5-55 所示的一簇圆，这簇圆的圆心都在虚轴左侧与虚轴距离为 $\frac{1}{2}$ 且平行于虚轴的直线上，称这簇圆为等 N 圆或等相角轨迹。

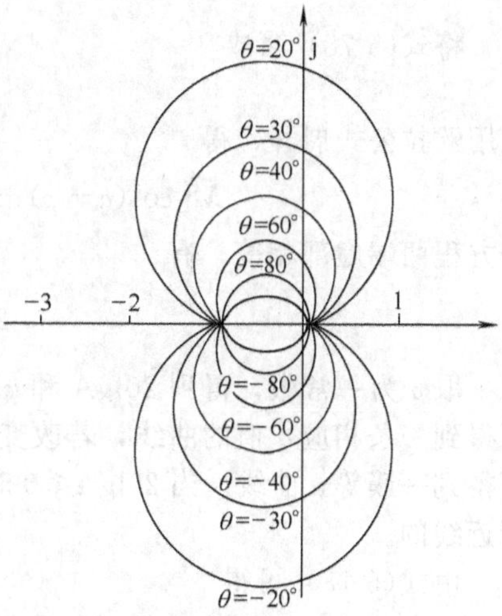

图 5-55 等 N 圆

由图 5-55 可看出，不管 N 值的大小如何，当 $U=V=0$ 及 $U=-1$，$V=0$ 时，方程式(5-76) 总是成立的。这说明，等 N 圆簇中每个圆都将通过点 (-1,j0) 和坐标原点 (0,j0)。

由图 5-55 还可看出，对于给定的 θ 值对应的等 N 值轨迹，实际上并不是一个完整的圆，而只是一段圆弧，这是因为一个角度加上±180° (或±180°的倍数) 其正切值相等的缘故。例如 $\theta=30°$ 和 $\theta=210°$ (或$-150°$) 的 N 值均为$\frac{\sqrt{3}}{3}$，它们在 G 平面上是属于同一个圆上的一段圆弧。等 N 圆以实轴为对称，也对称于直线 $U=-\frac{1}{2}$。

应当指出，由于等 N 圆是多值的，即同一个 N 值有无穷多个 θ 值与之对应，这些 θ 值是 $\theta=\theta_0\pm n\cdot180°$ ($n=0,1,2,\cdots$)，它们都满足正切条件 $N=\tan\theta$。因此，用等 N 圆来确定闭环系统的相角时，必须确定适当的 θ 值。为此，应该从对应于 $\theta=0°$的零频率开始，逐渐增加频率直到高频，所得到的闭环相频曲线应该是连续的。

利用等 N 圆和开环频率特性曲线$G(\mathrm{j}\omega)$ 求取闭环相频特性 $\theta(\omega)$ 与用等 M 圆图和开环频率特性曲线$G(\mathrm{j}\omega)$ 求取闭环幅频特性 $A(\omega)$ 的方法完全相同，这里不再赘述。图 5-56(a) 和 5-56(b) 是用等 N 圆和开环频率特性曲线 $G(\mathrm{j}\omega)$ 求取闭环相频特性 $\theta(\omega)$ 的一个示例。

③ 尼柯尔斯图线。

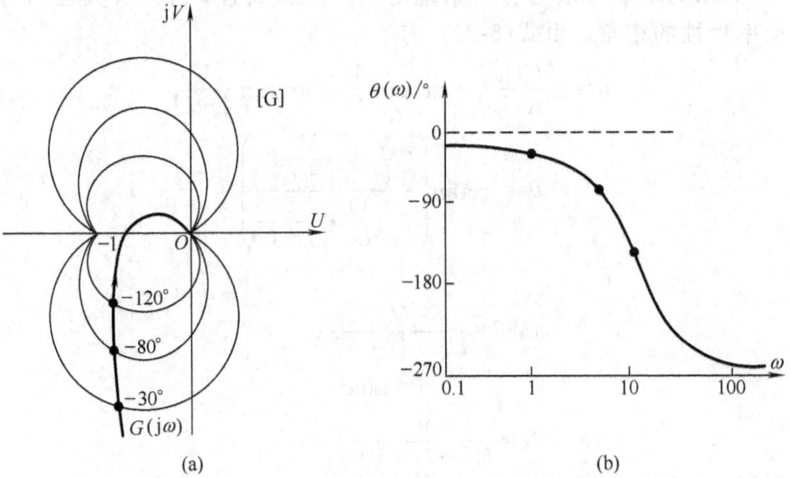

图 5-56 利用等 N 圆和开环频率特性曲线求 $\theta(\omega)$

将单位反馈系统的开环频率特性和闭环频率特性表示成复指数的形式

$$G(\mathrm{j}\omega)=A(\omega)\mathrm{e}^{\mathrm{j}\varphi(\omega)} \tag{5-77}$$

$$\Phi(\mathrm{j}\omega)=M(\omega)\mathrm{e}^{\mathrm{j}\alpha(\omega)}=\frac{A(\omega)\mathrm{e}^{\mathrm{j}\varphi(\omega)}}{1+A(\omega)\mathrm{e}^{\mathrm{j}\varphi(\omega)}} \tag{5-78}$$

将式(5-78) 写成

$$M\mathrm{e}^{\mathrm{j}(\alpha-\varphi)}+MA\mathrm{e}^{\mathrm{j}\alpha}=A$$

运用欧拉公式展开，得

$$M[\cos(\alpha-\varphi)+A\cos\alpha]+\mathrm{j}M[\sin(\alpha-\varphi)+A\sin\alpha]=A$$

令方程两端虚部相等，有

$$20\lg A=20\lg\frac{\sin(\varphi-\alpha)}{\sin\alpha} \tag{5-79}$$

取 α 为一常数，得到 $20\lg A$ 和 φ 的单值函数。令 φ 从 0°～−360°变化，则在 $20\lg A$-φ 平面可得到一条相应 α 值的曲线，若改变 α 的值，又可得到另一条曲线。这样，α 取不同的值，就可得到一簇等 α 曲线。当 $20\lg A\ll 0$ 时，有 $\varphi\approx\alpha$，所以，等 α 曲线在 $20\lg A\ll 0$ 时，是以横轴为渐近线的。

由式(5-78) 可得

$$M\mathrm{e}^{\mathrm{j}\alpha}=\left(\frac{\mathrm{e}^{-\mathrm{j}\varphi}}{A}+1\right)^{-1}$$

由欧拉公式有 $$M\mathrm{e}^{\mathrm{j}\alpha}=\left(\frac{\cos\varphi}{A}-\mathrm{j}\frac{\sin\varphi}{A}+1\right)^{-1}$$

闭环幅值为 $$M=\left(1+\frac{1}{A^2}+\frac{2\cos\varphi}{A}\right)^{-1/2}$$

由此可得到关于 A 的二次方程

$$A^2-2A\frac{M^2}{1-M^2}\cos\varphi-\frac{M^2}{1-M^2}=0$$

解得

$$A=\frac{\cos\varphi\pm\sqrt{\cos^2\varphi+M^{-2}-1}}{M^{-2}-1}$$

$$20\lg A=20\lg\frac{\cos\varphi\pm\sqrt{\cos^2\varphi+M^{-2}-1}}{M^{-2}-1} \tag{5-80}$$

取 M 为常数，φ 从 0°～－360°变化，计算出对应的 $20\lg A$，可在 $20\lg A\text{-}\varphi$ 平面得到一条等 M 线。取不同的 M 值，就可得到等 M 线簇。等 M 线簇和等 α 线簇构成了尼科尔斯图线，如图 5-57 所示。等 M 线和等 α 线都关于－180°线轴对称。

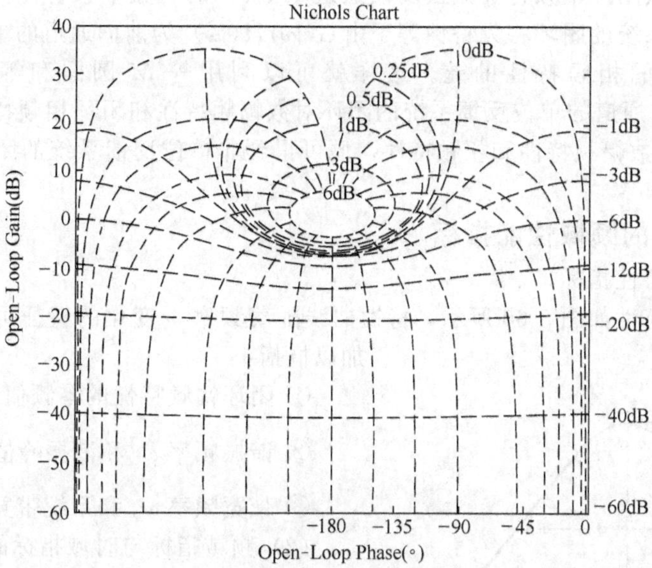

图 5-57　尼科尔斯图线

根据尼科尔斯图线，可由单位反馈系统的开环频率特性求取闭环频率特性。方法是将系统的开环对数幅频特性和相频特性画在以 $20\lg A$ 为纵坐标，以 φ 为横坐标的平面上，即作出开环对数幅相频率特性，然后叠加在相同比例尺的尼科尔斯图线上，就可得到开环对数幅相频率特性曲线与尼科尔斯图线的交点，进一步可作出闭环系统的对数幅频特性和相频特性。

(3) 非单位反馈系统的闭环频率特性

如图 5-58 所示的非单位反馈系统，其闭环频率特性为

$$\frac{C(j\omega)}{R(j\omega)}=\frac{G(j\omega)}{1+G(j\omega)H(j\omega)}$$

上式可写成

$$\frac{C(j\omega)}{R(j\omega)}=\frac{G(j\omega)H(j\omega)}{1+G(j\omega)H(j\omega)}\cdot\frac{1}{H(j\omega)}=\frac{C_1(j\omega)}{R(j\omega)}\cdot\frac{1}{H(j\omega)} \tag{5-81}$$

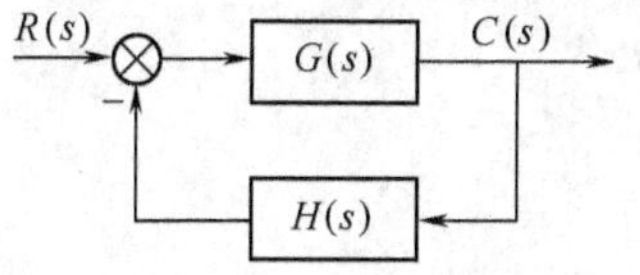

图 5-58　非单位反馈系统框图

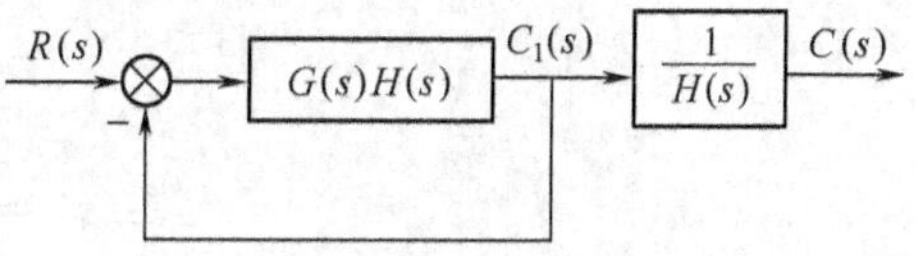

图 5-59　非单位反馈系统等效框图

式(5-81) 的方框图如图 5-59 所示，它是图 5-58 的等效方框图。

由图 5-59 得到非单位反馈系统的闭环幅频特性和相频特性分别为

$$\left|\frac{C(j\omega)}{R(j\omega)}\right|=\left|\frac{C_1(j\omega)}{R(j\omega)}\right|\cdot\frac{1}{|H(j\omega)|}$$

或

$$20\lg\left|\frac{C(j\omega)}{R(j\omega)}\right|=20\lg\left|\frac{C_1(j\omega)}{R(j\omega)}\right|-20\lg|H(j\omega)|\,\text{dB} \tag{5-82}$$

$$\angle\frac{C(j\omega)}{R(j\omega)}=\angle\frac{C_1(j\omega)}{R(j\omega)}-\angle H(j\omega) \tag{5-83}$$

式(5-82)说明，非单位反馈系统的对数闭环幅频特性等于由 $G(j\omega)H(j\omega)$ 为前向通道的单位反馈系统的对数闭环幅频特性减去反馈通道 $H(j\omega)$ 的对数幅频特性得到的差。式(5-83)说明，非单位反馈系统的闭环相频特性等于由 $G(j\omega)H(j\omega)$ 为前向通道的单位反馈系统闭环相频特性与 $H(j\omega)$ 的相频特性的差。这样就可以利用等 M 圆图和等 N 圆图先求出以 $G(j\omega)H(j\omega)$ 为前向通道的单位反馈系统的闭环对数幅频特性和闭环相频特性，再分别减去反馈通道 $H(j\omega)$ 的对数幅频特性和相频特性，便可得到非单位反馈系统的闭环对数幅频特性和闭环相频特性。

5.5.2 闭环系统的频域性能指标

(1) 闭环频率特性指标

典型闭环幅频特性如图 5-60 所示，特性曲线随着频率 ω 变化的特征可用下述一些特征量加以概括：

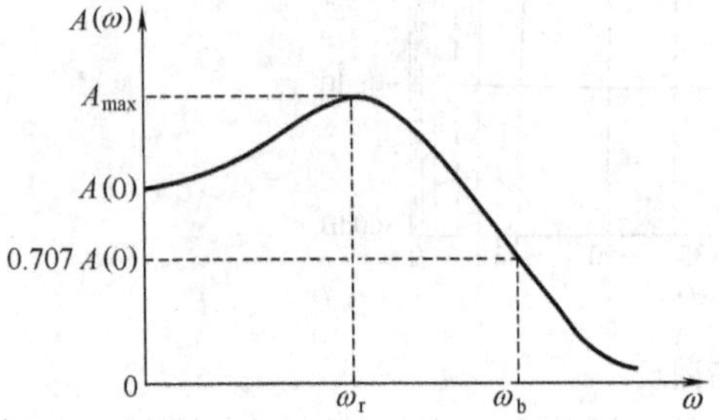

图 5-60 典型闭环幅频特性

① 闭环幅频特性的零频值 $A(0)$；

② 谐振频率 ω_r 和谐振峰值 $M_r=\frac{A_{max}}{A(0)}$；

③ 带宽频率 ω_b 和系统带宽 $0\sim\omega_b$。

(2) 频域指标与时域指标的关系

频域响应和时域响应都是描述控制系统固有特性的方法，因此两者之间必然存在某种内在联系，这种联系通常体现在控制系统频率特性的某些特征量与时域性能指标之间的关系上。

① 闭环幅频特性零频值 $A(0)$ 与系统无差度 ν 之间的关系。

单位反馈系统的开环传递函数可写成下列形式

$$G(s)=\frac{K\prod_{j=1}^{m}(\tau_j s+1)}{s^{\nu}\prod_{i=1}^{n-\nu}(T_i s+1)}$$

令

$$G_0(s)=\frac{\prod_{j=1}^{m}(\tau_j s+1)}{\prod_{i=1}^{n-\nu}(T_i s+1)}$$

则

$$G(s)=\frac{KG_0(s)}{s^{\nu}} \tag{5-84}$$

式中 K——系统的开环放大系数；

ν——系统的无差度，即开环传递函数 $G(s)$ 中积分环节的个数；

$G_0(s)$——开环传递函数 $G(s)$ 中除开环放大系数 K 和积分项 $\frac{1}{s^{\nu}}$ 以外的表达式，它满足

$$\lim_{s\to 0}G_0(s)=1$$

用 $s=j\omega$ 代入式(5-84)得到系统的开环频率特性为

$$G(j\omega)=\frac{KG_0(j\omega)}{(j\omega)^{\nu}}$$

对于单位反馈系统，闭环频率特性为

$$\frac{C(j\omega)}{R(j\omega)}=\frac{G(j\omega)}{1+G(j\omega)}$$

即

$$\frac{C(j\omega)}{R(j\omega)}=\frac{K\frac{G_0(j\omega)}{(j\omega)^{\nu}}}{1+K\frac{G_0(j\omega)}{(j\omega)^{\nu}}}=\frac{KG_0(j\omega)}{(j\omega)^{\nu}+KG_0(j\omega)} \tag{5-85}$$

由此得到系统闭环幅频特性的零频值是

$$A(0)=\lim_{\omega\to 0}\left|\frac{C(j\omega)}{R(j\omega)}\right|=\lim_{\omega\to 0}\left|\frac{KG_0(j\omega)}{(j\omega)^{\nu}+KG_0(j\omega)}\right| \tag{5-86}$$

其中

$$\lim_{\omega\to 0}G_0(j\omega)=1$$

当系统无差度 $\nu>0$ 时，由式(5-86) 得

$$A(0)=1$$

当系统无差度 $\nu=0$ 时，由式(5-86) 得

$$A(0)=\frac{K}{1+K}<1 \tag{5-87}$$

综上分析，对于无差度 $\nu\geqslant 1$ 的无差系统，闭环幅频特性的零频值 $A(0)=1$；而对于无差度 $\nu=0$ 的有关系统，闭环幅频率特性的零频值 $A(0)<1$。式(5-87) 说明，系统开环放大系数 K 越大，闭环幅频特性的零频值 $A(0)$ 愈接近于 1，有差系统的稳态误差将愈小。

② 谐振峰值 M_r 与系统超调量 σ_p 的关系。

单位反馈二阶系统的开环传递函数的标准形式为

$$G(s)=\frac{\omega_n^2}{s(s+2\zeta\omega_n)}$$

其对应的闭环频率特性为

$$\frac{C(j\omega)}{R(j\omega)}=\frac{\omega_n^2}{(j\omega)^2+2\zeta\omega_n(j\omega)+\omega_n^2} \tag{5-88}$$

由 5.2 节中式(5-28) 知，二阶系统的相对谐振峰值 M_r 与阻尼比 ζ 之间的关系为

$$M_r=\frac{1}{2\zeta\sqrt{1-\zeta^2}},\quad \zeta\leqslant\frac{1}{\sqrt{2}} \tag{5-89}$$

或写成

$$\zeta=\sqrt{\frac{1-\sqrt{1-\frac{1}{M_r^2}}}{2}},\quad M_r\geqslant 1 \tag{5-90}$$

对于二阶系统，系统的超调量 σ_p 为

$$\sigma_p=e^{-\frac{\pi\zeta}{\sqrt{1-\zeta^2}}}\times 100\% \tag{5-91}$$

将式(5-90) 代入式(5-91) 便可得到二阶系统的相对谐振峰值 M_r 与系统超调量 σ_p 之间的关系为

$$\sigma_p=e^{-\pi\sqrt{\frac{M_r-\sqrt{M_r^2-1}}{M_r+\sqrt{M_r^2-1}}}}\times 100\%,\ M_r\geqslant 1 \tag{5-92}$$

图 5-61 是由式(5-92) 得到的关系曲线，由图可见二阶系统的相对谐振峰值 $M_r=1.2\sim1.5$ 时，对应的系统超调量 $\sigma_p=20\%\sim30\%$，这时系统可以获得较为满意的过渡过程。如果 $M_r>2$，则系统的超调量 σ_p 将超过 40%。

③ 谐振频率 ω_r 及系统带宽与时域性能指标的关系。

由 5.2 节中的式(5-27) 知，二阶系统的谐振频率 ω_r 与无阻尼自然振荡频率 ω_n 和阻尼比 ζ

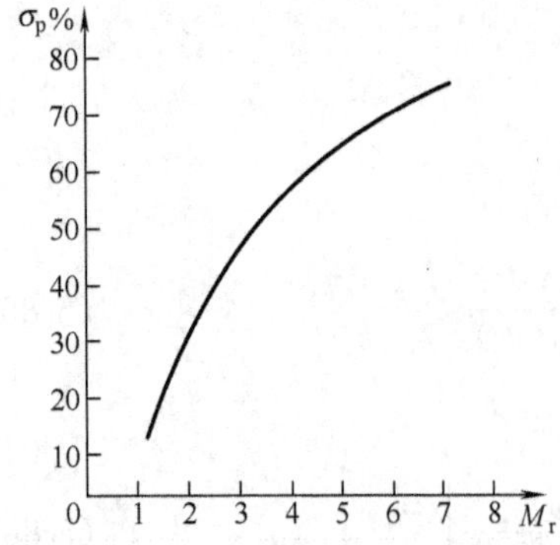

图 5-61 超调量与谐振峰值的关系曲线

之间的关系为

$$\omega_r=\omega_n\sqrt{1-2\zeta^2},\qquad 0<\zeta<\frac{1}{\sqrt{2}} \tag{5-93}$$

由

$$t_p=\frac{\pi}{\omega_n\sqrt{1-\zeta^2}} \tag{5-94}$$

$$t_s=\frac{1}{\zeta\omega_n}\ln\frac{1}{0.05\sqrt{1-\zeta^2}} \tag{5-95}$$

得到

$$\omega_r t_p=\pi\sqrt{\frac{1-2\zeta^2}{1-\zeta^2}} \tag{5-96}$$

和

$$\omega_r t_s=\frac{1}{\zeta}\sqrt{1-2\zeta^2}\ln\frac{1}{0.05\sqrt{1-\zeta^2}} \tag{5-97}$$

式(5-96) 和式(5-97) 说明，对于给定的阻尼比 ζ，二阶系统的峰值时间 t_p 和调整时间 t_s 均与系统的谐振频率 ω_r 成反比，即谐振频率 ω_r 越高，系统的反应速度越快；反之，则系统的反应速度越慢。所以系统的谐振频率 ω_r 是表征系统响应速度的量。

如图 5-60 所示，系统的带宽是指系统的幅频特性 $A(\omega)$ 由频率为零的零频值 $A(0)$ 变化到$\frac{1}{\sqrt{2}}A(0)$ 时所对应的带宽频率 ω_b 的频率变化范围，即 $0\leqslant\omega\leqslant\omega_b$。二阶系统的带宽频率可由下式求出

$$\left|\frac{\omega_n^2}{(j\omega)^2+2\zeta\omega_n(j\omega)+\omega_n^2}\right|_{\omega=\omega_b}=\frac{1}{\sqrt{2}}$$

由此得到带宽频率 ω_b 与无阻尼自然振荡频率 ω_n 及阻尼比 ζ 的关系为

$$\omega_b=\omega_n\sqrt{(1-2\zeta^2)+\sqrt{2-4\zeta^2+4\zeta^4}} \tag{5-98}$$

将式(5-98) 等号两边分别乘以式(5-94) 和式(5-95) 等号两边得到

$$\omega_b t_p=\pi\sqrt{\frac{(1-2\zeta^2)+\sqrt{2-4\zeta^4+4\zeta^4}}{1-\zeta^2}} \tag{5-99}$$

和

$$\omega_b t_s=\frac{1}{\zeta}\sqrt{(1-2\zeta^2)+\sqrt{2-4\zeta^2+4\zeta^4}}\ln\frac{1}{0.05\sqrt{1-\zeta^2}} \tag{5-100}$$

式(5-99) 和式(5-100) 说明，对于给定的阻尼比 ζ，二阶系统的带宽频率 ω_b 与峰值时间 t_p 和调整时间 t_s 也是成反比的。带宽频率 ω_b 越大，系统的响应速度越快。所以，由带宽频率 ω_b 决定的系统带宽也是表征系统响应速度的特征量。一般来说，频带宽的系统有利于提高系统的响应速度，但同时容易引入高频噪声，故从抑制噪声的角度来看，系统带宽又不宜过大。因此在设计控制系统时，要恰当处理好这个矛盾，在全面衡量系统性能指标的基础上，选择适当的频带宽度。

④ 相角裕度 γ 与阻尼比 ζ 的关系。

二阶系统的开环频率特性为

$$G(j\omega)=\frac{\omega_n^2}{j\omega(j\omega+2\zeta\omega_n)}$$

由 5.4 节知，系统的幅值穿越频率（又称剪切频率）ω_c 满足 $|G(j\omega_c)|=1$，因此

$$\frac{\omega_n^2}{\omega_c\sqrt{\omega_c^2+4\zeta^2\omega_n^2}}=1$$

即

$$\omega_c^4+4\zeta^2\omega_n^2\omega_c^2-\omega_n^4=0$$

由此得到
$$\left(\frac{\omega_c}{\omega_n}\right)^2=\sqrt{4\zeta^4+1}-2\zeta^2 \tag{5-101}$$

二阶系统的相角裕度是
$$\gamma=180°-90°-\arctan\left(\frac{\omega_n}{2\zeta\omega_n}\right)=\arctan\left(\frac{2\zeta\omega_n}{\omega_c}\right) \tag{5-102}$$

将式(5-101) 代入式(5-102) 得到
$$\gamma=\arctan\frac{2\zeta}{\sqrt{\sqrt{4\zeta^2+1}-2\zeta^2}} \tag{5-103}$$

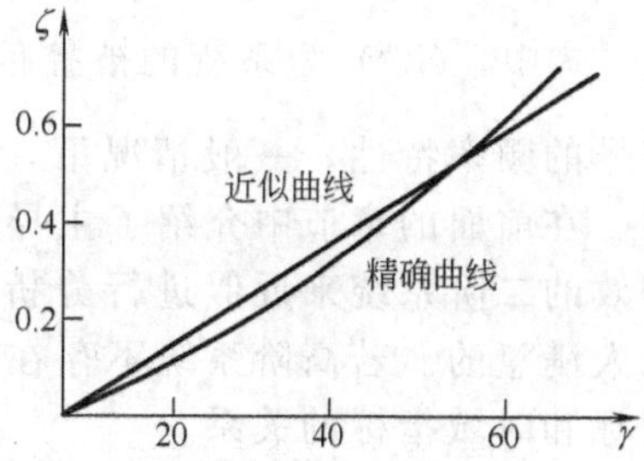

图 5-62 相角裕度与阻尼比间的关系曲线

二阶欠阻尼系统的相角裕度 γ 与阻尼比 ζ 之间的关系曲线如图 5-62 所示。由图 5-62 可以看出，在阻尼比 $\zeta\leqslant 0.7$ 的范围内，它们之间的关系可近似地用一条直线表示，即
$$\zeta\approx 0.01\gamma \tag{5-104}$$
上式表明，选择 30°～60°的相角裕度时，对应的系统阻尼比为 0.3～0.6。

⑤ M_r与 γ 的关系。

单位反馈系统的闭环频率特性可写为
$$\Phi(j\omega)=M(\omega)e^{j\alpha(\omega)}$$

开环频率特性为
$$G(j\omega)=A(\omega)e^{j\varphi(\omega)}$$
其中，开环相频特性可表示为
$$\varphi(j\omega)=-180°+\gamma_d$$

式中，γ_d表示不同频率时相角对$-180°$的角偏移。则当 $\omega=\omega_c$时，$\gamma_d=\gamma$。因此，开环频率特性可写为
$$G(j\omega)=A(\omega)e^{-j(180°-\gamma_d)}=A(\omega)(-\cos\gamma_d-j\sin\gamma_d)$$
则闭环幅频特性为
$$M(\omega)=\left|\frac{G(j\omega)}{1+G(j\omega)}\right|=\frac{A(\omega)}{|1-A(\omega)\cos\gamma_d-jA(\omega)\sin\gamma_d|}$$
$$=\frac{A(\omega)}{\sqrt{1-2A(\omega)\cos\gamma_d+A^2(\omega)}} \tag{5-105}$$
一般 $M(\omega)$ 极大值发生在剪切频率 ω_c附近，且在极大值附近，γ_d变化较小，所以有
$$\cos\gamma_d\approx\cos\gamma=\text{常数} \tag{5-106}$$
令
$$\frac{dM(\omega)}{dA(\omega)}=0$$
得
$$A(\omega)=\frac{1}{\cos\gamma_d}\approx\frac{1}{\cos\gamma} \tag{5-107}$$
将式(5-107) 代入式(5-105)，得
$$M_r\approx\frac{1}{\sin\gamma} \tag{5-108}$$

式(5-108) 表明了 M_r与 γ 的关系，γ 值较小时，此式的准确度较高。式(5-107) 中的 $A(\omega)$ 是当闭环系统的幅频特性出现谐振峰值时的开环幅值，其值大于 1，当 $\omega=\omega_c$时，$A(\omega)=1$。频率越靠近 ω_c，关系式(5-106) 的近似程度越高。

⑥ 高阶系统的频域响应和时域响应。

控制系统的频域和时域响应可由傅立叶积分进行变换，即

$$C(t)=\frac{1}{2\pi}\int_{-\infty}^{\infty}\frac{C(j\omega)}{R(j\omega)}\cdot R(j\omega)\cdot e^{j\omega t}\,d\omega \tag{5-109}$$

式中，$C(t)$ 为系统的被控信号，$\frac{C(j\omega)}{R(j\omega)}$和 $R(j\omega)$ 分别是系统的闭环频率特性和控制信号的频率特性。一般情况下，直接应用式(5-109) 求解高阶系统的时域响应是很困难的。在前面的章节中介绍了主导极点的概念，对于具有一对主导极点的高阶系统，可用等效的二阶系统来近似进行分析。实践证明，只要满足主导极点的条件，分析的结果是令人满意的。若高阶系统不存在主导极点，则可采用以下两个近似估算公式来得到频域指标和时域指标的关系

$$\sigma=0.16+0.4\left(\frac{1}{\sin\gamma}-1\right),\quad 35°\leqslant\gamma\leqslant 90° \tag{5-110}$$

$$t_s=\frac{K_0\pi}{\omega_c} \tag{5-111}$$

其中

$$K_0=2+1.5\left(\frac{1}{\sin\gamma}-1\right)+2.5\left(\frac{1}{\sin\gamma}-1\right)^2,\quad 35°\leqslant\gamma\leqslant 90°$$

一般，高阶系统实际的性能指标比用近似公式估算的指标要好，因此，采用近似公式(5-110) 和式(5-111) 对系统进行初步设计，可以保证实际系统满足要求且有一定的余量。

5.6 Matlab 在系统频域分析中的应用

前面介绍了几种用曲线表示开环系统频率特性的方法，利用这些曲线可以分析系统的稳定性及其他的频域性能指标，还可由开环频率特性求取控制系统的闭环频率特性。利用 Matlab 工具箱中函数，可以准确地作出系统的频率特性曲线，为控制系统的设计和分析提供了极大的方便。

Matlab 工具箱中，绘制系统频率特性曲线的几个常用函数有 bode，nyquist，nichols，ngrid，margin 等，下面通过具体的例子来说明这些函数的应用。

(1) bode 函数

bode 函数可以求出系统的 Bode 图，其格式为

```
[mag,phase,w]=bode(num,den)
[mag,phase,w]=bode(num,den,w)
```

bode(num,den) 可以绘制传递函数为 $G(s)=\frac{num(s)}{den(s)}$时系统的 Bode 图。

bode(num,den,w) 可利用指定的频率值 ω 绘制系统的 Bode 图。

当带输出变量引用函数时，可以得到系统 Bode 图相应的幅值、相角及频率值。其中

$$mag=|G(j\omega)|$$

$$phase=\angle G(j\omega)$$

(2) nyquist 函数

nyquist 函数的功能是求系统的奈氏曲线，格式为

```
[re,im,w]=nyquist(num,den)
[re,im,w]=nyquist(num,den,w)
```

nyquist(num,den) 可以得到开环传递函数为 $G(s)=\frac{num(s)}{den(s)}$时系统的 nyquist 曲线。

nyquist(num,den,w) 可以根据指定的频率值 ω 绘制系统的 nyquist 曲线。

当带输出变量引用函数时，可以得到系统 nyquist 曲线的数据，而不直接绘出 nyquist 曲线。

(3) nichols 函数

nichols 函数可求出系统频率特性的 nichols 图线，格式为

```
[mag,phase,w]=nichols(num,den)
[mag,phase,w]=nichols(num,den,w)
```

nichols(num,den) 可以得到开环传递函数为 $G(s)=\frac{num(s)}{den(s)}$ 时系统的 nichols 图线。

nichols(num,den,w) 可以根据指定的频率值 ω 绘制系统的 nichols 图线。

当带输出变量引用函数时，可以得到系统 nichols 图线的数据，而不直接绘出 nichols 图线。

(4) ngrid 函数

ngrid 函数的功能是绘制 nichols 图线上的网格。格式为

```
ngrid
ngrid('new')
```

ngrid 函数可在 nichols 图线上加网格线，ngrid('new') 可在绘制网格前清除原图，然后再设置成 hold on，这样，后续的 nichols 函数可与网格绘制在一起。

(5) margin 函数

margin 可求出开环系统的幅值裕度和相角裕度，其格式为

```
margin(num,den)
[gm,pm,wcg,wcp]=margin(mag,phase,w)
```

margin(num,den) 可计算系统的相角裕度和幅值裕度，并绘制出 Bode 图。

margin(mag phase,w) 可以由幅值裕度和相角裕度绘制出 Bode 图，其中，mag，phase 和 w 是由 bode 得到的幅值裕度、相角裕度和频率。

当带输出变量引用函数时，仅计算幅值裕度、相角裕度及幅值穿越频率 wcg 和相角穿越频率 wcp，不绘制 Bode 图。

【例 5-13】 二阶振荡环节的传递函数为

$$G(s)=\frac{\omega_n^2}{s^2+2\zeta\omega_n s+\omega_n^2}$$

绘制 ζ 取不同值时的 Bode 图。

解 取 $\omega_n=8$，ζ 取 [0.1:0.2:1.0]，由 bode 函数得到 Bode 图，Matlab 程序如下

```
%example 5-13
%
wn=8;
kosi=[0.1:0.2:1.0];
w=logspace(-1,1,100);
figure(1)
num=[wn.^2];
for kos=kosi
den=[1 2*kos*wn wn.^2];
[mag,pha,w1]=bode(num,den,w);
subplot(2,1,1);hold on
```

```
semilogx(w1,mag);
subplot(2,1,2);hold on
semilogx(w1,pha);
end
subplot(2,1,1);grid on
title('Bode Plot');
xlabel('Frequency(rad/sec)');
ylabel('Gain dB');
subplot(2,1,2);grid on
xlabel('Frequency(rad/sec)');
ylabel('Phase deg');
hold off
```

程序执行后，得到二阶振荡环节的 Bode 图如图 5-63 所示。

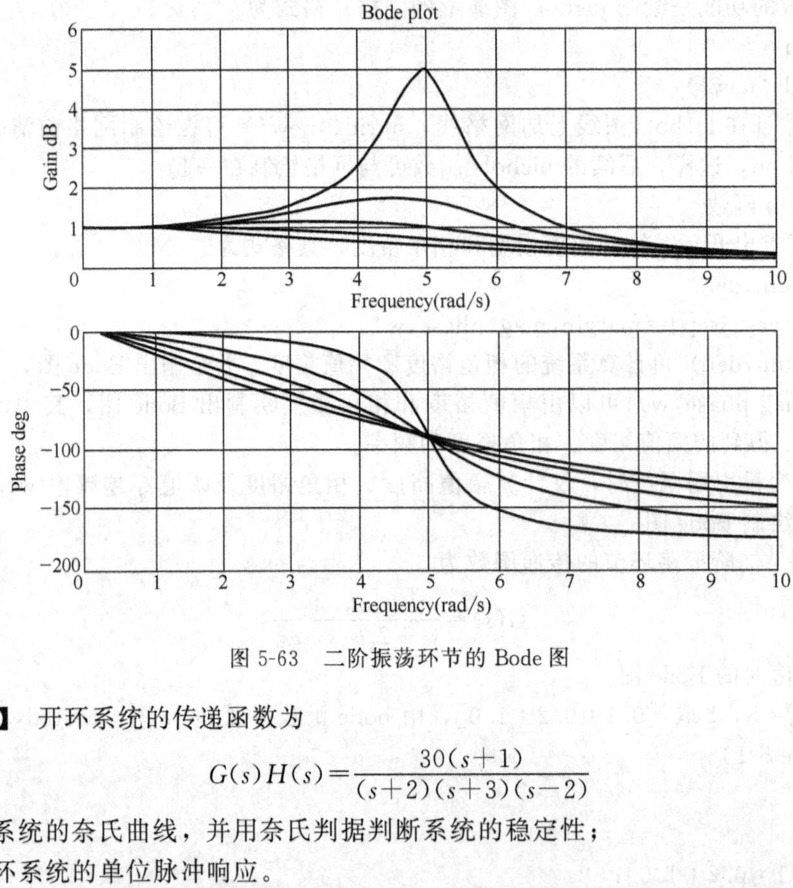

图 5-63　二阶振荡环节的 Bode 图

【例 5-14】 开环系统的传递函数为

$$G(s)H(s)=\frac{30(s+1)}{(s+2)(s+3)(s-2)}$$

① 绘制系统的奈氏曲线，并用奈氏判据判断系统的稳定性；

② 求闭环系统的单位脉冲响应。

解　利用 nyquist 函数绘制奈氏曲线如图 5-64 所示。由图可知，奈氏曲线不围绕（−1，j0）点，$N=0$，开环传递函数有一个右半 S 平面的极点，$P=1$，由奈氏判据

$$Z=P-N=1$$

系统不稳定。又由系统的脉冲响应曲线图 5-65 可知脉冲响应是发散的，也说明系统不稳定。

Matlab 程序如下

```
%example 5-14
%
```

```
k=30;
z=[1];
p=[-2 -3 2];
[num,den]=zp2tf(z,p,k);
figure(1)
nyquist(num,den)
title('Nyquist Plot');
figure(2)
[numl,denl]=cloop(num,den);
impulse(num,den)
title('Impulse Response')
```

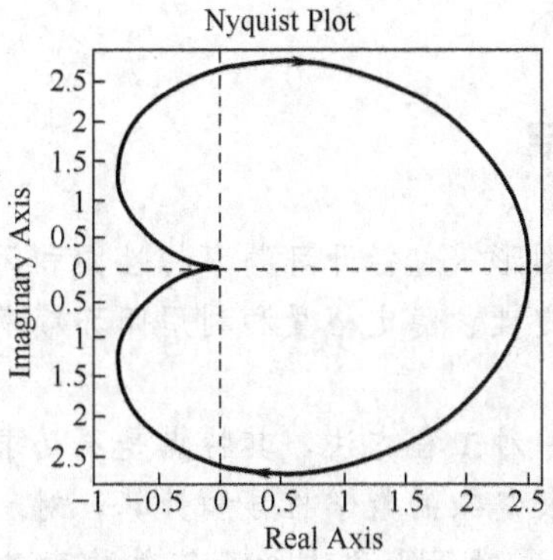

图 5-64 系统的奈氏曲线

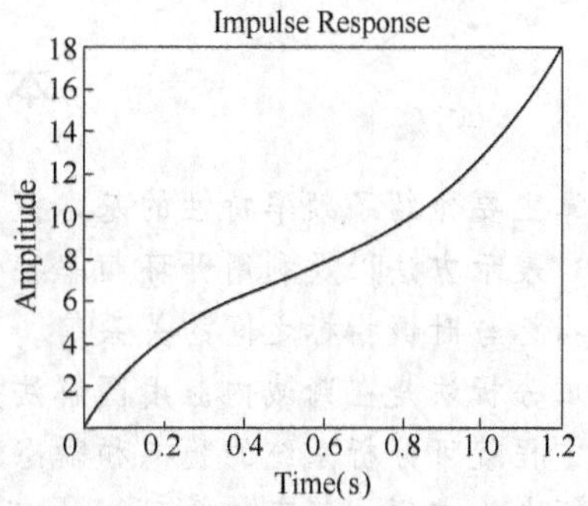

图 5-65 系统的单位脉冲响应

【例 5-15】 系统的开环传递函数为

$$G(s)H(s)=\frac{16.7s}{(0.8s+1)(0.25s+1)(0.0625s+1)}$$

绘制 Nichols 图。

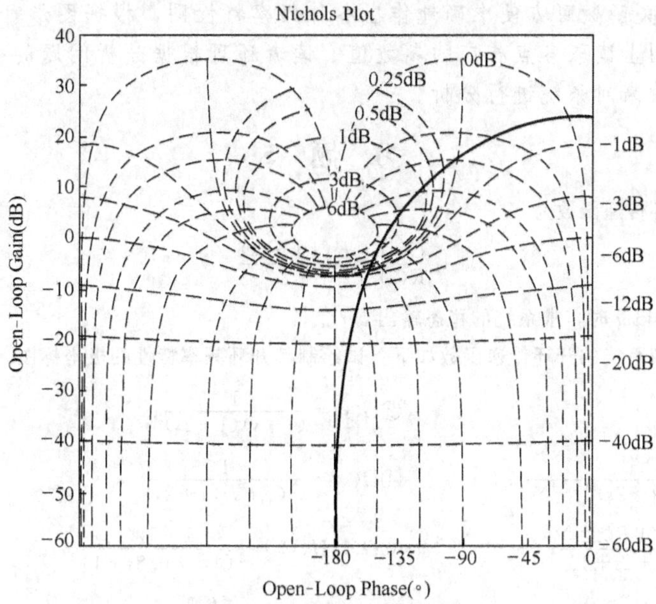

图 5-66 系统的 Nichols 图

解 Matlab 程序如下

```
%example 5-15
%
k=16.7/0.0125;
z=[0];
p=[-1.25 -4 -16];
[num,den]=zp2tf(z,p,k);
figure(1)
ngrid('new')
nichols(num,den)
title('Nichols Plot')
```

程序执行后，可得到系统的 Nichols 图如图 5-66 所示。

本章小结

本章主要介绍了频率特性的基本概念、频率特性的图形（包括开环频率特性图和闭环频率特性图）表示方法以及利用开环频率特性分析系统的稳定性、稳定裕量和利用闭环频率特性分析频域指标与时域指标之间的关系等。

频域分析法是在频域内应用图解法分析系统性能的一种工程方法，其特点是不必求解系统的微分方程就可分析系统的稳态和瞬态性能，避免了冗长复杂的数学推导和计算，对于高阶系统的分析尤为方便。频率特性可以由实验的方法获得，这对于那些未知系统结构和参数的系统，或难以列写系统微分方程的场合，更具有重要的工程实际意义。

由于频率特性法基本上采用图解的方法，因此是一种近似分析法，所得的结果有一定的误差，不如时域分析法那样精确。同时，用时域性能指标描述系统更为直观，人们更习惯采用，因此，掌握频域指标和时域指标间的相互转换关系，灵活运用时域和频域分析法对系统进行分析，可收到省时、准确的效果。

运用 Matlab 有关函数可方便准确地作出各种频率特性图，根据图形可对系统的性能进行分析，同时，可在图上读取各点相应的参数值。读者还可根据分析问题的需要，用 Matlab 语句自己编写一些函数来对系统进行分析。

习题 5

5-1 设系统的闭环传递函数为

$$\frac{C(s)}{R(s)}=\frac{K(1+T_2 s)}{1+T_1 s}$$

当输入信号为 $r(t)=R\sin\omega t$ 时，求系统的稳态输出 $c(t)$。

5-2 已知单位反馈系统的开环传递函数如下，试绘制其开环频率特性的极坐标图。

①$G(s)=\frac{1}{s(1+s)}$； ②$G(s)=\frac{1}{(1+s)(1+2s)}$；

③$G(s)=\frac{1}{s(1+s)(1+2s)(1+5s)}$； ④$G(s)=\frac{1}{s^2(1+s)(1+2s)}$；

⑤$G(s)H(s)=\frac{2.5(1+0.2s)}{s^2+2s+1}$； ⑥$G(s)H(s)=\frac{1+5s}{s^2(4s^2+0.8s+1)}$；

⑦$G(s)H(s)=\frac{20}{(s-1)(s+2)(s+5)}$； ⑧$G(s)H(s)=\frac{K}{s(4s-1)}$；

⑨$G(s)H(s)=\dfrac{5(0.5s-1)}{s(0.25s+1)(s-1)}$； ⑩$G(s)H(s)=\dfrac{K(1+0.5s)}{s(1+5s)}$。

5-3 已知某系统的开环传递函数为

$$G(s)H(s)=\frac{K(s-1)}{s(s+1)},\quad K>0$$

应用奈氏判据判断闭环系统的稳定性。

5-4 设系统的开环传递函数为

$$G(s)H(s)=\frac{K(1+T_a s)(1+T_b s)}{s^2(1+T_1 s)}$$

试画出下面两种情况下系统的极坐标图：

①$T_a>T_1>0$，$T_b>T_1>0$； ②$T_1>T_a>0$，$T_1>T_b>0$。

5-5 系统的开环传递函数为

$$G(s)=\frac{K}{s(1+T_1 s)(1+T_2 s)}$$

其中，$K=86s^{-1}$，$T_1=0.02s$，$T_2=0.03s$。

① 试用奈氏判据分析闭环系统的稳定性；

② 若要系统稳定，K 和 T_1，T_2 之间应保持怎样的解析关系。

5-6 已知开环传递函数 $G(s)H(s)$ 在 S 平面的右半部无极点，试根据图 5-67 所示开环频率特性曲线分析相应系统的稳定性。

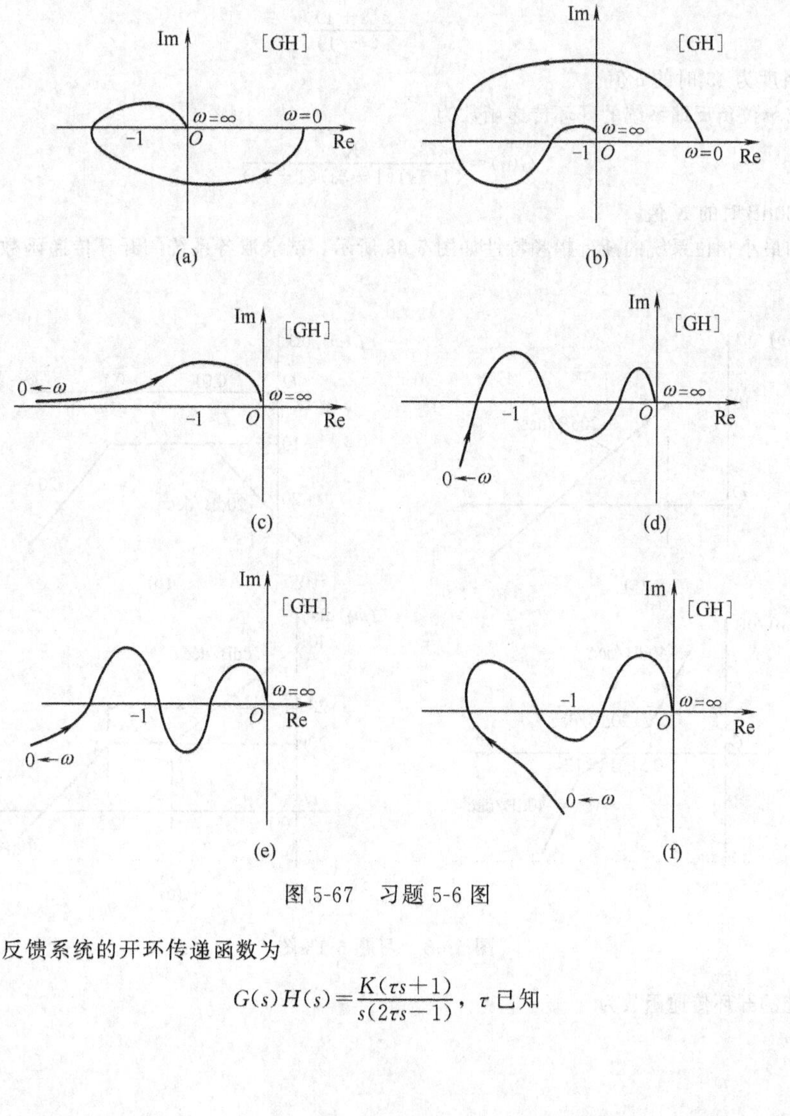

图 5-67 习题 5-6 图

5-7 已知负反馈系统的开环传递函数为

$$G(s)H(s)=\frac{K(\tau s+1)}{s(2\tau s-1)},\ \tau \text{已知}$$

试绘制系统奈氏曲线的大致图形，并确定使系统稳定的 K 值范围。

5-8 反馈控制系统的开环传递函数为

$$G(s)H(s)=\frac{10(1+Ts)}{s(s-10)},\ T>0$$

① 画出系统开环幅相曲线大致的形状，并分别标出系统稳定和不稳定时（-1,j0）点的位置。

② 由频率特性计算出闭环系统稳定时 T 的临界值。

5-9 绘制下列传递函数的 Bode 图：

①$G(s)=\dfrac{100}{(s+1)(3s+1)(7s+1)}$； ②$G(s)=\dfrac{10}{s(s^2+10s+70)}$；

③$G(s)=\dfrac{500(s+2)}{s(s+10)}$； ④$G(s)=\dfrac{2000(s+6)}{s(s^2+4s+20)}$；

⑤$G(s)=\dfrac{2000(s-6)}{s(s^2+4s+20)}$； ⑥$G(s)=\dfrac{50Ts}{Ts+1}$；

⑦$G(s)H(s)=\dfrac{5(1-0.1s)}{s(1+0.1s)(1-0.2s)}$； ⑧$G(s)H(s)=\dfrac{10(s+0.5)}{s^2(s+2)(s+10)}$。

5-10 绘制传递函数

$$G(s)=\frac{3500}{s(s^2+10s+70)}$$

的 Bode 图，并确定：分子数值应增大或减小多少才能得到 30°的相角裕度。

5-11 设单位负反馈系统的开环传递函数为

$$G(s)=\frac{a(s+1)}{s(s-1)}$$

试确定使相角裕度为 45°时的 a 值。

5-12 已知单位负反馈系统的开环传递函数为

$$G(s)=\frac{K}{(1+s)(1+3s)(1+7s)}$$

求幅值裕度为 20dB 时的 K 值。

5-13 已知最小相位系统的渐近幅频特性如图 5-68 所示，试求取各系统的开环传递函数，并作出相应的相频特性曲线。

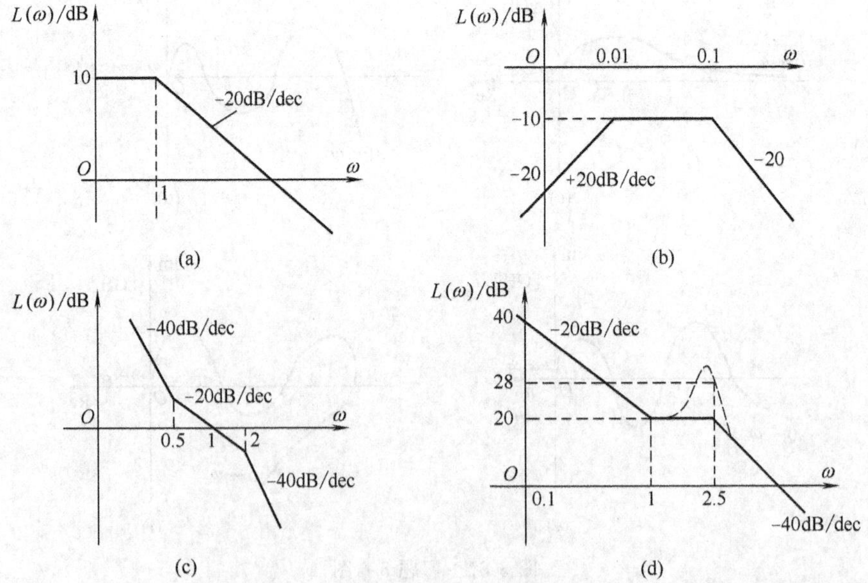

图 5-68 习题 5-13 图

5-14 系统的开环传递函数为

$$G(s)H(s)=\frac{Ks^2}{(0.02s+1)(0.2s+1)}$$

试绘制该系统的 Bode 图，并确定剪切频率 $\omega_c=5\text{rad/s}$ 时的 K 值。

5-15 已知某负反馈系统的开环对数幅频特性如图 5-69 所示。$\omega=0.1$ 处的幅值为 40dB，$\omega_2=5$。

① 证明 $\frac{\omega_3}{\omega_2}=\frac{\omega_2}{\omega_1}$；

② 求系统的开环放大系数 K；

③ 设系统为最小相位系统，求相角裕度 γ。

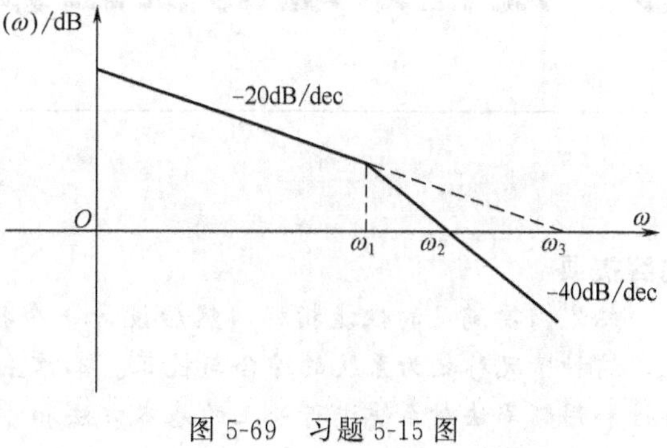

图 5-69 习题 5-15 图

5-16 单位反馈系统的开环传递函数为

$$G(s)=\frac{Ke^{-0.8s}}{s+1}$$

试确定系统稳定的 K 的临界值。

5-17 某负反馈系统的开环传递函数为

$$G(s)=\frac{10}{s(1+0.2s)(1+0.02s)}$$

① 绘制系统的对数幅相曲线；

② 利用尼科尔斯图求系统的谐振峰值和谐振频率。

5-18 控制系统的结构图如图 5-70 所示。

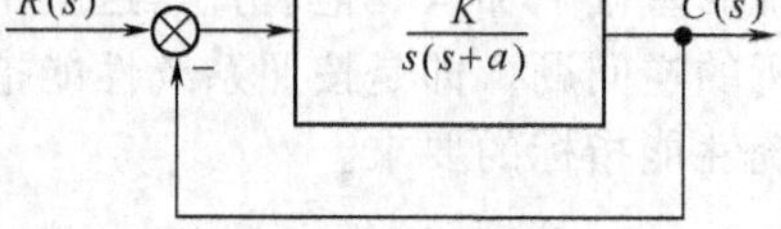

图 5-70 习题 5-18 图

① 确定满足 $M_r=1.04\text{dB}$，$\omega_c=11.55\text{rad/s}$ 时的 K 值和 a 值；

② 根据①中确定的 K 值和 a 值，计算系统的调节时间和带宽频率。

5-19 单位反馈系统的开环传递函数为 $G(s)=\frac{K}{s(Ts+1)}$，求

① 确定 K，T 的值，使谐振峰值 $M_r=1.5$；

② 当时间常数 $T=0.1\text{s}$，$M_r=1.15$ 时，系统对单位阶跃响应的超调量及谐振频率。

5-20 设单位负反馈系统的开环传递函数为

$$G(s)=\frac{7}{s(0.087s+1)}$$

① 试用频率响应法计算系统的时域指标、单位阶跃响应的超调量及调整时间；

② 用 Matlab 工具，作出阶跃响应曲线，由曲线求取阶跃响应的时域指标。

5-21 系统的开环传递函数为

$$G(s)H(s)=\frac{48(s+1)}{s(8s+1)(0.05s+1)}$$

试根据以下频域参数估算时域指标 σ 和 t_s：

①γ 和 ω_c； ②M_r 和 ω_c。

5-22 系统的开环传递函数如下：

①$G(s)H(s)=\frac{8(s+1)}{s^2(s+15)(s^2+6s+10)}$； ②$G(s)H(s)=\frac{7.5(0.2s+1)(s+1)}{s(s^2+16s+100)}$。

用 Matlab 函数绘制系统的 Bode 图、Nyquist 图和 Nichols 图。

5-23 用 Matlab 有关函数绘制以上系统的 Nyquist 图，并叠加上等 M 圆等 N 圆，对闭环系统的频率特性和阶跃响应特性进行分析。

6 线性系统的校正方法

内容提要

给定需要满足的性能指标，然后设计一个控制器，并选择适当的参数来满足性能指标的要求，这种情况称之为系统的综合与校正。本章主要介绍系统综合与校正的概念，校正装置的频率特性和用频率法对系统进行校正的基本方法和步骤。最后介绍了 Matlab 在系统校正中的应用。

知识要点

线性系统的基本控制规律：比例（P），积分（I），比例-微分（PD），比例-积分（PI）和比例-积分-微分（PID）控制律，超前校正，滞后校正，滞后-超前校正；控制系统的性能指标；串联校正，反馈校正和复合校正。

在前面的章节中，介绍了对控制系统进行分析的基本理论和基本方法，涉及的都是系统分析的问题，即在系统的结构和参数已知的情况下，求出系统的性能指标，并分析性能指标与系统参数之间的关系。在对系统进行分析后，常常发现已知系统不满足性能指标的要求，需要对系统进行改进，或是在原有系统的基础上加入其他装置，这就是本章将要介绍的系统校正的方法。因此，系统校正是系统分析的逆问题，即是按照系统性能指标的要求，设计合适的装置加入到原来系统中，使其满足系统性能指标的要求。

6.1 校正与综合的概念

设计一个自动控制系统一般经过以下三步：①根据任务要求，选定控制对象；②根据性能指标的要求，确定系统的控制规律，并设计出满足这个控制规律的控制器，初步选定构成控制器的元器件；③将选定的控制对象和控制器组成控制系统，如果构成的系统不能满足或不能全部满足设计要求的性能指标，还必须增加合适的元件，按一定的方式连接到原系统中，使重新组合起来的系统全面满足设计要求。这些能使系统的控制性能满足设计要求所增添的元件称为校正元件（或校正装置）。把由控制器和控制对象组成的系统叫做原系统（或系统的不可变部分），把加入了校正装置的系统叫做校正系统。为了使原系统的性能指标得到改善，按照一定的方式接入校正装置和选择校正元件参数的过程就是控制系统设计中的校正与综合的问题，图 6-1 是系统综合校正的示意图。

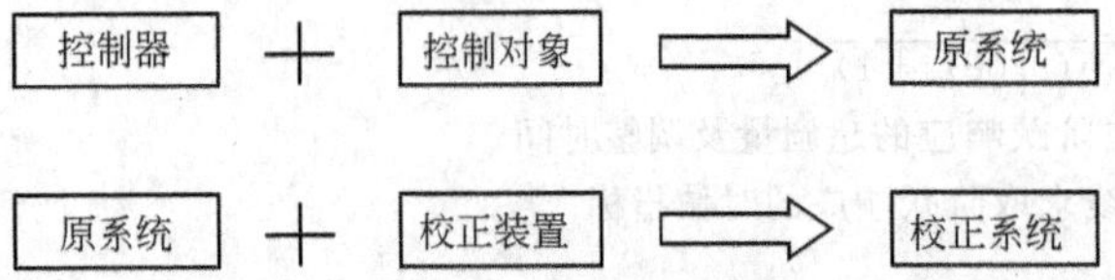

图 6-1　系统的综合与校正示意图

必须指出，并非所有经过设计的系统都要经过综合与校正这一步骤，如果构成原系统的控制对象和控制规律比较简单，性能指标要求又不高，通过适当调整控制器的放大倍数就能使系统满足设计要求，就不需要在原系统的基础上增加校正装置。但在许多情况下，仅仅调整放大系数并不能使系统的性能得到充分的改善，例如，增加系统的开环放大系数虽可以提高系统的控制精度，但可能降低系统的相对稳定性，甚至使系统不稳定。因此，对于控制精度和稳定性能都要求较高的系统，往往需要引入校正装置才能使原系统的性能得到充分的改善和补偿。

在控制工程实践中，综合与校正的方法应根据特定的性能指标来确定。一般情况下，若性能

指标以稳态误差 e_{ss}、峰值时间 t_p、最大超调量 σ_p 和调整时间 t_s 等时域性能指标给出时，应用根轨迹法进行综合与校正比较方便；如果性能指标是以相角裕度 γ、幅值裕度 K_g、相对谐振峰值 M_r、谐振频率 ω_r 和系统带宽 ω_b 等频域性能指标给出时，应用频率特性法进行综合与校正更合适。

6.1.1 校正的基本方式

按照校正装置与原系统的连接方式，校正可分为串联校正、反馈校正和复合校正。

串联校正装置一般接在系统的前向通道中，$G_c(s)$ 为校正装置的传递函数，如图 6-2 所示，具体的接入位置，应视校正装置本身的物理特性和原系统的结构而定。通常，对于体积小、重量轻、容量小的校正装置（电气装置居多），常加在系统信号容量不大、功率小的地方，即比较靠近输入信号的前向通道中。对于体积、重量、容量较大的校正装置（如无源网络、机械、液压、气动装置等），常串接在信号功率较大的部位上，即比较靠近输出信号的前向通道中。

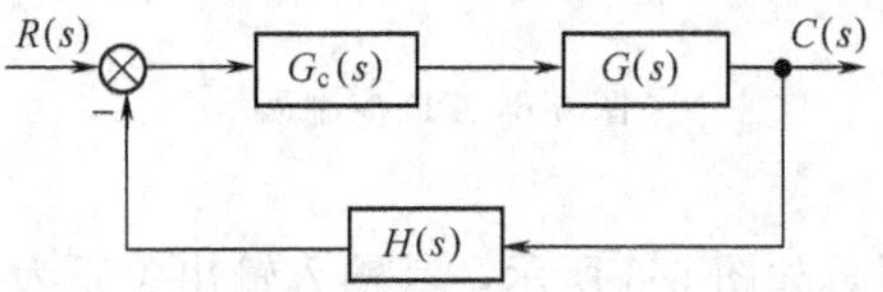

图 6-2 串联校正

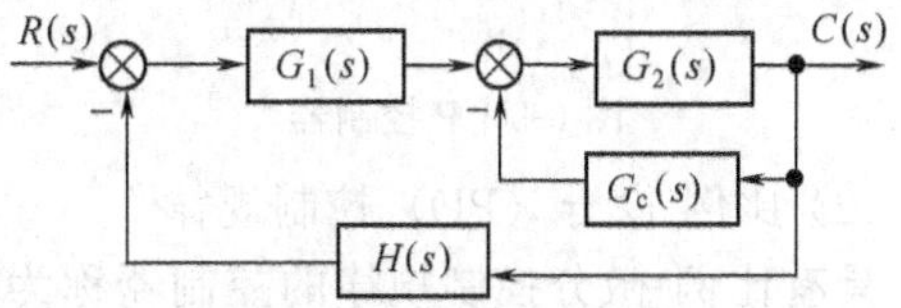

图 6-3 反馈校正

反馈校正是将校正装置反并接在系统前向通道中的一个或几个环节两端，形成局部反馈回路，如图 6-3 所示。由于反馈校正装置的输入端信号取自于原系统的输出端或原系统前向通道中某个环节的输出端，信号功率一般都比较大，因此，在校正装置中不需要设置放大电路，有利于校正装置的简化。此外，反馈校正还可消除参数波动对系统性能的影响。

复合校正是在反馈控制回路中，加入前馈校正通路，如图 6-4 所示。

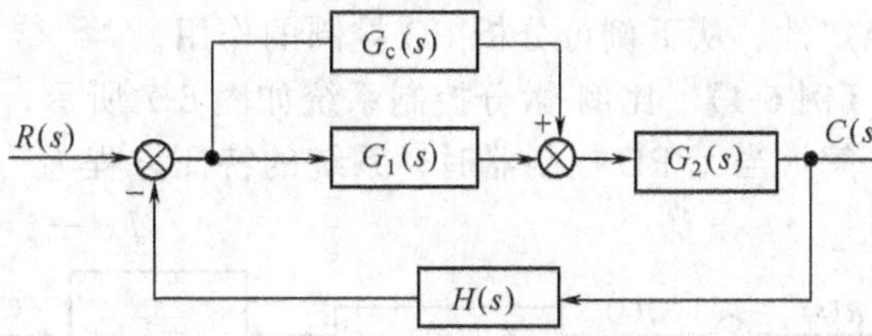

图 6-4 复合校正

上面介绍的几种校正方式，虽然校正装置与系统的连接方式不同，但都可以达到改善系统性能的目的。通过结构图的变换，一种连接方式可以等效地转换成另一种连接方式，他们之间的等效性决定了系统的综合与校正的非惟一性。在工程应用中，究竟采用哪一种连接方式，这要视具体情况而定。通常需要考虑的因素有：原系统的物理结构，信号是否便于取出和加入，信号的性质，系统中各点功率的大小，可供选用的元件，还有设计者的经验和经济条件等。一般来讲，串联校正比反馈校正设计简单，也比较容易对系统信号进行变换。由于串联校正通常是由低能量向高能量部位传递信号，加上校正装置本身的能量损耗，必须进行能量补偿。因此，串联校正装置通常由有源网络或元件构成，即其中需要有放大元件。反馈校正装置的输入信号通常由系统输出端或放大器的输出级供给，信号是从高功率点向低功率点传递，因此，一般不需要放大器。由于输入信号功率比较大，校正装置的容量和体积相应要大一些。反馈校正可以消除校正回路中元件参数的变化对系统性能的影，因此，若原系统随着工作条件的变化，它的某些参数变化较大时，采用反馈校正效果会更好些。在性能指标要求较高的系统中，常常兼用串联校正与反馈校正两种方式。

综上所述，在对控制系统进行校正时，应根据具体情况，综合考虑各种条件和要求来选择合理的校正装置和校正方式，有时，还可同时采用两种或两种以上的校正方式。

6.1.2 基本控制规律

了解校正装置的控制规律对选择合适的校正装置及校正方式很有必要。一般的控制器和校正装置常常采用的控制规律有比例、积分、微分以及这些控制规律的组合。

(1) 比例（P）控制规律

具有比例控制规律的控制器称为P控制器，如图6-5所示。控制器的输出信号成比例的反映输入信号，其传递关系可表示为

$$m(t)=K_{\mathrm{p}}e(t) \tag{6-1}$$

P控制器是增益K_{p}可调的放大器，对输入信号的相位没有影响。在串联校正中，提高增益K_{p}可减小系统的稳态误差，提高系统的控制精度。但往往会影响系统的相对稳定性，甚至造成系统不稳定。因此，在实际应用中，很少单独使用P控制器，而是将它与其他形式的控制规律一起使用。

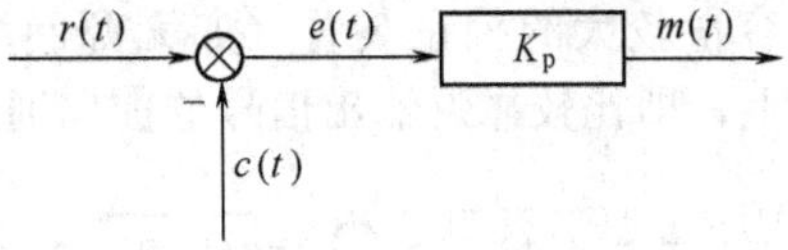

图6-5　P控制器

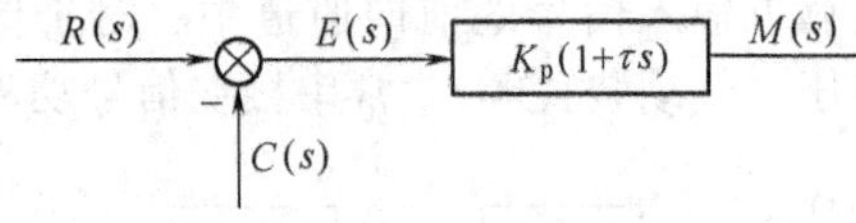

图6-6　PD控制器

(2) 比例-微分（PD）控制规律

具有比例-微分控制规律的控制器称为PD控制器，如图6-6所示，其输入输出关系为

$$m(t)=K_{\mathrm{p}}e(t)+K_{\mathrm{p}}\tau\frac{\mathrm{d}e(t)}{\mathrm{d}t} \tag{6-2}$$

式中，K_{p}为比例系数，τ为微分时间常数，K_{p}和τ都是可调参数。PD控制器的微分作用能反应输入信号的变化趋势，即可产生早期修正信号，以增加系统的阻尼程度，从而改善系统的稳定性。从下例可分析PD控制的作用。

【例6-1】 比例-微分控制系统如图6-7所示，试分析P控制器对系统性能的影响。

解 当无PD控制器时，系统的特征方程为

$$Js^2+1=0$$

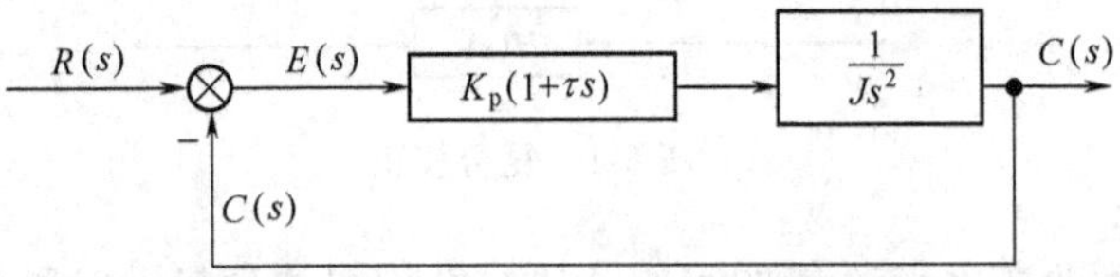

图6-7　比例-微分控制系统

该二阶系统的阻尼比为零，阶跃响应为等幅振荡，系统临界稳定。

加入PD控制器后，系统的特征方程为

$$Js^2+K_{\mathrm{p}}\tau s+K_{\mathrm{p}}=0$$

此时，系统的阻尼比$\zeta=\dfrac{\tau\sqrt{K_{\mathrm{p}}}}{2\sqrt{J}}>0$，系统稳定，且阻尼比的大小可通过改变参数$K_{\mathrm{p}}$和$\tau$来调整。由于微分控制作用只对动态过程起作用，对稳态过程没有影响，且微分作用对噪声非常敏感。因此，微分控制器很少单独使用，通常都是与其他控制规律结合起来，构成PD控制器和PID控制器，应用于系统。

(3) 积分（I）控制规律

具有积分控制规律的控制器称为I控制器，如图6-8所示，其输入输出关系为

$$m(t)=K_{\mathrm{i}}\int_0^t e(t)\,\mathrm{d}t \tag{6-3}$$

其中，K_{i}为可调比例系数。在串联校正中，积分控制器可使原系统的型别提高（无差度ν增加），提高系统的稳态性能。但积分控制使系统增加了一个在原点的开环极点，使信号产生90°的相位滞后，对系统的稳定性不利。因此，I控制器一般不宜单独使用。

(4) 比例-积分（PI）控制规律

具有比例-积分控制规律的控制器称PI控制器，如图6-9所示，其输入输出关系为

$$m(t)=K_{\mathrm{p}}e(t)+\frac{K_{\mathrm{p}}}{T_{\mathrm{i}}}\int_0^t e(t)\,\mathrm{d}t \tag{6-4}$$

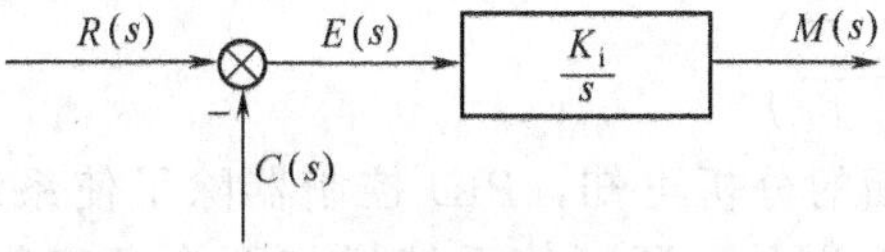

图 6-8 I 控制器

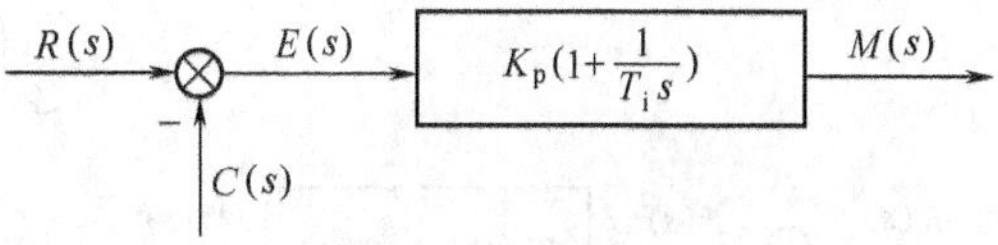

图 6-9 PI 控制器

在串联校正中，PI 控制使系统增加了一个位于原点的开环极点，同时增加了一个位于左半 S 平面的开环零点 $z=-\frac{1}{T_i}$。增加的极点可提高系统的无差度，减小或消除稳态误差，改善系统的稳态性能；增加的负实零点可减小系统的阻尼程度，克服 PI 控制器对系统稳定性及动态过程产生的不利影响。只要积分时间常数 T_i 足够大，就可大大减小 PI 控制器对系统稳定性的不利影响。所以，PI 控制器主要用来改善的稳态性能。

【例 6-2】 设单位反馈系统的开环传递函数为

$$G(s)=\frac{K_0}{s(Ts+1)}$$

为改善系统的性能，在前向通道加入 PI 控制器，如图 6-10 所示。试分析 PI 控制器在改善系统性能方面起的作用。

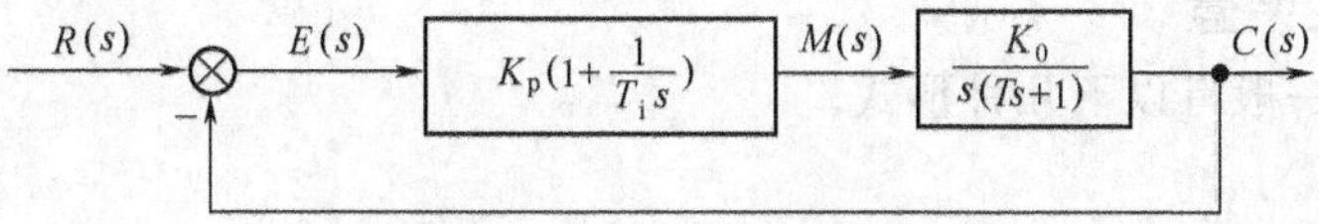

图 6-10 比例-积分控制系统

解 加入 PI 控制器后，系统的开环传递函数为

$$G(s)=\frac{K_0K_p(T_is+1)}{T_is^2(Ts+1)}$$

可见，系统由原来的 1 型系统变为 2 型系统，故对于斜坡函数输入信号 $r(t)=Rt$，原系统的稳态误差为 R/K_0，加入 PI 控制器后，稳态误差为零。可见，PI 控制器提高了系统的控制精度，改善了系统的稳态性能。

采用 PI 控制后，系统的特征方程为

$$T_iTs^3+T_is^2+K_pK_0T_is+K_pK_0=0$$

由劳斯判据知，只要满足 $T_i>T$，就可满足系统稳定的条件。

由以上分析知，只要合适选择 PI 控制器的参数，就可在满足系统稳定性要求的前提下，改善系统的稳态性能。

(5) 比例-积分-微分（PID）控制规律

具有比例-积分-微分控制规律的控制器称 PID 控制器，如图 6-11 所示，这种组合具有三种基本控制规律的各自特点，其输入输出关系为

$$m(t)=K_pe(t)+\frac{K_p}{T_i}\int_0^t e(t)\,\mathrm{d}t+K_p\tau\frac{\mathrm{d}e(t)}{\mathrm{d}t} \tag{6-5}$$

相应的传递函数为

$$G(s)=K_p\left(1+\frac{1}{T_is}+\tau s\right)=\frac{K_p}{T_i}\cdot\frac{T_i\tau s^2+T_is+1}{s} \tag{6-6}$$

式(6-6) 可写成

$$G(s)=\frac{K_p}{T_i}\cdot\frac{(\tau_1s+1)(\tau_2s+1)}{s} \tag{6-7}$$

当 $\frac{4\tau}{T_i}<1$ 时 $\tau_1=\frac{T_i}{2}\left(1+\sqrt{1-\frac{4\tau}{T_i}}\right)$

$$\tau_2=\frac{T_i}{2}\left(1-\sqrt{1-\frac{4\tau}{T_i}}\right)$$

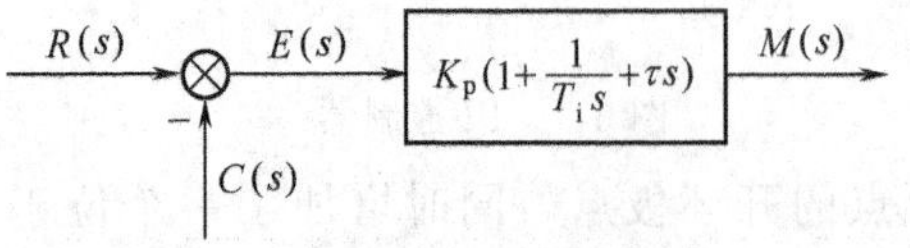

图 6-11 PID 控制器

由上面的分析可知，PID 控制器除了使系统的无差度提高以外，还可使系统增加两个负实零点，所以改善系统动态性能的作用更突出。PID 控制器广泛地用在工业过程控制系统中。其参数的选择，一般在系统的现场调试中最后确定。通常，参数选择应使 I 发生在系统频率特性的低频段，用以改善系统的稳态性能；D 作用发生在系统频率特性的中频段，以改善系统的动态性能。

6.2 常用校正装置及其特性

校正装置可以是电气的，也可能是机械的、气动的及液压的等。由于电气元件具有体积小、重量轻、调整方便等特点，在工业控制系统中占主导地位。本节将介绍常用的无源及有源校正装置的电路形式、传递函数及其特性。

6.2.1 无源校正装置

无源校正装置一般有以下几种形式。

(1) 超前装置

如图 6-12 所示，典型的无源超前装置由阻容元件组成。其中复阻抗 Z_1 和 Z_2 分别为

$$Z_1=\frac{R_1}{1+R_1Cs}$$

$$Z_2=R_2$$

装置的传递函数为

$$G(s)=\frac{Z_2}{Z_1+Z_2}=\frac{1}{a}\times\frac{1+aTs}{1+Ts} \tag{6-8}$$

式中

$$T=\frac{R_1R_2}{R_1+R_2}C,\ a=\frac{R_1+R_2}{R_2}>1$$

从式(6-8) 可看出，无源超前装置具有幅值衰减的作用，衰减系数为 $\frac{1}{a}$。如果给无源校正装置接一放大系数为 a 的比例放大器，便可补偿校正装置的幅值衰减作用，这时，传递函数就可写为

$$G(s)=\frac{1+aTs}{1+Ts} \tag{6-9}$$

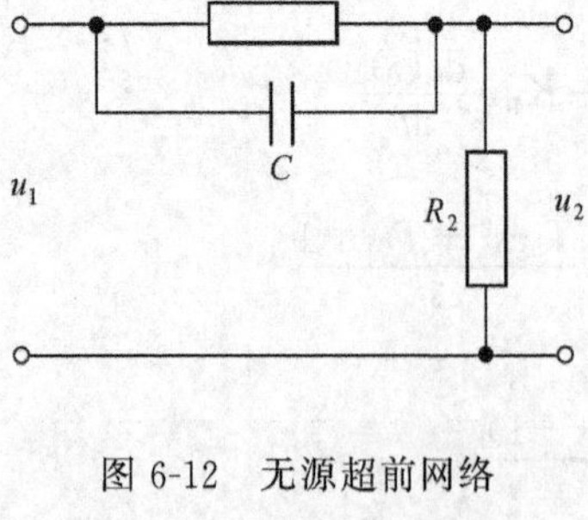

图 6-12 无源超前网络

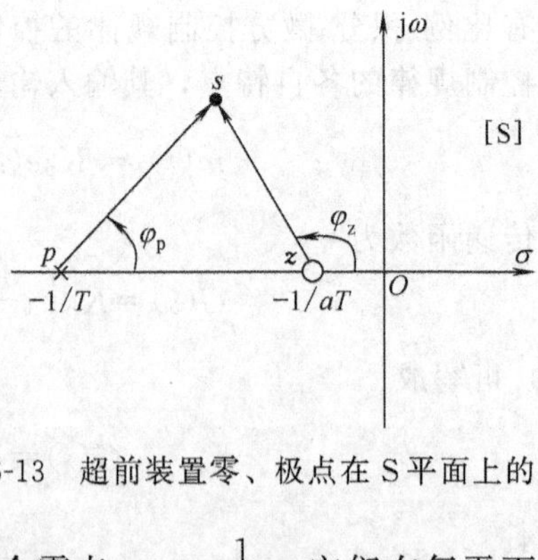

图 6-13 超前装置零、极点在 S 平面上的分布

由式(6-9) 知，超前装置有一个极点 $p=-\frac{1}{T}$ 和一个零点 $z=-\frac{1}{aT}$，它们在复平面上的分

布如图 6-13 所示。由于 $a>0$，极点 p 位于负实轴上零点的左侧，对于复平面上任一点 s，由零点和极点指向 s 点的向量 $\overrightarrow{sz}$ 和 $\overrightarrow{sp}$ 与实轴正方向的夹角分别为 φ_z 和 φ_p，相角差为

$$\varphi=\varphi_z-\varphi_p>0$$

可见，超前装置具有相位超前的作用，这也是超前装置名称的由来。

将 $s=j\omega$ 代入式(6-9)，有

$$G(j\omega)=\frac{1+jaT\omega}{1+jT\omega} \tag{6-10}$$

超前装置的频率特性如图 6-14 所示，它是位于正实轴上方的半个圆。极坐标图的起点为 1，终点位于正实轴上坐标值为 a 的点上，圆周的半径为 $\frac{a-1}{2}$，圆心位于正实轴上坐标为 $\frac{a+1}{2}$ 处。图 6-14 绘出了 a 取不同值时超前装置的极坐标图。由坐标原点向极坐标图的圆周作切线，切线与正实轴方向的夹角 φ_m 即为超前装置的最大超前相角。由图 6-14 可求出最大超前相角 φ_m 为

$$\varphi_m=\arcsin\frac{a-1}{a+1} \tag{6-11}$$

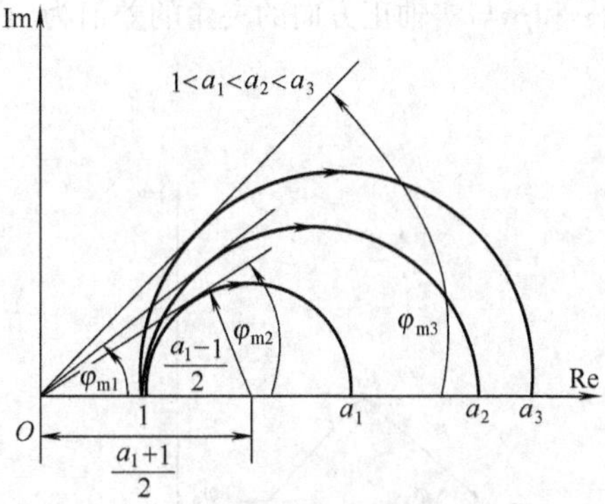

图 6-14 超前装置的极坐标图

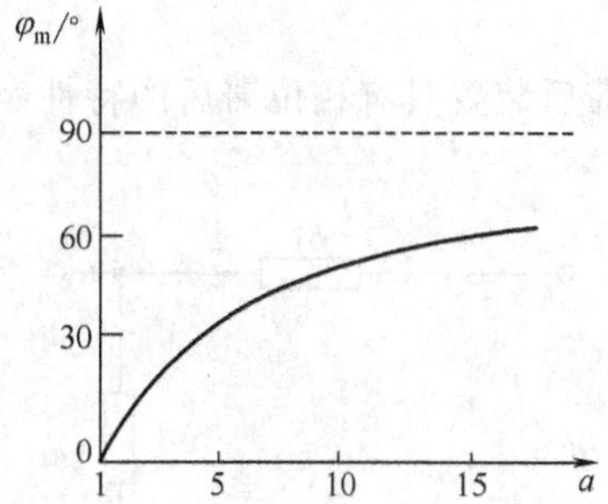

图 6-15 超前装置的 a-φ_m 曲线

由式(6-11) 知，最大超前相角 φ_m 的大小取决于 a 值的大小。当 a 值趋于无穷大时，单个超前装置的最大超前相角 $\varphi_m=90°$。超前装置的最大超前相角 φ_m 与 a 的关系如图6-15所示。由图知，超前相角 φ_m 随 a 值的增加而增大，但并不成比例。当 φ_m 较大时（$\varphi_m>60°$），φ_m 略有增加，a 值会急剧增大，这意味着装置的幅值衰减很快。因此，在要求相位超前大于 60°时，宜采用两级超前装置串联来实现校正。此外，超前装置本质上是高通电路，它对高频噪声的增益较大，对频率较低的控制信号的增益较小。因此，a 值过大会降低系统的信噪比，a 值较小则校正装置的相位超前作用不明显。一般情况下，a 值的选择范围在 5～10 之间比较合适。

超前校正装置的对数频率特性如图 6-16 所示，由对数幅频特性更能清楚看到超前装置的高通特性，其最大的幅值增益为 $20\lg a$，最大增益的频率范围是 $\omega>1/T$。由图 6-16 可求出最大超前相角对应的频率 ω_m，即

$$\lg\omega_m=\frac{1}{2}(\lg\omega_1+\lg\omega_2)=\frac{1}{2}\left(\lg\frac{1}{aT}+\lg\frac{1}{T}\right)$$

由此得到

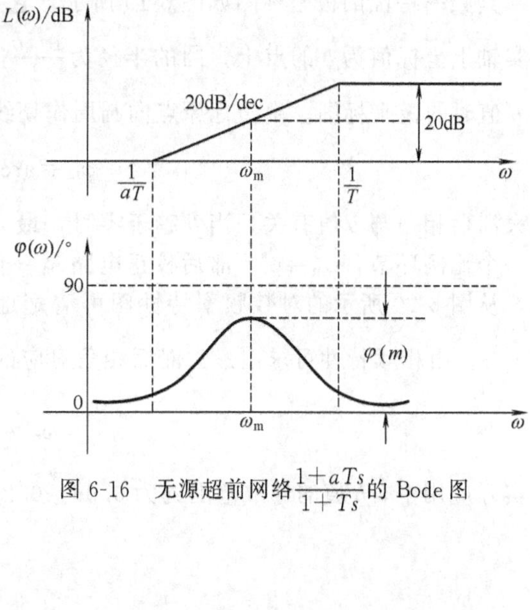

图 6-16 无源超前网络 $\frac{1+aTs}{1+Ts}$ 的 Bode 图

$$\omega_m=\frac{1}{T\sqrt{a}} \tag{6-12}$$

(2) 滞后校正装置

典型的无源滞后校正电路如图 6-17 所示，其中复阻抗 Z_1 和 Z_2 分别为

$$Z_1=R_1，\ Z_2=R_2+\frac{1}{Cs}$$

由此得到滞后装置的传递函数为

$$G(s)=\frac{Z_2}{Z_1+Z_2}=\frac{1+R_2Cs}{1+(R_1+R_2)Cs}=\frac{1+bTs}{1+Ts}$$

式中

$$T=(R_1+R_2)C$$

$$b=\frac{R_2}{R_1+R_2}<1$$

滞后装置的零点 $z=-1/bT$ 和极点 $p=-1/T$ 在 S 平面上的分布如图 6-18 所示。由于 $b<1$，零点位于负实轴上极点的左侧，对于复平面上的任一点 s，向量 $\overrightarrow{zs}$ 和 $\overrightarrow{ps}$ 与实轴正方向的夹角的差值为

$$\varphi=\varphi_z-\varphi_p<0$$

这表明滞后装置具有相位滞后的特性。

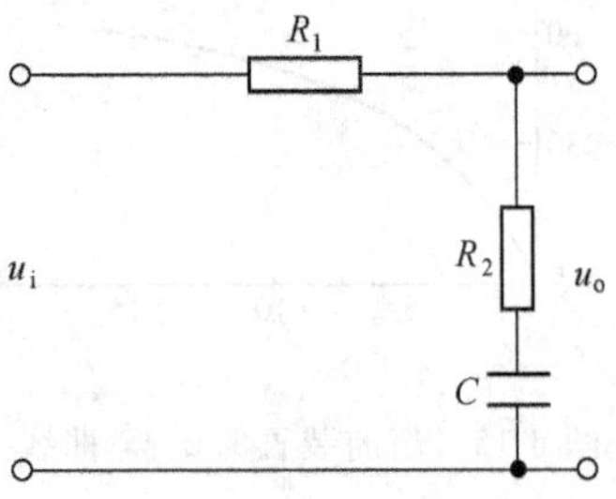

图 6-17 无源滞后校正电路

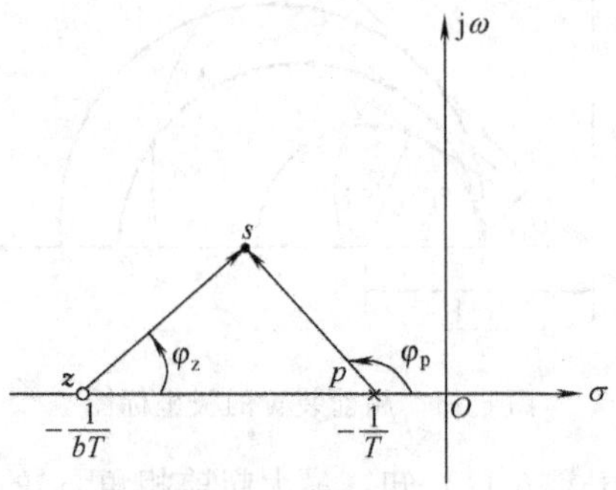

图 6-18 滞后装置零、极点在 S 平面上的分布

滞后装置的频率特性为

$$G(j\omega)=\frac{1+jb\omega T}{1+j\omega T} \tag{6-13}$$

其频率特性的极坐标图如图 6-19 所示，它是正实轴下方的半圆。极坐标的起点为 1，终点在实轴上坐标值为 b 的点上，圆的半径为 $\frac{1-b}{2}$，圆心位于正实轴上 $\frac{b+1}{2}$ 处。图 6-19 绘出了不同 b 值时的极坐标图。由坐标原点向圆周作切线，便可得到最大滞后相角为

$$\varphi_m=\arcsin\frac{b-1}{b+1} \tag{6-14}$$

最大滞后相角与 b 值有关，当 b 趋于零时，最大滞后相角为 $-90°$，当 $b=1$ 时，校正装置实际是一个比例环节，$\varphi_m=0°$。滞后校正电路是一低通滤波网络，它对高频噪声有一定的衰减作用，从图 6-20 所示的对数频率特性图可清楚地看到，最大的幅值衰减为 $20\lg b$，频率范围是 $\omega>\frac{1}{bT}$。由相频特性可求出最大滞后相角对应的频率是

$$\omega_m=\frac{1}{T\sqrt{b}} \tag{6-15}$$

在实际应用中，b 值的选取范围约为 0.06～0.2，通常取 $b=0.1$。

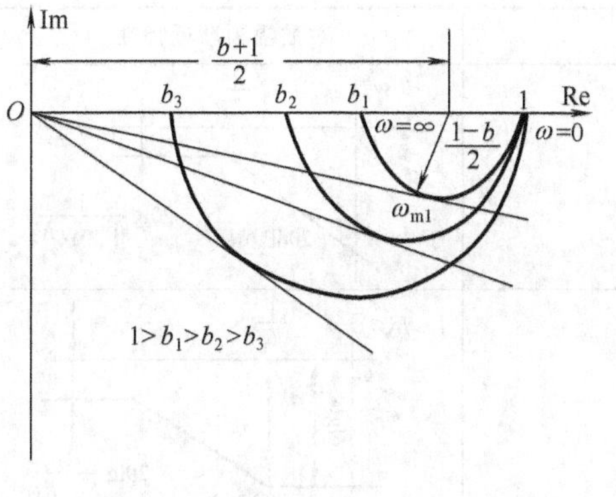

图 6-19 滞后装置的极坐标图

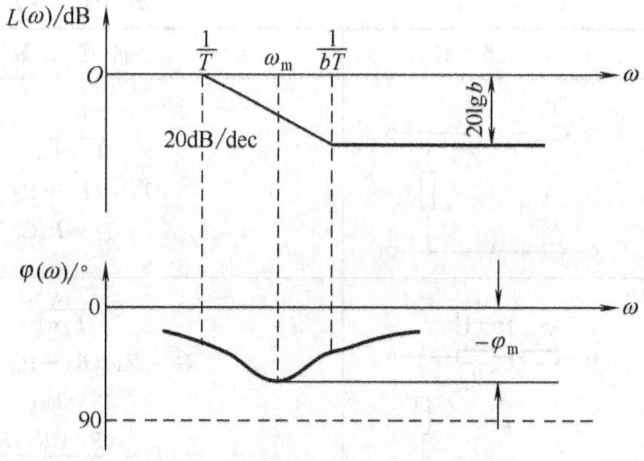

图 6-20 无源滞后网络的 Bode 图

(3) 滞后-超前装置

典型的阻容滞后-超前电路如图 6-21 所示。其传递函数可推导如下

$$Z_1=\left(\frac{1}{R_1}+C_1 s\right)^{-1}=\frac{R_1}{1+R_1C_1 s}$$

$$Z_2=R_2+\frac{1}{C_2 s}=\frac{1+R_2C_2 s}{C_2 s}$$

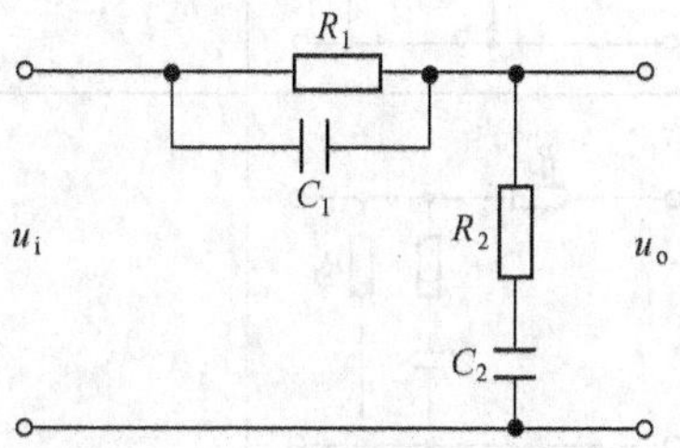

图 6-21 无源滞后-超前装置

$$G(s)=\frac{Z_2}{Z_1+Z_2}=\frac{\dfrac{1+R_2C_2 s}{C_2 s}}{\dfrac{R_1}{1+R_1C_1 s}+\dfrac{1+R_2C_2 s}{C_2 s}}$$

$$=\frac{(1+R_1C_1 s)(1+R_2C_2 s)}{R_1C_1R_2C_2 s^2+(R_1C_1+R_2C_2+R_1C_2)s+1} \qquad (6\text{-}16)$$

令 $a>1$，$b<1$，且 $ab=1$

$$bT_1=R_1C_1,\ aT_2=R_2C_2$$

$$R_1C_1+R_2C_2+R_1C_2=T_1+T_2$$

则式(6-16) 可写成

$$G(s)=\frac{1+bT_1 s}{1+T_1 s}\cdot\frac{1+aT_2 s}{1+T_2 s} \qquad (6\text{-}17)$$

（滞后） （超前）

它们分别与滞后装置和超前装置的传递函数形式相同，故具有滞后-超前的作用。

当 $bT_1>aT_2$ 时，滞后-超前校正装置的 Bode 图如图 6-22 所示。最大滞后相角和超前相角以及它们所对应的频率值的求解公式与前面介绍的有关公式相同，这里不再赘述。图中 ω_0 是由滞后作用过渡到超前作用的临界频率，它的大小由下式求出

$$\omega_0=\frac{1}{\sqrt{T_1T_2}} \qquad (6\text{-}18)$$

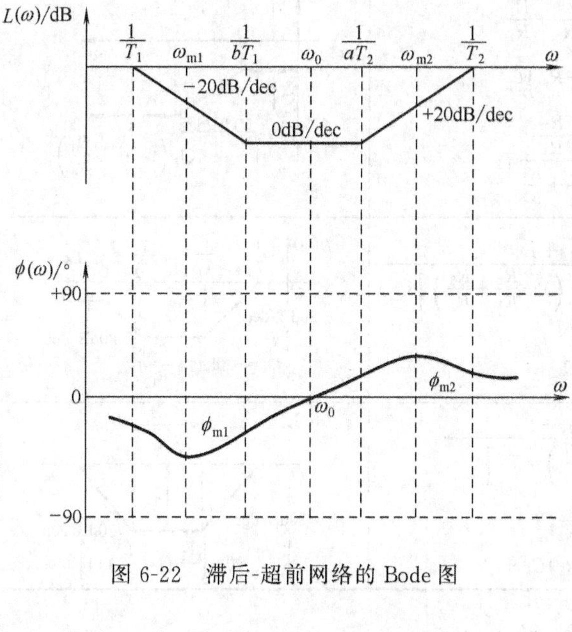

图 6-22 滞后-超前网络的 Bode 图

常用的无源校正电路列于表 6-1 中。

表 6-1 常用无源校正电路

电路图	传递函数	对数幅频渐近特性
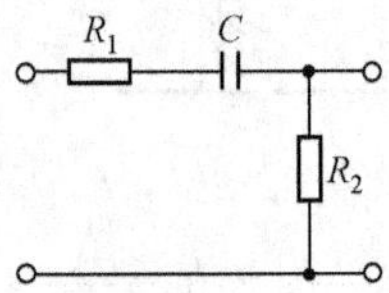	$\frac{T_2 s}{T_1 s+1}$ $T_1=(R_1+R_2)C$ $T_2=R_1C$	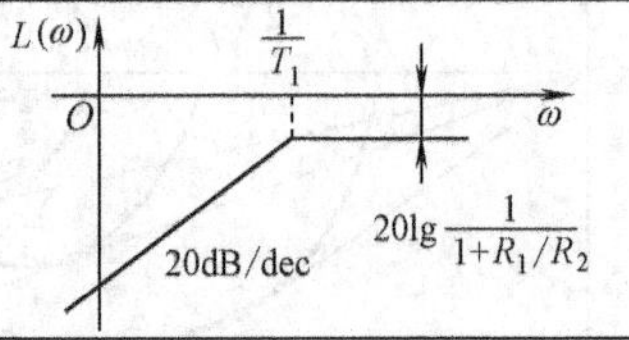
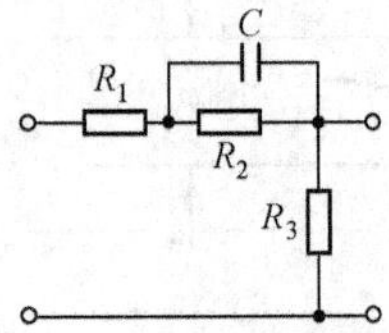	$G_1\frac{T_1s+1}{T_2s+1}$ $G_1=R_3/(R_1+R_2+R_3)$ $T_1=R_2C$ $T_2=\frac{(R_1+R_3)R_2}{R_1+R_2+R_3}C$	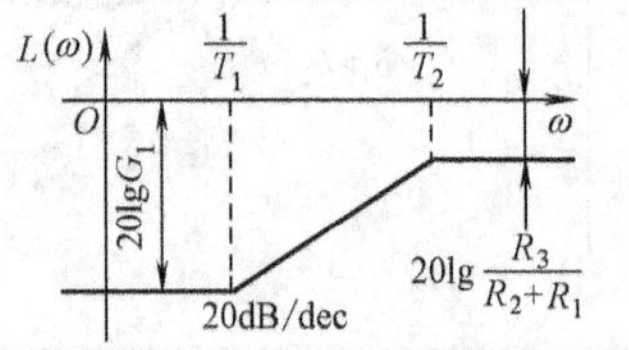
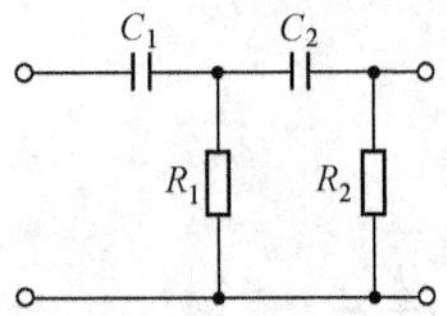	$\frac{T_1T_2s^2}{T_1T_2s^2+(T_1+T_2+R_1C_2)s+1}$ $\approx\frac{T_1T_2s^2}{(T_1s+1)(T_2s+1)}$，$R_1C_2$ 可忽略时 $T_1=R_1C_1$ $T_2=R_2C_2$	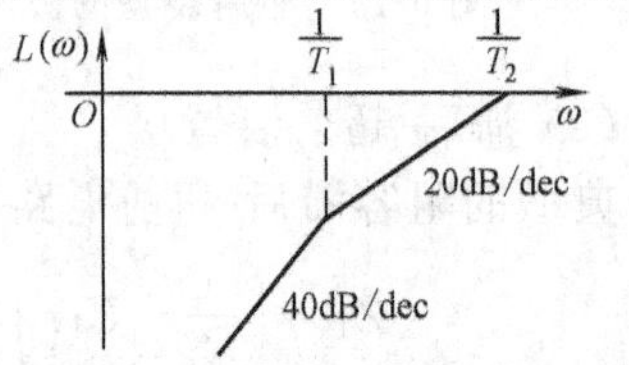
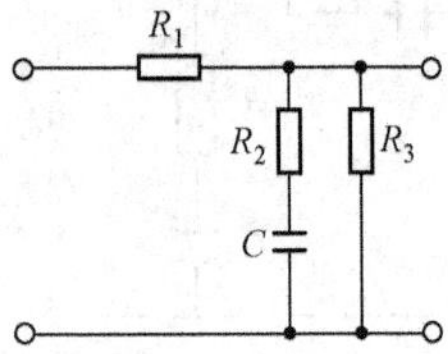	$G_0\frac{T_2s+1}{T_1s+1}$ $G_0=R_3/(R_1+R_3)$ $T_1=\left(R_2+\frac{R_2R_3}{R_1+R_3}\right)C$ $T_2=R_2C$	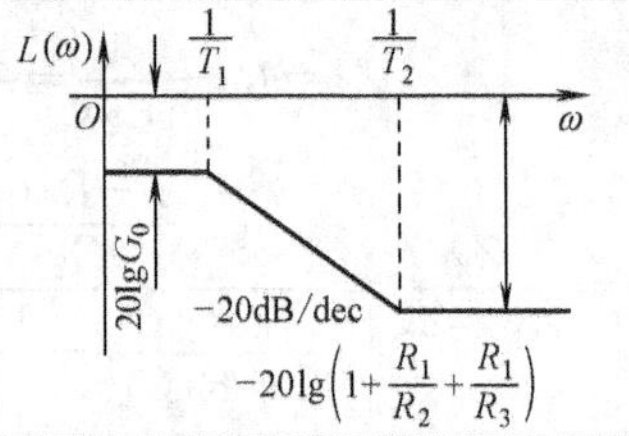
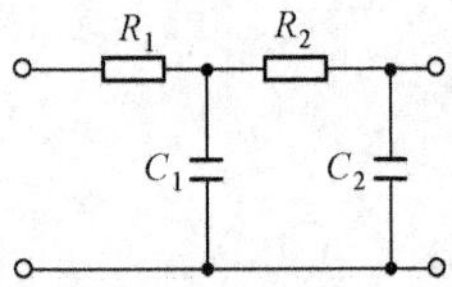	$\frac{1}{T_1T_2s^2+\left[T_2\left(1+\frac{R_1}{R_2}\right)+T_2\right]s+1}$ $T_1=R_1C_1$ $T_2=R_2C_2$	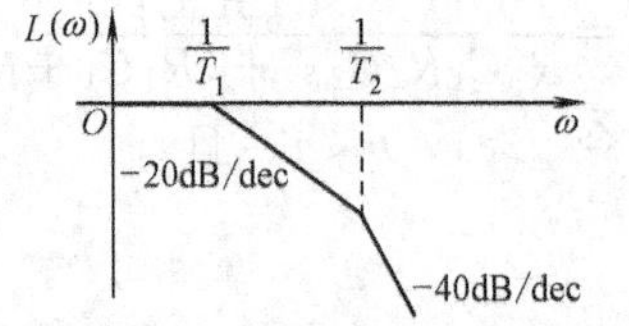
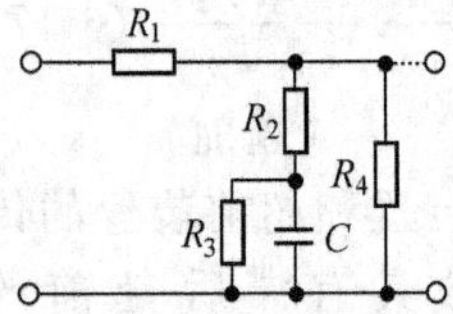	$\frac{1}{G'_0}\times\frac{T_2s+1}{T_1s+1}$ $G'_0=1+\frac{R_1}{R_2+R_3}+\frac{R_1}{R_4}$ $T_2=\left(\frac{R_1R_3}{R_2}+R_3\right)C$ $T_1=\frac{1+\frac{R_1}{R_2}+\frac{R_1}{R_4}}{1+\frac{R_1}{R_2+R_3}+\frac{R_1}{R_4}}T_2$	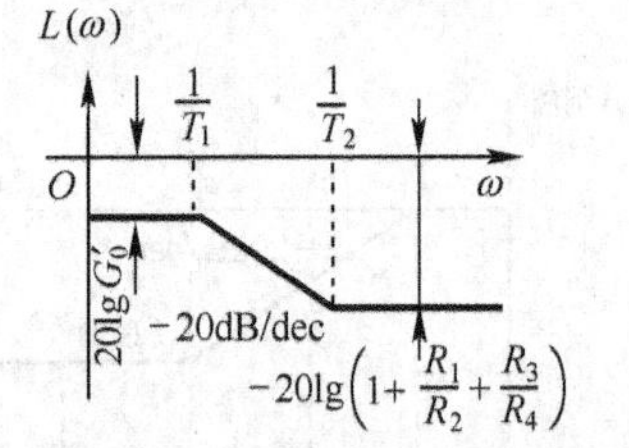
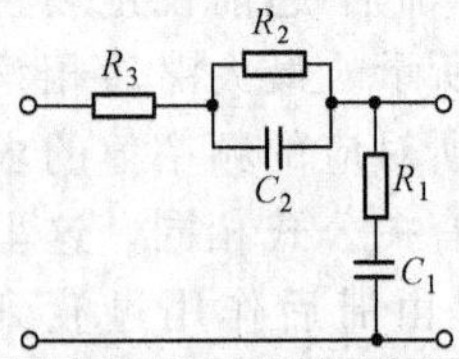	$\frac{(T_1s+1)(T_2s+1)}{T_1T_2\left(1+\frac{R_3}{R_1}\right)s^2+\left[T_2+T_1\left(1+\frac{R_2}{R_1}+\frac{R_3}{R_1}\right)\right]s+1}$ $T_1=R_1C_1$ $T_2=R_2C_2$	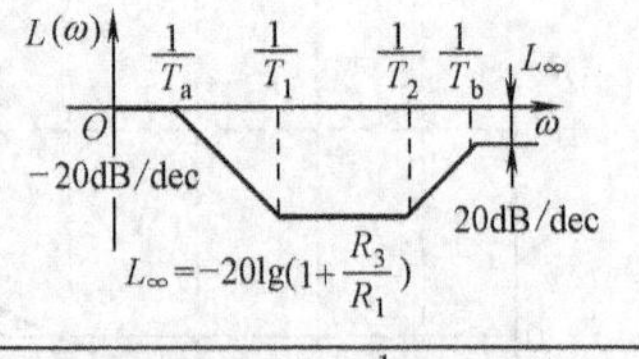
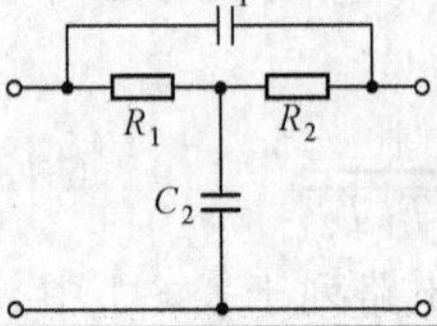	$\frac{T_1T_2s^2+T_2s+1}{T_1T_2s^2+\left[T_1\left(1+\frac{R_1}{R_2}\right)+T_2\right]s+1}$ $T_1=\frac{R_1R_2}{R_1+R_2}C_2$ $T_2=(R_1+R_2)C_1$	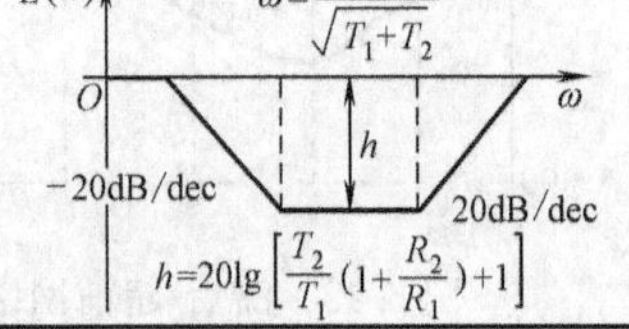

6.2.2 有源校正装置

常用的有源校正网络由运算放大器和阻容网络构成，根据连接方式的不同，可分为 P 控制器、PI 控制器、PD 控制器和 PID 控制器等。运算放大器的一般形式如图 6-23 所示。图中，放大器具有放大系数大，输入阻抗高的特点。通常在分析它的传输特性时，都假设放大系数 $K\to\infty$，输入电流为零，则运算放大器的传递函数为

$$G(s)=-\frac{Z_2(s)}{Z_1(s)}$$

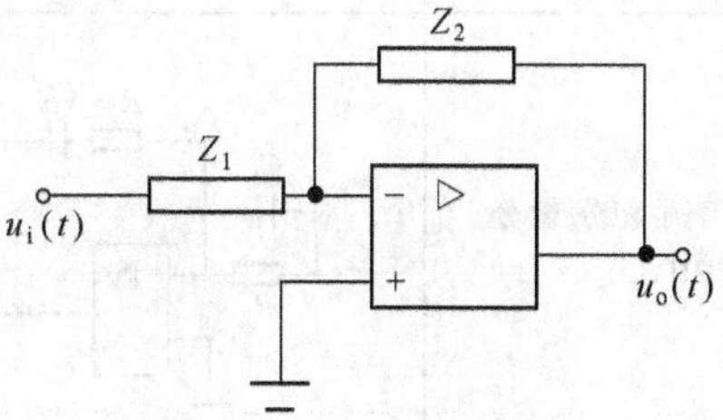

图 6-23 有源校正装置

在组成负反馈线路时，一般都由反相端输入，式中的负号表示输入和输出的极性相反。改变 $Z_1(s)$ 和 $Z_2(s)$ 就可得到不同的传递函数，放大器的性能也不同。常用的有源校正网络列于表 6-2 中。

表 6-2 常用有源校正装置

类别	电路图	传递函数	对数频率特性曲线
比例 (P)	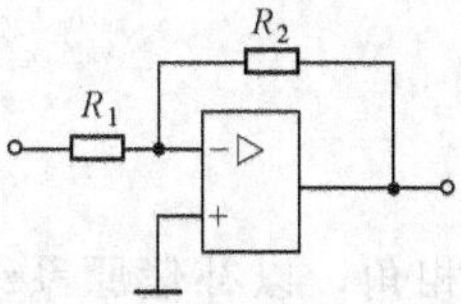	$G(s)=K$ $K=\frac{R_2}{R_1}$	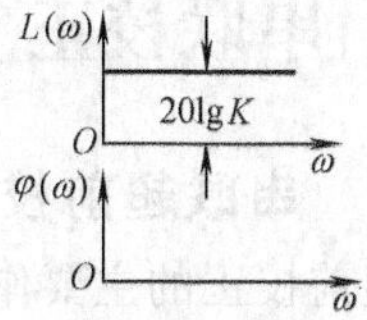
微分 (D)	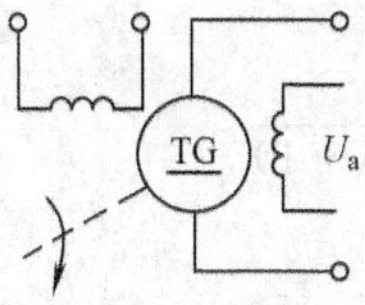	$G(s)=K_t s$ K_t 为测速发电机输出斜率	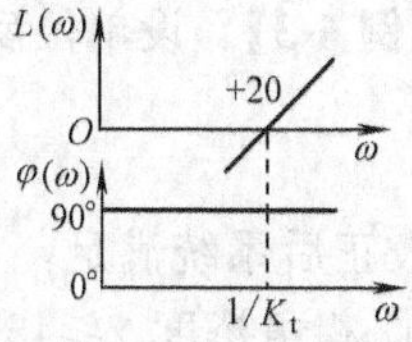
积分 (I)	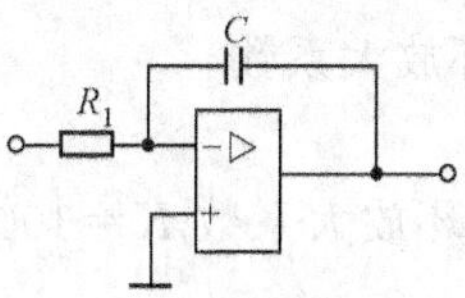	$G(s)=\frac{1}{Ts}$ $T=R_1C$	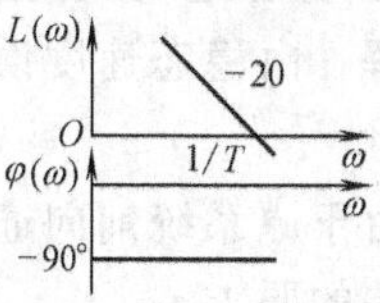
比例-微分 (PD)	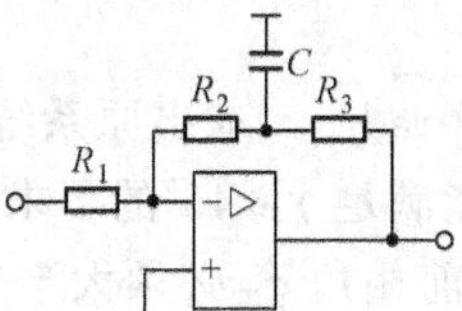	$G(s)=K(1+\tau s)$ $K=\frac{R_2+R_3}{R_1}$ $\tau=\frac{R_2R_3}{R_2+R_3}C$	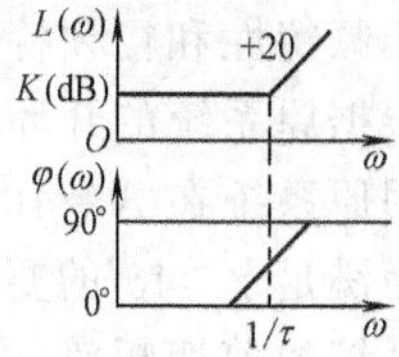
比例-积分 (PI)	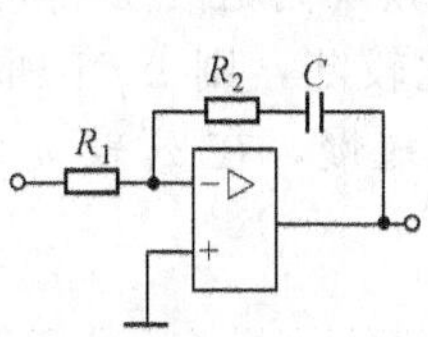	$G(s)=\frac{K}{T}\left(\frac{1+Ts}{s}\right)$ $K=\frac{R_2}{R_1}$ $T=R_2C$	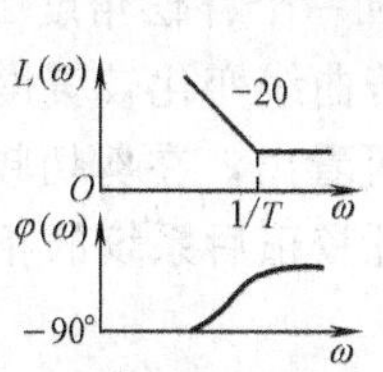

续表

类别	电路图	传递函数	对数频率特性曲线
比例-积分-微分（PID）	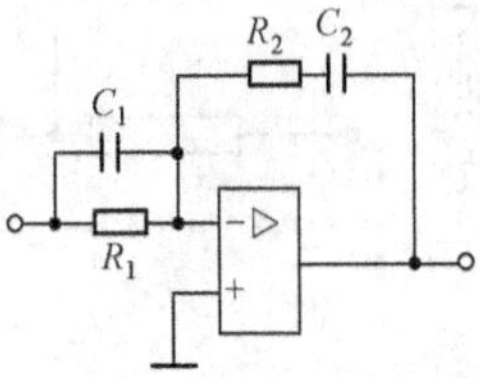	$G(s)=K\frac{(1+Ts)(1+\tau s)}{Ts}$ $K=\frac{R_2}{R_1}$ $T=R_2C_2$ $\tau=R_1C_1$	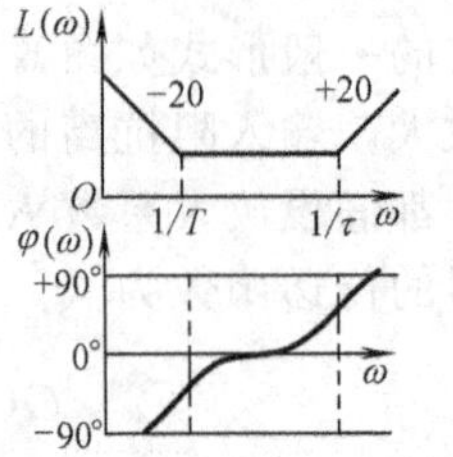
滤波型控制器（惯性环节）	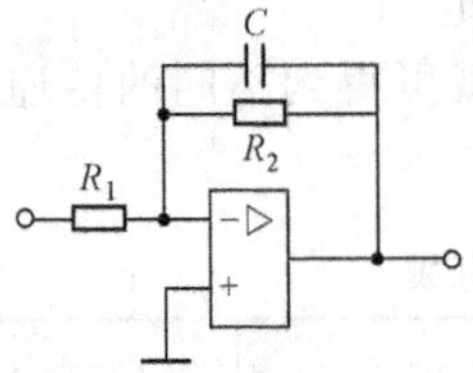	$G(s)=\frac{K}{1+Ts}$ $K=\frac{R_2}{R_1}$ $T=R_2C$	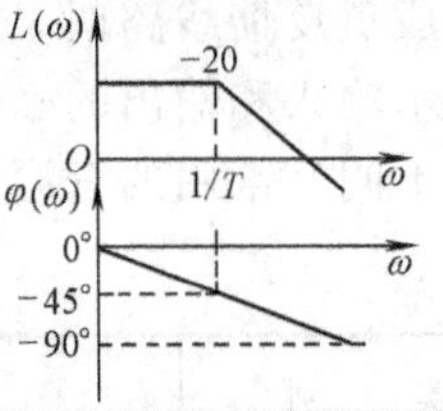

6.3 串联校正

6.3.1 串联超前校正

超前校正的主要作用是在中频段产生足够大的超前相角，以补偿原系统过大的滞后相角。超前网络的参数应根据相角补偿条件和稳态性能的要求来确定。

【例 6-3】 设单位反馈系统的开环传递函数为

$$G_0(s)=\frac{K}{s(0.1s+1)(0.001s+1)}$$

要求校正后系统满足：

① 相角裕度 $\gamma\geqslant45°$；

② 稳态速度误差系数 $K_v=1000\text{s}^{-1}$。

解 由稳态速度误差系数 K_v的要求，求出系统开环放大系数

$$K=K_v=1000\text{s}^{-1}$$

由于原系统前向通道中含有一个积分环节，当其开环放大系数 $K=1000\text{s}^{-1}$时，能满足稳态误差的要求。

根据原系统的开环传递函数 $G_0(s)$ 和已求出的开环放大系数 $K=1000\text{s}^{-1}$绘制出原系统的对数相频特性和幅频特性如图 6-24 所示。

根据原系统的开环对数幅频特性的剪切频率 $\omega_c=100\text{rad/s}$，求出原系统的相角裕度 $\gamma\approx0°$，这说明原系统在 $K=1000\text{s}^{-1}$时处于临界稳定状态，不能满足 $\gamma\geqslant45°$的要求。

为满足 $\gamma\geqslant45°$的要求，串联校正装置提供的最大超前相角 φ_m必须大于等于 45°。考虑到校正后系统的剪切频率 ω_c'会稍大于校正前的剪切频率 ω_c，因此，应给校正装置的最大超前相角 φ_m增加一个补偿角度 $\Delta\varphi$。$\Delta\varphi$ 的取值应视原系统在剪切频率附近相频特性曲线的变化情况而定。若曲线变化较缓慢，$\Delta\varphi$ 的取值可小一些，曲线变化较陡，则 $\Delta\varphi$ 的取值可大一些。从图 6-24 可看出，在剪切频率 ω_c附近，相频特性曲线变化较缓慢，在 ω_c'较 ω_c增加不多的情况下，为保证校正后系统的相角裕度 $\gamma\geqslant45°$，取 $\Delta\varphi=5°$，即有

$$\varphi_m=\gamma+\Delta\varphi=50°$$

由式(6-11) 可求出校正装置参数 $a=7.5$。

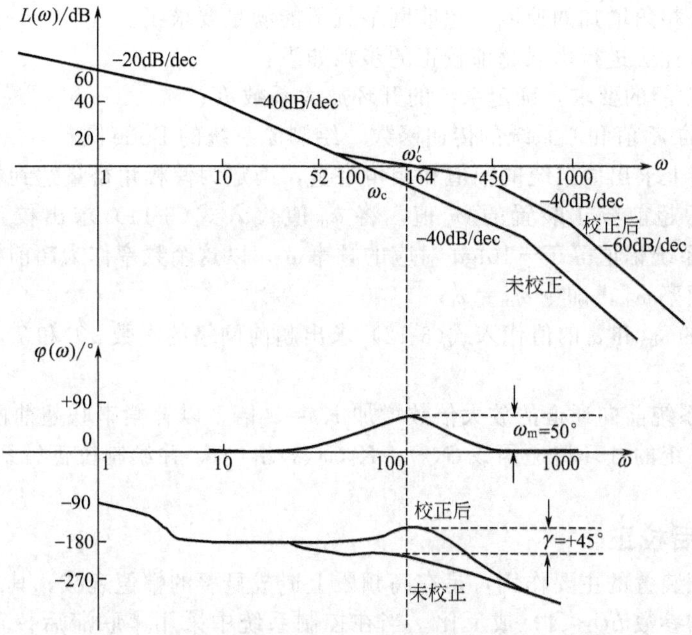

图 6-24 串联超前校正前后控制系统的对数频率特性

通常应使串联超前网络最大超前相角 φ_m 对应的频率 ω_m 与校正后的系统的剪切频率 ω_c' 重合。由图 6-24 可求出 ω_m 所对应的校正网络幅值增益为

$$10\lg a = 10\lg 7.5 = 8.75\text{dB}$$

由图 6-24，原系统的幅频特性为 -8.75dB 处，求得 $\omega_m = \omega_c' = 164$rad/s，由式(6-12) 得

$$T = \frac{1}{\omega_m \sqrt{a}} = \frac{1}{164\sqrt{7.5}} \approx 0.00222\text{s}$$

由此得到串联超前校正装置的两个交接频率分别为

$$\frac{1}{T} = \sqrt{a}\,\omega_m = 450\text{rad/s}$$

$$\frac{1}{aT} = 60\text{rad/s}$$

所以，超前校正装置的传递函数为

$$G_c(s) = \frac{1}{a} \times \frac{1 + aTs}{1 + Ts} = \frac{1}{7.5} \times \frac{1 + 0.0167s}{1 + 0.00222s}$$

在补偿了超前校正网络的幅值衰减后，校正后系统的开环传递函数为

$$G(s) = K_c G_c(s) G_0(s) = \frac{1000(0.0167s + 1)}{s(0.1s + 1)(0.001s + 1)(0.00222s + 1)}$$

$K_c = a = 7.5$ 是补偿系数。根据校正后系统的开环传递函数 $G(s)$ 绘制的 Bode 图如图 6-24 所示。由图可知，校正后系统的相角裕度 $\gamma' = 45°$，幅值穿越频率 $\omega_c' = 164$rad/s。

通过上例的分析，可看到串联超前校正对系统性能有如下影响：

① 增加开环频率特性在剪切频率附近的正相角，从而提高了系统的相角裕度；

② 减小对数幅频特性在幅值穿越频率上的负斜率，从而提高了系统的稳定性；

③ 提高了系统的频带宽度，从而可提高系统的响应速度；

④ 不影响系统的稳态性能。

若原系统不稳定或稳定裕量很小，且开环相频特性曲线在幅值穿越频率附近有较大的负斜率时，不宜采用相位超前校正。因为随着幅值穿越频率的增加，原系统负相角增加的速度将超过超前校正装置正相角增加的速度，超前网络就不能满足要求了。

归纳用频率特性法进行串联超前校正的步骤如下：

① 根据稳态性能的要求，确定系统的开环放大系数 K；

② 利用求得的 K 值和原系统的传递函数，绘制原系统的 Bode 图；

③ 在 Bode 图上求出原系统的幅值和相角裕量，确定为使相角裕量达到规定的数值所需增加的超前相角，即超前校正装置的 φ_m 值，将 φ_m 值代入式(6-11) 求出校正网络参数 a，在 Bode 图上确定原系统幅值等于 $-10\lg a$ 对应的频率 ω_c'，以这个频率作为超前校正装置的最大超前相角所对应的频率 ω_m，即令 $\omega_m=\omega_c'$；

④ 将已求出的 ω_m 和 a 的值代入式(6-12) 求出超前网络的参数 aT 和 T，并写出校正网络的传递函数 $G_c(s)$；

⑤ 最后将原系统前向通道的放大倍数增加 $K_c=a$ 倍，以补偿串联超前网络的幅值衰减作用，写出校正后系统的开环传递函数 $G(s)=K_cG_0(s)G_c(s)$，并绘制校正后系统的 Bode 图，验证校正的结果。

6.3.2 串联滞后校正

串联滞后校正装置的主要作用，是在高频段上造成显著的幅值衰减，其最大衰减量与滞后网络传递函数中的参数 $b(b<1)$ 成反比。当在控制系统中采用串联滞后校正时，其高频衰减特性可以保证系统在有较大开环放大系数的情况下获得满意的相角裕度或稳态性能。下面通过例题说明串联滞后校正的设计方法。

【例 6-4】 设原系统的开环传递函数为

$$G_0(s)=\frac{K}{s(0.1s+1)(0.2s+1)}$$

试用串联滞后校正，使系统满足：

① $K=30\text{s}^{-1}$；

② 相角裕度 $\gamma\geqslant 40^\circ$。

解 按开环放大系数 $K=30\text{s}^{-1}$ 的要求绘制出原系统的 Bode 图（如图 6-25 所示。由图，可得原系统的剪切频率 $\omega_c=11\text{rad/s}$，其相角裕度 $\gamma=-25^\circ$，显然原系统是不稳定系统。从相频特性可以看出，在剪切频率 ω_c 附近，相频特性的变化速率较大，若此时采用串联超前校正很难奏效。在这种情况下，可以考虑采用串联滞后校正。

根据相角裕度 $\gamma\geqslant 40^\circ$ 的要求，同时考虑到滞后网络的相角滞后的影响，初步取 $\Delta\varphi=50^\circ$。在原系统相频特性 $\angle G_0(j\omega)$ 上找到对应相角为 $-180^\circ+(40^\circ+5^\circ)=-135^\circ$ 处的频率 $\omega_c'\approx 3\text{rad/s}$，以 ω_c' 作为校正后系统的剪切频率。

在 $\omega_c'\approx 3\text{rad/s}$ 处求出原系统的幅值为 $20\lg|G_0(j\omega_c')|=20\text{dB}$，由图 6-25 可知，滞后网络的最大幅值衰减为 $20\lg b$，令 $20\lg b=-20\lg|G_0(j\omega_c')|=-20\text{dB}$，可求出滞后网络参数 $b=0.1$。

当 $b=0.1$ 时，为了确保滞后网络在 ω_c' 处只有 5° 的滞后相角，则应使滞后校正网络的第二个交接频率 $1/bT=\omega_c'/10$，即 $1/bT=0.3\text{rad/s}$。由此，求出滞后网络时间常数 $T=33.3\text{s}$，即第一交接频率为 $1/T=0.03\text{rad/s}$。

串联滞后校正滞后网络的传递函数为

$$G_c(s)=\frac{3.33s+1}{33.3s+1}$$

校正后系统的开环传递函数为

$$G(s)=G_0(s)G_c(s)=\frac{30(3.33s+1)}{s(0.1s+1)(0.2s+1)(33.3s+1)}$$

绘制校正后系统的 Bode 图如图 6-25 所示。从图中可看出，当保持 $K=30\text{s}^{-1}$ 不变时（保

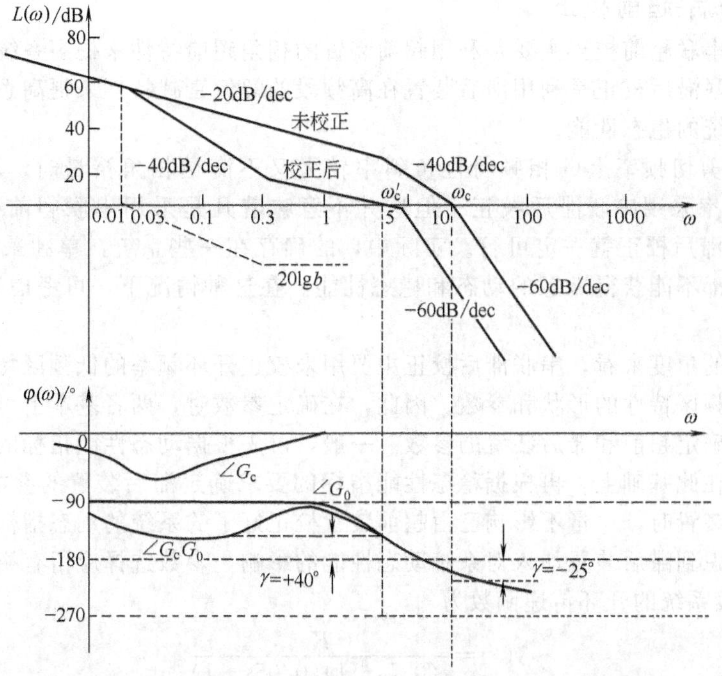

图 6-25　串联滞后校正前后控制系统的对数频率特性

证系统的稳态性能指标)，系统的相角裕度由校正前的 $\gamma=-25°$ 提高到 $+40°$，说明系统经串联滞后校正后系统稳定，并具有满意的相对稳定性。但校正后系统的剪切频率降低，其频带宽度 ω_b 由校正前的 15rad/s 下降为校正后的 5.5rad/s，这意味着系统响应的快速性降低，这是串联滞后校正的主要缺点。虽然系统的带宽变窄，响应速度降低，但提高了系统的抗干扰能力。

串联滞后校正对系统的影响有以下几点：

① 在保持系统开环放大系数不变的情况下，减小剪切频率，从而增加了相角裕度，提高了系统的相对稳定性；

② 在保持系统相对稳定性不变的情况下，可以提高系统的开环放大系数，改善系统的稳态性能；

③ 由于降低了幅值穿越频率，系统带宽变窄，使系统的响应速度降低，但系统抗干扰能力增强。

用频率特性法进行串联滞后校正的步骤为：

① 按要求的稳态误差系数，求出系统的开环放大系数 K；

② 根据 K 值，画出原系统的 Bode 图，测取原系统的相角裕度和幅值裕度，根据要求的相角裕度并考虑滞后角度的补偿，求出校正后系统的剪切频率 ω_c'；

③ 令滞后网络的最大衰减幅值等于原系统对应 ω_c' 的幅值，求出滞后网络的参数 b，即 $b=10^{-L(\omega_c')/20}$；

④ 为保证滞后网络在 ω_c' 处的滞后角度不大于 5°，令它的第二转折频率 $\omega_2=\frac{\omega_c'}{10}$，求出 bT 和 T 的值，即 $\frac{1}{bT}=\frac{\omega_c'}{10}$ 和 $\frac{1}{T}=b\frac{\omega_c'}{10}$；

⑤ 写出校正网络的传递函数和校正后系统的开环传递函数，画出校正后系统的 Bode 图，验证校正结果。

6.3.3 串联滞后-超前校正

前面介绍的串联超前校正主要是利用超前装置的相角超前特性来提高系统的相角裕量或相对稳定性，而串联滞后校正是利用滞后装置在高频段的幅值衰减特性来提高系统的开环放大系数，从而改善系统的稳态性能。

当原系统在剪切频率上的相频特性负斜率较大又不满足相角裕量时，不宜采用串联超前校正，而应考率采用串联滞后校正。但这并不意味着凡是采用串联超前校正不能奏效的系统，采用串联滞后校正就一定可行。实际中，的确存在一些系统，单独采用超前校正或单独采用滞后校正都不能获得满意的动态和稳态性能。在这种情况下，可考虑采用滞后-超前校正方式。

从频率响应的角度来看，串联滞后校正主要用来校正开环频率的低频区特性，而超前校正主要用于改变中频区特性的形状和参数。因此，在确定参数时，两者基本上可独立进行。可按前面的步骤分别确定超前和滞后装置的参数。一般，可先根据动态性能指标的要求确定超前校正装置的参数，在此基础上，再根据稳态性能指标的要求确定滞后装置的参数。应注意的是，在确定滞后校正装置时，尽量不影响已由超前装置校正好了的系统的动态指标，在确定超前校正装置时，要考虑到滞后装置加入对系统动态性能的影响，参数选择应留有裕量。

【例 6-5】 设系统的开环传递函数为

$$G(s)=\frac{K}{s(0.1s+1)(0.05s+1)}$$

要求系统满足下列性能指标：

① 速度误差系数 $K_v \geqslant 50$；

② 剪切频率 $\omega_c=(10\pm0.5)\mathrm{rad/s}$；

③ 相角裕度 $\gamma=40°\pm3°$。

试用频率响应法确定滞后-超前校正装置的参数。

解 按要求①，$K=50$。画校正前系统的 Bode 图，如图 6-26 所示。图中 $|G_0|$ 和 $\angle G_0$ 分别为校正前，开环系统的对数幅频特性和相频特性。根据性能指标的要求先决定超前校正部分。

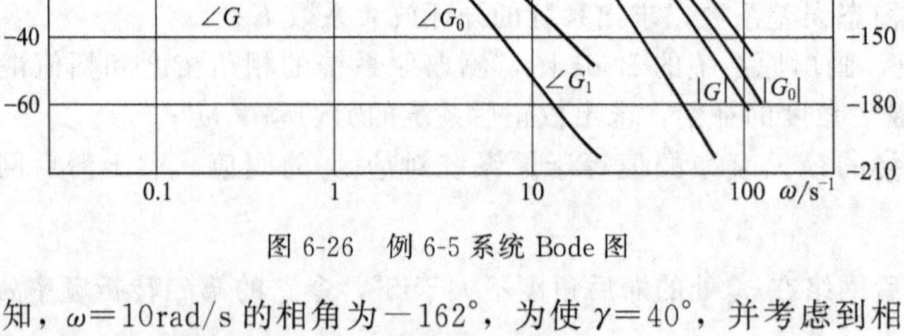

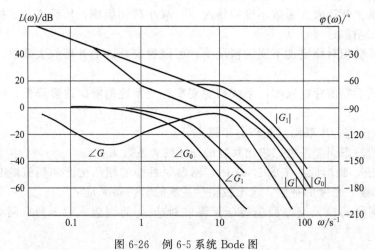

图 6-26 例 6-5 系统 Bode 图

由图 6-26 可知，$\omega=10\mathrm{rad/s}$ 的相角为 $-162°$，为使 $\gamma=40°$，并考虑到相位滞后部分的影响，取由超前网路提供的最大相角为 $\varphi_m=27°$，于是有

$$a=\frac{1+\sin\varphi_m}{1-\sin\varphi_m}=\frac{1+\sin27}{1-\sin27}=2.66$$

为使 $\omega=10\mathrm{rad/s}$ 时，对应最大超前相角 φ_m，有

$$\omega_m = \frac{1}{\sqrt{a}T_1} = 10,\ T_1 = 0.06\text{s}$$

所以相位超前网络为

$$G_{c1}(s) = \frac{aT_1 s + 1}{T_1 s + 1} = \frac{0.16s + 1}{0.06s + 1}$$

校正后系统的开环传递函数为

$$G_1(s) = G_0(s)G_{c1}(s) = \frac{50(0.16s + 1)}{s(0.1s + 1)(0.05s + 1)(0.06s + 1)}$$

$G_1(s)$ 的 Bode 图如图 6-26 所示。由图可知，$\omega = 10\text{rad/s}$ 时，$G_1(j\omega)$ 的幅值为 14dB。

因此，为使 $\omega = 10\text{rad/s}$ 等于幅值穿越频率，可在高频区使增益下降 14dB。则滞后校正部分的参数 b 为

$$20\lg b = -14$$

$$b = 0.2$$

取交接频率 $1/bT_2$ 为幅值穿越频率 $\omega = 10\text{rad/s}$ 的 1/10，

$$\frac{1}{bT_2} = \frac{\omega}{10} = 1$$

$$T_2 = \frac{1}{b} = 5\text{s}$$

所求的滞后网络为

$$G_{c2}(s) = \frac{bT_2 s + 1}{T_2 s + 1} = \frac{s + 1}{5s + 1}$$

校正后系统的开环传递函数为

$$G(s) = G_0(s)G_{c1}(s)G_{c2}(s) = \frac{50(0.16s + 1)(s + 1)}{s(0.1s + 1)(0.05s + 1)(0.06s + 1)(5s + 1)}$$

校正后系统的 Bode 图见图 6-26。由图可知，$\omega_c = 10\text{rad/s}$，$\gamma = 40°$，满足所求系统的全部性能指标。

6.3.4 期望频率特性法校正

期望频率特性法对系统进行校正是将性能指标要求转化为期望的对数幅频特性，再与原系统的频率特性进行比较，从而得出校正装置的形式和参数。该方法简单、直观，可适合任何形式的校正装置。但由于只有最小相位系统的对数幅频特性和对数相频特性之间有确定的关系，故期望频率特性法仅适合于最小相位系统的校正。

设希望的开环传频率特性为 $G(j\omega)$，原系统的开环频率特性是 $G_0(j\omega)$，串联校正装置的频率特性是 $G_c(j\omega)$，则有

$$G(j\omega) = G_0(j\omega)G_c(j\omega)$$

即

$$G_c(j\omega) = \frac{G(j\omega)}{G_0(j\omega)}$$

其对数频率特性为

$$L_c(\omega) = L(\omega) - L_0(\omega) \tag{6-19}$$

式(6-19) 表明，对于已知的待校正系统，当确定了期望对数幅频特性之后，就可以得到校正装置的对数幅频特性。

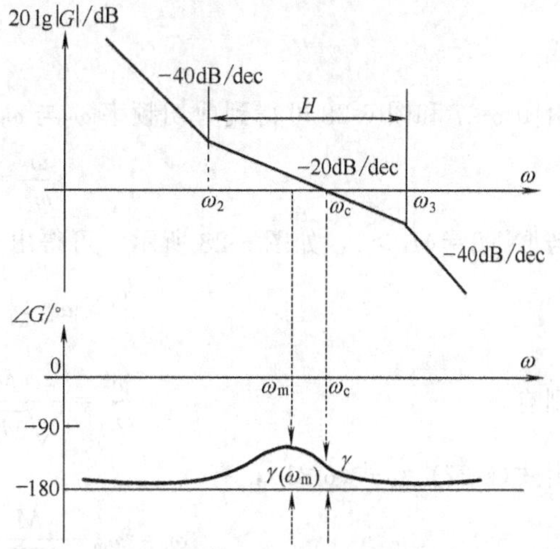

图 6-27　期望特性

通常，为使控制系统具有较好的性能，期望

的频率特性如图 6-27 所示。由图可以看出，系统在中频区的渐近对数幅频特性曲线的斜率为 −40dB/dec～−20dB/dec～−40dB/dec（即 2-1-2 型），其频率特性具有如下形式

$$G(\mathrm{j}\omega)=\frac{K\left(1+\dfrac{\mathrm{j}\omega}{\omega_2}\right)}{s^2\left(1+\dfrac{\mathrm{j}\omega}{\omega_3}\right)}$$

$$\varphi(\omega)=-180^\circ+\arctan\frac{\omega}{\omega_2}-\arctan\frac{\omega}{\omega_3}$$

故相角裕度为

$$\gamma(\omega)=180^\circ+\varphi(\omega)=\arctan\frac{\omega}{\omega_2}-\arctan\frac{\omega}{\omega_3} \tag{6-20}$$

由 $\dfrac{\mathrm{d}\gamma}{\mathrm{d}\omega}=0$ 可得到产生最大相角裕度 $\gamma_{\max}$ 的角频率为

$$\omega_{\mathrm{m}}=\sqrt{\omega_2\omega_3} \tag{6-21}$$

式(6-20) 说明 ω_{m} 正好是两个转折频率的几何中心。

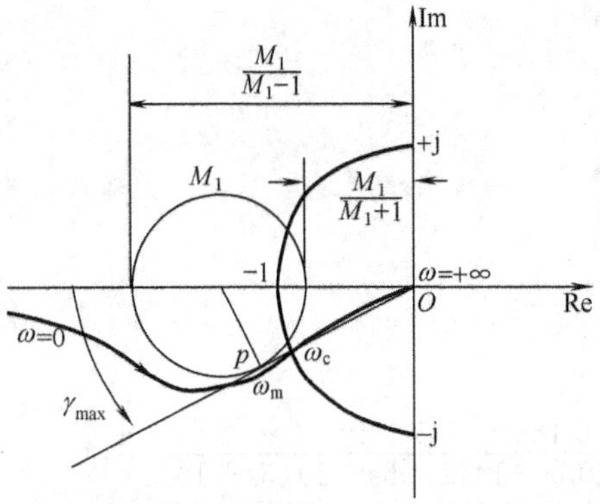

图 6-28　由等 M 圆确定 $|G(\mathrm{j}\omega_{\mathrm{m}})|$

由式(6-20) 和式(6-21) 可得到

$$\tan\gamma(\omega_{\mathrm{m}})=\frac{\dfrac{\omega_{\mathrm{m}}}{\omega_2}-\dfrac{\omega_{\mathrm{m}}}{\omega_3}}{1+\dfrac{\omega_{\mathrm{m}}^2}{\omega_2\omega_3}}=\frac{\omega_3-\omega_2}{2\sqrt{\omega_2\omega_3}}$$

所以

$$\sin\gamma(\omega_{\mathrm{m}})=\frac{\omega_3-\omega_2}{\omega_3+\omega_2} \tag{6-22}$$

若令对数幅频特性中斜率为 −20dB/dec 的中频段宽度为 H，则有 $H=\dfrac{\omega_3}{\omega_2}$，式(6-22) 可写成

$$\sin\gamma(\omega_{\mathrm{m}})=\frac{H-1}{H+1} \tag{6-23}$$

因为

$$M_{\mathrm{r}}\approx\frac{1}{\sin\gamma\omega_{\mathrm{m}}} \tag{6-24}$$

所以

$$M_{\mathrm{r}}=\frac{H+1}{H-1} \tag{6-25}$$

或

$$H=\frac{M_{\mathrm{r}}+1}{M_{\mathrm{r}}-1} \tag{6-26}$$

由图 6-27 和图 6-28 可得到剪切频率 ω_{c} 与 ω_{m}，ω_2，ω_3 之间的关系，由图 6-27，有

$$\frac{\omega_{\mathrm{c}}}{\omega_{\mathrm{m}}}=|G(\mathrm{j}\omega_{\mathrm{m}})|$$

若取 $M_{\mathrm{r}}=M_1>1$，如图 6-28 所示，可得出

$$|G(\mathrm{j}\omega_{\mathrm{m}})|=Op=\frac{M_1}{\sqrt{M_1^2-1}}$$

则有

$$\frac{\omega_{\mathrm{c}}}{\omega_{\mathrm{m}}}=\frac{M_{\mathrm{r}}}{\sqrt{M_{\mathrm{r}}^2-1}},\ M_{\mathrm{r}}>1 \tag{6-27}$$

由式(6-27) 和式(6-21)，有

$$\omega_{\mathrm{c}}=\omega_{\mathrm{m}}\frac{M_{\mathrm{r}}}{\sqrt{M_{\mathrm{r}}^2-1}}=\sqrt{\omega_2\omega_3}\frac{M_{\mathrm{r}}}{\sqrt{M_{\mathrm{r}}^2-1}} \tag{6-28}$$

将 $H=\frac{\omega_3}{\omega_2}$及式(6-25) 代入式(6-28) 得

$$\omega_2=\omega_c\frac{2}{H+1} \tag{6-29}$$

$$\omega_3=\omega_c\frac{2H}{H+1} \tag{6-30}$$

为使系统具有以 H 表征的阻尼程度，通常取

$$\omega_2\leqslant\omega_c\frac{2}{H+1} \tag{6-31}$$

$$\omega_3\geqslant\omega_c\frac{2H}{H+1} \tag{6-32}$$

若采用 M_r最小法，即把闭环系统的领域指标 M_r放在开环系统的截止频率 ω_c处，使期望对数频率特性对应的闭环系统具有最小 M_r值，则交接频率 ω_2和 ω_3的选择范围是

$$\omega_2\leqslant\omega_c\frac{M_r-1}{M_r} \tag{6-33}$$

$$\omega_3\geqslant\omega_c\frac{M_r+1}{M_r} \tag{6-34}$$

期望对数幅频特性的求法：

① 根据对系统稳态误差的要求确定开环增益 K 及对数幅频特性初始段的斜率；

② 根据系统性能指标，由剪切频率 $\omega_c,\gamma,H,\omega_2,\omega_3$等参数，绘制期望特性的中频段，并使中频段的斜率为－20dB/dec，以保证系统有足够的相角裕度；

③ 若中频段的幅值曲线不能与低频段相连，可增加一连接中低频段的直线，直线的斜率可为－40dB/dec或－60dB/dec，为简化校正装置，应使直线的斜率接近相邻线段的斜率；

④ 根据对幅值裕度及高频段抗干扰的要求，确定期望特性的高频段，为使校正装置简单，通常高频段的斜率与原系统保持一致或与高频段幅值曲线完全重合。

下面通过例题说明用期望对数幅频特性校正系统的步骤和方法。

【例 6-6】 设单位反馈系统的开环传递函数为

$$G_0(s)=\frac{K}{s(1+0.12s)(1+0.02s)}$$

试用串联综合校正方法设计串联校正装置，使系统满足：$K_v\geqslant70\text{s}^{-1}$，$t_s\leqslant1\text{s}$，$\sigma\leqslant40\%$。

解 ① 根据稳态指标的要求，取 $K=70$，并画出未校正系统对数幅频特性，如图 6-29 所示，求得未校正系统的剪切频率

$$\omega_c'=22.3\text{rad/s}$$

② 绘制期望特性，主要参数如下。

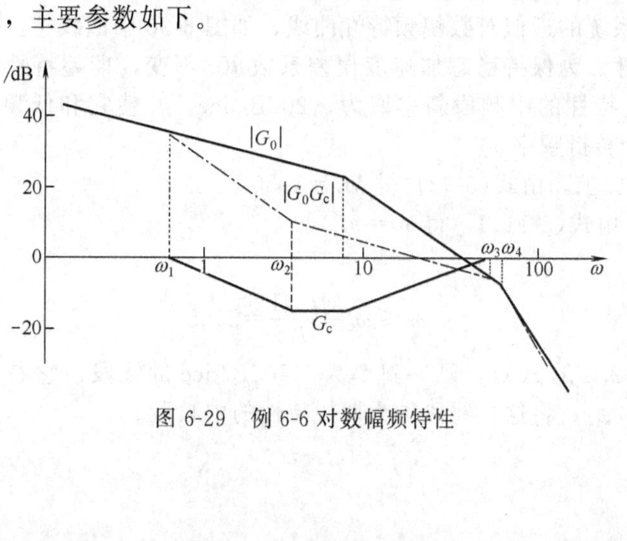

图 6-29 例 6-6 对数幅频特性

低频段　系统为1型，故当$\omega=1$时，有

$$20\lg|G_0G_c|=20\lg K=36.9$$

作斜率为-20dB/dec的直线与$20\lg|G_0|$的低频段重合。

中频及衔接段　由式(5-109)及式(5-110)，将σ及t_s转换成相应的频域指标，并取为

$$M_r=1.6,\quad \omega_c=13\text{rad/s}$$

由式(6-33)及式(6-34)估算，有

$$\omega_2\leqslant 4.88,\quad \omega_3\geqslant 21.13$$

在$\omega_c=13$处，作-20dB/dec斜率的直线，交$20\lg|G_0|$于$\omega=45$处，见图6-29。取

$$\omega_2=4,\quad \omega_3=45$$

此时，$H=\omega_3/\omega_2=11.25$。由式(6-23)，有

$$\gamma=\arcsin\frac{H-1}{H+1}=56.8°$$

在中频段与过$\omega_2=4$的横轴垂线的交点上，作-40dB/dec斜率直线，交期望特性低频段于$\omega_1=0.75$rad/s处。

高频及衔接段　在$\omega_3=45$的横轴垂线和中频段的交点上，作斜率为-40dB/dec直线，交未校正系统的$20\lg|G_0|$于$\omega_4=50$处；$\omega\geqslant\omega_4$时，取期望特性高频段$20\lg|G_0G_c|$与未校正系统高频特性$20\lg|G_0|$一致。

于是，期望特性的参数为

$$\omega_1=0.75,\quad \omega_2=4,\quad \omega_3=45$$
$$\omega_4=50,\quad \omega_c=13,\quad H=11.25$$

③ 将$|G_0G_c|$(dB)与$|G_0|$(dB)特性相减，得串联校正装置传递函数

$$G_c(s)=\frac{(1+0.25s)(1+0.12s)}{(1+1.33s)(1+0.022s)}$$

④ 校正后系统开环传递函数

$$G(s)=\frac{70(1+0.12s)}{s(1+1.33s)(1+0.02s)(1+0.022s)}$$

验算性能指标，经计算：$\omega_c=13$，$\gamma=45.6°$，$M_r=1.4$，$\sigma=32\%$，$t_s=0.73$s，满足设计要求。

【例6-7】 设2型系统的开环传递函数为

$$G(s)=\frac{25}{s^2(1+0.025s)}$$

试确定使该系统达到下列性能指标的串联校正装置：保持稳态加速度误差系数$K_a=25\text{s}^{-2}$不变，超调量$\sigma\leqslant 30\%$，调整时间$t_s\leqslant 0.9$s。

解　① 绘制原系统的近似对数幅频特性曲线，如图6-30中曲线Ⅰ。

② 绘制期望特性。为保持稳态加速度误差系数K_a不变，期望特性的低频段应和图6-30中特性Ⅰ重合。期望特性的中频段斜率取为-20dB/dec，并使它和低频段直接连接。因此它的位置取决于第一个转折频率ω_2。

根据$\sigma=30\%$的要求，由式(5-92)得$M_r=1.35$。

为使$t_s\leqslant 0.9$s，由式(5-111)，得$\omega_c=9.9$。

由式(6-33)得

$$\omega_2\leqslant\omega_c\frac{M_r-1}{M_r}=2.55$$

由特性Ⅰ上$\omega=2.5$的A点，画一斜率为-20dB/dec的线段，它右端B点处的频率，就是特性Ⅰ的转折频率ω_3，将这一线段作为期望特性的中频段。

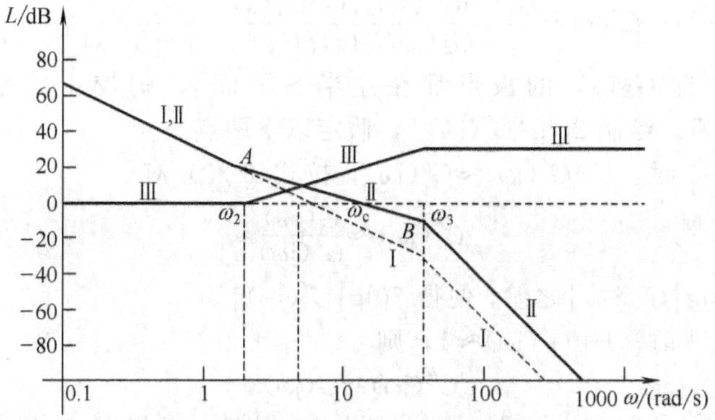

图 6-30 例 6-7 系统及校正装置的对数幅频渐近线

为使期望特性尽量靠近原系统的特性Ⅰ，过 B 点画一条斜率为－60dB/dec 的直线向变频段延长，该直线即作为期望特性的高频段。

得到如图 6-30 中折线Ⅱ所示的期望特性。它为 2-1-3 型的，与典型的 2-1-2 型的高频部分有区别。期望特性过 ω_3 后，斜率由－20dB/dec 改变为－60dB/dec，说明有两个时间常数为 $\frac{1}{\omega_3}=0.025$ 的惯性环节。

经验算，按画出的期望特性确定的校正装置能保证系统具有要求的性能。

③ 图 6-30 中曲线Ⅱ减曲线Ⅰ得校正装置的对数幅频特性曲线Ⅲ。按曲线Ⅲ写出校正装置的传递函数

$$G_c(s)=\frac{1+0.4s}{1+0.025s}$$

这是一个超前校正装置的传递函数。

6.4 反馈校正

在控制系统的校正中，反馈校正也是常用的校正方式之一。反馈校正除了与串联校正一样，可改善系统的性能以外，还可抑制反馈环内不利因素对系统的影响。

图 6-31 表示一个具有局部反馈校正的系统。反馈校正装置 $H(s)$ 反并接在 $G_2(s)G_3(s)$ 的两端，形成局部反馈回环（又称为内回环）。为了保证局部回环的稳定性，被包围的环节不宜过多，一般为 2 个。

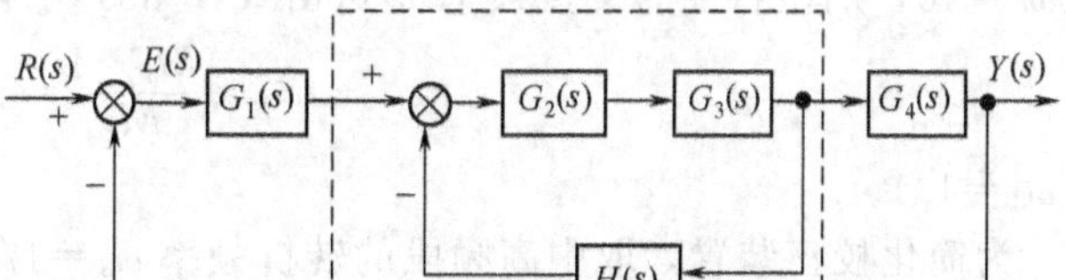

图 6-31 具有反馈校正的系统

由图 6-31 知，无反馈校正时系统的开环传递函数为

$$G(s)=G_1(s)G_2(s)G_3(s)G_4(s) \tag{6-35}$$

内回环的开环传递函数为

$$G'(s)=G_2(s)G_3(s)H(s) \tag{6-36}$$

其闭环传递函数为

$$G'_B(s)=\frac{G_2(s)G_3(s)}{1+G_2(s)G_3(s)H(s)}=\frac{G_2(s)G_3(s)}{1+G'(s)} \tag{6-37}$$

校正后系统的开环传递函数为

$$G''(s)=\frac{G_1(s)G_2(s)G_3(s)G_4(s)}{1+G_2(s)G_3(s)H(s)}=\frac{G(s)}{1+G'(s)} \tag{6-38}$$

若内回环稳定［即 $G'_B(s)$ 的极点都在左半 S 平面］，则校正后系统的性能可按 20 lg$|G''(j\omega)|$曲线来分析。绘制 20lg$|G''(j\omega)|$，假定以下两点。

① 当$|G'(j\omega)|\gg 1$时，$1+G'(j\omega)\approx G'(j\omega)$，按式(6-38) 有

$$G''(j\omega)\approx\frac{G(j\omega)}{G'(j\omega)} \tag{6-39}$$

由 20lg$|G(j\omega)|$与 20lg$|G'(j\omega)|$之差，便得 20lg$|G''(j\omega)|$。

② 当$|G'(j\omega)|\ll 1$时，$1+G'(j\omega)\approx 1$，则

$$G''(j\omega)\approx G(j\omega) \tag{6-40}$$

20lg$|G''(j\omega)|$曲线与 20lg$|G(j\omega)|$曲线重合。这样近似处理，显然在$|G'(j\omega)|=1$附近的误差较大。校正后系统的瞬态性能主要取决于 20lg$|G''(j\omega)|$曲线在其穿越频率附近的形状。一般在 20 lg$|G''(j\omega)|$曲线的穿越频率附近，$|G'(j\omega)|\gg 1$；因此，近似处理的结果还是足够准确的。

综合校正装置时，应先绘制 20lg$|G(j\omega)|$的渐近线，再按要求的性能指标绘制 20 lg$|G''(j\omega)|$的渐近线，由此确定 20lg$|G'(j\omega)|$，校验内回环的稳定性，最后按式(6-36) 求得 20lg$|H(j\omega)|$。

【例 6-8】 控制系统的结构图如图 6-32 所示，其中 $G_1(s)=\frac{238}{0.06s+1}$，$G_2(s)=\frac{228}{0.36s+1}$，$G_3(s)=\frac{0.0208}{s}$，试设计反馈校正装置，使系统的性能指标为：$\sigma\leqslant 25\%$，$t_s\leqslant 0.8$s。

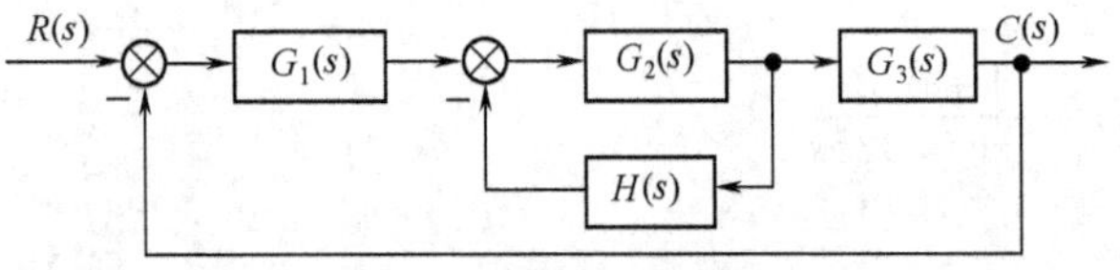

图 6-32 控制系统结构图

解 校正前系统的开环传递函数为

$$G_0(s)=G_1(s)G_2(s)G_3(s)\approx\frac{1130}{s(0.06s+1)(0.36s+1)}$$

① 绘制原系统的对数幅频特性 L_0 如图 6-33 所示。

② 绘制系统的期望对数幅频特性。

根据式(5-92)，得对应 $\sigma\leqslant 25\%$时，$M_r\leqslant 1.23$，按 $t_s\leqslant 0.8$s，由式(5-111)，得 $\omega_c\geqslant 9.7$。取 $\omega_c=10$，期望特性的交接频率 ω_2 可由式(6-33) 求得。

$$\omega_2\leqslant\omega_c\frac{M_r-1}{M_r}=1.87$$

取 $\omega_2=1.1$。

为简化校正装置，取中高频段的转折频率 $\omega_3=1/0.06=16.7$。过 $\omega_c=10$ 作 −20dB/dec 的直线过 0dB 线，低端至 $\omega_2=1.1$ 处的 A 点，高端至 $\omega_3=16.7$ 处的 B 点。再由 A 点作 −40dB/dec 的直线向低频段延伸与 L_0 相交于 C 点，该点的频率为 $\omega_c=0.009$，过 B 点作 −40dB/dec 的直线向高频段延伸与 L_0 相交于 D 点，该点的频率为 $\omega_D=190$。由以上步骤得到的期望对数幅频特性如图 6-33 中 L_K 所示。

③ 将 L_0-L_K 得到 20lg$|G_2(j\omega)H(j\omega)|$，如图中 L_H 所示，其传递函数为

$$G_2(s)H(s)=\frac{K_4 s}{(T_1 s+1)(T_2 s+1)}$$

其中

$$K_4=\frac{1}{0.009}=111,\ T_1=\frac{1}{1.1}=0.9,\ T_2=\frac{1}{2.78}=0.36$$

得

$$H(s)=\frac{G_2(s)H(s)}{G_2(s)}=\frac{0.487s}{0.9s+1}$$

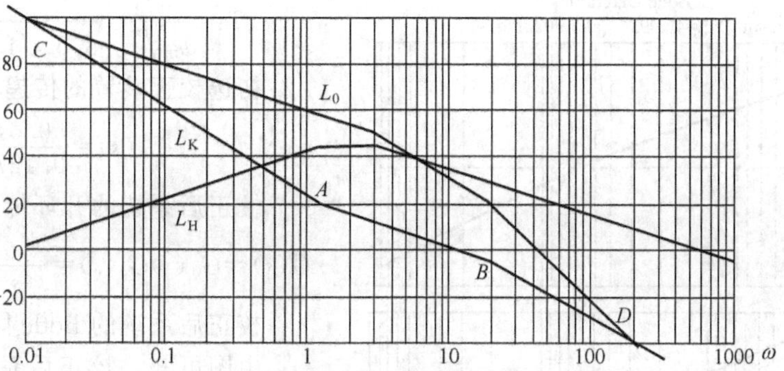

图 6-33 控制系统的对数幅频特性

6.5 Matlab 在系统校正中的应用

Matlab 为系统校正提供了方便的工具，改变校正装置的参数，可清楚地看到校正对系统性能的影响。下面例题给出了 Matlab 语句的应用，读者还可根据问题的需要，自己编写合适的函数，使程序更加简洁。

【例 6-9】 单位反馈系统的开环传递函数为

$$G(s)=\frac{K}{s(s+1)}$$

试确定串联校正装置的特性，使系统满足在斜坡函数作用下稳态误差小于 0.1，相角裕度 $\gamma \geqslant 45°$。

解 根据系统稳态精度的要求，选择开环增益 $K=12$，求原系统的相角裕度。

```
≫num=12;
den=[2,1,0];
[gm,pm,wcg,wcp]=margin(num,den);
[gm,pm,wcg,wcp]
margin(num,den)
ans=
    Inf   11.6548      Inf      2.4240
```

可知，原系统相角裕度为 $\gamma=11.6°$，$\omega_c=2.4\text{rad/s}$，不满足指标要求，系统的 Bode 图如图 6-34 所示。考虑采用串联超前校正装置，以增加系统的相角裕度。

选择超前校正装置的最大超前相角 $\varphi_m=40°$，则有

$$a=\frac{1+\sin\varphi_m}{1-\sin\varphi_m}=4.77$$

为使超前装置的相角补偿作用最大，选择校正后系统的剪切频率在最大超前相角发生的频率上，由图 6-34，当幅值为 $-10\lg a=-10\lg 4.77=-6.8\text{dB}$ 时，相应的频率为 3.6rad/s。选择此频率作为校正后系统的剪切频率

$$\omega_m=\omega_c'=3.6\text{rad/s}$$

由式(6-12) 确定参数 T

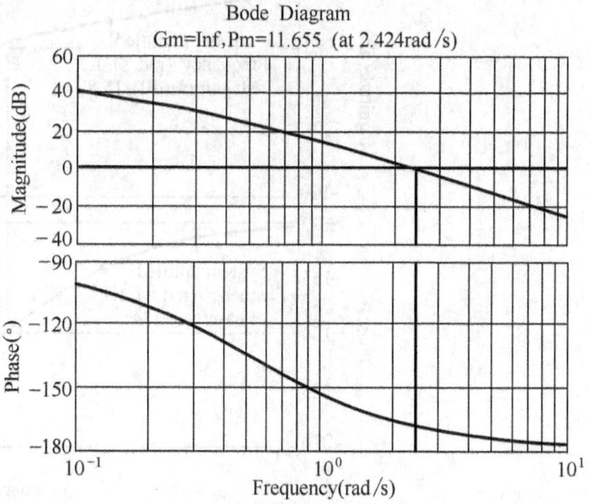

图 6-34 原系统的 Bode 图

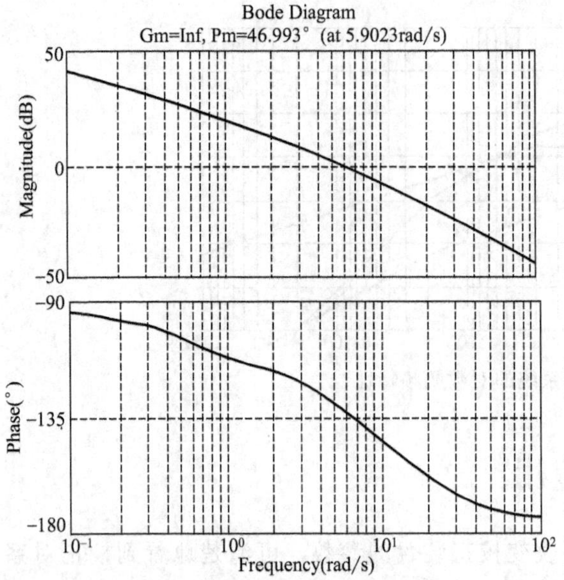

图 6-35 校正后系统的 Bode 图

$$T=\frac{1}{\omega_m\sqrt{a}}=\frac{1}{3.6\sqrt{4.77}}=0.127$$

初选校正装置的传递函数为

$$G_c(s)=\frac{0.6s+1}{0.127s+1}$$

校正后系统的开环传递函数为

$$G(s)=G_0(s)G_c(s)=\frac{12(0.6s+1)}{s(s+1)(0.127s+1)}$$

校正后系统的 Bode 图如图 6-35 所示。

由图可知，校正后系统的相角裕度为 47°，满足性能指标的要求，故该超前装置即为所求。

【例 6-10】 设控制系统的开环传递函数为

$$G(s)H(s)=\frac{8}{s(0.5s+1)(0.25s+1)}$$

试设计一串联校正装置，使校正后系统的相角裕度不小于 40°，幅值裕度不低于 10dB，剪切频率大于 1rad/s。

解 作校正前系统的对数频率特性。

```
≫num=8;
den=[0.125,0.75,1,0];
margin(num,den)
[gm,pm,wcg,wcp]
ans=
    0.7500   -7.5156    2.8284    3.2518
```

程序运行后，得到图 6-36。

由图 6-36 可知，原系统相角裕度和幅值裕度均为负值，故系统不稳定。考虑到系统的剪切频率为 3.3rad/s，大于系统性能指标要求的剪切频率，故采用滞后装置对系统进行校正。

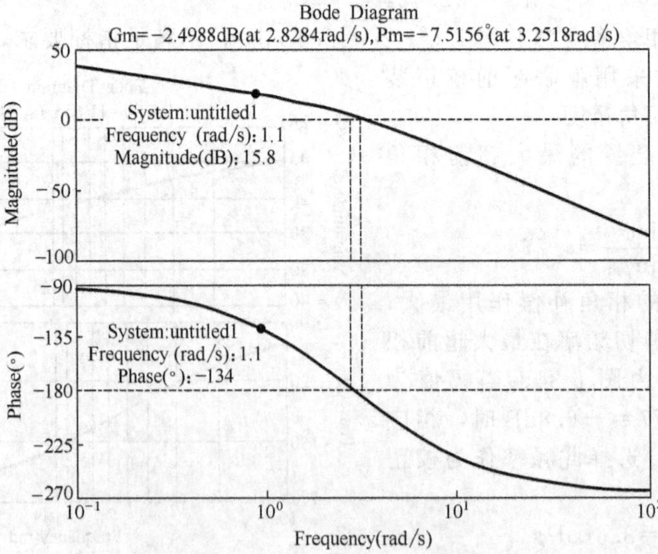

图 6-36 校正前系统的对数幅频特性

根据相角裕度 $\gamma \geqslant 40°$ 的要求和滞后装置对系统相角的影响，选择校正后系统的相角裕度为 $\gamma' = 40° + 6° = 180° + (-134°)$，由图 6-36 知，对应相角为 $-134°$ 时的频率为 $\omega_c' = 1.1\text{rad/s} > 1$，幅值为 15.7dB。

取 $20\lg b = -15.7\text{dB}$，得 $b = 0.164$。取滞后装置的第二个转折频率为 $0.1\omega_c' = 0.11$，有 $\frac{1}{bT} = 0.11$，则 $T = 55.43$。初选校正装置的传递函数为

$$G_c(s) = \frac{1+bTs}{1+Ts} = \frac{1+9.1s}{1+55.43s}$$

作出校正后系统的 Bode 图如图 6-37 中所示。由图可得到校正后系统的相角裕度为 $\gamma = 40.67°$，幅值裕度为 12.73dB，剪切频率为 $\omega_c = 1.1\text{rad/s}$，满足系统性能指标的要求，故初选校正装置合适，校正后系统的开环传递函数为

$$G(s)H(s) = \frac{8(1+9.1s)}{s(1+0.5s)(1+0.25s)(1+55.43s)}$$

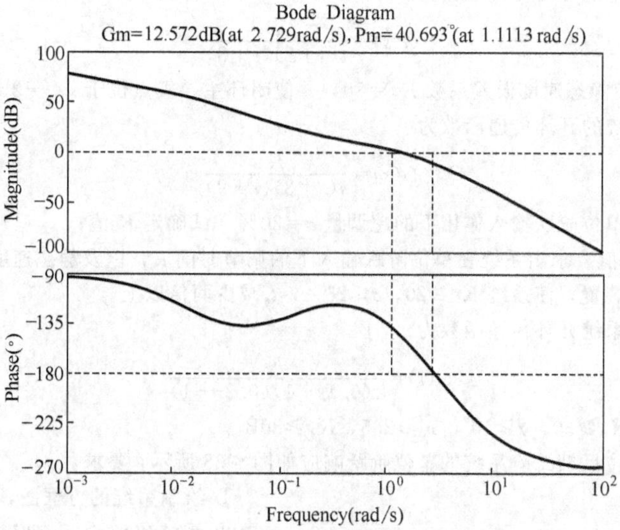

图 6-37 校正后系统的 Bode 图

本 章 小 结

本章主要介绍了系统综合与校正的概念、校正装置的频率特性和用频率法对系统进行校正的基本方法和步骤。系统的综合与校正是选择合适的校正装置与原系统连接，使系统的性能指标得到改善或补偿的过程。从某种意义上讲，系统的综合与校正是系统分析的逆问题，系统分析的结果具有唯一性，而系统的综合与校正是非唯一的，并且需要有一定的方法和经验通过多次试探才能收到较好的校正效果。

根据校正装置的频率特性，可将校正分为超前校正、滞后校正和滞后-超前校正等方式。按校正装置与系统的连接形式，可分为串联校正、反馈校正和复合校正等，可根据系统性能指标的要求及实际中可供选择的元件，采用不同特性的校正装置和连接方式。

需要指出的是，本章介绍的只是系统校正中的一些基本方法和思路，给出的例题也是典型化和理想化的，实际的工程问题可能要复杂得多，比起系统分析，系统的综合与校正的实践性更强，读者应理论联系实际，注重在实践中积累经验，才能取得较好的学习效果。

习 题 6

6-1 设控制系统的开环传递函数为

$$G(s)=\frac{10}{s(1+0.5s)(1+0.1s)}$$

绘出系统的 Bode 图并求出相角裕量和幅值裕量。若采用传递函数为 $(1+0.23s)/(1+0.023s)$ 的串联校正装置，试求校正后系统的幅值和相角裕度，并讨论校正后系统的性能有何改进。

6-2 设控制系统的开环频率特性为

$$G(j\omega)H(j\omega)=\frac{40}{j\omega(1+0.0625j\omega)(1+0.25j\omega)}$$

① 绘出系统的 Bode 图，并确定系统的相角裕度和幅值裕度以及系统的稳定性；

② 如引入传递函数 $G_c(s)=\frac{0.05(s+0.25)}{(s+0.0125)}$ 的相位滞后校正装置，试绘出校正后系统的 Bode 图，并确定校正后系统的相角裕度和幅值裕度。

6-3 设单位反馈系统的开环传递函数为

$$G(s)=\frac{10}{s(s+2)(s+8)}$$

设计一校正装置，使静态速度误差系数 $K_v=80$，并使闭环主导极点位于 $s=-2\pm j23$。

6-4 设单位反馈系统的开环传递函数为

$$G(s)=\frac{K}{s(s+3)(s+9)}$$

① 如果要求系统在单位阶跃输入作用下的超调量 $\sigma=20\%$，试确定 K 值；

② 根据所确定的 K 值，求出系统在单位阶跃输入下的调节时间 t_s，以及静态速度误差系数；

③ 设计一串联校正装置，使系统 $K_v\geqslant20$，$\sigma\leqslant25\%$，t_s减少两倍以上。

6-5 已知单位反馈系统开环传递函数为

$$G(s)=\frac{K}{s(0.1s+1)(0.2s+1)}$$

设计校正网络，使 $K_v\geqslant30$，$\gamma\geqslant40°$，$\omega_c\geqslant2.5$，$K_g\geqslant8\text{dB}$。

6-6 由实验测得单位反馈二阶系统的单位阶跃响应如图 6-38 所示，要求：

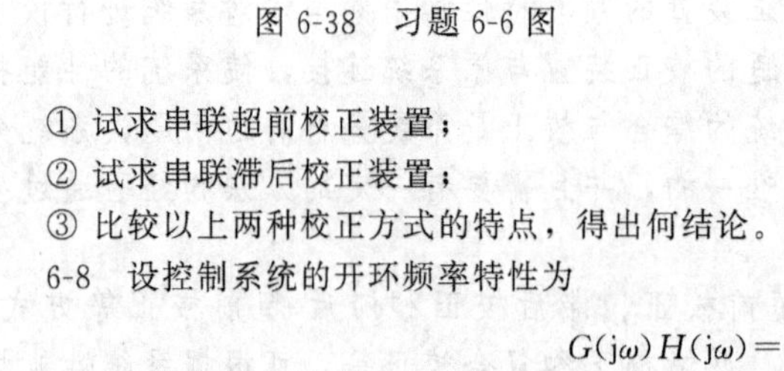

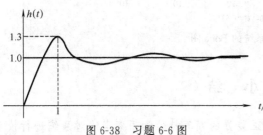

图 6-38 习题 6-6 图

① 绘制系统的方框图，并标出参数值；

② 系统单位阶跃响应的超调量 $\sigma=20\%$，峰值时间 $t_p=0.5\text{s}$，设计适当的校正环节并画出校正后系统的方框图。

6-7 设原系统的开环传递函数为

$$G(s)=\frac{10}{s(0.2s+1)(0.5s+1)}$$

要求校正后系统的相角裕度 $\gamma=65°$，幅值裕度 $K_g=6\text{dB}$。

① 试求串联超前校正装置；

② 试求串联滞后校正装置；

③ 比较以上两种校正方式的特点，得出何结论。

6-8 设控制系统的开环频率特性为

$$G(j\omega)H(j\omega)=\frac{K}{(j\omega)^2(0.2j\omega+1)}$$

要使系统的相角裕度 $\gamma=35°$，系统的加速度误差系数 $K_a=10$，试用频率法设计串联超前校正装置。

6-9 反馈控制系统的开环传递函数为

$$G(s)=\frac{K}{s(s+1)}$$

采用串联超前校正，使系统的相角裕度 $\gamma>45°$，在单位斜坡输入下的稳态误差为 $e_{ss}=0.1$，系统的剪切频率小于 7.5rad/s。

6-10 设单位反馈控制系统的开环传递函数为

$$G(s)=\frac{K}{s(s+1)(0.2s+1)}$$

若使系统的相角裕度 $\gamma=45°$，速度误差系数 $K_v=8$，试设计串联滞后校正装置。

6-11 系统如图 6-39 所示，其中 R_1，R_2 和 C 组成校正网络。要求校正后系统的稳态误差为 $e_{ss}=0.01$，相角裕度 $r\geqslant60°$，试确定 K，R_1，R_2 和 C 的参数。

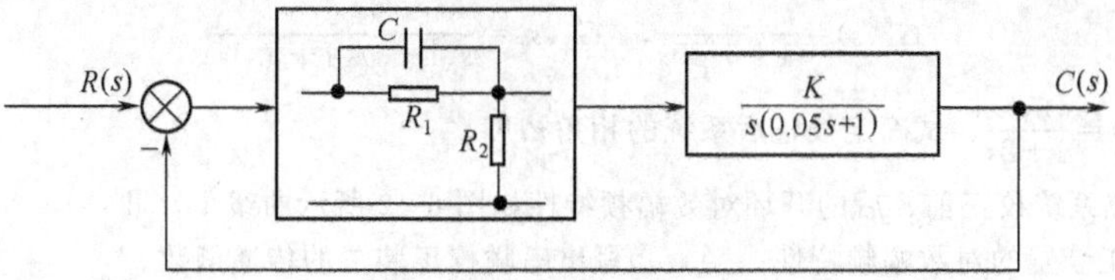

图 6-39 习题 6-11 图

6-12 反馈系统的结构图如图 6-40 所示，为保证系统有 45°的相角裕度，求电容 C。

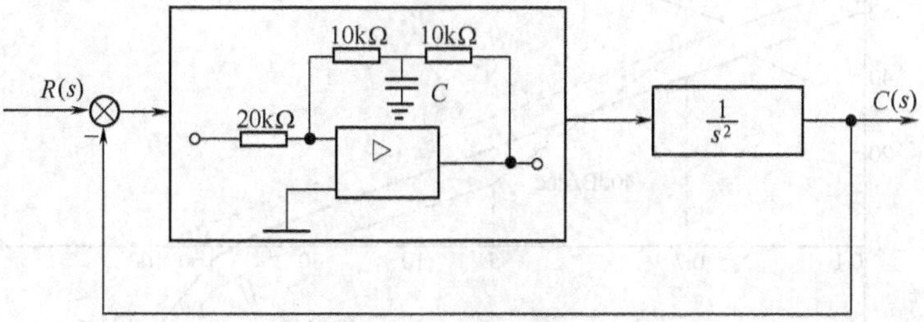

图 6-40 习题 6-12 图

6-13 已知单位反馈控制系统的开环传递函数为

$$G(s)=\frac{200}{s(0.1s+1)}$$

试设计串联校正环节，使系统的相角裕度 $\gamma\geqslant45°$，剪切频率 $\omega_c\geqslant50\text{rad/s}$。

6-14 某单位反馈系统开环传递函数为

$$G(s)=\frac{K}{s(0.2s+1)(s+1)}$$

现要求 $M_r=1.3$，$\omega_c=2.0$，$K_v\geqslant10$，试确定串联校正装置。

6-15 设控制系统的开环传递函数为

$$G(s)=\frac{10}{s(0.05s+1)(0.25s+1)}$$

要求校正后系统的相对谐振峰值 $M_r=1.4$，谐振频率 $\omega_r>10\text{rad/s}$，试设计串联校正环节。

6-16 设控制系统的开环传递函数为

$$G(s)=\frac{K}{s\left(\frac{1}{37^2}s^2+\frac{2\times0.57}{37}s+1\right)}$$

若使闭环系统的谐振峰值 $M_r=1.25$，谐振频率 $\omega_r=20\text{rad/s}$，系统的速度误差系数 $K_v\geqslant375\text{s}^{-1}$，试设计滞后-超前校正装置。

6-17 控制系统的开环传递函数为

$$G(s)=\frac{K}{s(1+0.1s)(1+0.2s)}$$

要使系统的相角裕度 $\gamma\geqslant40°$，单位斜坡输入时系统的稳态误差 $e_{ss}=0.01$，试用频率法设计串联滞后-超前校正网络。

6-18 设 1 型系统的开环传递函数为

$$G(s)=\frac{1}{s(0.1s+1)(0.015s+1)}$$

试用期望特性法确定使系统达到下列性能指标的校正装置：

① 稳态速度误差系统 $K_v = 150s^{-1}$；

② 超调量 $\sigma \leqslant 20\%$；

③ 调整时间 $t_s \leqslant 0.5s$。

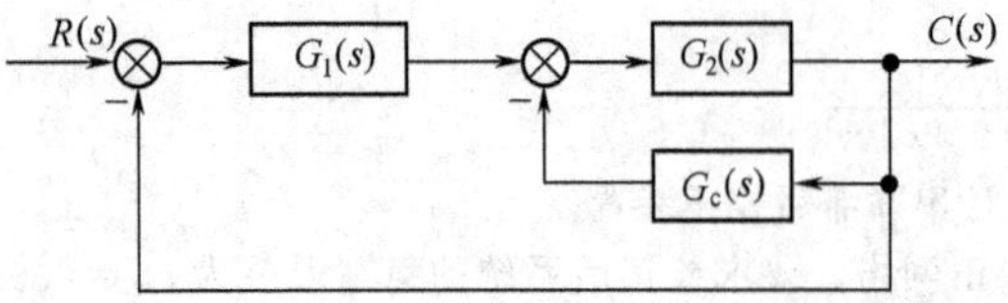

图 6-41 习题 6-19 图

6-19 控制系统如图 6-41 所示。

$$G_1(s) = \frac{6}{1+0.25s}, \quad G_2(s) = \frac{4}{s(1+s)(1+0.5s)}$$

引入反馈校正 $G_c(s) = \dfrac{8s^2}{1+2s}$，试确定校正后系统的相角裕度。

6-20 最小相位系统校正前、后的开环对数幅频特性如图 6-42 所示曲线Ⅰ，Ⅱ：

①画出串联校正装置的对数幅频特性； ②写出串联校正装置的传递函数。

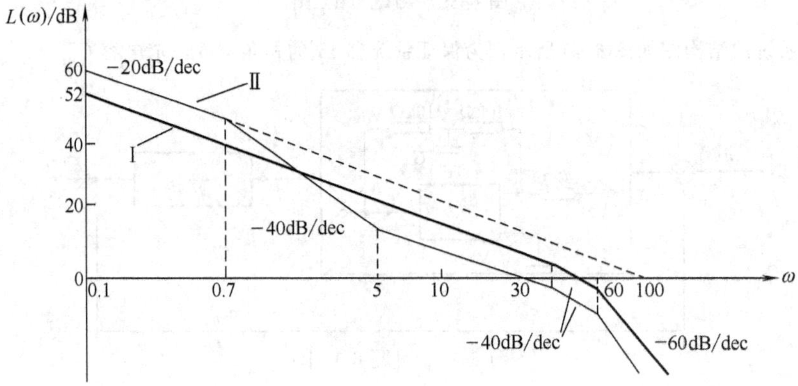

图 6-42 习题 6-20 图

7 线性离散控制系统

内容提要

离散控制理论是采用数字计算机进行控制的理论基础。本章介绍了离散信号的数学描述，采样系统的香农采样定理，Z 变换理论及线性离散控制系统的差分方程模型，最后扼要介绍线性离散控制系统的稳定性分析、动态性能、稳态性能和综合方法以及 Matlab 在离散系统中的应用。

知识要点

连续信号的离散化，采样定理，采样保持器，Z 变换理论，差分方程，脉冲传递函数，线性离散控制系统的稳定性，稳态性能分析，动态性能分析，离散系统的校正，最小拍（无纹波）无差系统。

线性控制系统中如果出现时间轴上不连续的信号，称此系统为线性离散控制系统。由于系统中出现离散时间信号，因此不能应用上述各章所讨论的方法来分析线性离散控制系统。为此本章首先讨论离散信号的数学描述，引进 Z 变换理论及差分方程，建立线性离散控制系统的数学模型，在此基础上扼要介绍线性离散控制系统的分析综合方法。

7.1 引言

微处理器及微型计算机的出现，使得数字控制器在工业和商业控制系统中得到愈来愈广泛的应用。在控制系统中，只要某处传输或加工的信号是时间的离散函数，或是数字信号，前者称为采样控制系统，后者称为数字控制系统，两者统称为离散控制系统。由于系统中出现了离散信号，因此，上述各章所介绍的适合于连续线性控制系统的各种分析和校正方法，不适用于离散控制系统，必须寻求新的分析校正方法，这正是本章所要介绍的主要内容。

廉价的微处理器和微型计算机在控制系统中的应用，经历了不同的发展阶段和应用方式。

7.1.1 直接数字控制系统（DDC—Direct Digital Control）

一个直接数字控制系统的结构图如图 7-1 所示。

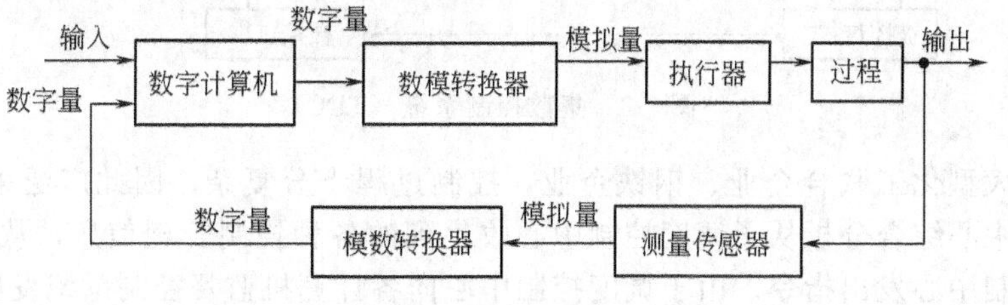

图 7-1　直接数字控制系统（DDC）

参考输入经数字采样变为数字信号，与反馈来的数字信号进行比较后，由数字计算机进行加工处理，得到有用的数字控制信号。再经数模转换器处理，变成有用的模拟控制信号，作用于执行机构。通过执行机构对被控过程进行控制。被控过程的实际输出，通过检测装置及传感器予以检测。再通过模数转换器变为数字信号，送进计算机，与给定输入数字信号进行比较，再进行下一轮控制，直到系统实际输出达到预期要求。这就是直接数字控制系统实现控制要求的全过程。在直接数字控制中，数字计算机直接起着控制器的作用。由于计算机计算速度快，可实现多路控制，即由一台计算机控制多个回路。正是由于计算机直接起着控制器的作用，因此一旦计算机出现故障，则所有控制回路都会停止工作。这是直接数字控制系统的致命弱点。

7.1.2 计算机监督控制系统（SCC—Surveillance Computer Control System）

计算机监督控制系统的结构图如图 7-2 所示。被控对象和被控过程由模拟控制器进行控制。计算机在系统中仅起监督协调作用。计算机采集多个模拟控制系统的信息，经过分析，对多个模拟控制回路进行协调控制，达到总体控制目的。由于计算机不直接作为控制器，即使计算机在某瞬时发生故障，也不会影响单个模拟控制系统的正常运行。

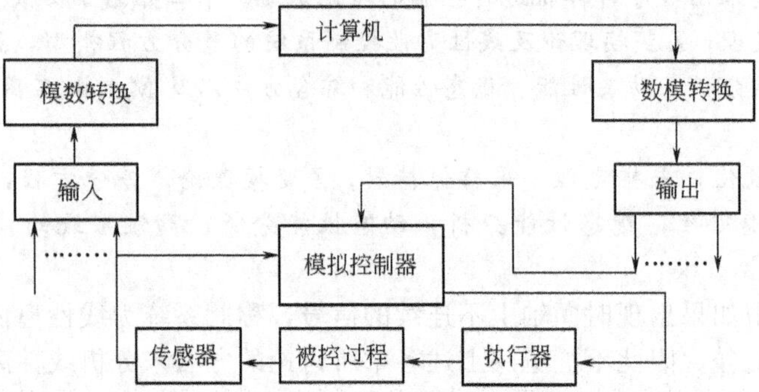

图 7-2 计算机监督控制系统（SCC）

7.1.3 集散控制系统（TDC—Total and Distributed Control）

集散控制系统的结构框图如图 7-3 所示。

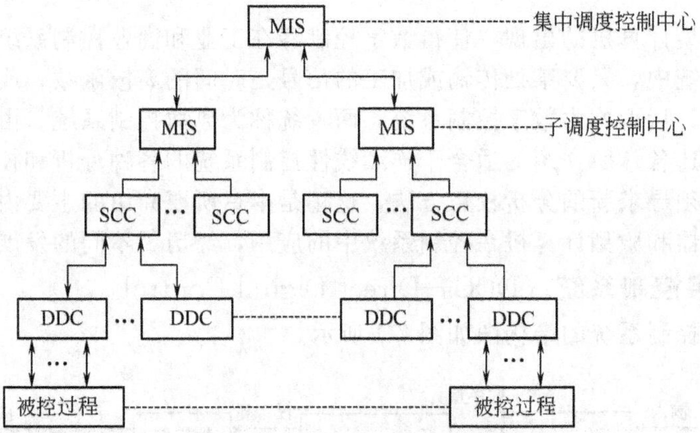

图 7-3 集散控制系统（TDC）

对于一个大型化工联合企业、钢铁企业，控制过程十分复杂，因此广泛采用集散控制系统。调度控制中心综合分析从子调度控制中心收集到的各种控制管理信息，从全局需要出发，向各子调度控制中心发出指令。由子调度控制中心向各计算机监督控制系统发出指令，再由计算机监督控制系统向所属直接数字控制系统发出指令，控制被控对象，达到预期控制要求。由于在此类控制中，直接数字控制只控制一个被控过程或一个被控参量，即使某一个控制回路出现临时故障，对总体控制也不会产生太大影响。且由于控制管理信息高度集中，从而能从全局需要实现优化控制目标。集散控制系统是指调度的高度集中和控制的高度分散，实现总体的控制目标。它是控制管理一体化的控制系统。

从计算机控制系统的发展过程可以看出它有如下优点：

① 计算机控制系统结构简单，且能实现多路控制；

② 信号的检测精度和转换精度可以做得很高；

③ 由于采样信号或数字信号抗干扰能力很强，可实现远距离传送；

④ 计算机控制系统可实现复杂的控制目标，实现控制与管理一体化。

7.2 采样过程的数学描述

7.2.1 采样过程及其数学描述

在采样控制系统中总存在一个将连续信号变为断续信号的过程，这样的过程称为采样过程。实现这个采样过程的装置称为采样装置。采样装置可以简单的看作是一个采样开关，隔一段时间采样开关闭合一次再断开，如图 7-4 所示。

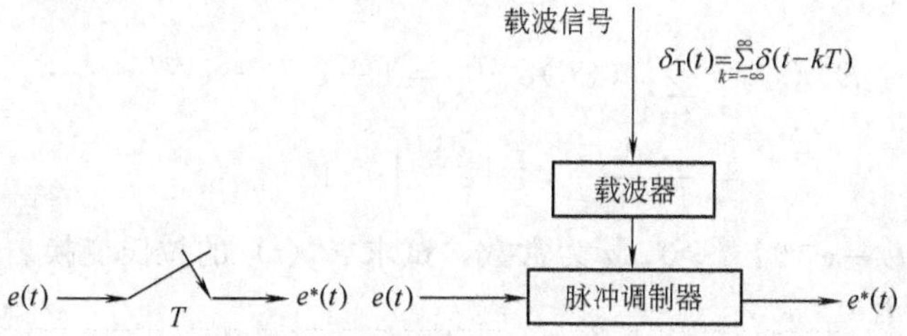

图 7-4 采样开关

采样过程可看作是一个脉冲调制过程，连续信号经采样后变为断续信号 $e^*(t)$。

每隔一个固定时间 T，采样开关闭合一次所实现的采样过程称为均匀采样过程。如果采样开关闭合断开过程是随机的，称为随机采样过程。本章仅讨论均匀采样过程。

为了分析的需要，必须建立断续信号的数学描述。为此，对采样装置作如下几点假定：采样装置是理想的采样装置，即其开关动作应能立即完成；采样装置闭合的时间 τ 远远小于采样周期 T；采样周期 T 为常数。有了上述假定，引进单位脉冲序列函数 $\delta_T(t)$ 描述如下

$$\delta_T(t)=\sum_{k=-\infty}^{\infty}\delta(t-kT) \tag{7-1}$$

如图 7-5 所示。

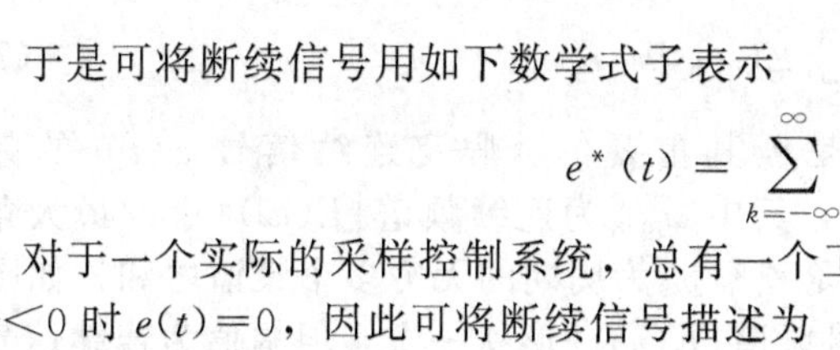

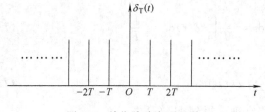

图 7-5 单位脉冲序列函数

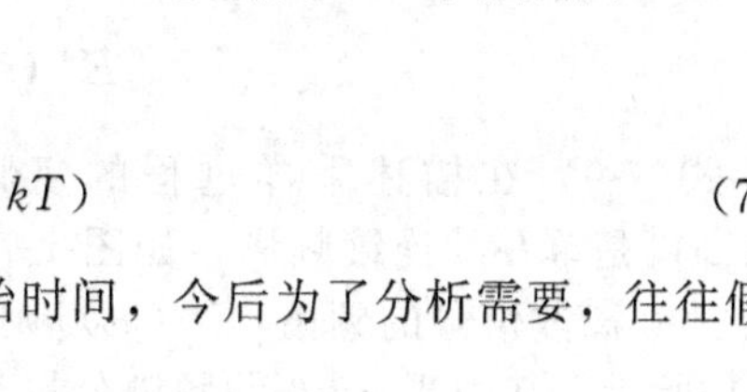

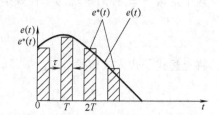

图 7-6 连续信号 $e(t)$ 与断续信号 $e^*(t)$

于是可将断续信号用如下数学式子表示

$$e^*(t)=\sum_{k=-\infty}^{\infty}e(t)\delta(t-kT) \tag{7-2}$$

对于一个实际的采样控制系统，总有一个工作的起始时间，今后为了分析需要，往往假定当 $t<0$ 时 $e(t)=0$，因此可将断续信号描述为

$$e^*(t)=\sum_{k=0}^{\infty}e(t)\delta(t-kT) \tag{7-3}$$

断续信号 $e^*(t)$ 与连续信号 $e(t)$ 的关系如图 7-6 所示。

对离散信号 $e^*(t)$ 取拉氏变换，可得

$$E^*(s)=\mathrm{L}[e^*(t)]=\mathrm{L}\left[\sum_{k=0}^{\infty}e(kT)\delta(t-kT)\right] \tag{7-4}$$

根据拉氏变换的实位移定理，采样信号的拉氏变换

$$E^*(s)=\sum_{k=0}^{\infty}e(kt)\mathrm{e}^{-kTs} \tag{7-5}$$

由上式可以将 $E^*(s)$ 与离散时域信号 $e^*(kT)$ 联系起来，可以直接看出 $e^*(t)$ 的时间响应。由于 $e^*(t)$ 仅描述了 $e(t)$ 在采样时刻的值，所以，$E^*(s)$ 不可能给出 $e(t)$ 在两个采样时刻之间的任何信息，这要引起注意。

【例 7-1】 设 $e(t)=1(t)$，试求 $e^*(t)$ 的拉氏变换。

解 由式(7-5) 有

$$\begin{aligned}E^*(s)&=\sum_{k=0}^{\infty}e(kT)\mathrm{e}^{-kTs}=1+\mathrm{e}^{-Ts}+\mathrm{e}^{-2Ts}+\cdots\\&=\frac{1}{1-\mathrm{e}^{-Ts}},\quad |\mathrm{e}^{-Ts}|<1\end{aligned}$$

【例 7-2】 设 $e(t)=\mathrm{e}^{-at}$，$t\geqslant0$，a 为常数，试求 $e^*(t)$ 的拉氏变换。

解 由式(7-5) 有

$$\begin{aligned}E^*(s)&=\sum_{k=0}^{\infty}e(kT)\mathrm{e}^{-kTs}=\sum_{k=0}^{\infty}\mathrm{e}^{-akT}\mathrm{e}^{-kTs}=\sum_{k=0}^{\infty}\mathrm{e}^{-kT(s+a)}\\&=\frac{1}{1-\mathrm{e}^{-T(s+a)}}=\frac{\mathrm{e}^{Ts}}{\mathrm{e}^{Ts}-\mathrm{e}^{-aT}},\quad |\mathrm{e}^{-T(s+a)}|<1\end{aligned}$$

上述分析表明，用拉氏变换法来对离散信号进行变换时，得到的式子是有关 s 的超越函数，不利于用来分析离散系统，下面将引进 Z 变换，来克服这种困难。

观察分析式(7-2)，可以看出 $\sum\limits_{k=-\infty}^{\infty}\delta(t-kT)$ 是周期函数，因此，可将其展开成傅里叶级数

$$\sum_{k=-\infty}^{\infty}\delta(t-kT)=\sum_{k=-\infty}^{\infty}C_k\mathrm{e}^{\mathrm{j}k\omega_\mathrm{s}t} \tag{7-6}$$

式中，$\omega_\mathrm{s}=\dfrac{2\pi}{T}$ 称为系统的采样频率。

$$C_k=\frac{1}{T}\int_{-\frac{T}{2}}^{\frac{T}{2}}\delta_\mathrm{T}(t)\mathrm{e}^{-\mathrm{j}k\omega_\mathrm{s}t}\mathrm{d}t=\frac{1}{T}\int_{0^-}^{0^+}\delta(t)\mathrm{d}t=\frac{1}{T} \tag{7-7}$$

将上述式子代入式(7-2)，有

$$e^*(t)=\frac{1}{T}\sum_{k=-\infty}^{\infty}e(t)\mathrm{e}^{\mathrm{j}k\omega_\mathrm{s}t} \tag{7-8}$$

对上式取拉氏变换，运用拉氏变换的复位移定理，得到 $E^*(s)$

$$E^*(s)=\frac{1}{T}\sum_{k=-\infty}^{\infty}E(s+\mathrm{j}k\omega_\mathrm{s}) \tag{7-9}$$

式(7-9) 在描述采样过程的复频域特征是极其重要的。假定连续信号 $e(t)$ 的频谱 $|E(\mathrm{j}\omega)|$ 是单一的连续频谱，如图 7-7(a) 所示，其中 $\omega_{\max}$ 为连续频谱 $|E(\mathrm{j}\omega)|$ 中的最大角频率。那么离散信号的频谱 $|E^*(\mathrm{j}\omega)|$ 则是以采样角频率 ω_s 为周期的无穷多个频谱之和，如图 7-7(b) 所示。其中当 $n=0$ 的频谱分量与连续信号频谱 $|E(\mathrm{j}\omega)|$ 形状一致，但幅值为连续信号频谱 $|E(\mathrm{j}\omega)|$ 的 $\dfrac{1}{T}$，称这个频谱分量为主频谱，其余的频谱分量（$n=\pm1,\pm2,\cdots$）是由采样引

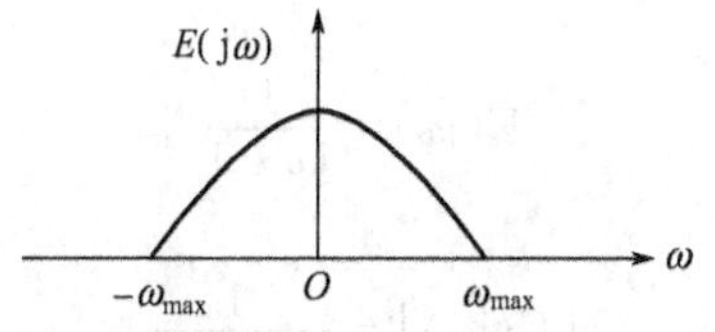

(a) 连连续信号$e(t)$的频谱

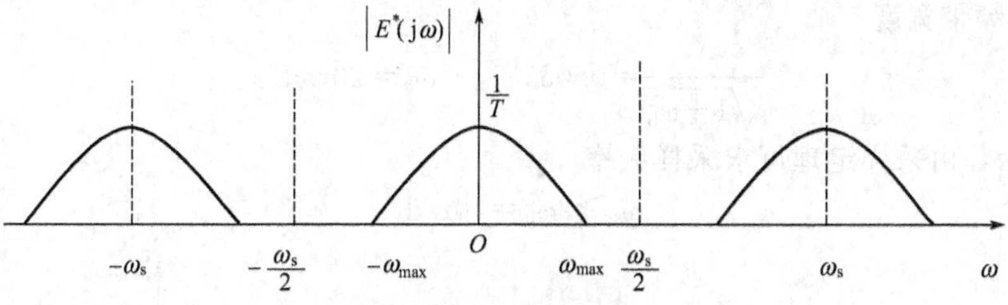

(b) 连离散信号$e(t)$的频谱($\omega_s \geqslant 2\omega_{max}$)

图 7-7 信号频谱

起的高频频谱分量。

由图 7-7(b) 所示的离散信号的频谱特性可知，由于 $\omega_s > 2\omega_{max}$，基波分量频谱波形与高频部分的频谱波形没有重叠部分，因此可设计如下理想滤波特性的滤波器即可不失真地恢复原连续信号。只要滤波特性为

$$|G(j\omega)| = \begin{cases} 1, & |\omega| \leqslant \omega_s/2 \\ 0, & |\omega| > \omega_s/2 \end{cases} \tag{7-10}$$

其频率特性如图 7-8 所示。

如果对图 7-7(b) 的采样信号采用如图 7-8 所示的理想滤波器，滤掉高频频谱分量，可以很容易完全复现采样前的连续信号 $e(t)$ 的频谱。但如果 $\omega_s \leqslant 2\omega_{max}$，那么采样频谱的各分量出现相互交叠，即使用图 7-8 所示的理想滤波器也无法恢复原来的连续信号。

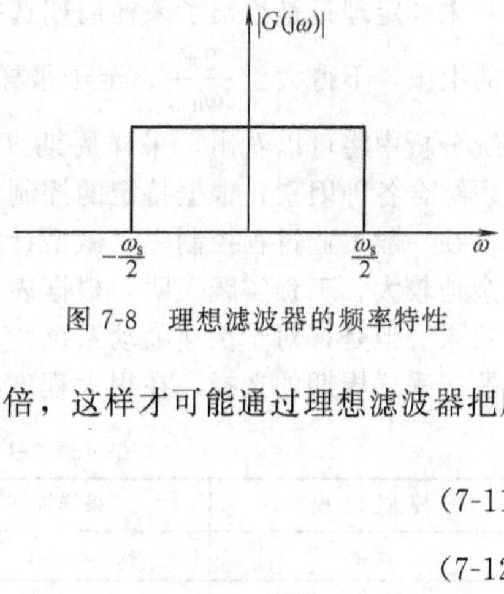

图 7-8 理想滤波器的频率特性

7.2.2 采样定理

为了能不失真地从采样信号中恢复原有的连续信号，采样频率必须大于等于原连续信号所含最高频率的两倍，这样才可能通过理想滤波器把原信号毫无畸变地恢复出来。这就是香农采样定理。即

$$\omega_s \geqslant 2\omega_{max} \tag{7-11}$$

或

$$T \leqslant \frac{2\pi}{2\omega_{max}} \tag{7-12}$$

必须指出，对于实际的非周期连续信号，其频率特性中最高频率是无穷大，如图 7-9 所示。这样，离散信号频谱必然相互搭接，采样频率选取发生困难，此时必须予以近似处理，通常选择连续信号频谱特性的频带宽度［即当频率特性的幅值为零频幅值 $e(0)$ 的 5%时，所对应的频率］为连续信号所含的最高频率，由此，可求采样频率 ω_s

$$\omega_s \geqslant 2\omega_{max}$$

【例 7-3】 设连续信号为 $e(t) = e^{-t}$，试按采样定理选择采样频率。

解 求连续信号的拉氏变换

$$E(s) = \frac{1}{s+1}$$

其频率特性为

$$E(j\omega)=\frac{1}{j\omega+1}$$

幅频特性为

$$|E(j\omega)|=\frac{1}{\sqrt{1+\omega^2}}$$

若在

$$|E(j\omega)|=0.05|E(0)|$$

处截断，可求频带宽度

$$\frac{1}{\sqrt{1+\omega_b^2}}=0.05, \qquad \omega_b=20\text{rad/s}$$

如图 7-10 所示，由采样定理可求采样频率

$$\omega_s\geqslant 2\omega_b=40\text{rad/s}$$

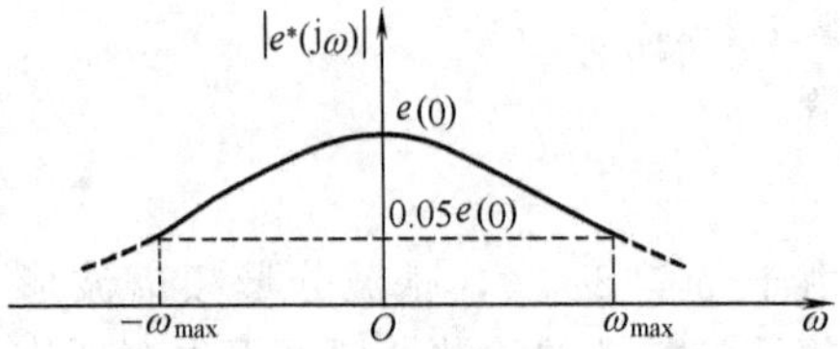

图 7-9　非周期连续函数频谱特性及频带宽度

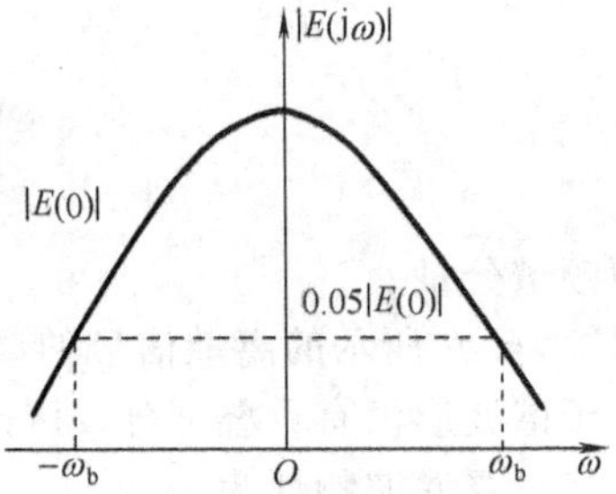

图 7-10　理想滤波器的频率特性

7.2.3　采样周期的选择

采样定理只是给出了采样周期选择的基本原则，即从信号恢复的角度出发，给出采样周期 T 的上限，不得大于$\frac{2\pi}{2\omega_{max}}$。至于采样周期 T 到底选择多大，涉及许多因素。在下面各节离散系统分析中将可以看出，采样周期 T 对采样系统的稳定性、稳态误差及动态响应都有影响，必须综合各种因素，根据特定的控制目标，来确定采样周期。

在一般工业过程控制中，微型计算机所能提供的运算速度，对于采样周期的选择来说，回旋余地较大。工程实践表明，根据表 7-1 给出的参考数据选择采样周期 T，可以取得满意的控制效果。但是，对于快速随动系统，采样周期 T 的选择将是系统设计中必须予以认真考虑的问题。采样周期的选择，在很大程度上取决于系统的性能指标。

表 7-1　工业过程采样周期 T 的选择

控制过程	采样周期 T/s	控制过程	采样周期 T/s
流量	1	温度	20
压力	5	成分	20
液位	5		

从频域性能指标来说，控制系统的闭环频率响应通常具有低通滤波特性，当随动系统的输入信号的频率高于其闭环幅频特性的谐振频率 ω_r 时，信号通过系统将会很快衰减，因此可认为通过系统的控制信号的最高频率分量为 ω_r。在随动系统中，一般认为开环系统的截止频率 ω_c 与闭环系统的谐振频率 ω_r 相当接近，近似有 $\omega_c=\omega_r$，故在控制信号的频率分量中，超过 ω_c 的分量通过系统后将被大幅度衰减掉。工程实践表明，随动系统的采样角频率可近似取为

$$\omega_s=10\omega_c \tag{7-13}$$

由于 $T=2\pi/\omega_s$，所以采样周期可按下式选取

$$T=\frac{\pi}{5}\cdot\frac{1}{\omega_c} \tag{7-14}$$

从时域性能指标来看，采样周期 T 可通过单位阶跃响应的上升时间 t_r 或调整时间 t_s 按下列经验公式选取

$$T=\frac{1}{10}t_r \tag{7-15}$$

或者

$$T=\frac{1}{40}t_s \tag{7-16}$$

应当指出，采样周期选择得当，是连续信号 $e(t)$ 可以从采样信号 $e^*(t)$ 中完全复现的前提。然而，图 7-8 所示的理想滤波器实际上并不存在，因此只能用特性接近理想滤波器的低通滤波器来代替，零阶保持器是常用的低通滤波器之一。为此，需要研究信号保持过程。

7.3 信号保持

连续信号经过采样开关后，其断续信号频谱中除了主频谱分量外，还产生了无穷多个附加频谱分量，它们在系统中将起相当于高频干扰信号的不利作用。为了去除这些高频分量对系统输出的影响，恢复和重现原来的连续输入信号（信号经过函数变换或计算装置后，要重现的是输入信号的函数），需要应用低通滤波器（在采样控制系统中，起低通滤波器作用的可以是系统连续部分本身，如电机的滤波性能，或另外加入滤波器）。

无畸变地重现原连续信号的理想滤波器应该具有频率特性

$$|G(j\omega)|=\begin{cases}1, & |\omega|\leqslant\omega_s/2\\ 0, & |\omega|>\omega_s/2\end{cases} \tag{7-17}$$

如图 7-8 所示。这样，经过采样-理想滤波后，脉冲序列的频谱为

$$X^*(j\omega)=\frac{1}{T}|G(j\omega)|X(j\omega)=\frac{1}{T}X(j\omega) \tag{7-18}$$

实际上，具有图 7-8 的截止频率特性的滤波器是做不到的。通常应用的起低通滤波作用的各阶保持电路或保持器。

7.3.1 零阶保持器

零阶保持器是最常用的一种保持器，它把采样时刻的采样值恒定不变地保持（或外推）到下一采样时刻。也就是说，在 $t\in[nT,(n+1)T)$ 区间内，零阶保持器的输出值一直保持为 $x(nT)$。如图 7-11 所示，零阶保持器的输出 $x_h(t)$ 为阶梯信号。

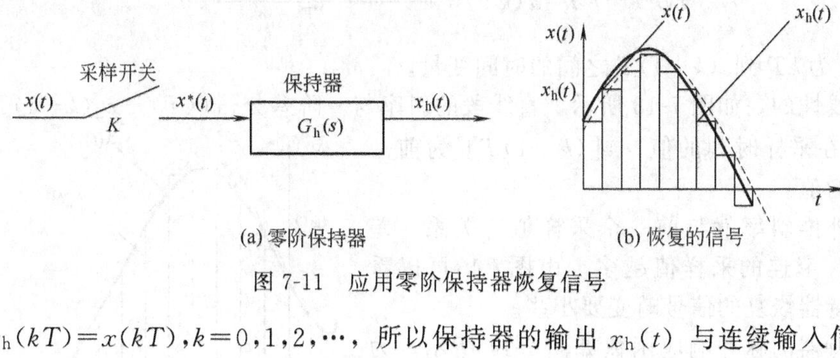

图 7-11　应用零阶保持器恢复信号

由于 $x_h(kT)=x(kT), k=0,1,2,\cdots$，所以保持器的输出 $x_h(t)$ 与连续输入信号 $x(t)$ 之间的关系式为

$$x_h(t)=\sum_{k=0}^{\infty}x(kT)[1(t-kT)-1(t-kT-T)] \tag{7-19}$$

$x_h(t)$ 的拉氏变换则为

$$X_h(s)=\sum_{k=0}^{\infty}x(kT)e^{-kTs}\left(\frac{1-e^{-Ts}}{s}\right) \tag{7-20}$$

上式与式(7-5) 比较后，知道零阶保持器的传递函数为

$$G_h(s)=\frac{1-e^{-Ts}}{s} \tag{7-21}$$

零阶保持器的频率特性为

$$G_h(j\omega)=\frac{1-e^{-j\omega T}}{j\omega}=\frac{T}{\frac{\omega T}{2}}e^{-j\frac{\omega T}{2}}\cdot\frac{e^{j\frac{\omega T}{2}}-e^{-j\frac{\omega T}{2}}}{2j}=T\frac{\sin\frac{\omega T}{2}}{\frac{\omega T}{2}}e^{-j\frac{\omega T}{2}} \tag{7-22}$$

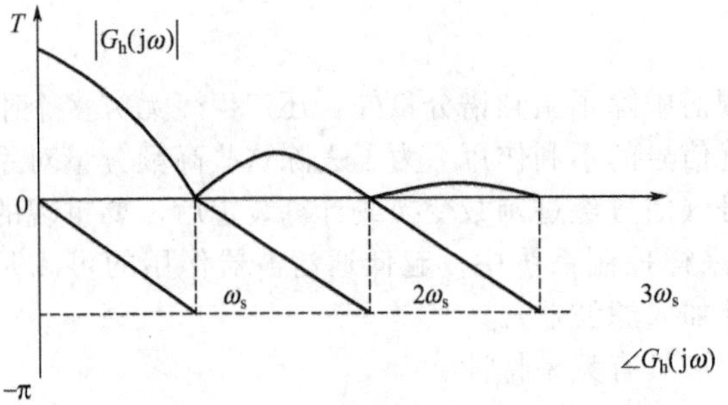

图 7-12 零阶保持器的频率特性

其幅频特性和相频特性如图 7-12 所示。

幅值随频率增高而逐渐减少，是一个低通滤波器，但不是理想滤波器；截止频率有很多个，高频分量仍能通过一部分。所以用零阶保持器恢复的信号与原来输入信号 $x(t)$ 有差别，不是毫无畸变的。

信号通过零阶保持器还有滞后相移，而且频率越高，滞后越大，类似于纯延滞环节。所以保持器的引入，不利于闭环采样系统的稳定性。但是与高阶保持器比较，零阶保持器相位滞后最小，这是它经常被采用的原因之一［如图 7-11(b) 虚线所示，$x_h(t)$ 比 $x(t)$ 平均滞后 $T/2$］。

零阶保持器本身比较简单，容易实现。步进电机就是一个实际的例子，它接受一个断续信号后，转动一步，至下一个信号到来之前，其转角一直保持不变。在数字控制系统中的寄存器和数模转换器，它们也是起零阶保持器作用的。寄存器把 kT 时刻的数字一直保持到下一个采样时刻，而数模转换器把数字（数码）量转换成模拟量。

7.3.2 一阶保持器

一阶保持器以两个采样时刻的值为基础实行外推，它的外推输出

$$x(kT+t')=x(kT)+\frac{x(kT)-x[(k-1)T]}{T}t' \tag{7-23}$$

式中，t'为 kT 到 $(k+1)T$ 之间的时间变量。

上式是线性的，如图 7-13 所示，直线段的斜率与一阶差分$\{x(kT)-x[(k-1)T]\}$成正比；$x(kT)$ 为现在采样时刻的值，$x[(k-1)T]$ 为前一个采样时刻的值。

这样，外推斜率就与前一个采样值有关系。差分阶数越高，牵连的采样值越多。由图7-13可以看出，一阶保持器恢复的信号畸变要小些。

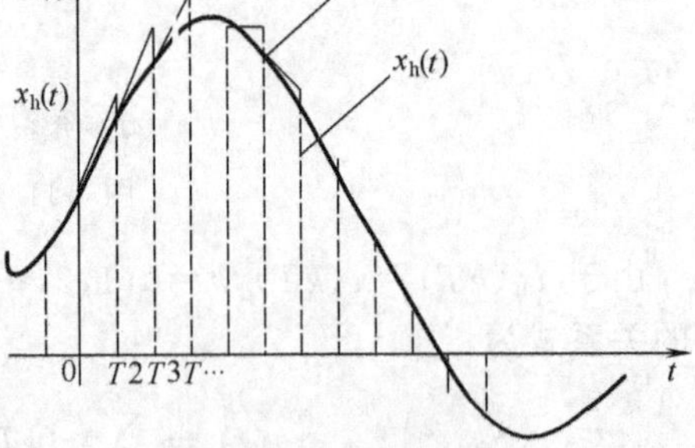

图 7-13 应用一阶保持器恢复信号

一阶保持器的脉冲响应函数如图 7-14 所示。为了保证线性外推，需要现在时刻和相邻的过去时刻的采样脉冲值。所以每个时刻的采样值的作用都要延续两个采样周期（两拍）。作为现在时刻的采样

值，起式(7-23) 中差分第一项的作用，即$\frac{x(kT)}{T}$，使斜率为正，即 $1/T$；但到下一个采样时刻，它变成过去时刻的采样值，起式(7-23) 中差分第二项的作用，所以在第二拍里，其斜率为负，即 $-1/T$。

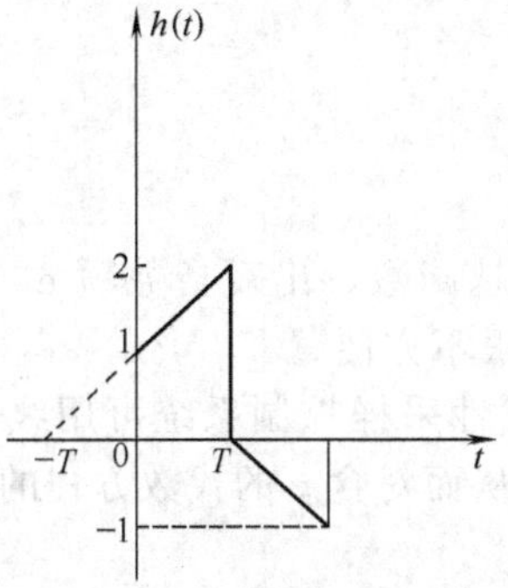

(a) 一阶保持器的脉冲响应函数

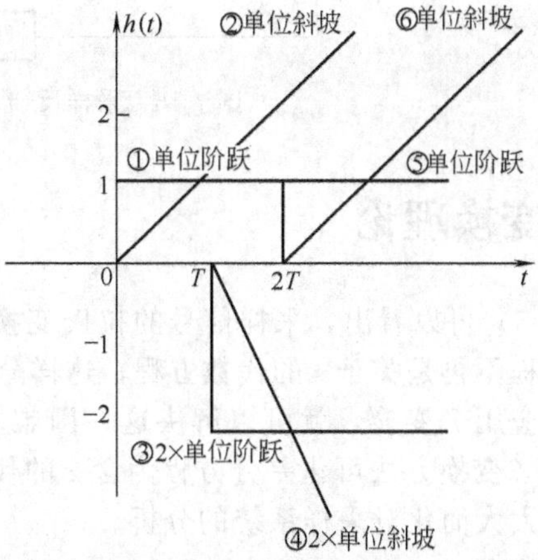

(b) 脉冲响应函数的分解

图 7-14 一阶保持器的脉冲响应函数及分解

按图 7-14(b)，根据一阶保持器脉冲响应函数的分解，可得保持器的传递函数

$$G_{\mathrm{h}}(s)=\frac{1}{s}+\frac{1}{Ts^2}-\frac{2}{s}\mathrm{e}^{-Ts}-\frac{2}{Ts^2}\mathrm{e}^{-Ts}+\frac{1}{s}\mathrm{e}^{-2Ts}+\frac{1}{Ts^2}\mathrm{e}^{-2Ts} \tag{7-24}$$

或
$$G_{\mathrm{h}}(s)=T(1+Ts)\left(\frac{1-\mathrm{e}^{-Ts}}{Ts}\right)^2 \tag{7-25}$$

一阶保持器的频率特性为

$$G_{\mathrm{h}}(\mathrm{j}\omega)=T(1+\mathrm{j}\omega T)\left(\frac{1-\mathrm{e}^{-\mathrm{j}\omega T}}{\mathrm{j}\omega T}\right)^2=T\sqrt{1+(\omega T)^2}\left(\frac{\sin\frac{\omega T}{2}}{\frac{\omega T}{2}}\right)^2\mathrm{e}^{\mathrm{j}(\theta-\omega T)} \tag{7-26}$$

式中
$$\theta=\arctan\omega T \tag{7-27}$$

图 7-15 就是按上式画得的幅频特性和相频特性。图中同时画出了零阶保持器的频率特性（虚线）。显然，高频分量更容易通过一阶保持器；但从式(7-25) 和式(7-21) 就可容易看出，一阶保持器能较好地复现斜坡函数，而零阶保持器只能较好地复现阶跃函数。

一阶保持器相位滞后比零阶保持器的大。例如，在 $\omega=\omega_s$ 处，前者的滞后角约为 280°，而后者的滞后角为 180°。所以，一阶保持器反应迟钝，更不利于闭环系统的稳定性。

在反馈控制系统中，控制对象一般具有低通特性；而且通过零阶保持器后，高频分量已大大降低，对系统输入影响已很小；所以，这时应用零阶保持器也就足够，而采样反馈系统的典型方框图则如图 7-16 所示（当

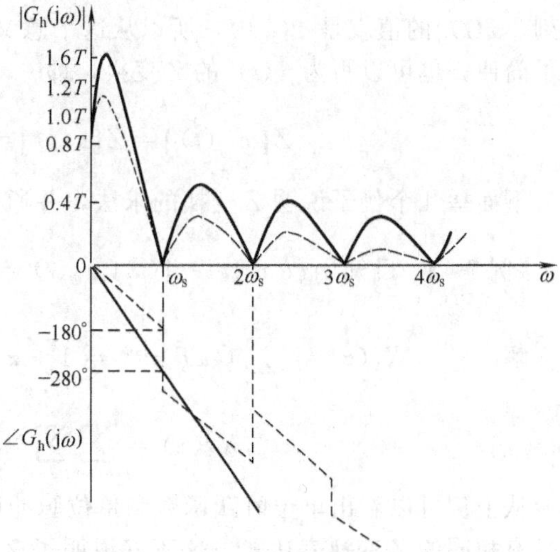

图 7-15 一阶保持器的频率特性（虚线为零阶保持器的频率特性）

然，在采样开关与零阶保持器之间可能还有校正装置或计算机）。

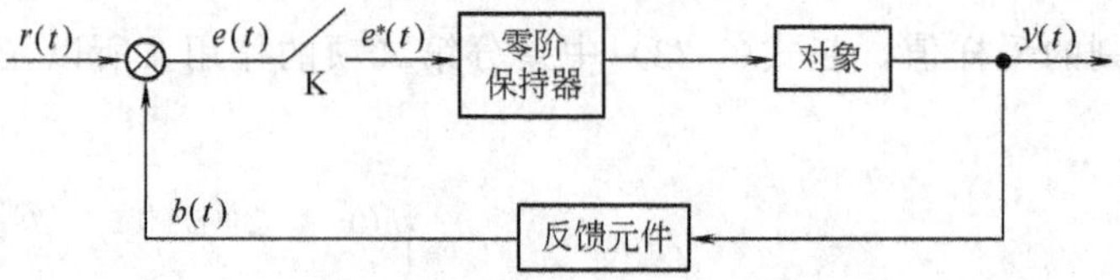

图 7-16 采样反馈系统的典型方框图

7.4 Z 变换理论

由式(7-5) 可以看出，采样信号的拉氏变换是 s 的超越函数，出现指数项 e^{-kTs}，采样系统的特征方程不再是关于 s 的代数方程，这样分析研究就很不方便。

但是，应用 Z 变换，就可以解决这一困难。今后，线性采样控制系统可用线性差分方程来描述，用 Z 变换方法可化差分方程为含 z 的代数方程，从而对含 z 的代数方程的分析研究就十分方便，大大简化对采样系统的分析。

7.4.1 Z 变换

由式(7-5) 可知，采样信号 $x^*(t)$ 的拉氏变换为

$$X^*(s)=\sum_{k=0}^{\infty}x(kT)e^{-kTs} \tag{7-28}$$

若令

$$e^{Ts}=z \tag{7-29}$$

则将在 S 域分析的问题变成 Z 域的分析问题。

$$X(z)=\sum_{k=0}^{\infty}x(kT)z^{-k} \tag{7-30}$$

$X(z)$ 称为 $x^*(t)$ 的 Z 变换，记为 $Z[x^*(t)]$，即

$$Z[x^*(t)]=X(z)=\sum_{k=0}^{\infty}x(kT)z^{-k} \tag{7-31}$$

在 Z 变换中，$X(z)$ 为采样脉冲序列的 Z 变换，即只考虑采样时刻的信号值。由于在采样时刻，$x(t)$ 的值就是 $x(kT)$，所以从这个意义上说，$X(z)$ 只是采样信号 $x^*(t)$ 的 Z 变换，为了简便，也可以写为 $x(t)$ 的 Z 变换，即

$$Z[x^*(t)]=Z[x(t)]=X(z)=\sum_{k=0}^{\infty}x(kT)z^{-k} \tag{7-32}$$

下面举几个例子说明 Z 变换的求法，并通过实例说明 Z 变换方法的局限性。

【例 7-4】 已知函数 $x_1(t)=1(t)$，$x_2(t)=\sum_{k=0}^{\infty}\delta(t-kT)$，求它们的 Z 变换表达式。

解

$$X_1(z)=\sum_{k=0}^{\infty}1(kT)z^{-k}=1+z^{-1}+z^{-2}+\cdots=\frac{1}{1-z^{-1}}=\frac{z}{z-1}$$

$$X_2(z)=\sum_{k=0}^{\infty}\sum_{k=0}^{\infty}\delta(t-kT)z^{-k}=\frac{z}{z-1}$$

从上例可以看出单位阶跃函数和单位脉冲序列函数在时域特性上是两个不同的函数，但它们具有相同的 Z 变换表达式。这正好说明了 Z 变换方法的局限性，它仅考查时域函数在采样时刻的特性。由于单位阶跃函数和单位脉冲序列函数在采样时刻具有相同特性，因此，其 Z 变换表达式具有相同形式。今后，碰到更为复杂情况时，是值得注意的问题。

【例 7-5】 已知 $x(t)=e^{-at}$，求 $X(z)$。

解 $X(z)=\sum_{k=0}^{\infty}e^{-akT}z^{-k}=1+e^{-aT}z^{-1}+e^{-2aT}z^{-2}+\cdots$

$$=\frac{1}{1-e^{-aT}z^{-1}}=\frac{z}{z-e^{-aT}}$$

【例 7-6】 已知 $x(t)=t$，求 $X(z)$。

解 $X(z)=\sum_{k=0}^{\infty}kTz^{-k}=Tz^{-1}+2Tz^{-2}+\cdots=Tz^{-1}(1+2z^{-1}+3z^{-2}+\cdots)$

$$zX(z)=T(1+2z^{-1}+3z^{-2}+\cdots)$$

$$zX(z)-X(z)=T(1+z^{-1}+z^{-2}+\cdots)=T\frac{z}{z-1}$$

$$X(z)=\frac{Tz}{(z-1)^2}$$

【例 7-7】 已知 $x(t)=\sin\omega t$，求 $X(z)$。

解 因为
$$\sin\omega t=\frac{e^{j\omega t}-e^{-j\omega t}}{2j}$$

所以
$$X(z)=Z\left[\frac{e^{j\omega t}-e^{-j\omega t}}{2j}\right]=\frac{1}{2j}\frac{z(e^{j\omega t}-e^{-j\omega t})}{z^2-z(e^{j\omega t}+e^{-j\omega t})+1}$$

$$=\frac{z\sin\omega T}{z^2-2z\cos\omega T+1}$$

【例 7-8】 已知 $G(s)=\frac{a}{s(s+a)}$，求 $G(z)$。

解 因为
$$G(s)=\frac{a}{s(s+a)}=\frac{1}{s}-\frac{1}{s+a}$$

所以
$$G(z)=Z\left[\frac{1}{s}-\frac{1}{s+a}\right]=\frac{z}{z-1}-\frac{z}{z-e^{-aT}}=\frac{(1-e^{-aT})z}{(z-1)(z-e^{-aT})}$$

上面几个简单实例都是基于 Z 变换的定义来求解的，根据定义可以求出基本函数的 Z 变换，建立 Z 变换表，见附表。对于较复杂的函数求 Z 变换表达式时，可以利用 Z 变换的性质。

7.4.2 Z 变换的性质

(1) 线性定理

$$Z[a_1x_1(t)+a_2x_2(t)+\cdots]=a_1X_1(z)+a_2X_2(z)+\cdots \tag{7-33}$$

式中，a_1，a_2，…为常数。

(2) 实平移定理

$$Z[x(t+mT)]=z^m\left[X(z)-\sum_{k=0}^{m-1}x(kT)z^{-k}\right] \tag{7-34}$$

$$Z[x(t-mT)]=z^{-m}X(z) \tag{7-35}$$

证 $Z[x(t+mT)]=\sum_{k=0}^{\infty}x(kT+mT)z^{-k}$

$$=z^m\sum_{k=0}^{\infty}x[(k+m)T]z^{-(k+m)}=z^m\left[X(z)-\sum_{k=0}^{m-1}x(kT)z^{-k}\right]$$

又
$$Z[x(t-mT)]=\sum_{k=0}^{\infty}x(kT-mT)z^{-k}=z^{-m}\sum_{k=0}^{\infty}x[(k-m)T]z^{-(k-m)}$$

前面假定 $k<0$ 时 $x(kT)=0$，所以

$$Z[x(t-mT)]=z^{-m}X(z)$$

【例 7-9】 已知 $x(t)=t^2$，求 $X(z)$。

解 $x(t)=t^2$，所以 $x(0)=0$。

设
$$x(t+T)=(t+T)^2=t^2+2Tt+T^2$$
所以
$$x(t+T)-x(t)=T(2t+T)$$
对上式两边取 Z 变换
$$Z[x(t+T)-x(t)]=Z[2Tt+T^2]=T^2z\frac{z+1}{(z-1)^2}$$
由实平移定理有
$$Z[x(t+T)-x(t)]=(z-1)X(z)$$
所以
$$X(z)=T^2\frac{z(z+1)}{(z-1)^3}$$

(3) 复平移定理
$$Z[e^{\pm at}x(t)]=X(e^{\mp aT}z) \tag{7-36}$$

证 $Z[e^{\pm at}x(t)]=\sum_{k=0}^{\infty}e^{\pm akT}x(kT)e^{-kTs}=\sum_{k=0}^{\infty}x(kT)e^{-kT(s\mp a)}$

若令
$$e^{T(s\mp a)}=z_1$$
则
$$Z[e^{\pm at}x(t)]=\sum_{k=0}^{\infty}x(kT)z^{-k}=X(z_1)=X(e^{\mp aT}z)$$

【例 7-10】 已知 $x(t)=e^{-at}\sin\omega t$，求 $X(z)$。

解 根据例 7-7 有
$$Z[\sin\omega t]=\frac{z\sin\omega T}{z^2-2z\cos\omega T+1}$$
所以
$$Z[e^{-at}\sin\omega t]=\frac{e^{aT}z\sin\omega T}{e^{2aT}z^2-2ze^{aT}\cos\omega T+1}$$

(4) 复域微分定理
$$Z[tx(t)]=-Tz\frac{dX(z)}{dz} \tag{7-37}$$

证 因为
$$X(z)=\sum_{k=0}^{\infty}x(kT)z^{-k}$$
所以
$$\frac{dX(z)}{dz}=\sum_{k=0}^{\infty}x(kT)(-k)z^{-k-1}$$
$$-Tz\frac{dX(z)}{dz}=\sum_{k=0}^{\infty}kTx(kT)z^{-k}=Z[tx(t)]$$
所以
$$Z[tx(t)]=-Tz\frac{dX(z)}{dz}$$

【例 7-11】 已知 $x(t)=t^3$，求 $X(z)$。

解 因为
$$Z[t^2]=\frac{T^2z(z+1)}{(z-1)^3}$$
所以
$$Z[t^3]=-Tz\frac{d}{dz}\frac{T^2z(z+1)}{(z-1)^3}=\frac{T^3z(z^2+4z+1)}{(z-1)^4}$$

(5) 初值定理
$$x(0)=\lim_{z\to\infty}X(z) \tag{7-38}$$

证 由 Z 变换的定义有
$$X(z)=\sum_{k=0}^{\infty}x(k)z^{-k}=x(0)+x(1)z^{-1}+\cdots$$

所以
$$x(0)=\lim_{z\to\infty}X(z)$$

(6) 终值定理

$$x(\infty)=\lim_{z\to 1}(z-1)X(z) \tag{7-39}$$

证 由Z变换的定义有

$$X(z)=\sum_{k=0}^{\infty}x(kT)z^{-k}$$

由实平移定理有
$$Z[x(kT+T)]=z[X(z)-x(0)]$$
上二式相减有

$$(z-1)X(z)-zx(0)=\sum_{k=0}^{\infty}[x(kT+T)-x(kT)]z^{-k}$$

所以

$$\lim_{z\to 1}\{(z-1)X(z)-zx(0)\}=x(\infty)-x(0)$$
$$x(\infty)=\lim_{z\to 1}(z-1)X(z)$$

【例 7-12】 已知 $x(k)=ka^{k-1}$，求 $x(k)$ 的Z变换。

解 因为
$$Z[a^k]=\sum_{k=0}^{\infty}a^kz^{-k}=\frac{z}{z-a}$$

由实平移定理有
$$Z[a^{k-1}]=\frac{1}{z-a}$$

由微分定理有
$$Z[ka^{k-1}]=-z\frac{\mathrm{d}}{\mathrm{d}z}\left(\frac{1}{z-a}\right)=\frac{z}{(z-a)^2}$$

7.4.3 Z反变换

将拉氏变换引进动力系统分析，可将求解微分方程问题变为求解代数方程问题。由传递函数可求系统的时域响应，只需求拉氏反变换而已。这就大大简化了对系统的分析。

Z变换有同样的优点，它将分析差分方程问题变为分析代数方程问题，通过求 $X(z)$ 的原函数 $x(kT)$ 或 $x^*(t)$，可求出离散系统的时域响应。

这里介绍三种Z反变换的方法。

(1) 幂级数法

通常Z变换表达式有如下形式

$$X(z)=\frac{b_mz^m+b_{m-1}z^{m-1}+\cdots+b_1z+b_0}{a_nz^n+a_{n-1}z^{n-1}+\cdots+a_1z+a_0} \tag{7-40}$$

实际的物理系统满足 $n\geqslant m$，则用综合除法有

$$X(z)=c_0+c_1z^{-1}+\cdots=\sum_{k=0}^{\infty}c_kz^{-k} \tag{7-41}$$

由Z变换的定义式可知

$$x(kT)=c_k$$

则
$$x^*(t)=\sum_{k=0}^{\infty}c_k\delta(t-kT)$$

即为 $X(z)$ 的原函数。

【例 7-13】 求 $X(z)=\dfrac{z}{z+a}$ 的原函数 $x(k)$。

解 $X(z)=\dfrac{z}{z+a}=1-az^{-1}+a^2z^{-2}-a^3z^{-3}+\cdots=\sum_{k=0}^{\infty}(-a)^kz^{-k}$

所以
$$x(k)=(-a)^k$$

(2) 部分分式法

部分分式法又称查表法。它的基本思想是将$\frac{X(z)}{z}$展开成部分分式

$$\frac{X(z)}{z}=\sum_{i=1}^{n}\frac{A_i}{z-z_i} \tag{7-42}$$

然后，查Z变换表，即可求取 $X(z)$ 的原函数 $x(kT)$。

【例 7-14】 已知

$$X(z)=\frac{(1-e^{-aT})z}{(z-1)(z-e^{-aT})}$$

求 $x(kT)$。

解
$$\frac{X(z)}{z}=\frac{1-e^{-aT}}{(z-1)(z-e^{-aT})}=\frac{1}{z-1}-\frac{1}{z-e^{-aT}}$$

所以
$$X(z)=\frac{z}{z-1}-\frac{z}{z-e^{-aT}}$$

查Z变换表有

$$x(kT)=1-e^{-akT}$$

所以
$$x^*(t)=\sum_{k=0}^{\infty}(1-e^{-akT})\delta(t-kT)$$

(3) 留数法

由Z变换的定义式有

$$X(z)=\sum_{k=0}^{\infty}x(kT)z^{-k}=x(0)+x(T)z^{-1}+x(2T)z^{-2}+\cdots \tag{7-43}$$

上式两端乘以 z^{k-1} 有

$$X(z)z^{k-1}=x(0)z^{k-1}+x(T)z^{k-2}+\cdots+x(kT)z^{-1}+\cdots \tag{7-44}$$

上式为罗朗级数，$x(kT)$ 是 z^{-1}项的系数，根据复变函数中求罗朗级数系数的公式，得

$$x(kT)=\frac{1}{2\pi j}\oint X(z)z^{k-1}dz \tag{7-45}$$

在此，积分路径包围 $X(z)z^{k-1}$的所有极点。根据留数定理，则上式可写成

$$x(kT)=\sum\text{Res}[X(z)z^{k-1}] \tag{7-46}$$

式中 Res[·] 表示函数的留数。上式表明，$x(kT)$ 等于 $X(z)z^{k-1}$在其所有极点上的留数之和。

【例 7-15】 已知 $X(z)=\frac{z}{(z-e^{aT})(z-e^{bT})}$，求 $x(kT)$。

解

$$\begin{aligned}x(kT)&=\sum\text{Res}\left[\frac{z\cdot z^{k-1}}{(z-e^{aT})(z-e^{bT})}\right]\\&=\text{Res}\left[\left.\frac{z^k}{(z-e^{aT})(z-e^{bT})}\right|_{z_1=e^{aT}}\right]+\text{Res}\left[\left.\frac{z^k}{(z-e^{aT})(z-e^{bT})}\right|_{z_2=e^{bT}}\right]\\&=\frac{e^{akT}}{e^{aT}-e^{bT}}+\frac{e^{bkT}}{e^{bT}-e^{aT}}=\frac{e^{akT}-e^{bkT}}{e^{aT}-e^{bT}}\end{aligned}$$

【例 7-16】 已知 $X(z)=\frac{az}{\sin mz}$，求 $x(kT)$。

解 因为函数有无穷多个极点，所以

$$x(kT)=\sum_{n=0}^{\infty}\mathrm{Res}\left[\frac{az\cdot z^{k-1}}{\sin mz}\bigg|_{z=\frac{n\pi}{m},n=0,1,\cdots}\right]$$

$$=\sum_{n=0}^{\infty}\frac{az^k}{m\cos mz}\bigg|_{z=\frac{n\pi}{m}}=\sum_{n=0}^{\infty}(-1)^n\frac{a}{m}\left(\frac{n\pi}{m}\right)^k$$

7.5 采样系统的数学模型

为了分析一个动力学系统，必须建立它的数学模型。为了分析离散控制系统，也必须首先建立数学模型。与线性连续控制系统一样，离散系统的数学模型有多种形式，差分方程，脉冲传递函数，以及离散状态空间表达式。本章仅讨论离散系统的差分方程和脉冲传递函数两种模型，离散状态空间表达式将在第 9 章中予以介绍。

7.5.1 描述离散控制系统的线性差分方程

作为一个动力学系统，离散控制系统在 k 时刻的输出 $y(kT)$ 不仅与 k 时刻的输入 $r(kT)$ 有关，还与 k 时刻以前的输入、输出 $r(k-1)$，$r(k-2)$，…，$y(k-1)$，$y(k-2)$，…有关。为此，可以用后向差分方程来描述线性定常离散系统

$$y(k)+a_1y(k-1)+\cdots+a_ny(k-n)=b_0r(k)+b_1r(k-1)+\cdots+b_mr(k-m) \tag{7-47}$$

也可用前向差分方程来描述线性定常离散控制系统

$$\begin{aligned}&y(k+n)+a_1y(k+n-1)+\cdots+a_{n-1}y(k+1)+a_ny(k)\\&=b_0r(k+m)+b_1r(k+m-1)+\cdots+b_{m-1}r(k+1)+b_mr(k)\end{aligned} \tag{7-48}$$

求解差分方程的常用方法有迭代法和 Z 变换法。前者适用于计算机数值解法，后者可求出解的解析式，下面予以介绍。

(1) 迭代法

若已知线性定常离散控制系统的差分方程为式(7-47) 或式(7-48) 的形式，并且给定输出序列初值，则可以利用递推关系，在计算机上一步一步计算出输出序列。

【例 7-17】 已知差分方程

$$y(k)=r(k)+5y(k-1)-6y(k-2)$$

输入序列 $r(k)=1,k=2,3,\cdots$，初始条件为 $y(0)=0$，$y(1)=1$，试用迭代法求输出序列 $y(k),k=0,1,2,\cdots,10$。

解 根据初始条件及递推关系，得

$y(0)=0$

$y(1)=1$

$y(2)=r(2)+5y(1)-6y(0)=6$

$y(3)=r(3)+5y(2)-6y(1)=25$

$y(4)=r(4)+5y(3)-6y(2)=90$

$y(5)=r(5)+5y(4)-6y(3)=301$

$y(6)=r(6)+5y(5)-6y(4)=966$

$y(7)=r(7)+5y(6)-6y(5)=3025$

$y(8)=r(8)+5y(7)-6y(6)=9330$

$y(9)=r(9)+5y(8)-6y(7)=28501$

$y(10)=r(10)+5y(9)-6y(8)=86526$

(2) Z 变换法

若已知线性定常离散控制系统的差分方程描述，则根据 Z 变换的实平移定理，对差

分方程两边取Z变换，再根据初始条件及给定输入控制信号的Z变换，可求取离散控制系统输出的Z变换，再求输出Z变换的Z反变换，即可求取离散控制系统输出的时域表达式 $y(k)$。

【例 7-18】 已知离散系统的差分方程为

$$y[(k+1)T]+2y(kT)=5kT$$

$y(0)=-1$，求差分方程的解。

解 对差分方程取Z变换，得

$$z[Y(z)-y(0)]+2Y(z)=5\frac{Tz}{(z-1)^2}$$

$$Y(z)=\frac{5Tz}{(z-1)^2(z+2)}-\frac{z}{z+2}$$

又

$$\frac{1}{(z+2)(z-1)^2}=\frac{1}{9(z+2)}+\frac{1}{3(z-1)^2}-\frac{1}{9(z-1)}$$

所以

$$Y(z)=\frac{5T}{9}\left[\frac{z}{z+2}+\frac{3z}{(z-1)^2}-\frac{z}{z-1}\right]-\frac{z}{z+2}$$

查Z变换表，有

$$y(kT)=\frac{5T}{9}[(-2)^{kT}+3kT-1]-(-2)^{kT}$$

$$y^*(t)=\frac{5T}{9}\sum_{k=0}^{\infty}\left[\left(1-\frac{9}{5T}\right)(-2)^{kT}+3kT-1\right]\delta(t-kT)$$

【例 7-19】 已知差分方程

$$y(k+2)-3y(k+1)+2y(k)=u(k)$$

式中，当 $k\leqslant 0$ 时，$y(k)=0$；当 $k>0$ 或 $k<0$ 时，$u(k)=0$；$u(0)=1$。求解差分方程。

解 对差分方程取Z变换，有

$$z^2Y(z)-z^2y(0)-zy(1)-3zY(z)+3zy(0)+2Y(z)=U(z)$$

用迭代法求初始值 $y(1)$。

令 $k=-2$，代入差分方程，有

$$y(0)-3y(-1)+2y(-2)=u(-2)$$

所以

$$y(0)=0$$

令 $k=-1$，代入差分方程，有

$$y(1)-3y(0)+2y(-1)=u(-1)$$

所以

$$y(1)=0$$

由题知输入为单位脉冲函数，所以有 $U(z)=\sum_{k=0}^{\infty}u(k)z^{-k}=1$

所以

$$Y(z)=\frac{1}{z^2-3z+2}=-\frac{1}{z-1}+\frac{1}{z-2}$$

取Z反变换，求得

$$y(k)=-1+2^{k-1},k=1,2,\cdots$$

7.5.2 脉冲传递函数

同线性定常连续控制系统一样，脉冲传递函数对于分析线性定常离散控制系统十分重要，脉冲传递函数最能反映离散控制系统的本质特征及运行品质。下面，首先给出脉冲传递函数的定义，继而详细讨论开环脉冲传递函数、闭环脉冲传递函数的求法，并指出在求取离散控制系统脉冲传递函数时应注意的问题，以及它与连续系统传递函数的区别。

(1) 开环脉冲传递函数

一离散开环控制系统如图 7-17 所示。

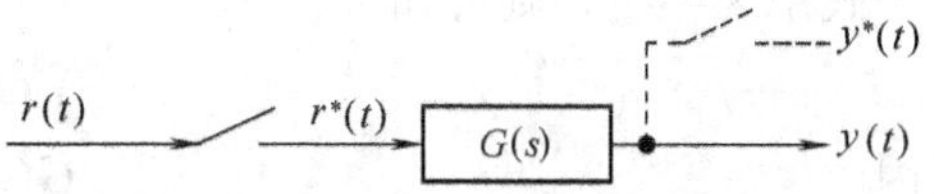

图 7-17 开环离散控制系统

它的输入 $r(t)$ 经采样开关后，变为离散时域信号 $r^*(t)$，$r^*(t)$ 作用在传递函数为 $G(s)$ 的动态环节上，它的输出一般为连续信号 $y(t)$。为了定义开环离散控制系统的脉冲传递函数，假设在输出端有一虚拟采样开关，其采样周期与输入开关采样周期是同步的，得到假想的离散输出信号 $y^*(t)$。

脉冲传递函数定义为在零初始条件下，输出 $y^*(t)$ 的 Z 变换 $Y(z)$ 与输入 $r^*(t)$ 的 Z 变换 $R(z)$ 之比。脉冲传递函数用 $G(z)$ 表示，则

$$G(z)=\frac{Y(z)}{R(z)} \tag{7-49}$$

问题是已知动态环节的传递函数为 $G(s)$，如何求取 $G(z)$ 呢？假定动态环节的单位脉冲响应为 $h(t)$。该环节的输入为 $r^*(t)$

$$r^*(t)=\sum_{n=0}^{\infty}r(nT)h(t-nT) \tag{7-50}$$

利用线性环节满足叠加原理，无穷多个脉冲作用在线性环节 $G(s)$ 上，其输出 $y(t)$ 为

$$y(t)=r(0)h(t)+r(T)h(t-T)+\cdots+r(nT)h(t-nT)+\cdots \tag{7-51}$$

将输出信号离散化，得到

$$\begin{aligned}y(kT)&=r(0)h(kT)+r(T)h[(k-1)T]+\cdots+r(nT)h[(k-n)T]+\cdots\\&=\sum_{n=0}^{\infty}r(nT)h[(k-n)T]\end{aligned} \tag{7-52}$$

上式两边同乘以 e^{-kTs}，并求和，得到

$$\sum_{k=0}^{\infty}y(kT)e^{-kTs}=\sum_{k=0}^{\infty}r(0)h(kT)e^{-kTs}+\cdots+\sum_{k=0}^{\infty}r(nT)h[(k-n)T]e^{-kTs}+\cdots \tag{7-53}$$

考虑到前面的给定，当 $t<0$ 时，$h(t)=0$，于是有

$$\begin{aligned}\sum_{k=0}^{\infty}r(T)h[(k-1)T]e^{-kTs}&=r(T)h(-T)+r(T)h(0)e^{-Ts}+\cdots\\&=r(T)e^{-Ts}[h(0)+h(T)e^{-Ts}+\cdots+h(kT)e^{-kTs}+\cdots]\\&=r(T)e^{-Ts}\sum_{k=0}^{\infty}h(kT)e^{-kTs}\end{aligned} \tag{7-54}$$

同理有

$$\sum_{k=0}^{\infty}r(nT)h[(k-n)T]e^{-kTs}=r(nT)e^{-nTs}\sum_{k=0}^{\infty}h(kT)e^{-kTs} \tag{7-55}$$

所以

$$\sum_{k=0}^{\infty}y(kT)e^{-kTs}=[r(0)+\cdots+r(nT)e^{-nTs}]\sum_{k=0}^{\infty}h(kT)e^{-kTs} \tag{7-56}$$

采样周期与所用时间变量文字描述无关，则上式可改写为

$$\sum_{k=0}^{\infty}y(kT)e^{-kTs}=\sum_{k=0}^{\infty}r(kT)e^{-kTs}\cdot\sum_{k=0}^{\infty}h(kT)e^{-kTs} \tag{7-57}$$

即

$$Y^*(s)=R^*(s)\cdot G^*(s) \tag{7-58}$$

式中

$$G^*(s)=\sum_{k=0}^{\infty}h(kT)e^{-kTs} \tag{7-59}$$

若令式中 $z=e^{Ts}$，则可知

$$Y(z)=R(z)G(z) \tag{7-60}$$

又因 $$G(s)=L[h(t)]$$

所以 $$G(z)=Z[G(s)] \tag{7-61}$$

【例 7-20】 已知开环离散控制系统如图 7-18 所示，求脉冲传递函数。

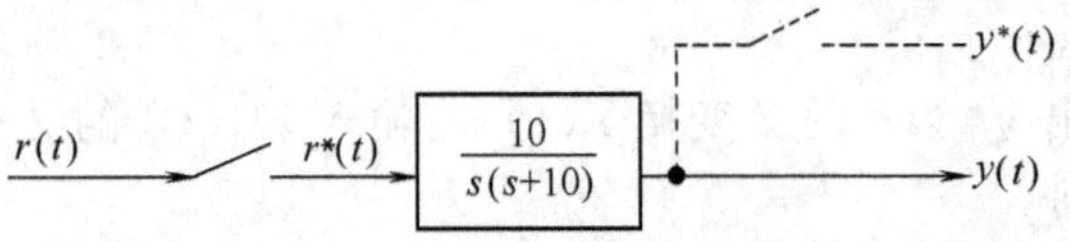

图 7-18 开环离散控制系统

解 由式(7-61) 可知

$$G(z)=Z\left[\frac{10}{s(s+10)}\right]=Z\left[\frac{1}{s}-\frac{1}{s+10}\right]$$

$$=\frac{z}{z-1}-\frac{z}{z-e^{-10T}}=\frac{(1-e^{-10T})z}{(z-1)(z-e^{-10T})}$$

(2) 串联环节的脉冲传递函数

两个环节相串联，对于离散控制系统情况就要比连续控制系统要复杂一些，串联方式有两种不同方式，一是串联环节间没有采样开关的连接，一是串联环节间有采样开关连接，显然在这两种连接方式下，其总的脉冲传递函数有不一样的形式。

① 两个串联环节间没有采样开关的连接。

如图 7-19 所示，显然，由于 $G_1(s)$ 和 $G_2(s)$ 间没有采样开关，是直接连接，等价于图 7-20。

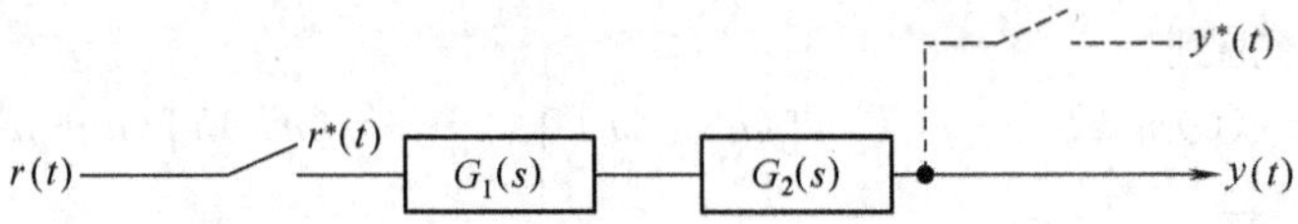

图 7-19 串联环节间没有采样开关

由脉冲传递函数的定义，有

$$G(z)=\frac{Y(z)}{R(z)}=Z[G_1(s)G_2(s)] \tag{7-62}$$

将 $Z[G_1(s)G_2(s)]$ 记为 $G_1G_2(z)$

$$G_1G_2(z)=Z[G_1(s)G_2(s)] \tag{7-63}$$

② 串联环节间有采样开关连接，且采样开关都是同步采样。

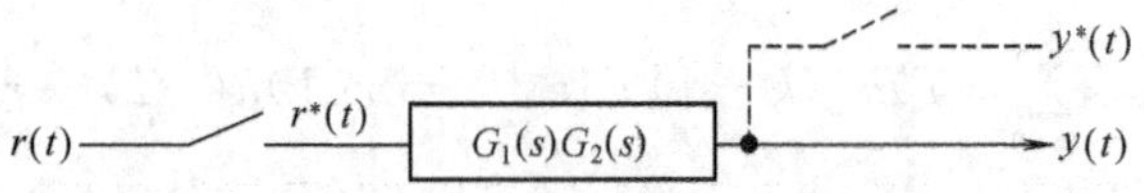

图 7-20 等价开环离散系统

如图 7-21 所示，由脉冲传递函数的定义有

$$G_1(z)=\frac{Y_1(z)}{R(z)}=Z[G_1(s)]$$

$$G_2(z)=\frac{Y(z)}{Y_1(z)}=Z[G_2(s)]$$

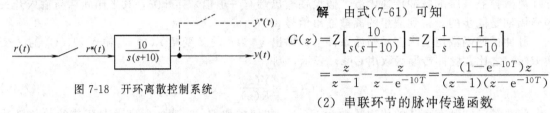

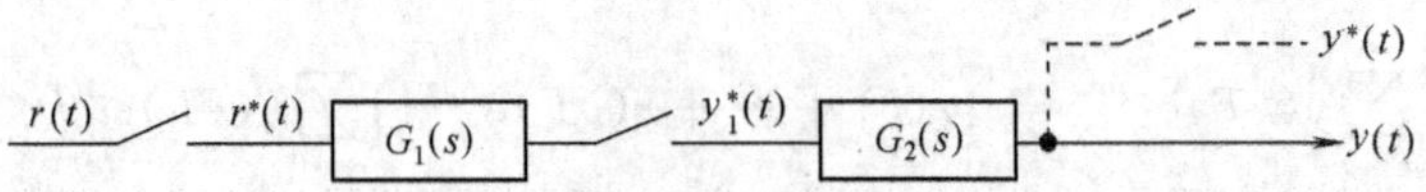

图 7-21 串联环节间有采样开关

所以

$$G(z)=\frac{Y(z)}{R(z)}=G_1(z)\cdot G_2(z) \tag{7-64}$$

根据上面分析，显然

$$G_1G_2(z)\neq G_1(z)\cdot G_2(z) \tag{7-65}$$

【例 7-21】 已知 $G_1(s)=\frac{1}{s}$，$G_2(s)=\frac{10}{s+10}$，根据式(7-63) 和式(7-64)，求取脉冲传递函数。

解 由式(7-63) 可求两串联环节无采样开关时的脉冲传递函数为

$$G(z)=G_1G_2(z)=Z[G_1(s)G_2(s)]=Z\left[\frac{10}{s(s+10)}\right]=\frac{(1-e^{-10T})z}{(z-1)(z-e^{-10T})}$$

由式(7-64) 可求两串联环节间有采样开关连接时的脉冲传递函数为

$$G(z)=G_1(z)\cdot G_2(z)=Z[G_1(s)]\cdot Z[G_2(s)]=Z\left[\frac{1}{s}\right]\cdot Z\left[\frac{10}{s+10}\right]=\frac{10z^2}{(z-1)(z-e^{-10T})}$$

可见

$$G_1G_2(z)\neq G_1(z)\cdot G_2(z)$$

(3) 带零阶保持器的开环系统的脉冲传递函数

实际的离散控制系统，大多数都有一个将离散信号变为连续信号的装置，最常用的就是零阶保持器，如图 7-22 所示。

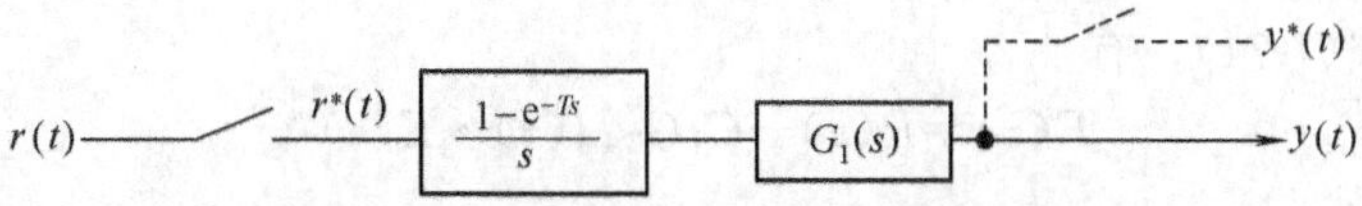

图 7-22 带零阶保持器的开环离散系统

由脉冲传递函数的定义有

$$G(z)=Z\left[\frac{1-e^{-Ts}}{s}G_1(s)\right]=Z\left[\frac{1}{s}G_1(s)-\frac{e^{-Ts}}{s}G_1(s)\right] \tag{7-66}$$

令

$$G_1(z)=Z\left[\frac{1}{s}G_1(s)\right] \tag{7-67}$$

则由实平移定理，有

$$Z\left[\frac{e^{-Ts}}{s}G_1(s)\right]=z^{-1}G_1(z) \tag{7-68}$$

所以，带零阶保持器开环离散控制系统的脉冲传递函数为

$$G(z)=(1-z^{-1})G_1(z)=\frac{z-1}{z}G_1(z) \tag{7-69}$$

(4) 闭环离散控制系统的脉冲传递函数

图 7-23 所示的带扰动的闭环离散控制系统，$r(t)$ 为系统输入，$d(t)$ 为系统扰动输入。

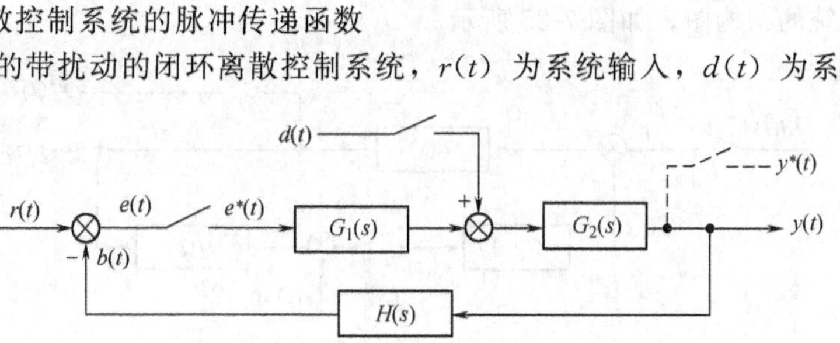

图 7-23 带干扰的闭环线性离散控制系统

由于是线性离散系统，下面在讨论闭环误差脉冲传递函数 $G_e(z)$ 和闭环脉冲传递函数$G_B(z)$ 时，可以认为 $d(t)=0$，在讨论输出和扰动之间的脉冲传递函数时，可认为 $r(t)=0$。

为了求图 7-23 所示闭环离散系统的闭环脉冲传递函数，假定 $d(t)=0$，得到如图 7-24 所示的结构图。

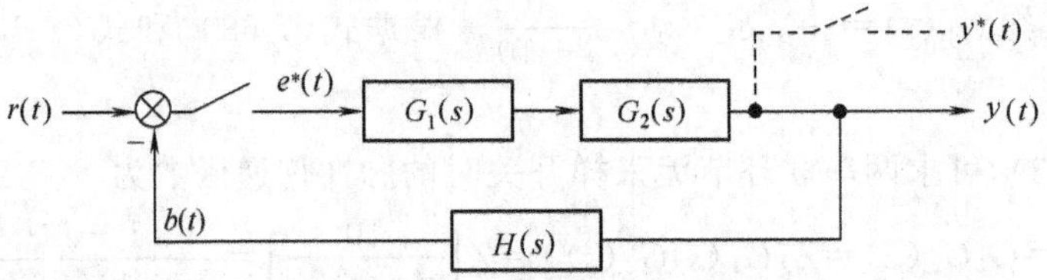

图 7-24　线性闭环离散控制系统

根据脉冲传递函数的定义可知

$$Y(z)=G_1G_2(z)E(z) \tag{7-70}$$

$$E(z)=R(z)-B(z) \tag{7-71}$$

由于实际物理系统反馈至 $H(s)$ 环节的信号是连续而不是离散信号，因此环节 $H(s)$ 的输出是离散信号 $e^*(t)$ 作用在 $G_1(s)$ 上，再经 $G_2(s)$ 作用在 $H(s)$ 上产生的，由于 $G_1(s)$ 和 $G_2(s)$ 以及 $G_2(s)$ 和 $H(s)$ 之间的连接没有采样开关，因此

$$B(z)=G_1G_2H(z)E(z) \tag{7-72}$$

将式(7-72) 代入式(7-71)，有

$$E(z)=R(z)-G_1G_2H(z)\cdot E(z) \tag{7-73}$$

于是得到

$$E(z)=\frac{1}{1+G_1G_2H(z)}R(z) \tag{7-74}$$

定义误差脉冲传递函数 $G_e(z)$ 为

$$G_e(z)=\frac{E(z)}{R(z)}=\frac{1}{1+G_1G_2H(z)} \tag{7-75}$$

将式(7-75) 代入式(7-70)，有

$$Y(z)=\frac{G_1G_2(z)}{1+G_1G_2H(z)}R(z) \tag{7-76}$$

于是得到闭环系统的脉冲传递函数 $G_B(z)$ 为

$$G_B(z)=\frac{Y(z)}{R(z)}=\frac{G_1G_2(z)}{1+G_1G_2H(z)} \tag{7-77}$$

下面讨论系统输出与扰动之间的关系，此时，可假定输入 $r(t)=0$，得到按扰动输入的等价的离散控制系统的结构图，如图 7-25 所示。

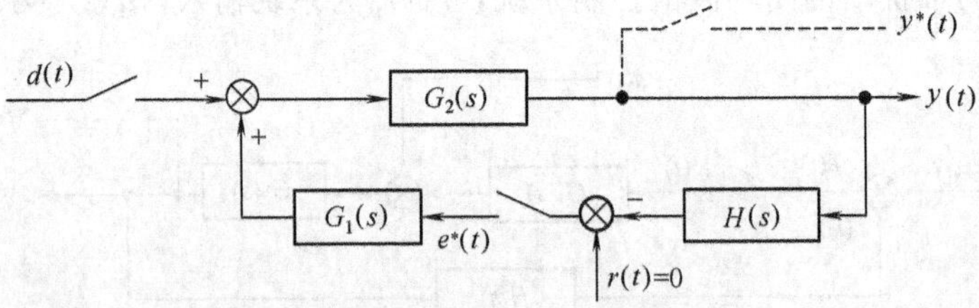

图 7-25　扰动输入的离散控制系统

在讨论这个问题时，必须根据脉冲传递函数的定义，以真正的离散信号输入为基点，并考虑串联环节间是否有采样开关，一步一步地书写输入输出关系式，最后，求出对扰动输入的脉冲传递函数。

$$Y(z)=G_2(z)D(z)+G_1G_2(z)E(z) \tag{7-78}$$

$$E(z)=-G_2H(z)\cdot D(z)-G_1G_2H(z)E(z) \tag{7-79}$$

所以，有

$$E(z)=-\frac{G_2H(z)}{1+G_1G_2H(z)}\cdot D(z) \tag{7-80}$$

将式(7-80) 代入式(7-78)，有

$$Y(z)=G_2(z)\cdot D(z)-\frac{G_1G_2(z)\cdot G_2H(z)}{1+G_1G_2H(z)}D(z) \tag{7-81}$$

所以
$$G_D(z)=\frac{Y(z)}{D(z)}=G_2(z)-\frac{G_1G_2(z)\cdot G_2H(z)}{1+G_1G_2H(z)} \tag{7-82}$$

通过上面讨论，在这里要特别指出，在求解复杂离散系统的脉冲传递函数时，由于采样开关处在不同的位置，即使各动态环节的传递函数不变，所求的脉冲传递函数也是不相同的，有时，采样开关设置的位置，有可能求不出脉冲传递函数，而只能求出输出 Z 变换表达式，见下面例子。

【例 7-22】 已知采样系统结构如图 7-26 所示。

由脉冲传递函数定义及串联环节的连接方式，可列写出如下式子

$$Y(z)=GR(z)-G(z)B(z)$$
$$B(z)=GHR(z)-GH(z)B(z)$$

所以

$$B(z)=\frac{GHR(z)}{1+GH(z)}$$

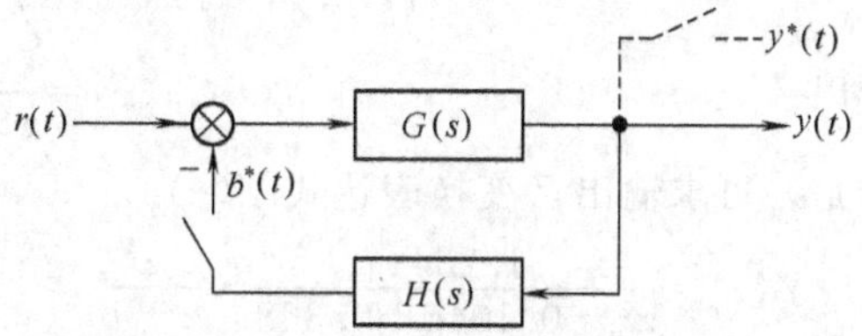

图 7-26 离散控制系统

将 $B(z)$ 代入 $Y(z)$ 中，有

$$Y(z)=GR(z)-\frac{G(z)GHR(z)}{1+GH(z)}$$

此时，无法求取闭环脉冲传递函数，而只能求出系统输出的 Z 变换表达式。不是所有系统都能求出闭环脉冲传递函数，这是与连续系统有本质差别的一个特征，必须引起注意。

【例 7-23】 已知采样系统结构如图 7-27 所示，求离散输出表达式。

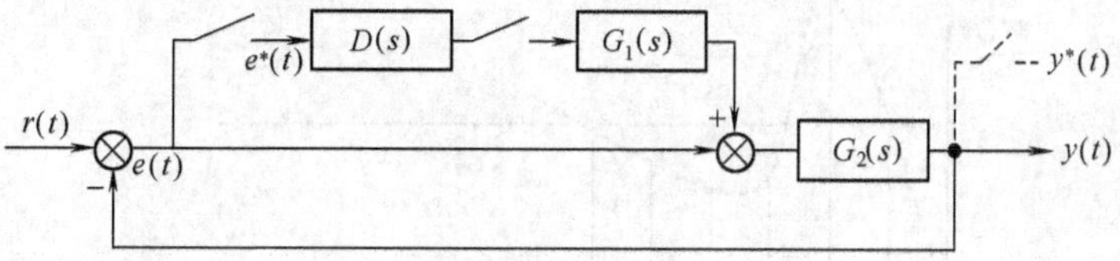

图 7-27 数字前馈离散控制系统

解 这是一个连续与离散交混的系统，引进离散前馈信号，从而使得求离散输出 Z 变换十分复杂。按连续拉氏变换列写式子，是离散信号的则写成离散拉氏变换形式。

$$Y=G_2G_1\cdot D^*\cdot(R^*-Y^*)+G_2(R-Y)$$

故
$$Y=\frac{G_2R}{1+G_2}+\frac{G_1G_2}{1+G_2}D^*R^*-\frac{G_1G_2}{1+G_2}D^*Y^*$$

对 Y 取 $*$，则得到输出的离散拉氏变换表达式

$$Y^*=\left[\frac{G_2R}{1+G_2}\right]^*+\left[\frac{G_1G_2}{1+G_2}\right]^*D^*R^*-\left[\frac{G_1G_2}{1+G_2}\right]^*D^*Y^*$$ ❶

整理得

$$Y^*=\frac{\left[\frac{G_2R}{1+G_2}\right]^*+\left[\frac{G_1G_2}{1+G_2}\right]^*D^*R^*}{1+\left[\frac{G_1G_2}{1+G_2}\right]^*D^*}$$

---

❶ 可以证明 $[G_1(s)G_2^*(s)]^*=G_1^*(s)G_2^*(s)$，证明见参考文献 [2]。

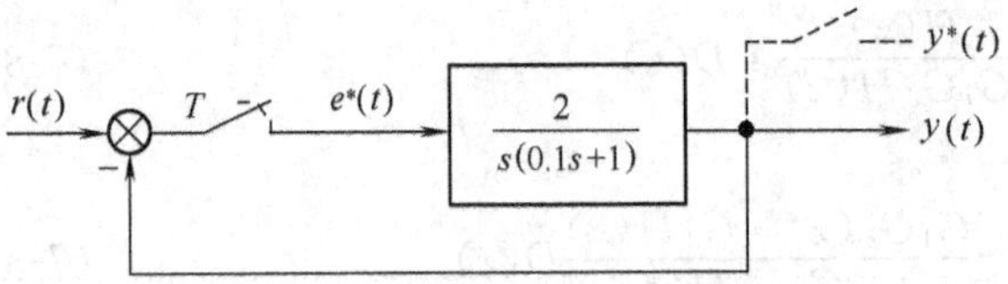

图 7-28 闭环采样系统

求得了闭环系统的脉冲传递函数，可以根据系统输入，求得系统输出的脉冲序列，从而分析系统的输出响应性能。

【例 7-24】 已知闭环采样系统如图7-28所示，求闭环脉冲传递函数，并求系统在单位阶跃下的输出脉冲序列，假定采样周期 $T=0.1\text{s}$。

解 $Y(z)=G(z)E(z)$

$E(z)=R(z)-G(z)E(z)$

所以
$$G_B(z)=\frac{Y(z)}{R(z)}=\frac{G(z)}{1+G(z)}$$

而
$$G(z)=Z\left[\frac{2}{s(0.1s+1)}\right]=\frac{2z-0.736z}{(z-1)(z-0.368)}=\frac{1.264z}{z^2-1.368z+0.368}$$

所以
$$G_B(z)=\frac{1.264z}{z^2-0.104z+0.368}$$

于是，可求输出 Z 变换表达式 $Y(z)$

$$Y(z)=\frac{1.264z}{z^2-0.104z+0.368}\cdot\frac{z}{z-1}$$
$$=1.264z^{-1}+1.369z^{-2}+0.945z^{-3}+0.849z^{-4}+0.869z^{-5}+0.907z^{-6}+\cdots$$

由上式可求输出脉冲序列

$$y^*(t)=1.264\delta(t-T)+1.369\delta(t-2T)+0.945\delta(t-3T)+0.849\delta(t-4T)+$$
$$0.869\delta(t-5T)+0.907\delta(t-6T)+\cdots$$

绘制其输出脉冲序列波形如图 7-29 所示。

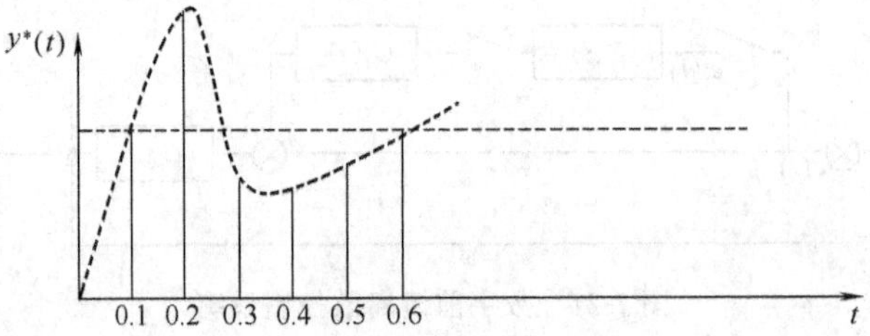

图 7-29 闭环采样系统输出脉冲序列

7.6 离散控制系统分析

有了 Z 变换这个数学工具，建立起离散控制系统的数学模型，就有条件讨论分析线性离散控制系统的性能。同线性连续控制系统一样，系统分析的重点是系统的稳定性，只有系统是稳定运行，才有必要进一步去分析系统的瞬态响应和稳态误差。

线性连续系统分析是在 S 域进行，而线性离散系统的拉氏变换是有关 s 的超越函数，不便于在 S 域进行系统分析，为此，引进 Z 变换，即将 S 域的系统分析问题，映射到 Z 平面进行分析，因此，过去在 S 平面上所得到的分析方法不能直接应用到离散系统中来。离散系统分析必须建立在 Z 变换这一基础上进行讨论。

7.6.1 线性离散控制系统的稳定性分析

线性连续控制系统稳定性概念、稳定性条件、稳定性判据，前面已经作了详细讨论。把对线性微分方程解的稳定性问题，通过拉氏变换，转化为分析系统特征方程的根是否具有负实部的问题，又根据代数方程根与系数的关系，提出劳斯代数稳定性判据，并在S平面上建立起稳定域，即特征方程的根处于左半S平面，则系统是稳定的结论。

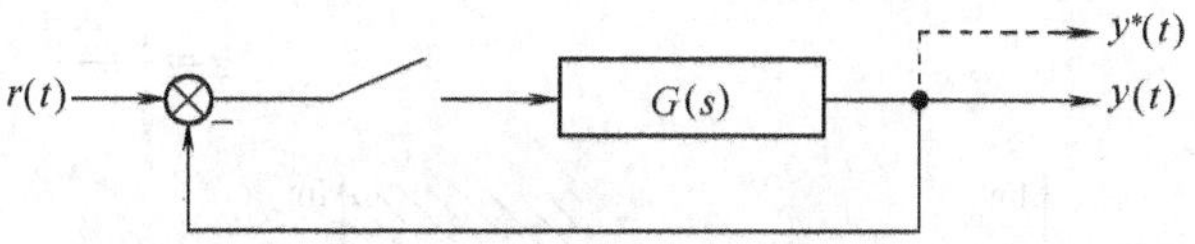

图 7-30 线性离散控制系统

线性离散控制系统的闭环脉冲传递函数，如图 7-30 所示，可求得为

$$G_B(z)=\frac{G(z)}{1+G(z)} \tag{7-83}$$

则线性离散控制系统的特征方程为

$$1+G(z)=0 \tag{7-84}$$

由于在S平面，离散控制系统的特征方程是含 s 的超越函数，分析十分困难，求解有关 s 的特征方程的根几乎不可能，需通过Z变换将S域的问题转化为Z域的分析问题。首先要建立起这种映射关系，从而得出在Z域内，线性离散系统稳定的充分必要条件。

考察下式

$$z=e^{Ts} \tag{7-85}$$

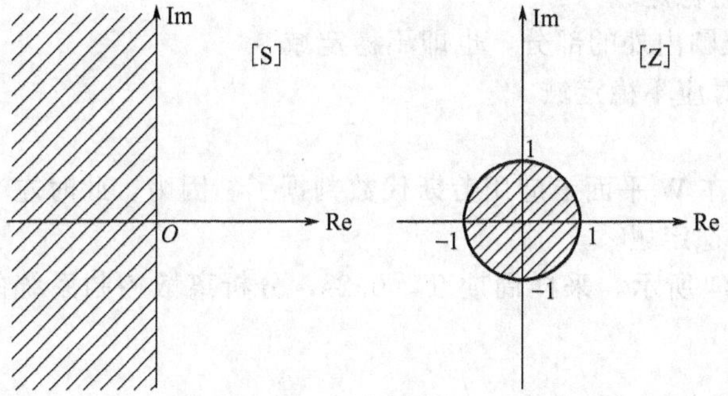

图 7-31 S平面到Z平面映射

假定在S平面上任有一点

$$s=\sigma+j\omega \tag{7-86}$$

则通过Z变换，映射到Z平面为

$$z=e^{\sigma T}\cdot e^{j\omega T} \tag{7-87}$$

当 $\sigma=0$，即S平面的虚轴，对应Z平面的单位圆。

当 $\sigma<0$，即左半S平面对应Z平面的单位圆内部区域，即S平面的稳定域映射到Z平面单位圆内的区域为稳定区域。

当 $\sigma>0$，即右半S平面对应Z平面的单位圆外部区域，也即S平面不稳定域映射到Z平面单位圆外的部分为不稳定域。上面映射关系如图 7-31 所示。

通过上面分析，得出线性离散控制系统稳定的充分必要条件是：线性离散闭环控制系统特征方程式(7-84) 的根的模小于1，则线性离散控制系统是稳定的。

【例 7-25】 已知离散控制系统结构如图 7-32 所示，采样周期 $T=1s$，分析系统的稳定性。

解 $G(z)=Z\left[\frac{10}{s(s+1)}\right]$

$$=\frac{6.32z}{(z-1)(z-0.368)}$$

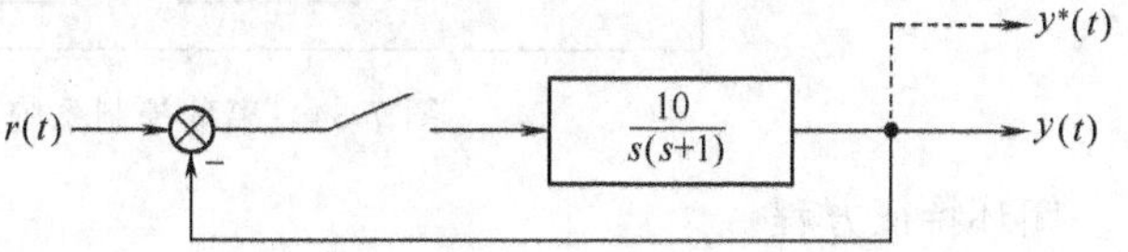

图 7-32 离散控制系统

闭环特征方程

$$1+G(z)=0$$

$$z^2+4.952z+0.368=0$$

$$z_1=-0.076,\ z_2=-4.876$$

系统特征方程的根有一个在单位圆外，因此，该离散系统不稳定。

对于特征方程的阶次大于2以上的系统，用直接求特征方程根的办法来判断系统是否稳定，显然是很麻烦的。在离散系统中，由于是在Z平面分析，不能直接应用劳斯代数判据，为了能应用劳斯代数判据，引进双线性变换。

令
$$z=\frac{w+1}{w-1} \tag{7-88}$$

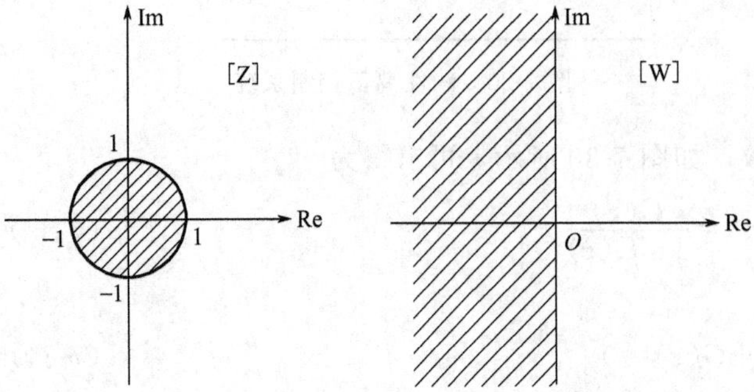

图 7-33 Z 平面到 W 平面的映射

或
$$w=\frac{z+1}{z-1} \tag{7-89}$$

其中 z 和 w 均为复变量，可写为
$$z=x+\mathrm{j}y \tag{7-90}$$
$$w=u+\mathrm{j}v \tag{7-91}$$

将式(7-90) 代入式(7-89)，有
$$w=u+\mathrm{j}v=\frac{x+\mathrm{j}y+1}{x+\mathrm{j}y-1}=\frac{(x^2+y^2)-1}{(x-1)^2+y^2}-\mathrm{j}\frac{2y}{(x-1)^2+y^2} \tag{7-92}$$

于是，当 $x^2+y^2=1$ 即对应 Z 平面上的单位圆

$u=0$ 即 W 平面上的虚轴

当 $x^2+y^2<1$ 即 Z 平面上单位圆内的部分，也即稳定域

$u<0$ 即左半 W 平面为稳定域

当 $x^2+y^2>1$ 即 Z 平面上单位圆内外的部分，也即不稳定域

$u>0$ 即右半 W 平面对应不稳定域

上面映射关系如图 7-33 所示。

经过 Z 平面到 W 平面的映射后，就可在 W 平面上应用劳斯代数判据了。因为，此时左半 W 平面为系统稳定域，而右半 W 平面为不稳定域。

【例 7-26】 已知离散控制系统如图 7-34 所示，采样周期 $T=0.2\mathrm{s}$，分析离散控制系统的稳定性。

解 开环系统脉冲传递函数 $G(z)$

$$G(z)=\frac{z-1}{z}Z\left[\frac{2}{s^2(0.1s+1)(0.05s+1)}\right]$$
$$=\frac{z-1}{z}Z\left[-\frac{0.3}{s}+\frac{2}{s^2}+\frac{0.04}{0.1s+1}-\frac{0.005}{0.05s+1}\right]$$
$$=\frac{0.4}{z-1}+\frac{0.4(z-1)}{z-0.135}-\frac{0.1(z-1)}{z-0.0185}-0.3$$

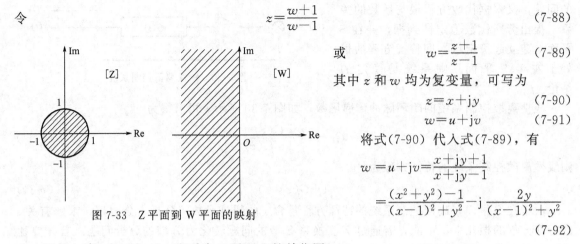

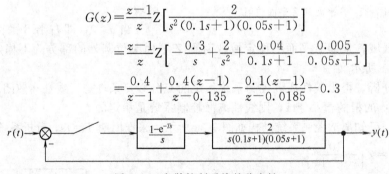

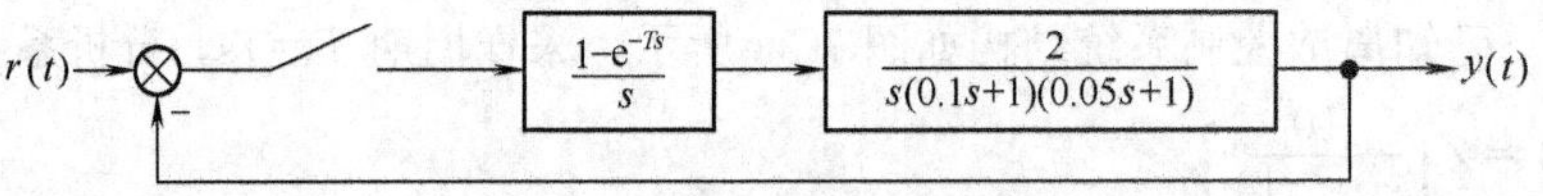

图 7-34 离散控制系统的稳定性

闭环特征方程
$$1+G(z)=0$$

得到
$$z^3-1.001z^2+0.3356z+0.00535=0$$

作 W 变换，令 $z=\frac{w+1}{w-1}$，代入上式，经整理得
$$2.33w^3+3.68w^2+1.65w+0.34=0$$

列出劳斯表

w^3	2.33	1.65
w^2	3.68	0.34

w^1	1.43	0
w^0	0.34	

劳斯表中第一列全为正，该离散系统是稳定的。

由于分析离散系统稳定性是建立在Z变换的基础上，而Z变换仅反映离散系统在采样时刻系统的信息，并不反映在两个采样时刻间系统的信息，因此在用Z变换分析系统时会带来局限性。

首先，在稳定性分析中，用Z变换表达式分析离散系统是稳定的，而实际物理系统的输出是连续波形，因此，可能存在潜伏振荡问题，如图7-35所示。

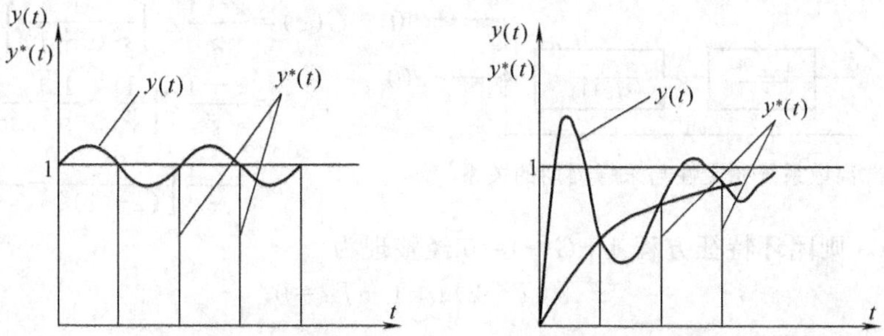

(a) 连续输出等幅振荡　　(b) 连续输出为衰减振荡

图7-35　离散系统的潜伏振荡

图7-35(a)描述的是在单位阶跃下，离散输出是稳定的，但实际物理系统输出产生等幅振荡。图7-35(b)显示的离散系统在单位阶跃下，其离散输出是按非周期包络线达到稳态的，而实际物理系统的输出可能是衰减振荡的。这就是所谓潜伏振荡问题。有时，用离散系统理论来分析离散系统是稳定的，而实际物理系统却是不稳定的或有振荡产生，这也正是Z变换理论在系统分析中的局限性。

一般情况下，连续系统加采样开关变为离散系统后，其稳定性可能变坏。当然也有某些特殊情况，例如大滞后的连续系统加采样开关变为离散系统后，也可能改善稳定性。

【例7-27】 已知离散系统结构如图7-36所示。该系统没有采样开关时，它就是一个二阶连续系统。这是一个绝对稳定的系统，只要 K 大于零。但加了采样开关后（$T=0.1\text{s}$），变为离散系统，现用Z变换理论来求出使离散系统稳定的 K 的取值范围。

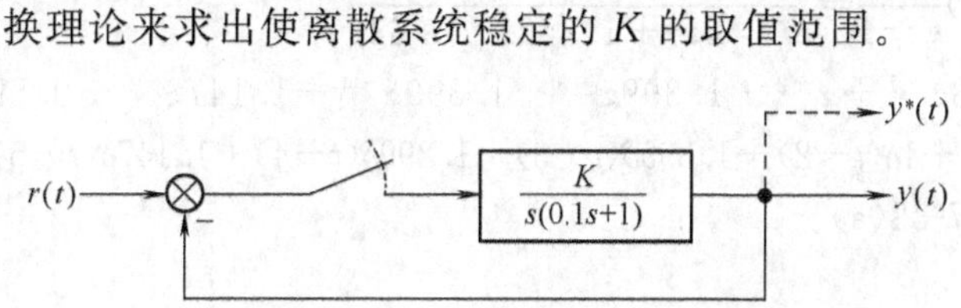

图7-36　离散系统稳定的 K 的取值范围

解　开环脉冲传递函数为

$$G(z)=Z\left[\frac{K}{s(0.1s+1)}\right]=\frac{0.632Kz}{z^2-1.368z+0.368}$$

闭环离散系统的特征方程

$$1+G(z)=0$$

得到

$$z^2+(0.632K-1.368)z+0.368=0$$

令 $z=\dfrac{w+1}{w-1}$，代入上式，经整理得到

$$0.632Kw^2+1.264w+2.736-0.632K=0$$

利用劳斯代数判据，可求得使系统稳定的 K 的取值范围为

$$0<K<4.32$$

最后要说明的一点是，离散控制系统的稳定性除与系统固有结构和参数有关外，还与系统的采样周期有关，这是与连续控制系统分析相区别的重要一点。

【例 7-28】 已知离散控制系统结构如图 7-37 所示，分析离散系统稳定性与采样周期的关系。

解 开环脉冲传递函数 $G(z)$

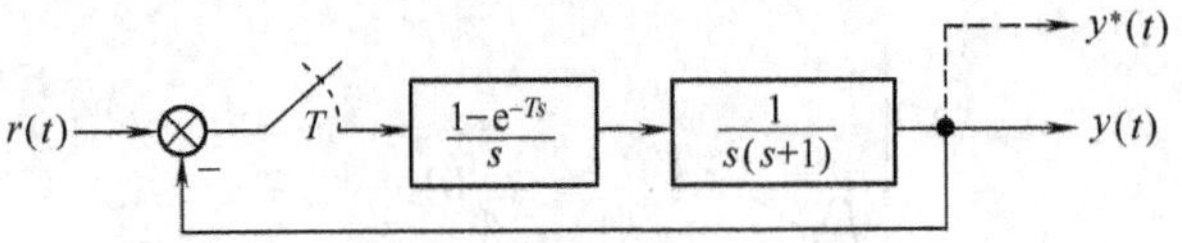

图 7-37 离散系统稳定性与采样周期的关系

$$G(z)=\frac{z-1}{z}Z\left[\frac{1}{s^2(s+1)}\right]=\frac{z-1}{z}Z\left[\frac{1}{s^2}-\frac{1}{s}+\frac{1}{s+1}\right]=\frac{z-1}{z}\left[\frac{Tz}{(z-1)^2}-\frac{z}{z-1}+\frac{z}{z-e^{-T}}\right]$$

令 $e^{-T}=a$，则闭环特征方程 $1+G(z)=0$ 经整理为

$$z^2+(T-2)z+1-Ta=0$$

令 $z=\dfrac{w+1}{w-1}$，代入上式，经整理得到

$$(T-Ta)w^2+2aTw+4-T-Ta=0$$

从而求得使系统稳定的 T 的取值范围

$$0<T<\frac{4}{1+a}$$

由于 T 总是取大于零的数，因此，可以认为要使采样系统稳定，采样周期不能大于等于 4s。

当 $T=1$s 时，离散系统单位阶跃响应可求得如下

$$G(z)=\frac{0.368z+0.264}{z^2-1.368z+0.368}$$

$$G_B(z)=\frac{0.368z+0.264}{z^2-z+0.632}$$

$$Y(z)=G_B(z)\frac{z}{z-1}=\frac{0.368z^2+0.264z}{z^3-2z^2+1.362z-0.632}$$

$$=0.368z^{-1}+z^{-2}+1.399z^{-3}+1.399z^{-4}+1.147z^{-5}+0.894z^{-6}+\cdots$$

$$y^*(t)=0.368\delta(t-1)+1\delta(t-2)+1.399\delta(t-3)+1.399\delta(t-4)+1.147\delta(t-5)+0.894\delta(t-6)+\cdots$$

其输出响应见图 7-38(a)。

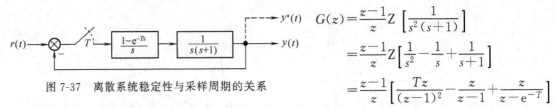

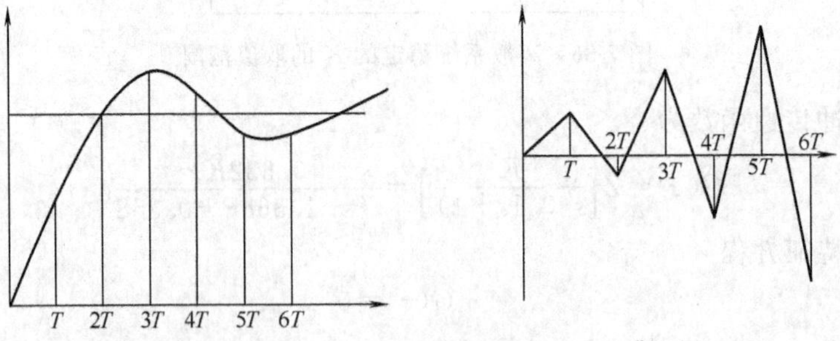

(a) T= 1s (b) T=4s

图 7-38 输出响应与采样周期关系

当 $T=4$s 时，离散控制系统的单位阶跃响应求得如下

$$G(z)=\frac{3.02z+0.9}{z^2-1.02z+0.02}$$

$$G_B(z)=\frac{3.02z+0.9}{z^2+2z+0.92}$$

$$Y(z)=\frac{3.02z^2+0.9z}{z^3+z^2-1.08z-0.92}$$
$$=3.02z^{-1}-2.12z^{-2}+5.38z^{-3}-4.89z^{-4}+8.74z^{-5}-9.07z^{-6}+\cdots$$

$$y^*(t)=3.02\delta(t-T)-2.12\delta(t-2T)+5.38\delta(t-3T)-4.89\delta(t-4T)+8.74\delta(t-5T)-9.07\delta(t-6T)+\cdots$$

其输出响应如图 7-38(b) 所示。

7.6.2 离散控制系统的瞬态响应

离散系统的动态特性，是通过在外加输入信号作用下的输出响应来反映的。通常给定输入为单位阶跃。瞬态响应分析重点分析闭环零极点对瞬态响应的定性影响，而不是定量分析。离散系统的定量分析比起连续系统来说更为复杂。另外，还将介绍一种特殊系统的离散瞬态响应，即闭环极点都分布在原点时所产生的瞬态响应。该响应具有新的特点，其过渡过程能在有限时间内结束，这是与连续系统不同的瞬态响应，并由此带来快速数字随动系统的新课题。

(1) 闭环零极点与瞬态响应的关系

通常离散控制系统的闭环脉冲传递函数可表示为如下形式

$$G_B(z)=K\frac{P(z)}{Q(z)}=K\frac{\prod_{i=1}^{m}(z-z_i)}{\prod_{k=1}^{n}(z-p_k)} \tag{7-93}$$

当系统输入为单位阶跃时，其系统输出 $Y(z)$ 为

$$Y(z)=K\frac{\prod_{i=1}^{m}(z-z_i)}{\prod_{k=1}^{n}(z-p_k)}\cdot\frac{z}{z-1} \tag{7-94}$$

展开成部分分式，有

$$Y(z)=K\frac{P(1)}{Q(1)}\cdot\frac{z}{z-1}+\sum_{k=1}^{n}\frac{C_k z}{z-p_k} \tag{7-95}$$

式中

$$C_k=K\frac{P(z)}{(z-1)Q(z)}(z-p_k)\bigg|_{z=p_k} \tag{7-96}$$

式(7-95) 中第一项为闭环系统输出的稳态分量，第二项为闭环系统输出的瞬态分量。下面分析一下闭环极点对系统瞬态响应的影响。

① p_k 为正实根，对应的瞬态分量

$$y_k(nT)=Z^{-1}\left[\frac{C_k z}{z-p_k}\right]=C_k p_k^n$$

令 $p_k=e^{aT}$，$a=\frac{1}{T}\ln p_k$，则

$$y_k(nT)=C_k e^{anT} \tag{7-97}$$

若 $p_k=1$，则闭环极点位于右半 Z 平面上圆周上，闭环系统瞬态响应 $y_k(nT)$ 为等幅脉冲，对应图 7-39 中 a 点对应波形。

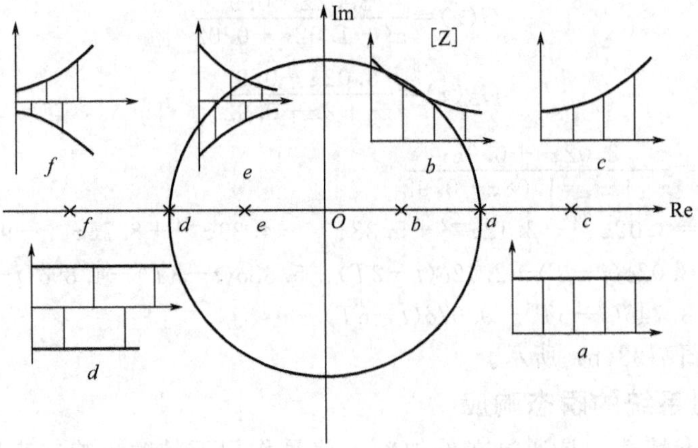

图 7-39 闭环实极点分布与相应瞬态响应

若 $p_k<1$，则闭环极点位于单位圆内，此时 $a<0$，则输出响应 $y_k(nT)$ 呈指数衰减状，如图 7-39 中 b 点对应波形。

若 $p_k>1$，则闭环极点位于单位圆外，此时 $a>0$，则输出响应 $y_k(nT)$ 呈指数发散状，如图 7-39 中 c 点对应波形。

② 当 p_k 为负实根，则对应的瞬态分量为

$$y_k(nT)=C_k p_k^n \tag{7-98}$$

若 $p_k=-1$，输出响应分量 $y_k(nT)$ 对应图 7-39 中 d 点波形，呈等幅跳跃输出。

若 $|p_k|<1$，输出响应分量 $y_k(nT)$ 对应图 7-39 中 e 点波形，呈跳跃式指数衰减状。

若 $|p_k|>1$，输出响应分量 $y_k(nT)$ 对应图 7-39 中 f 点波形，呈跳跃式发散变化。

③ 当 p_k，p_{k+1}为一对共轭复根时，为

$$p_k=|p_k|e^{j\theta_k}, \qquad p_{k+1}=|p_k|e^{-j\theta_k} \tag{7-99}$$

此时，C_k，C_{k+1}也为一对共轭复数

$$C_k=|C_k|e^{j\phi_k}, \qquad C_{k+1}=|C_k|e^{-j\phi_k} \tag{7-100}$$

则它们对应的瞬态分量 $y_{k,k+1}(nT)$ 为

$$\begin{aligned} y_{k,k+1}(nT) &= |C_k||p_k|^n e^{j(n\theta_k+\phi_k)}+|C_k||p_k|^n e^{-j(n\theta_k+\phi_k)} \\ &= 2|C_k||p_k|^n\cos(n\theta_k+\phi_k) \end{aligned} \tag{7-101}$$

若 $|p_k|<1$，则对应的瞬态响应分量为振幅衰减的正弦振荡，对应图 7-40 中 a 点对应的波形。

若 $|p_k|>1$，则对应的瞬态响应分量为发散正弦振荡，对应图 7-40 中 b 点对应的波形。

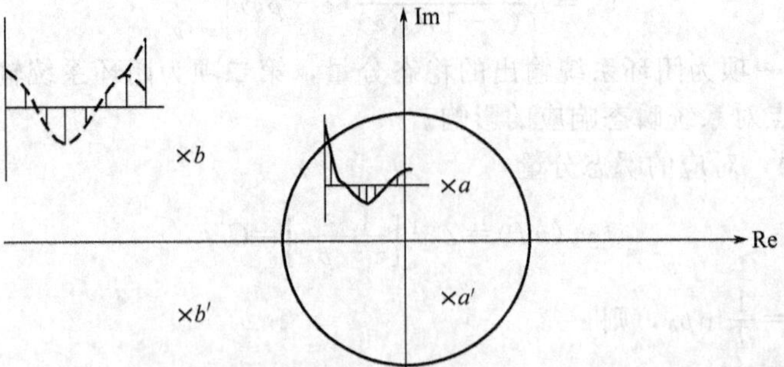

图 7-40 闭环共轭复极点与相应瞬态响应

令式(7-101)中的 θ_k 为

$$\theta_k=\omega T \tag{7-102}$$

所以

$$\omega=\frac{\theta_k}{T} \tag{7-103}$$

为系统对应瞬态分量的振荡频率，其振荡周期

$$T_d=\frac{2\pi}{\omega}=\frac{2\pi T}{\theta_k} \tag{7-104}$$

由上式可求在一个振荡周期 T_d 中，所包含的脉冲个数，这有利于实际离散系统的调试。设一个振荡周期中所包含的脉冲个数为 n，采样周期为 T，则

$$nT=T_d=\frac{2\pi T}{\theta_k} \tag{7-105}$$

所以

$$n=\frac{2\pi}{\theta_k} \tag{7-106}$$

【例 7-29】 一采样控制系统，其闭环脉冲传递函数的极点分布如图 7-41 所示，若采样周期为 T，试计算该系统阶跃响应的衰减振荡周期 T_d，及每个衰减振荡周期中所包含的脉冲个数 n。

解 衰减振荡周期

$$T_d=\frac{2\pi}{\omega}=\frac{2\pi T}{\theta_k}=\frac{2\pi T}{\pi/2}=4T$$

$$n=\frac{2\pi}{\theta_k}=\frac{2\pi}{\pi/2}=4$$

即每个衰减振荡周期包含 4 个采样脉冲。

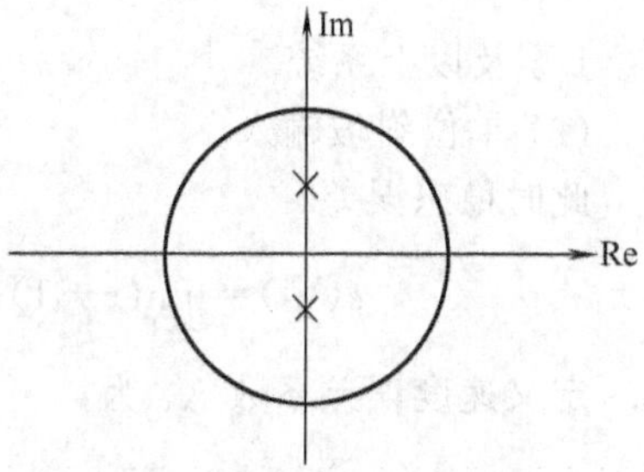

图 7-41 闭环脉冲传递函数的极点分布

(2) 有限时间响应系统

当闭环脉冲传递函数所有极点都分布在原点时，此时的系统具有一个很特别的响应，即在有限时间内结束过渡过程，达到稳态，此时的闭环脉冲传递函数具有如下形式

$$G_B(z)=\frac{b_nz^n+b_{n-1}z^{n-1}+\cdots+b_1z+b_0}{a_nz^n}=\frac{b_n}{a_n}+\frac{b_{n-1}}{a_n}z^{-1}+\cdots+\frac{b_0}{a_n}z^{-n} \tag{7-107}$$

其单位脉冲响应

$$h^*(t)=\frac{b_n}{a_n}\delta(t)+\frac{b_{n-1}}{a_n}\delta(t-T)+\cdots+\frac{b_0}{a_n}\delta(t-nT) \tag{7-108}$$

即在单位脉冲作用下，该系统的瞬态响应能在 nT 内结束，即 n 拍可结束过渡过程，这个特点是连续系统所不具备的。但是，值得注意的是：由于调整时间太短，作用于对象的控制需要很强。系统会受饱和特性的影响，从而将改变系统的实际性能；所有极点均在 Z 平面上的原点，这个条件太苛刻了。实际上，系统参数不会是恒定不变的。参数的稍微变化会使系统的性能变得很差；这种系统对输入信号的适应性很差。

这种系统的综合将在后面予以详细讨论。

7.6.3 离散控制系统的稳态误差

对于如图 7-42 所示的单位反馈的闭环离散系统的误差脉冲传递函数 $G_e(z)$ 为

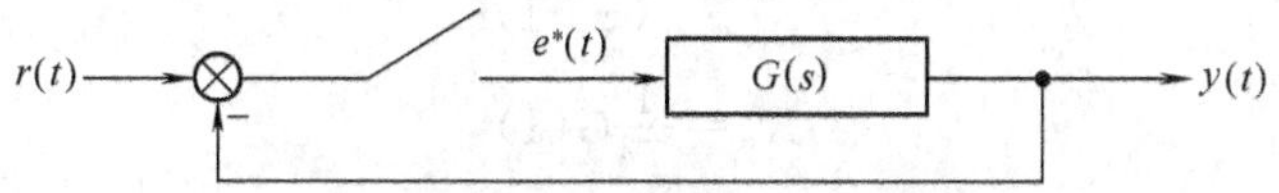

图 7-42 离散控制系统稳态误差

$$G_e(z)=\frac{1}{1+G(z)} \tag{7-109}$$

所以

$$E(z)=\frac{1}{1+G(z)}R(z) \tag{7-110}$$

由终值定理，有

$$e(\infty)=\lim_{z\to 1}(z-1)\frac{R(z)}{1+G(z)} \tag{7-111}$$

与连续系统类似，根据系统开环脉冲传递函数在 $z=1$ 的极点的个数将系统分为 0 型、1 型、2 型……系统。

(1) 单位阶跃输入

$$e(\infty)=\lim_{z\to 1}(z-1)\frac{R(z)}{1+G(z)}\cdot\frac{z}{z-1}=\frac{1}{1+G(1)} \tag{7-112}$$

定义位置误差系数 K_p

$$K_p=1+G(1)$$

0 型系统

$$e(\infty)=\frac{1}{K_p} \tag{7-113}$$

1 型及以上系统

$$K_p=\infty,\quad e(\infty)=0 \tag{7-114}$$

(2) 单位斜坡输入

此时稳态误差

$$e(\infty)=\lim_{z\to 1}(z-1)\frac{1}{1+G(z)}\cdot\frac{Tz}{(z-1)^2}=T\lim_{z\to 1}\frac{1}{(z-1)[1+G(z)]} \tag{7-115}$$

定义速度误差系数 K_v 为

$$K_v=\frac{1}{T}\lim_{z\to 1}(z-1)G(z) \tag{7-116}$$

0 型系统

$$K_v=0,\quad e(\infty)=\infty \tag{7-117}$$

1 型系统　令

$$G(z)=\frac{G_1(z)}{z-1}$$

式中，$G_1(z)$ 没有 $z=1$ 的极点，所以

$$K_v=\frac{1}{T}G_1(1),\quad e(\infty)=\frac{1}{K_v} \tag{7-118}$$

2 型及以上系统

$$K_v=\infty,\quad e(\infty)=0 \tag{7-119}$$

(3) 抛物线输入

$$r(t)=\frac{t^2}{2} \tag{7-120}$$

此时稳态误差

$$e(\infty)=\lim_{z\to 1}(z-1)\frac{1}{1+G(z)}\frac{T^2z(z+1)}{2(z-1)^3}=T^2\lim_{z\to 1}\frac{1}{(z-1)^2G(z)} \tag{7-121}$$

定义加速度误差系数 K_a 为

$$K_a=\frac{1}{T^2}\lim_{z\to 1}(z-1)^2G(z) \tag{7-122}$$

0 型、1 型系统

$$K_a=0,\quad e(\infty)=\infty \tag{7-123}$$

2 型系统　令

$$G(z)=\frac{G_1(z)}{(z-1)^2} \tag{7-124}$$

$$K_a=\frac{1}{T^2}G(1) \tag{7-125}$$

式中，$G_1(z)$ 没有 $z=1$ 的极点，则

$$e(\infty)=\frac{1}{K_a} \tag{7-126}$$

3 型及以上系统 $\qquad K_a=\infty,\quad e(\infty)=0 \qquad$ (7-127)

总结以上分析结果，列在表 7-2 中。

表 7-2 采样时刻的稳态误差

系统	阶跃输入 $r(t)=1(t)$	斜坡输入 $r(t)=t$	抛物线输入 $r(t)=\frac{t^2}{2}$
0 型	$\frac{1}{K_p}$	∞	∞
1 型	0	$\frac{1}{K_v}$	∞
2 型	0	0	$\frac{1}{K_a}$

【例 7-30】 已知离散系统的结构如图 7-43 所示，采样周期 $T=0.1\text{s}$，求系统单位阶跃和单位斜坡输入时的稳态误差。

解 $G(z)=Z\left[\frac{2}{s(0.1s+1)}\right]$

$$=\frac{1.264z}{(z-1)(z-0.368)}$$

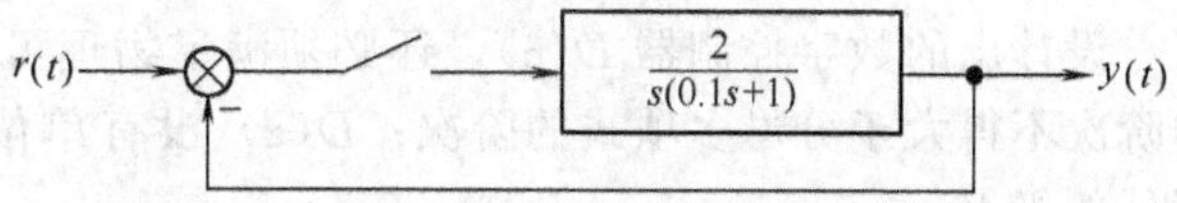

图 7-43 离散系统的稳态误差

由于该系统开环脉冲传递函数在 $z=1$ 处有一个极点，因此为 1 型系统，当系统输入为单位阶跃时，其稳态误差为零。

当系统输入为单位斜坡时，可求出 K_v

$$K_v=\frac{1}{T}G_1(1)=\frac{1}{0.1}\left.\frac{1.264z}{(z-0.368)}\right|_{z=1}=\frac{1.264}{0.0632}$$

所以，系统的稳态误差 $e(\infty)$ 为

$$e(\infty)=\frac{1}{K_v}=0.05$$

通过上面离散系统分析的讨论，发现离散系统相对于连续系统分析有许多新的特点。特别要指出的是，离散系统分析，无论是稳定性分析或瞬态响应分析，还是稳态误差分析，它们除与系统固有结构和参数有关外，还与系统的采样周期有着密切关系。因此，在选择系统采样周期时，除必须满足采样定理，还必须综合考虑系统的稳定性、瞬态响应、稳态误差，以及计算机寄存器位数等因素，予以选取。

7.7 数字控制器的设计

数字控制器在工业过程控制、机电一体化、快速数字随动系统等领域有着广泛的应用。图 7-44 显示数字控制系统的结构。

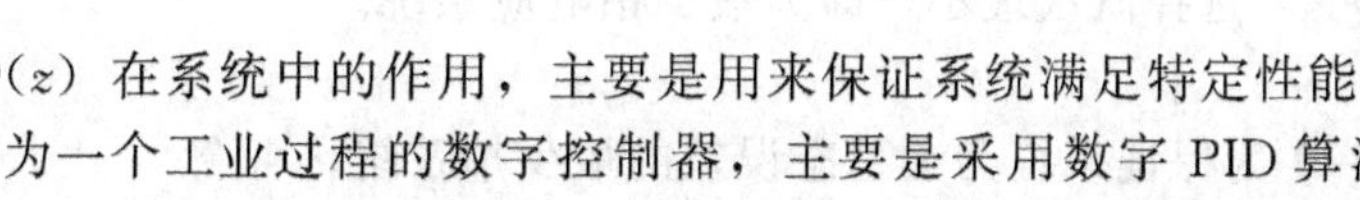

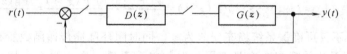

图 7-44 数字控制系统结构

数字控制器 $D(z)$ 在系统中的作用，主要是用来保证系统满足特定性能指标的要求，起校正作用。例如：作为一个工业过程的数字控制器，主要是采用数字 PID 算法，以保证整个控

制系统满足一定的时域性能指标要求，数字 PID 算法设计以及参数整定方法，在相关的计算机控制和过程控制等课程将做详细介绍，这里就不作介绍了。

数字控制器的另一设计方法是，基于快速数字随动系统的设计。前面在介绍离散系统瞬态响应时，曾指出：如果闭环极点全部集中在 Z 平面的原点，则系统的瞬态响应可在有限时间，即 n 拍内结束，如果过渡过程在时间上是最短的，即为最短时间响应系统。问题是如何选择数字控制器 $D(z)$，使系统对某特定输入为无稳态误差的最短时间响应系统。

7.7.1 无稳态误差最少拍系统的设计

对于如图 7-44 所示的系统，闭环脉冲传递函数可求得为

$$G_B(z)=\frac{D(z)G(z)}{1+D(z)G(z)} \tag{7-128}$$

由此，可得到

$$D(z)=\frac{G_B(z)}{G(z)[1-G_B(z)]} \tag{7-129}$$

在这里数字控制器 $D(z)$ 的设计，乃是根据特定的闭环脉冲传递函数，例如满足无稳态误差最少拍系统，来选择 $G_B(z)$，从而可由上式计算数字控制器 $D(z)$。

设计出的数字控制器 $D(z)$，还必须满足物理可实现条件：数字控制器 $D(z)$ 分子多项式的阶次不得大于分母多项式的阶次；$D(z)$ 没有单位圆上（除有一个 $z=1$ 的极点外）和单位圆外的极点。

下面讨论如何选择 $G_B(z)$ 的问题。设给定系统输入为

$$r(t)=t^p \tag{7-130}$$

则其 Z 变换表达式为

$$R(z)=\frac{A(z^{-1})}{(1-z^{-1})^r} \tag{7-131}$$

式中，$r=p+1$，且 $A(z^{-1})$ 为 z^{-1}的多项式，没有 $z=1$ 的零点。

由图 7-44 可知，系统误差脉冲传递函数为 $G_e(z)$，它与闭环脉冲传递函数 $G_B(z)$ 存在以下关系

$$G_e(z)=1-G_B(z) \tag{7-132}$$

于是，系统误差 $E(z)$为

$$E(z)=[1-G_B(z)]R(z) \tag{7-133}$$

根据终值定理，求系统稳态误差

$$e(\infty)=\lim_{z\to 1}(1-z^{-1})[1-G_B(z)]\frac{A(z^{-1})}{(1-z^{-1})^r} \tag{7-134}$$

要确定 $G_B(z)$，以使系统的稳态误差为零，为此可令

$$1-G_B(z)=(1-z^{-1})^r F(z^{-1}) \tag{7-135}$$

式中，$F(z^{-1})$在 $z=1$ 处无零点。

所以

$$G_B(z)=1-(1-z^{-1})^r F(z^{-1})=\frac{z^r-(z-1)^r F(z^{-1})}{z^r}=\frac{P_B(z)}{z^r} \tag{7-136}$$

按式(7-136) 不仅可确保系统稳态误差为零，同时闭环脉冲传递函数所有极点都位于 Z 平面上的原点，也即系统的瞬态响应是有限拍时间响应系统，在有限个采样周期内，可达到稳态，若上式中 $F(z^{-1})$ 选择阶次最小，即为最少拍响应系统。

(1) 阶跃输入

此时 $p=0$，$r=1$ 为保证系统为无稳态误差的最少拍系统，可令

$$F(z^{-1})=1$$

那么
$$G_B(z)=z^{-1} \tag{7-137}$$

则
$$G_e(z)=1-G_B(z)=1-z^{-1} \tag{7-138}$$

于是，可求数字控制器 $D(z)$

$$D(z)=\frac{1}{(z-1)G(z)} \tag{7-139}$$

按式(7-139) 选择 $D(z)$，可使系统为无稳态误差的最少拍响应系统，在一拍内可结束过渡过程，达到稳态。

必须指出，按式(7-139) 选择数字控制器，是在假定原系统开环脉冲传递函数 $G(z)$ 没有单位圆上和单位圆外的零、极点，否则，$D(z)$ 物理上不可实现。为了克服这个问题，适当选择 $P_B(z)$，$D(z)$ 仍可实现。这个问题在后面加以讨论。

(2) 斜坡输入

此时，$p=1$，$r=2$ 为使系统为无稳态误差的最少拍系统，可选取

$$F(z^{-1})=1$$

那么
$$G_e(z)=(1-z^{-1})^2 \tag{7-140}$$

则
$$G_B(z)=2z^{-1}-z^{-2}=\frac{2z-1}{z^2} \tag{7-141}$$

于是，可求得数字控制器

$$D(z)=\frac{2z^{-1}-z^{-2}}{G(z)(1-z^{-1})^2} \tag{7-142}$$

按上式选择数字控制器，不仅能保证系统为无稳态误差，且在最少拍时间内达到稳态，在两拍内结束过渡过程，达到稳态。

(3) 抛物线输入

此时 $p=2$，$r=3$ 为保证系统为无稳态误差的最少拍系统，同样取

$$F(z^{-1})=1$$

那么
$$G_e(z)=(1-z^{-1})^3 \tag{7-143}$$

则
$$G_B(z)=3z^{-1}-3z^{-2}+z^{-3} \tag{7-144}$$

于是，可求 $D(z)$

$$D(z)=\frac{3z^{-1}-3z^{-2}+z^{-3}}{G(z)(1-z^{-1})^3} \tag{7-145}$$

且按式(7-145) 选择的数字控制器，可保证系统为无稳态误差的最少拍系统，系统可在三拍内结束过渡过程，达到稳态。

图 7-45 绘制的曲线分别是单位阶跃、单位斜坡、抛物线输入时，其输出响应为无稳态误差的最少拍系统。它们达到稳态的时间分别为 1 拍、2 拍、3 拍。达到稳态后，都是无差的。

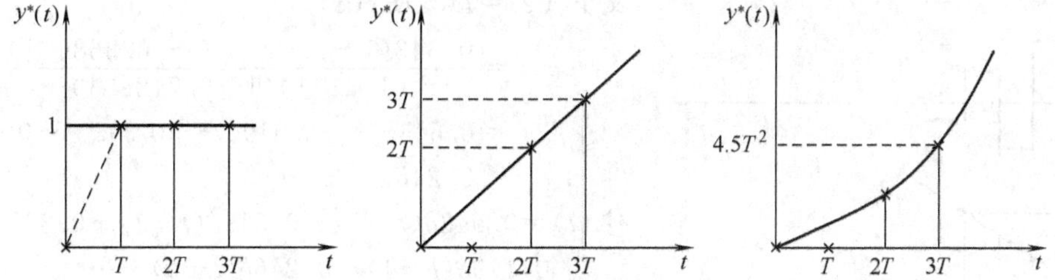

(a) 单位阶跃输入 (b) 斜坡输入 (c) 抛物线输入

图 7-45 无稳态误差最少拍响应

表 7-3 列出上述设计结果。

表 7-3 无稳态误差最少拍系统设计结果

典型输入		闭环脉冲传递函数	数字控制器 $D(z)$	最少拍(T)
$1(t)$	$\frac{1}{1-z^{-1}}$	z^{-1}	$\frac{z^{-1}}{G(z)(1-z^{-1})}$	$1T$
t	$\frac{Tz^{-1}}{(1-z^{-1})^2}$	$2z^{-1}-z^{-2}$	$\frac{z^{-1}(2-z^{-1})}{G(z)(1-z^{-1})^2}$	$2T$
$\frac{1}{2}t^2$	$\frac{T^2z^{-1}(1+z^{-1})}{2(1-z^{-1})^3}$	$3z^{-1}-3z^{-2}+z^{-3}$	$\frac{3z^{-1}-3z^{-2}+z^{-3}}{G(z)(1-z^{-1})^3}$	$3T$

【例 7-31】 已知离散控制系统结构如图 7-46 所示。采样周期 $T=1\text{s}$。设计一数字控制器 $D(z)$ 使系统对单位斜坡输入为无稳态误差的最少拍响应系统。并绘制 $r(t)$，$e_1^*(t)$，$e_2^*(t)$，$x(t)$，$y^*(t)$ 的波形。

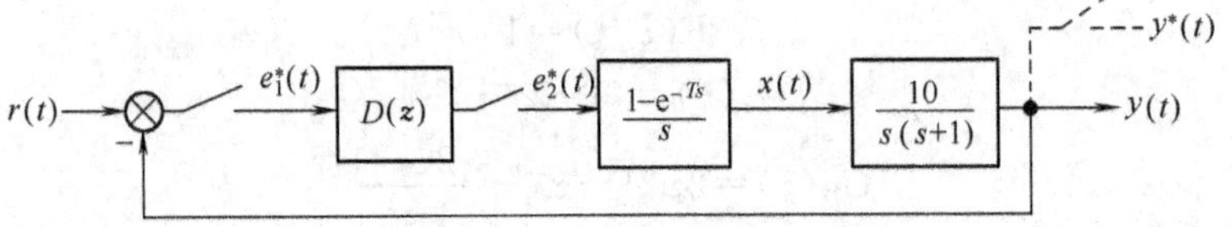

图 7-46 最少拍响应系统

解 求开环脉冲传递函数 $G(z)$

$$G(z)=\frac{z-1}{z}Z\left[\frac{10}{s^2(s+1)}\right]=\frac{3.68z^{-1}(1+0.718z^{-1})}{(1-z^{-1})(1-0.368z^{-1})}$$

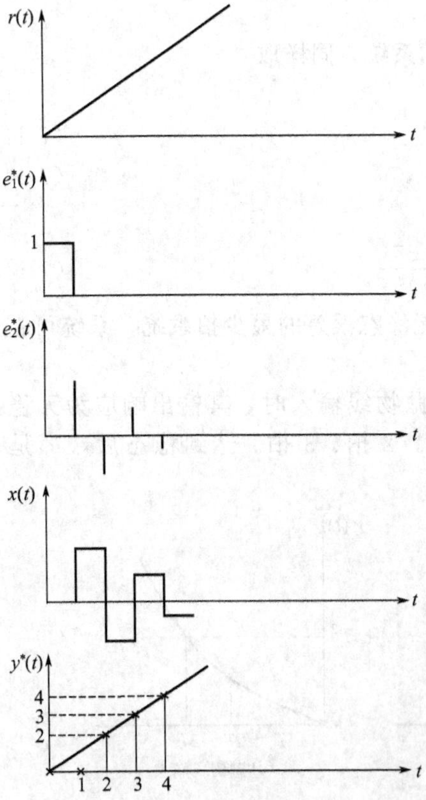

图 7-47 各点波形图

选取 $G_B(z)$

$$G_B(z)=2z^{-1}-z^{-2}$$

则

$$G_e(z)=(1-z^{-1})^2$$

于是，可求数字控制器 $D(z)$

$$D(z)=\frac{G_B(z)}{G(z)[1-G_B(z)]}=\frac{0.543(1-0.5z^{-1})(1-0.368z^{-1})}{(1-z^{-1})(1+0.718z^{-1})}$$

此时，系统输出

$$Y(z)=G_B(z)R(z)=2z^{-2}+3z^{-3}+\cdots$$

$$y^*(t)=2\delta(t-2)+3\delta(t-3)$$

而 $E_1(z)=G_e(z)R(z)=(1-z^{-1})^2\ \frac{z^{-1}}{(1-z^{-1})^2}=z^{-1}$

$$e_1^*(t)=\delta(t-1)$$

又 $E_2(z)=D(z)E_1(z)$

$$=\frac{0.543(1-0.5z^{-1})(1-0.368z^{-1})}{(1-z^{-1})(1+0.718z^{-1})}z^{-1}$$

$$=0.543z^{-1}-0.319z^{-2}+0.39z^{-3}-0.119z^{-4}+0.246z^{-5}+\cdots$$

$$e_2^*(t)=0.543\delta(t-1)-0.319\delta(t-2)+0.39\delta(t-3)-0.119\delta(t-4)+0.246\delta(t-5)+\cdots$$

根据上述所求各式，可绘制它们的波形如图 7-47 所示。

该系统是针对斜坡输入来设计 $D(z)$ 的，假定输入为单位阶跃和抛物线，现来求其相应的输出，以分析数字控制器的适应能力。

当 $r(t)=1(t)$ 时，其输出

$$Y(z)=G_B(z)R(z)=(2z^{-1}-z^{-2})\frac{1}{1-z^{-1}}$$
$$=2z^{-1}+z^{-2}+z^{-3}+\cdots$$

当 $r(t)=\frac{t^2}{2}$时，其输出

$$Y(z)=G_B(z)R(z)=(2z^{-1}-z^{-2})\frac{z^{-1}(1+z^{-1})}{2(1-z^{-1})^3}$$
$$=z^{-2}+3.5z^{-3}+7z^{-4}+11.5z^{-5}+\cdots$$

图 7-48 绘制系统输入为单位阶跃、斜坡、抛物线时，其输出波形图。

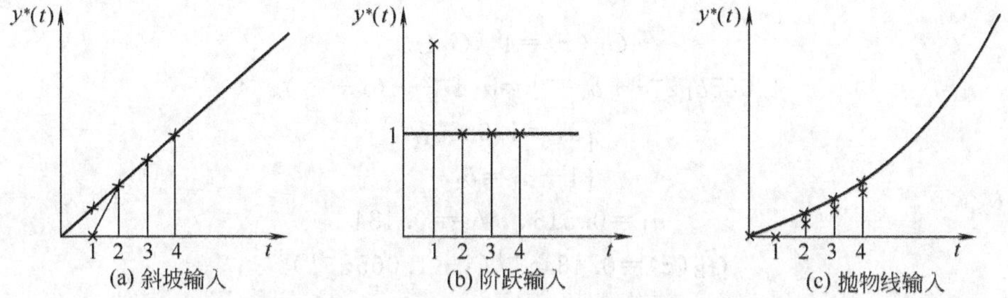

图 7-48　系统输入为单位阶跃、斜坡、抛物线时，其输出波形图

从波形图可知，对单位阶跃输入，尽管能达到稳态（2 拍达到稳态），但出现 100%超调，对抛物线输入，尽管也能达到稳态，但产生稳态误差为 1，可见，这类系统对输入信号的适应能力差。

无稳态误差的最少拍系统，是通过 $D(z)$ 去抵消原系统 $G(z)$ 所不希望的零极点，是参数最优控制系统，一旦参数发生变化，系统性能将变坏。

7.7.2　$G(z)$具有单位圆上和单位圆外零极点的情况时数字控制器的设计

当开环脉冲传递函数 $G(z)$ 具有单位圆上（除有一个 $z=1$ 的极点外）和单位圆外的极点时，由式(7-128) 可知

$$G_B(z)=D(z)G(z)G_e(z) \tag{7-146}$$

实际上，$G(z)$ 单位圆上和单位圆外的极点，一旦参数发生变化，闭环将是不稳定的。

当开环脉冲传递函数 $G(z)$ 有单位圆上或单位圆外零点时，由式(7-147)

$$D(z)=\frac{G_B(z)}{G(z)G_e(z)} \tag{7-147}$$

可知，这些零点必将成为数字控制器的极点，$D(z)$ 将不稳定，其物理实现不可能。

为此，只有延长拍数，以达到物理上可实现。思路如下：

① 令 $G_B(z)$ 包含 z^{-1}因子；

② $G_B(z)$ 包含开环脉冲传递函数 $G(z)$ 在单位圆上和单位圆外的零点；

③ $G_e(z)$ 包含开环脉冲传递函数 $G(z)$ 在单位圆上和单位圆外的极点。

由关系式 $G_B(z)=1-G_e(z)$，求解有关待定系数，最后选定 $G_B(z)$和 $G_e(z)$。

【例 7-32】 已知离散系统结构如图 7-49 所示，采样周期 $T=0.2$s，求 $D(z)$，使系统对单位阶跃响应为最少拍响应系统。

解　求开环脉冲传递函数 $G(z)$

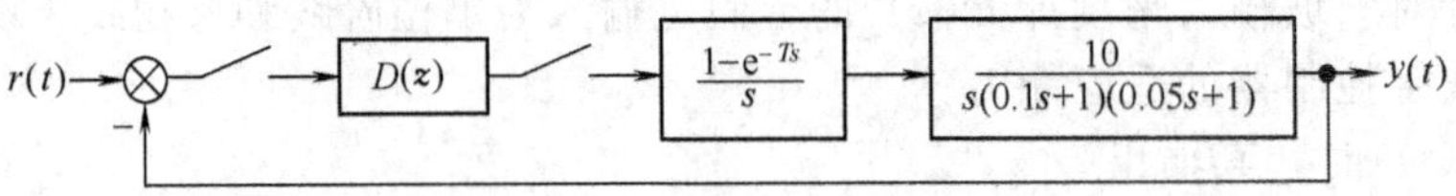

图 7-49　最少拍响应系统

$$G(z)=\frac{z-1}{z}Z\left[\frac{10}{s^2(1+0.1s)(1+0.05s)}\right]=\frac{0.76z^{-1}(1+0.05z^{-1})(1+1.065z^{-1})}{(1-z^{-1})(1-0.135z^{-1})(1-0.0185z^{-1})}$$

开环脉冲传递函数有一单位圆外的零点

$$z_0=-1.065$$

为此，令

$$G_B(z)=b_1z^{-1}(1+1.065z^{-1})$$

$$G_e(z)=(1-z^{-1})(1+a_1z^{-1})$$

由关系式

$$G_B(z)=1-G_e(z)$$

$$1.065b_1z^{-2}+b_1z^{-1}=a_1z^{-2}+(1-a_1)z^{-1}$$

$$\begin{cases}a_1=1.065b_1\\1-a_1=b_1\end{cases}$$

$$a_1=0.516,\quad b_1=0.484$$

所以

$$G_B(z)=0.484z^{-1}(1+1.065z^{-1})$$

$$G_e(z)=(1-z^{-1})(1+0.516z^{-1})$$

于是，求得的数字控制器 $D(z)$ 为

$$D(z)=\frac{G_B(z)}{G(z)G_e(z)}=\frac{0.636(1-0.0185z^{-1})(1-0.135z^{-1})}{(1+0.05z^{-1})(1+0.516z^{-1})}$$

此时，$D(z)$ 在物理上是可实现的了。

系统的单位阶跃响应输出为

$$Y(z)=\frac{0.484z^{-1}(1+1.065z^{-1})}{1-z^{-1}}=0.484z^{-1}+z^{-2}+\cdots$$

系统输出从第二拍达到稳态，即延长了一拍达到稳态。

7.7.3 无纹波无稳态误差最少拍系统的设计

所谓纹波，指系统输出在采样时刻已达到稳态，而在两个采样时刻间输出在变化，如图 7-50 所示。

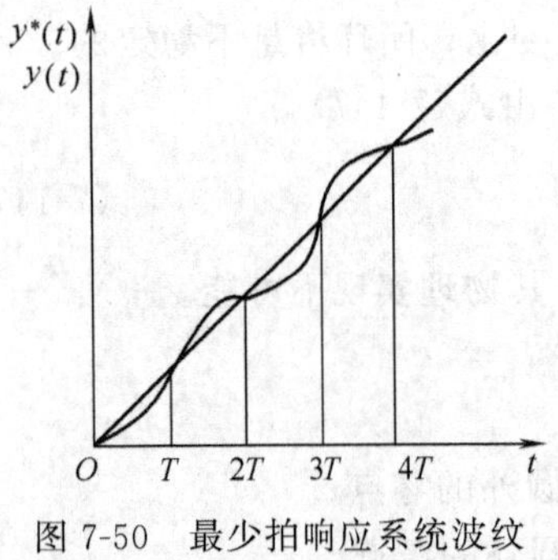

图 7-50　最少拍响应系统波纹

那么，纹波是怎么产生的呢？系统能否做到无纹波呢？在无稳态误差最少拍系统设计时，曾举了个实例，系统结构为图 7-51 所示，开环脉冲传递函数为

$$G(z)=\frac{3.68z^{-1}(1+0.718z^{-1})}{(1-z^{-1})(1-0.368z^{-1})}\tag{7-148}$$

数字控制器 $D(z)$ 为

$$D(z)=\frac{0.543(1-0.5z^{-1})(1-0.368z^{-1})}{(1-z^{-1})(1+0.718z^{-1})}\tag{7-149}$$

该系统可确保对斜坡输入为无稳态误差最少拍系统，但不可能使输出没有纹波，这是由于数字控制器 $D(z)$ 的输出没有达到稳态，因此

$$E_2(z)=D(z)E_1(z)=\frac{0.653(1-0.5z^{-1})(1-0.368z^{-1})}{(1-z^{-1})(1+0.718z^{-1})}z^{-1}$$

$$=0.543z^{-1}-0.319z^{-2}+0.39z^{-3}-0.119z^{-4}+\cdots\tag{7-150}$$

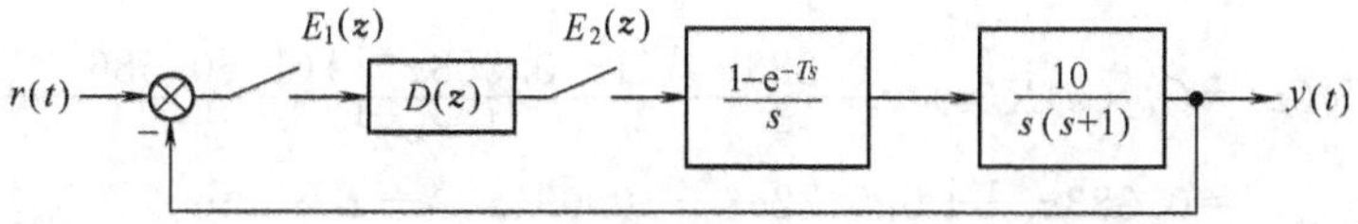

图 7-51　一个实际的数字控制系统

$E_2(z)$ 作用在零阶保持器上，于是在输出产生纹波。为了使输出纹波消除，希望 $E_2(z)$ 达到稳态。现在来分析一下，如何能使得 $E_2(z)$ 达到稳态。

由式

$$G_{e2}(z)=\frac{E_2(z)}{R(z)}=\frac{D(z)}{1+D(z)G(z)}=\frac{G_B(z)}{G(z)}=\frac{P_B(z)Q(z)}{z^r P(z)} \tag{7-151}$$

式中，$P(z)$ 和 $Q(z)$ 分别为 $G(z)$ 的分子多项式和分母多项式。若令

$$P_B(z)=P_{B1}(z)P(z) \tag{7-152}$$

则

$$G_{e2}(z)=\frac{P_{B1}(z)Q(z)}{z^r} \tag{7-153}$$

$E_2(z)$ 必为含 z^{-1} 的有限多项式，因为 $G_{e2}(z)$ 的极点都分布在 Z 平面的原点。

【例 7-33】 已知离散控制系统结构如图 7-52 所示，采样周期 $T=1\text{s}$，求数字控制器 $D(z)$，使系统对斜坡输入为无纹波无稳态误差的最少拍系统。

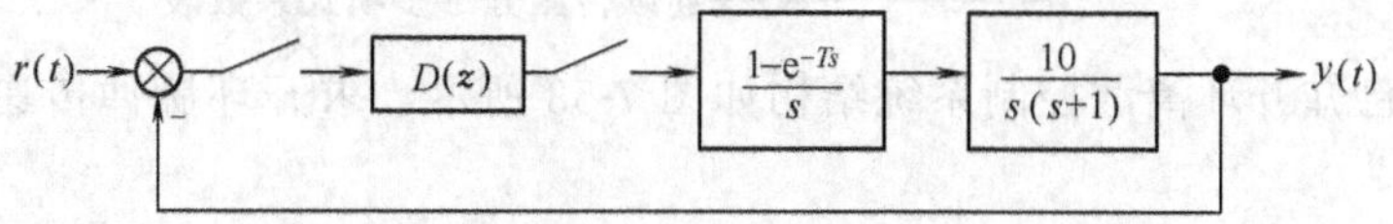

图 7-52　无纹波无稳态误差的最少拍系统

解　开环脉冲传递函数 $G(z)$

$$G(z)=\frac{3.68z^{-1}(1+0.718z^{-1})}{(1-z^{-1})(1-0.368z^{-1})}$$

选取 $G_B(z)$ 为

$$G_B(z)=z^{-1}(1+0.718z^{-1})(\beta_0+\beta_1 z^{-1})$$

选取 $G_{e1}(z)$ 为

$$G_{e1}(z)=(1-z^{-1})^2(1+\alpha_1 z^{-1})$$

由关系式 $G_{e1}(z)=1-G_B(z)$ 得到

$$1-\beta_0 z^{-1}-(0.718\beta_0+\beta_1)z^{-2}-0.718\beta_1 z^{-3}=1-(2-\alpha_1)z^{-1}-(2\alpha_1-1)z^{-2}+\alpha_1 z^{-3}$$

$$\begin{cases}\alpha_1=-0.718\beta_1\\ 2\alpha_1-1=0.718\beta_0+\beta_1\\ 2-\alpha_1=\beta_0\end{cases}$$

$$\alpha_1=0.593,\quad \beta_0=1.407,\quad \beta_1=-0.825$$

于是

$$G_B(z)=1.407z^{-1}(1+0.718z^{-1})(1-0.586z^{-1})$$

$$G_{e1}(z)=(1-z^{-1})^2(1+0.593z^{-1})$$

所以

$$D(z)=\frac{G_B(z)}{G(z)G_{e1}(z)}=\frac{0.383(1-0.586z^{-1})(1-0.368z^{-1})}{(1-z^{-1})(1+0.593z^{-1})}$$

此时

$$G_{e2}(z)=\frac{G_B(z)}{G(z)}=0.383(1-z^{-1})(1-0.586z^{-1})(1-0.368z^{-1})$$

于是，可求

$$E_2(z)=G_{e2}(z)R(z)=\frac{0.383z^{-1}(1-0.368z^{-1})(1-0.586z^{-1})}{1-z^{-1}}$$
$$=0.383z^{-1}+0.0172z^{-2}+0.09(z^{-3}+z^{-4}+\cdots)$$

$E_2(z)$ 从第三拍开始达到稳态，于是可消除纹波。

7.8 Matlab 在离散系统中的应用

Matlab 在离散控制系统中起着重要作用。无论将连续系统离散化，求离散控制系统的离散输出响应，还是求连续输出响应，进行离散控制系统设计等，都可以用 Matlab，得出可视化结果，有利于加深对离散控制系统分析和设计方法的理解。下面，举若干实例，介绍 Matlab 方法在离散控制系统中的应用。

连续系统离散化，在 Matlab 中应用 c2dm 函数。它的一般格式为

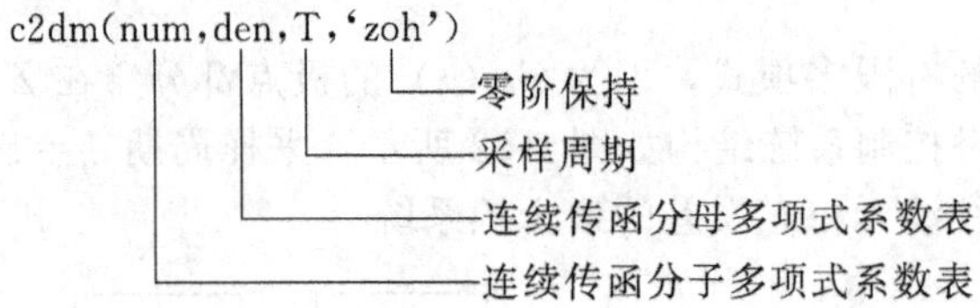

【例 7-34】 已知开环离散控制系统结构如图 7-53 所示，求开环脉冲传递函数，采样周期 $T=1$s。

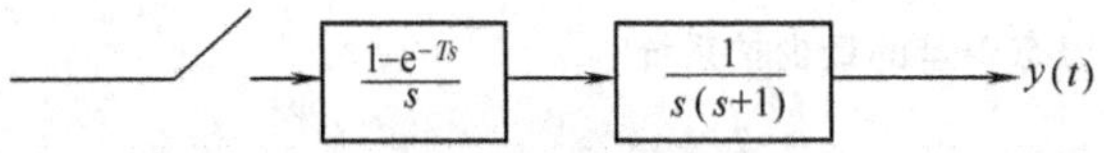

图 7-53 开环离散控制系统

解 先用解析求 $G(z)$

$$G(z)=\frac{z-1}{z}Z\left[\frac{1}{s^2(s+1)}\right]$$
$$=\frac{0.368z+0.264}{z^2-1.368z+0.368}$$

用 Matlab 可以很方便求得上述结果。Matlab 程序如下

```
%This script converts the transfer function
%G(s)=1/s(s+1) to a discrete-time system
%with a sampling period of T=1 sec
%
num=[1];den=[1,1,0];
T=1
[numZ,denZ]=c2dm(num,den,T,'zoh');
printsys(numZ,denZ,'Z')
```

打印结果

$$\frac{0.368z+0.264}{z^2-1.368z+0.368}$$

用 Matlab 亦很方便求系统的输出响应，只不过此时需运用 dstep 函数、climpulse 函数。假定离散系统如图 7-54 所示。输入为单位阶跃，可用 dstep 函数求输出响应。

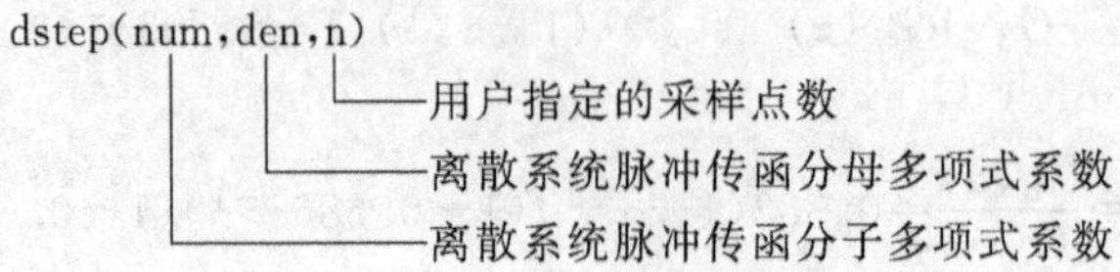

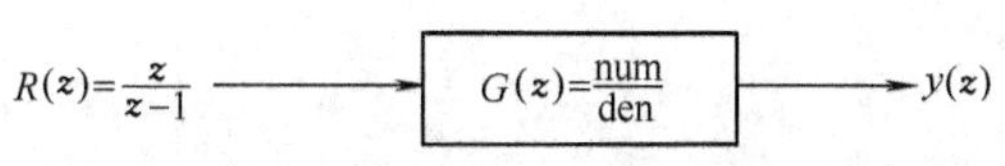

图 7-54 开环离散控制系统

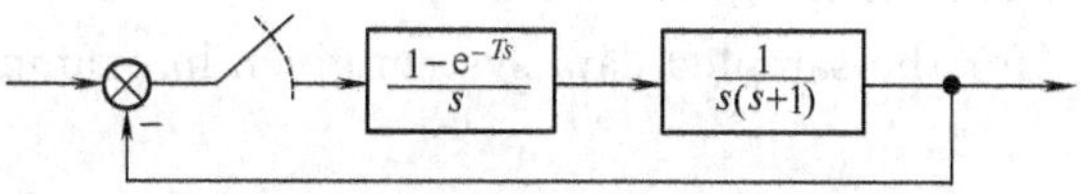

图 7-55 闭环离散控制系统

【例 7-35】 已知离散系统结构如图 7-55 所示，采样系统的输入为单位阶跃，采样周期 $T=1\text{s}$，求输出响应。

解 由 $G_B(z)=\dfrac{G(z)}{1+G(z)}=\dfrac{0.368z+0.264}{z^2-z+0.632}$ 可得

$$y(z)=G_B(z)R(z)=\frac{z(0.368z+0.264)}{(z-1)(z^2-z+0.632)}$$

$$=0.368z^{-1}+z^{-2}+1.4z^{-3}+1.4z^{-4}+1.14z^{-5}+\cdots$$

可绘制输出响应如图 7-56 所示。

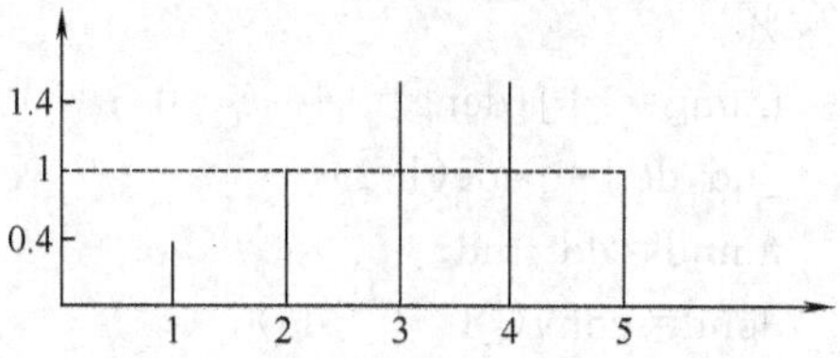

图 7-56 闭环离散控制系统单位阶跃响应

如果用 Matlab 的 dstep 函数，可很快得到离散输出 $y^*(t)$ 和连续输出结果 $y(t)$，如图 7-57 和图 7-58 所示。Matlab 程序如下。

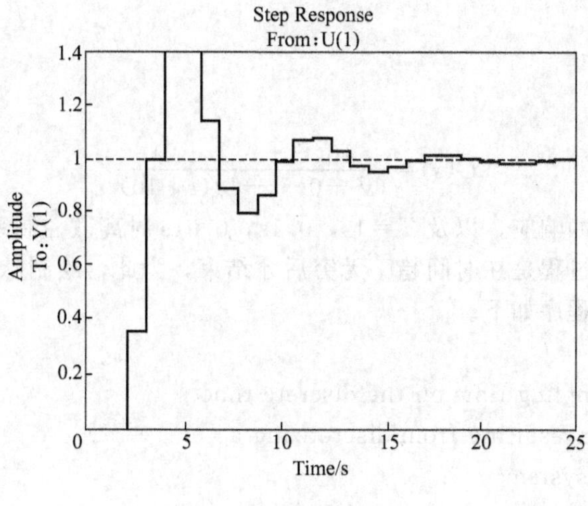

图 7-57 离散输出结果

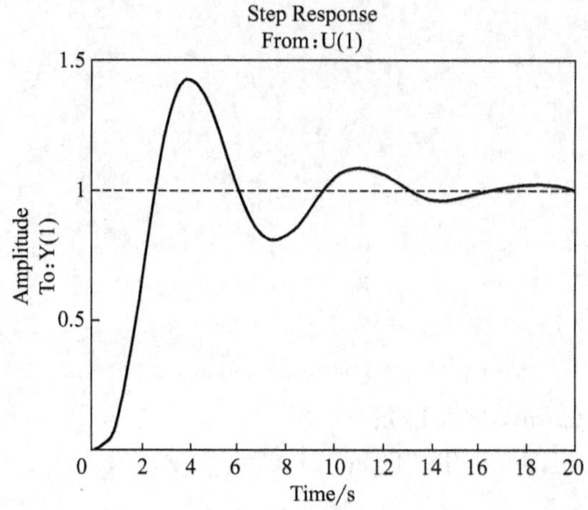

图 7-58 连续输出结果

```
%This script gene rather the unit step response, y(kt),
%for the sampled data system given in example
  %
  num=[0  0.368  0.264];den=[1  -1  0.632];
  dstep(num,den)
  %This script computes the continuous-time unit
  %step response for the system in example
  %
  numg=[1];deng=[1  1  0];
  [nd,dd]=pade(1,2)
  numd=dd-nd;
  dend=conv([1  0],dd);
  [numdm,dendm]=minreal(numd,dend);
  %
  [n1,d1]=series(numdm,dendm,numg,deng);
  [num,den]=cloop(n1,d1);
  t=[0:0.1:20];
  step(num,den,t)
```

【例 7-36】 已知

$$G(s)=\frac{10(s^2+0.2s+2)}{(s^2+0.5s+1)(s+10)}$$

希望绘制连续系统的脉冲响应，以及 $T=1$s，0.1s，0.01s 时离散控制系统脉冲响应。

解 由于系统过渡过程是在时间趋于无穷后才结束，为此，绘制脉冲响应的横坐标，终端时间 $T_f=13$s。Matlab 程序如下。

```
%Samplingex
%The effect of sampling time on the discrete-time
%impulse response resulting from discretizing a
%continuous-time system
num=10* [1  0.2  2]
den=conv([1  0.5  1],[1  10]);
clf
subplot(2,2,1)
Tf=13;
t=[0:0.1:Tf];
impulse(num,den,t)
m=1;
while m<=3,
Ts=1/10^(m-1);
subplot(2,2,1+m)
[numd,dend]=c2dm(num,den,Ts);
[y,x]=dimpulse(numd,dend,Tf/Ts);
t1=[0:Ts:Tf-Ts];
stairs(t1,y/Ts)
```

```
    xlabel('Timelsre(s)')
    ylabel('Amplitude')
    m=m+1;
end
    subplot(1,1,1)
```

图 7-59 绘制了该系统的脉冲响应。

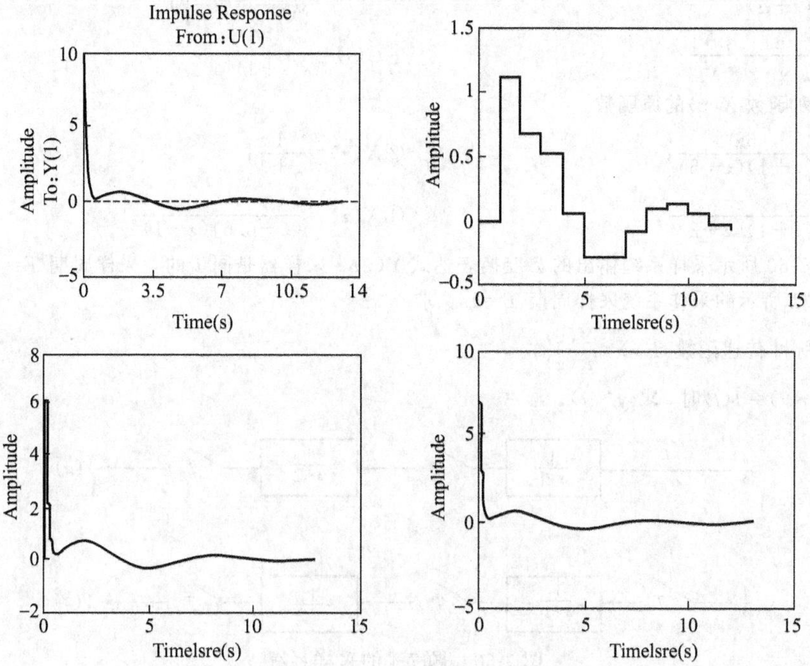

图 7-59 连续系统和离散控制系统的脉冲响应

本 章 小 结

本章首先讨论了离散信号的数学描述，介绍了采样系统的香农采样定理，即为了保证信号的恢复，其采样频率信号必须大于等于原连续信号所含最高频率的两倍。

为了建立线性离散控制系统的数学模型，本章引进 Z 变换理论及差分方程。可以说，Z 变换在线性离散系统中所起的作用与拉普拉斯变换在线性连续系统中所起的作用十分类似。本章介绍的 Z 变换的若干定理对求解线性差分方程和分析线性离散系统的性能是十分重要的。

本章最后扼要介绍了线性离散控制系统的分析综合方法。在稳定性分析方面，主要讨论了利用 Z 平面到 W 平面的双线性变换，再利用劳斯判据的方法。值得指出的是，离散控制系统的稳定性除与系统固有结构和参数有关外，还与系统的采样周期有关，这是与连续控制系统分析相区别的重要一点。

在离散系统的综合方法中，本章主要介绍了无稳态误差最少拍系统的设计和无纹波无稳态误差最少拍系统的设计。

最后结合几个例子介绍了 Matlab 在离散控制系统中的应用。

习 题 7

7-1 已知采样器的采样周期为 T，连续信号为

①$x(t)=te^{-at}$；　②$x(t)=e^{-at}\sin\omega t$；

③$x(t)=t^2\cos\omega t$；　④$x(t)=ta^{4t}$。

求采样的离散输出信号 $x^*(t)$ 及离散拉氏变换 $X^*(s)$。

7-2　求下列函数的 Z 变换。

①$x(kT)=1-e^{-akT}$；　②$x(kT)=e^{-akT}\cos\omega kT$；

③$x(t)=t^2e^{-5t}$；　④$x(t)=t\sin\omega t$；

⑤$G(s)=\dfrac{k}{s(s+a)}$；　⑥$G(s)=\dfrac{1}{s(s+1)(s+2)}$；

⑦$G(s)=\dfrac{1-e^{-Ts}}{s}\ \dfrac{s+1}{s^2}$；　⑧$G(s)=\dfrac{e^{-5Ts}}{s(s+1)}$。

7-3　求下列函数 $X(z)$ 的原函数。

①$X(z)=\dfrac{6z}{(z+1)(z+5)}$；　②$X(z)=\dfrac{1}{z+1}$；

③$X(z)=\dfrac{z}{(z+1)(z+2)^2}$；　④$X(z)=\dfrac{z^2}{(z-0.6)(z-1)}$。

7-4　求图 7-60 所示采样系统输出的 Z 变换表达式 $Y(z)$。采样器是同步的，采样周期 $T=1$s。

7-5　图 7-61 所示的采样系统采样周期 $T=1$s。求

① 系统的脉冲传递函数 $G(z)=\dfrac{Y(z)}{R(z)}$；

② 当输入 $r(t)=1(t)$时，求 $y^*(t)$。

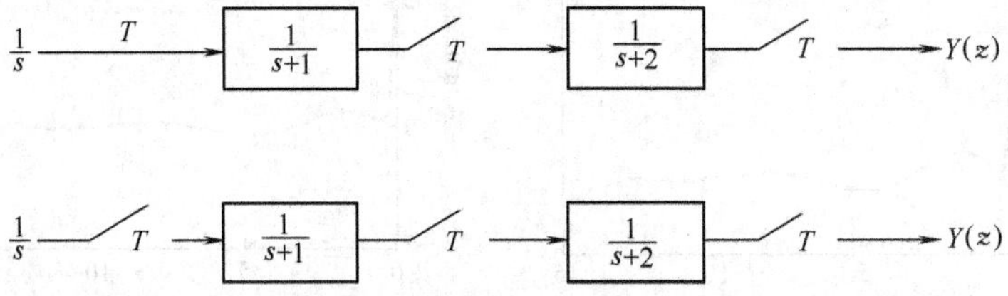

图 7-60　题 7-4 的采样系统

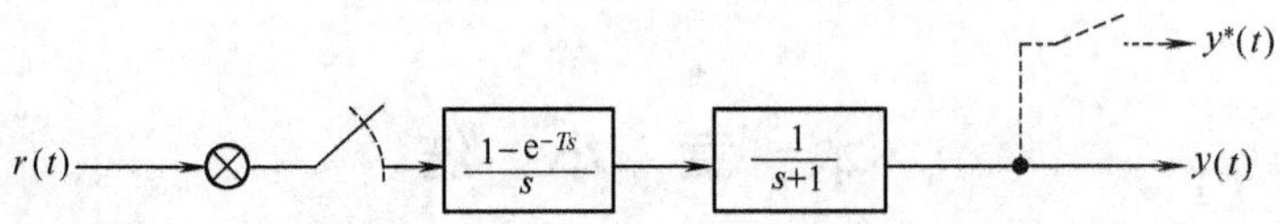

图 7-61　题 7-5 的采样系统

7-6　对图 7-61 所示采样系统计算 $T=0.1$s，$T=0.5$s 时采样系统的输出 $y^*(t)$。

7-7　求图 7-62 所示系统的闭环脉冲传递函数。

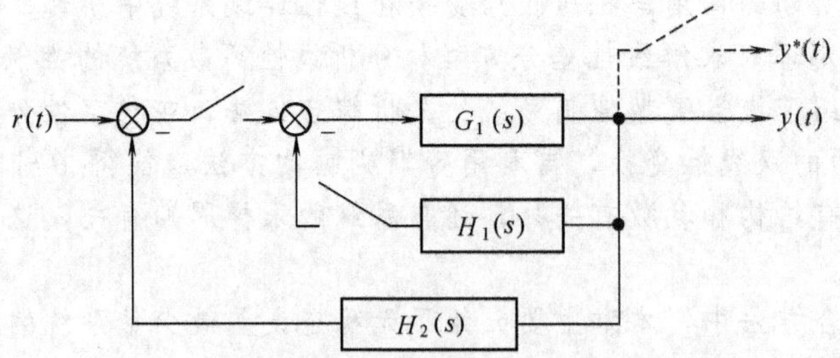

图 7-62　题 7-7 的采样系统

7-8　求图 7-63 所示系统闭环脉冲传递函数或输出 Z 变换表达式。

7-9　求图 7-64 所示采样系统输出的 Z 变换表达式 $Y(z)$。

7-10　已知采样系统如图 7-65 所示，采样周期 $T=0.5$s。

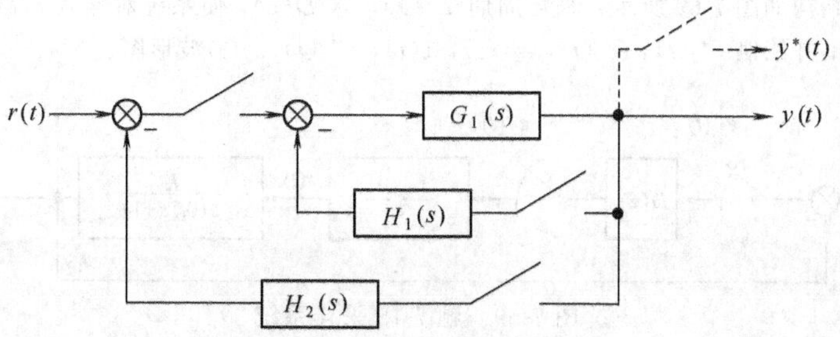

图 7-63 题 7-8 的采样系统

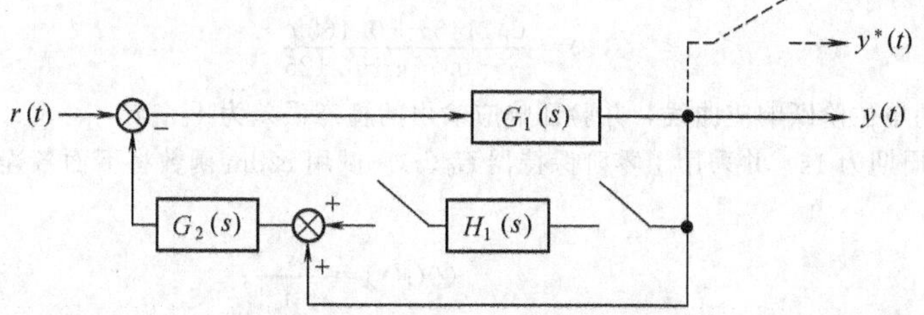

图 7-64 题 7-9 的采样系统

① 判别系统稳定性；

② 当 $r(t)=1(t)+t$ 时，求系统稳态误差。

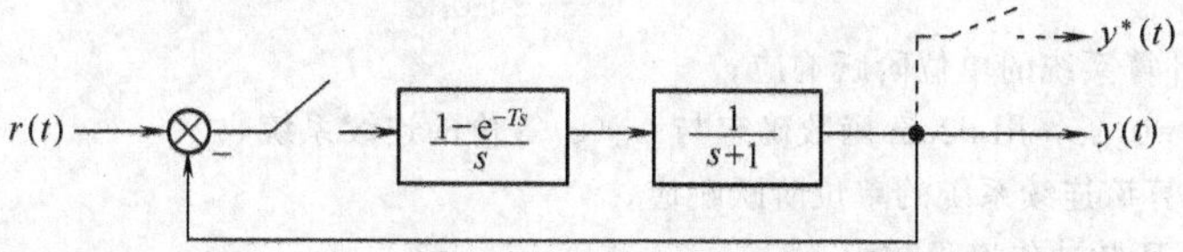

图 7-65 题 7-10 的采样系统

7-11 已知采样系统如图 7-66 所示，试求使系统稳定的 K 的取值范围，采样周期 $T=1\text{s}$。

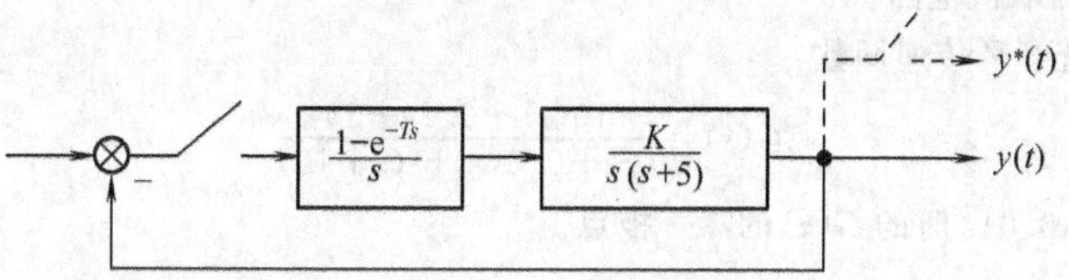

图 7-66 题 7-11 的采样系统

7-12 已知系统结构如图 7-66 所示，当输入 $r(t)=1(t)$时，计算系统输出 $y^*(t)$。

7-13 已知采样系统如图 7-67 所示，采样系统采样周期 $T=1\text{s}$，分析系统稳定性。

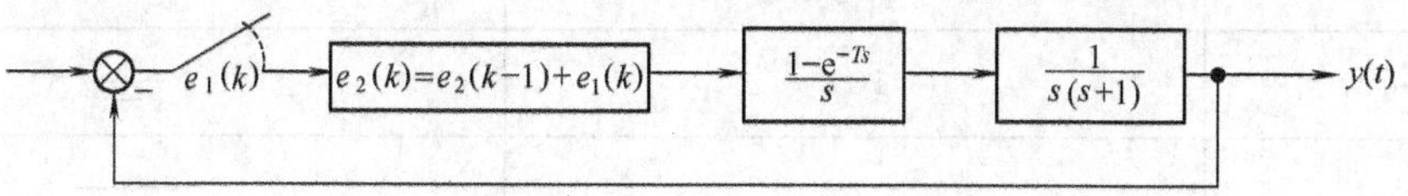

图 7-67 题 7-13 的采样系统

7-14 已知系统结构如图 7-68 所示，采样周期 $T=0.2\text{s}$，分析系统稳定性。

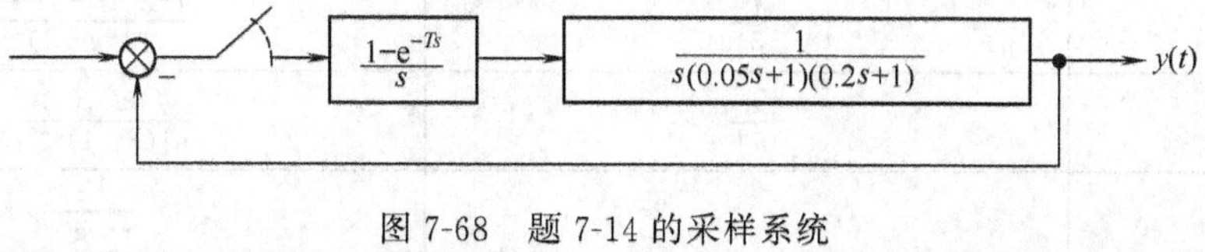

图 7-68 题 7-14 的采样系统

7-15　已知系统结构如图 7-69 所示，采样周期 $T=1\text{s}$，求 $D(z)$，使系统对输入 $r(t)$时的响应，是无稳态误差的最短时间响应，并绘制 $r^*(t)$，$e_1^*(t)$，$e_2^*(t)$，$x(t)$，$y^*(t)$，$y(t)$波形图。

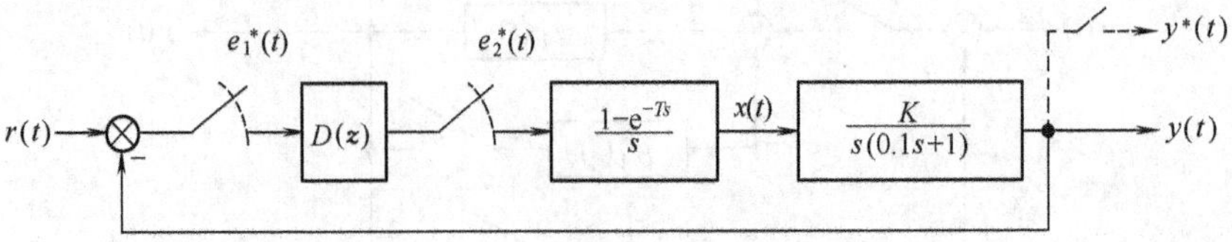

图 7-69　题 7-15 采样系统

7-16　做题 7-15，要求系统对 $r(t)=t$ 的输出响应，是无纹波、无稳态误差最短时间响应系统。

7-17　给定单位反馈系统

$$G(z)=\frac{0.2145z+0.1609}{z^2-0.75z+0.125}$$

用 Matlab 画出系统的单位阶跃响应曲线，并验证响应输出的稳态误差为 1。

7-18　假定采样周期为 1s，并采用了零阶保持器 $G_0(s)$。试用 c2dm 函数将下面各连续系统模型变换成离散系统模型。

①$G(s)=\frac{1}{s}$；　　②$G(s)=\frac{s}{s^2+4}$；

③$G(s)=\frac{s+5}{s+1}$；　　④$G(s)=\frac{1}{s(s+1)}$。

7-19　离散系统闭环脉冲传递函数 $G_B(z)$为

$$G_B(z)=\frac{1.7(z+0.46)}{z^2+z+0.5}$$

① 用 dstep 函数计算系统的单位阶跃响应；

② 若采样周期 $T=0.1\text{s}$，用 d2cm 函数确定与 $G_B(z)$等价的连续系统；

③ 用 step 函数计算该连续系统的单位阶跃响应。

7-20　采样系统开环脉冲传递函数为

$$G(z)=k\frac{z}{z^2-z+0.1}$$

试确定使系统稳定的 k 的取值范围。

7-21　已知连续系统开环传递函数

$$G(s)=\frac{10(s^2+0.2s+1)}{(s^2+0.5s+1)(s+10)}$$

求当采样周期分别为 1s，0.01s 时的 $G(z)$的零、极点。

附表　Z 变换表

$X(s)$	$x(t)$或 $x(k)$	$X(z)$
1	$\delta(t)$	1
e^{-kTs}	$\delta(t-kT)$	z^{-kT}
$\frac{1}{s}$	$1(t)$	$\frac{z}{z-1}$
$\frac{1}{s^2}$	t	$\frac{Tz}{(z-1)^2}$
$\frac{1}{s^3}$	$\frac{t^2}{2!}$	$\frac{T^2z(z+1)}{2!(z-1)^3}$
$\frac{1}{s^4}$	$\frac{t^3}{3!}$	$\frac{T^3z(z^2+4z+1)}{3!(z-1)^4}$
$\frac{1}{s^{n+1}}$	$\frac{t^n}{n!}$	$\frac{T^nzR_n(z)}{n!(z-1)^{n+1}}$
$\frac{1}{s+\alpha}$	$e^{-\alpha t}$	$\frac{z}{z-e^{-\alpha T}}$

续表

$X(s)$	$x(t)$或$x(k)$	$X(z)$
$\frac{1}{(s+\alpha)(s+\beta)}$	$\frac{1}{\beta-\alpha}(e^{-\alpha t}-e^{-\beta t})$	$\frac{1}{\beta-\alpha}\left(\frac{z}{z-e^{-\alpha T}}-\frac{z}{z-e^{-\beta T}}\right)$
$\frac{1}{s(s+\alpha)}$	$\frac{1}{\alpha}(1-e^{-\alpha t})$	$\frac{1}{\alpha}\times\frac{(1-e^{-\alpha T})z}{(z-1)(z-e^{-\alpha T})}$
$\frac{1}{s^2(s+\alpha)}$	$\frac{1}{\alpha}\left(t-\frac{1-e^{-\alpha t}}{\alpha}\right)$	$\frac{1}{\alpha}\left[\frac{Tz}{(z-1)^2}-\frac{(1-e^{-\alpha T})z}{\alpha(z-1)(z-e^{-\alpha T})}\right]$
$\frac{1}{(s+\alpha)^2}$	$te^{-\alpha t}$	$\frac{Tze^{-\alpha T}}{(z-e^{-\alpha T})^2}$
$\frac{\omega}{s^2+\omega^2}$	$\sin\omega t$	$\frac{z\sin\omega T}{z^2-2z\cos\omega T+1}$
$\frac{s}{s^2+\omega^2}$	$\cos\omega t$	$\frac{z(z-\cos\omega T)}{z^2-2z\cos\omega T+1}$
$\frac{\omega}{(s+\alpha)^2+\omega^2}$	$e^{-\alpha t}\sin\omega t$	$\frac{ze^{-\alpha T}\sin\omega T}{z^2-2ze^{-\alpha T}\cos\omega T+e^{-2\alpha T}}$
$\frac{s+\alpha}{(s+\alpha)^2+\omega^2}$	$e^{-\alpha t}\cos\omega t$	$\frac{z^2-ze^{-\alpha T}\cos\omega T}{z^2-2ze^{-\alpha T}\cos\omega T+e^{-2\alpha T}}$
$\frac{\alpha}{s^2-\alpha^2}$	$\mathrm{sh}\alpha t$	$\frac{z\,\mathrm{sh}\alpha T}{z^2-2z\,\mathrm{ch}\alpha T+1}$
$\frac{s}{s^2-\alpha^2}$	$\mathrm{ch}\alpha t$	$\frac{z(z-\mathrm{ch}\alpha T)}{z^2-2z\,\mathrm{ch}\alpha T+1}$
$\frac{1}{s-\frac{\ln\alpha}{T}}$	α^k	$\frac{z}{z-\alpha}$
$\frac{1}{s+\frac{\ln\alpha}{T}}$	$\alpha^k\cos k\pi$	$\frac{z}{z+\alpha}$
	$\frac{k(k-1)\cdots(k-m+1)}{m!}$	$\frac{z}{(z-1)^{m+1}}$

8 非线性系统理论

内容提要

非线性是控制系统的普通属性，几乎所有的实际系统都或多或少存在不同程度的非线性。本章介绍了非线性系统的特点，主要介绍了基于谐波分析的描述函数方法和基于图解方法的相平面法。

知识要点

线性系统与非线性系统的区别，非线性系统的特点，典型非线性系统的特性，描述函数法，相平面法，奇点与极限环。

前面各章阐述了线性系统理论的分析综合方法，物理系统中存在着大量非线性因素，有些非线性系统不能近似为线性系统，不能应用线性系统方法来分析，必须寻求新的分析方法。直到目前为止，还没有一种统一的分析非线性系统的方法。本章扼要介绍两种分析非线性系统的方法：描述函数法和相平面法。

8.1 引言

前面各章讨论问题的前提，是假设系统为线性系统。可是，实际的物理系统严格来说都不是线性系统，只不过在实际允许的情况下，将非线性特性近似看做线性特性。人们熟悉的物理对象都是为非线性特性。各种基于电磁原理制作的装置，如发电机、电动机等，都存在磁滞现象；机械传动装置都是通过齿轮传动的，存在间隙；人工制造的继电装置，在工业控制领域得到广泛应用，各种继电特性都是非线性的。

在自动控制系统中的任何环节，只要出现非线性特性的装置，该控制系统就是非线性控制系统。描述该动力学系统的动态行为的数学模型是非线性微分方程。

8.1.1 非线性系统特点

非线性系统与线性控制系统相比，具有一系列新的特点。

① 线性系统满足叠加原理，而非线性控制系统不满足叠加原理。

所谓叠加原理要满足叠加性和齐次性两方面的要求。即当给定系统输入为 X_1，其输出为 Y_1，当给定系统输入为 X_2，其输出为 Y_2，当给定系统输入为 X_1+X_2，其输出为 Y_1+Y_2，对线性系统而言，则称系统满足了叠加性；但对非线性系统而言，利用非线性滤波，也可使系统满足叠加性。如图8-1所示非线性系统。非线性器件Ⅰ，当输入为 X_1 时，其输出为 Y_1，非线性器件Ⅱ的输入为 X_2 时，其输出为 Y_2，而滤波器Ⅰ对 X_1 具有良好的滤波特性，它只允许 X_1 通过；而滤波器Ⅱ，设计它的滤波特性，只允许 X_2 通过，这样的非线性装置也可满足叠加性，即当输入为 X_1+X_2 时，其输出为 Y_1+Y_2。

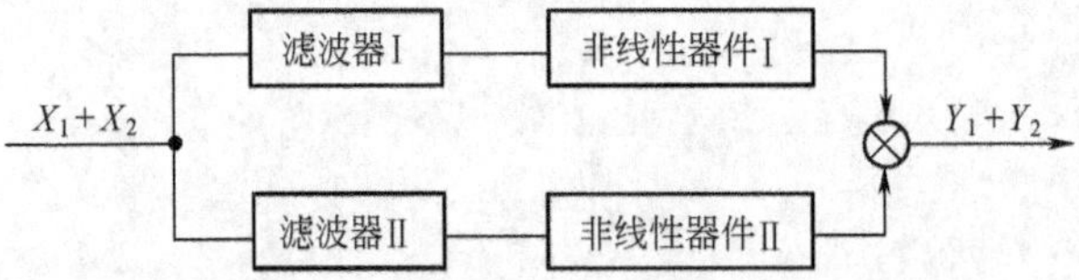

图 8-1 带滤波器的非线性系统

虽然如此，判断一个装置是线性的还是非线性的第二个要求是所谓齐次性。即当装置输入为 X_1 时，其输出为 Y_1，当输入为 nX_1 时，其输出为 nY_1。此时，只有线性装置满足这个要求，而非线性装置无论如何不可能满足齐次性。

② 线性定常控制系统的稳定性仅取决于控制系统的固有结构和参数，而与系统的初始条件以及外加输入没有关系。

而对非线性系统而言，甚至没有笼统的有关整个非线性系统的稳定性概念。对非线性控制系统，总是针对某一平衡点而言，讨论其运动稳定性问题。如果在某一初始扰动范围内，系统有能力维持在某一平衡状态，就称该运动状态在一定范围内是稳定的。如果系统没有能力维持该平衡点的运动状态，就称该平衡点的运动状态是不稳定的。非线性系统平衡点的运动状态是极其复杂的。平衡点的运动稳定性不仅与系统的固有结构和参数有关，还与系统的输入大小，扰动的大小以及系统的初始状态有关。下面，通过一简单实例来说明这个问题。

对于一由非线性微分方程

$$\dot{x}=-x(1-x) \tag{8-1}$$

描述的非线性系统，显然有两个平衡点，即 $x_1=0$ 和 $x_2=1$。下面讨论一下这两个平衡点的运动稳定性问题。将上式改写为

$$\frac{\mathrm{d}x}{x(1-x)}=-\mathrm{d}t \tag{8-2}$$

设 $t=0$ 时，系统的初态为 x_0。积分上式可得

$$x(t)=\frac{x_0\mathrm{e}^{-t}}{1-x_0+x_0\mathrm{e}^{-t}}$$

当初始条件 $x_0<1$ 时，随着时间趋于无穷时，$x(t)$ 趋于零。这意味着，$x=0$ 的平衡状态在受到干扰后，只要在 $x<1$ 的范围内，系统有能力渐近恢复到零平衡状态，这说明，$x=0$ 的平衡状态是小范围稳定的。当 $x_0>1$ 时，当 $t=\ln\frac{x_0}{x_0-1}$时，$x(t)$趋于∞，这说明 $x=1$ 的平衡状态，在受到干扰后，要么趋于∞，要么趋于零，说明 $x=1$ 的平衡状态是不稳定的。如图 8-2 所示。

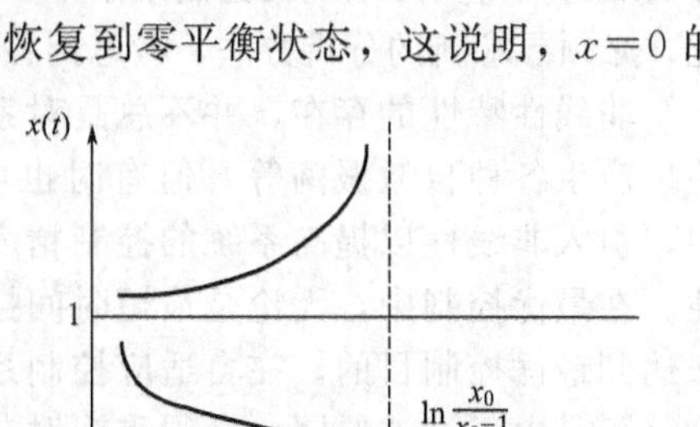

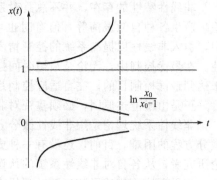

图 8-2 一阶非线性系统

由上面分析可知，不能笼统地说非线性系统是否稳定，而总是针对系统平衡状态的运动稳定性来加以讨论的。这是非线性系统不同于线性系统的地方。

③ 线性系统在没有外作用时，系统的周期运动只能发生在无阻尼状态，即系统特征方程的根为一对共轭纯虚根。而且，这种等幅运动状态，对于实际的物理系统是不存在的。因为一旦系统中的某一物理参数随外界环境发生变化时，系统特征方程的根要么处于左半S平面，要么处于右半S平面。对于前者，系统是稳定的，系统产生衰减振荡。对于后者，系统不稳定，系统将产生发散振荡。无论如何，线性系统不可能维持稳定的等幅运动状态。

对于非线性系统而言，在没有外加周期信号作用时，其系统自由运动完全可能发生稳定的等幅运动状态。例如，各种信号发生器正是利用非线性装置的稳定的等幅运动状态特性的最好实例。把这种等幅运动状态称为自激振荡，对于二阶非线性系统，称这种自激振荡状态为极限环。

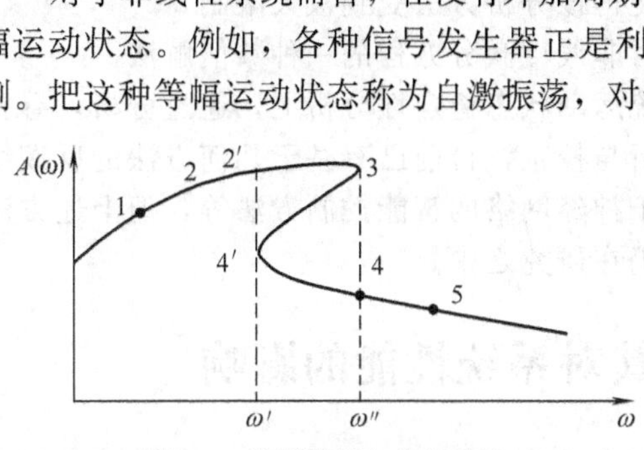

图 8-3 跳跃谐振与多值响应

④ 线性系统在正弦信号作用下，系统输出的稳态分量为同频率的正弦信号，只不过输出振幅和相位发生变化，这正是频率法分析线性系统的基础。

而非线性系统在正弦信号作用下，其输出存在极其复杂的情况。

a. 跳跃谐振和多值响应　这是在某些非线性系统中特有的现象。如图 8-3 所示的非线性弹簧

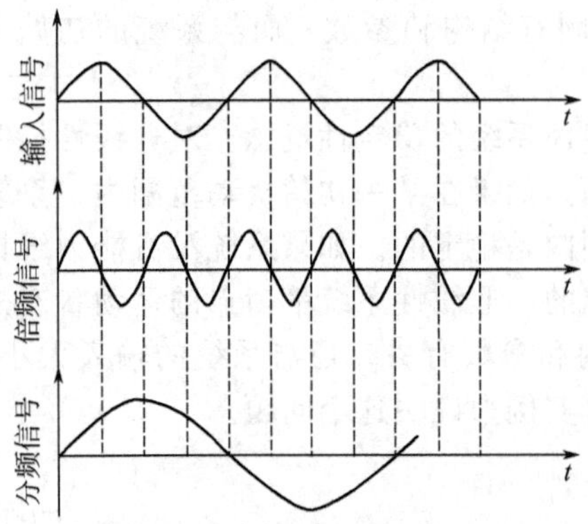

图 8-4 倍频振荡与分频振荡

输出的幅频特性。当维持外加输入信号幅值不变，而其角频率 ω 逐渐增加时，系统输出幅值 $A(\omega)$ 沿着曲线 1-2-3 变化，若 ω 继续增加时，非线性系统产生由 3 到 4 的跳跃，输出幅值 $A(\omega)$ 产生跳跃变化，若 ω 继续增加，系统输出幅值 $A(\omega)$ 沿 4-5 变化。当角频率由大向小的方向减小时，系统幅值 $A(\omega)$ 沿 5-4-4′变化，在 ω' 发生跳跃谐振由 4′-2′变化，当 ω 继续减小时，系统输出幅值 $A(\omega)$ 沿2′-1 变化。把在 ω' 和 ω'' 点发生的跳跃变化，称为跳跃谐振。在对应$\omega'\sim\omega''$段系统输出幅值$A(\omega)$ 对应两个幅值，这种现象称为多值响应。

b. 分频振荡和倍频振荡　非线性系统在正弦信号作用下，其稳态分量除产生同频率振荡信号外，还可能产生倍频振荡分量和分频振荡分量。即输出振荡频率是输入信号频率整数倍的倍频振荡和周期是输入信号整数倍的分频振荡。如图 8-4 所示波形。

8.1.2 研究非线性系统的意义与方法

为什么要研究非线性系统呢？这是因为实际的控制系统，存在着大量的非线性因素。例如，放大器的饱和特性和不灵敏区，机械传动过程中存在的间隙特性和库仑摩擦，各种变放大系数的放大器以及人为产生的继电特性，这些非线性因素的存在，使得用线性系统理论进行分析时所得出的结论，与实际系统的控制效果不一致。线性系统理论无法解释非线性因素所产生的影响。因此，必须寻求新的分析方法，考虑到各种非线性因素对系统的影响，对非线性系统进行分析。

非线性特性的存在，并不总是对系统产生不良影响，譬如使系统稳定性变差，产生静态误差，产生各种自激振荡等。但有时也可以利用非线性特性来改善系统性能。如在变结构系统中，引入非线性以提高系统的控制精度，引入非线性校正网络以改善系统的稳态特性和动态特性。在最优控制中，无论是最短时间控制还是能量最省控制系统中，均广泛地应用非线性特性来达到最优控制目的。在自适应控制系统中，更是广泛应用着非线性控制。

正是由于上述原因，必须重视对非线性控制系统理论的研究。

非线性系统理论是用非线性微分方程描述系统的，但由于建立系统模型，以及求解非线性微分方程的困难，目前，还没有一种成熟的普遍适用的方法来分析非线性系统。非线性系统理论研究者，从各自对非线性系统的认识，提出一些工程近似方法来分析非线性系统，这些方法是：相平面法、描述函数法、计算机求解法等。

相平面法是用图解的方法分析一阶、二阶非线性系统的方法。通过绘制控制系统相轨迹，达到分析非线性系统特性的方法。

描述函数法是受线性系统频率法启发，而发展出的一种分析非线性系统的方法。它是一种谐波线性化的分析方法，是频率法在非线性系统分析中的推广。这种分析方法尽管不受系统阶次的限制，但是有许多分析问题的前提条件，从而使得该分析方法受到极大限制。

计算机求解法是利用计算机运算能力和高速度对非线性微分方程的一种数值解法。

上述对非线性系统分析的方法，也仅限于对系统运动状态稳定性分析上，通过分析，寻找克服非线性自激振荡的方法。关于非线性系统的分析与校正，目前已有基于几何方法的反馈线性化方法，基于李群、李代数的代数方法，以及基于神经网络的智能控制方法等，但上述方法仅仅对某一类非线性系统有效，其一般方法，目前仍在研究之中。

8.2 典型非线性特性的数学描述及其对系统性能的影响

对各种非线性特性，特别是一些典型非线性，尽可能用数学公式加以表达，才有可能用来分析其对系统特性的影响。下面对一些常见的典型非线性特性予以描述，并简要叙述其对系统性能的可能影响。

8.2.1 饱和特性

在电子放大器中常见的一种非线性，如图 8-5 所示，当外加输入 $e(t)$ 足够大时，比 e_0 来得大，非线性装置的输出 $x(t)$ 达到饱和，x 不再随输入 e 呈线性变化，而达到饱和状态。

饱和装置的输入特性的数学描述如下

$$x(t)=\begin{cases}ke(t), & |e(t)|<e_0\\ ke_0\,\mathrm{sign}e(t), & |e(t)|\geqslant e_0\end{cases} \tag{8-3}$$

式中，$\mathrm{sign}e(t)$ 为取符号函数，它的值为

$$\mathrm{sign}e(t)=\begin{cases}1, & e(t)\geqslant 0\\ -1, & e(t)<0\end{cases} \tag{8-4}$$

具有饱和特性的控制系统，假如工作在线性段时系统是发散振荡的，则当输出偏差 $e(t)$ 进入饱和段时，由于系统放大系数下降，有可能形成自激振荡。

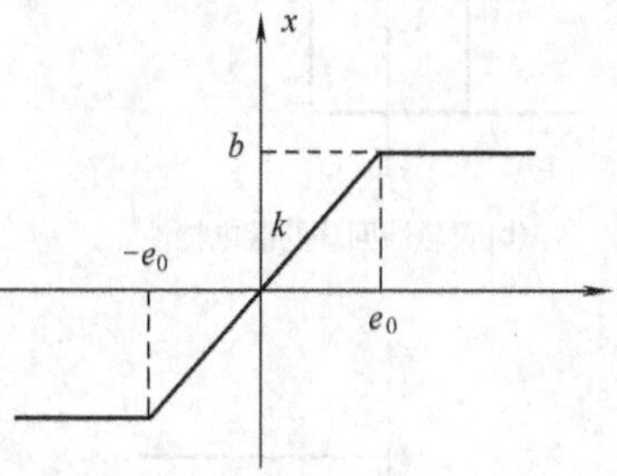

图 8-5 饱和特性

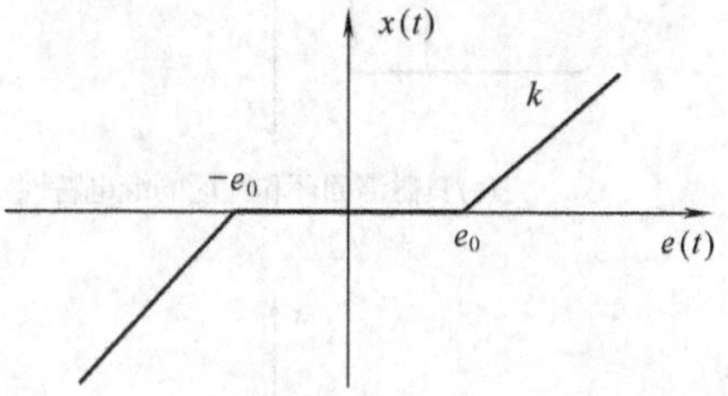

图 8-6 死区特性

8.2.2 死区特性

死区特性也称为不灵敏区，它大量存在于各种放大器中，只要输入偏差 $e(t)$ 没有达到一定值［如 $e_0(t)$］，放大器输出为零。一旦 $e(t)$ 大于 e_0，则其输出 $x(t)$ 随 $e(t)$ 增加而线性增加，如图 8-6 所示。其数学描述如下

$$x(t)=\begin{cases}0, & |e(t)|<e_0\\ k[e(t)-e_0\,\mathrm{sign}e(t)], & |e(t)|\geqslant e_0\end{cases} \tag{8-5}$$

在控制系统中，死区可由各种原因引起。例如静摩擦，电气触点的气隙，触点压力，弹簧的预张力，各种电路中的不灵敏值等。死区在液压和气动系统或元件中经常可以遇到。

死区对系统性能可产生不同的影响。在有些场合，它的存在将导致系统不稳定或自激振荡；但在另外一些场合，由于系统不灵敏，有利于系统的稳定或者自激振荡的抑制。有时为了提高系统抗干扰能力，故意引入或增大死区，但是在另外一些系统中（例如位置随动系统中），死区的存在，将使稳态误差与输入信号大小有关，误差增大。

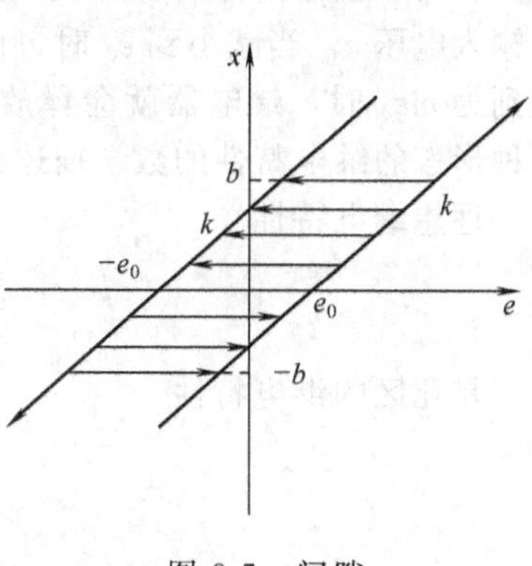

图 8-7 间隙

8.2.3 间隙特性

机械传动装置是通过齿轮实现的，为了平滑传动和换

向传动，齿轮之间必须存在间隙。即当传动换向，齿轮必须通过一个空移，输出才能继续传动，如图 8-7 所示。它的数学描述如下

$$x(t)=\begin{cases}k[e(t)-e_0], & \dot{x}(t)>0\\ k[e(t)+e_0], & \dot{x}(t)<0\\ b\mathrm{sign}e(t), & \dot{x}(t)=0\end{cases} \tag{8-6}$$

控制系统中间隙特性的存在，往往促使系统产生自激振荡。由于间隙特性使输出信号在相位上产生滞后，从而使系统稳定裕度减小，动态特性变坏，稳态误差增加。

8.2.4 继电特性

继电特性是根据控制的需要，人为产生的一种非线性特性。在使用继电特性时，有四种可供选择的形态，如图 8-8 所示。

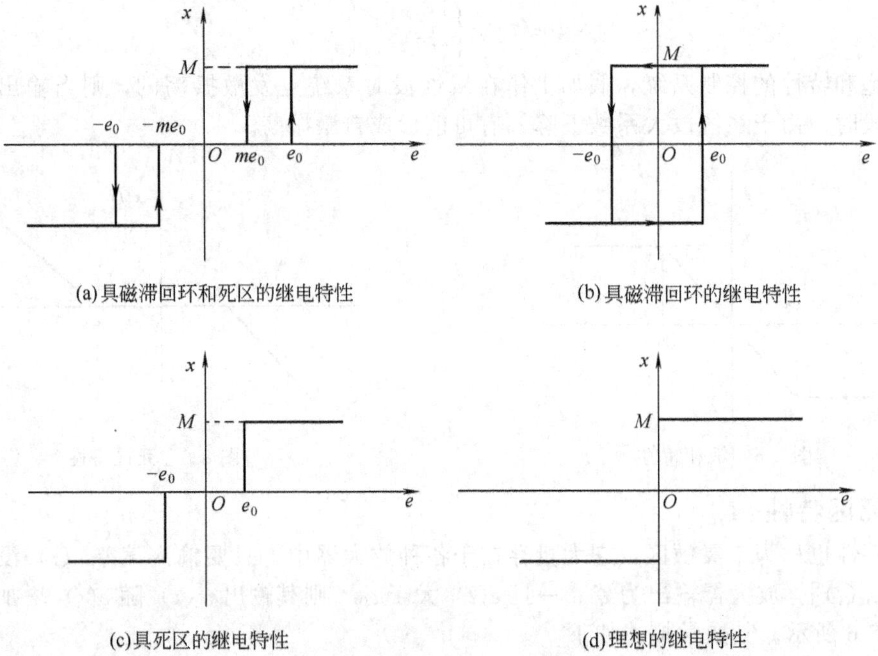

图 8-8 继电特性的各种形态

继电器的作用原理是，给继电器绕组加一输入电压，在线圈上就会有电流通过，从而会产生电磁力，当输入电压 e 为某一值 e_0 时，线圈上电流所产生的电磁力，足以使继电器触点闭合，从而产生输出为 M。称 e_0 为继电器的动作电压。当考虑磁滞影响时，如果减小线圈绕组上输入电压 e，当减小到 e_0 时，由于磁滞影响，继电器触点不会释放，若继续减小输入电压，直到为 me_0 时，继电器就会释放，触点又断开，输出又变为零。称 me_0 为继电器释放电压。四种形态的继电特性的数学描述如下

理想继电特性

$$x(t)=\begin{cases}M, & e>0\\ -M, & e<0\end{cases} \tag{8-7}$$

具死区的继电特性

$$x(t)=\begin{cases}M, & e(t)>e_0\\ 0, & -e_0\leqslant e(t)\leqslant e_0\\ -M, & e(t)<-e_0\end{cases} \tag{8-8}$$

具磁滞回环的继电特性

$$x(t)=\begin{cases}M, & \dot{e}>0,\ e>e_0;\ \dot{e}<0,e>-e_0\\ -M, & \dot{e}>0,e<e_0;\ \dot{e}<0,\ e<-e_0\end{cases} \tag{8-9}$$

具磁滞回环和死区的继电特性

$$x(t)=\begin{cases}M, & \begin{matrix}\dot{e}>0,e>e_0\\ \dot{e}<0,e>me_0\end{matrix}\\ 0, & \begin{matrix}\dot{e}>0,-me_0<e<e_0\\ \dot{e}<0,-e_0<e<me_0\end{matrix}\\ -M, & \begin{matrix}\dot{e}>0,e<-me_0\\ \dot{e}<0,e<-e_0\end{matrix}\end{cases} \tag{8-10}$$

8.3 描述函数法

描述函数法是一种近似分析非线性系统的方法。它将一个非线性装置或环节用一个被称为描述函数的可变增益的环节来代替。这个可变增益是输入正弦振幅 A 和振荡频率 ω 的函数。它是这样来求的，给非线性环节作用一个正弦输入，在非线性环节满足一定条件下，其输出为一周期函数，且可展开成傅里叶级数，取输出基波分量与输入正弦量的复数比，即可求得该非线性环节的描述函数，或可变放大系数。用这个可变放大系数代替非线性环节，即可用线性系统中频率法分析系统。这种分析，主要用来研究系统是否会产生自激振荡及其抑制方法。描述函数是一种近似分析方法，它对系统阶次没有限制，仅对非线性特性和系统结构有一定要求，因此，该分析方法得到广泛的应用。

8.3.1 描述函数的概念

描述函数法是一种近似分析法，它对系统和非线性特性提出一些限制条件，只有满足如下条件的非线性系统才能应用描述函数进行分析。

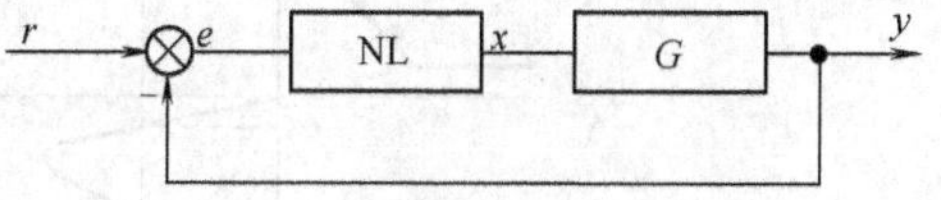

图 8-9 非线性系统典型结构

① 系统线性部分和非线性环节应能分开，如图 8-9 所示，非线性部分与线性部分相串联。图中 NL 为非线性环节，G 为线性部分的传递函数。

② 非线性特性具奇对称特性，且输入输出关系为静特性。正因为如此，非线性环节输入为正弦量时，其输出为周期函数，可展开成傅里叶级数，且其直流分量为零。

③ 线性部分应具良好的低通滤波特性。可以认为高次谐波完全滤掉，输出仅存在基波分量。

有了上述假定，描述函数定义为非线性环节输出基波分量与输入正弦量的复数比。

假定，非线性环节的输入为正弦量

$$e(t)=A\sin\omega t \tag{8-11}$$

一般情况下，其输出为周期函数，可展开成傅里叶级数

$$x(t)=\frac{A_0}{2}+\sum_{n=1}^{\infty}(A_n\cos n\omega t+B_n\sin n\omega t)$$

式中，由于非线性为奇对称特性，所以 $A_0=0$。

其中

$$A_n=\frac{1}{\pi}\int_0^{2\pi}x(t)\cos n\omega t\,\mathrm{d}(\omega t)$$

$$B_n=\frac{1}{\pi}\int_0^{2\pi}x(t)\sin n\omega t\,\mathrm{d}(\omega t) \tag{8-12}$$

取基波分量，有

$$A_1=\frac{1}{\pi}\int_0^{2\pi}x(t)\cos\omega t\,\mathrm{d}(\omega t)$$

$$B_1=\frac{1}{\pi}\int_0^{2\pi}x(t)\sin\omega t\,\mathrm{d}(\omega t) \tag{8-13}$$

则基波分量为

$$x_1(t)=A_1\cos\omega t+B_1\sin\omega t=x_1\sin(\omega t+\phi_1) \tag{8-14}$$

式中

$$x_1=\sqrt{A_1^2+B_1^2} \tag{8-15}$$

则描述函数

$$N(A)=\frac{x_1}{A}e^{j\phi_1} \tag{8-16}$$

由式(8-16) 可知，描述函数是输入振幅 A 的函数，是一个可变增益的放大系数。对于单值非线性特性，$N(A)$ 是一个实函数，对于双值非线性特性，$N(A)$ 是一个复函数。

求出非线性环节的描述函数 $N(A)$ 后，就可用 $N(A)$ 代替非线性环节，从而建立起非线性系统的数学描述，这样，可以将线性系统频率法扩展到非线性系统中，用来分析非线性系统的稳定性和自激振荡状态。

8.3.2 典型非线性的描述函数

(1) 饱和特性

如图 8-10 所示，该饱和特性输入 $e(t)=A\sin\omega t$。

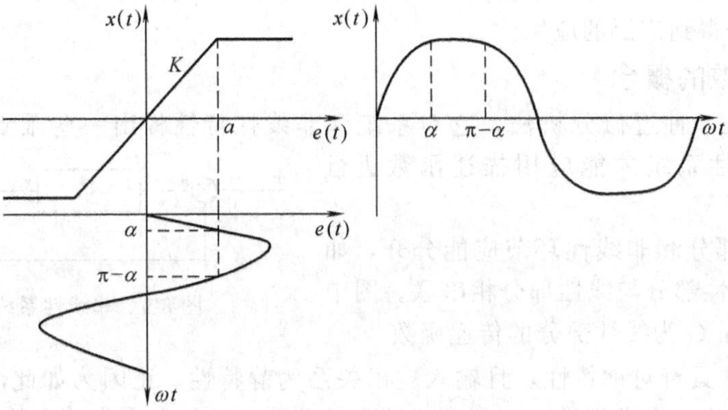

图 8-10 饱和特性及输入输出波形

当 $A>a$ 时，饱和特性输出 $x(t)$ 为

$$x(t)=\begin{cases}KA\sin\omega t, & 0\leqslant\omega t<\alpha\\ Ka, & \alpha\leqslant\omega t<\pi-\alpha\\ KA\sin\omega t, & \pi-\alpha\leqslant\omega t<\pi\end{cases} \tag{8-17}$$

式中

$$\alpha=\sin^{-1}\frac{a}{A}$$

由于输出波形为奇函数

$$A_1=0,\quad \phi_1=\tan^{-1}\frac{A_1}{B_1}=0$$

$$B_1=\frac{2}{\pi}\int_0^{\pi}x(t)\sin\omega t\,\mathrm{d}(\omega t)$$

$$= \frac{2}{\pi}\left[\int_0^{\alpha} KA\sin^2\omega t\,\mathrm{d}(\omega t) + \int_{\alpha}^{\pi-\alpha} Ka\sin\omega t\,\mathrm{d}(\omega t) + \int_{\pi-\alpha}^{\pi} KA\sin^2\omega t\,\mathrm{d}(\omega t)\right]$$

$$= \frac{2}{\pi}KA\left[\sin^{-1}\frac{a}{A} + \frac{a}{A}\sqrt{1-\left(\frac{a}{A}\right)^2}\right] \quad (8\text{-}18)$$

饱和特性的描述函数求得如下

$$N(A) = \frac{B_1}{A} = \frac{2}{\pi}K\left[\sin^{-1}\frac{a}{A} + \frac{a}{A}\sqrt{1-\left(\frac{a}{A}\right)^2}\right] \quad (8\text{-}19)$$

由上式可以看出，描述函数是输入振幅 A 的函数，而且是非线性关系。因此，可将描述函数看作一可变放大系数的放大器。

(2) 死区特性

当输入 $e(t)=A\sin\omega t$ 时，非线性特性输入输出波形如图 8-11 所示。

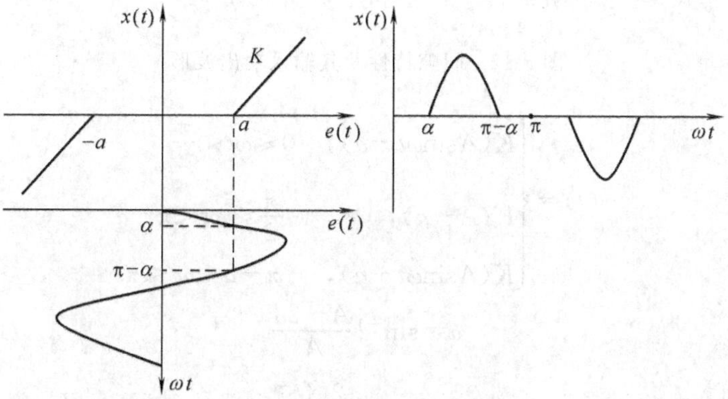

图 8-11 死区特性及输入输出波形

由图 8-11 所示，当 $e(t)=A\sin\omega t$，且 $A>a$ 时，死区输出为

$$x(t) = \begin{cases} 0, & 0 \leqslant \omega t < \alpha \\ K(A\sin\omega t - a), & \alpha \leqslant \omega t < \pi - \alpha \\ 0, & \pi - \alpha \leqslant \omega t < \pi \end{cases} \quad (8\text{-}20)$$

式中

$$\alpha = \sin^{-1}\frac{a}{A}$$

输出为奇函数

$$A_1 = 0, \quad \phi_1 = 0$$

$$B_1 = \frac{2}{\pi}\int_0^{\pi} x(t)\sin\omega t\,\mathrm{d}(\omega t) = \frac{2}{\pi}\int_{\alpha}^{\pi-\alpha} K(A\sin\omega t - a)\sin\omega t\,\mathrm{d}(\omega t)$$

$$= \frac{\pi}{2}KA\left[\frac{\pi}{2} - \sin^{-1}\frac{a}{A} - \frac{a}{A}\sqrt{1-\left(\frac{a}{A}\right)^2}\right] \quad (8\text{-}21)$$

死区特性的描述函数求得为

$$N(A) = \frac{2}{\pi}K\left[\frac{\pi}{2} - \sin^{-1}\frac{a}{A} - \frac{a}{A}\sqrt{1-\left(\frac{a}{A}\right)^2}\right] \quad (8\text{-}22)$$

由式(8-22) 可知，当$\frac{a}{A}$很小，即不灵敏区小，$N(A)$ 趋近于 K，当$\frac{a}{A}$变大，$N(A)$ 随着减小，当$\frac{a}{A}$趋近于 1 时，$N(A)$ 趋近于零。

(3) 间隙特性

当输入 $e(t)=A\sin\omega t$ 时，间隙特性输入输出波形如图 8-12 所示。

由间隙的数学描述可知，间隙输出 $x(t)$ 为

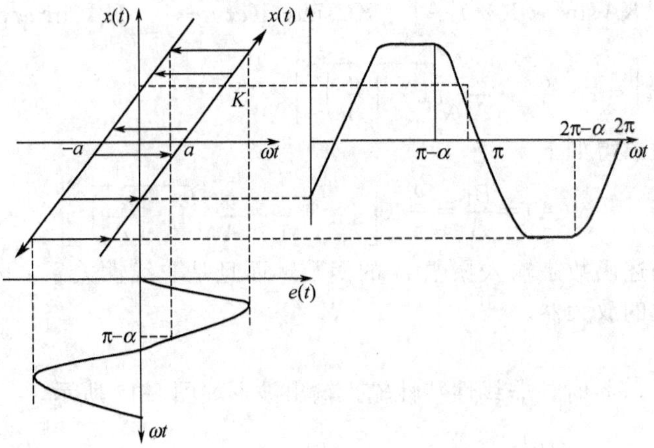

图 8-12 间隙特性及其输入输出波形

$$x(t)=\begin{cases}K(A\sin\omega t-a), & 0\leqslant\omega t<\dfrac{\pi}{2}\\ K(A-a), & \dfrac{\pi}{2}\leqslant\omega t<\pi-\alpha\\ K(A\sin\omega t+a), & \pi-\alpha\leqslant\omega t<\pi\end{cases}\tag{8-23}$$

式中
$$\alpha=\sin^{-1}\frac{A-2a}{A}$$

$$\begin{aligned}A_1&=\frac{2}{\pi}\int_0^{\frac{\pi}{2}}K(A\sin\omega t-a)\cos\omega t\,\mathrm{d}(\omega t)+\frac{2}{\pi}\int_{\frac{\pi}{2}}^{\pi-\alpha}K(A-a)\cos\omega t\,\mathrm{d}(\omega t)+\\&\quad\frac{2}{\pi}\int_{\pi-\alpha}^{\pi}K(A\sin\omega t+a)\cos\omega t\,\mathrm{d}(\omega t)\\&=\frac{4KA}{\pi}\left[\left(\frac{a}{A}\right)^2-\frac{a}{A}\right]\end{aligned}\tag{8-24}$$

$$\begin{aligned}B_1&=\frac{2}{\pi}\int_0^{\frac{\pi}{2}}K(A\sin\omega t-a)\sin\omega t\,\mathrm{d}(\omega t)+\frac{\pi}{2}\int_{\frac{\pi}{2}}^{\pi-\alpha}K(A-a)\sin\omega t\,\mathrm{d}(\omega t)+\\&\quad\frac{2}{\pi}\int_{\pi-\alpha}^{\pi}K(A\sin\omega t+a)\sin\omega t\,\mathrm{d}(\omega t)\\&=\frac{KA}{\pi}\left[\frac{\pi}{2}+\sin^{-1}\left(\frac{A-2a}{A}\right)+\frac{A-2a}{A}\sqrt{1-\left(\frac{A-2a}{A}\right)^2}\right]\end{aligned}\tag{8-25}$$

于是，可求得间隙特性的描述函数 $N(A)$ 为

$$\begin{aligned}N(A)&=\frac{K}{\pi}\left[\frac{\pi}{2}+\sin^{-1}\left(\frac{A-2a}{A}\right)+\frac{A-2a}{A}\sqrt{1-\left(\frac{A-2a}{A}\right)^2}\right]+\mathrm{j}\,\frac{4K}{\pi}\left[\frac{a(a-A)}{A^2}\right]\\&=|N(A)|\,\mathrm{e}^{\mathrm{j}\phi_1}\end{aligned}\tag{8-26}$$

$$|N(A)|=\sqrt{\left\{\frac{4K}{\pi}\left[\frac{a(a-A)}{A^2}\right]\right\}^2+\left\{\frac{K}{\pi}\left[\frac{\pi}{2}+\sin^{-1}\frac{A-2a}{A}+\frac{A-2a}{A}\sqrt{1-\left(\frac{A-2a}{A}\right)^2}\right]\right\}^2}\tag{8-27}$$

$$\phi_1=\tan^{-1}\frac{4\,\dfrac{a(a-A)}{A^2}}{\dfrac{\pi}{2}+\sin^{-1}\left(\dfrac{A-2a}{A}\right)+\dfrac{A-2a}{A}\sqrt{1-\left(\dfrac{A-2a}{A}\right)^2}}\tag{8-28}$$

由式可见，间隙特性描述函数 $N(A)$ 与输入振幅 A 出现极其复杂的关系，且输出波形相

位出现滞后，随着间隙 a 的增大，滞后相角愈大。

（4）继电特性

具死区和磁滞回环的继电特性及输入输出波形如图 8-13 所示，假定输入 $e(t)=A\sin\omega t$。

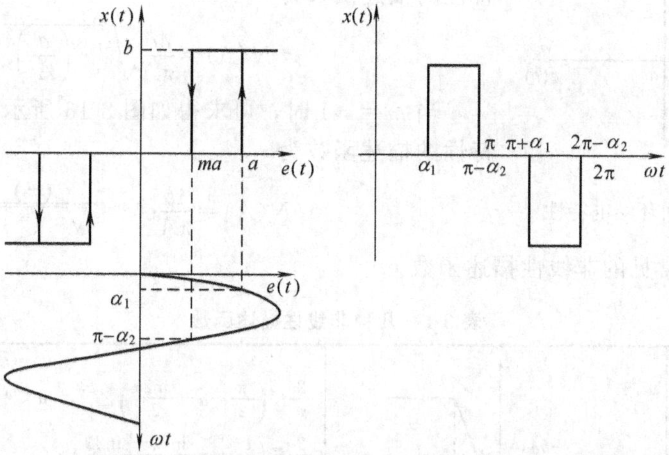

图 8-13　具死区和磁滞回环的继电特性及输入输出波形

由图可知，在正弦信号作用下，继电特性输出为

$$x(t)=\begin{cases}0, & 0\leqslant\omega t<\alpha_1\\ b, & \alpha_1\leqslant\omega t<\pi-\alpha_2\\ 0, & \pi-\alpha_2\leqslant\omega t<\pi\end{cases}$$

式中
$$\alpha_1=\sin^{-1}\frac{a}{A},\quad \alpha_2=\sin^{-1}\frac{ma}{A}$$

$$A_1=\frac{2}{\pi}\int_{\alpha_1}^{\pi-\alpha_2}b\cos\omega t\mathrm{d}(\omega t)=\frac{2ab(m-1)}{\pi A}\tag{8-29}$$

$$B_1=\frac{2}{\pi}\int_{\alpha_1}^{\pi-\alpha_2}b\sin\omega t\mathrm{d}(\omega t)=\frac{2b}{\pi}\left[\sqrt{1-\left(\frac{ma}{A}\right)^2}+\sqrt{1-\left(\frac{a}{A}\right)^2}\right]\tag{8-30}$$

具死区和磁滞回环继电特性的描述函数 $N(A)$ 为

$$N(A)=|N(A)|\mathrm{e}^{\mathrm{j}\phi_1}=\sqrt{\left(\frac{A_1}{A}\right)^2+\left(\frac{B_1}{A}\right)^2}\mathrm{e}^{\mathrm{j}\tan^{-1}\frac{A_1}{B_1}}\tag{8-31}$$

$$|N(A)|=\frac{2b}{\pi A}\sqrt{2\left[1-m\left(\frac{a}{A}\right)^2+\sqrt{1+m^2\left(\frac{a}{A}\right)^4-(m^2+1)\left(\frac{a}{A}\right)^2}\right]}\tag{8-32}$$

$$\phi_1=\tan^{-1}\frac{(m-1)\dfrac{a}{A}}{\sqrt{1-m^2\left(\dfrac{a}{A}\right)^2}+\sqrt{1-\left(\dfrac{a}{A}\right)^2}}\tag{8-33}$$

当 $a=0$ 时，可求得如图 8-14 所示继电特性的描述函数为

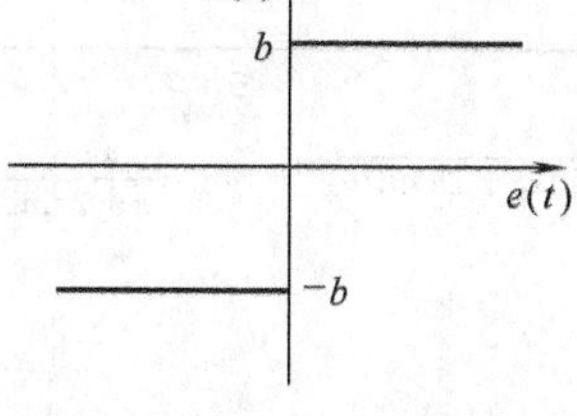

图 8-14　理想继电特性

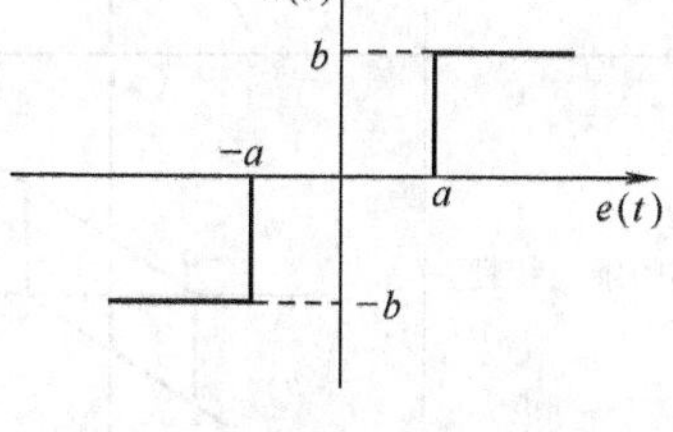

图 8-15　具死区继电特性

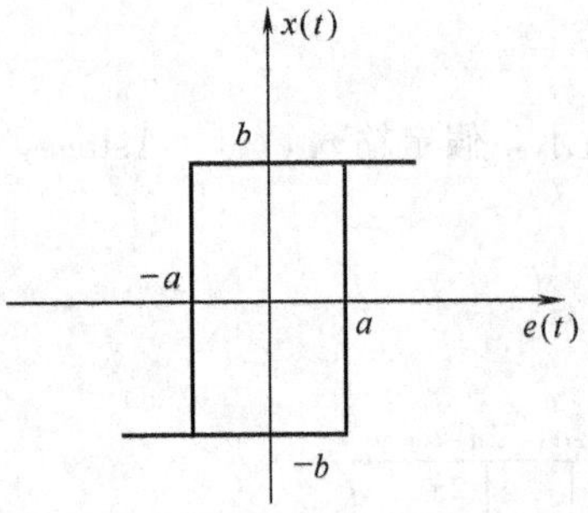

图 8-16　具磁滞回环继电特性

$$N(A)=\frac{4b}{\pi A} \tag{8-34}$$

当 $m=1$，$a\neq0$ 时，可求得如图 8-15 所示具死区的继电特性的描述函数为

$$N(A)=\frac{4b}{\pi A}\sqrt{1-\left(\frac{a}{A}\right)^2} \tag{8-35}$$

当 $m=-1$ 时，可求得如图 8-16 所示具磁滞回环的继电特性的描述函数为

$$N(A)=\frac{4b}{\pi A}e^{j\tan^{-1}\frac{-\left(\frac{a}{A}\right)}{\sqrt{1-\left(\frac{a}{A}\right)^2}}} \tag{8-36}$$

表 8-1 列出了常见的非线性描述函数。

表 8-1　几种非线性描述函数

具有死区的饱和特性	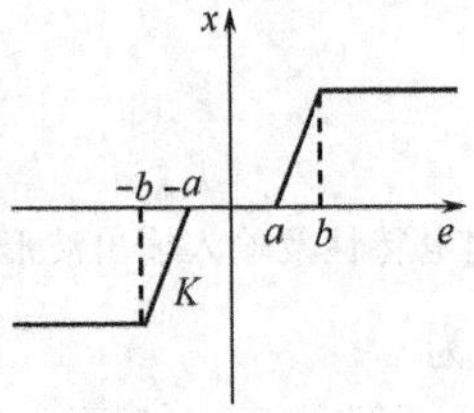	$\frac{2}{\pi}K\left(\frac{\pi}{2}-\alpha-\frac{\sin2\alpha}{2}\right)\angle0^\circ$，$a<A<b$ $\frac{2}{\pi}K\left(\beta-\alpha-\frac{\sin2\alpha-\sin2\beta}{2}\right)\angle0^\circ$，$A>b$ $\alpha=\sin^{-1}\frac{a}{A}$；$\beta=\sin^{-1}\frac{b}{A}$
死区Ⅱ	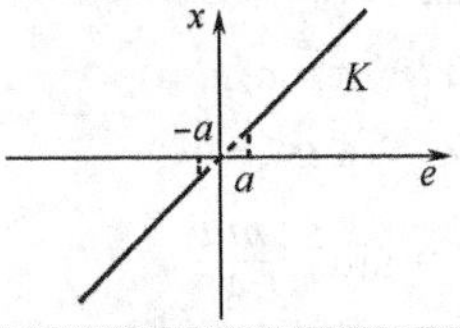	$\frac{2}{\pi}K\left(\frac{\pi}{2}-\alpha+\frac{\sin2\alpha}{2}\right)\angle0^\circ$，$A>a$ 0，$A<a$ $\alpha=\sin^{-1}\frac{a}{A}$
单值非线性	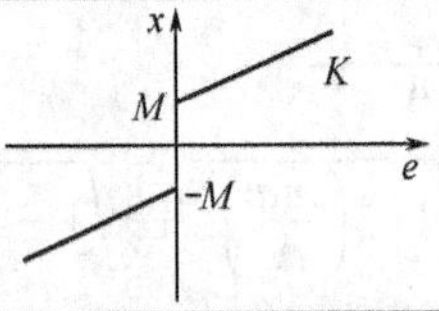	$\left(\frac{4M}{\pi A}+K\right)\angle0^\circ$
阶梯	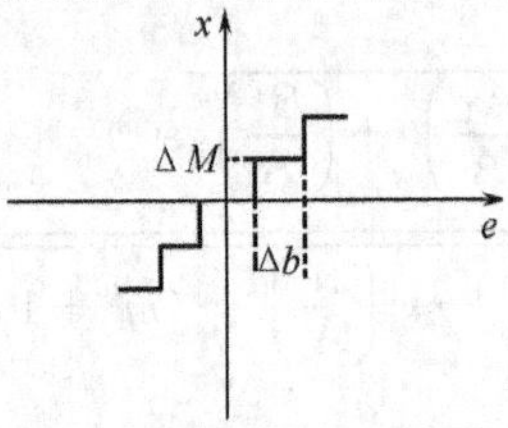	$\frac{2}{\pi}\cdot\frac{\Delta M}{A}\cdot\sum_{i=1}^{2}\sqrt{4-(2i-1)^2\left(\frac{\Delta b}{A}\right)^2}\angle0^\circ$，$A\geqslant\frac{3}{2}\Delta b$ $\frac{2}{\pi}\cdot\frac{\Delta M}{A}\cdot\sqrt{4-\left(\frac{\Delta b}{A}\right)^2}\angle0^\circ$，$\frac{\Delta b}{2}\leqslant A\leqslant\frac{3}{2}\Delta b$ 0，$A<\frac{\Delta b}{2}$
分段非线性	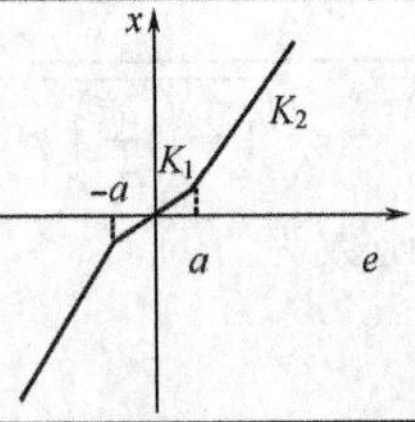	$\left[K_2-\frac{2}{\pi}(K_2-K_1)\left(\alpha+\frac{\sin2\alpha}{2}\right)\right]\angle0^\circ$，$A>a$ K_1，$A<a$ $\alpha=\sin^{-1}\frac{a}{A}$
具有滞环的继电特性	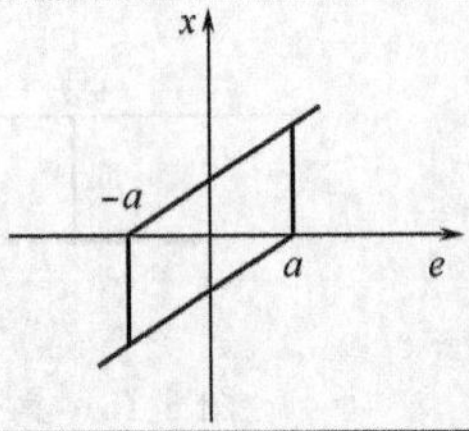	$\frac{K}{\pi}\sqrt{\pi^2+4\pi\sin2\alpha+16\sin^2\alpha}\angle-\tan^{-1}\frac{4\sin^2\alpha}{\pi+2\sin2\alpha}$，$A>a$ 0，$A<a$ $\alpha=\sin^{-1}\frac{a}{A}$

8.3.3 多重非线性的描述函数

实际的物理系统可能存在多重非线性。例如电子功率放大器的不灵敏区，与机械传动的间隙相串联。在分析多重非线性问题时，一定要记住，用描述函数代替非线性环节，并不是线性化了，从典型非线性的描述函数可以看出输入输出存在极其复杂的函数关系。

(1) 串联非线性

如图 8-17 所示串联非线性。要求以 Z 为输出，以 X 为输入的两个串联非线性之间的描述函数，必须根据非线性 NL_1 和 NL_2 的输入输出特性，求出总的复合非线性特性 NL，然后，再求复合非线性的描述函数，即为串联非线性特性总的描述函数。在这里特别指出，串联非线性特性的描述函数绝不等于两个非线性描述函数的乘积。

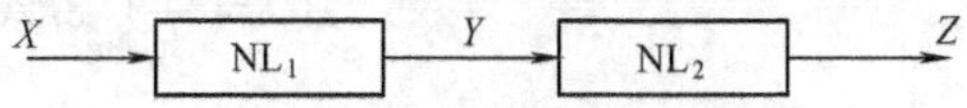

图 8-17 串联非线性

假定图 8-17 中 NL_1 为死区非线性，NL_2 为饱和非线性，它们串联后复合非线性如图 8-18 所示。

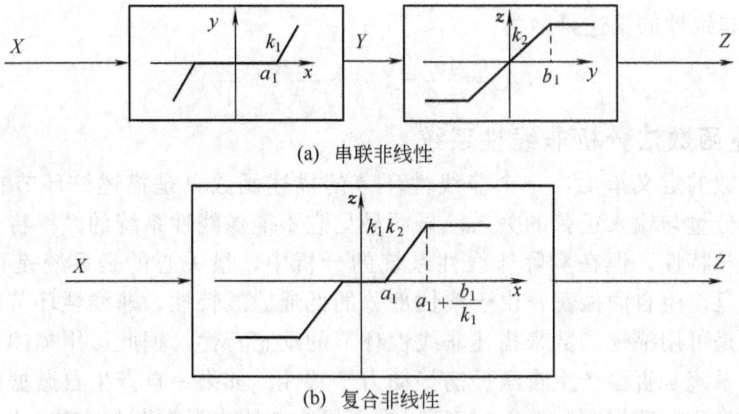

图 8-18 串联非线性、复合非线性特性

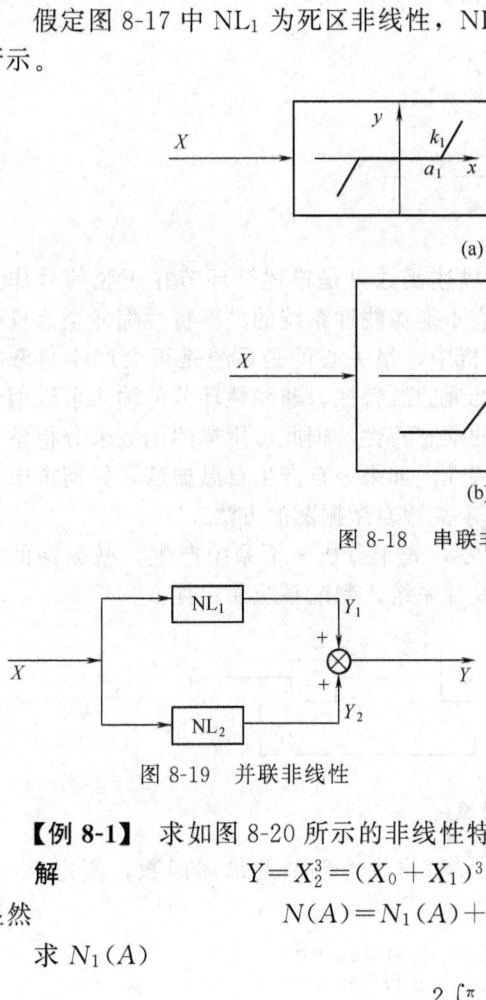

图 8-19 并联非线性

(2) 并联非线性

并联非线性特性如图 8-19 所示。

根据描述函数的定义，输出 Y 到输入 X 之间的描述函数 $N(A)$ 显然等于两个并联非线性描述函数之和

$$N(A)=N_1(A)+N_2(A)$$

【例 8-1】 求如图 8-20 所示的非线性特性的描述函数。

解
$$Y=X_2^3=(X_0+X_1)^3=X_0^3+3X_0^2X_1+3X_0X_1^2+X_1^3$$

显然
$$N(A)=N_1(A)+N_2(A)+N_3(A)+N_4(A)$$

求 $N_1(A)$

$$B_1=\frac{2}{\pi}\int_0^{\pi}h^3\sin\omega t\,\mathrm{d}(\omega t)=\frac{4h^3}{\pi}$$

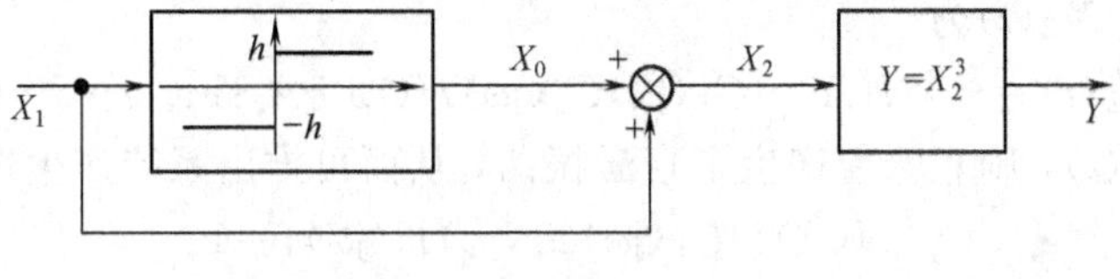

图 8-20 多重非线性

所以
$$N_1(A)=\frac{B_1}{A}=\frac{4h^3}{\pi A}$$

求 $N_2(A)$
$$B_1=\frac{2}{\pi}\int_0^{\pi}3h^3A\sin^2\omega t\,\mathrm{d}(\omega t)=3h^2A$$
$$N_2(A)=3h^2$$

求 $N_3(A)$
$$B_1=\frac{2}{\pi}\int_0^{\pi}3hA^2\sin^3\omega t\,\mathrm{d}(\omega t)=\frac{8hA^2}{\pi}$$
$$N_3(A)=\frac{8hA}{\pi}$$

求 $N_4(A)$
$$B_1=\frac{2}{\pi}\int_0^{\pi}A^3\sin^4\omega t\,\mathrm{d}(\omega t)=\frac{3}{4}A^3$$
$$N_4(A)=\frac{3}{4}A^2$$

因此，多重非线性的描述函数为
$$N(A)=\frac{4h^3}{\pi A}+3h^2+\frac{8hA}{\pi}+\frac{3}{4}A^2$$

8.3.4 用描述函数法分析非线性系统

正如描述函数的定义指出，一个非线性环节的描述函数只是描述该环节在正弦信号作用下，其输出基波分量与输入正弦的关系。显而易见它不能像线性系统的频率特性那样全面反映线性环节的动力学特性，但在实际非线性系统的分析中，最关心的是系统是否会产生自激振荡。如果系统一旦产生自激振荡，由于线性部分的低通滤波特性，非线性环节的输入可近似看做正弦输入，于是可用描述函数来描述非线性环节的动态特性，据此可用描述函数来分析整个系统是否稳定，系统是否会产生自激振荡等动力学特性。如果一旦产生自激振荡，如何求出自激振荡参数（即自激振荡振幅和振荡频率），进而寻求克服自激振荡的方法。

一非线性系统结构如图 8-21 所示，假定输入为零，先来分析一下系统产生自激振荡的条件，进而将线性系统中奈奎斯特判据推广应用于非线性系统，判断系统稳定性。

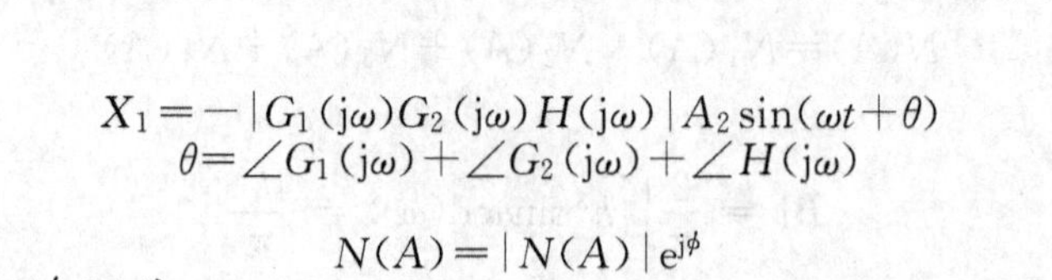

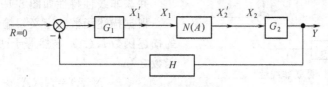

图 8-21 非线性系统

图中 G_1，H，G_2 为线性部分的传递函数，$N(A)$ 为非线性环节的描述函数，假定 $X_2=A_2\sin\omega t$，则
$$X_1=-|G_1(\mathrm{j}\omega)G_2(\mathrm{j}\omega)H(\mathrm{j}\omega)|A_2\sin(\omega t+\theta)$$
式中
$$\theta=\angle G_1(\mathrm{j}\omega)+\angle G_2(\mathrm{j}\omega)+\angle H(\mathrm{j}\omega)$$
假定
$$N(A)=|N(A)|\mathrm{e}^{\mathrm{j}\phi}$$
则非线性环节的输出 $X_2'(t)$ 为
$$X_2'(t)=-|N(A)||G_1(\mathrm{j}\omega)G_2(\mathrm{j}\omega)H(\mathrm{j}\omega)|A_2\sin(\omega t+\theta+\phi)$$
如果 $X_2'(t)$ 等于 $X_2(t)$，则意味着产生了自激振荡，从而可推出系统产生自激振荡的条件为
$$|N(A)||G_1(\mathrm{j}\omega)G_2(\mathrm{j}\omega)H(\mathrm{j}\omega)|=1 \tag{8-37}$$
$$\theta+\phi=(2n+1)\pi \tag{8-38}$$

令线性部分的传递函数为 $G(s)$

$$G(s)=G_1(s)G_2(s)H(s)$$

综合式(8-37)、式(8-38) 可得出系统产生自激振荡的条件为

$$G(j\omega)=-\frac{1}{N(A)} \tag{8-39}$$

系统一旦产生自激振荡，意味着在同一比例尺下的复平面上，$G(j\omega)$ 轨线与负倒描述函数曲线有交点。由幅值条件和相角条件，得到两个方程式，可联立求解出自激振荡的振幅和振荡频率。

由式(8-39)，将奈奎斯特判据推广应用于非线性系统，可判断系统运动稳定性：若线性部分为最小相位系统，如果 $G(j\omega)$ 轨线不包围 $-\frac{1}{N(A)}$ 轨线，则系统是稳定的；若 $G(j\omega)$ 轨线包围 $-\frac{1}{N(A)}$ 轨线，则系统是不稳定的，若 $G(j\omega)$ 与 $-\frac{1}{N(A)}$ 相交，则意味着系统会产生自激振荡，交点处 $G(j\omega)$ 曲线所对应的角频率 ω 为自激振荡的角频率，交点处 $-\frac{1}{N(A)}$ 所对应的幅值 A 为自激振荡的振幅值。

图 8-22 所示为 $G(j\omega)$ 曲线与 $-\frac{1}{N(A)}$ 曲线的相互关系。

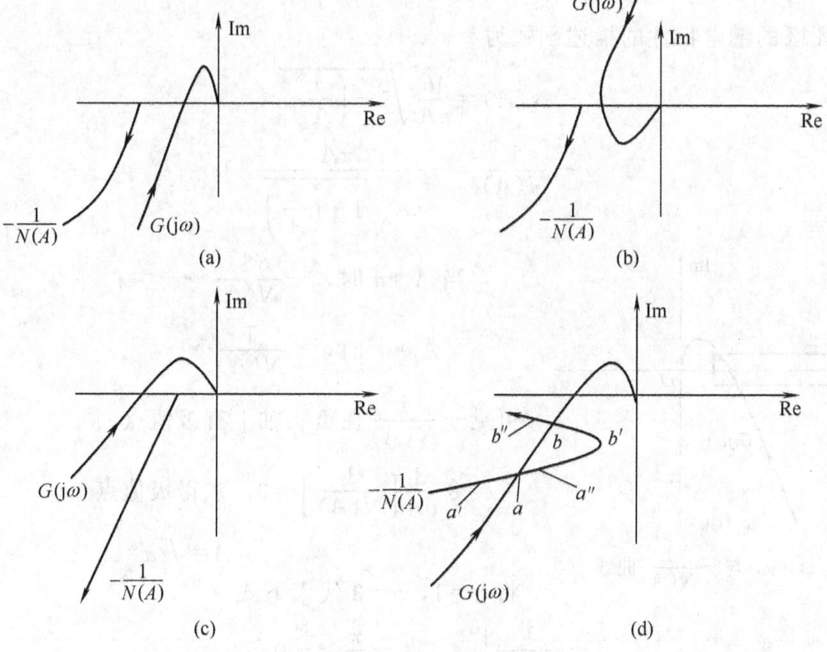

图 8-22 $G(j\omega)$ 曲线与 $-\frac{1}{N(A)}$ 曲线相互关系

若 $G(j\omega)$ 是最小相位系统，应用推广的奈氏判据可知图 8-22(a) 所对应的非线性系统是稳定的，图 8-22(b) 和图 8-22(c) 所对应的非线性系统是不稳定的，因为 $G(j\omega)$ 曲线包围 $-\frac{1}{N(A)}$ 轨线。而图 8-22(d) 所对应的系统会产生自激振荡，因为 $G(j\omega)$ 与 $-\frac{1}{N(A)}$ 相交于 a 点和 b 点，会产生自激振荡。

下面分析一下 a 点和 b 点对应的自激振荡，其中必有一个是稳定的自激振荡状态，另一个是不稳定的自激振荡状态，现实的物理系统只会产生一个稳定的自激振荡。

假定给 a 点对应的自激振荡状态一个扰动，使得振幅增加，由 a 点跑到 a''点，由于 a''点被 $G(j\omega)$ 曲线包围，系统是不稳定的，a''点对应的振幅会进一步增加，再也回不到 a 点。假定给 a 点的扰动使之跑到 a'点，即振幅减小，由于 a'点不被 $G(j\omega)$ 曲线包围，系统是稳定的，系统产生衰减振荡，即振荡振幅进一步减小，系统再没能力使 a'点回到 a 点，因此，a 点对应的自激振荡状态是不稳定的自激振荡状态。用类似分析方法，可以知道 b 点所对应的自激振荡状态是稳定的自激振荡状态。

自激振荡的振幅和振荡频率由下面两式求得

$$|G(j\omega)N(A)|=1 \tag{8-40}$$

$$\theta+\phi=-\pi \tag{8-41}$$

【例 8-2】 一继电控制系统结构如图 8-23 所示。继电器参数 $a=1$，$b=3$，试分析系统是否产生自激振荡，若产生自激振荡，求出振幅和振荡频率。若要使系统不产生自激振荡，应如何调整继电器参数。

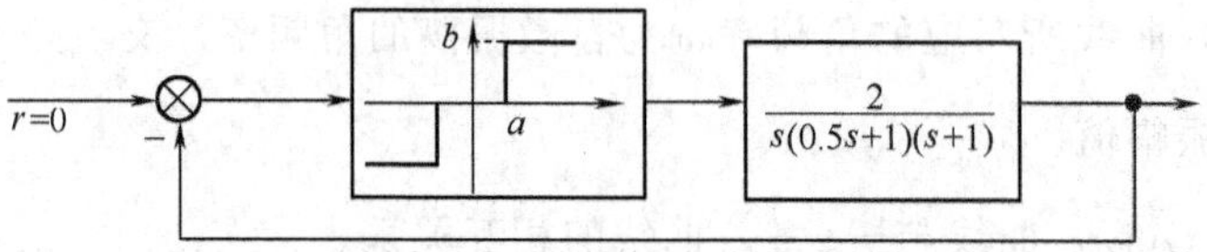

图 8-23　继电控制系统

解　带死区的继电特性的描述函数为

$$N(A)=\frac{4b}{\pi A}\sqrt{1-\left(\frac{a}{A}\right)^2}$$

$$-\frac{1}{N(A)}=-\frac{\pi A}{4b\sqrt{1-\left(\frac{a}{A}\right)^2}}$$

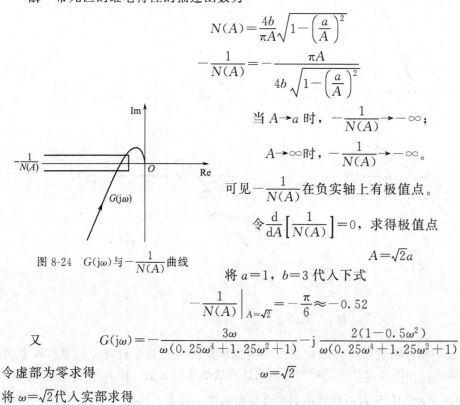

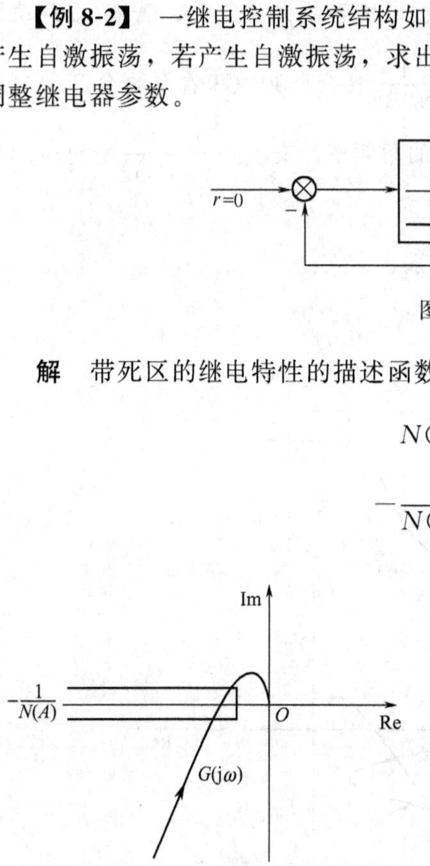

图 8-24　$G(j\omega)$与$-\frac{1}{N(A)}$曲线

当 $A\to a$ 时，$-\frac{1}{N(A)}\to-\infty$；

$A\to\infty$时，$-\frac{1}{N(A)}\to-\infty$。

可见$-\frac{1}{N(A)}$在负实轴上有极值点。

令$\frac{d}{dA}\left[\frac{1}{N(A)}\right]=0$，求得极值点

$$A=\sqrt{2}a$$

将 $a=1$，$b=3$ 代入下式

$$-\frac{1}{N(A)}\bigg|_{A=\sqrt{2}}=-\frac{\pi}{6}\approx-0.52$$

又
$$G(j\omega)=-\frac{3\omega}{\omega(0.25\omega^4+1.25\omega^2+1)}-j\frac{2(1-0.5\omega^2)}{\omega(0.25\omega^4+1.25\omega^2+1)}$$

令虚部为零求得
$$\omega=\sqrt{2}$$

将 $\omega=\sqrt{2}$代入实部求得

$$\mathrm{Re}G(j\omega)\big|_{\omega=\sqrt{2}}=-\frac{1}{1.5}\approx-0.66$$

由此可见，$-\frac{1}{N(A)}$与 $G(j\omega)$ 有交点，如图 8-24 所示。为求得交点处对应的振幅值，令

$$\frac{-\pi A}{12\sqrt{1-\left(\frac{1}{A}\right)^2}}=-\frac{1}{1.5}$$

求得两个振幅值 $A_1=1.11$，$A_2=2.3$。

经过分析系统会产生一个稳定的自激振荡，自激振荡的振幅为 2.3，振荡频率为$\sqrt{2}$。

为使系统不产生自激振荡，可令

$$-\frac{1}{N(A)}\bigg|_{A=\sqrt{2}a}\leqslant-\frac{1}{1.5}$$

可求得继电器参数比$\frac{b}{a}<2.36$。

按上式调整 a 和 b 比例，取 $b=2a$，即可保证使系统不产生自激振荡。

【例 8-3】 已知一多环控制系统如图 8-25 所示。当 $G_1(s)=1$ 时，该系统工作在饱和特性线性段时的无阻尼自然振荡频率 $\omega_n=2$，阻尼因子 $\zeta=1$。当 $G_1(s)=1+\frac{1}{8s}$时，求使系统稳定的最小比值$\frac{T_1}{T_2}$。

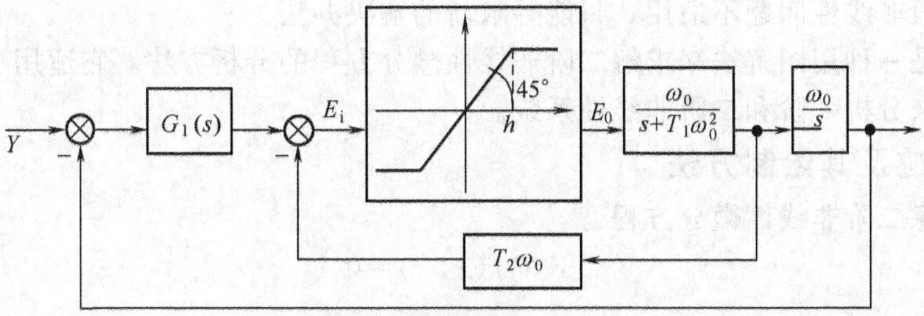

图 8-25 多环控制系统

解 当 $G_1(s)=1$ 时，多环系统的闭环传递函数为

$$G_B(s)=\frac{\omega_0^2}{s^2+(T_1+T_2)\omega_0^2 s+\omega_0^2}$$

所以
$$\omega_0=\omega_n=2$$

令
$$(T_1+T_2)\omega_0^2=2\zeta\omega_0=4$$

所以
$$T_1+T_2=1$$

当 $G_1(s)=1+\frac{1}{8s}$时，由闭环系统的特征方程

$$1+G(s)=0$$

可知
$$-\frac{1}{N(A)}=\frac{8T_2s^2+8s+1}{2s^3+8T_1s^2}=\frac{8T_2s^2+8s+1}{s^2(2s+8T_1)}$$

由于 T_1 和 T_2 参数未知，$G(j\omega)$ 曲线有三种可能性，如图 8-26 中虚线①、②、③，$-\frac{1}{N(A)}$曲线也画在图中。为确保系统能稳定运行，所选择的参数 T_1 和 T_2 应能使$G(j\omega)$曲线具有曲线③的形状。曲线③和曲线②、曲线①的最大区别在于它与负实轴没有交点。为此令 $G(j\omega)$的虚部等于零

$$\frac{32T_1-1+8\omega^2T_2}{2\omega(\omega^2+16T_1^2)}=0$$

求得
$$\omega=\sqrt{\frac{1-32T_1}{8T_2}}$$

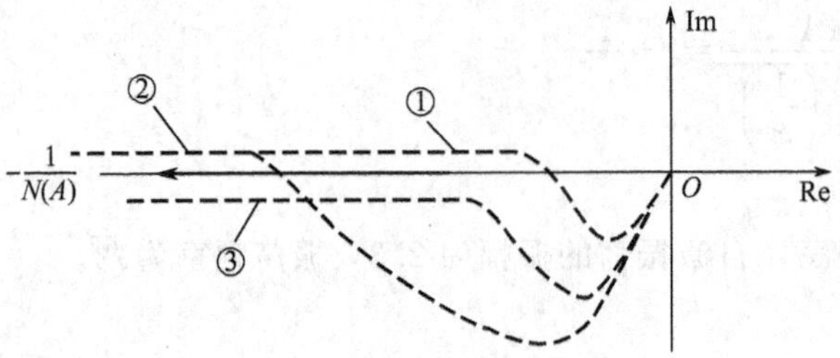

图 8-26 $G(j\omega)$和$-\frac{1}{N(A)}$曲线

只要 $T_1>\frac{1}{32}$

则所求 ω 值为虚数，即能确保 $G(j\omega)$ 曲线与负实轴没有交点。

而 $T_1+T_2=1$

所以 $T_2<\frac{31}{32}$

于是，求得使系统稳定时$\frac{T_1}{T_2}$的最小比值为

$$\frac{T_1}{T_2}=\frac{1}{31}$$

8.4 相平面法

前面讨论的描述函数法是一种近似分析方法。它对非线性特性以及系统特性都提出一些严格要求，对一般非线性问题不适用，只能寻求新的解决办法。

相平面法是一种用图解法来求解二阶非线性微分方程的分析方法，它适用于任意非线性特性，但只能用来分析一阶和二阶非线性系统。

8.4.1 相轨迹及其绘制方法

对于一任意二阶非线性微分方程

$$\ddot{x}+f(x,\dot{x})=0 \tag{8-42}$$

令

$$x_1=x$$
$$x_2=\dot{x}_1=\dot{x}$$

则有

$$\dot{x}_1=x_2$$
$$\dot{x}_2=-f(x_1,x_2) \tag{8-43}$$

写成一般形式有

$$\dot{x}_1=P(x_1,x_2)$$
$$\dot{x}_2=Q(x_1,x_2) \tag{8-44}$$

于是有

$$\frac{dx_2}{dx_1}=\frac{Q(x_1,x_2)}{P(x_1,x_2)} \tag{8-45}$$

只要 $P(x_1,x_2)$，$Q(x_1,x_2)$ 是解析的，则可在给定平衡点附近展开成泰勒级数，微分方程式(8-44) 在给定初始条件下的解是惟一的，于是在以 x_1 为横坐标轴，x_2 为纵坐标的平面上绘制一条 x_2 与 x_1 的关系曲线，把这样一条轨线称为相轨迹，由一族相轨迹组成的图像称为相平面图。而式(8-45) 是相轨迹上某点处切线的斜率。

相轨迹反映了非线性微分方程解的关系，具有一些基本特点。首先，由微分方程解的存在性和惟一性定理可知，相轨迹上除平衡点外的任意一点只有一根相轨迹通过。

令

$$\begin{cases}P(x_1,x_2)=0\\Q(x_1,x_2)=0\end{cases} \tag{8-46}$$

联立求解出的点(x_{10},x_{20})称为系统平衡点。

由式(8-45)和式(8-46)有

$$\frac{dx_2}{dx_1}=\frac{0}{0} \tag{8-47}$$

可知，相轨迹在平衡点附近切线斜率不定，意味着有无穷多根相轨迹到达或离开平衡点。

由于 $P(x_1,x_2)$,$Q(x_1,x_2)$ 是非线性的关系，因此，无法用解析方法绘制相轨迹。只能采用近似作图的方法绘制相轨迹。这里仅介绍等倾线法来绘制相轨迹。

由式(8-45) 有

$$\frac{\mathrm{d}x_2}{\mathrm{d}x_1}=\frac{Q(x_1,x_2)}{P(x_1,x_2)}$$

称为相轨迹方程，反映了 x_2 和 x_1 之间关系。而$\frac{\mathrm{d}x_2}{\mathrm{d}x_1}$绘出了相轨迹上在点（$x_1,x_2$）处的切线的斜率。如果令

$$\frac{\mathrm{d}x_2}{\mathrm{d}x_1}=\alpha$$

α 为一常数。

则
$$\frac{Q(x_1,x_2)}{P(x_1,x_2)}=\alpha \tag{8-48}$$

上式为 x_1 和 x_2 之间的代数方程，根据上式可在相平面上绘制一条线，在这条线上的各点具有一个共同的性质，相轨迹通过这些点时，其切线的斜率都相同，称之为等倾线。如果取不同的值 $\alpha_1,\alpha_2,\cdots$则可在相平面上绘制一系列的等倾线。如图 8-27 所示。在每一根等倾线上画出相应的 α 值短线，以表示相轨迹通过这些等倾线时切线的斜率。相平面中所有等倾线上的短线，组成了相轨迹的切线场。如果任意给定一初始条件（x_{10},x_{20}），就相当于在相平面上给定了一条相轨迹的起点，从该点出发，平滑的将相邻等倾线上的短线连起来，就得到所要求的系统的相轨迹。要得到较为精确的相轨迹，只要尽可能多地给出 α 值，在相平面上绘制更密的等倾线。

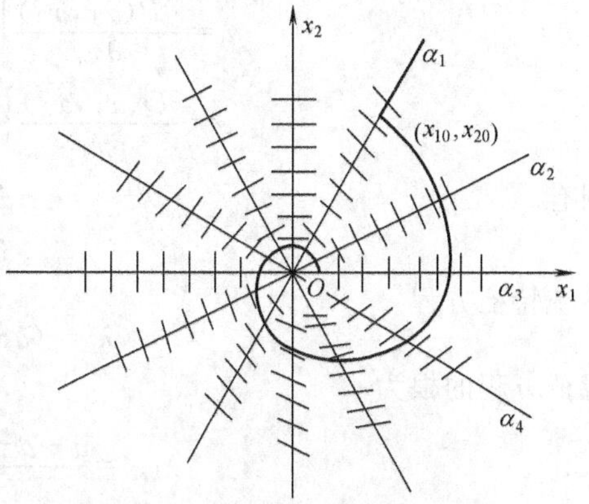

图 8-27 用等倾线法绘制相轨迹

8.4.2 奇点与极限环

绘制相轨迹的目的是为了分析系统的运动特性，由于系统的平衡点有无穷条相轨迹离开或到达，因此，平衡点附近的相轨迹，最能反映系统的运动特性。平衡点又称为奇点。另一反映系统运动特性的相轨迹是所谓极限环，它是相平面上一条孤立的封闭的相轨迹，反映了系统的自激振荡状态。它将无穷大的相平面分为两个部分，有利于与奇点特性一起分析系统的运动特性，为此，在下面予以详细讨论。

（1）奇点

由前所述，奇点即为系统平衡点，它由方程组

$$\begin{cases}P(x_1,x_2)=0\\ Q(x_1,x_2)=0\end{cases} \tag{8-49}$$

联立求解得到（x_{10},x_{20}）。

为了研究奇点附近相轨迹的形状及运动特性，将 $P(x_1,x_2)$,$Q(x_1,x_2)$ 在平衡点附近展开成泰勒级数。

$$P(x_1,x_2)=P(x_{10},x_{20})+\left.\frac{\partial P(x_1,x_2)}{\partial x_1}\right|_{(x_{10},x_{20})}(x_1-x_{10})+$$
$$\left.\frac{\partial P(x_1,x_2)}{\partial x_2}\right|_{(x_{10},x_{20})}(x_2-x_{20})+\cdots$$
$$Q(x_1,x_2)=Q(x_{10},x_{20})+\left.\frac{\partial Q(x_1,x_2)}{\partial x_1}\right|_{(x_{10},x_{20})}(x_1-x_{10})+$$

$$\left.\frac{\partial Q(x_1,x_2)}{\partial x_2}\right|_{(x_{10},x_{20})}(x_2-x_{20})+\cdots \tag{8-50}$$

忽略高阶无穷小，考虑一般情况，令 $x_{10}=x_{20}=0$，则有

$$P(x_1,x_2)=\left.\frac{\partial P(x_1,x_2)}{\partial x_1}\right|_{(0,0)}x_1+\left.\frac{\partial P(x_1,x_2)}{\partial x_2}\right|_{(0,0)}x_2$$

$$Q(x_1,x_2)=\left.\frac{\partial Q(x_1,x_2)}{\partial x_1}\right|_{(0,0)}x_1+\left.\frac{\partial Q(x_1,x_2)}{\partial x_2}\right|_{(0,0)}x_2 \tag{8-51}$$

令

$$a=\left.\frac{\partial P(x_1,x_2)}{\partial x_1}\right|_{(0,0)},\quad b=\left.\frac{\partial P(x_1,x_2)}{\partial x_2}\right|_{(0,0)}$$

$$c=\left.\frac{\partial Q(x_1,x_2)}{\partial x_1}\right|_{(0,0)},\quad d=\left.\frac{\partial Q(x_1,x_2)}{\partial x_2}\right|_{(0,0)}$$

则有

$$\dot{x}_1=ax_1+bx_2$$

$$\dot{x}_2=cx_1+dx_2 \tag{8-52}$$

系统特征方程

$$\lambda^2-(a+d)\lambda+(ad-bc)=0 \tag{8-53}$$

特征方程的根为

$$\lambda_{1,2}=\frac{a+d\pm\sqrt{(a+d)^2-4(ad-bc)}}{2} \tag{8-54}$$

根据特征方程根的性质，可将奇点分为如下几种情况。

① 同号相异实根　此时$(a+d)^2>4(ad-bc)$，若特征方程的根同为负实根（即$a+d<0$），则微分方程的解是稳定的。此时奇点称为稳定的节点，其相轨迹可能形状如图 8-28(a) 所示，若 $a+d>0$，特征方程根同为正实根，此时系统不稳定，此时奇点称为不稳定的节点，对应的相轨迹如图 8-28(b)所示。

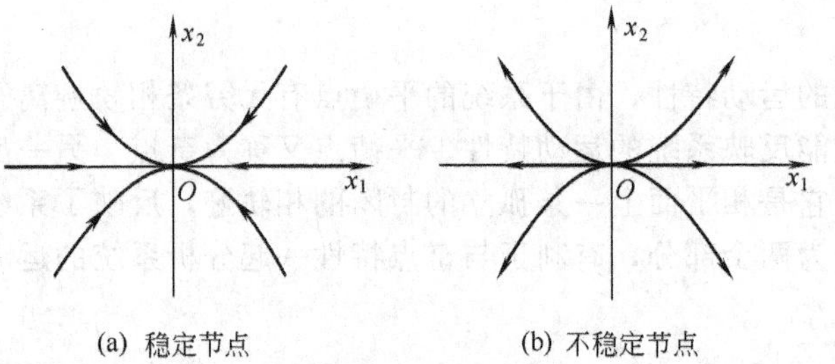

图 8-28　特征方程根为同号相异实根相轨迹

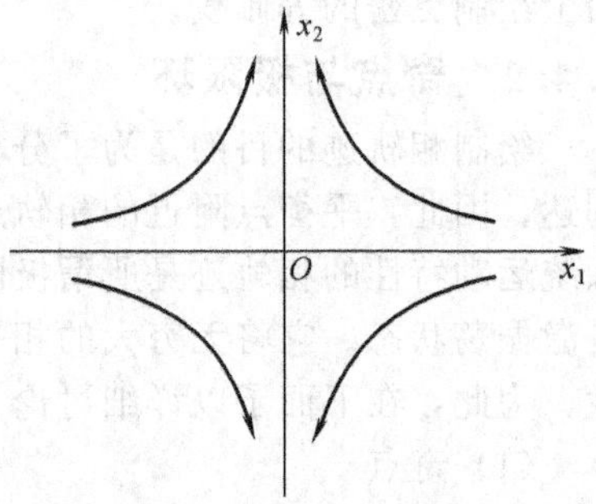

图 8-29　鞍点对应的相轨迹

② 异号实根　此时，$ad-bc<0$，一个根大于零，一个根小于零，此时，奇点称为鞍点。相轨迹形状如图 8-29 所示。

③ 重根　此时，$(a+d)^2=4(ad-bc)$，若 $a+d<0$，则特征方程的根为两个相等的负实根，此时称奇点为退化的稳定节点，相应的相轨迹如图 8-30(a) 所示。若$a+d>0$，则特征方程的根为两个相等的正实根，此时，奇点称为退化的不稳定节点，对应的相轨迹如图 8-30(b) 所示。

④ 共轭复根　此时满足条件$(a+d)^2<4(ad-bc)$，特征方程的根为一对共轭复根，若$a+d<0$，特征方程的根为一对具有负实部的共轭复根，对应的相轨迹如图 8-31(a) 所示，系统产生衰减振荡。此时，奇点称为稳定焦点。若 $a+d>0$，特征方程的根为一对具正实部的共轭复根，对应的相轨迹如图 8-31(b) 所示，此时奇点称为不稳定的焦点，系统产生发散振荡。

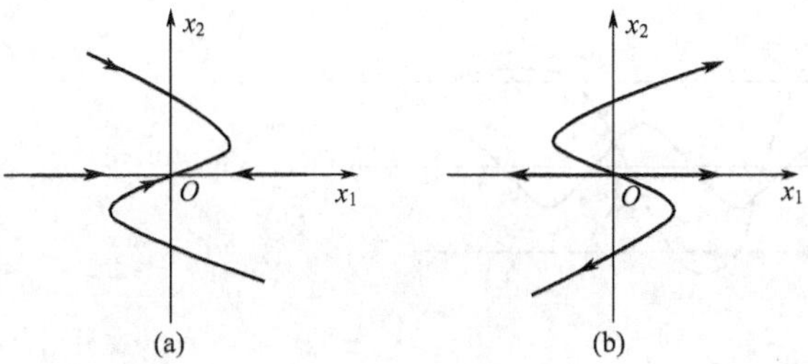

图 8-30　重根对应的相轨迹

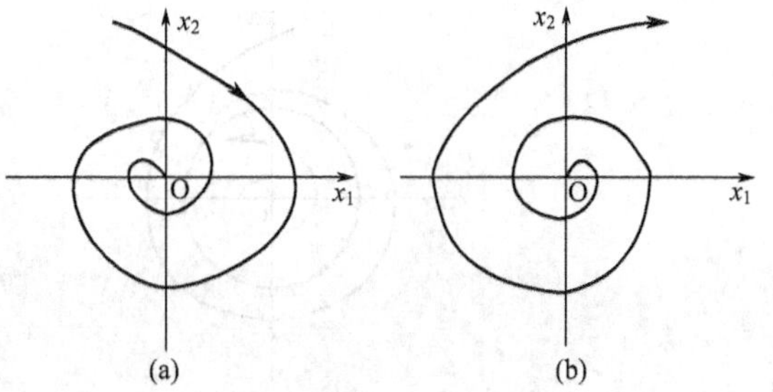

图 8-31　共轭复根对应的相轨迹

⑤ 纯虚根　此时，满足条件 $a+d=0$，$ad-bc<0$。特征方程的根为一对共轭纯虚根。此时，奇点称为中心点，对应的相轨迹如图 8-32 所示。系统会产生等幅振荡。

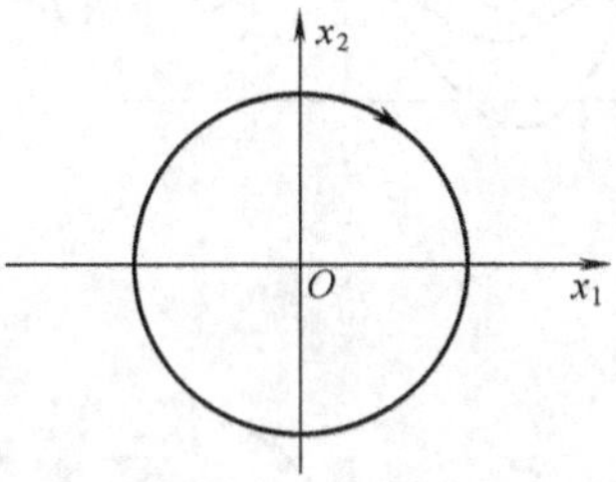

图 8-32　纯虚根对应的相轨迹

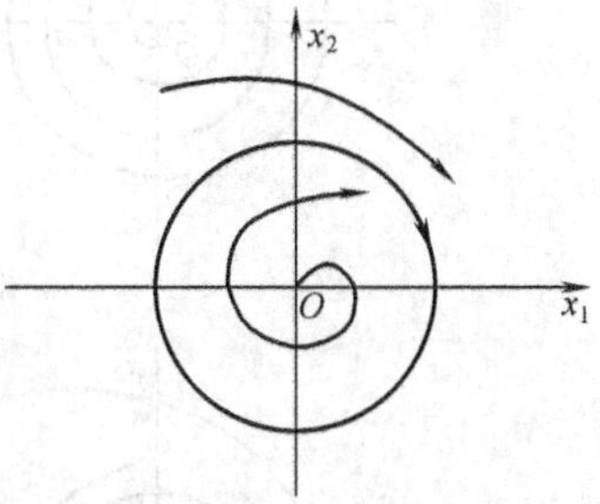

图 8-33　极限环

(2) 极限环

以上讨论了奇点问题，不同的奇点型式，系统在平衡点附近的运动特性不同。对于线性系统来说，奇点附近的运动特性完全确定系统的性能。对于非线性系统来说，奇点的型式，不能确定系统在整个相平面上的运动状态。还需研究相平面上远离平衡点的相轨迹，其中极限环的研究特别有意义。

相平面图上的一根孤立的封闭相轨迹称为极限环。它对应的系统会产生自激振荡。如图 8-33 所示。

实际的物理系统中经常会遇到极限环。例如一个不稳定的线性控制系统，它的运动过程是发散振荡。但由于实际系统存在非线性，例如饱和特性，它的振幅不会无限增加，到一定数值后就可能不变了，在相平面图上，与系统自激振荡状态对应的就是极限环。

由于极限环作为相轨迹，它既不趋于平衡点，也不趋于无穷远，而是自成一个封闭的环，所以是相平面图上的一种奇线。它把相平面分隔成内部平面和外部平面，相轨迹不能从内部平面直接穿过极限环而进入外部平面（或者相反）。

极限环有稳定的、不稳定的和半稳定的。

稳定的极限环如图 8-34(a) 所示。极限环内部的相轨迹和极限环外部的相轨迹都向极限环逼近。

不稳定的极限环如图 8-34(b) 所示，极限环内部的相轨迹和外部的相轨迹都逐渐远离极限环而去。

半稳定的极限环如图 8-34(c) 所示。要么内部的相轨迹向极限环逼近，外部的相轨迹远离而去，要么外部的相轨迹向极限环逼近，内部相轨迹远离而去。

将奇点类型的分析和极限环类型的判断两者结合起来就能对整个系统的运动特性做出分析。

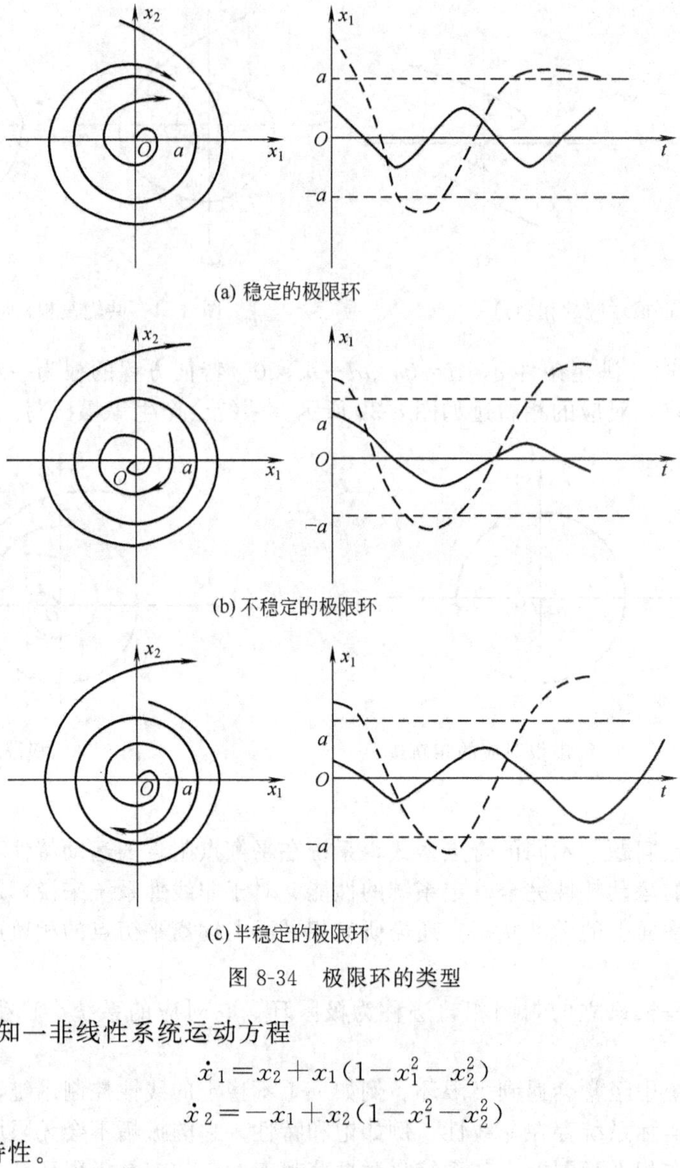

(a) 稳定的极限环

(b) 不稳定的极限环

(c) 半稳定的极限环

图 8-34 极限环的类型

【例 8-4】 已知一非线性系统运动方程

$$\dot{x}_1=x_2+x_1(1-x_1^2-x_2^2)$$
$$\dot{x}_2=-x_1+x_2(1-x_1^2-x_2^2)$$

分析系统的运动特性。

解 令

$$x_1=r\cos\theta,\ x_2=r\sin\theta$$

经整理，得到以极坐标变量 r 和 θ 描述的运动方程

$$\dot{r}=r(1-r^2)$$
$$\dot{\theta}=-1$$

当 $x_1=0$，$x_2=0$ 时，为系统平衡点，下面分析一下该平衡点的类型。

$$a=\left.\frac{\partial P(x_1,x_2)}{\partial x_1}\right|_{(0,0)}=1,\quad b=\left.\frac{\partial P(x_1,x_2)}{\partial x_2}\right|_{(0,0)}=1$$

$$c=\left.\frac{\partial Q(x_1,x_2)}{\partial x_1}\right|_{(0,0)}=-1,\quad d=\left.\frac{\partial Q(x_1,x_2)}{\partial x_2}\right|_{(0,0)}=1$$

特征方程的根为

$$\lambda_{1,2}=\frac{a+d\pm\sqrt{(a+d)^2-4(ad-bc)}}{2}=1\pm\mathrm{j}$$

由于特征方程的根是一对具有正实部的共轭复根，奇点（0,0）为不稳定焦点，附近相轨迹为发散振荡如图 8-35 所示。

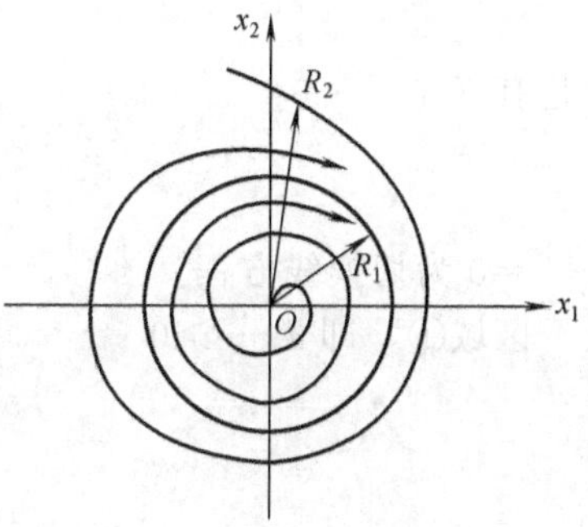

图 8-35 发散振荡

当 $x_1^2+x_2^2=1$ 时，在相平面上为一封闭相轨迹，下面分析一下该分析相轨迹性质。

假定 $r<1$，取 $r=R_1$，由于

$$\dot{r}=R_1(1-R_1^2)>0$$

因此，封闭相轨迹内部的相轨迹向单位圆逼近。

假定 $r>1$，取 $r=R_2$。由于

$$\dot{r}=R_2(1-R_2^2)<0$$

因此，单位圆外部的相轨迹也向单位圆逼近。

综上所述，单位圆为稳定的极限环。奇点为不稳定的焦点，说明平衡点的运动特性是不稳定的。而单位圆外部相轨迹是向单位圆逼近，振荡幅值会愈来愈小，从这个意义上分析，系统产生的是衰减振荡，且是有界的。

8.4.3 用相平面法分析非线性系统

相平面法绘制的是二阶系统的相轨迹，因此它只能用来分析二阶系统的运动特性。它不仅能分析二阶系统自由运动特性，也能分析系统在外界作用下的运动特性，并能确定系统运动的性能指标，如运动时间，运动速度，最大超调量等。

非线性特性可以具有不同的形式。但在用相平面法进行分析时，都有一个共同的思想，即根据非线性特性，将相平面划分为若干区域，每个区域均可用一个二阶线性微分方程来描述，然后求解这个二阶微分方程，绘制相轨迹，平滑地将不同区域的相轨迹连起来，得到整个非线性系统的相轨迹，结合对奇点类型的讨论，就可以用来分析非线性系统的运动特性。

用相平面法分析非线性系统的步骤如下：

① 根据非线性特性将相平面划分为若干区域，建立每个区域的线性微分方程来描述系统的运动特性；

② 根据分析问题的需要，适当选择相平面坐标轴，通常为 e-$\dot{e}$，或 y-$\dot{y}$ 作为相平面的坐标轴；

③ 根据非线性特性建立相平面上切换线方程，必须注意的是，切换线方程的变量应与坐标轴所选坐标变量一致；

④ 求解每个区域的微分方程，绘制相轨迹；

⑤ 平滑地将各个区域的相轨迹连起来，得到整个系统的相轨迹。据此可用来分析非线性系统的运动特性。

【例 8-5】 如图 8-36 所示非线性控制系统在 $t=0$ 时加上一个幅度为 6 的阶跃输入，系统的初始状态为 $\dot{e}(0)=0$，$e(0)=6$，问经过多少秒，系统状态可到达原点。

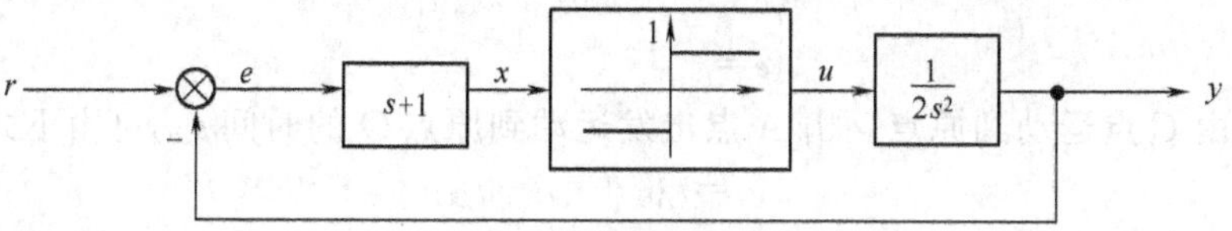

图 8-36 非线性控制系统

解 列写运动方程

$$2\ddot{y}=u$$

$$u=\begin{cases}1, & \dot{e}+e>0\\ -1, & \dot{e}+e<0\end{cases}$$

又 $$y=r-e,\ \ddot{y}=-\ddot{e}$$

于是有

$$\ddot{e}=\begin{cases}-0.5, & \dot{e}+e>0 \quad ①\\ 0.5, & \dot{e}+e<0 \quad ②\end{cases}$$

$\dot{e}+e=0$ 为切换线方程。

区域①，即 $\dot{e}+e>0$

$$\begin{cases}\ddot{e}=-0.5\\ \dot{e}=-0.5t+c_1\\ e=-0.25t^2+c_1t+c_2\end{cases}$$

代入初始条件有 $c_1=0$，$c_2=6$。

$$\begin{cases}\dot{e}=-0.5t\\ e=-0.25t^2+6\\ e=-\dot{e}^2+6\end{cases}$$

相轨迹为一抛物线，如图 8-37 所示系统从 A 点出发与切换线交于 B 点，进入区域②。B 点坐标可求得

$$\dot{e}_B=-2,\ e_B=2$$

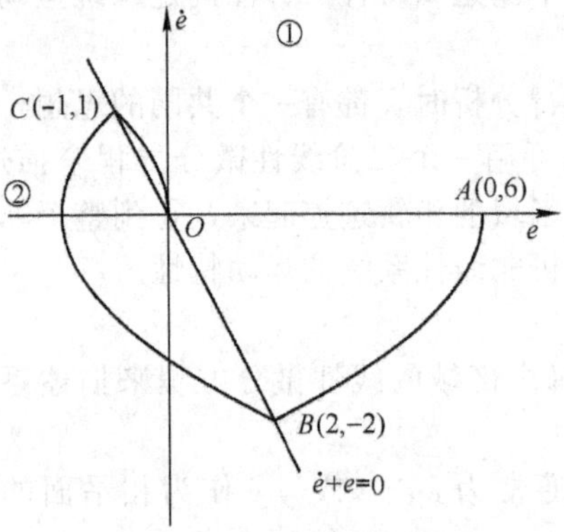

图 8-37 例 8-5 图

区域②

$$\begin{cases}\ddot{e}=0.5\\ \dot{e}=0.5t^2+c_3\\ e=0.25t^2+c_3t+c_4\end{cases}$$

代入初始条件求得 $C_3=-2$，$c_4=2$。

$$\begin{cases}\dot{e}=0.5t-2\\ e=0.25t^2-2t+2\\ e=\dot{e}^2-2\end{cases}$$

系统沿抛物线从 B 点运动到 C 点，C 点为相轨迹与切换线的交点，进入区域①，C 点坐标可求得为 $(-1,1)$。

区域①

$$\begin{cases}\ddot{e}=-0.5\\ \dot{e}=-0.5t+c_5\\ e=-0.25t^2+c_5+c_6\end{cases}$$

由初始条件 $C(-1,1)$ 可求 $c_5=1$，$c_6=-1$。

$$\begin{cases}\dot{e}=-0.5t+1\\ e=-0.25t^2+t-1\\ e=-\dot{e}^2\end{cases}$$

系统沿抛物线由 C 点运动到原点。由 A 点出发运动到原点 O 的时间 t_{AO} 可由下式求得

$$t_{AO}=t_{AB}+t_{BC}+t_{BO}$$

由各区域运动方程可分别求得

$t_{AB}=4\text{s}$，$t_{BC}=6\text{s}$，$t_{CO}=2\text{s}$

所以 $t_{AO}=4+6+2=12\text{s}$

【例 8-6】 非线性系统结构如图 8-38 所示。其中 $a=1$，$\tan\alpha_1=1$，$\tan\alpha_2=\dfrac{1}{2}$。试作系统从初始状态 $y(0)=-1$，$\dot{y}(0)=$

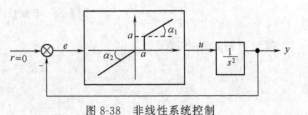

图 8-38 非线性系统控制

-1 出发的相轨迹，概略地画出对应的 $y(t)$ 曲线。并求出 $y(t)=0$ 时的各 t 值。当 $y(t)$ 为周期运动时，求出运动周期的值。

解 列写运动方程

$$\ddot{y}=u$$

$$u=\begin{cases}a+(e-a)\tan\alpha_1, & e>a\\ 0, & 0\leqslant e\leqslant a\\ e\tan\alpha_2, & e<0\end{cases}$$

当 $r=0$ 时，$e=-y$。代入上式得到

$$\ddot{y}=u=\begin{cases}-y, & y<-1 & ①\\ 0, & -1\leqslant y\leqslant 0 & ②\\ -0.5y, & y>0 & ③\end{cases}$$

系统有两条切换线 $y=-1$ 和 $y=0$，这两条切换线将系统分为三个区域。

区域①，$y<-1$

$$\ddot{y}=-y$$

所以

$$y=c_1\cos t+c_2\sin t$$

$$\dot{y}=-c_1\sin t+c_2\cos t$$

代入初始条件 $A(-1,1)$，求得 $c_1=-1$，$c_2=-1$。

$$\begin{cases}y=-\sqrt{2}\sin\left(t+\dfrac{\pi}{4}\right)\\ \dot{y}=\sin t-\cos t\\ y^2+\dot{y}^2=2\end{cases}$$

系统的相轨迹为一圆弧，如图 8-39 所示，由 A 运动到 $B(-1,1)$ 进入区域②。

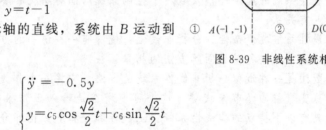

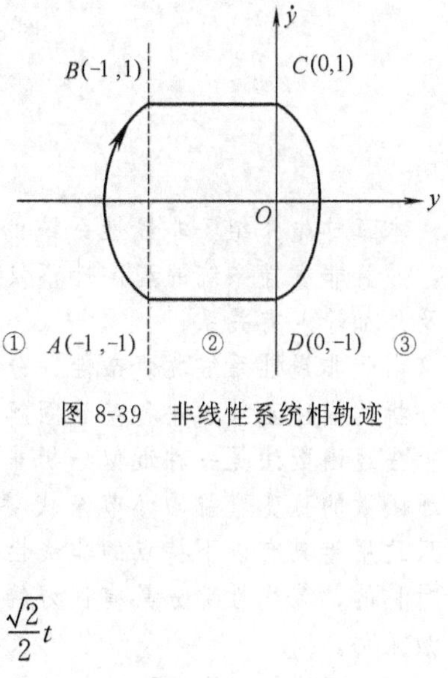

图 8-39 非线性系统相轨迹

区域②，$-1\leqslant y\leqslant 0$

$$\ddot{y}=0$$

$$\dot{y}=c_3,\quad y=c_3t+c_4$$

代入初始条件 $B(-1,1)$，$c_3=1$，$c_4=-1$。

$$\dot{y}=1,\quad y=t-1$$

系统相轨迹为一平行横坐标轴的直线，系统由 B 运动到 $C(0,1)$ 进入区域③。

区域③，$y>0$

$$\begin{cases}\ddot{y}=-0.5y\\ y=c_5\cos\dfrac{\sqrt{2}}{2}t+c_6\sin\dfrac{\sqrt{2}}{2}t\\ \dot{y}=-\dfrac{\sqrt{2}}{2}c_5\sin\dfrac{\sqrt{2}}{2}t+\dfrac{\sqrt{2}}{2}c_6\cos\dfrac{\sqrt{2}}{2}t\end{cases}$$

由初始条件 $C(0,1)$，可求 $c_5=0$，$c_6=\sqrt{2}$。

$$\begin{cases}y=\sqrt{2}\sin\dfrac{\sqrt{2}}{2}t\\ \dot{y}=\cos\dfrac{\sqrt{2}}{2}t\\ \left(\dfrac{y}{\sqrt{2}}\right)^2+\dot{y}^2=1\end{cases}$$

系统相轨迹为一椭圆，系统由 C 点运动到 $D(0,-1)$，又一次进入区域②。

区域②

$$\ddot{y}=0,\quad \dot{y}=c_7,\quad y=c_7t+c_8$$

由 $D(0,-1)$ 求得 $c_7=-1$，$c_8=0$。

$$\begin{cases}y=-t\\ \dot{y}=-1\end{cases}$$

系统相轨迹为一直线，由 D 点运动到 A 点，形成封闭的相轨迹，系统会产生周期运动，由上述各式可求运动周期

$$T=2+\frac{\pi}{2}+\sqrt{2}\pi$$

由上述各式可概略画出 $y(t)$ 曲线如图 8-40 所示。

$y(t)$ 过零点为 $\qquad t_2=1+\frac{\pi}{2}$，$t_3=1+\frac{\pi}{2}+\sqrt{2}\pi$

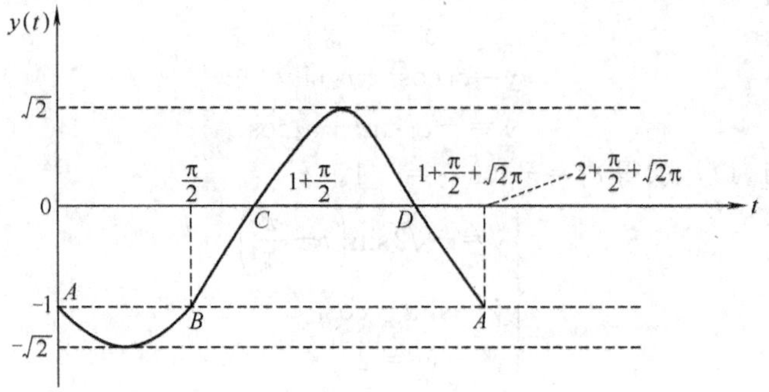

图 8-40 系统输出 $y(t)$ 概略曲线图

本 章 小 结

本章首先介绍了非线性系统的特点，与线性系统的最大区别是非线性系统不满足叠加原理，并且非线性系统的稳定性不仅取决于控制系统的固有结构和参数，而且与系统的初始条件以及外加输入有关系。

由于非线性系统的复杂性，分析非线性系统没有一种统一的方法。本章主要介绍了基于谐波分析的描述函数方法和基于图解方法的相平面法。

描述函数法是一种近似分析非线性系统的方法。它将一个非线性装置或环节用一个被称为描述函数的可变增益的环节来代替。这个可变增益是输入正弦振幅 A 和振荡频率 ω 的函数。它只适用于具有以下特点的非线性系统：①线性部分和非线性部分可以分离；②非线性特性为奇对称的；③线性部分具有良好的低通特性。描述函数方法主要用于判断非线性系统是否出现自激振荡。

相平面法是一种用图解法来求解二阶非线性微分方程的分析方法，它适用于任意非线性特性，可用于完整分析非线性系统的运动状态和稳定性，但只能用来分析一阶和二阶非线性系统。

习 题 8

8-1 三个非线性系统的非线性环节一样，线性部分分别为

①$G(s)=\frac{1}{s(0.1s+1)}$；②$G(s)=\frac{2}{s(s+1)}$；③$G(s)=\frac{2(1.5s+1)}{s(s+1)(0.1s+1)}$。

试问用描述函数法分析时，哪个系统分析的准确度高？

8-2 求图 8-41 所示非线性特性的描述函数。

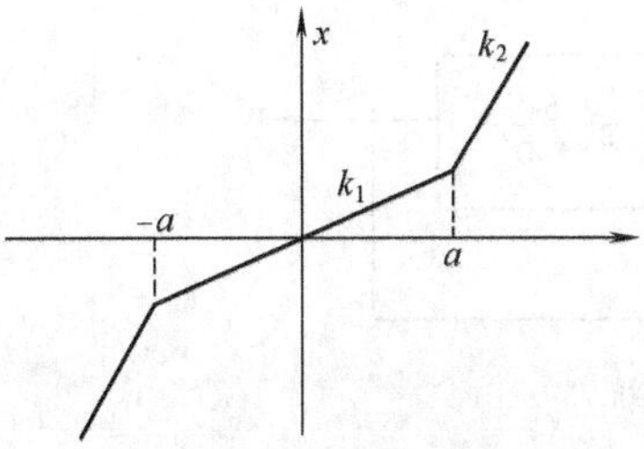

图 8-41 题 8-2 图

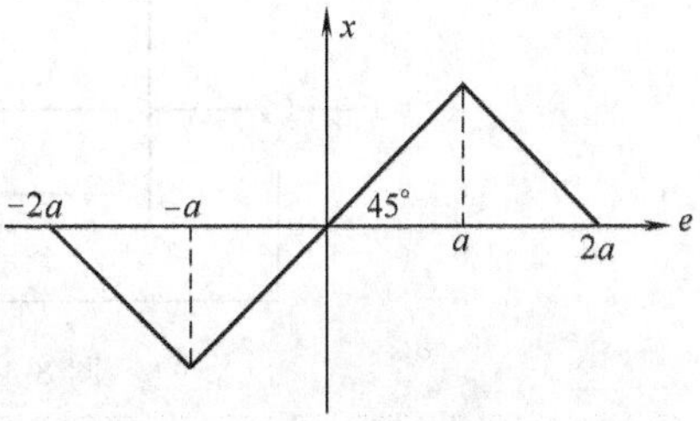

图 8-42 题 8-3 图

8-3 求图 8-42 所示非线性特性的描述函数。

8-4 求图 8-43 所示非线性描述函数。

8-5 求图 8-44 所示非线性描述函数。

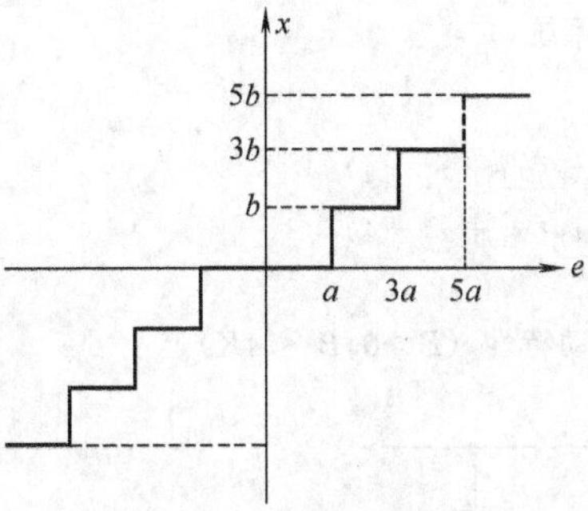

图 8-43 题 8-4 图

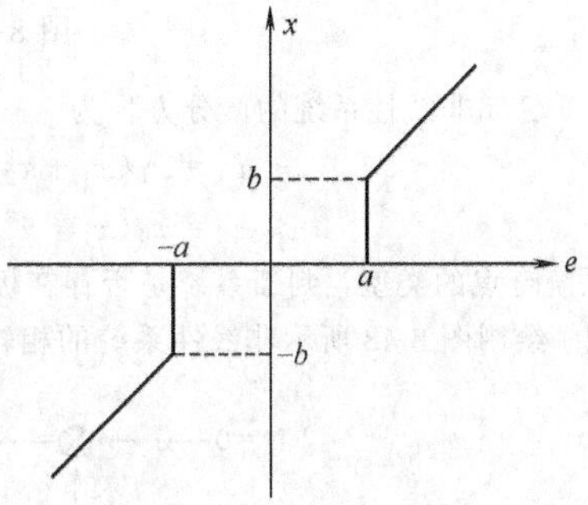

图 8-44 题 8-5 图

8-6 求出图 8-45 所示非线性控制系统线性部分的传递函数。

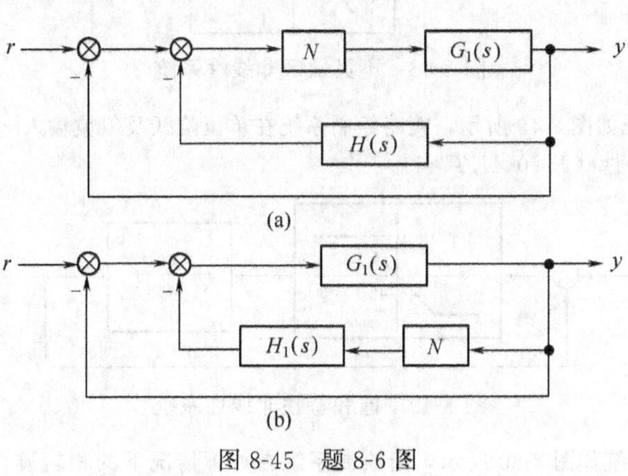

图 8-45 题 8-6 图

8-7 一非线性系统其前向通路中有一描述函数 $N(A)=\frac{1}{A}e^{-j\frac{\pi}{4}}$ 的非线性元件，线性部分传递函数为 $G(s)=\frac{15}{s(0.5s+1)}$，试用描述函数法确定系统是否存在自激振荡，若有，求出自激振荡参数。

8-8 试用描述函数分析图 8-46 所示系统必然存在自激振荡，并求出自激振荡振幅和振荡频率，并画出 y，x，e 的稳态波形。

8-9 若非线性系统的微分方程为

①$\ddot{x}+(3\dot{x}-0.5)\dot{x}+x+x^2=0$；　②$\ddot{x}+x\dot{x}+x=0$；　③$\ddot{x}+\dot{x}^2+x=0$。

试求系统的奇点，并概略绘制奇点附近的相轨迹。

8-10 非线性系统结构如图 8-47 所示，系统开始是静止的，输入信号 $r(t)=4\times 1(t)$，试写出切换线方程，确定奇点的位置和类型，作出该系统的相平面图，并分析系统的运动特点。

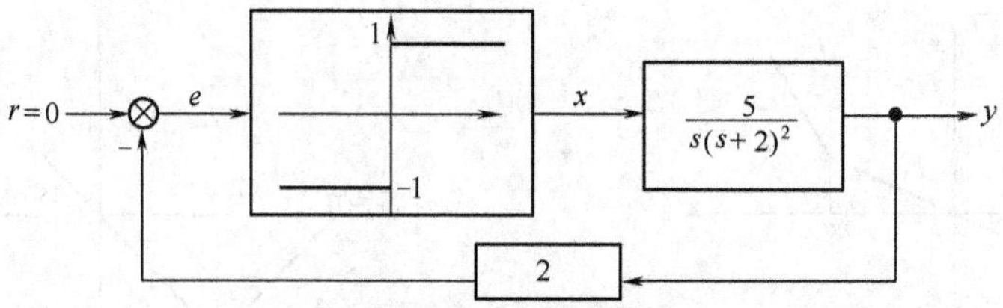

图 8-46　题 8-8 非线性系统

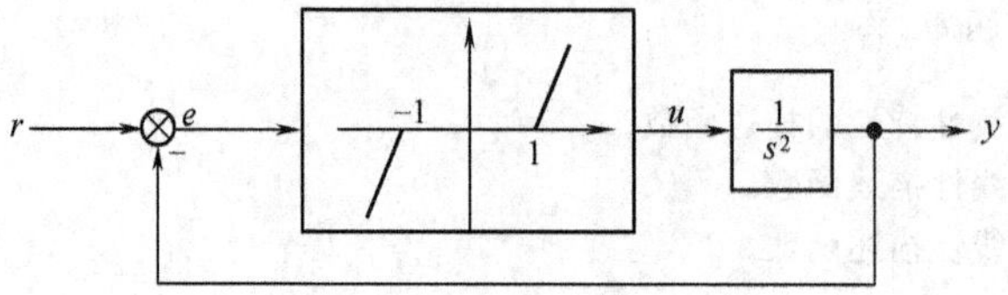

图 8-47　题 8-10 非线性系统

8-11　已知非线性系统的微分方程为

$$\dot{x}_1=x_1(x_1^2+x_2^2-1)(x_1^2+x_2^2-9)-x_2(x_1^2+x_2^2-4)$$
$$\dot{x}_2=x_2(x_1^2+x_2^2-1)(x_1^2+x_2^2-9)+x_1(x_1^2+x_2^2-4)$$

试分析系统奇点的类型，判断系统是否存在极限环。

8-12　绘制图 8-48 所示非线性系统的相轨迹，分析系统的运动特性（$B>0, B^2<4K$）。

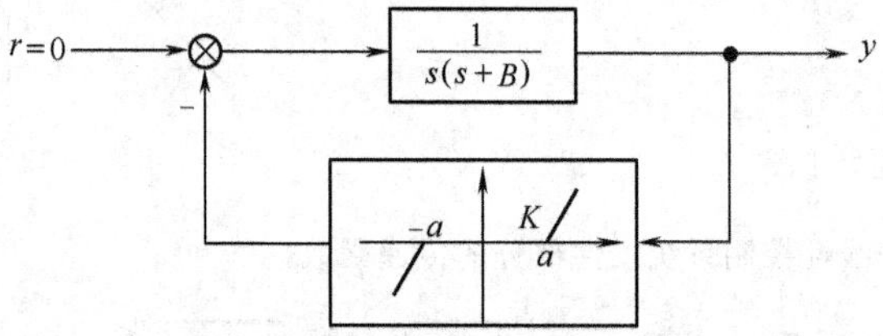

图 8-48　不灵敏区非线性系统

8-13　已知非线性系统如图 8-49 所示，粗略绘制系统在单位阶跃及斜坡输入 $r=VT+R$ 作用下系统的相轨迹，并分析系统的运动特性（$T>0, 4KT>1$）。

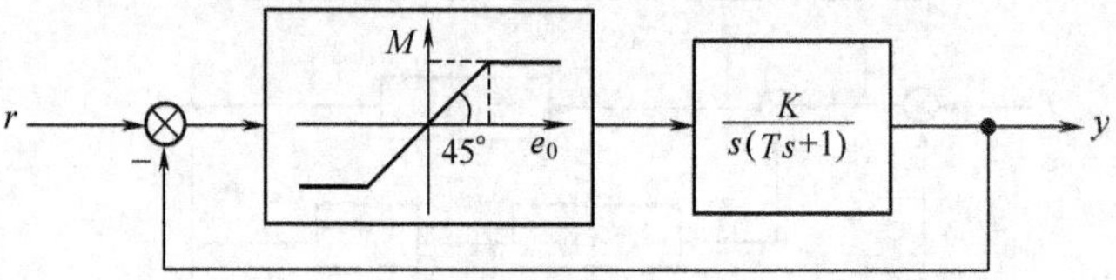

图 8-49　饱和特性非线性系统

8-14　一非线性控制系统如图 8-50 所示，请绘制系统在如下情况下的相轨迹，并分析系统的运动特性。初始状态为 $e(0)=3.5$，$\dot{e}(0)=0$。

①$G(s)=\dfrac{1}{s}$；　　　　　②$G(s)=\dfrac{2}{s+1}$。

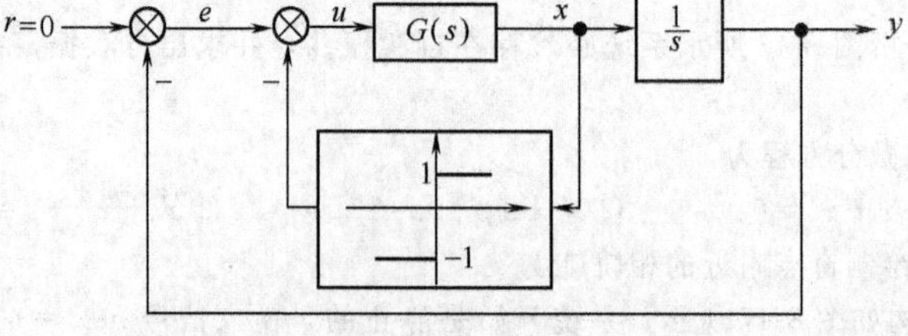

图 8-50　库仑摩擦非线性控制系统

8-15 一位置继电控制系统结构如图 8-51 所示，当输入幅度为 4 的阶跃函数，绘制从 $y(0)=-3$，$\dot{y}(0)=0$出发的相轨迹，求系统运动的最大速度、超调量及峰值时间。

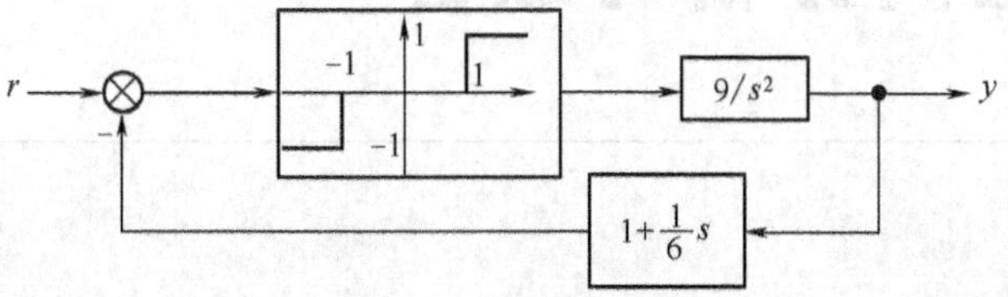

图 8-51 继电控制系统

8-16 一继电控制系统如图 8-52 所示，输入为单位阶跃，绘制从 $y(0)=-8$，$\dot{y}(0)=0$ 出发的相轨迹，分析系统是否存在周期运动，若存在周期运动，求出周期振荡的振幅和振荡频率。

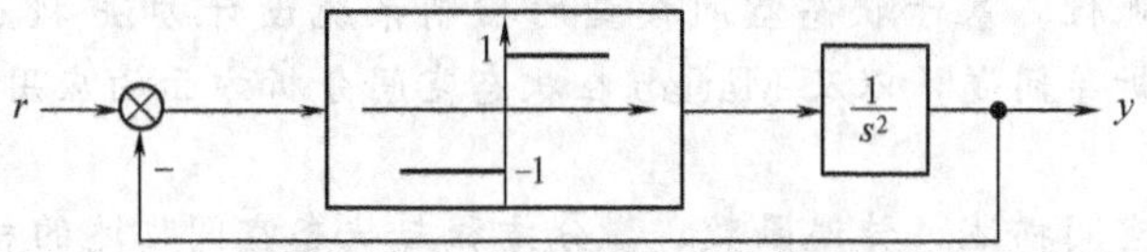

图 8-52 库仑摩擦非线性系统

8-17 非线性控制系统如图 8-53 所示。已知 $y(0)=2$，$\dot{y}(0)=0$，绘制系统相轨迹，并求出 $t=10\text{s}$ 时的 y 和 $\dot{y}$ 值。

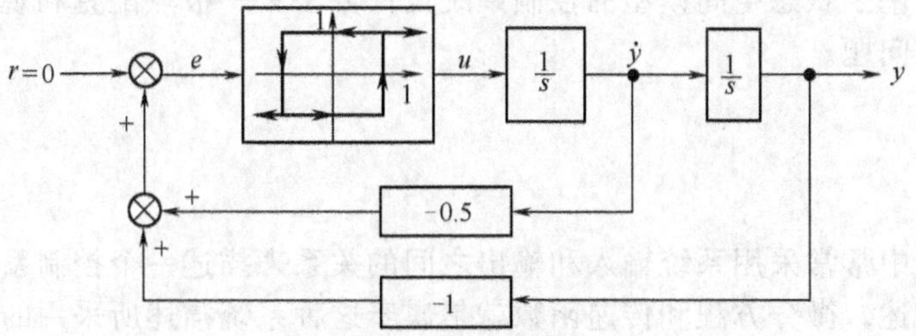

图 8-53 继电控制系统

8-18 已知继电控制系统如图 8-54 所示，绘制系统相轨迹。已知 $y(0)=-2.5$，$\dot{y}(0)=0$。并判断系统是否存在周期运动，若存在，求出振荡参数。

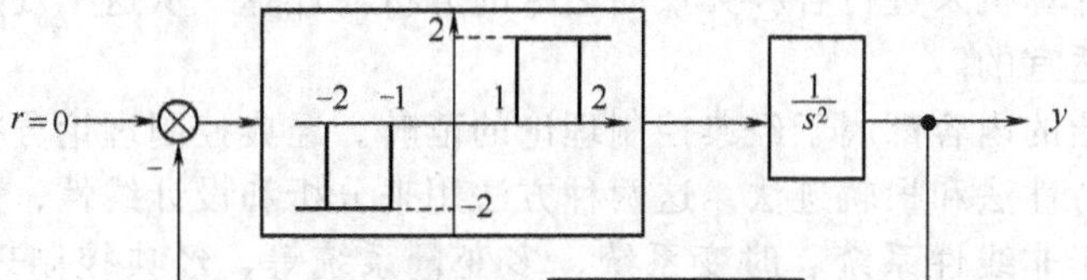

图 8-54 继电非线性控制系统

9 状态空间分析与综合

内容提要

基于状态空间分析的现代控制理论具有数学描述简洁，控制器设计规范等特点。本章主要介绍了状态空间分析方法的一些基本概念和分析系统特性的一些方法，内容包括状态空间模型的建立，可控性和可观性，基于状态空间模型的控制系统设计方法-极点配置和观测器设计，李雅普诺夫稳定性分析等问题，以及 Matlab 在状态空间分析方面的应用。

知识要点

控制系统的状态空间描述，传递函数、微分方程与状态空间描述的相互转换；状态方程的解；线性控制系统的可控性和可观性；状态空间描述的可控标准形和可观标准形；控制系统状态空间的极点配置，观测器；李雅普诺夫稳定性定理。

本章主要介绍现代控制理论方法的状态空间分析和设计，内容包括状态空间模型的建立、可控性和可观性、基于状态空间模型的控制系统设计方法——极点配置和观测器设计，李雅普诺夫稳定性分析等问题。

9.1 引言

经典控制理论中常常采用系统输入和输出之间的关系来描述一个控制系统，这称之为控制系统的输入输出描述。微分方程和传递函数就是属于这种系统描述所采用的数学模型。

但是输入输出描述有一个很大的局限性。它只能从系统的外部概括输入输出之间的关系，即将系统看做是一个“黑盒子”，而不管其内部结构如何。实际上，一个复杂系统可能有多个输入和多个输出，并且以某种方式相互关联或耦合。为了分析这样的系统，必须简化其数学表达式，转而借助于计算机来进行各种大量而乏味的分析与计算。从这个观点来看，状态空间法对于系统分析是最适宜的。

本书前面所介绍的内容都属于经典控制理论的范畴。经典控制理论分析和设计控制系统所采用的方法是频率特性法和根轨迹法。这两种方法用来分析和设计线性、定常单变量系统是很有效的。但是，对于非线性系统、时变系统、多变量系统等，经典控制理论就显得无能为力了。同时，随着生产过程自动化水平要求的提高，控制系统的任务越来越复杂，控制精度要求也越来越高，因此，建立在状态空间分析方法基础上的现代控制理论便迅速地发展起来。

9.2 状态空间和状态方程

9.2.1 状态空间方法的几个基本概念

在讨论控制系统状态空间分析方法之前，首先介绍状态、状态变量、状态向量和状态空间等术语的概念。

状态：所谓状态，是指系统过去、现在和将来的状况。例如一个质点作直线运动，这个系统的状态就是它的每一时刻的位置和速度。又如一个 RLC 电路，任何时刻电路中的电流 i，电感电压 e_L，电容电压 e_C，电阻上的电压降 e_R 以及它们的导数都反映了系统的状态。

状态变量：状态变量是指能确定系统运动状态的最少数目的一组变量。一个用 n 阶微分方程描述的系统就有 n 个独立的变量，当这 n 个独立变量的时间响应都求得时，系统的行为也就完全被确定。因此，由 n 阶微分方程描述的系统就有 n 个状态变量。状态变量具有非惟一性，因为不同的状态变量也能表达同一个系统的行为。

状态向量：若以 n 个状态变量 $x_1(t),x_2(t),\cdots,x_n(t)$ 作为向量 $\boldsymbol{x}(t)$ 的分量，则 $\boldsymbol{x}(t)$ 称为状态向量。

状态空间：以状态变量 $x_1(t),x_2(t),\cdots,x_n(t)$ 为基底所构成的 n 维空间，称为状态空间。系统在任意时刻的状态向量 $\boldsymbol{x}(t)$ 在状态空间中是一个点。系统随时间的变化过程，使 $\boldsymbol{x}(t)$ 在状态空间中描绘出一条轨迹。

状态空间表达式：将反映系统动态过程的 n 阶微分方程或传递函数，转换成一阶微分方程组的形式，并利用矩阵和向量的数学工具，将一阶微分方程组用一个式子来表示，这就是状态方程；将状态方程与描述系统状态变量与系统输出变量之间的关系的输出方程一起就构成了状态空间表达式。下面就是线性定常系统状态空间表达式的标准描述

$$\begin{aligned}\dot{\boldsymbol{x}}(t)&=\boldsymbol{A}\boldsymbol{x}(t)+\boldsymbol{B}\boldsymbol{u}(t)\\ \boldsymbol{y}(t)&=\boldsymbol{C}\boldsymbol{x}(t)\end{aligned} \tag{9-1}$$

式中，$\boldsymbol{x}(t)$，$\dot{\boldsymbol{x}}(t)$ 分别为状态向量及其一阶导数，$\boldsymbol{u}(t)$，$\boldsymbol{y}(t)$ 分别为系统的输入变量和输出变量，$\boldsymbol{A},\boldsymbol{B},\boldsymbol{C}$ 分别为具有一定维数的系统矩阵。

9.2.2 几个示例

【例 9-1】 RLC 电路的状态空间模型

设有如图 9-1 所示的 RLC 电路，根据电工学的定理可以建立 RLC 电路的动态过程的微分方程为

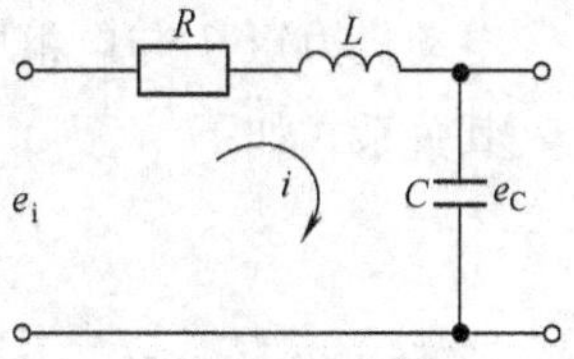

图 9-1 RLC 电路

$$L\frac{\mathrm{d}i}{\mathrm{d}t}+Ri+\frac{1}{C}\int i\mathrm{d}t=e_{\rm i} \tag{9-2}$$

设 $e_{\rm i}(t)$ 为输入量，$i(t)$ 为输出量，并选择 $i(t)$ 和 $\int i(t)\mathrm{d}t$ 为状态变量，即设

$$\begin{aligned}x_1(t)&=i(t)\\ x_2(t)&=\int i(t)\mathrm{d}t\end{aligned} \tag{9-3}$$

可推导一阶微分方程组

$$\begin{aligned}\frac{\mathrm{d}x_1(t)}{\mathrm{d}t}&=-\frac{R}{L}x_1(t)-\frac{1}{LC}x_2(t)+\frac{1}{L}u(t)\\ \frac{\mathrm{d}x_2(t)}{\mathrm{d}t}&=x_1(t)\end{aligned} \tag{9-4}$$

写成状态方程，有

$$\begin{bmatrix}\dot{x}_1(t)\\ \dot{x}_2(t)\end{bmatrix}=\begin{bmatrix}-\dfrac{R}{L} & -\dfrac{1}{LC}\\ 1 & 0\end{bmatrix}\begin{bmatrix}x_1(t)\\ x_2(t)\end{bmatrix}+\begin{bmatrix}\dfrac{1}{L}\\ 0\end{bmatrix}u(t) \tag{9-5}$$

再设 $y(t)=i(t)$，则相应的输出方程为

$$y(t)=\begin{bmatrix}1 & 0\end{bmatrix}\begin{bmatrix}x_1(t)\\ x_2(t)\end{bmatrix} \tag{9-6}$$

再将式(9-5)、式(9-6) 写成式(9-1) 的形式

$$\begin{aligned}\dot{\boldsymbol{x}}(t)&=\boldsymbol{A}\boldsymbol{x}(t)+\boldsymbol{B}\boldsymbol{u}(t)\\ \boldsymbol{y}(t)&=\boldsymbol{C}\boldsymbol{x}(t)\end{aligned}$$

其中

$$\boldsymbol{x}(t)=\begin{bmatrix}x_1(t)\\x_2(t)\end{bmatrix},\ \boldsymbol{A}=\begin{bmatrix}-\dfrac{R}{L} & -\dfrac{1}{LC}\\1 & 0\end{bmatrix},\ \boldsymbol{B}=\begin{bmatrix}\dfrac{1}{L}\\0\end{bmatrix},\ \boldsymbol{C}=[1\quad 0]$$

【例 9-2】 直流电动机速度控制系统

控制系统的一个常用的执行器是直流电动机。它可以直接提供旋转运动，可以通过飞轮、鼓和缆的耦合，提供直线运动。图 9-2 给出了一个电动机电枢绕组电路和带有自由体的转子部分的示意图。

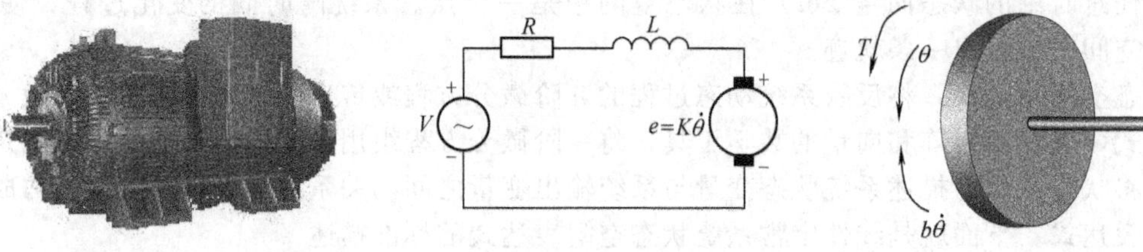

图 9-2 直流电动机速度控制系统示意图

假定对上述对象，有以下物理参数：转子的转动惯量 $J=0.01\mathrm{kg\cdot m^2/s^2}$，机械系统的阻尼比 $b=0.1\mathrm{N\cdot m}$，电气常数 $(K=K_e=K_t)=0.01\mathrm{N\cdot m/A}$，电阻 $R=1\Omega$，电感 $L=0.5\mathrm{H}$，系统的输入为电压 V，输出轴的位置为 θ，假定轴和转子是刚性的。

电动机力矩 T 与电枢电流 i 成正比，比例系数为 K_t，反电势 e 与旋转角速度 $\omega(\dot{\theta})$ 成正比，其关系式如下

$$\begin{aligned}T&=K_t i\\e&=K_e\omega\end{aligned}\tag{9-7}$$

在 SI 单位中，K_t（电势常数）等于 K_e（电动机常数）。

由图 9-2，根据牛顿定律和基尔霍夫定律，可得微分方程组如下

$$\begin{aligned}J\ddot{\theta}+b\dot{\theta}&=Ki\\L\frac{\mathrm{d}i}{\mathrm{d}t}+Ri&=V-K\dot{\theta}\end{aligned}\tag{9-8}$$

选择轴的角速度 $\omega(\dot{\theta})$ 和电流 i 为状态变量，电压为系统输入，角速度 ω 为系统输出，可得到状态空间表达式如下

$$\begin{bmatrix}\dot{\omega}\\\dot{i}\end{bmatrix}=\begin{bmatrix}-\dfrac{b}{J} & \dfrac{K}{J}\\-\dfrac{K}{L} & -\dfrac{R}{L}\end{bmatrix}\begin{bmatrix}\omega\\i\end{bmatrix}+\begin{bmatrix}0\\\dfrac{1}{L}\end{bmatrix}V$$

$$\omega=[1\quad 0]\begin{bmatrix}\omega\\i\end{bmatrix}\tag{9-9}$$

状态空间描述与经典控制理论的传递函数描述的最大不同点在于传递函数是对系统的外部描述，又称之为输入输出描述，这种描述不涉及系统内部状况（即状态）的变化情况。而状态空间描述则深入到内部，它既能描述系统的外部行为，又能描述系统的内部行为与性能。

在实际系统中，输入信号将驱动系统状态的变化，而状态的变化将决定系统内部运动与外部的联系。所以描述系统的数学模型-状态空间描述将包括以下两个部分。

① 输入对状态的作用关系式，它由状态方程来描述，是一组一阶微分方程式，或者是矩阵向量方程式

$$\dot{\boldsymbol{x}}(t)=\boldsymbol{A}\boldsymbol{x}(t)+\boldsymbol{B}\boldsymbol{u}(t)\tag{9-10a}$$

式中，$\boldsymbol{x}(t)$ 是状态向量，$\boldsymbol{A},\boldsymbol{B}$ 为系数矩阵，$\boldsymbol{u}(t)$ 为输入信号。

② 状态变量和输出信号的关系式

$$\boldsymbol{y}(t)=\boldsymbol{C}\boldsymbol{x}(t) \tag{9-10b}$$

式中，$\boldsymbol{y}(t)$ 为输出信号，$\boldsymbol{C}$ 为输出矩阵(或向量)。上式称为系统的输出方程式或称之为量测方程。

图 9-3 给出了状态空间表达式的结构示意图。

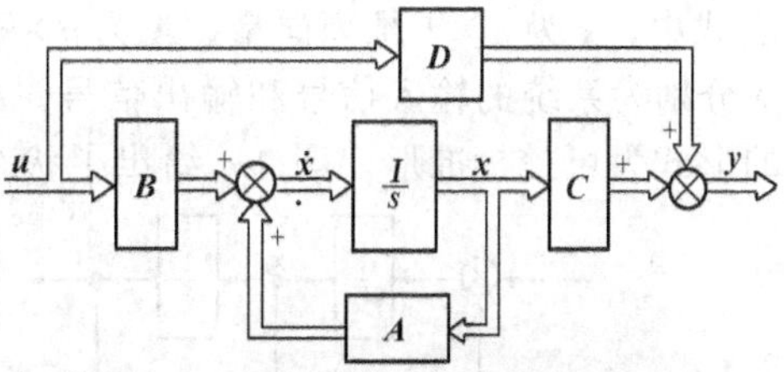

图 9-3 状态空间表达式结构示意图

9.3 线性系统状态空间表达式的建立

一个线性系统可以有不同形式的描述方式，经典的控制理论采用的是高阶微分方程和传递函数（矩阵）的形式，现代控制理论则主要采用状态空间形式，它们三者之间的关系如何呢，利用 Matlab 又如何求解它们之间的相互转换呢，本节将讨论这些问题。

9.3.1 高阶微分方程到状态空间描述

(1) 输入信号不含导数项的 n 阶微分方程系统的状态空间描述

设单输入/单输出的控制系统的动态过程由下列 n 阶微分方程来描述

$$y^{(n)}+a_1y^{(n-1)}+\cdots+a_{n-1}\dot{y}+a_ny=u \tag{9-11}$$

式中，$y^{(n)},y^{(n-1)},\cdots,\dot{y},y$ 为系统的输出信号（输出量）及其各阶导数，u 为系统的输入信号（输入量）；a_1，a_2，…，a_n为常系数。

若已知初始条件 $y(0)$，$\dot{y}(0),\cdots,y^{(n-1)}(0)$ 及 $t\geqslant 0$ 时刻的输入信号 $u(t)$，则系统在任何 $t\geqslant 0$ 时刻的行为便可完全确定，所以可选取 $y(t)$ 及 $y(t)$ 的各阶导数作为状态变量，即状态变量 $x_1(t),x_2(t),\cdots,x_n(t)$ 可取为

$$\begin{cases}x_1=y\\x_2=\dot{y}\\\vdots\\x_{n-1}=y^{(n-2)}\\x_n=y^{(n-1)}\end{cases} \tag{9-12}$$

则式(9-11) 可以改写为

$$\begin{cases}\dot{x}_1=x_2\\\dot{x}_2=x_3\\\vdots\\\dot{x}_{n-1}=x_n\\\dot{x}_n=-a_nx_1-a_{n-1}x_2-\cdots-a_1x_n+u\end{cases} \tag{9-13}$$

将上式写成向量和矩阵的形式可得

$$\begin{aligned}\dot{\boldsymbol{x}}&=\boldsymbol{A}\boldsymbol{x}+\boldsymbol{B}u\\y&=\boldsymbol{C}\boldsymbol{x}\end{aligned} \tag{9-14}$$

式中

$$\boldsymbol{x}=\begin{bmatrix}x_1\\x_2\\\vdots\\x_n\end{bmatrix},\ \boldsymbol{A}=\begin{bmatrix}0&1&0&\cdots&0\\0&0&1&\cdots&0\\\vdots&\vdots&\vdots&&\vdots\\0&0&0&\cdots&1\\-a_n&-a_{n-1}&-a_{n-2}&\cdots&-a_1\end{bmatrix},\ \boldsymbol{B}=\begin{bmatrix}0\\0\\\vdots\\\vdots\\1\end{bmatrix},\ \boldsymbol{C}=[1\ \ 0\ \ 0\ \ \cdots\ \ 0]$$

式中，$\boldsymbol{x}$ 为 $n\times1$ 维列向量，$\boldsymbol{A}$ 为 $n\times n$ 阶矩阵，$\boldsymbol{B}$ 为 $n\times1$ 维列向量，$\boldsymbol{C}$ 为 $1\times n$ 维行向量，u,y 分别为系统的输入信号和输出信号。式(9-14) 即为控制系统的状态空间描述，式中矩阵 $\boldsymbol{A}$ 的形式为可控标准形。图 9-4 给出了状态空间表达式的结构图。

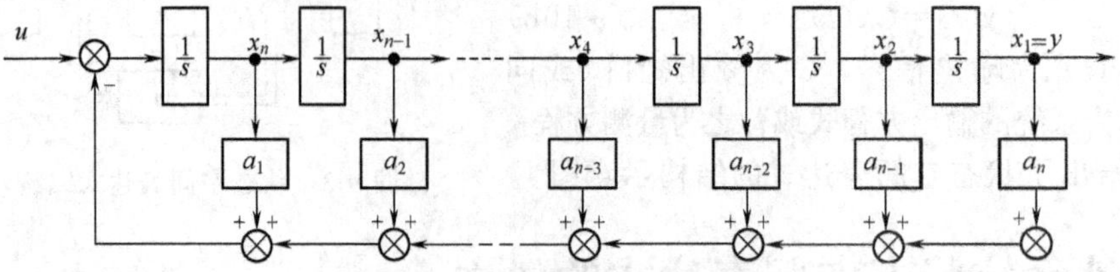

图 9-4 状态空间表达式结构图

【例 9-3】 设一控制系统的动态过程用微分方程表示为

$$\dddot{y}+6\ddot{y}+11\dot{y}+6y=6u \tag{9-15}$$

式中，u,y 分别为系统的输入和输出信号，试求系统的状态空间描述。

解 选取状态变量为 $x_1=y$，$x_2=\dot{y}$，$x_3=\ddot{y}$，则式(9-15) 可改写成

$$\begin{cases}\dot{x}_1=x_2\\ \dot{x}_2=x_3\\ \dot{x}_3=-6x_1-11x_2-6x_3+6u\end{cases}$$

将上式写成矩阵微分方程形式

$$\begin{bmatrix}\dot{x}_1\\ \dot{x}_2\\ \dot{x}_3\end{bmatrix}=\begin{bmatrix}0&1&0\\0&0&1\\-6&-11&-6\end{bmatrix}\begin{bmatrix}x_1\\x_2\\x_3\end{bmatrix}+\begin{bmatrix}0\\0\\6\end{bmatrix}u$$

$$y=[1\quad0\quad0]\begin{bmatrix}x_1\\x_2\\x_3\end{bmatrix}$$

上两式可写成如下标准形式

$$\begin{aligned}\dot{\boldsymbol{x}}&=\boldsymbol{Ax}+\boldsymbol{B}u\\ y&=\boldsymbol{Cx}\end{aligned} \tag{9-16}$$

式中

$$\boldsymbol{A}=\begin{bmatrix}0&1&0\\0&0&1\\-6&-11&-6\end{bmatrix},\ \boldsymbol{B}=\begin{bmatrix}0\\0\\6\end{bmatrix},\ \boldsymbol{C}=[1\quad0\quad0]$$

式(9-16) 即为所求的系统的状态空间描述。

(2) 输入信号包含导数项的 n 阶微分方程系统的状态空间描述

设控制系统由下列 n 阶微分方程来描述

$$y^{(n)}+a_1y^{(n-1)}+\cdots+a_{n-1}\dot{y}+a_ny=b_0u^{(n)}+b_1u^{(n-1)}+\cdots+b_{n-1}\dot{u}+b_nu \tag{9-17}$$

这时，不能简单地把 $y,\dot{y},\cdots,y^{(n-1)}$ 选作状态变量，即不能采用上述的方法。因为化成一阶微分方程组

$$\begin{cases}\dot{x}_1=x_2\\ \dot{x}_2=x_3\\ \vdots\\ \dot{x}_{n-1}=x_n\\ \dot{x}_n=-a_nx_1-a_{n-1}x_2-\cdots-a_1x_n+b_0u^{(n)}+b_1u^{(n-1)}+\cdots+b_{n-1}\dot{u}+b_nu\end{cases} \tag{9-18}$$

这样，最后一个方程中包含了输入信号 $u(t)$ 的各阶导数，系统将得不到惟一解。在包含

输入导数项的情况下，选择一组状态变量的原则是，应使导出的一阶微分方程组中，不能出现 $u(t)$ 的导数项。为此，可选取以下 n 个变量作为一组状态变量

$$\begin{cases} x_1=y-\beta_0 u \\ x_2=\dot{y}-\beta_0\dot{u}-\beta_1 u=\dot{x}_1-\beta_1 u \\ x_3=\ddot{y}-\beta_0\ddot{u}-\beta_1\dot{u}-\beta_2 u=\dot{x}_2-\beta_2 u \\ \vdots \\ x_n=y^{(n-1)}-\beta_0 u^{(n-1)}-\beta_1 u^{(n-2)}-\cdots-\beta_{n-2}\dot{u}-\beta_{n-1}u=\dot{x}_{n-1}-\beta_{n-1}u \end{cases} \tag{9-19}$$

式(9-19) 中

$$\begin{cases} \beta_0=b_0 \\ \beta_1=b_1-a_1\beta_0 \\ \beta_2=b_2-a_1\beta_1-a_2\beta_0 \\ \vdots \\ \beta_n=b_n-a_1\beta_{n-1}-\cdots-a_{n-1}\beta_1-a_n\beta_0 \end{cases} \tag{9-20}$$

这样，就可以保证系统有惟一解。

式(9-19) 可改写成

$$\begin{cases} \dot{x}_1=x_2+\beta_1 u \\ \dot{x}_2=x_3+\beta_2 u \\ \vdots \\ \dot{x}_{n-1}=x_n+\beta_{n-1}u \\ \dot{x}_n=-a_n x_1-a_{n-1}x_2-\cdots-a_1 x_n+\beta_n u \end{cases} \tag{9-21}$$

将上式改写成矩阵向量形式

$$\begin{aligned} \dot{\boldsymbol{x}}&=\boldsymbol{A}\boldsymbol{x}+\boldsymbol{B}u \\ y&=\boldsymbol{C}\boldsymbol{x}+\boldsymbol{D}u \end{aligned} \tag{9-22}$$

其中

$$\boldsymbol{x}=\begin{bmatrix} x_1 \\ x_2 \\ \vdots \\ x_n \end{bmatrix},\quad \boldsymbol{A}=\begin{bmatrix} 0 & 1 & 0 & \cdots & 0 \\ 0 & 0 & 1 & \cdots & 0 \\ \vdots & \vdots & \vdots & & \vdots \\ 0 & 0 & 0 & \cdots & 1 \\ -a_n & -a_{n-1} & -a_{n-2} & \cdots & -a_1 \end{bmatrix},\quad \boldsymbol{B}=\begin{bmatrix} \beta_1 \\ \beta_2 \\ \vdots \\ \vdots \\ \beta_n \end{bmatrix}$$

$$\boldsymbol{C}=[1\ \ 0\ \ 0\ \ \cdots\ \ 0],\quad \boldsymbol{D}=\beta_0=b_0$$

式(9-22) 即为含有输入信号导数项的控制系统的状态空间描述（包括状态方程和输出方程）。

【例 9-4】 设一控制系统的动态方程用微分方程表示为

$$\dddot{y}+9\ddot{y}+8\dot{y}=\ddot{u}+4\dot{u}+u \tag{9-23}$$

试求该控制系统的状态空间描述。

解 将式(9-23) 对照式(9-17) 可得，$a_1=9$，$a_2=8$，$a_3=0$，$b_0=0$，$b_1=1$，$b_2=4$，$b_3=1$。由式(9-20) 可计算得

$$\beta_0=b_0=0,\quad \beta_1=b_1-a_1\beta_0=1,$$

$$\beta_2=b_2-a_1\beta_1-a_2\beta_0=-5,\quad \beta_3=b_3-a_1\beta_2-a_2\beta_1-a_3\beta_0=38$$

由式(9-22) 可写出控制系统的状态空间描述为

$$\begin{bmatrix} \dot{x}_1 \\ \dot{x}_2 \\ \dot{x}_3 \end{bmatrix}=\begin{bmatrix} 0 & 1 & 0 \\ 0 & 0 & 1 \\ 0 & -8 & -9 \end{bmatrix}\begin{bmatrix} x_1 \\ x_2 \\ x_3 \end{bmatrix}+\begin{bmatrix} 1 \\ -5 \\ 38 \end{bmatrix}u$$

$$y=\begin{bmatrix}1 & 0 & 0\end{bmatrix}\begin{bmatrix}x_1\\x_2\\x_3\end{bmatrix}$$

9.3.2 将传递函数转换成状态空间描述

(1) 设控制系统的闭环传递函数为

$$\frac{Y(s)}{U(s)}=\frac{b_1s^{n-1}+\cdots+b_{n-1}s+b_n}{s^n+a_1s^{n-1}+\cdots+a_{n-1}s+a_n} \tag{9-24}$$

令上式中

$$\begin{cases}Y(s)=(b_1s^{n-1}+\cdots+b_{n-1}s+b_n)E(s)\\U(s)=(s^n+a_1s^{n-1}+\cdots+a_{n-1}s+a_n)E(s)\end{cases} \tag{9-25}$$

按下式选取 $x_1,x_2,\cdots,x_n$ 为状态变量，即

$$\begin{cases}x_1=e(t)\\x_2=\dot{e}(t)\\\vdots\\x_n=e^{(n-1)}(t)\end{cases} \tag{9-26}$$

上式中，$e(t)$ 为 $E(s)$ 的反拉氏变换，也即变量 $E(s)$ 的时域表示。将式(9-25) 进行反拉氏变换，并将式(9-26) 关系代入，则式(9-25) 可改写成

$$\begin{cases}y=b_1x_n+b_2x_{n-1}+\cdots+b_{n-1}x_2+b_nx_1\\u=\dot{x}_n+a_1x_n+a_2x_{n-1}+\cdots+a_{n-1}x_2+a_nx_1\end{cases} \tag{9-27}$$

由式(9-26) 和式(9-27) 可得

$$\begin{cases}\dot{x}_1=x_2\\\dot{x}_2=x_3\\\vdots\\\dot{x}_{n-1}=x_n\\\dot{x}_n=-a_nx_1-a_{n-1}x_2-\cdots-a_1x_n+u\end{cases} \tag{9-28}$$

由式(9-28) 和式(9-27) 可以得到状态空间描述为

$$\begin{bmatrix}\dot{x}_1\\\dot{x}_2\\\vdots\\\dot{x}_n\end{bmatrix}=\begin{bmatrix}0 & 1 & 0 & \cdots & 0\\0 & 0 & 1 & \cdots & 0\\\vdots & \vdots & \vdots & \cdots & \vdots\\-a_n & -a_{n-1} & -a_{n-2} & \cdots & -a_1\end{bmatrix}\begin{bmatrix}x_1\\x_2\\\vdots\\x_n\end{bmatrix}+\begin{bmatrix}0\\0\\\vdots\\1\end{bmatrix}u \tag{9-29}$$

$$y=\begin{bmatrix}b_n & b_{n-1} & \cdots & b_1\end{bmatrix}\begin{bmatrix}x_1\\x_2\\\vdots\\x_n\end{bmatrix} \tag{9-30}$$

【例 9-5】 设控制系统的传递函数为

$$\frac{Y(s)}{U(s)}=\frac{s^2+3s+2}{s(s^2+7s+12)}$$

试求系统的状态空间描述。

解 将系统的传递函数对照式(9-24) 可得，$b_1=1$，$b_2=3$，$b_3=2$，$a_1=7$，$a_2=12$，$a_3=0$，再由式(9-29)，式(9-30)可得系统的状态空间表达式为

$$\begin{bmatrix}\dot{x}_1\\\dot{x}_2\\\dot{x}_3\end{bmatrix}=\begin{bmatrix}0 & 1 & 0\\0 & 0 & 1\\0 & -12 & -7\end{bmatrix}\begin{bmatrix}x_1\\x_2\\x_3\end{bmatrix}+\begin{bmatrix}0\\0\\1\end{bmatrix}u$$

$$y=\begin{bmatrix}2 & 3 & 1\end{bmatrix}\begin{bmatrix}x_1\\x_2\\x_3\end{bmatrix}$$

(2) 传递函数的状态空间最小实现问题

以上介绍了由系统的传递函数得到系统的状态空间描述的问题，该问题在系统建模中亦称为实现问题。对于给定的线性控制系统，维数最小的实现称为最小实现。对于单输入/单输出系统的传递函数，存在两种情况，一种是传递函数的零点、极点可以对消（即传递函数的分子和分母多项式有可约去的因子），另一种是传递函数的零点、极点不可以对消（即传递函数的分子和分母多项式没有可约去的因子）。不可约传递函数的实现就是最小实现，这时系统状态变量的数目最少，状态空间描述的阶次最小。下面以一个例子说明传递函数的状态空间描述实现和最小实现。

【例 9-6】 设给定系统的传递函数为

$$\frac{Y(s)}{U(s)}=\frac{s+2}{(s+2)(s^2+s+3)} \tag{9-31}$$

试求该传递函数的状态空间描述实现和最小实现。

解 由式(9-31)可以看出，传递函数的分子和分母多项式有可约去的因子（$s+2$），下面先求出不约去因子（$s+2$）的状态空间描述实现。

由式(9-31)可得

$$\frac{Y(s)}{U(s)}=\frac{s+2}{s^3+3s^2+5s+6}=\frac{s^{-2}+2s^{-1}}{1+3s^{-1}+5s^{-2}+6s^{-3}}$$

由(1)讨论的结果，可以方便地得到系统的状态空间描述如下

$$\begin{bmatrix}\dot{x}_1\\\dot{x}_2\\\dot{x}_3\end{bmatrix}=\begin{bmatrix}0 & 1 & 0\\0 & 0 & 1\\-6 & -5 & -3\end{bmatrix}\begin{bmatrix}x_1\\x_2\\x_3\end{bmatrix}+\begin{bmatrix}0\\0\\1\end{bmatrix}u$$

$$y=\begin{bmatrix}2 & 1 & 0\end{bmatrix}\begin{bmatrix}x_1\\x_2\\x_3\end{bmatrix}$$

再进一步考察题目所给的传递函数式(9-31)，把它化简成不可约的传递函数形式，则有

$$\frac{Y(s)}{U(s)}=\frac{s+2}{(s+2)(s^2+s+3)}=\frac{1}{s^2+s+3} \tag{9-32}$$

应用上述相同的方法，可求得式(9-32)的状态空间描述为

$$\begin{bmatrix}\dot{x}_1\\\dot{x}_2\end{bmatrix}=\begin{bmatrix}0 & 1\\-3 & -1\end{bmatrix}\begin{bmatrix}x_1\\x_2\end{bmatrix}+\begin{bmatrix}0\\1\end{bmatrix}u$$

$$y=\begin{bmatrix}1 & 0\end{bmatrix}\begin{bmatrix}x_1\\x_2\end{bmatrix}$$

以上结果表明，对在数学表达式上相等的两个传递函数表达式(9-31)和式(9-32)，能求出两种不同阶次的状态空间描述（一个为三阶，另一个为二阶）。推而广之，对任何一个传递函数 $Y(s)/U(s)$，如果不要求“分子、分母多项式不可约”的限制的话，那么对分子、分母乘以相同的因子，就能构造出任意多个高阶次的实现。因此，把不可约的传递函数对应的状态空间实现称之为最小实现。

9.3.3 由状态变量图求系统的状态空间描述

状态变量图可以描述系统的状态变量之间的相互关系，系统的状态变量图可以根据系统的微分方程或传递函数画出。状态变量图所采用的图形符号只有积分环节、比例环节和相加点三种。图 9-5 中给出了这三种基本符号的示意图。对于只有这三种图形符号所构成的系统来说，它有一个重要的特点，即每一个积分环节的输出都代表系统的一个状态变量。因此，把这种只

包含上述三种基本图形符号的系统称为状态变量图。

如何从已给定的系统的传递函数方框图画出系统的状态变量图呢？如果一个控制系统主要由比例环节、积分环节、一阶滞后环节（惯性环节）、二阶振荡环节等基本环节所组成，则其组成传递函数方框图要改画成状态变量图是很方便的，只要把其中的一阶惯性环节 $1/(Ts+1)$ 和二阶振荡环节 $\dfrac{1}{T^2s^2+2\zeta Ts+1}$，按图 9-6、图 9-7 的方式改画成局部状态变量图就可以了。

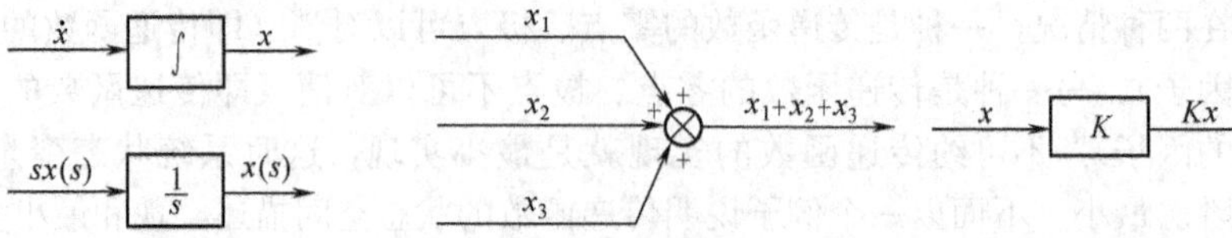

(a) 积分环节　　(b) 相加点　　(c) 比例环节

图 9-5　状态变量图的三种基本图形符号

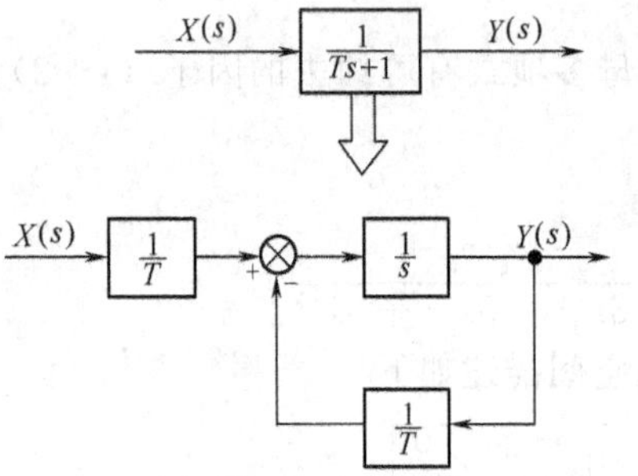

图 9-6　将一阶惯性环节改画成状态变量图

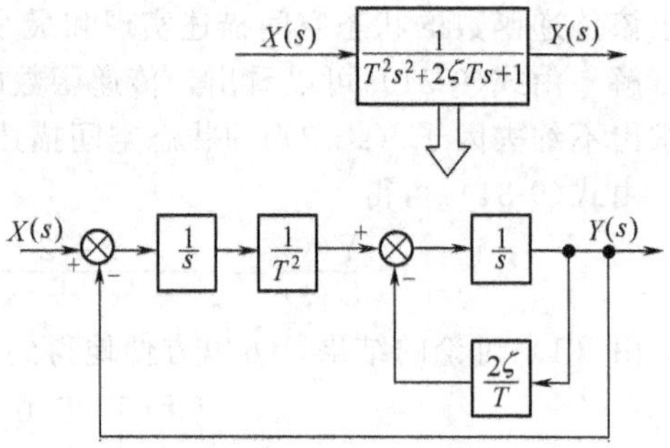

图 9-7　将二阶振荡环节改画成状态变量图

当画出整个系统的状态变量图以后，只要取每个积分环节的输出作为系统的状态变量，再通过对状态变量图的观察，就可以直接得到系统的状态方程和输出方程（即状态空间描述）。下面通过一个例子来说明状态变量图的绘制方法及由它求出系统的状态空间描述的方法。

【例 9-7】 设有一空载运行的发电机的励磁控制系统如图 9-8 所示。试画出该系统的状态变量图，并求出系统的状态空间描述。

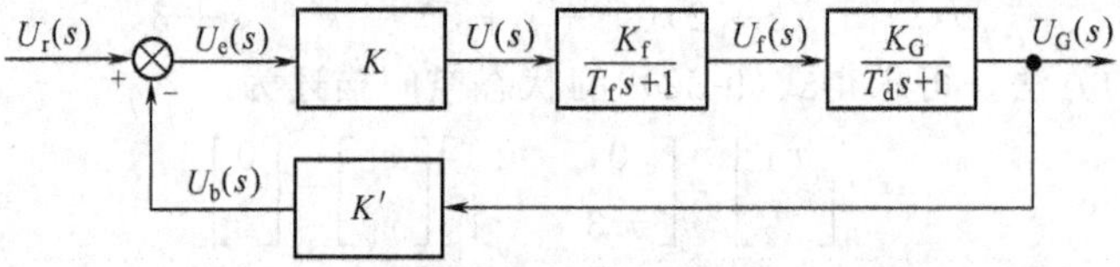

图 9-8　发电机励磁控制系统传递函数方框图

解　利用图 9-6 将励磁装置和发电机的传递函数（均为一阶惯性环节）改画成局部状态变量图，则系统的状态变量图如图 9-9 所示。取状态变量为

$$X_1(s)=U_G(s),\quad X_2(s)=U_f(s)$$

由图 9-9 可得到

$$\begin{cases} sX_1(s)=-\dfrac{1}{T'_d}X_1(s)+\dfrac{K_G}{T'_d}X_2(s) \\ sX_2(s)=-\dfrac{1}{T_f}X_2(s)+\dfrac{KK_f}{T_f}U_e(s) \\ U_e(s)=U_r(s)-U_b(s)=U_r(s)-K'X_1(s) \end{cases} \tag{9-33}$$

对上式进行反拉氏变换得

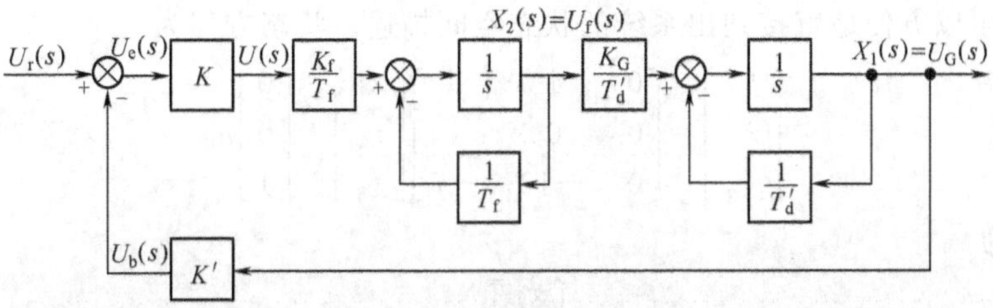

图 9-9 由图 9-8 改画成的系统状态变量图

$$\begin{cases}\dot{x}_1(t)=-\dfrac{1}{T'_d}x_1(t)+\dfrac{K_G}{T'_d}x_2(t)\\ \dot{x}_2(t)=-\dfrac{1}{T_f}x_2(t)+\dfrac{KK_f}{T_f}[u_r(t)-K'x_1(t)]\end{cases} \tag{9-34}$$

将式(9-34) 写成矩阵向量形式，即得状态空间描述为

$$\begin{bmatrix}\dot{x}_1(t)\\ \dot{x}_2(t)\end{bmatrix}=\begin{bmatrix}-\dfrac{1}{T'_d} & \dfrac{K_G}{T'_d}\\ -\dfrac{KK'K_f}{T_f} & -\dfrac{1}{T_f}\end{bmatrix}\begin{bmatrix}x_1(t)\\ x_2(t)\end{bmatrix}+\begin{bmatrix}0\\ \dfrac{KK_f}{T_f}\end{bmatrix}u_r(t)$$

输出方程为

$$y(t)=u_G(t)=x_1(t)=[1\quad 0]\begin{bmatrix}x_1(t)\\ x_2(t)\end{bmatrix}$$

用上述方法绘制状态变量图的特点是，其中状态变量的物理意义比较明确。例如在上例中，两个状态变量分别表示发电机的端电压和励磁电压。

如果系统不是给出传递函数的方框图，而只是给出系统总的传递函数，则可以通过绘制系统的状态变量图列写出系统的状态空间描述。

【例 9-8】 仍以例 9-5 的系统为例，即系统的闭环传递函数为

$$\frac{Y(s)}{U(s)}=\frac{s^2+3s+2}{s(s^2+7s+12)}$$

试用绘制状态变量图的方法，列写系统的状态空间描述。

解 将系统的闭环传递函数改写成

$$\frac{Y(s)}{U(s)}=\frac{s^{-1}+3s^{-2}+2s^{-3}}{1+7s^{-1}+12s^{-2}}$$

令上式中

$$Y(s)=(s^{-1}+3s^{-2}+2s^{-3})E(s) \tag{9-35}$$

$$U(s)=(1+7s^{-1}+12s^{-2})E(s) \tag{9-36}$$

将式(9-36) 改写成

$$E(s)=U(s)-7s^{-1}E(s)-12s^{-2}E(s) \tag{9-37}$$

由式(9-35)、式(9-37) 可画出系统的状态变量图，如图 9-10 所示。

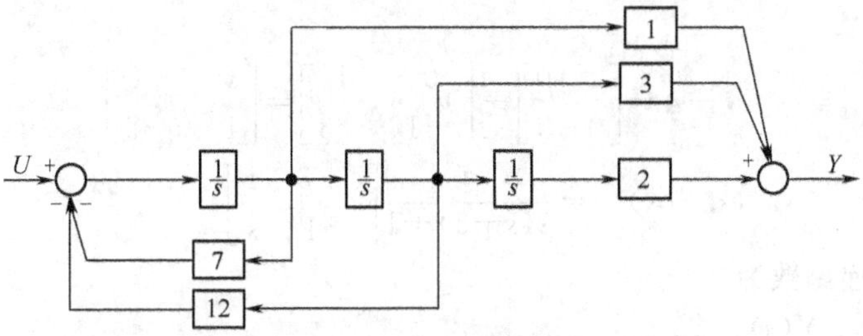

图 9-10 例 9-5 的系统状态变量图

由图 9-10 可以方便地直接列出系统的状态空间描述。状态方程为

$$\begin{bmatrix}\dot{x}_1\\ \dot{x}_2\\ \dot{x}_3\end{bmatrix}=\begin{bmatrix}0 & 1 & 0\\ 0 & 0 & 1\\ 0 & -12 & -7\end{bmatrix}\begin{bmatrix}x_1\\ x_2\\ x_3\end{bmatrix}+\begin{bmatrix}0\\ 0\\ 1\end{bmatrix}u$$

输出方程为

$$y=[2\quad 3\quad 1]\begin{bmatrix}x_1\\ x_2\\ x_3\end{bmatrix}$$

对照前面的例 9-5，所得出的结果是一样的。

9.3.4 状态空间描述与传递函数的关系

(1) 单输入/单输出系统的状态空间描述转换成传递函数

设一单输入/单输出系统的状态空间描述为

$$\begin{cases}\dot{\boldsymbol{x}}=\boldsymbol{A}\boldsymbol{x}+\boldsymbol{B}u\\ y=\boldsymbol{C}\boldsymbol{x}+Du\end{cases}\tag{9-38}$$

式中，$\mathbf{x},\dot{\mathbf{x}}\in R^{n\times 1}$ 为状态向量及其一阶导数，$\boldsymbol{A}\in R^{n\times n}$ 为系统矩阵，$\boldsymbol{B}\in R^{n\times 1}$ 为系统输入矩阵，$\boldsymbol{C}\in R^{1\times n}$ 为系统输出矩阵，D 为标量，u,y 分别为系统的输入和输出信号，均为标量。

设初始条件为零，对式(9-38) 进行拉氏变换可得

$$s\boldsymbol{X}(s)=\boldsymbol{A}\boldsymbol{X}(s)+\boldsymbol{B}U(s)$$
$$Y(s)=\boldsymbol{C}\boldsymbol{X}(s)+DU(s)\tag{9-39}$$

由式(9-39) 可整理得

$$\boldsymbol{X}(s)=(s\boldsymbol{I}-\boldsymbol{A})^{-1}\boldsymbol{B}U(s)$$

将上式代入式(9-39)，可得

$$Y(s)=\boldsymbol{C}(s\boldsymbol{I}-\boldsymbol{A})^{-1}\boldsymbol{B}U(s)+DU(s)$$

由此可得系统的传递函数 $G(s)$ 为

$$G(s)=\frac{Y(s)}{U(s)}=\boldsymbol{C}(s\boldsymbol{I}-\boldsymbol{A})^{-1}\boldsymbol{B}+D\tag{9-40}$$

【例 9-9】 设系统的状态空间描述为

$$\begin{bmatrix}\dot{x}_1\\ \dot{x}_2\end{bmatrix}=\begin{bmatrix}0 & 1\\ -1 & -3\end{bmatrix}\begin{bmatrix}x_1\\ x_2\end{bmatrix}+\begin{bmatrix}0\\ 1\end{bmatrix}u$$

$$y=[1\quad 0]\begin{bmatrix}x_1\\ x_2\end{bmatrix}$$

求系统的传递函数。

解 由题目可得，状态空间描述的 $[\boldsymbol{A},\boldsymbol{B},\boldsymbol{C}]$ 分别为

$$\mathbf{A}=\begin{bmatrix}0 & 1\\ -1 & -3\end{bmatrix},\quad \boldsymbol{B}=\begin{bmatrix}0\\ 1\end{bmatrix},\quad \boldsymbol{C}=[1\quad 0]$$

先求 $(s\boldsymbol{I}-\mathbf{A})^{-1}$

$$s\boldsymbol{I}-\boldsymbol{A}=\begin{bmatrix}s & 0\\ 0 & s\end{bmatrix}-\begin{bmatrix}0 & 1\\ -1 & -3\end{bmatrix}=\begin{bmatrix}s & -1\\ 1 & s+3\end{bmatrix}$$

$$(s\boldsymbol{I}-\mathbf{A})^{-1}=\frac{1}{s(s+3)+1}\begin{bmatrix}s+3 & 1\\ -1 & s\end{bmatrix}$$

所以系统的传递函数为

$$G(s)=\frac{Y(s)}{U(s)}=\boldsymbol{C}(s\boldsymbol{I}-\mathbf{A})^{-1}\boldsymbol{B}$$

$$=[1\quad 0]\begin{bmatrix}\dfrac{s+3}{s(s+3)+1} & \dfrac{1}{s(s+3)+1}\\ \dfrac{-1}{s(s+3)+1} & \dfrac{s}{s(s+3)+1}\end{bmatrix}\begin{bmatrix}0\\1\end{bmatrix}=\frac{1}{s(s+3)+1}=\frac{1}{s^2+3s+1}$$

(2) 多输入/多输出系统状态空间描述转换成传递函数矩阵

实际的控制系统可能是多输入/多输出系统，如图 9-11 所示。

图中 $u_1,u_2,\cdots,u_r$ 为系统的输入信号，设有 r 个。$y_1,y_2,\cdots,y_m$ 为系统的输出信号，设有 m 个。$x_1,x_2,\cdots,x_n$ 为系统 n 个状态变量（设系统是 n 阶的）。对于图9-11的 n 阶多输入/多输出系统，其状态空间描述仍为

$$\begin{cases}\dot{\boldsymbol{x}}=\boldsymbol{Ax}+\boldsymbol{Bu}\\ \boldsymbol{y}=\boldsymbol{Cx}+\boldsymbol{Du}\end{cases}$$

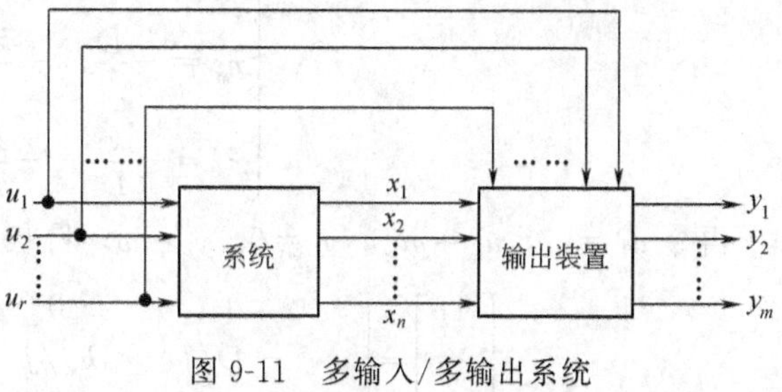

图 9-11 多输入/多输出系统

式中，$\boldsymbol{x},\dot{\boldsymbol{x}}\in R^{n\times 1}$ 为状态向量及其一阶导数，$\boldsymbol{A}\in R^{n\times n}$ 为系统矩阵，$\boldsymbol{B}\in R^{n\times r}$ 为系统输入矩阵，$\boldsymbol{C}\in R^{m\times n}$ 为系统输出矩阵，$\boldsymbol{D}\in R^{m\times r}$ 为系统直接作用矩阵，$\boldsymbol{u},\boldsymbol{y}$ 分别为系统的输入和输出信号向量，$\boldsymbol{u}\in R^{r\times 1}$，$\boldsymbol{y}\in R^{m\times 1}$。

【例 9-10】 设有如图 9-12 所示的电枢控制式直流电动机的控制系统。图中，u_a 为施加于电枢上的控制电压，是系统的控制输入（V）；m_L 为被拖动的负载转矩（N·m），是系统的扰动输入；θ,ω 分别为角位移（rad）和角速度（rad/s），是系统的两个输出；i_f 为恒定的励磁电流（A）；e_a,i_a 分别为电枢反电势（V）和电枢电流（A）；R_a,L_a 分别为电枢回路的等效电阻（Ω）和等效电感（H）。

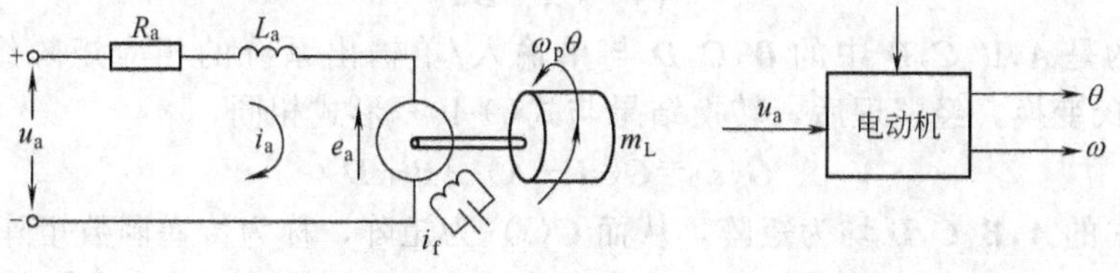

(a) 结构图 (b) 方块图

图 9-12 电枢控制式直流电动机的控制系统

试列出该双输入（u_a,m_L）双输出（θ,ω）系统的状态空间描述。

解 根据机械旋转运动定律和电路有关定律，图 9-12 系统的数学模型（微分方程）有

① $\dot{\theta}=\omega$

② $J\dot{\omega}=m_e-m_L-D\omega$

式中，m_e 为电磁转矩；J，D 分别为转动惯量及阻尼系数。

③ $u_a=R_a i_a+L_a i_a+e_a$

④ $e_a=k_1\omega$

式中，k_1 为比例系数。

⑤ $m_e=k_2 i_a$

式中，k_2 为比例系数。

上述①～⑤五个方程，为图 9-12 系统的原始数学模型，其中包括三个导数项，所以系统是三阶的，包括两个输入和两个输出［见图 9-12(b)］信号，故系统为一多输入/多输出系统。在式①～⑤中消去中间变量 m_e 及 e_a，可得如下三个一阶微分方程

$$\begin{cases}\dot{\theta}=\omega \\ \dot{\omega}=-\dfrac{D}{J}\omega+\dfrac{k_2}{J}i_a-\dfrac{1}{J}m_L \\ \dot{i}_a=-\dfrac{k_1}{L_a}\omega-\dfrac{R_a}{L_a}i_a+\dfrac{1}{L_a}u_a\end{cases} \tag{9-41}$$

取 θ,ω,i_a 作为系统的状态变量，即令 $x_1=\theta$，$x_2=\omega$，$x_3=i_a$，则式(9-41) 的状态空间描述为

$$\begin{cases}\dot{x}_1=x_2 \\ \dot{x}_2=-\dfrac{D}{J}x_2+\dfrac{k_2}{J}x_3-\dfrac{1}{J}m_L \\ \dot{x}_3=-\dfrac{k_1}{L_a}x_2-\dfrac{R_a}{L_a}x_3+\dfrac{1}{L_a}u_a\end{cases}$$

再令 $u_1=u_a$，$u_2=m_L$，$y_1=\theta$，$y_2=\omega$，将状态方程和输出方程写成矩阵向量形式，可得

$$\begin{bmatrix}\dot{x}_1\\ \dot{x}_2\\ \dot{x}_3\end{bmatrix}=\begin{bmatrix}0 & 1 & 0\\ 0 & -D/J & k_2/J\\ 0 & -k_1/L_a & -R_a/L_a\end{bmatrix}\begin{bmatrix}x_1\\ x_2\\ x_3\end{bmatrix}+\begin{bmatrix}0 & 0\\ 0 & -1/J\\ 1/L_a & 0\end{bmatrix}\begin{bmatrix}u_1\\ u_2\end{bmatrix}$$

$$\begin{bmatrix}y_1\\ y_2\end{bmatrix}=\begin{bmatrix}1 & 0\\ 0 & 1\end{bmatrix}\begin{bmatrix}x_1\\ x_2\\ x_3\end{bmatrix}$$

上式即为图 9-12 系统的多输入/多输出（双输入/双输出）系统的状态空间描述。

由于多输入/多输出系统的状态空间描述形式仍为

$$\begin{cases}\dot{\boldsymbol{x}}=\boldsymbol{A}\boldsymbol{x}+\boldsymbol{B}\boldsymbol{u}\\ \boldsymbol{y}=\boldsymbol{C}\boldsymbol{x}+\boldsymbol{D}\boldsymbol{u}\end{cases} \tag{9-42}$$

仅仅不同的是 $\boldsymbol{A},\boldsymbol{B},\boldsymbol{C},\boldsymbol{D}$ 中的 $\boldsymbol{B},\boldsymbol{C},\boldsymbol{D}$ 与单输入/单输出系统的相应矩阵维数不同。对式(9-42) 进行拉氏变换，经整理后，转换结果与式(9-40) 形式相同，

$$\boldsymbol{G}(s)=\boldsymbol{C}(s\boldsymbol{I}-\boldsymbol{A})^{-1}\boldsymbol{B}+\boldsymbol{D} \tag{9-43}$$

只是上式中的 $\boldsymbol{A},\boldsymbol{B},\boldsymbol{C},\boldsymbol{D}$ 均为矩阵，从而 $\boldsymbol{G}(s)$ 为矩阵，称为传递函数矩阵。

【例 9-11】 试将例 9-10 的双输入/双输出系统的状态空间描述，转换成传递函数矩阵$\boldsymbol{G}(s)$。

解 已知例 9-10 的状态空间描述的

$$\boldsymbol{A}=\begin{bmatrix}0 & 1 & 0\\ 0 & -D/J & k_2/J\\ 0 & -k_1/L_a & -R_a/L_a\end{bmatrix},\quad \boldsymbol{B}=\begin{bmatrix}0 & 0\\ 0 & -1/J\\ 1/L_a & 0\end{bmatrix},\quad \boldsymbol{C}=\begin{bmatrix}1 & 0 & 0\\ 0 & 1 & 0\end{bmatrix},\quad \boldsymbol{D}=0$$

将上述 $\boldsymbol{A},\boldsymbol{B},\boldsymbol{C}$ 代入式(9-43) 可得传递函数矩阵

$$\boldsymbol{G}(s)=\boldsymbol{C}(s\boldsymbol{I}-\boldsymbol{A})^{-1}\boldsymbol{B}$$

上式可改写成

$$\boldsymbol{G}(s)=\frac{\boldsymbol{C}\mathrm{adj}(s\boldsymbol{I}-\boldsymbol{A})^{-1}\boldsymbol{B}}{\det(s\boldsymbol{I}-\boldsymbol{A})} \tag{9-44}$$

式中，$\mathrm{adj}(s\boldsymbol{I}-\boldsymbol{A})$ 为 $(s\boldsymbol{I}-\boldsymbol{A})$ 矩阵的伴随矩阵；$\det(s\boldsymbol{I}-\boldsymbol{A})$ 为矩阵 $(s\boldsymbol{I}-\boldsymbol{A})$ 的行列式。

先求 $\det(s\boldsymbol{I}-\boldsymbol{A})$

$$\det(s\boldsymbol{I}-\boldsymbol{A})=\det\begin{bmatrix}s & -1 & 0\\ 0 & s+\dfrac{D}{J} & -\dfrac{k_2}{J}\\ 0 & \dfrac{k_1}{L_a} & s+\dfrac{R_a}{L_a}\end{bmatrix}=s^3+\left(\frac{D}{J}+\frac{R_a}{L_a}\right)s^2+\left(\frac{DR_a}{JL_a}+\frac{k_1k_2}{JL_a}\right)s \tag{9-45}$$

再求 $\boldsymbol{C}\mathrm{adj}(s\boldsymbol{I}-\boldsymbol{A})\boldsymbol{B}$

$$\boldsymbol{C}\mathrm{adj}(s\boldsymbol{I}-\boldsymbol{A})\boldsymbol{B}=\begin{bmatrix}\dfrac{k_2}{JL_a} & -\left(\dfrac{1}{J}s+\dfrac{R_a}{JL_a}\right)\\ \dfrac{k_2}{JL_a}s & -\left(\dfrac{1}{J}s^2+\dfrac{R_a}{JL_a}s\right)\end{bmatrix} \tag{9-46}$$

将式(9-45)、式(9-46) 代入式(9-44) 得

$$\boldsymbol{G}(s)=\begin{bmatrix}\dfrac{\dfrac{k_2}{JL_a}}{s^3+\left(\dfrac{D}{J}+\dfrac{R_a}{L_a}\right)s^2+\left(\dfrac{D}{J}\dfrac{R_a}{L_a}+\dfrac{k_1k_2}{JL_a}\right)s} & \dfrac{-\left(\dfrac{1}{J}s+\dfrac{R_a}{JL_a}\right)}{s^3+\left(\dfrac{D}{J}+\dfrac{R_a}{L_a}\right)s^2+\left(\dfrac{D}{J}\dfrac{R_a}{L_a}+\dfrac{k_1k_2}{JL_a}\right)s}\\ \dfrac{\dfrac{k_2}{JL_a}s}{s^3+\left(\dfrac{D}{J}+\dfrac{R_a}{L_a}\right)s^2+\left(\dfrac{D}{J}\dfrac{R_a}{L_a}+\dfrac{k_1k_2}{JL_a}\right)s} & \dfrac{-\left(\dfrac{1}{J}s^2+\dfrac{R_a}{JL_a}s\right)}{s^3+\left(\dfrac{D}{J}+\dfrac{R_a}{L_a}\right)s^2+\left(\dfrac{D}{J}\dfrac{R_a}{L_a}+\dfrac{k_1k_2}{JL_a}\right)s}\end{bmatrix}$$

$$=\begin{bmatrix}G_{11}(s) & G_{12}(s)\\ G_{21}(s) & G_{22}(s)\end{bmatrix} \tag{9-47}$$

式(9-47) 中，$G_{11}(s)$，$G_{12}(s)$，$G_{21}(s)$，$G_{22}(s)$ 都是传递函数。如将式(9-47) 改写成

$$\boldsymbol{Y}(s)=\boldsymbol{G}(s)\boldsymbol{U}(s)$$

$$\begin{bmatrix}Y_1(s)\\ Y_2(s)\end{bmatrix}=\begin{bmatrix}G_{11}(s) & G_{12}(s)\\ G_{21}(s) & G_{22}(s)\end{bmatrix}\begin{bmatrix}U_1(s)\\ U_2(s)\end{bmatrix} \tag{9-48}$$

上式用图形表示，如图 9-13 所示。由图可得，式(9-48) 传递函数矩阵 $\boldsymbol{G}(s)$ 中的四个传递函数分别代表

$$G_{11}(s)=\frac{Y_1(s)}{U_1(s)},\ G_{12}(s)=\frac{Y_1(s)}{U_2(s)},$$

$$G_{21}(s)=\frac{Y_2(s)}{U_1(s)},\ G_{22}(s)=\frac{Y_2(s)}{U_2(s)}$$

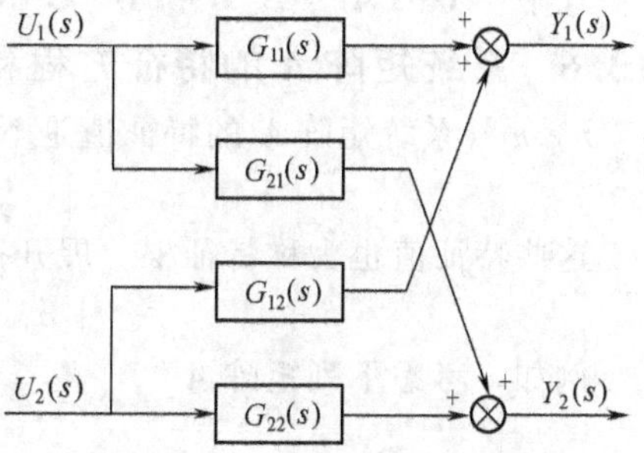

图 9-13 传递函数矩阵图

9.3.5 状态变量组的非惟一性

前面已阐述过，给定系统的状态变量组不是惟一的。例如对前面例 9-1 的 RLC 电路的状态空间描述，是以 $e_C(t)$ 和 $i(t)$ 作为一组状态变量，状态空间表达式为式(9-5)、式(9-6)。如果以 $e_C(t)$ 和 $\dot{e}_C(t)$ 作为一组状态变量，同样是图 9-1 的 RLC 电路，其状态空间描述可求之如下

令
$$x_1(t)=e_C(t),\quad x_2(t)=\dot{e}_C(t)$$

输出信号

$$y(t)=u_0(t)=e_C(t)=x_1(t)$$

此时可得

$$\begin{cases}\dot{x}_1(t)=x_2(t)\\ \dot{x}_2(t)=-\dfrac{1}{LC}x_1(t)-\dfrac{R}{L}x_2(t)+\dfrac{1}{LC}u_i(t)\end{cases} \tag{9-49}$$

将上式写成矩阵向量形式，即得到状态空间描述如下

$$\begin{bmatrix}\dot{x}_1(t)\\ \dot{x}_2(t)\end{bmatrix}=\begin{bmatrix}0 & 1\\ -\dfrac{1}{LC} & -\dfrac{R}{L}\end{bmatrix}\begin{bmatrix}x_1(t)\\ x_2(t)\end{bmatrix}+\begin{bmatrix}0\\ \dfrac{1}{LC}\end{bmatrix}u_i(t) \tag{9-50}$$

$$y(t)=\begin{bmatrix}1 & 0\end{bmatrix}\begin{bmatrix}x_1(t)\\ x_2(t)\end{bmatrix} \tag{9-51}$$

显然，式(9-50)、式(9-51) 与式(9-5)、式(9-6) 不同，但两者都是描述图 9-1 的 RLC 电路的状态方程。本例说明同一系统选用的状态变量不是惟一的，因此对应的状态方程也不是惟一的。

一般地，设 $x_1, x_2, \cdots, x_n$ 是一组状态变量，可取任意一组函数，

$$
\begin{aligned}
\overline{x}_1 &= X_1(x_1, x_2, \cdots, x_n) \\
\overline{x}_2 &= X_2(x_1, x_2, \cdots, x_n) \\
&\vdots \\
\overline{x}_n &= X_n(x_1, x_2, \cdots, x_n)
\end{aligned}
\tag{9-52}
$$

作为系统的另一组状态变量，这里假设对每一组变量 $\overline{x}_1, \overline{x}_2, \cdots, \overline{x}_n$ 都对应于惟一的一组 $x_1, x_2, \cdots, x_n$ 的值。反之亦然。因此，如果 $\boldsymbol{x}$ 是一个状态向量，则

$$\overline{\boldsymbol{x}} = \boldsymbol{P}\boldsymbol{x} \tag{9-53}$$

也是一个状态向量，这里假设变换矩阵 $\boldsymbol{P}$ 是非奇异的。显然，这两个不同的状态向量都能表达同一系统之动态行为的同一信息。假定对应于原系统的状态空间描述为

$$
\begin{cases}
\dot{\boldsymbol{x}} = \boldsymbol{A}\boldsymbol{x} + \boldsymbol{B}\boldsymbol{u} \\
\boldsymbol{y} = \boldsymbol{C}\boldsymbol{x} + \boldsymbol{D}\boldsymbol{u}
\end{cases}
\tag{9-54}
$$

变换后系统的状态空间描述将为

$$
\begin{cases}
\dot{\overline{\boldsymbol{x}}} = \widetilde{\boldsymbol{A}}\,\overline{\boldsymbol{x}} + \widetilde{\boldsymbol{B}}\boldsymbol{u} \\
\boldsymbol{y} = \widetilde{\boldsymbol{C}}\,\overline{\boldsymbol{x}} + \boldsymbol{D}\boldsymbol{u}
\end{cases}
\tag{9-55}
$$

式中，$\widetilde{\boldsymbol{A}} = \boldsymbol{P}\boldsymbol{A}\boldsymbol{P}^{-1}$，$\widetilde{\boldsymbol{B}} = \boldsymbol{P}\boldsymbol{B}$，$\widetilde{\boldsymbol{C}} = \boldsymbol{C}\boldsymbol{P}^{-1}$。

9.3.6 系统矩阵 A 的特征方程和特征值

$n \times n$ 维系统矩阵 $\boldsymbol{A}$ 的特征值是下列特征方程的根

$$|s\boldsymbol{I} - \boldsymbol{A}| = 0 \tag{9-56}$$

这些特征值也为称特征根。展开得

$$s^n + a_1 s^{n-1} + a_2 s^{n-2} + \cdots + a_n = 0 \tag{9-57}$$

例如，考虑下列矩阵 $\boldsymbol{A}$

$$\boldsymbol{A} = \begin{bmatrix} 0 & 1 & 0 \\ 0 & 0 & 1 \\ -6 & -11 & -6 \end{bmatrix}$$

特征方程为

$$
\begin{aligned}
|s\boldsymbol{I} - \boldsymbol{A}| &= \begin{vmatrix} s & -1 & 0 \\ 0 & s & -1 \\ 6 & 11 & s+6 \end{vmatrix} \\
&= s^3 + 6s^2 + 11s + 6 = (s+1)(s+2)(s+3) = 0
\end{aligned}
$$

这里 $\boldsymbol{A}$ 的特征值就是特征方程的根，即 -1、-2 和 -3。

9.3.7 利用 Matlab 进行系统模型之间的相互转换

以下将讨论系统模型由传递函数变换为状态方程，反之亦然。现讨论如何由传递函数变换为状态方程。

将闭环传递函数写为

$$\frac{Y(s)}{U(s)} = \frac{\text{含 } s \text{ 的分子多项式}}{\text{含 } s \text{ 的分母多项式}} = \frac{\text{num}}{\text{den}} \tag{9-58}$$

当有了这一传递函数表达式后，使用如下 Matlab 命令

```
[A,B,C,D]=tf2ss(num,den)
```

就可给出状态空间表达式。应着重强调，任何系统的状态空间表达式都不是惟一的。对于同一系统，可有许多个（无穷多个）状态空间表达式。

(1) 传递函数系统的状态空间表达式

考虑以下传递函数

$$\frac{Y(s)}{U(s)}=\frac{s}{(s+10)(s^2+4s+16)}=\frac{s}{s^3+14s^2+56s+160} \tag{9-59}$$

对该系统，有多个（无穷多个）可能的状态空间表达式，其中一种可能的状态空间表达式为

$$\begin{bmatrix}\dot{x}_1\\ \dot{x}_2\\ \dot{x}_3\end{bmatrix}=\begin{bmatrix}0 & 1 & 0\\ 0 & 0 & 1\\ -160 & -56 & -14\end{bmatrix}\begin{bmatrix}x_1\\ x_2\\ x_3\end{bmatrix}+\begin{bmatrix}0\\ 1\\ -14\end{bmatrix}u$$

$$y=[1\quad 0\quad 0]\begin{bmatrix}x_1\\ x_2\\ x_3\end{bmatrix}+[0]u$$

另外一种可能的状态空间表达式（在无穷个中）为

$$\begin{bmatrix}\dot{x}_1\\ \dot{x}_2\\ \dot{x}_3\end{bmatrix}=\begin{bmatrix}-14 & -56 & -160\\ 1 & 0 & 0\\ 0 & 1 & 0\end{bmatrix}\begin{bmatrix}x_1\\ x_2\\ x_3\end{bmatrix}+\begin{bmatrix}1\\ 0\\ 0\end{bmatrix}u \tag{9-60}$$

$$y=[0\quad 1\quad 0]\begin{bmatrix}x_1\\ x_2\\ x_3\end{bmatrix}+[0]u$$

Matlab 将式(9-59) 给出的传递函数变换为由式(9-60) 给出的状态空间表达式。对于此处考虑的系统，Matlab 程序 9-1 将产生矩阵 ***A***,***B***,***C*** 和 ***D***。

Matlab 程序 9-1

```
%计算传递函数到状态空间的实现 tf2ss_1.m
num=[0  0  1  0]
den=[1  14  56  160]
[A,B,C,D]=tf2ss(num,den)
>>tf2ss_1
A=
  -14   -56   -160
    1     0      0
    0     1      0
B=
    1
    0
    0
C=
    0  1  0
D=
    0
```

(2) 由状态空间表达式到传递函数的变换

为了从状态空间方程得到传递函数，采用以下命令

[num,den]=ss2tf[A,B,C,D,Iu]

对多输入的系统，必须具体化 Iu。例如，如果系统有 3 个输入（u1，u2，u3），则 Iu 必须为 1，2 或 3 中的一个，其中 1 表示 u1，2 表示 u2，3 表示 u3。

如果系统只有一个输入，则可采用

[num,den]=ss2tf(A,B,C,D)

或　　[num,den]=ss2tf(A,B,C,D,1)

【例 9-12】 试求下列状态方程所定义的系统的传递函数。

$$\begin{bmatrix}\dot{x}_1\\ \dot{x}_2\\ \dot{x}_3\end{bmatrix}=\begin{bmatrix}0 & 1 & 0\\ 0 & 0 & 1\\ -5.008 & -25.1026 & -5.03247\end{bmatrix}\begin{bmatrix}x_1\\ x_2\\ x_3\end{bmatrix}+\begin{bmatrix}0\\ 25.04\\ -121.005\end{bmatrix}u \tag{9-61}$$

$$y=\begin{bmatrix}1 & 0 & 0\end{bmatrix}\begin{bmatrix}x_1\\ x_2\\ x_3\end{bmatrix}$$

Matlab 程序 9-2 将产生给定系统的传递函数。所得传递函数为

$$\frac{Y(s)}{U(s)}=\frac{25.04s+5.008}{s^3+5.0325s^2+25.1026s+5.008} \tag{9-62}$$

Matlab 程序 9-2

```
%计算多输入/多输出系统的传递函数 tf2ss_2.m
A=[0  1  0;  0  0  1;  -5.008  -25.1026  -5.03247];
B=[0;  25.04;  -121.005];
C=[1  0  0];
D=[0];
[num,den]=ss2tf(A,B,C,D)
≫tf2ss_2
num=
    0   -0.0000   25.0400   5.0080
den=
    1.0000   5.0325   25.1026   5.0080
%同样的结果可以键入以下命令得到
≫[num,den]=ss2tf(A,B,C,D,1)
num=
    0   -0.0000   25.0400   5.0080
den=
    1.0000   5.0325   25.1026   5.0080
```

对于系统有多个输入与多个输出的情况，见例 9-13。

【例 9-13】 考虑一个多输入/多输出系统。当系统输出多于一个时，Matlab 命令：

[NUM,den]=ss2tf(A,B,C,D,Iu)

对每个输入产生所有输出的传递函数（分子系数转变为具有与输出相同行的矩阵 NUM）。

考虑由下式定义的系统

$$\begin{bmatrix}\dot{x}_1\\ \dot{x}_2\end{bmatrix}=\begin{bmatrix}0 & 1\\ -25 & -4\end{bmatrix}\begin{bmatrix}x_1\\ x_2\end{bmatrix}+\begin{bmatrix}1 & 1\\ 0 & 1\end{bmatrix}\begin{bmatrix}u_1\\ u_2\end{bmatrix}$$

$$\begin{bmatrix}y_1\\ y_2\end{bmatrix}=\begin{bmatrix}1 & 0\\ 0 & 1\end{bmatrix}\begin{bmatrix}x_1\\ x_2\end{bmatrix}+\begin{bmatrix}0 & 0\\ 0 & 0\end{bmatrix}\begin{bmatrix}u_1\\ u_2\end{bmatrix} \tag{9-63}$$

该系统有两个输入和两个输出，包括四个传递函数：$Y_1(s)/U_1(s)$、$Y_2(s)/U_1(s)$、$Y_1(s)/U_2(s)$ 和 $Y_2(s)/U_2(s)$（当考虑输入 u_1 时，可设 u_2 为零。反之亦然），见下列 Matlab 程序 9-3 输出。

Matlab 程序 9-3

```
%计算多输入/多输出系统的传递函数
≫A=[0  1;  -25  -4];
≫B=[1  1;  0  1];
≫C=[1  0;  0  1];
≫D=[0  0;  0  0]
≫[NUM,den]=ss2tf(A,B,C,D,1)
NUM=
  0  1   4
  0  0  -25
den=
  1  4  25
≫[NUM,den]=ss2tf(A,B,C,D,2)
NUM=
  0  1.0000  5.0000
  0  1.0000  -25.000
den=
  1  4  25
```

以下就是下列四个传递函数的 Matlab 表达式

$$\frac{Y_1(s)}{U_1(s)}=\frac{s+4}{s^2+4s+25},\qquad \frac{Y_2(s)}{U_1(s)}=\frac{-25}{s^2+4s+25}$$
$$\frac{Y_1(s)}{U_2(s)}=\frac{s+5}{s^2+4s+25},\qquad \frac{Y_2(s)}{U_2(s)}=\frac{s-25}{s^2+4s+25} \tag{9-64}$$

以上主要讨论的是连续系统的状态空间表达式的建立，离散系统的状态空间表达式如何建立呢？一般来说，有两种情况需要考虑：一是当离散系统采用差分方程描述时，可采用与连续系统类似的方法；二是当对系统采用采样方法离散化连续系统时，此时需要知道连续系统状态方程的解。关于离散系统状态空间表达式建立的有关内容将在下一节进行讨论。

9.4 线性定常系统连续状态方程的解

在讨论了状态方程的描述和模型转换后，本节将讨论线性定常系统的运动分析，即线性状态方程的求解。对于线性定常系统，为保证状态方程解的存在性和惟一性，系统矩阵 $\boldsymbol{A}$ 和输入矩阵 $\boldsymbol{B}$ 中各元必须有界。一般来说，在实际工程中，这个条件是一定满足的。

9.4.1 线性系统状态方程的解

给定线性定常系统非齐次状态方程为

$$\dot{\boldsymbol{x}}(t)=\boldsymbol{A}\boldsymbol{x}(t)+\boldsymbol{B}\boldsymbol{u}(t) \tag{9-65}$$

其中，$\boldsymbol{x}(t)\in R^n$，$\boldsymbol{u}(t)\in R^r$，$\boldsymbol{A}\in R^{n\times n}$，$\boldsymbol{B}\in R^{n\times r}$，且初始条件为 $\boldsymbol{x}(t)|_{t=0}=\boldsymbol{x}(0)$。

将方程式(9-65) 改写为

$$\dot{\boldsymbol{x}}(t)-\boldsymbol{A}\boldsymbol{x}(t)=\boldsymbol{B}\boldsymbol{u}(t) \tag{9-66}$$

在上式两边左乘 $e^{-\boldsymbol{A}t}$，可得

$$e^{-\boldsymbol{A}t}[\dot{\boldsymbol{x}}(t)-\boldsymbol{A}\boldsymbol{x}(t)]=\frac{d}{dt}[e^{-\boldsymbol{A}t}x(t)]=e^{-\boldsymbol{A}t}\boldsymbol{B}\boldsymbol{u}(t)$$

将上式由 0 积分到 t，得

$$e^{-\boldsymbol{A}t}\boldsymbol{x}(t)-\boldsymbol{x}(0)=\int_0^t e^{-\boldsymbol{A}\tau}\boldsymbol{B}\boldsymbol{u}(\tau)d\tau$$

故可求出其解为

$$\boldsymbol{x}(t)=e^{\boldsymbol{A}t}\boldsymbol{x}(0)+\int_0^t e^{\boldsymbol{A}(t-\tau)}\boldsymbol{B}\boldsymbol{u}(\tau)d\tau \tag{9-67}$$

或

$$\boldsymbol{x}(t)=\boldsymbol{\Phi}(t)\boldsymbol{x}(0)+\int_0^t \boldsymbol{\Phi}(t-\tau)\boldsymbol{B}\boldsymbol{u}(\tau)d\tau \tag{9-68}$$

式中，$\boldsymbol{\Phi}(t)=e^{\boldsymbol{A}t}$ 为系统的状态转移矩阵。

9.4.2 状态转移矩阵性质

下面简述定常系统状态转移矩阵 $\boldsymbol{\Phi}(t)$ 的几个重要性质。

① $\boldsymbol{\Phi}(0)=e^{\boldsymbol{A}0}=\boldsymbol{I}$；

② $\boldsymbol{\Phi}^{-1}(t)=\boldsymbol{\Phi}(-t)$；

③ $\boldsymbol{\Phi}(t_1+t_2)=\boldsymbol{\Phi}(t_1)\boldsymbol{\Phi}(t_2)=\boldsymbol{\Phi}(t_2)\boldsymbol{\Phi}(t_1)$；

④ $[\boldsymbol{\Phi}(t)]^n=\boldsymbol{\Phi}(nt)$；

⑤ $\boldsymbol{\Phi}(t_2-t_1)\boldsymbol{\Phi}(t_1-t_0)=\boldsymbol{\Phi}(t_2-t_0)=\boldsymbol{\Phi}(t_1-t_0)\boldsymbol{\Phi}(t_2-t_1)$。

【例 9-14】 试求如下线性定常系统

$$\begin{bmatrix}\dot{x}_1\\ \dot{x}_2\end{bmatrix}=\begin{bmatrix}0 & 1\\ -2 & -3\end{bmatrix}\begin{bmatrix}x_1\\ x_2\end{bmatrix}$$

的状态转移矩阵 $\boldsymbol{\Phi}(t)$ 和状态转移矩阵的逆 $\boldsymbol{\Phi}^{-1}(t)$。

解 对于该系统

$$\boldsymbol{A}=\begin{bmatrix}0 & 1\\ -2 & -3\end{bmatrix}$$

其状态转移矩阵由下式确定

$$\boldsymbol{\Phi}(t)=e^{\boldsymbol{A}t}=L^{-1}[(s\boldsymbol{I}-\boldsymbol{A})^{-1}]$$

由于

$$s\boldsymbol{I}-\boldsymbol{A}=\begin{bmatrix}s & 0\\ 0 & s\end{bmatrix}-\begin{bmatrix}0 & 1\\ -2 & -3\end{bmatrix}=\begin{bmatrix}s & -1\\ 2 & s+3\end{bmatrix}$$

其逆矩阵为

$$(s\boldsymbol{I}-\boldsymbol{A})^{-1}=\frac{1}{(s+1)(s+2)}\begin{bmatrix}s+3 & 1\\ -2 & s\end{bmatrix}=\begin{bmatrix}\dfrac{s+3}{(s+1)(s+2)} & \dfrac{1}{(s+1)(s+2)}\\ \dfrac{-2}{(s+1)(s+2)} & \dfrac{s}{(s+1)(s+2)}\end{bmatrix}$$

因此

$$\boldsymbol{\Phi}(t)=\mathrm{e}^{\boldsymbol{A}t}=\mathrm{L}^{-1}[(s\boldsymbol{I}-\boldsymbol{A})^{-1}]=\begin{bmatrix}2\mathrm{e}^{-t}-\mathrm{e}^{-2t} & \mathrm{e}^{-t}-\mathrm{e}^{-2t}\\ -2\mathrm{e}^{-t}+2\mathrm{e}^{-2t} & -\mathrm{e}^{-t}+2\mathrm{e}^{-2t}\end{bmatrix}$$

由于 $\boldsymbol{\Phi}^{-1}(t)=\boldsymbol{\Phi}(-t)$，故可求得状态转移矩阵的逆为

$$\boldsymbol{\Phi}^{-1}(t)=\mathrm{e}^{-\boldsymbol{A}t}=\begin{bmatrix}2\mathrm{e}^{t}-\mathrm{e}^{2t} & \mathrm{e}^{t}-\mathrm{e}^{2t}\\ -2\mathrm{e}^{t}+2\mathrm{e}^{2t} & -\mathrm{e}^{t}+2\mathrm{e}^{2t}\end{bmatrix}$$

【例 9-15】 求下列系统的时间响应

$$\begin{bmatrix}\dot{x}_1\\ \dot{x}_2\end{bmatrix}=\begin{bmatrix}0 & 1\\ -2 & -3\end{bmatrix}\begin{bmatrix}x_1\\ x_2\end{bmatrix}+\begin{bmatrix}0\\ 1\end{bmatrix}u$$

式中，$u(t)$ 为 $t=0$ 时作用于系统的单位阶跃函数，即 $u(t)=1(t)$。

解 对该系统

$$\boldsymbol{A}=\begin{bmatrix}0 & 1\\ -2 & -3\end{bmatrix},\quad \boldsymbol{B}=\begin{bmatrix}0\\ 1\end{bmatrix}$$

状态转移矩阵 $\boldsymbol{\Phi}(t)=\mathrm{e}^{\boldsymbol{A}t}$ 已在例 9-14 中求得，即

$$\boldsymbol{\Phi}(t)=\mathrm{e}^{\boldsymbol{A}t}=\begin{bmatrix}2\mathrm{e}^{-t}-\mathrm{e}^{-2t} & \mathrm{e}^{-t}-\mathrm{e}^{-2t}\\ -2\mathrm{e}^{-t}+2\mathrm{e}^{-2t} & -\mathrm{e}^{-t}+2\mathrm{e}^{-2t}\end{bmatrix}$$

因此，系统对单位阶跃输入的响应为

$$\boldsymbol{x}(t)=\mathrm{e}^{\boldsymbol{A}t}\boldsymbol{x}(0)+\int_0^t\begin{bmatrix}2\mathrm{e}^{-(t-\tau)}-\mathrm{e}^{-2(t-\tau)} & \mathrm{e}^{-(t-\tau)}-\mathrm{e}^{-2(t-\tau)}\\ -2\mathrm{e}^{-(t-\tau)}+2\mathrm{e}^{-2(t-\tau)} & -\mathrm{e}^{-(t-\tau)}+2\mathrm{e}^{-2(t-\tau)}\end{bmatrix}\begin{bmatrix}0\\ 1\end{bmatrix}1(t)\mathrm{d}\tau$$

或

$$\begin{bmatrix}x_1(t)\\ x_2(t)\end{bmatrix}=\begin{bmatrix}2\mathrm{e}^{-t}-\mathrm{e}^{-2t} & \mathrm{e}^{-t}-\mathrm{e}^{-2t}\\ -2\mathrm{e}^{-t}+2\mathrm{e}^{-2t} & -\mathrm{e}^{-t}+2\mathrm{e}^{-2t}\end{bmatrix}\begin{bmatrix}x_1(0)\\ x_2(0)\end{bmatrix}+\begin{bmatrix}\frac{1}{2}-\mathrm{e}^{-t}+\frac{1}{2}\mathrm{e}^{-2t}\\ \mathrm{e}^{-t}-\mathrm{e}^{-2t}\end{bmatrix}$$

如果初始状态为零，即 $\boldsymbol{x}(0)=0$，可将 $\boldsymbol{x}(t)$ 简化为

$$\begin{bmatrix}x_1(t)\\ x_2(t)\end{bmatrix}=\begin{bmatrix}\frac{1}{2}-\mathrm{e}^{-t}+\frac{1}{2}\mathrm{e}^{-2t}\\ \mathrm{e}^{-t}-\mathrm{e}^{-2t}\end{bmatrix}$$

9.4.3 向量矩阵分析中的若干结果

本节将介绍在下一小节中将用到的凯莱-哈密尔顿（Caley-Hamilton）定理和最小多项式。

（1）凯莱-哈密尔顿（Caley-Hamilton）定理

在证明有关矩阵方程的定理或解决有关矩阵方程的问题时，凯莱-哈密尔顿定理是非常有用的。

考虑 $n\times n$ 维矩阵 $\boldsymbol{A}$ 及其特征方程

$$|\lambda\boldsymbol{I}-\boldsymbol{A}|=\lambda^n+a_1\lambda^{n-1}+\cdots+a_{n-1}\lambda+a_n=0$$

凯莱-哈密尔顿定理指出，矩阵 $\boldsymbol{A}$ 满足其自身的特征方程，即

$$\boldsymbol{A}^n+a_1\boldsymbol{A}^{n-1}+\cdots+a_{n-1}\boldsymbol{A}+a_n\boldsymbol{I}=0 \tag{9-69}$$

为了证明此定理，注意到 $(\lambda\boldsymbol{I}-\boldsymbol{A})$ 的伴随矩阵 $\mathrm{adj}(\lambda\boldsymbol{I}-\boldsymbol{A})$ 是 λ 的 $n-1$ 次多项式，即

$$\mathrm{adj}(\lambda\boldsymbol{I}-\boldsymbol{A})=\boldsymbol{B}_1\lambda^{n-1}+\boldsymbol{B}_2\lambda^{n-2}+\cdots+\boldsymbol{B}_{n-1}\lambda+\boldsymbol{B}_n$$

式中，$\boldsymbol{B}_1=\boldsymbol{I}$。由于

$$(\lambda\boldsymbol{I}-\boldsymbol{A})\mathrm{adj}(\lambda\boldsymbol{I}-\boldsymbol{A})=[\mathrm{adj}(\lambda\boldsymbol{I}-\boldsymbol{A})](\lambda\boldsymbol{I}-\boldsymbol{A})=|\lambda\boldsymbol{I}-\boldsymbol{A}|\boldsymbol{I}$$

可得

$$\begin{aligned}|\lambda\boldsymbol{I}-\boldsymbol{A}|\boldsymbol{I}&=\lambda^n\boldsymbol{I}+a_1\lambda^{n-1}\boldsymbol{I}+\cdots+a_{n-1}\lambda\boldsymbol{I}+a_n\boldsymbol{I}\\ &=(\lambda\boldsymbol{I}-\boldsymbol{A})(\boldsymbol{B}_1\lambda^{n-1}+\boldsymbol{B}_2\lambda^{n-2}+\cdots+\boldsymbol{B}_{n-1}\lambda+\boldsymbol{B}_n)\end{aligned}$$

$$=(\boldsymbol{B}_1\lambda^{n-1}+\boldsymbol{B}_2\lambda^{n-2}+\cdots+\boldsymbol{B}_{n-1}\lambda+\boldsymbol{B}_n)(\lambda\boldsymbol{I}-\boldsymbol{A})$$

从上式可看出，$\boldsymbol{A}$ 和 $\boldsymbol{B}_i(i=1,2,\cdots,n)$ 相乘的次序是可交换的。因此，如果（$\lambda\boldsymbol{I}-\boldsymbol{A}$）及其伴随矩阵 adj（$\lambda\boldsymbol{I}-\boldsymbol{A}$）中有一个为零，则其乘积为零。如果在上式中用 $\boldsymbol{A}$ 代替 λ，显然（$\lambda\boldsymbol{I}-\boldsymbol{A}$）为零。这样

$$\boldsymbol{A}^n+a_1\boldsymbol{A}^{n-1}+\cdots+a_{n-1}\boldsymbol{A}+a_n\boldsymbol{I}=0$$

即证明了凯莱-哈密尔顿定理。

（2）最小多项式

按照凯莱-哈密尔顿定理，任一 $n\times n$ 维矩阵 $\boldsymbol{A}$ 满足其自身的特征方程，然而特征方程不一定是 $\boldsymbol{A}$ 满足的最小阶次的纯量方程。将矩阵 $\boldsymbol{A}$ 为其根的最小阶次多项式称为最小多项式，也就是说，定义 $n\times n$ 维矩阵 $\boldsymbol{A}$ 的最小多项式为最小阶次的多项式 $\phi(\lambda)$，即

$$\phi(\lambda)=\lambda^m+a_1\lambda^{m-1}+\cdots+a_{m-1}\lambda+a_m,\quad m\leqslant n$$

使得 $\boldsymbol{\phi}(\boldsymbol{A})=0$，或者

$$\boldsymbol{\phi}(\boldsymbol{A})=\boldsymbol{A}^m+a_1\boldsymbol{A}^{m-1}+\cdots+a_{m-1}\boldsymbol{A}+a_m\boldsymbol{I}=0$$

最小多项式在 $n\times n$ 维矩阵多项式的计算中起着重要作用。

假设 λ 的多项式 $\mathrm{d}(\lambda)$ 是（$\lambda\boldsymbol{I}-\boldsymbol{A}$）的伴随矩阵 adj（$\lambda\boldsymbol{I}-\boldsymbol{A}$）的所有元素的最高公约式。可以证明，如果将 $\mathrm{d}(\lambda)$ 的 λ 最高阶次的系数选为 1，则最小多项式 $\phi(\lambda)$ 由下式给出

$$\phi(\lambda)=\frac{|\lambda\boldsymbol{I}-\boldsymbol{A}|}{\mathrm{d}(\lambda)} \tag{9-70}$$

注意，$n\times n$ 维矩阵 $\boldsymbol{A}$ 的最小多项式 $\phi(\lambda)$ 可按下列步骤求出：

① 根据伴随矩阵 adj（$\lambda\boldsymbol{I}-\boldsymbol{A}$），写出作为 λ 的因式分解多项式的 adj（$\lambda\boldsymbol{I}-\boldsymbol{A}$）的各元素；

② 确定作为伴随矩阵 adj（$\lambda\boldsymbol{I}-\boldsymbol{A}$）各元素的最高公约式 $\mathrm{d}(\lambda)$。选取 $\mathrm{d}(\lambda)$ 的 λ 最高阶次系数为 1。如果不存在公约式，则 $\mathrm{d}(\lambda)=1$；

③ 最小多项式 $\phi(\lambda)$ 可由 $|\lambda\boldsymbol{I}-\boldsymbol{A}|$ 除以 $\mathrm{d}(\lambda)$ 得到。

9.4.4 矩阵指数函数 $\mathrm{e}^{\boldsymbol{A}t}$ 的计算

前已指出，状态方程的解实质上可归结为计算状态转移矩阵，即矩阵指数函数 $\mathrm{e}^{\boldsymbol{A}t}$。如果给定矩阵 $\boldsymbol{A}$ 中所有元素的值，Matlab 将提供一种计算 $\mathrm{e}^{\boldsymbol{A}t}$ 的简便方法，其中 t 为常数。

除了上述方法外，对 $\mathrm{e}^{\boldsymbol{A}t}$ 的计算还有几种分析方法可供使用。这里将介绍其中的四种计算方法。

（1）直接计算法（矩阵指数函数）

$$\mathrm{e}^{\boldsymbol{A}t}=\boldsymbol{I}+\boldsymbol{A}t+\frac{\boldsymbol{A}^2t^2}{2!}+\frac{\boldsymbol{A}^3t^3}{3!}+\cdots=\sum_{k=0}^{\infty}\frac{1}{k!}\boldsymbol{A}^kt^k \tag{9-71}$$

可以证明，对所有常数矩阵 $\boldsymbol{A}$ 和有限的 t 值来说，这个无穷级数都是收敛的。

（2）对角线标准形与 Jordan 标准形法

若可将矩阵 $\boldsymbol{A}$ 变换为对角线标准形，那么 $\mathrm{e}^{\boldsymbol{A}t}$ 可由下式给出

$$\mathrm{e}^{\boldsymbol{A}t}=\boldsymbol{P}\mathrm{e}^{\boldsymbol{\Lambda}t}\boldsymbol{P}^{-1}=\boldsymbol{P}\begin{bmatrix}\mathrm{e}^{\lambda_1t} & & & \\ & \mathrm{e}^{\lambda_2t} & & 0 \\ & & \ddots & \\ 0 & & & \mathrm{e}^{\lambda_nt}\end{bmatrix}\boldsymbol{P}^{-1} \tag{9-72}$$

式中，$\boldsymbol{P}$ 是将 $\boldsymbol{A}$ 对角线化的非奇异线性变换矩阵。

类似地，若矩阵 $\boldsymbol{A}$ 可变换为 Jordan 标准形，则 $\mathrm{e}^{\boldsymbol{A}t}$ 可由下式确定出

$$\mathrm{e}^{\boldsymbol{A}t}=\boldsymbol{S}\mathrm{e}^{\boldsymbol{J}t}\boldsymbol{S}^{-1} \tag{9-73}$$

【例 9-16】 考虑如下矩阵 $\boldsymbol{A}$

$$A=\begin{bmatrix}0 & 1 & 0\\0 & 0 & 1\\1 & -3 & 3\end{bmatrix}$$

解 该矩阵的特征方程为

$$|\lambda \boldsymbol{I}-\boldsymbol{A}|=\lambda^3-3\lambda^2+3\lambda-1=(\lambda-1)^3=0$$

因此，矩阵 **A** 有三个相重特征值 $\lambda=1$。可以证明，矩阵 **A** 也将具有三重特征向量（即有两个广义特征向量）。易知，将矩阵 **A** 变换为 Jordan 标准形的变换矩阵为

$$\boldsymbol{S}=\begin{bmatrix}1 & 0 & 0\\1 & 1 & 0\\1 & 2 & 1\end{bmatrix}$$

矩阵 **S** 的逆为

$$\boldsymbol{S}^{-1}=\begin{bmatrix}1 & 0 & 0\\-1 & 1 & 0\\1 & -2 & 1\end{bmatrix}$$

于是

$$\boldsymbol{S}^{-1}\boldsymbol{A}\boldsymbol{S}=\begin{bmatrix}1 & 0 & 0\\-1 & 1 & 0\\1 & -2 & 1\end{bmatrix}\begin{bmatrix}0 & 1 & 0\\0 & 0 & 1\\1 & -3 & 3\end{bmatrix}\begin{bmatrix}1 & 0 & 0\\1 & 1 & 0\\1 & 2 & 1\end{bmatrix}=\begin{bmatrix}1 & 1 & 0\\0 & 1 & 1\\0 & 0 & 1\end{bmatrix}=\boldsymbol{J}$$

注意到

$$e^{\boldsymbol{J}t}=\begin{bmatrix}e^t & te^t & \frac{1}{2}t^2e^t\\0 & e^t & te^t\\0 & 0 & e^t\end{bmatrix}$$

可得

$$e^{\boldsymbol{A}t}=\boldsymbol{S}e^{\boldsymbol{J}t}\boldsymbol{S}^{-1}$$

即

$$\begin{bmatrix}1 & 0 & 0\\1 & 1 & 0\\1 & 2 & 1\end{bmatrix}\begin{bmatrix}e^t & te^t & \frac{1}{2}t^2e^t\\0 & et & te^t\\0 & 0 & e^t\end{bmatrix}\begin{bmatrix}1 & 0 & 0\\-1 & 1 & 0\\1 & -2 & 1\end{bmatrix}=\begin{bmatrix}e^t-te^t+\frac{1}{2}t^2e^t & te^t-t^2e^t & \frac{1}{2}t^2e^t\\\frac{1}{2}t^2e^t & e^t-te^t-t^2e^t & te^t+\frac{1}{2}t^2e^t\\te^t+\frac{1}{2}t^2e^t & -3te^t-t^2et & e^t+2te^t+\frac{1}{2}t^2e^t\end{bmatrix}$$

(3) 拉氏变换法

$$e^{\boldsymbol{A}t}=L^{-1}[s\boldsymbol{I}-\boldsymbol{A}^{-1}] \tag{9-74}$$

为了求出 $e^{\boldsymbol{A}t}$，关键是必须首先求出（$s\boldsymbol{I}-\boldsymbol{A}$）的逆。一般来说，当系统矩阵 **A** 的阶次较高时，可采用递推算法。

【例 9-17】 考虑如下矩阵 **A**

$$\boldsymbol{A}=\begin{bmatrix}0 & 1\\0 & -2\end{bmatrix}$$

试用前面介绍的两种方法计算 $e^{\boldsymbol{A}t}$。

解 ① 对角矩阵法 由于 **A** 的特征值为 0 和 $-2(\lambda_1=0,\ \lambda_2=-2)$，故可求得所需的变换矩阵 **P** 为

$$\boldsymbol{P}=\begin{bmatrix}1 & 1\\0 & -2\end{bmatrix}$$

因此，由式(9-72) 可得

$$e^{\boldsymbol{A}t}=\begin{bmatrix}1 & 1\\0 & -2\end{bmatrix}\begin{bmatrix}e^{0} & 0\\0 & e^{-2t}\end{bmatrix}\begin{bmatrix}1 & \frac{1}{2}\\0 & -\frac{1}{2}\end{bmatrix}=\begin{bmatrix}1 & \frac{1}{2}(1-e^{-2t})\\0 & e^{-2t}\end{bmatrix}$$

② 拉氏变换法　由于

$$s\boldsymbol{I}-\boldsymbol{A}=\begin{bmatrix}s & 0\\0 & s\end{bmatrix}-\begin{bmatrix}0 & 1\\0 & -2\end{bmatrix}=\begin{bmatrix}s & -1\\0 & s+2\end{bmatrix}$$

可得

$$(s\boldsymbol{I}-\boldsymbol{A})^{-1}=\begin{bmatrix}\frac{1}{s} & \frac{1}{s(s+2)}\\0 & \frac{1}{s+2}\end{bmatrix}$$

因此

$$e^{\boldsymbol{A}t}=\mathrm{L}^{-1}[(s\boldsymbol{I}-\boldsymbol{A})]^{-1}=\begin{bmatrix}1 & \frac{1}{2}(1-e^{-2t})\\0 & e^{-2t}\end{bmatrix}$$

(4) 化 $e^{\boldsymbol{A}t}$ 为 $\boldsymbol{A}$ 的有限项法（凯莱-哈密尔顿定理法）

利用凯莱-哈密尔顿定理，化 $e^{\boldsymbol{A}t}$ 为 $\boldsymbol{A}$ 的有限项，然后通过求待定时间函数获得 $e^{\boldsymbol{A}t}$ 的方法。这种方法相当系统，而且计算过程简单。

设 $\boldsymbol{A}$ 的最小多项式阶数为 m。可以证明，采用赛尔维斯特内插公式，通过求解行列式

$$\begin{vmatrix}1 & \lambda_1 & \lambda_1^2 & \cdots & \lambda_1^{m-1} & e^{\lambda_1 t}\\1 & \lambda_2 & \lambda_2^2 & \cdots & \lambda_2^{m-1} & e^{\lambda_2 t}\\\vdots & \vdots & \vdots & \vdots & \vdots & \vdots\\1 & \lambda_m & \lambda_m^2 & \cdots & \lambda_m^{m-1} & e^{\lambda_m t}\\\boldsymbol{I} & \boldsymbol{A} & \boldsymbol{A}^2 & \cdots & \boldsymbol{A}^{m-1} & e^{\boldsymbol{A}t}\end{vmatrix}=0 \tag{9-75}$$

即可求出 $e^{\boldsymbol{A}t}$。利用式(9-75) 求解时，所得 $e^{\boldsymbol{A}t}$ 是以 $\boldsymbol{A}^k(k=0,1,2,\cdots,m-1)$ 和 $e^{\lambda_i t}(i=1,2,3,\cdots,m)$ 的形式表示的。

此外，也可采用如下等价的方法。

将式(9-75) 按最后一行展开，容易得到

$$e^{\boldsymbol{A}t}=\alpha_0(t)\boldsymbol{I}+\alpha_1(t)\boldsymbol{A}+\alpha_2(t)\boldsymbol{A}^2+\cdots+\alpha_{m-1}(t)\boldsymbol{A}^{m-1} \tag{9-76}$$

从而通过求解下列方程组

$$\begin{aligned}\alpha_0(t)+\alpha_1(t)\lambda_1+\alpha_2(t)\lambda_1^2+\cdots+\alpha_{m-1}(t)\lambda_1^{m-1}&=e^{\lambda_1 t}\\\alpha_0(t)+\alpha_1(t)\lambda_2+\alpha_2(t)\lambda_2^2+\cdots+\alpha_{m-1}(t)\lambda_2^{m-1}&=e^{\lambda_2 t}\\&\vdots\\\alpha_0(t)+\alpha_1(t)\lambda_m+\alpha_2(t)\lambda_m^2+\cdots+\alpha_{m-1}(t)\lambda_m^{m-1}&=e^{\lambda_m t}\end{aligned} \tag{9-77}$$

可确定出 $\alpha_k(t)$ $(k=0,1,2\cdots,m-1)$，进而代入式(9-76) 即可求得 $e^{\boldsymbol{A}t}$。

如果 $\boldsymbol{A}$ 为 $n\times n$ 维矩阵，且具有相异特征值，则所需确定的 $\alpha_k(t)$ 的个数为 $m=n$，即有

$$e^{\boldsymbol{A}t}=\alpha_0(t)\boldsymbol{I}+\alpha_1(t)\boldsymbol{A}+\alpha_2(t)\boldsymbol{A}^2+\cdots+\alpha_{n-1}(t)\boldsymbol{A}^{n-1} \tag{9-78}$$

如果 $\boldsymbol{A}$ 含有相重特征值，但其最小多项式有单根，则所需确定的 $\alpha_k(t)$ 的个数小于 n，这里将不再进一步介绍。

【例 9-18】 考虑如下矩阵 $\boldsymbol{A}$

$$\boldsymbol{A}=\begin{bmatrix}0 & 1\\0 & -2\end{bmatrix}$$

试用化 e^{At} 为 A 的有限项法计算 e^{At}。

解 矩阵 A 的特征方程为

$$\det(\lambda I - A) = \lambda(\lambda+2) = 0$$

可得相异特征值为 $\lambda_1=0$，$\lambda_2=-2$。

由式(9-75)，可得

$$\begin{vmatrix} 1 & \lambda_1 & e^{\lambda_1 t} \\ 1 & \lambda_2 & e^{\lambda_2 t} \\ I & A & e^{At} \end{vmatrix} = 0$$

即

$$\begin{vmatrix} 1 & 0 & 1 \\ 1 & -2 & e^{-2t} \\ I & A & e^{At} \end{vmatrix} = 0$$

将上述行列式展开，可得

$$-2e^{At} + A + 2I - Ae^{-2t} = 0$$

或

$$e^{At} = \frac{1}{2}(A + 2I - Ae^{-2t}) = \frac{1}{2}\left\{\begin{bmatrix} 0 & 1 \\ 0 & -2 \end{bmatrix} + \begin{bmatrix} 2 & 0 \\ 0 & 2 \end{bmatrix} - \begin{bmatrix} 0 & 1 \\ 0 & -2 \end{bmatrix} e^{-2t}\right\}$$

$$= \begin{bmatrix} 1 & \frac{1}{2}(1-e^{-2t}) \\ 0 & e^{-2t} \end{bmatrix}$$

另一种可选用的方法是采用式(9-76)。首先，由

$$\alpha_0(t) + \alpha_1(t)\lambda_1 = e^{\lambda_1 t}$$
$$\alpha_0(t) + \alpha_1(t)\lambda_2 = e^{\lambda_2 t}$$

确定待定时间函数 $\alpha_0(t)$ 和 $\alpha_1(t)$。由于 $\lambda_1=0$，$\lambda_2=-2$，上述两式变为

$$\alpha_0(t) = 1$$
$$\alpha_0(t) - 2\alpha_1(t) = e^{-2t}$$

求解此方程组，可得

$$\alpha_0(t) = 1, \quad \alpha_1(t) = \frac{1}{2}(1-e^{-2t})$$

因此

$$e^{At} = \alpha_0(t)I + \alpha_1(t)A = I + \frac{1}{2}(1-e^{-2t})A = \begin{bmatrix} 1 & \frac{1}{2}(1-e^{-2t}) \\ 0 & e^{-2t} \end{bmatrix}$$

9.4.5 线性离散系统状态空间表达式的建立及其解

系统中只要有一处信号是离散的，便称为离散系统。有的系统其输入量、输出量、中间传递的信号都是离散的，有的系统其输入量、输出量及受控对象所传递的信号是连续的，唯有系统中的计算机传送并处理离散信号，这时，连续部分在连续采样点上的数据才是有用信息。完全的或局部的离散系统，在其采样间隔内，变量值保持常量。下面，分别针对两种情况来研究动态方程及其解。

(1) 由差分方程建立状态空间表达式

当离散系统用差分方程或脉冲传递函数描述时，单输入/单输出线性系统定常差分方程的一般形式为

$$y(k+n) + a_{n-1}y(k+n-1) + \cdots + a_1 y(k+1) + a_0 y(k)$$
$$= b_n u(k+n) + b_{n-1}u(k+n-1) + \cdots + b_1 u(k+1) + b_0 u(k) \qquad (9\text{-}79)$$

式中，k 表示 kT 时刻，T 为采样周期；$y(k)$,$u(k)$ 分别为 kT 时刻的输出、输入量；a_i，

b_i 是系统特性常数。考虑零初始条件的 Z 变换关系有

$$Z[y(k)] = y(z), \quad Z[y(k+i)] = z^i y(z)$$

对式(9-79) 两端求 Z 变换并整理可得

$$\begin{aligned} G(z) &= \frac{y(z)}{u(z)} = \frac{b_n z^n + b_{n-1} z^{n-1} + \cdots + b_1 z + b_0}{z^n + a_{n-1} z^{n-1} + \cdots + a_1 z + a_0} \\ &= b_n + \frac{\beta_{n-1} z^{n-1} + \cdots + \beta_1 z + \beta_0}{z^n + a_{n-1} z^{n-1} + \cdots + a_1 z + a_0} = b_n + \frac{N(z)}{D(z)} \end{aligned} \tag{9-80}$$

式中，$G(z)$称为脉冲传递函数，式(9-80)与式(9-24) 在形式上相同，故连续系统状态空间表达式的建立方法同样适用于离散系统。下面，介绍一种采用中间变量的方法建立离散状态空间表达式。

在 $N(z)/D(z)$串联分解中，引入中间变量 $Q(z)$，则有

$$z^n Q(z) + a_{n-1} z^{n-1} Q(z) + \cdots + a_1 z Q(z) + a_0 Q(z) = u(z)$$
$$y(z) = \beta_{n-1} z^{n-1} Q(z) + \cdots + \beta_1 z Q(z) + \beta_0 Q(z)$$

现定义下列一组状态变量

$$\begin{aligned} x_1(z) &= Q(z) \\ x_2(z) &= zQ(z) \\ &\vdots \\ x_n(z) &= z^{n-1} Q(z) = z x_{n-1}(z) \end{aligned}$$

则

$$z^n Q(z) = -a_0 x_1(z) - a_1 x_2(z) - \cdots - a_{n-1} x_n(z) + u(z)$$
$$y(z) = \beta_0 x_1(z) + \beta_1 x_2(z) + \cdots + \beta_{n-1} x_n(z)$$

利用 Z 反变换关系

$$Z^{-1}[x_i(z)] = x_i(k), \quad Z^{-1}[z x_i(z)] = x_i(k+1)$$

状态方程为

$$\begin{aligned} x_1(k+1) &= x_2(k) \\ x_2(k+1) &= x_3(k) \\ &\vdots \\ x_{n-1}(k+1) &= x_n(k) \\ x_n(k+1) &= -a_0 x_1(k) - a_1 x_2(k) - \cdots - a_{n-1} x_n(k) + u(k) \\ y(k) &= \beta_0 x_1(k) + \beta_1 x_2(k) + \cdots + \beta_{n-1} x_n(k) + b_n u(k) \end{aligned}$$

其矩阵向量形式为

$$\boldsymbol{x}(k+1) = \boldsymbol{G}\boldsymbol{x}(k) + \boldsymbol{h}u(k)$$
$$y(k) = \boldsymbol{C}\boldsymbol{x}(k) + Du(k)$$

$$\begin{bmatrix} x_1(k+1) \\ x_2(k+1) \\ \vdots \\ x_{n-1}(k+1) \\ x_n(k+1) \end{bmatrix} = \begin{bmatrix} 0 & 1 & 0 & \cdots & 0 \\ 0 & 0 & 1 & \cdots & 0 \\ \vdots & \vdots & \vdots & \ddots & 0 \\ 0 & 0 & 0 & \cdots & 1 \\ -a_0 & -a_1 & -a_2 & \cdots & -a_{n-1} \end{bmatrix} \begin{bmatrix} x_1(k) \\ x_2(k) \\ \vdots \\ x_{n-1}(k) \\ x_n(k) \end{bmatrix} + \begin{bmatrix} 0 \\ 0 \\ 0 \\ \vdots \\ 1 \end{bmatrix} u(k) \tag{9-81}$$

$$y(k) = [\beta_0 \quad \beta_1 \quad \cdots \quad \beta_{n-1}] \boldsymbol{x}(k) + b_n u(k)$$

式中，$\boldsymbol{G}$ 为友矩阵，$\boldsymbol{G}, \boldsymbol{h}$ 是可控标准形。可以看出，离散系统状态方程描述了 $(k+1)T$ 时刻的状态与 kT 时刻的状态及输入量之间的关系；其输出方程描述了 kT 时刻的输出量与 kT 时刻的状态及输入量之间的关系。

线性定常多输入/多输出离散系统状态空间表达式为

$$\boldsymbol{x}(k+1)=\boldsymbol{G}\boldsymbol{x}(k)+\boldsymbol{H}\boldsymbol{u}(k)$$
$$\boldsymbol{y}(k)=\boldsymbol{C}\boldsymbol{x}(k)+\boldsymbol{D}\boldsymbol{u}(k) \tag{9-82}$$

离散系统一般结构图如图 9-14 所示。图中 z^{-1} 为单位时滞，其输入为 $(k+1)T$ 时刻的状态，其输出为延迟一个采样周期的 kT 时刻的状态。

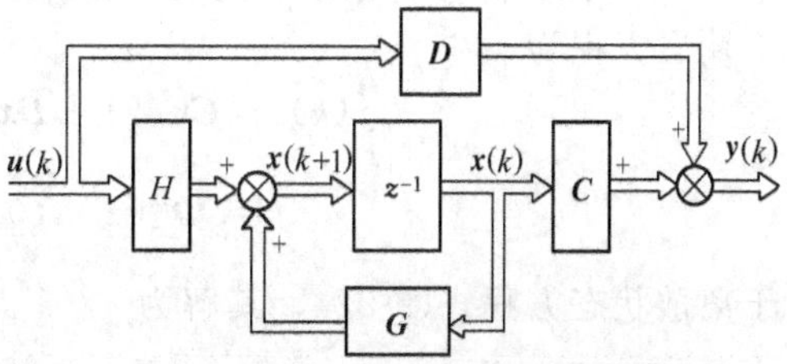

图 9-14 离散系统状态空间结构图

(2) 连续系统状态空间表达式的离散化

已知定常连续系统状态方程 $\dot{\boldsymbol{x}}=\boldsymbol{A}\boldsymbol{x}+\boldsymbol{B}\boldsymbol{u}$ 在 $\boldsymbol{x}(t_0)$ 及 $\boldsymbol{u}(t)$ 作用下的解为

$$\boldsymbol{x}(t)=\boldsymbol{\Phi}(t)\boldsymbol{x}(t_0)+\int_{t_0}^{t}\boldsymbol{\Phi}(t-\tau)\boldsymbol{B}\boldsymbol{u}(\tau)\mathrm{d}\tau$$

令 $t_0=kT$，则 $\boldsymbol{x}(t_0)=\boldsymbol{x}(kT)=\boldsymbol{x}(k)$；令 $t=(k+1)T$，则 $\boldsymbol{x}[(k+1)T]=\boldsymbol{x}(k+1)$；在 $t\in[k,k+1]$ 区间内，$\boldsymbol{u}(k)=\boldsymbol{u}(k+1)$ 为常数，于是其解化为

$$\boldsymbol{x}(k+1)=\boldsymbol{\Phi}[(k+1)T-kT]\boldsymbol{x}(k)+\int_{kT}^{(k+1)T}\boldsymbol{\Phi}[(k+1)T-\tau]\boldsymbol{B}\mathrm{d}\tau\boldsymbol{u}(k)$$

记

$$\boldsymbol{G}(T)=\int_{kT}^{(k+1)T}\boldsymbol{\Phi}[(k+1)T-\tau]\boldsymbol{B}\mathrm{d}\tau$$

为了便于计算 $\boldsymbol{G}(T)$，引入下列变量代换，令 $(k+1)T-\tau=\tau'$，则

$$\boldsymbol{G}(T)=\int_{0}^{T}\boldsymbol{\Phi}(\tau')\boldsymbol{B}\mathrm{d}\tau' \tag{9-83}$$

故离散系统状态方程为

$$\boldsymbol{x}(k+1)=\boldsymbol{\Phi}(T)\boldsymbol{x}(k)+\boldsymbol{G}(T)\boldsymbol{u}(k) \tag{9-84}$$

式中 $\boldsymbol{\Phi}(T)$ 与连续系统状态转移矩阵 $\boldsymbol{\Phi}(t)$ 的关系为

$$\boldsymbol{\Phi}(T)=\boldsymbol{\Phi}(t)\big|_{t=T} \tag{9-85}$$

离散化系统的输出方程仍然为

$$\boldsymbol{y}(k)=\boldsymbol{C}\boldsymbol{x}(k)+\boldsymbol{D}\boldsymbol{u}(k)$$

(3) 定常离散系统动态方程的解

离散或离散化的状态方程的解法都是一样的。这里只介绍常用的递推方法，利用 z 变换的求解方法可以参考有关书籍。下面以解离散化状态方程为例说明。令式(9-84) 中的 $k=0,1,\cdots,k-1$ 可得到 $T,2T,\cdots,kT$ 时刻的状态，即

$$\begin{aligned}
k=0\quad &\boldsymbol{x}(1)=\boldsymbol{\Phi}(T)\boldsymbol{x}(0)+\boldsymbol{G}(T)\boldsymbol{u}(0)\\
k=1\quad &\boldsymbol{x}(2)=\boldsymbol{\Phi}(T)\boldsymbol{x}(1)+\boldsymbol{G}(T)\boldsymbol{u}(1)\\
&\qquad=\boldsymbol{\Phi}^2(T)\boldsymbol{x}(0)+\boldsymbol{\Phi}(T)\boldsymbol{G}(T)\boldsymbol{u}(0)+\boldsymbol{G}(T)\boldsymbol{u}(1)\\
k=2\quad &\boldsymbol{x}(3)=\boldsymbol{\Phi}(T)\boldsymbol{x}(2)+\boldsymbol{G}(T)\boldsymbol{u}(2)\\
&\qquad=\boldsymbol{\Phi}^3(T)\boldsymbol{x}(0)+\boldsymbol{\Phi}^2(T)\boldsymbol{G}(T)\boldsymbol{x}(1)+\boldsymbol{\Phi}(T)\boldsymbol{G}(T)\boldsymbol{u}(1)+\\
&\qquad\quad\boldsymbol{G}(T)\boldsymbol{u}(2)\\
\vdots\quad &\qquad\vdots\\
k=k-1\quad &\boldsymbol{x}(k)=\boldsymbol{\Phi}(T)\boldsymbol{x}(k-1)+\boldsymbol{G}(T)\boldsymbol{u}(k-1)\\
&\qquad=\boldsymbol{\Phi}^k(T)\boldsymbol{x}(0)+\boldsymbol{\Phi}^{k-1}(T)\boldsymbol{G}(T)\boldsymbol{x}(1)+\boldsymbol{\Phi}^{k-2}(T)\boldsymbol{G}(T)\boldsymbol{u}(1)+\\
&\qquad\quad\cdots+\boldsymbol{\Phi}(T)\boldsymbol{G}(T)\boldsymbol{u}(k-2)+\boldsymbol{G}(T)\boldsymbol{u}(k-1)\\
&\qquad=\boldsymbol{\Phi}^k(T)\boldsymbol{x}(0)+\sum_{i=0}^{k-1}\boldsymbol{\Phi}^{k-i-1}(T)\boldsymbol{G}(T)\boldsymbol{u}(i)
\end{aligned} \tag{9-86}$$

式(9-86) 为离散的解，又称离散状态转移方程。当 $\boldsymbol{u}(i)=0,i=0,1,\cdots,k-1$，有

$$\boldsymbol{x}(k)=\boldsymbol{\Phi}^k\boldsymbol{x}(0)=\boldsymbol{\Phi}(kT)\boldsymbol{x}(0)=\boldsymbol{\Phi}(k)\boldsymbol{x}(0)$$

式中，$\boldsymbol{\Phi}(k)$称为离散化系统状态转移矩阵。

输出方程为

$$\begin{aligned}\boldsymbol{y}(k) &= \boldsymbol{Cx}(k) + \boldsymbol{Dx}(k)\\ &= \boldsymbol{C\Phi}^k(T)\boldsymbol{x}(0) + \boldsymbol{C}\sum_{i=0}^{k-1}\boldsymbol{\Phi}^{k-i-1}(T)\boldsymbol{G}(T)\boldsymbol{u}(i) + \boldsymbol{Du}(k)\end{aligned} \tag{9-87}$$

对于离散状态方程式(9-82)，其解为

$$\boldsymbol{x}(k) = \boldsymbol{G}^k\boldsymbol{x}(0) + \sum_{i=0}^{k-1}\boldsymbol{G}^{k-i-1}\boldsymbol{Hu}(i) \tag{9-88}$$

$$\boldsymbol{y}(k) = \boldsymbol{CG}^k\boldsymbol{x}(0) + \boldsymbol{C}\sum_{i=0}^{k-1}\boldsymbol{G}^{k-i-1}\boldsymbol{Hu}(i) + \boldsymbol{Du}(k) \tag{9-89}$$

【例 9-19】 求下列连续状态方程的离散化状态方程。设 $T=1\text{s}$。

$$\begin{bmatrix}\dot{x}_1\\ \dot{x}_2\end{bmatrix} = \begin{bmatrix}0 & 1\\ -2 & -3\end{bmatrix}\begin{bmatrix}x_1\\ x_2\end{bmatrix} + \begin{bmatrix}0\\ 1\end{bmatrix}u$$

解 由例 9-14 可得其状态转移矩阵 $\boldsymbol{\Phi}(t)$为

$$\boldsymbol{\Phi}(t) = \begin{bmatrix}2\mathrm{e}^{-t} - \mathrm{e}^{-2t} & \mathrm{e}^{-t} - \mathrm{e}^{-2t}\\ 2\mathrm{e}^{-t} + 2\mathrm{e}^{-2t} & -\mathrm{e}^{-t} + \mathrm{e}^{-2t}\end{bmatrix}$$

$$\boldsymbol{\Phi}(T) = \boldsymbol{\Phi}(t)\Big|_{t=T=1} = \begin{bmatrix}0.6004 & 0.2325\\ -0.4651 & -0.0972\end{bmatrix}$$

$$\boldsymbol{G}(T) = \int_0^T \boldsymbol{\Phi}(\tau)\boldsymbol{B}\mathrm{d}\tau = \int_0^T \begin{bmatrix}\mathrm{e}^{-\tau} - \mathrm{e}^{-2\tau}\\ -\mathrm{e}^{-\tau} + 2\mathrm{e}^{-2\tau}\end{bmatrix}\mathrm{d}\tau = \begin{bmatrix}\frac{1}{2} - \mathrm{e}^{-T} + \frac{1}{2}\mathrm{e}^{-2T}\\ \mathrm{e}^{-T} - \mathrm{e}^{-2T}\end{bmatrix}$$

$$\boldsymbol{G}(T)\Big|_{T=1} = \begin{bmatrix}0.1998\\ 0.2325\end{bmatrix}$$

9.5 线性定常系统的可控性与可观测性分析

可控性（controllability）和可观测性（observability）深刻地揭示了系统的内部结构关系，是由 R. E. Kalman 于 20 世纪 60 年代初首先提出并研究的两个重要概念。粗略地说，所谓系统的可控性问题是指：对于一个系统，控制作用能否对系统的所有状态产生影响，从而能对系统的状态实现控制。所谓系统的可观性问题是指：一个系统，能否在有限的时间内通过观测输出量，识别出系统的所有状态。

经典控制理论应用传递函数来研究系统的输入/输出关系，输出量就是被控量，只要系统稳定，输出量就可以控制。而输出量又总是可以量测的，所以在理论上和实践上都不存在能否控制和能否观测的问题。而在现代控制理论中，着眼于对状态的控制，状态向量 $\boldsymbol{x}(t)$ 的每个分量能否一定被控制作用 $\boldsymbol{u}(t)$ 控制呢？每个状态变量的分量能否一定可用 $\boldsymbol{y}(t)$ 来量测呢？回答是不一定的。这两个问题的答案完全取决于受控系统本身的特性。

在现代控制理论的研究与实践中，可控性和可观测性具有极其重要的意义。事实上，可控性与可观测性通常决定了最优控制问题解的存在性。例如，在极点配置问题中，状态反馈的存在性将由系统的可控性决定；在观测器设计和最优估计中，将涉及系统的可观测性条件。

在本节中，讨论将限于线性定常系统。将首先给出可控性与可观测性的定义，然后推导出判别系统可控和可观测性的若干判据。

9.5.1 线性连续系统的可控性

(1) 可控性定义

考虑线性连续时间系统

$$\dot{\boldsymbol{x}}(t)=\boldsymbol{A}\boldsymbol{x}(t)+\boldsymbol{B}u(t) \tag{9-90}$$

其中，$\boldsymbol{x}(t)\in R^n$，$u(t)\in R^1$，$\boldsymbol{A}\in R^{n\times n}$，$\boldsymbol{B}\in R^{n\times 1}$（单输入），且初始条件为$\boldsymbol{x}(t)\Big|_{t=0}=\boldsymbol{x}(0)$。

如果施加一个无约束的控制信号，在有限的时间间隔 $t_0\leqslant t\leqslant t_1$ 内，能够使初始状态转移到任一终止状态，则称由式(9-90) 描述的系统在 $t=t_0$ 时为状态（完全）可控的。如果每一个状态都可控，则称该系统为状态（完全）可控的。

(2) 定常系统状态可控性的代数判据

下面推导状态可控的条件。不失一般性，设终止状态为状态空间原点，并设初始时刻为零，即 $t_0=0$。

由上一节的内容可知，式(9-90) 的解为

$$\boldsymbol{x}(t)=\mathrm{e}^{\boldsymbol{A}t}\boldsymbol{x}(0)+\int_0^t \mathrm{e}^{\boldsymbol{A}(t-\tau)}\boldsymbol{B}u(\tau)\mathrm{d}\tau$$

利用状态可控性的定义，可得

$$\boldsymbol{x}(t_1)=0=\mathrm{e}^{\boldsymbol{A}t_1}\boldsymbol{x}(0)+\int_0^{t_1} \mathrm{e}^{\boldsymbol{A}(t_1-\tau)}\boldsymbol{B}u(\tau)\mathrm{d}\tau$$

或

$$\boldsymbol{x}(0)=-\int_0^{t_1} \mathrm{e}^{-\boldsymbol{A}\tau}\boldsymbol{B}u(\tau)\mathrm{d}\tau \tag{9-91}$$

将 $\mathrm{e}^{-\boldsymbol{A}\tau}$ 写为 $\boldsymbol{A}$ 的有限项的形式，即

$$\mathrm{e}^{-\boldsymbol{A}\tau}=\sum_{k=0}^{n-1}a_k(\tau)\boldsymbol{A}^k \tag{9-92}$$

将式(9-92) 代入式(9-91)，可得

$$\boldsymbol{x}(0)=-\sum_{k=0}^{n-1}\boldsymbol{A}^k\boldsymbol{B}\int_0^{t_1}a_k(\tau)u(\tau)\mathrm{d}\tau \tag{9-93}$$

记

$$\int_0^{t_1}a_k(\tau)u(\tau)\mathrm{d}\tau=\beta_k$$

则式(9-91) 成为

$$\boldsymbol{x}(0)=-\sum_{k=0}^{n-1}\boldsymbol{A}^k\boldsymbol{B}\beta_k=-[\boldsymbol{B}\quad \boldsymbol{A}\boldsymbol{B}\quad \cdots\quad \boldsymbol{A}^{n-1}\boldsymbol{B}]\begin{bmatrix}\beta_0\\ \beta_1\\ \vdots\\ \beta_{n-1}\end{bmatrix} \tag{9-94}$$

如果系统是状态可控的，那么给定任一初始状态 $\boldsymbol{x}(0)$，都应满足式(9-94)。这就要求 $n\times n$ 维矩阵

$$\boldsymbol{Q}=[\boldsymbol{B}\quad \boldsymbol{A}\boldsymbol{B}\quad \cdots\quad \boldsymbol{A}^{n-1}\boldsymbol{B}]$$

的秩为 n。

由此分析，可将状态可控性的代数判据归纳为：当且仅当 $n\times n$ 维矩阵 $\boldsymbol{Q}$ 满秩，即

$$\mathrm{rank}\boldsymbol{Q}=\mathrm{rank}[\boldsymbol{B}\quad \boldsymbol{A}\boldsymbol{B}\quad \cdots\quad \boldsymbol{A}^{n-1}\boldsymbol{B}]=n$$

时，由式(9-91) 确定的系统才是状态可控的。

上述结论也可推广到控制向量 $\boldsymbol{u}$ 为 r 维的情况。此时，如果系统的状态方程为

$$\dot{\boldsymbol{x}}=\boldsymbol{A}\boldsymbol{x}+\boldsymbol{B}\boldsymbol{u}$$

式中，$\boldsymbol{x}(t)\in R^n$，$\boldsymbol{u}(t)\in R^r$，$\boldsymbol{A}\in R^{n\times n}$，$\boldsymbol{B}\in R^{n\times r}$，那么可以证明，状态可控性的条件为 $n\times nr$ 维矩阵

$$\boldsymbol{Q}=[\boldsymbol{B}\quad \boldsymbol{A}\boldsymbol{B}\quad \cdots\quad \boldsymbol{A}^{n-1}\boldsymbol{B}]$$

的秩为 n，或者说其中的 n 个列向量是线性无关的。通常，称矩阵

$$\boldsymbol{Q}=[\boldsymbol{B} \quad \boldsymbol{AB} \quad \cdots \quad \boldsymbol{A}^{n-1}\boldsymbol{B}]$$

为可控性矩阵。

【例 9-20】 考虑由下式确定的系统

$$\begin{bmatrix}\dot{x}_1\\ \dot{x}_2\end{bmatrix}=\begin{bmatrix}1 & 1\\ 0 & -1\end{bmatrix}\begin{bmatrix}x_1\\ x_2\end{bmatrix}+\begin{bmatrix}1\\ 0\end{bmatrix}u$$

由于

$$\det \boldsymbol{Q}=\det[\boldsymbol{B} \quad \boldsymbol{AB}]=\begin{vmatrix}1 & 1\\ 0 & 0\end{vmatrix}=0$$

即 $\boldsymbol{Q}$ 为奇异阵，所以该系统是状态不可控的。

【例 9-21】 考虑由下式确定的系统

$$\begin{bmatrix}\dot{x}_1\\ \dot{x}_2\end{bmatrix}=\begin{bmatrix}1 & 1\\ 2 & -1\end{bmatrix}\begin{bmatrix}x_1\\ x_2\end{bmatrix}+\begin{bmatrix}0\\ 1\end{bmatrix}u$$

对于该情况

$$\det \boldsymbol{Q}=\det[\boldsymbol{B} \quad \boldsymbol{AB}]=\begin{vmatrix}0 & 1\\ 1 & -1\end{vmatrix}\neq 0$$

即 $\boldsymbol{Q}$ 为非奇异，因此系统是状态可控的。

(3) 用传递函数矩阵表达的状态可控性条件

状态可控的条件也可用传递函数或传递矩阵描述。状态可控性的充要条件是在传递函数或传递函数矩阵中不出现相约现象。如果发生相约，那么在被约去的模态中，系统不可控。

【例 9-22】 考虑下列传递函数

$$\frac{X(s)}{U(s)}=\frac{s+2.5}{(s+2.5)(s-1)}$$

显然，在此传递函数的分子和分母中存在可约的因子（$s+2.5$）（因此少了一阶）。由于有相约因子，所以该系统状态不可控。

当然，将该传递函数写为状态方程，可得到同样的结论。状态方程为

$$\begin{bmatrix}\dot{x}_1\\ \dot{x}_2\end{bmatrix}=\begin{bmatrix}0 & 1\\ 2.5 & -1.5\end{bmatrix}\begin{bmatrix}x_1\\ x_2\end{bmatrix}+\begin{bmatrix}1\\ 1\end{bmatrix}u$$

由于

$$[\boldsymbol{B} \quad \boldsymbol{AB}]=\begin{bmatrix}1 & 1\\ 1 & 1\end{bmatrix}$$

即可控性矩阵 $[\boldsymbol{B} \quad \boldsymbol{AB}]$ 的秩为 1，所以可得到状态不可控的同样结论。

关于利用状态空间标准形判别系统状态完全可控的问题，将在介绍系统标准形之后予以讨论。

(4) 输出可控性

在实际的控制系统设计中，需要控制的是输出，而不是系统的状态。对于控制系统的输出，状态可控性既不是必要的，也不是充分的。因此，有必要再定义输出可控性。

考虑下列状态空间表达式所描述的线性定常系统

$$\dot{\boldsymbol{x}}=\boldsymbol{Ax}+\boldsymbol{Bu} \tag{9-95}$$

$$\boldsymbol{y}=\boldsymbol{Cx}+\boldsymbol{Du} \tag{9-96}$$

式中，$\boldsymbol{x}\in R^n$，$\boldsymbol{u}\in R^r$，$\boldsymbol{y}\in R^m$，$\boldsymbol{A}\in R^{n\times n}$，$\boldsymbol{B}\in R^{n\times r}$，$\boldsymbol{C}\in R^{m\times n}$，$\boldsymbol{D}\in R^{m\times r}$。

如果能找到一个无约束的控制向量 $\boldsymbol{u}(t)$，在有限的时间间隔 $t_0\leqslant t\leqslant t_1$ 内，使任一给定的初始输出 $\boldsymbol{y}(t_0)$ 转移到任一最终输出 $\boldsymbol{y}(t_1)$，那么称由式(9-95)和式(9-96)所描述的系统为输出可控的。

可以证明，系统输出可控的充要条件为：当且仅当 $m\times(n+1)r$ 维输出可控性矩阵

$$Q'=[\boldsymbol{CB} \quad \boldsymbol{CAB} \quad \boldsymbol{CA}^2\boldsymbol{B} \quad \cdots \quad \boldsymbol{CA}^{n-1}\boldsymbol{B} \quad \boldsymbol{D}]$$

的秩为 m 时，由式(9-95)和式(9-96)所描述的系统为输出可控的。注意，在式(9-96)中存在 $\boldsymbol{Du}$ 项，对确定输出可控性是有帮助的。

9.5.2 线性定常连续系统的可观测性

(1) 可观性定义

现在讨论线性系统的可观测性。考虑零输入时的状态空间表达式

$$\dot{\boldsymbol{x}}=\boldsymbol{Ax} \tag{9-97}$$

$$\boldsymbol{y}=\boldsymbol{Cx} \tag{9-98}$$

式中，$\boldsymbol{x}\in R^n$，$\boldsymbol{y}\in R^m$，$\boldsymbol{A}\in R^{n\times n}$，$\boldsymbol{C}\in R^{m\times n}$。

如果每一个状态 $\boldsymbol{x}(t_0)$ 都可通过在有限时间间隔 $t_0\leqslant t\leqslant t_1$ 内，由 $\boldsymbol{y}(t)$ 观测值确定，则称系统为（完全）可观测的。本节仅讨论线性定常系统。不失一般性，设 $t_0=0$。

可观测性的概念非常重要，这是由于在实际问题中，状态反馈控制遇到的困难是一些状态变量不易直接量测。因而在构造控制器时，必须首先估计出不可量测的状态变量。在“系统综合”部分将指出，当且仅当系统是可观测时，才能对系统状态变量进行观测或估计。

在下面讨论可观测性条件时，将只考虑由式(9-97)和式(9-98)给定的零输入系统。这是因为，若采用如下状态空间表达式

$$\dot{\boldsymbol{x}}=\boldsymbol{Ax}+\boldsymbol{Bu}$$

$$\boldsymbol{y}=\boldsymbol{Cx}+\boldsymbol{Du}$$

则

$$\boldsymbol{x}(t)=\mathrm{e}^{\boldsymbol{A}t}\boldsymbol{x}(0)+\int_0^t \mathrm{e}^{\boldsymbol{A}(t-\tau)}\boldsymbol{Bu}(\tau)\mathrm{d}\tau$$

从而

$$\boldsymbol{y}(t)=\boldsymbol{C}\mathrm{e}^{\boldsymbol{A}t}\boldsymbol{x}(0)+\boldsymbol{C}\int_0^t \mathrm{e}^{\boldsymbol{A}(t-\tau)}\boldsymbol{Bu}(\tau)\mathrm{d}\tau+\boldsymbol{Du}(t)$$

由于矩阵 $\boldsymbol{A},\boldsymbol{B},\boldsymbol{C}$ 和 $\boldsymbol{D}$ 均为已知，$\boldsymbol{u}(t)$ 也已知，所以上式右端的最后两项为已知，因而它们可以从被量测值 $\boldsymbol{y}(t)$ 中消去。因此，为研究可观测性的充要条件，只考虑式(9-97)和式(9-98)所描述的零输入系统就可以了。

(2) 定常系统状态可观测性的代数判据

考虑由式(9-97)和式(9-98)所描述的线性定常系统。将其重写为

$$\dot{\boldsymbol{x}}=\boldsymbol{Ax}$$

$$\boldsymbol{y}=\boldsymbol{Cx}$$

易知，其输出向量为

$$\boldsymbol{y}(t)=\boldsymbol{C}\mathrm{e}^{\boldsymbol{A}t}\boldsymbol{x}(0)$$

将 $\mathrm{e}^{\boldsymbol{A}t}$ 写为 $\boldsymbol{A}$ 的有限项的形式，即

$$\mathrm{e}^{\boldsymbol{A}t}=\sum_{k=0}^{n-1}\alpha_k(t)\boldsymbol{A}^k$$

因而

$$\boldsymbol{y}(t)=\sum_{k=0}^{n-1}\alpha_k(t)\boldsymbol{CA}^k\boldsymbol{x}(0)$$

或

$$\boldsymbol{y}(t)=\alpha_0(t)\boldsymbol{Cx}(0)+\alpha_1(t)\boldsymbol{CAx}(0)+\cdots+\alpha_{n-1}(t)\boldsymbol{CA}^{n-1}\boldsymbol{x}(0) \tag{9-99}$$

显然，如果系统是可观测的，那么在 $0\leqslant t\leqslant t_1$ 时间间隔内，给定输出 $\boldsymbol{y}(t)$，就可由式(9-99)惟一地确定出 $\boldsymbol{x}(0)$。可以证明，这就要求 $nm\times n$ 维可观测性矩阵

$$\boldsymbol{R}=\begin{bmatrix}\boldsymbol{C}\\\boldsymbol{CA}\\\vdots\\\boldsymbol{CA}^{n-1}\end{bmatrix}$$

的秩为 n。

由上述分析，可将可观测的充要条件表述为：由式(9-95) 和式(9-96) 所描述的线性定常系统，当且仅当 $n\times nm$ 维可观测性矩阵

$$\boldsymbol{R}^{\mathrm{T}}=[\boldsymbol{C}^{\mathrm{T}}\quad \boldsymbol{A}^{\mathrm{T}}\boldsymbol{C}^{\mathrm{T}}\quad \cdots\quad (\boldsymbol{A}^{\mathrm{T}})^{n-1}\boldsymbol{C}^{\mathrm{T}}]$$

的秩为 n，即 $\mathrm{rank}\boldsymbol{R}^{\mathrm{T}}=n$ 时，该系统才是可观测的。

【例 9-23】 试判断由式

$$\begin{bmatrix}\dot{x}_1\\\dot{x}_2\end{bmatrix}=\begin{bmatrix}1 & 1\\-2 & -1\end{bmatrix}\begin{bmatrix}x_1\\x_2\end{bmatrix}+\begin{bmatrix}0\\1\end{bmatrix}u$$

$$y=[1\quad 0]\begin{bmatrix}x_1\\x_2\end{bmatrix}$$

所描述的系统是否为可控和可观测的。

解 由于可控性矩阵

$$\boldsymbol{Q}=[\boldsymbol{B}\quad \boldsymbol{AB}]=\begin{bmatrix}0 & 1\\1 & -1\end{bmatrix}$$

的秩为 2，即 $\mathrm{rank}\boldsymbol{Q}=2=n$，故该系统是状态可控的。

对于输出可控性，可由系统输出可控性矩阵的秩确定。由于

$$\boldsymbol{Q}'=[\boldsymbol{CB}\quad \boldsymbol{CAB}]=[0\quad 1]$$

的秩为 1，即 $\mathrm{rank}\boldsymbol{Q}'=1=m$，故该系统是输出可控的。

为了检验可观测性条件，先来验算可观测性矩阵的秩。由于

$$\boldsymbol{R}^{\mathrm{T}}=[\boldsymbol{C}^{\mathrm{T}}\quad \boldsymbol{A}^{\mathrm{T}}\boldsymbol{C}^{\mathrm{T}}]=\begin{bmatrix}1 & 1\\0 & 1\end{bmatrix}$$

的秩为 2，$\mathrm{rank}\boldsymbol{R}^{\mathrm{T}}=2=n$，故此系统是可观测的。

(3) 用传递函数矩阵表达的可观测性条件

类似地，可观测性条件也可用传递函数或传递函数矩阵表达。此时可观测性的充要条件是：在传递函数或传递函数矩阵中不发生相约现象。如果存在相约，则约去的模态其输出就不可观测了。

【例 9-24】 证明下列系统是不可观测的。

$$\dot{\boldsymbol{x}}=\boldsymbol{Ax}+\boldsymbol{Bu}$$

$$\boldsymbol{y}=\boldsymbol{Cx}$$

式中

$$\boldsymbol{x}=\begin{bmatrix}x_1\\x_2\\x_3\end{bmatrix},\quad \boldsymbol{A}=\begin{bmatrix}0 & 1 & 0\\0 & 0 & 1\\-6 & -11 & -6\end{bmatrix},\quad \boldsymbol{B}=\begin{bmatrix}0\\0\\1\end{bmatrix},\quad \boldsymbol{C}=[4\quad 5\quad 1]$$

解 由于可观测性矩阵

$$\boldsymbol{R}^{\mathrm{T}}=[\boldsymbol{C}^{\mathrm{T}}\quad \boldsymbol{A}^{\mathrm{T}}\boldsymbol{C}^{\mathrm{T}}\quad (\boldsymbol{A}^{\mathrm{T}})^2\boldsymbol{C}^{\mathrm{T}}]=\begin{bmatrix}4 & -6 & 6\\5 & -7 & 5\\1 & -1 & -1\end{bmatrix}$$

注意到

$$\begin{vmatrix} 4 & -6 & 6 \\ 5 & -7 & 5 \\ 1 & -1 & -1 \end{vmatrix}=0$$

即 $\text{rank}\boldsymbol{R}^{\mathrm{T}}<3=n$，故该系统是不可观测的。

事实上，在该系统的传递函数中存在相约因子。由于 $X_1(s)$ 和 $U(s)$ 之间的传递函数为

$$\frac{X_1(s)}{U(s)}=\frac{1}{(s+1)(s+2)(s+3)}$$

又 $Y(s)$ 和 $X_1(s)$ 之间的传递函数为

$$\frac{Y(s)}{X_1(s)}=(s+1)(s+4)$$

故 $Y(s)$ 与 $U(s)$ 之间的传递函数为

$$\frac{Y(s)}{U(s)}=\frac{(s+1)(s+4)}{(s+1)(s+2)(s+3)}$$

显然，分子、分母多项式中的因子（$s+1$）可以约去。这意味着，该系统是不可观测的，或者说一些不为零的初始状态 $\boldsymbol{x}(0)$ 不能由 $\boldsymbol{y}(t)$ 的量测值确定。

当且仅当系统是状态可控和可观测时，其传递函数才没有相约因子。这意味着，可相约的传递函数不具有表征动态系统的所有信息。

9.5.3 对偶原理

下面讨论可控性和可观测性之间的关系。为了阐明可控性和可观测性之间明显的相似性，这里将介绍由 R. E. Kalman 提出的对偶原理。

考虑由下述状态空间表达式描述的系统 S_1

$$\dot{\boldsymbol{x}}=\boldsymbol{A}\boldsymbol{x}+\boldsymbol{B}\boldsymbol{u}$$
$$\boldsymbol{y}=\boldsymbol{C}\boldsymbol{x}$$

式中，$\boldsymbol{x}\in R^n$，$\boldsymbol{u}\in R^r$，$\boldsymbol{y}\in R^m$，$\boldsymbol{A}\in R^{n\times n}$，$\boldsymbol{B}\in R^{n\times r}$，$\boldsymbol{C}\in R^{m\times n}$。

以及由下述状态空间表达式定义的对偶系统 S_2

$$\dot{\boldsymbol{z}}=\boldsymbol{A}^{\mathrm{T}}\boldsymbol{z}+\boldsymbol{C}^{\mathrm{T}}\boldsymbol{v}$$
$$\boldsymbol{w}=\boldsymbol{B}^{\mathrm{T}}\boldsymbol{z}$$

式中，$\boldsymbol{z}\in R^n$，$\boldsymbol{v}\in R^m$，$\boldsymbol{w}\in R^r$，$\boldsymbol{A}^{\mathrm{T}}\in R^{n\times n}$，$\boldsymbol{C}^{\mathrm{T}}\in R^{n\times m}$，$\boldsymbol{B}^{\mathrm{T}}\in R^{r\times n}$。

对偶原理：当且仅当系统 S_2 状态可观测（状态可控）时，系统 S_1 才是状态可控（状态可观测）的。为了验证这个原理，下面写出系统 S_1 和 S_2 的状态可控和可观测的充要条件。

对于系统 S_1：

① 状态可控的充要条件是 $n\times nr$ 维可控性矩阵

$$[\boldsymbol{B}\quad \boldsymbol{A}\boldsymbol{B}\quad \cdots\quad \boldsymbol{A}^{n-1}\boldsymbol{B}]$$

的秩为 n；

② 状态可观测的充要条件是 $n\times nm$ 维可观测性矩阵

$$[\boldsymbol{C}^{\mathrm{T}}\quad \boldsymbol{A}^{\mathrm{T}}\boldsymbol{C}^{\mathrm{T}}\quad \cdots\quad (\boldsymbol{A}^{\mathrm{T}})^{n-1}\boldsymbol{C}^{\mathrm{T}}]$$

的秩为 n。

对于系统 S_2：

① 状态可控的充要条件是 $n\times nm$ 维可控性矩阵

$$[\boldsymbol{C}^{\mathrm{T}}\quad \boldsymbol{A}^{\mathrm{T}}\boldsymbol{C}^{\mathrm{T}}\quad \cdots\quad (\boldsymbol{A}^{\mathrm{T}})^{n-1}\boldsymbol{C}^{\mathrm{T}}]$$

的秩为 n；

② 状态可观测的充要条件是 $n\times nr$ 维可观测性矩阵

$$[\boldsymbol{B}\quad \boldsymbol{A}\boldsymbol{B}\quad \cdots\quad \boldsymbol{A}^{n-1}\boldsymbol{B}]$$

的秩为 n。

对比这些条件，可以很明显地看出对偶原理的正确性。利用此原理，一个给定系统的可观测性可用其对偶系统的状态可控性来检验和判断。

简单地说，对偶性有如下关系

$$\boldsymbol{A}\Rightarrow\boldsymbol{A}^{\mathrm{T}},\ \boldsymbol{B}\Rightarrow\boldsymbol{C}^{\mathrm{T}},\ \boldsymbol{C}\Rightarrow\boldsymbol{B}^{\mathrm{T}}$$

9.5.4 单输入/单输出系统状态空间描述的标准形

设单输入/单输出系统的传递函数由下式表示

$$\frac{Y(s)}{U(s)}=\frac{b_0 s^n+b_1 s^{n-1}+\cdots+b_{n-1}s+b_n}{s^n+a_1 s^{n-1}+\cdots+a_{n-1}s+a_n} \tag{9-100}$$

下面给出由式(9-100) 对应的系统状态空间表达式的可控标准形、可观测标准形和对角线形（或 Jordan 形）标准形。

(1) 可控标准形

下列状态空间表达式为可控标准形

$$\begin{bmatrix}\dot{x}_1\\ \dot{x}_2\\ \vdots\\ \dot{x}_{n-1}\\ \dot{x}_n\end{bmatrix}=\begin{bmatrix}0 & 1 & 0 & \cdots & 0\\ 0 & 0 & 1 & \cdots & 0\\ \vdots & \vdots & \vdots & & \vdots\\ 0 & 0 & 0 & \cdots & 1\\ -a_n & -a_{n-1} & -a_{n-2} & \cdots & -a_1\end{bmatrix}\begin{bmatrix}x_1\\ x_2\\ \vdots\\ x_{n-1}\\ x_n\end{bmatrix}+\begin{bmatrix}0\\ 0\\ \vdots\\ 0\\ 1\end{bmatrix}u \tag{9-101}$$

$$y=[b_n-a_nb_0\quad b_{n-1}-a_{n-1}b_0\quad \cdots\quad b_1-a_1b_0]\begin{bmatrix}x_1\\ x_2\\ \vdots\\ x_n\end{bmatrix}+b_0u \tag{9-102}$$

在讨论控制系统设计的极点配置方法时，这种可控标准形是非常重要的。

(2) 可观测标准形

下列状态空间表达式为可观测标准形

$$\begin{bmatrix}\dot{x}_1\\ \dot{x}_2\\ \vdots\\ \dot{x}_n\end{bmatrix}=\begin{bmatrix}0 & 0 & \cdots & 0 & -a_n\\ 1 & 0 & \cdots & 0 & -a_{n-1}\\ \vdots & \vdots & & \vdots & \vdots\\ 0 & 0 & \cdots & 1 & -a_1\end{bmatrix}\begin{bmatrix}x_1\\ x_2\\ \vdots\\ x_n\end{bmatrix}+\begin{bmatrix}b_n-a_nb_0\\ b_{n-1}-a_{n-1}b_0\\ \cdots\\ b_1-a_1b_0\end{bmatrix}u \tag{9-103}$$

$$y=[0\quad 0\quad \cdots\quad 0\quad 1]\begin{bmatrix}x_1\\ x_2\\ \vdots\\ x_{n-1}\\ x_n\end{bmatrix}+b_0u \tag{9-104}$$

注意，式(9-103) 给出的状态方程中 $n\times n$ 维系统矩阵是式(9-101) 所给出的相应矩阵的转置。

(3) 对角线标准形

参考由式(9-100) 定义的传递函数。这里，考虑分母多项式中只含相异根的情况。因此，式(9-100) 可写成

$$\frac{Y(s)}{U(s)}=\frac{b_0 s^n+b_1 s^{n-1}+\cdots+b_{n-1}s+b_n}{(s+p_1)(s+p_2)\cdots(s+p_n)}=b_0+\frac{c_1}{s+p_1}+\frac{c_2}{s+p_2}+\cdots+\frac{c_n}{s+p_n} \tag{9-105}$$

该系统的状态空间表达式的对角线标准形由下式确定

$$\begin{bmatrix}\dot{x}_1\\ \dot{x}_2\\ \vdots\\ \dot{x}_n\end{bmatrix}=\begin{bmatrix}-p_1 & & & 0\\ & -p_2 & & \\ & & \ddots & \\ 0 & & & -p_n\end{bmatrix}\begin{bmatrix}x_1\\ x_2\\ \vdots\\ x_n\end{bmatrix}+\begin{bmatrix}1\\ 1\\ \vdots\\ 1\end{bmatrix}u \tag{9-106}$$

$$y=[c_1 \quad c_2 \quad \cdots \quad c_n]\begin{bmatrix}x_1\\ x_2\\ \vdots\\ x_n\end{bmatrix}+b_0u \tag{9-107}$$

(4) Jordan 标准形

下面考虑式(9-100)的分母多项式中含有重根的情况。对此，必须将前面的对角线标准形修改为 Jordan 标准形。例如，假设除了前 3 个 p_i 相等，即 $p_1=p_2=p_3$ 外，其余极点相异。于是，$Y(s)/U(s)$ 因式分解后为

$$\frac{Y(s)}{U(s)}=\frac{b_0s^n+b_1s^{n-1}+\cdots+b_{n-1}s+b_n}{(s+p_1)^3(s+p_4)(s+p_5)\cdots(s+p_n)}$$

该式的部分分式展开式为

$$\frac{Y(s)}{U(s)}=b_0+\frac{c_1}{(s+p_1)^3}+\frac{c_2}{(s+p_1)^2}+\frac{c_3}{s+p_1}+\frac{c_4}{s+p_4}+\cdots+\frac{c_n}{s+p_n}$$

该系统状态空间表达式的 Jordan 标准形由下式确定

$$\begin{bmatrix}\dot{x}_1\\ \dot{x}_2\\ \dot{x}_3\\ \dot{x}_4\\ \vdots\\ \dot{x}_n\end{bmatrix}=\begin{bmatrix}-p_1 & 1 & 0 & 0 & \cdots & 0\\ 0 & -p_1 & 1 & \vdots & & \vdots\\ 0 & 0 & -p_1 & 0 & \cdots & 0\\ 0 & \cdots & 0 & -p_4 & & 0\\ \vdots & & \vdots & & \ddots & \\ 0 & \cdots & 0 & 0 & \cdots & -p_n\end{bmatrix}\begin{bmatrix}x_1\\ x_2\\ x_3\\ x_4\\ \vdots\\ x_n\end{bmatrix}+\begin{bmatrix}0\\ 0\\ 1\\ 1\\ \vdots\\ 1\end{bmatrix}u \tag{9-108}$$

$$y=[c_1 \quad c_2 \quad \cdots \quad c_n]\begin{bmatrix}x_1\\ x_2\\ \vdots\\ x_n\end{bmatrix}+b_0u \tag{9-109}$$

【例 9-25】 考虑下式确定的系统

$$\frac{Y(s)}{U(s)}=\frac{s+3}{s^2+3s+2}$$

试求其状态空间表达式之可控标准形、可观测标准形和对角线标准形。

解 可控标准形为

$$\begin{bmatrix}\dot{x}_1(t)\\ \dot{x}_2(t)\end{bmatrix}=\begin{bmatrix}0 & 1\\ -2 & -3\end{bmatrix}\begin{bmatrix}x_1(t)\\ x_2(t)\end{bmatrix}+\begin{bmatrix}0\\ 1\end{bmatrix}u(t)$$

$$y(t)=[3 \quad 1]\begin{bmatrix}x_1(t)\\ x_2(t)\end{bmatrix}$$

可观测标准形为

$$\begin{bmatrix}\dot{x}_1(t)\\ \dot{x}_2(t)\end{bmatrix}=\begin{bmatrix}0 & -2\\ 1 & -3\end{bmatrix}\begin{bmatrix}x_1(t)\\ x_2(t)\end{bmatrix}+\begin{bmatrix}3\\ 1\end{bmatrix}u(t)$$

$$y(t)=[0 \quad 1]\begin{bmatrix}x_1(t)\\ x_2(t)\end{bmatrix}$$

对角线标准形为

$$\begin{bmatrix}\dot{x}_1(t)\\ \dot{x}_2(t)\end{bmatrix}=\begin{bmatrix}-1 & 0\\ 0 & -2\end{bmatrix}\begin{bmatrix}x_1(t)\\ x_2(t)\end{bmatrix}+\begin{bmatrix}1\\ 1\end{bmatrix}u(t)$$

$$y(t)=\begin{bmatrix}2 & -1\end{bmatrix}\begin{bmatrix}x_1(t)\\ x_2(t)\end{bmatrix}$$

9.5.5 基于系统标准形的可控可观判据

(1) 状态可控性条件的标准形判据

关于定常系统可控性的判据很多。除了上述的代数判据外，本小节将给出一种相当直观的方法，这就是从标准形的角度给出的判据。

考虑如下的线性系统

$$\dot{\boldsymbol{x}}=\boldsymbol{A}\boldsymbol{x}+\boldsymbol{B}\boldsymbol{u} \tag{9-110}$$

式中，$\boldsymbol{x}(t)\in R^n$，$\boldsymbol{u}(t)\in R^r$，$\boldsymbol{A}\in R^{n\times n}$，$\boldsymbol{B}\in R^{n\times r}$。

如果 $\boldsymbol{A}$ 的特征向量互不相同，则可找到一个非奇异线性变换矩阵 $\boldsymbol{P}$，使得

$$\boldsymbol{P}^{-1}\boldsymbol{A}\boldsymbol{P}=\boldsymbol{\Lambda}=\mathrm{diag}\{\lambda_1,\lambda_2,\cdots,\lambda_n\}$$

注意，如果 $\boldsymbol{A}$ 的特征值相异，那么 $\boldsymbol{A}$ 的特征向量也互不相同；然而，反过来不成立。例如，具有相重特征值的 $n\times n$ 维实对称矩阵也有可能有 n 个互不相同的特征向量。还应注意，矩阵 $\boldsymbol{P}$ 的每一列是与 $\lambda_i(i=1,2,\cdots,n)$ 有联系的 $\boldsymbol{A}$ 的一个特征向量。

设

$$\boldsymbol{x}=\boldsymbol{P}\boldsymbol{z} \tag{9-111}$$

将式(9-111) 代入式(9-110)，可得

$$\dot{\boldsymbol{z}}=\boldsymbol{P}^{-1}\boldsymbol{A}\boldsymbol{P}\boldsymbol{z}+\boldsymbol{P}^{-1}\boldsymbol{B}\boldsymbol{u} \tag{9-112}$$

定义

$$\boldsymbol{P}^{-1}\boldsymbol{B}=\boldsymbol{\Gamma}=[f_{ij}]$$

则可将式(9-112)重写为

$$\begin{aligned}\dot{z}_1&=\lambda_1 z_1+f_{11}u_1+f_{12}u_2+\cdots+f_{1r}u_r\\ \dot{z}_2&=\lambda_2 z_2+f_{21}u_1+f_{22}u_2+\cdots+f_{2r}u_r\\ &\ \vdots\\ \dot{z}_n&=\lambda_n z_n+f_{n1}u_1+f_{n2}u_2+\cdots+f_{nr}u_r\end{aligned}$$

如果 $n\times r$ 维矩阵 $\boldsymbol{\Gamma}$ 的任一行元素全为零，那么对应的状态变量就不能由任一 u_i 来控制。由于状态可控的条件是 $\boldsymbol{A}$ 的特征向量互异，因此当且仅当输入矩阵 $\boldsymbol{\Gamma}=\boldsymbol{P}^{-1}\boldsymbol{B}$ 没有一行的所有元素均为零时，系统才是状态可控的。在应用状态可控性的这一条件时，应特别注意，必须将式(9-112) 的矩阵 $\boldsymbol{P}^{-1}\boldsymbol{A}\boldsymbol{P}$ 转换成对角线形式。

如果式(9-110) 中的矩阵 $\boldsymbol{A}$ 不具有互异的特征向量，则不能将其化为对角线形式。在这种情况下，可将 $\boldsymbol{A}$ 化为 Jordan 标准形。例如，若 $\boldsymbol{A}$ 的特征值分别 λ_1，λ_1，λ_1，λ_4，λ_4，λ_6，…，λ_n，并且有 $n-3$ 个互异的特征向量，那么 $\boldsymbol{A}$ 的 Jordan 标准形为

$$\boldsymbol{J}=\begin{bmatrix}\lambda_1 & 1 & 0 & & & & & & 0\\ 0 & \lambda_1 & 1 & & & & & & \\ 0 & 0 & \lambda_1 & & & & & & \\ & & & \lambda_4 & 1 & & & & \\ & & & 0 & \lambda_4 & & & & \\ & & & & & \lambda_6 & & & \\ & & & & & & \ddots & & \\ & & & & & & & \ddots & \\ & & & & & & & & \ddots \\ 0 & & & & & & & & \lambda_n\end{bmatrix}$$

其中，在主对角线上的 3×3 和 2×2 子矩阵称为 Jordan 块。

假设能找到一个变换矩阵 $\boldsymbol{S}$，使得

$$\boldsymbol{S}^{-1}\boldsymbol{AS}=\boldsymbol{J}$$

如果利用

$$\boldsymbol{x}=\boldsymbol{Sz} \tag{9-113}$$

定义一个新的状态向量 $\boldsymbol{z}$，将式(9-113) 代入式(9-111) 中，可得到

$$\dot{\boldsymbol{z}}=\boldsymbol{S}^{-1}\boldsymbol{ASz}+\boldsymbol{S}^{-1}\boldsymbol{Bu}=\boldsymbol{Jz}+\boldsymbol{\Gamma u} \tag{9-114}$$

从而式(9-111) 确定的系统的状态可控性条件可表述为：当且仅当：①式(9-114) 中的矩阵 $\boldsymbol{J}$ 中没有两个 Jordan 块与同一特征值有关；②与每个 Jordan 块最后一行相对应的$\boldsymbol{\Gamma}=\boldsymbol{S}^{-1}\boldsymbol{B}$ 的任一行元素不全为零；③对应于不同特征值的 $\boldsymbol{\Gamma}=\boldsymbol{S}^{-1}\boldsymbol{B}$ 的每一行的元素不全为零时，则系统是状态可控的。

【例 9-26】 下列系统是状态可控的

$$\begin{bmatrix}\dot{x}_1\\ \dot{x}_2\end{bmatrix}=\begin{bmatrix}-1 & 0\\ 0 & -2\end{bmatrix}\begin{bmatrix}x_1\\ x_2\end{bmatrix}+\begin{bmatrix}2\\ 5\end{bmatrix}u$$

$$\begin{bmatrix}\dot{x}_1\\ \dot{x}_2\\ \dot{x}_3\end{bmatrix}=\begin{bmatrix}-1 & 1 & 0\\ 0 & -1 & 0\\ 0 & 0 & -2\end{bmatrix}\begin{bmatrix}x_1\\ x_2\\ x_3\end{bmatrix}+\begin{bmatrix}0\\ 4\\ 3\end{bmatrix}u$$

$$\begin{bmatrix}\dot{x}_1\\ \dot{x}_2\\ \dot{x}_3\\ \dot{x}_4\\ \dot{x}_5\end{bmatrix}=\begin{bmatrix}-2 & 1 & 0 & & 0\\ 0 & -2 & 1 & & \\ 0 & 0 & -2 & & \\ & & & -5 & 1\\ 0 & & & 0 & -5\end{bmatrix}\begin{bmatrix}x_1\\ x_2\\ x_3\\ x_4\\ x_5\end{bmatrix}+\begin{bmatrix}0 & 1\\ 0 & 0\\ 3 & 0\\ 0 & 0\\ 2 & 1\end{bmatrix}\begin{bmatrix}u_1\\ u_2\end{bmatrix}$$

下列系统是状态不可控的

$$\begin{bmatrix}\dot{x}_1\\ \dot{x}_2\end{bmatrix}=\begin{bmatrix}-1 & 0\\ 0 & -2\end{bmatrix}\begin{bmatrix}x_1\\ x_2\end{bmatrix}+\begin{bmatrix}2\\ 0\end{bmatrix}u$$

$$\begin{bmatrix}\dot{x}_1\\ \dot{x}_2\\ \dot{x}_3\end{bmatrix}=\begin{bmatrix}-1 & 1 & 0\\ 0 & -1 & 0\\ 0 & 0 & -2\end{bmatrix}\begin{bmatrix}x_1\\ x_2\\ x_3\end{bmatrix}+\begin{bmatrix}4 & 2\\ 0 & 0\\ 3 & 0\end{bmatrix}\begin{bmatrix}u_1\\ u_2\end{bmatrix}$$

$$\begin{bmatrix}\dot{x}_1\\ \dot{x}_2\\ \dot{x}_3\\ \dot{x}_4\\ \dot{x}_5\end{bmatrix}=\begin{bmatrix}-2 & 1 & 0 & & 0\\ 0 & -2 & 1 & & \\ 0 & 0 & -2 & & \\ & & & -5 & 1\\ 0 & & & 0 & -5\end{bmatrix}\begin{bmatrix}x_1\\ x_2\\ x_3\\ x_4\\ x_5\end{bmatrix}+\begin{bmatrix}4\\ 2\\ 1\\ 3\\ 0\end{bmatrix}u$$

(2) 状态可观测性条件的标准形判据

考虑由式(9-97) 和式(9-98) 所描述的线性定常系统，将其重写为

$$\dot{\boldsymbol{x}}=\boldsymbol{Ax} \tag{9-115}$$

$$\boldsymbol{y}=\boldsymbol{Cx} \tag{9-116}$$

设非奇异线性变换矩阵 $\boldsymbol{P}$ 可将 $\boldsymbol{A}$ 化为对角线矩阵

$$\boldsymbol{P}^{-1}\boldsymbol{AP}=\boldsymbol{\Lambda}$$

式中，$\boldsymbol{\Lambda}=\mathrm{diag}\{\lambda_1,\lambda_2,\cdots,\lambda_n\}$ 为对角线矩阵。定义

$$\boldsymbol{x}=\boldsymbol{Pz}$$

式(9-115) 和式(9-116) 可写为如下对角线标准形

$$\dot{\boldsymbol{z}}=\boldsymbol{P}^{-1}\boldsymbol{A}\boldsymbol{P}\boldsymbol{z}=\boldsymbol{\Lambda}\boldsymbol{z}$$

$$\boldsymbol{y}=\boldsymbol{C}\boldsymbol{P}\boldsymbol{z}$$

因此

$$\boldsymbol{y}(t)=\boldsymbol{C}\boldsymbol{P}\mathrm{e}^{\boldsymbol{\Lambda}t}\boldsymbol{z}(0)$$

或

$$\boldsymbol{y}(t)=\boldsymbol{C}\boldsymbol{P}\begin{bmatrix}\mathrm{e}^{\lambda_1 t} & & & 0\\ & \mathrm{e}^{\lambda_2 t} & & \\ & & \ddots & \\ 0 & & & \mathrm{e}^{\lambda_n t}\end{bmatrix}\boldsymbol{z}(0)=\boldsymbol{C}\boldsymbol{P}\begin{bmatrix}\mathrm{e}^{\lambda_1 t}z_1(0)\\ \mathrm{e}^{\lambda_2 t}z_2(0)\\ \vdots\\ \mathrm{e}^{\lambda_n t}z_n(0)\end{bmatrix}$$

如果 $m\times n$ 维矩阵 $\boldsymbol{CP}$ 的任一列中都不含全为零的元素，那么系统是可观测的。这是因为，如果 $\boldsymbol{CP}$ 的第 i 列含全为零的元素，则在输出方程中将不出现状态变量 $z_i(0)$，因而不能由 $\boldsymbol{y}(t)$ 的观测值确定。因此，$\boldsymbol{x}(0)$ 不可能通过非奇异矩阵和与其相关的 $\boldsymbol{z}(0)$ 来确定。

上述判断方法只适用于能将系统的状态空间表达式(9-115) 和式(9-116) 化为对角线标准形的情况。

如果不能将式(9-115) 和式(9-116) 变换为对角线标准形，则可利用一个合适的线性变换矩阵 $\boldsymbol{S}$，将其中的系统矩阵 $\boldsymbol{A}$ 变换为 Jordan 标准形

$$\boldsymbol{S}^{-1}\boldsymbol{A}\boldsymbol{S}=\boldsymbol{J}$$

式中，$\boldsymbol{J}$ 为 Jordan 标准形矩阵。

定义

$$\boldsymbol{x}=\boldsymbol{S}\boldsymbol{z}$$

则式(9-115) 和式(9-116) 可写为如下 Jordan 标准形

$$\dot{\boldsymbol{z}}=\boldsymbol{S}^{-1}\boldsymbol{A}\boldsymbol{S}\boldsymbol{z}=\boldsymbol{J}\boldsymbol{z}$$

$$\boldsymbol{y}=\boldsymbol{C}\boldsymbol{S}\boldsymbol{z}$$

因此

$$\boldsymbol{y}(t)=\boldsymbol{C}\boldsymbol{S}\mathrm{e}^{\boldsymbol{J}t}\boldsymbol{z}(0)$$

系统可观测的充要条件为：①$\boldsymbol{J}$ 中没有两个 Jordan 块与同一特征值有关；②与每个 Jordan 块的第一行相对应的矩阵 $\boldsymbol{CS}$ 列中，没有一列元素全为零；③与相异特征值对应的矩阵 $\boldsymbol{CS}$ 列中，没有一列包含的元素全为零。

为了说明条件②，在例 9-27 中，对应于每个 Jordan 块的第一行的 $\boldsymbol{CS}$ 列之元素用下划线表示。

【例 9-27】 下列系统是可观测的

$$\begin{bmatrix}\dot{x}_1\\ \dot{x}_2\end{bmatrix}=\begin{bmatrix}-1 & 0\\ 0 & -2\end{bmatrix}\begin{bmatrix}x_1\\ x_2\end{bmatrix},\quad y=[\underline{1}\quad \underline{3}]\begin{bmatrix}x_1\\ x_2\end{bmatrix}$$

$$\begin{bmatrix}\dot{x}_1\\ \dot{x}_2\\ \dot{x}_3\end{bmatrix}=\begin{bmatrix}2 & 1 & 0\\ 0 & 2 & 1\\ 0 & 0 & 2\end{bmatrix}\begin{bmatrix}x_1\\ x_2\\ x_3\end{bmatrix},\quad \begin{bmatrix}y_1\\ y_2\end{bmatrix}=\begin{bmatrix}\underline{3} & 0 & 0\\ \underline{4} & 0 & 0\end{bmatrix}\begin{bmatrix}x_1\\ x_2\\ x_3\end{bmatrix}$$

$$\begin{bmatrix}\dot{x}_1\\ \dot{x}_2\\ \dot{x}_3\\ \dot{x}_4\\ \dot{x}_5\end{bmatrix}=\begin{bmatrix}2 & 1 & 0 & 0 & \\ 0 & 2 & 1 & 0 & \\ 0 & 0 & 2 & 0 & \\ 0 & -3 & 1 & 0 & \\ 0 & 0 & 0 & -3 & \end{bmatrix}\begin{bmatrix}x_1\\ x_2\\ x_3\\ x_4\\ x_5\end{bmatrix},\quad \begin{bmatrix}y_1\\ y_2\end{bmatrix}=\begin{bmatrix}\underline{1} & 1 & 1 & \underline{0} & 0\\ \underline{0} & 1 & 1 & \underline{1} & 0\end{bmatrix}\begin{bmatrix}x_1\\ x_2\\ x_3\\ x_4\\ x_5\end{bmatrix}$$

显然，下列系统是不可观测的

$$\begin{bmatrix}\dot{x}_1\\ \dot{x}_2\end{bmatrix}=\begin{bmatrix}-1 & 0\\ 0 & -2\end{bmatrix}\begin{bmatrix}x_1\\ x_2\end{bmatrix},\quad y=[0\quad 1]\begin{bmatrix}x_1\\ x_2\end{bmatrix}$$

$$\begin{bmatrix}\dot{x}_1\\ \dot{x}_2\\ \dot{x}_3\end{bmatrix}=\begin{bmatrix}2 & 1 & 0\\ 0 & 2 & 1\\ 0 & 0 & 2\end{bmatrix}\begin{bmatrix}x_1\\ x_2\\ x_3\end{bmatrix},\quad \begin{bmatrix}y_1\\ y_2\end{bmatrix}=\begin{bmatrix}0 & 1 & 3\\ 0 & 2 & 4\end{bmatrix}\begin{bmatrix}x_1\\ x_2\\ x_3\end{bmatrix}$$

$$\begin{bmatrix}\dot{x}_1\\ \dot{x}_2\\ \dot{x}_3\\ \dot{x}_4\\ \dot{x}_5\end{bmatrix}=\begin{bmatrix}2 & 1 & 0 & 0 & 0\\ 0 & 2 & 1 & 0 & 0\\ 0 & 0 & 2 & 0 & 0\\ 0 & 0 & 0 & -3 & 1\\ 0 & 0 & 0 & 0 & -3\end{bmatrix},\quad \begin{bmatrix}y_1\\ y_2\end{bmatrix}=\begin{bmatrix}1 & 1 & 1 & 0 & 0\\ 0 & 1 & 1 & 0 & 0\end{bmatrix}\begin{bmatrix}x_1\\ x_2\\ x_3\\ x_4\\ x_5\end{bmatrix}$$

9.5.6 离散系统的可控性和可观测性判据

当离散系统用状态空间表达式(9-117) 和式(9-118)

$$\boldsymbol{x}(k+1)=\boldsymbol{G}\boldsymbol{x}(k)+\boldsymbol{H}\boldsymbol{u}(k) \tag{9-117}$$

$$\boldsymbol{y}(k)=\boldsymbol{C}\boldsymbol{x}(k)+\boldsymbol{D}\boldsymbol{u}(k) \tag{9-118}$$

描述时，其可控性和可观性判据与连续系统具有完全类似的形式，即

状态完全可控性判据为

$$\mathrm{rank}\boldsymbol{Q}_{\mathrm{d}}=\mathrm{rank}[\boldsymbol{H}\quad \boldsymbol{G}\boldsymbol{H}\quad \cdots\quad \boldsymbol{G}^{n-1}\boldsymbol{H}]=n \tag{9-119}$$

输出完全可控性判据为

$$\mathrm{rank}\boldsymbol{Q}_{\mathrm{d}}^{0}=\mathrm{rank}[\boldsymbol{C}\boldsymbol{H}\quad \boldsymbol{C}\boldsymbol{G}\boldsymbol{H}\quad \cdots\quad \boldsymbol{C}\boldsymbol{G}^{n-1}\boldsymbol{H}\quad \vdots\quad \boldsymbol{D}]=m \tag{9-120}$$

状态可观测性判据为

$$\mathrm{rank}\boldsymbol{R}_{\mathrm{d}}^{\mathrm{T}}=\mathrm{rank}[\boldsymbol{C}^{\mathrm{T}}\quad \boldsymbol{G}^{\mathrm{T}}\boldsymbol{C}^{\mathrm{T}}\quad \cdots\quad (\boldsymbol{G}^{\mathrm{T}})^{n-1}\boldsymbol{C}^{\mathrm{T}}]=n \tag{9-121}$$

9.5.7 用 Matlab 判断系统的可控性和可观测性

当给定系统矩阵 $\boldsymbol{A},\boldsymbol{B},\boldsymbol{C},\boldsymbol{D}$ 时，利用 Matlab 可以十分方便地判别系统状态的可控可观性。

(1) 可控性判别

产生可控性矩阵的 Matlab 函数为 ctrb. m，调用格式为

Co=ctrb(A,B)

当 rank(Co)=n 时，系统是状态完全可控的。

(2) 可观性判别

产生可观性矩阵的 Matlab 函数为 obsv. m，调用格式为

Ob=obsv(A,C)

当 rank(Ob)=n 时，系统是状态完全可观的。

```
%证明系统的可控性,可观性 prog-4. m
%Matlab 程序 9-4

A=[-1 1 0;4 0 -3;-6 8 10]
B=[1;0;-1]
C=[1 2 1]
Pc=ctrb(A,B)
rank-Pc=rank(Pc)
Q=obsv(A,C)
rank-Q=rank(Q)
≫prog-4
```

```
A=
        -1     1     0
         4     0    -3
        -6     8    10
B=
         1
         0
        -1
C=
         1     2     1
Pc=
         1    -1     8
         0     7    44
        -1   -16   -98
rank-Pc=
         3
Q=
         1     2     1
         1     9     4
        11    33    13
rank-Q=
         3
```

由此可见，本例的系统是状态完全可控和可观的。

(3) 可控标准形和可观标准形变换

利用 Matlab 控制系统工具箱提供的以下两个函数可以实现系统的可控标准形和可观标准形变换。

① 可控标准形变换

$$[Ac,Bc,Cc,Tc,Kc]=\text{ctrbf}(A,B,C)$$

其中，(A,B,C) 为给定系统的状态方程模型，返回的变量 (Ac,Bc,Cc) 为可控标准形的阶梯形式，Tc 为变换矩阵，sum(Kc) 为系统的可控状态数目。

② 可观标准形变换

$$[Ao,Bo,Co,To,Ko]=\text{obsrf}(A,B,C)$$

其中，(A,B,C) 为给定系统的状态方程模型，返回的变量 (Ao,Bo,Co) 为可观标准形的阶梯形式，To 为变换矩阵，sum(Ko) 为系统的可观状态数目。

9.6 线性定常系统的状态反馈和状态观测器

闭环系统的性能与系统的极点(特征值)密切相关。经典控制理论的系统综合中，不管是频率法还是根轨迹法，本质上都可视为极点配置问题。在状态空间方法的分析与综合中，大都采用状态反馈来配置极点，有时也可以利用输出反馈配置极点。状态反馈可以提供抗干扰性或鲁棒性等更多的校正信息，在形成最优控制规律、抑制或消除扰动影响，实现系统解耦控制等方面得到广泛应用。为了利用状态进行反馈，状态必须是可以用传感器直接测量的。但是，在有的情况下，状态无法直接物理测量，这就产生了利用状态观测器来估计状态的问题。所以，状态反馈和状态观测器的设计是状态空间方法综合设计的重要内容。

本节以状态空间描述和状态空间方法为基础，在时域中讨论线性反馈控制规律的综合与设计方法。

9.6.1 状态反馈与极点配置

以下讨论利用状态反馈进行极点配置的方法，这里仅研究控制输入为标量的情况，介绍两种确定状态反馈增益矩阵的方法。

(1) 问题的提法

给定单输入/单输出线性定常被控系统

$$\dot{\boldsymbol{x}}=\boldsymbol{A}\boldsymbol{x}+\boldsymbol{B}u \tag{9-122}$$

式中，$\boldsymbol{x}(t)\in R^n$，$u(t)\in R^1$，$\boldsymbol{A}\in R^{n\times n}$，$\boldsymbol{B}\in R^{n\times 1}$。

选取线性反馈控制律为

$$u=v-\boldsymbol{K}\boldsymbol{x} \tag{9-123}$$

式中，$\boldsymbol{K}\in R^{1\times n}$为状态反馈增益矩阵或线性状态反馈矩阵。在下面的分析中，假设 u 不受约束。

图 9-15(a) 给出了由式(9-122) 所定义的系统。因为没有将状态 $\boldsymbol{x}$ 反馈到控制输入 u 中，所以这是一个开环控制系统。图 9-15(b) 给出了具有状态反馈的系统。因为将状态 $\boldsymbol{x}$ 反馈到了控制输入 u 中，所以这是一个闭环反馈控制系统。

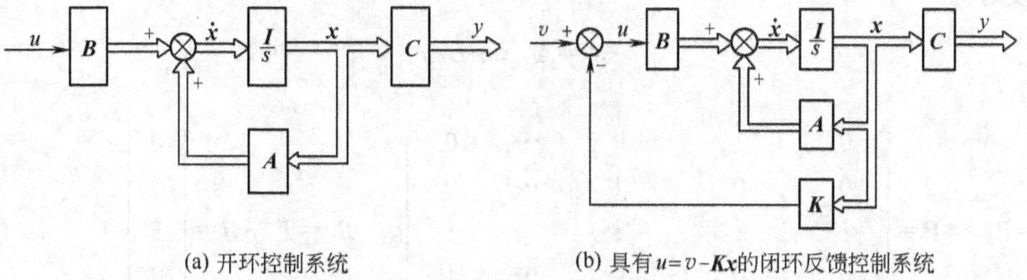

图 9-15 开环与闭环控制系统

将式(9-123) 代入式(9-122)，得到

$$\dot{\boldsymbol{x}}(t)=(\boldsymbol{A}-\boldsymbol{B}\boldsymbol{K})\boldsymbol{x}(t)+\boldsymbol{B}v$$

由此可见，系统的响应特性将由闭环系统矩阵 ($\boldsymbol{A}-\boldsymbol{B}\boldsymbol{K}$) 的特征值决定。如果矩阵 $\boldsymbol{K}$ 选取适当，则可使矩阵 ($\boldsymbol{A}-\boldsymbol{B}\boldsymbol{K}$) 构成一个渐近稳定矩阵。矩阵 ($\boldsymbol{A}-\boldsymbol{B}\boldsymbol{K}$) 的特征值即为闭环系统的极点，这种使闭环系统的极点任意配置到所期望位置的问题，称之为极点配置问题。

下面讨论极点配置条件。将证明，当且仅当给定的系统是状态完全可控时，该系统的任意极点配置才是可能的。

(2) 可配置条件

考虑由式(9-122) 定义的线性定常系统，假设控制输入 u 的幅值是无约束的。如果选取控制规律为

$$u=v-\boldsymbol{K}\boldsymbol{x}$$

式中，$\boldsymbol{K}$ 为线性状态反馈矩阵。

现在考虑极点的可配置条件，即如下的极点配置定理。

定理 9-1 (极点配置定理) 线性定常系统可通过线性状态反馈任意地配置其全部极点的充要条件是，此被控系统状态完全可控。

证 这里只给出单输入/单输出系统时的证明。但要着重指出的是，这一定理对多变量系统也是完全成立的。

① 充分性。即已知被控系统状态完全可控[这意味着由式(9-125) 给出的矩阵 $\boldsymbol{Q}$ 有逆]，则矩阵 $\boldsymbol{A}$ 的所有特征值可任意配置。

如果式(9-122) 给出的系统状态完全可控，一定存在非奇异变换，使其变换为可控标准形。定义非奇异线性变换矩阵 $\boldsymbol{P}$ 为

$$\boldsymbol{P}=\boldsymbol{Q}\boldsymbol{W} \tag{9-124}$$

其中 $\boldsymbol{Q}$ 为可控性矩阵，即

$$\boldsymbol{Q}=[\boldsymbol{B} \quad \boldsymbol{AB} \quad \cdots \quad \boldsymbol{A}^{n-1}\boldsymbol{B}]$$

$$\boldsymbol{W}=\begin{bmatrix} a_{n-1} & a_{n-2} & \cdots & a_1 & 1 \\ a_{n-2} & a_{n-3} & \cdots & 1 & 0 \\ \vdots & \vdots & & \vdots & \vdots \\ a_1 & 1 & \cdots & 0 & 0 \\ 1 & 0 & \cdots & 0 & 0 \end{bmatrix} \tag{9-125}$$

式中，a_i 为如下特征多项式的系数。

$$|s\boldsymbol{I}-\boldsymbol{A}|=s^n+a_1 s^{n-1}+\cdots+a_{n-1}s+a_n$$

定义一个新的状态向量 $\overline{\boldsymbol{x}}$

$$\boldsymbol{x}=\boldsymbol{P}\,\overline{\boldsymbol{x}}$$

如果可控性矩阵 $\boldsymbol{Q}$ 的秩为 n（即系统是状态完全可控的），则矩阵 $\boldsymbol{Q}$ 的逆存在，并且可将式(9-122)改写为

$$\dot{\overline{\boldsymbol{x}}}=\boldsymbol{A}_c\,\overline{\boldsymbol{x}}+\boldsymbol{B}_c u \tag{9-126}$$

其中

$$\boldsymbol{A}_c=\boldsymbol{P}^{-1}\boldsymbol{A}\boldsymbol{P}=\begin{bmatrix} 0 & 1 & 0 & \cdots & 0 \\ 0 & 0 & 1 & \cdots & 0 \\ \vdots & \vdots & \vdots & & \vdots \\ 0 & 0 & 0 & \cdots & 1 \\ -a_n & -a_{n-1} & -a_{n-2} & \cdots & -a_1 \end{bmatrix}, \quad \boldsymbol{B}_c=\boldsymbol{P}^{-1}\boldsymbol{B}=\begin{bmatrix} 0 \\ 0 \\ \vdots \\ 0 \\ 1 \end{bmatrix} \tag{9-127}$$

式(9-127) 为可控标准形。这样，如果系统是状态完全可控的，且利用由式(9-124) 给出的变换矩阵 $\boldsymbol{P}$，使状态向量 $\boldsymbol{x}$ 变换为状态向量 $\overline{\boldsymbol{x}}$，则可将式(9-122) 变换为可控标准形。

选取一组期望的特征值为 $\mu_1,\mu_2,\cdots,\mu_n$，则期望的特征方程为

$$(s-\mu_1)(s-\mu_2)\cdots(s-\mu_n)=s^n+a_1^* s^{n-1}+a_{n-1}^* s+a_n^*=0 \tag{9-128}$$

设

$$\overline{\boldsymbol{K}}=\boldsymbol{K}\boldsymbol{P}=[\delta_n \quad \delta_{n-1} \quad \cdots \quad \delta_1] \tag{9-129}$$

由于 $u=v-\overline{\boldsymbol{K}}\,\overline{\boldsymbol{x}}=v-\boldsymbol{K}\boldsymbol{P}\,\overline{\boldsymbol{x}}$，从而由式(9-126)，此时该系统的状态方程为

$$\dot{\overline{\boldsymbol{x}}}=(\boldsymbol{A}_c-\boldsymbol{B}_c\overline{\boldsymbol{K}})\overline{\boldsymbol{x}}+\boldsymbol{B}_c v$$

相应的特征方程为

$$|s\boldsymbol{I}-\boldsymbol{A}_c+\boldsymbol{B}_c\overline{\boldsymbol{K}}|=0$$

事实上，因为非奇异线性变换不改变系统的特征值，当利用 $u=v-\boldsymbol{K}\boldsymbol{x}$ 作为控制输入时，相应的特征方程与式(9-130) 的特征方程相同。

对于上述可控标准形的系统特征方程，由式(9-126) 和式(9-127)，可得

$$|s\boldsymbol{I}-\boldsymbol{A}_c+\boldsymbol{B}_c\overline{\boldsymbol{K}}|=\begin{vmatrix} s & -1 & \cdots & 0 \\ 0 & s & \cdots & 0 \\ \vdots & \vdots & \vdots & \vdots \\ a_n+\delta_n & a_{n-1}+\delta_{n-1} & \cdots & s+a_1+\delta_1 \end{vmatrix}$$

$$=s^n+(a_1+\delta_1)s^{n-1}+\cdots+(a_{n-1}+\delta_{n-1})s+(a_n+\delta_n)=0 \tag{9-130}$$

这是具有线性状态反馈的闭环系统的特征方程，它一定与式(9-128)的期望特征方程相等。通过使 s 的同次幂系数相等，可得

$$\begin{aligned} a_1+\delta_1&=a_1^*\\ a_2+\delta_2&=a_2^*\\ &\vdots\\ a_n+\delta_n&=a_n^* \end{aligned}$$

对 δ_i 求解上述方程组，并将其代入式(9-130)，可得

$$\begin{aligned} \boldsymbol{K}&=\bar{\boldsymbol{K}}\boldsymbol{P}^{-1}=[\delta_n\quad \delta_{n-1}\quad \cdots\quad \delta_1]\boldsymbol{P}^{-1}\\ &=[a_n^*-a_n\quad a_{n-1}^*-a_{n-1}\quad \cdots\quad a_2^*-a_2\quad a_1^*-a_1]\boldsymbol{P}^{-1} \end{aligned} \tag{9-131}$$

因此，如果系统是状态完全可控的，则通过对应于式(9-131)所选取的矩阵 $\boldsymbol{K}$，可任意配置所有的特征值。

② 必要性。即已知闭环系统可任意配置极点，则被控系统状态完全可控。

现利用反证法证明。先证明如下命题：如果系统不是状态完全可控的，则矩阵 $\boldsymbol{A}-\boldsymbol{BK}$ 的特征值不可能由线性状态反馈来控制。

假设式(9-122)的系统状态不可控，则其可控性矩阵的秩小于 n，即

$$\mathrm{rank}[\boldsymbol{B}\quad \boldsymbol{AB}\quad \cdots\quad \boldsymbol{A}^{n-1}\boldsymbol{B}]=q<n$$

这意味着，必有状态变量与控制 u 无关，因此，不可能实现如式(9-123)所示的全状态反馈，于是不可控子系统的特征值就不能任意配置。所以，为了任意配置矩阵 $\boldsymbol{A}-\boldsymbol{BK}$ 的特征值，此时系统必须是状态完全可控的。必要性得证。

(3) 极点配置的算法

现在考虑单输入/单输出系统极点配置的算法。

给定线性定常系统 $\dot{\boldsymbol{x}}=\boldsymbol{Ax}+\boldsymbol{B}u$

若线性反馈控制律为 $u=v-\boldsymbol{Kx}$

则可由下列步骤确定使 $\boldsymbol{A}-\boldsymbol{BK}$ 的特征值为 $\mu_1,\mu_2,\cdots,\mu_n$（即闭环系统的期望极点值）的线性反馈矩阵 $\boldsymbol{K}$（如果 μ_i 是一个复数特征值，则其共轭必定也是 $\boldsymbol{A}-\boldsymbol{BK}$ 的特征值）。

① 考察系统的可控性条件。如果系统是状态完全可控的，则可按下列步骤继续。

② 计算系统矩阵 $\boldsymbol{A}$ 的特征多项式

$$\det(s\boldsymbol{I}-\boldsymbol{A})=|s\boldsymbol{I}-\boldsymbol{A}|=s^n+a_1s^{n-1}+\cdots+a_{n-1}s+a_n$$

确定 $a_1,a_2,\cdots,a_n$ 的值。

③ 确定将系统状态方程变换为可控标准形的变换矩阵 $\boldsymbol{P}$。若给定的状态方程已是可控标准形，那么 $\boldsymbol{P}=\boldsymbol{I}$。此时无需再写出系统的可控标准形状态方程。非奇异线性变换矩阵 $\boldsymbol{P}$ 可由式(9-124)给出，即

$$\boldsymbol{P}=\boldsymbol{QW}$$

式中，$\boldsymbol{Q},\boldsymbol{W}$ 由式(9-125)定义。

④ 利用给定的期望闭环极点，可写出期望的特征多项式为

$$(s-\mu_1)(s-\mu_2)\cdots(s-\mu_n)=s^n+a_1^*s^{n-1}+\cdots+a_{n-1}^*s+a_n^*$$

并确定出 $a_1^*,a_2^*,\cdots,a_n^*$ 的值。

⑤ 此时的状态反馈增益矩阵 $\boldsymbol{K}$ 为

$$\boldsymbol{K}=[a_n^*-a_n\quad a_{n-1}^*-a_{n-1}\quad \cdots\quad a_2^*-a_2\quad a_1^*-a_1]\boldsymbol{P}^{-1}$$

【例 9-28】 考虑如下线性定常系统

$$\dot{\boldsymbol{x}}=\boldsymbol{Ax}+\boldsymbol{B}u$$

式中
$$\boldsymbol{A}=\begin{bmatrix}0 & 1 & 0\\ 0 & 0 & 1\\ -1 & -5 & -6\end{bmatrix},\quad \boldsymbol{B}=\begin{bmatrix}0\\ 0\\ 1\end{bmatrix}$$

利用状态反馈控制 $u=v-\boldsymbol{Kx}$，希望该系统的闭环极点为 $s=-2\pm \mathrm{j}4$ 和 $s=-10$。试确定状态反馈增益矩阵 $\boldsymbol{K}$。

解 首先需检验该系统的可控性矩阵。由于可控性矩阵为

$$\boldsymbol{Q}=[\boldsymbol{B}\quad \boldsymbol{AB}\quad \boldsymbol{A}^2\boldsymbol{B}]=\begin{bmatrix}0 & 0 & 1\\ 0 & 1 & -6\\ 1 & -6 & 31\end{bmatrix}$$

所以得出 $\det\boldsymbol{Q}=-1$。因此，$\mathrm{rank}\boldsymbol{Q}=3$。因而该系统是状态完全可控的，可任意配置极点。

下面来求解这个问题，并介绍两种求解方法。

方法 1 第一种方法是利用式(9-131)。该系统的特征方程为

$$|s\boldsymbol{I}-\boldsymbol{A}|=\begin{vmatrix}s & -1 & 0\\ 0 & s & -1\\ 1 & 5 & s+6\end{vmatrix}$$
$$=s^3+6s^2+5s+1=s^3+a_1s^2+a_2s+a_3=0$$

因此
$$a_1=6,\quad a_2=5,\quad a_3=1$$

期望的特征方程为
$$(s+2-\mathrm{j}4)(s+2+\mathrm{j}4)(s+10)=s^3+14s^2+60s+200=s^3+a_1^*s^2+a_2^*s+a_3^*=0$$

因此
$$a_1^*=14,\quad a_2^*=60,\quad a_3^*=200$$

参照式(9-131)，可得
$$\boldsymbol{K}=[200-1\quad 60-5\quad 14-6]=[199\quad 55\quad 8]$$

方法 2 设期望的状态反馈增益矩阵为
$$\boldsymbol{K}=[k_1\quad k_2\quad k_3]$$

并使 $[s\boldsymbol{I}-\boldsymbol{A}+\boldsymbol{BK}]$ 和期望的特征多项式相等，可得

$$|s\boldsymbol{I}-\boldsymbol{A}+\boldsymbol{BK}|=\left|\begin{bmatrix}s & 0 & 0\\ 0 & s & 0\\ 0 & 0 & s\end{bmatrix}-\begin{bmatrix}0 & 1 & 0\\ 0 & 0 & 1\\ -1 & -5 & -6\end{bmatrix}+\begin{bmatrix}0\\ 0\\ 1\end{bmatrix}[k_1\quad k_2\quad k_3]\right|$$
$$=\begin{vmatrix}s & -1 & 0\\ 0 & s & -1\\ 1+k_1 & 5+k_2 & s+6+k_3\end{vmatrix}$$
$$=s^3+(6+k_3)s^2+(5+k_2)s+1+k_1=s^3+14s^2+60s+200$$

因此
$$6+k_3=14,\quad 5+k_2=60,\quad 1+k_1=200$$

从中可得
$$k_1=199,\quad k_2=55,\quad k_3=8$$

或
$$\boldsymbol{K}=[199\ 55\ 8]$$

显然，这两种方法所得到的反馈增益矩阵 $\boldsymbol{K}$ 是相同的。正如所期望的那样，使用状态反馈方法可将闭环极点配置在 $s=-2\pm \mathrm{j}4$ 和 $s=-10$ 处。

应当注意，如果系统的阶次 n 大于或等于 4，则推荐使用方法 1，因为所有的矩阵计算都可由计算机实现。如果使用方法 2，由于计算机不能处理含有未知参数 k_1，k_2，…，k_n 的特征方程，因此必须进行手工计算。

对于一个给定的系统，矩阵 $\boldsymbol{K}$ 依赖于选择期望闭环极点的位置（这决定了响应速度与阻尼），这一点很重要。注意，所期望的闭环极点或所期望状态方程的选择是在误差向量的快速

性和干扰以及测量噪声的灵敏性之间的一种折中。也就是说，如果加快误差响应速度，则干扰和测量噪声的影响通常也随之增大。如果系统是二阶的，那么系统的动态特性（响应特性）正好与系统期望的闭环极点和零点的位置联系起来。对于更高阶的系统，所期望的闭环极点位置不能和系统的动态特性（响应特性）联系起来。必须指出的是，对单输入/单输出系统，采用状态反馈并不能改变系统的零点。由于系统的零点对系统的动态性能影响很大，在选择希望配置的闭环系统极点时，必须充分考虑闭环零点的影响，这些基本概念在经典控制理论中已经研究过。因此，在决定给定系统的状态反馈增益矩阵 $\boldsymbol{K}$ 时，最好通过计算机仿真来检验系统在几种不同矩阵（基于几种不同的所期望的特征方程）下的响应特性，并且选出使系统总体性能最好的矩阵 $\boldsymbol{K}$。下面以一个自动测试系统的闭环极点配置为例，说明通过选择闭环零点来满足一定的时域性能指标要求。

【例 9-29】 自动测试系统

某自动测试系统的状态空间表达式如下

$$\dot{\boldsymbol{x}}=\begin{bmatrix}0 & 1 & 0\\0 & -1 & 1\\0 & 0 & -5\end{bmatrix}\boldsymbol{x}+\begin{bmatrix}0\\0\\b\end{bmatrix}u$$

设计目标为，其闭环系统的阶跃响应满足：①调整时间 $t_s<2\text{s}$；②超调量 $\sigma_p<4\%$。

解 采用状态反馈的方法，有

$$u=-\boldsymbol{K}\boldsymbol{x}=-[K_1 \quad K_2 \quad K_3]\boldsymbol{x}$$

利用第 3 章二阶系统动态系统参数值之间关系，可得近似值

$$t_s\approx\frac{2}{\zeta\omega_n}<2,\qquad \sigma_p\approx e^{-\zeta\pi/\sqrt{1-\zeta^2}}<0.04$$

由此可得

$$\zeta>0.72,\quad \omega_n>2.8$$

闭环特征多项式 $\det(s\boldsymbol{I}-\boldsymbol{A}-\boldsymbol{B}\boldsymbol{K})$ 为

$$s(s+1)(s+5)+bK_3\left(s^2+\frac{K_3+K_2}{K_3}s+\frac{K_1}{K_3}\right)=0 \tag{9-132}$$

将 bK_3 看成一个参数，且令 $K_1=1$，可将式(9-132) 写成

$$1+bK_3\frac{\left(s^2+\dfrac{K_3+K_2}{K_3}+\dfrac{1}{K_3}\right)}{s(s+1)(s+5)}=0$$

选择零点 $s=-4\pm \text{j}2$，可得期望分子多项式为 $s^2+8s+20$。比较相应的系数可得

$$\frac{K_3+K_2}{K_3}=8,\qquad \frac{1}{K_3}=20$$

由此可得 $K_2=0.35$，$K_3=0.05$。选择 $bK_3=12$，可满足动态特性要求。最终的状态反馈矩阵 $\boldsymbol{K}$ 和增益 b 为

$$b=240.00,\ \boldsymbol{K}=[1.00 \quad 0.35 \quad 0.05]$$

最终的系统阶跃响应如图 9-16 所示，可得调整时间 t_s 为 1.8s，超调量 σ_p 为 3%，满足设计要求。

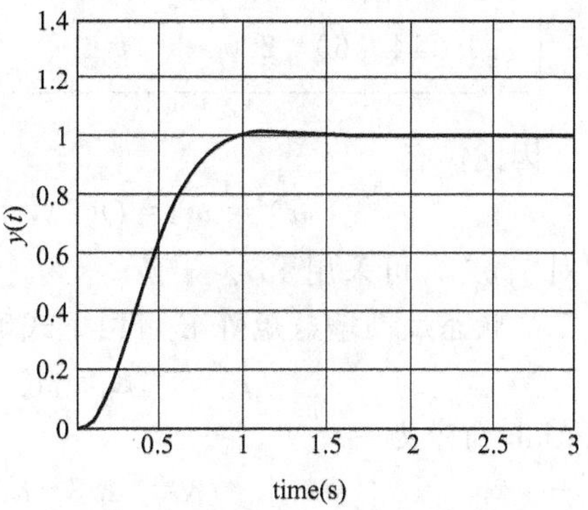

图 9-16 自动测试系统的闭环阶跃响应

(4) 利用 Matlab 求解极点配置问题

用 Matlab 易于解极点配置问题。现在来求解例 9-28 中讨论的同样问题。系统方程为

$$\dot{\boldsymbol{x}}=\boldsymbol{A}\boldsymbol{x}+\boldsymbol{B}u$$

式中

$$A=\begin{bmatrix}0 & 1 & 0\\0 & 0 & 1\\-1 & -5 & -6\end{bmatrix},\quad B=\begin{bmatrix}0\\0\\1\end{bmatrix}$$

采用状态反馈控制 $u=-Kx$，希望系统的闭环极点为 $s=\mu_i(i=1,2,3)$，其中

$$\mu_1=-2+j4,\quad \mu_2=-2-j4,\quad \mu_3=-10$$

现求所需的状态反馈增益矩阵 K。

如果在设计状态反馈控制矩阵 K 时采用变换矩阵 P，则必须求特征方程 $|sI-A|=0$ 的系数 a_1,a_2 和 a_3。这可利用 Matlab 函数 poly. m

P=poly(A)

来实现。例如，对本例

```
≫A=[0  1  0; 0  0  1; -1  -5  -6];
≫P=poly(A)
P=

      1.0000  6.0000  5.0000  1.0000
```

则 $a_1=a1=P(2)$， $a_2=a2=P(3)$， $a_3=a3=P(4)$。

为了得到变换矩阵 P，首先将矩阵 Q 和 W 输入计算机，其中

$$Q=[B\quad AB\quad A^2B],\quad W=\begin{bmatrix}a_2 & a_1 & 1\\a_1 & 1 & 0\\1 & 0 & 0\end{bmatrix}$$

然后可以很容易地采用 Matlab 完成 Q 和 W 相乘。

其次，再求期望的特征方程。可定义矩阵 J，使得

$$J=\begin{bmatrix}\mu_1 & 0 & 0\\0 & \mu_2 & 0\\0 & 0 & \mu_3\end{bmatrix}=\begin{bmatrix}-2+j4 & 0 & 0\\0 & -2-j4 & 0\\0 & 0 & -10\end{bmatrix}$$

从而可利用如下 poly(J)命令来完成，即

```
≫J=[-2+4*j  0  0; 0  -2-4*j  0; 0  0  -10];
≫Q=poly(J)
Q=
1  14  60  200
```

因此，有

$$a_1^*=aa1=Q(2),\quad a_2^*=aa2=Q(3),\quad a_3^*=aa3=Q(4)$$

即对于 a_i^*，可采用 aai。

故状态反馈增益矩阵 K 可由下式确定

$$K=[a_3^*-a_3\ a_2^*-a_2\ a_1^*-a_1]P^{-1}$$

Matlab 命令为

K=[aa3-a3 aa2-a2 aa1-a1]*(inv(P))

采用变换矩阵 P 求解例 9-28 的 Matlab 程序如 Matlab 程序 9-5 所示。

Matlab 程序 9-5

```
%极点配置
%利用变换矩阵求状态反馈增益
%输入矩阵 A 和 B
A=[0  1  0;0  0  1;-1  -5  -6];
B=[0;0;1];
%定义可控矩阵 Q
Q=[B  A*B  A^2*B];
%检验 Q 矩阵的秩
rank(Q)
ans=
    3
%键入命令 poly(A),得到特征多项式|sI-A|的系数.
JA=poly(A)
JA=
1.0000  6.0000  5.0000  1.0000
a1=JA(2);a2=JA(3);a3=JA(4);
%定义矩阵 W 和 P
W=[a2  a1  1;a1  1  0;1  0  0];
P=Q*W;
%定义 J,键入 poly(J),得到期望的特征多项式
J=[-2+j*4  0  0;0  -2-j*4  0;0  0  -10];
JJ=poly(J)
JJ=
    1  14  60  200
aa1=JJ(2);aa2=JJ(3);aa3=JJ(4);
%计算状态反馈增益矩阵 K
K=[aa3-a3  aa2-a2  aa1-a1]*(inv(P))
K=
    199  55  8
%k1,k2 和 3 如下
k1=K(1),k2=K(2),k3=K(3)
k1=
    199
k2=
    55
k3=
    8
```

Matlab 的控制系统工具箱还提供了几个函数，可以直接用于极点配置的状态反馈矩阵计算。

① 基于 Ackermann 的极点配置算法，这种方法中的状态反馈矩阵按式(9-133) 计算

$$\boldsymbol{K}=-[0\quad 0\quad \cdots\quad 0\quad 1]\boldsymbol{W}^{-1}\boldsymbol{\phi}(\boldsymbol{A}) \tag{9-133}$$

式中，$\boldsymbol{W}$ 由式(9-125) 定义，$\boldsymbol{\phi}(\boldsymbol{A})=\boldsymbol{A}^n+a_1\boldsymbol{A}^{n-1}+\cdots+a_{n-1}\boldsymbol{A}+a_n\boldsymbol{I}$，$a_i(i=1,2,\cdots,n)$ 是特征多项式的系数。

相应的 matlab 函数为 acker. m

K=acker(A,B,P)

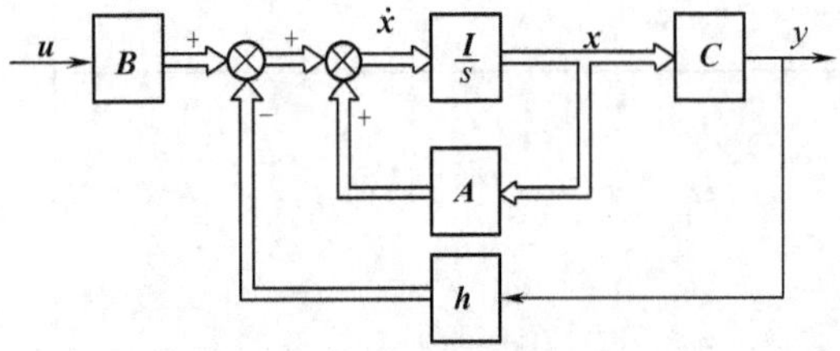

图 9-17 输出反馈到状态微分

其中，$\boldsymbol{A},\boldsymbol{B}$ 为系统矩阵，$\boldsymbol{P}$ 为包含期望极点位置的向量，$\boldsymbol{K}$ 为返回的状态反馈矩阵。

② place 函数。调用方式为

K=place(A,B,P)

式中各参数的意义同函数 acker。

9.6.2 输出反馈与极点配置

输出有两种形式，一种是将输出量反馈到状态微分处，另一种是将输出量反馈到参考输入。下面以多输入/单输出系统为例讨论。

输出量反馈到状态微分的系统结构图如图 9-17 所示。

设被控对象的状态方程为

$$\dot{\boldsymbol{x}}=\boldsymbol{A}\boldsymbol{x}+\boldsymbol{B}\boldsymbol{u}$$
$$y=\boldsymbol{C}\boldsymbol{x}$$

输出反馈系统的状态方程为

$$\dot{\boldsymbol{x}}=\boldsymbol{A}\boldsymbol{x}+\boldsymbol{B}\boldsymbol{u}-\boldsymbol{h}y$$
$$y=\boldsymbol{C}\boldsymbol{x}$$

故

$$\dot{\boldsymbol{x}}=(\boldsymbol{A}-\boldsymbol{h}\boldsymbol{C})\boldsymbol{x}+\boldsymbol{B}\boldsymbol{u} \tag{9-134}$$
$$y=\boldsymbol{C}\boldsymbol{x}$$

式中，$\boldsymbol{h}$ 为 $n\times1$ 维输出反馈矩阵。

定理 9-2 用输出到状态微分的反馈任意配置闭环极点的充要条件是：受控系统状态完全可观测。

证 利用对偶定理来证明。若 $(\boldsymbol{A},\boldsymbol{B},\boldsymbol{C})$ 可观测，则对偶系统$(\boldsymbol{A}^{\mathrm{T}},\boldsymbol{C}^{\mathrm{T}},\boldsymbol{B}^{\mathrm{T}})$可控，由状态反馈极点配置定理可知，$(\boldsymbol{A}^{\mathrm{T}}-\boldsymbol{C}^{\mathrm{T}}\boldsymbol{h})$ 的特征值可任意配置，但 $(\boldsymbol{A}^{\mathrm{T}}-\boldsymbol{C}^{\mathrm{T}}\boldsymbol{h})$ 特征值与 $(\boldsymbol{A}^{\mathrm{T}}-\boldsymbol{C}^{\mathrm{T}}\boldsymbol{h})^{\mathrm{T}}=(\boldsymbol{A}-\boldsymbol{h}\boldsymbol{C})$ 的特征值相同，故当且仅当 $(\boldsymbol{A},\boldsymbol{B},\boldsymbol{C})$ 可观测时，可以任意配置 $(\boldsymbol{A}-\boldsymbol{h}\boldsymbol{C})$ 的特征值。

与状态反馈极点配置的结论相仿，可表明输出到状态微分的反馈系统仍是可观测的，也未改变闭环零点，于是不一定能保持原受控系统的可控性。

为了根据期望的闭环极点位置来设计输出反馈矩阵 $\boldsymbol{h}$ 的参数，只需将期望的系统特征多项式与该输出反馈系统特征多项式$|\lambda\boldsymbol{I}-(\boldsymbol{A}-\boldsymbol{h}\boldsymbol{C})|$相比较即可。

输出量反馈到参考输入的系统结构图如图 9-18 所示，其中

$$\boldsymbol{u}=\boldsymbol{v}-\boldsymbol{h}y \tag{9-135}$$

该输出反馈系统的动态方程为

$$\dot{\boldsymbol{x}}=(\boldsymbol{A}-\boldsymbol{B}\boldsymbol{h}\boldsymbol{C})\boldsymbol{x}+\boldsymbol{B}\boldsymbol{v} \tag{9-136}$$
$$y=\boldsymbol{C}\boldsymbol{x}$$

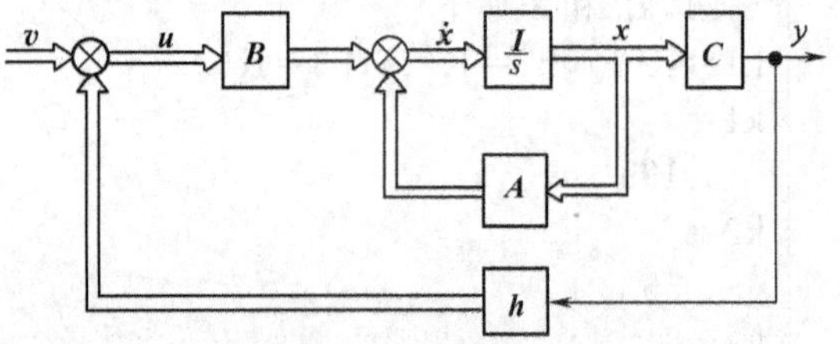

图 9-18 输出反馈到参考输入系统结构

式中，$\boldsymbol{h}$ 为 $p\times1$ 维输出反馈矩阵。若令 $\boldsymbol{h}\boldsymbol{C}=\boldsymbol{K}$，该输出反馈便等价为状态反馈。适当选取 $\boldsymbol{h}$，可任意配置特征值。由结构图变换原理可知，比例的状态反馈变换成输出反馈时，输出反馈中必含有输出量的各阶导数，于是 $\boldsymbol{h}$ 阵不是常数矩阵，这会给物理实现带来困难，因而其应用受到限制。可推论，当 $\boldsymbol{h}$ 阵是常数矩阵时，并不能任意配置极点。输出到输入的反馈不会改变受控系统的可控性和可观性。

9.6.3 状态观测器

以上在介绍控制系统设计的极点配置方法时，曾假设所有的状态变量均可有效地用于反馈。然而在实际情况中，不是所有的状态变量都可用于反馈，这时需要估计不可直接物理测量

的状态变量。需特别强调，应避免将一个状态变量微分产生另一个状态变量，因为噪声通常比控制信号变化更迅速，所以信号的微分总是减小信噪比。不可物理测量的状态变量的估计通常称为观测。估计或者观测状态变量的装置称为状态观测器，或简称观测器。如果状态观测器可观测到系统的所有状态变量，不管其是否能直接测量，这种状态观测器均称为全维状态观测器。有时，只需观测不可测量的状态变量，而不是可直接测量的状态变量。例如，由于输出变量是可观测的，并且它们与状态变量线性相关，所以无需观测所有的状态变量，而只观测 $(n-m)$ 个状态变量，其中 n 是状态向量的维数，m 是输出向量的维数。

估计小于 n 个状态变量（n 为状态向量的维数）的观测器称为降维状态观测器，或简称为降价观测器。如果降维状态观测器的阶数是最小的，则称该观测器为最小阶状态观测器或最小阶观测器。本节将讨论全维状态观测器和最小阶状态观测器。

(1) 全维状态观测器

状态观测器基于输出的测量和控制变量来估计状态变量。在 9.5 节中讨论的可观测性概念有重要作用。正如下面将看到的，当且仅当满足可观测性条件时，才能设计状态观测器。

在下面关于状态观测器的讨论中，用 $\tilde{\boldsymbol{x}}$ 表示被观测的状态向量。在许多实际情况中，将被观测的状态向量用于状态反馈，以产生所期望的控制向量。

考虑如下线性定常系统

$$\begin{aligned}\dot{\boldsymbol{x}}&=\boldsymbol{A}\boldsymbol{x}+\boldsymbol{B}\boldsymbol{u}\\ \boldsymbol{y}&=\boldsymbol{C}\boldsymbol{x}\end{aligned}\tag{9-137}$$

从理论上，可以构造一个动态方程，其形式与式(9-137) 相同，用计算机实现的模拟受控系统

$$\begin{aligned}\dot{\tilde{\boldsymbol{x}}}&=\boldsymbol{A}\tilde{\boldsymbol{x}}+\boldsymbol{B}\boldsymbol{u}\\ \tilde{\boldsymbol{y}}&=\boldsymbol{C}\tilde{\boldsymbol{x}}\end{aligned}\tag{9-138}$$

式中，$\tilde{\boldsymbol{x}}$，$\tilde{\boldsymbol{y}}$ 分别为模拟系统的状态向量估计值和模拟输出向量。当模拟系统与受控对象的初始状态向量相同时，在同一输入向量的作用下，有 $\tilde{\boldsymbol{x}}=\boldsymbol{x}$，可用作为状态反馈所需的信息。但是，受控对象的初始状态可能不相同，模拟系统中的积分器初始条件的设置只能预估，因而两个系统的初始状态总有差异，即使两个系统的 $\boldsymbol{A},\boldsymbol{B},\boldsymbol{C}$ 矩阵完全一样，也必然存在估计状态与受控对象实际状态的误差 $\tilde{\boldsymbol{x}}-\boldsymbol{x}$，难以实现所需的状态反馈。这就是说，力图采用开环形式的状态估计器是不实用的。由于估计状态的误差 $\tilde{\boldsymbol{x}}-\boldsymbol{x}$ 必然在输出误差 $\tilde{\boldsymbol{y}}-\boldsymbol{y}$ 中反映出来，根据反馈控制原理，可利用 $\tilde{\boldsymbol{y}}-\boldsymbol{y}$，并将其反馈至 $\dot{\tilde{\boldsymbol{x}}}$ 处，控制 $\tilde{\boldsymbol{y}}-\boldsymbol{y}$ 尽快趋近于零，从而使得 $\tilde{\boldsymbol{x}}-\boldsymbol{x}$ 尽快趋近于零，这时就可利用 $\tilde{\boldsymbol{x}}$ 来形成状态反馈了。此时的状态向量 $\boldsymbol{x}$ 由如下动态方程

$$\dot{\tilde{\boldsymbol{x}}}=\boldsymbol{A}\tilde{\boldsymbol{x}}+\boldsymbol{B}\boldsymbol{u}+\boldsymbol{K}_{\mathrm{e}}(\boldsymbol{y}-\boldsymbol{C}\tilde{\boldsymbol{x}})\tag{9-139}$$

中的状态 $\tilde{\boldsymbol{x}}$ 来近似，该式表示状态观测器。注意到状态观测器的输入为 $\boldsymbol{y}$ 和 $\boldsymbol{u}$，输出为 $\tilde{\boldsymbol{x}}$。式(9-139)的右端最后一项包含实际输出与观测输出 $\boldsymbol{C}\tilde{\boldsymbol{x}}$ 之间差的修正项。矩阵 $\boldsymbol{K}_{\mathrm{e}}$ 起到加权矩阵的作用。修正项监控状态变量 $\tilde{\boldsymbol{x}}$。当此模型使用的矩阵 $\boldsymbol{A}$ 和 $\boldsymbol{B}$ 与实际系统使用的矩阵 $\boldsymbol{A}$ 和 $\boldsymbol{B}$ 之间存在差异时，由于动态模型和实际系统之间的差异，该附加的修正项将减小这些影响。图 9-19 所示为系统和全维状态观测器的方块图。

(2) 全维状态观测器的分析

由观测器动态方程式(9-139) 可得到观测器的误差方程，用式(9-137) 减去式(9-139)，可得

$$\dot{\boldsymbol{x}}-\dot{\tilde{\boldsymbol{x}}}=\boldsymbol{A}\boldsymbol{x}-\boldsymbol{A}\tilde{\boldsymbol{x}}-\boldsymbol{K}_{\mathrm{e}}(\boldsymbol{C}\boldsymbol{x}-\boldsymbol{C}\tilde{\boldsymbol{x}})=(\boldsymbol{A}-\boldsymbol{K}_{\mathrm{e}}\boldsymbol{C})(\boldsymbol{x}-\tilde{\boldsymbol{x}})\tag{9-140}$$

定义 $\boldsymbol{x}$ 和 $\tilde{\boldsymbol{x}}$ 之差为误差向量，即

$$\boldsymbol{e}=\boldsymbol{x}-\tilde{\boldsymbol{x}}$$

则式(9-140)改写为

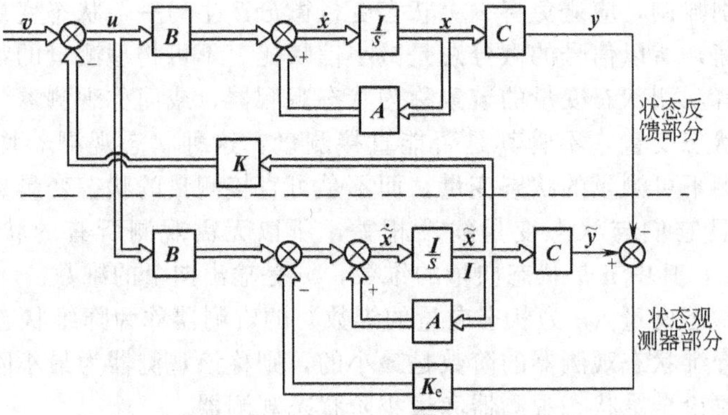

图 9-19 全维状态观测器方块图

$$\dot{e}=(A-K_eC)e \tag{9-141}$$

由式(9-141)可看出，误差向量的动态特性由矩阵（$A-K_eC$）的特征值决定。如果矩阵（$A-K_eC$）是稳定矩阵，则对任意初始误差向量 $e(0)$，误差向量都将趋近于零。也就是说，不管 $x(0)$和$\tilde{x}(0)$值如何，$\tilde{x}(t)$都将收敛到 $x(t)$。如果所选的矩阵（$A-K_eC$）的特征值使得误差向量的动态特性渐近稳定且足够快，则任意误差向量都将以足够快的速度趋近于零（原点）。

实际上，观测器的设计就是前面介绍过的输出反馈到状态微分处的输出反馈设计问题。因此，如果系统是完全可观测的，则可以选择 K_e，使得（$A-K_eC$）具有任意所期望的特征值。

如前所述，对于 $A-K_eC$ 所期望特征值的观测器增益矩阵 K_e 的确定，其充要条件为：原系统的对偶系统

$$\dot{z}=A^Tz+C^Tv$$

是状态完全可控的。该对偶系统的状态完全可控的条件是

$$[C^T \quad A^TC^T \quad \cdots \quad (A^T)^{n-1}C^T]$$

的秩为 n 。这是由式(9-137) 定义的原系统的完全可观测性条件。

(3) 全维状态观测器的设计

考虑由式(9-137) 定义的线性定常系统，假设系统是完全可观测的。又设系统结构如图9-19所示。

在设计全维状态观测器时，如果将式(9-138) 给出的系统变换为可观测标准形就很方便了。如前所述，可按下列步骤进行：定义一个变换矩阵 P，使得

$$P=(WR)^{-1} \tag{9-142}$$

式中，R 是可观测性矩阵

$$R^T=[C^T \quad A^TC^T \quad \cdots \quad (A^T)^{n-1}C^T] \tag{9-143}$$

且对称矩阵 W 由下式定义，即

$$W=\begin{bmatrix} a_{n-1} & a_{n-2} & \cdots & a_1 & 1 \\ a_{n-2} & a_{n-3} & \cdots & 1 & 0 \\ \vdots & \vdots & & \vdots & \vdots \\ a_1 & 1 & \cdots & 0 & 0 \\ 1 & 0 & \cdots & 0 & 0 \end{bmatrix}$$

式中，a_i 是由下式给出的如下特征方程的系数

$$|sI-A|=s^n+a_1s^{n-1}+\cdots+a_{n-1}s+a_n=0$$

显然，由于假设系统是完全可观测的，所以矩阵 WR 的逆存在。在线性变换 $x=P\xi$ 作用下，系统可变换成可观标准形（$\tilde{A},\tilde{B},\tilde{C}$）

$$\widetilde{A}=P^{-1}AP=\begin{bmatrix}0 & 0 & \cdots & 0 & -a_n\\ 1 & 0 & \cdots & 0 & -a_{n-1}\\ \vdots & \vdots & \vdots & \vdots & \vdots\\ 0 & 0 & \cdots & 1 & -a_1\end{bmatrix} \tag{9-144}$$

$$\widetilde{B}=P^{-1}B=\begin{bmatrix}b_n-a_nb_0\\ b_{n-1}-a_{n-1}b_0\\ \vdots\\ b_1-a_1b_0\end{bmatrix},\quad \widetilde{C}=CP=[0\quad 0\quad \cdots\quad 0\quad 1] \tag{9-145}$$

仿照状态反馈进行极点配置方法中状态反馈矩阵 K 的确定，有

$$K_e=P\begin{bmatrix}a_n^*-a_n\\ a_{n-1}^*-a_{n-1}\\ \vdots\\ a_1^*-a_1\end{bmatrix}=(WR)^{-1}\begin{bmatrix}a_n^*-a_n\\ a_{n-1}^*-a_{n-1}\\ \vdots\\ a_1^*-a_1\end{bmatrix} \tag{9-146}$$

式中，a_i, a_i^* $(i=1,2,\cdots,n)$ 分别是原系统特征多项式和期望特征多项式的系数。式(9-146) 确定了所需的状态观测器增益矩阵 K_e。

一旦选择了所期望的特征值（或所期望的特征方程），只要系统完全可观测，就能设计全维状态观测器。所选择的特征方程的期望特征值，应使得状态观测器的响应速度至少比所考虑的闭环系统快 2～5 倍。

注意，迄今为止，假设观测器中的矩阵 A 和 B 与实际系统中的严格相同。实际上，这做不到。因此，误差动态方程不可能由式(9-141) 给出，这意味着误差不可能趋于零。因此，应尽量建立观测器的准确数学模型，以使误差小到令人满意的程度。

(4) 最优 K_e 选择的注释

参考图 9-19，应当指出，作为对装置模型修正的观测器增益矩阵 K_e，通过反馈信号来考虑装置中的未知因素。如果含有显著的未知因素，那么通过矩阵 K_e 的反馈信号也应该比较大。然而，如果由于干扰和测量噪声使输出信号受到严重干扰，则输出 y 是不可靠的。因此，由矩阵 K_e 引起的反馈信号应该比较小。在决定矩阵 K_e 时，应该仔细检查包含在输出 y 中的干扰和噪声的影响。

应强调的是观测器增益矩阵 K_e 依赖于所期望的特征方程

$$(s-\mu_1)(s-\mu_2)\cdots(s-\mu_n)=0$$

在许多情况中，μ_1，μ_2，…，μ_n 的选取不是惟一的。有许多不同的特征方程可选作所期望的特征方程。对于每个期望的特征方程，可有不同的矩阵 K_e。

在设计状态观测器时，最好是在几个不同的期望特征方程的基础上决定观测器增益矩阵 K_e。这几种不同的矩阵 K_e 必须进行仿真，以评估作为最终系统的性能。当然，应从系统总体性能的观点来选取最好的 K_e。在许多实际问题中，最好的矩阵 K_e 选取，归结为快速响应及对干扰和噪声灵敏性之间的一种折中。

【例 9-30】 考虑如下的线性定常系统

$$\dot{x}=Ax+Bu$$
$$y=Cx$$

式中

$$A=\begin{bmatrix}0 & 20.6\\ 1 & 0\end{bmatrix},\quad B=\begin{bmatrix}0\\ 1\end{bmatrix},\quad C=[0\quad 1]$$

设计一个全维状观测器。设系统结构和图 9-19 所示的相同。又设观测器的期望特征值为

$$\mu_1=-1.8+\mathrm{j}2.4,\quad \mu_2=-1.8-\mathrm{j}2.4$$

解 由于状态观测器的设计实际上归结为确定一个合适的观测器增益矩阵 $\boldsymbol{K}_e$，为此先检验可观测性矩阵，即

$$[\boldsymbol{C}^{\mathrm{T}}\quad \boldsymbol{A}^{\mathrm{T}}\boldsymbol{C}^{\mathrm{T}}]=\begin{bmatrix}0 & 1\\ 1 & 0\end{bmatrix}$$

的秩为 2。因此，该系统是完全可观测的，并且可确定期望的观测器增益矩阵。下面将用两种方法来求解该问题。

方法 1 采用式(9-146) 来确定观测器的增益矩阵。由于该状态矩阵 $\boldsymbol{A}$ 已是可观测标准形，因此变换矩阵 $\boldsymbol{P}=(\boldsymbol{WR})^{-1}=\boldsymbol{I}$。由于给定系统的特征方程为

$$|s\boldsymbol{I}-\boldsymbol{A}|=\begin{vmatrix}s & -20.6\\ -1 & s\end{vmatrix}=s^2-20.6=s^2+a_1s+a_2=0$$

因此

$$a_1=0,\quad a_2=-20.6$$

观测器的期望特征方程为

$$(s+1.8-\mathrm{j}2.4)(s+1.8+\mathrm{j}2.4)=s^2+3.6s+9=s^2+a_1^*s+a_2^*$$

因此

$$a_1^*=3.6,\quad a_2^*=9$$

故观测器增益矩阵 $\boldsymbol{K}_e$ 可由式(9-146) 求得如下

$$\boldsymbol{K}_e=(\boldsymbol{WR})^{-1}\begin{bmatrix}a_2^*-a_2\\ a_1^*-a_1\end{bmatrix}=\begin{bmatrix}1 & 0\\ 0 & 1\end{bmatrix}\begin{bmatrix}9+20.6\\ 3.6-0\end{bmatrix}=\begin{bmatrix}29.6\\ 3.6\end{bmatrix}$$

方法 2 设

$$\dot{\boldsymbol{e}}=(\boldsymbol{A}-\boldsymbol{K}_e\boldsymbol{C})=0$$

定义

$$\boldsymbol{K}_e=\begin{bmatrix}k_{e1}\\ k_{e2}\end{bmatrix}$$

则特征方程为

$$\left|\begin{bmatrix}s & 0\\ 0 & s\end{bmatrix}-\begin{bmatrix}0 & 20.6\\ 1 & 0\end{bmatrix}+\begin{bmatrix}k_{e1}\\ k_{e2}\end{bmatrix}[0\quad 1]\right|=\begin{vmatrix}s & -20.6+k_{e1}\\ -1 & s+k_{e2}\end{vmatrix}$$
$$=s^2+k_{e2}s-20.6+k_{e1}=0 \tag{9-147}$$

由于所期望的特征方程为

$$s^2+3.6s+9=0$$

比较式(9-147) 和以上方程，可得

$$k_{e1}=29.6,\quad k_{e2}=3.6$$

或

$$\boldsymbol{K}_e=\begin{bmatrix}29.6\\ 3.6\end{bmatrix}$$

当然，无论采用什么方法，所得的 $\boldsymbol{K}_e$ 是相同的。

全维状态观测器由下式给出为

$$\dot{\tilde{\boldsymbol{x}}}=(\boldsymbol{A}-\boldsymbol{K}_e\boldsymbol{C})\tilde{\boldsymbol{x}}+\boldsymbol{B}u+\boldsymbol{K}_e y$$

或者

$$\begin{bmatrix}\dot{\tilde{x}}_1\\ \dot{\tilde{x}}_2\end{bmatrix}=\begin{bmatrix}0 & -9\\ 1 & -3.6\end{bmatrix}\begin{bmatrix}\tilde{x}_1\\ \tilde{x}_2\end{bmatrix}+\begin{bmatrix}0\\ 1\end{bmatrix}u+\begin{bmatrix}29.6\\ 3.6\end{bmatrix}y$$

与极点配置的情况类似，如果系统阶数 $n\geqslant 4$，则推荐方法 1。这是因为在采用方法 1 时，所有矩阵都可由计算机实现；而方法 2 总是需要手工计算包含未知参数 k_{e1}，k_{e2}，…，k_{en} 的特征方程。

(5) 观测器的引入对闭环系统的影响——分离定理

在极点配置的设计过程中，假设真实状态 $\boldsymbol{x}(t)$ 可用于反馈。然而实际上，真实状态 $\boldsymbol{x}(t)$ 可能无法测量，所以必须设计一个观测器，并且将观测到的状态 $\tilde{\boldsymbol{x}}(t)$ 用于反馈，如图 9-19 所示。

因此，该设计过程分为两个阶段，第一个阶段是确定反馈增益矩阵 $\boldsymbol{K}$，以产生所期望的特征方程；第二个阶段是确定观测器的增益矩阵 $\boldsymbol{K}_e$，以产生所期望的观测器特征方程。

现在不采用真实状态 $\boldsymbol{x}(t)$ 而采用观测状态 $\tilde{\boldsymbol{x}}(t)$，因此必须研究对闭环控制系统特征方程的影响。

考虑如下线性定常系统

$$\dot{\boldsymbol{x}}=\boldsymbol{A}\boldsymbol{x}+\boldsymbol{B}\boldsymbol{u}$$
$$\boldsymbol{y}=\boldsymbol{C}\boldsymbol{x}$$

且假定该系统状态完全可控和完全可观测。

对基于观测状态 $\tilde{\boldsymbol{x}}$ 的状态反馈控制

$$\boldsymbol{u}=\boldsymbol{v}-\boldsymbol{K}\tilde{\boldsymbol{x}}$$

利用该控制，状态方程为

$$\dot{\boldsymbol{x}}=\boldsymbol{A}\boldsymbol{x}-\boldsymbol{B}\boldsymbol{K}\tilde{\boldsymbol{x}}+\boldsymbol{B}\boldsymbol{v}=(\boldsymbol{A}-\boldsymbol{B}\boldsymbol{K})\boldsymbol{x}+\boldsymbol{B}\boldsymbol{K}(\boldsymbol{x}-\tilde{\boldsymbol{x}})+\boldsymbol{B}\boldsymbol{v} \tag{9-148}$$

将直实状态 $\boldsymbol{x}(t)$ 和观测状态 $\tilde{\boldsymbol{x}}(t)$ 的差定义为误差 $\boldsymbol{e}(t)$，即

$$\boldsymbol{e}(t)=\boldsymbol{x}(t)-\tilde{\boldsymbol{x}}(t)$$

将误差向量代入式(9-148)，得

$$\dot{\boldsymbol{x}}=(\boldsymbol{A}-\boldsymbol{B}\boldsymbol{K})\boldsymbol{x}+\boldsymbol{B}\boldsymbol{K}\boldsymbol{e}+\boldsymbol{B}\boldsymbol{v} \tag{9-149}$$

注意，观测器的误差方程为式(9-141)，重写为

$$\dot{\boldsymbol{e}}=(\boldsymbol{A}-\boldsymbol{K}_e\boldsymbol{C})\boldsymbol{e} \tag{9-150}$$

将式(9-149) 和式(9-150) 合并，可得

$$\begin{bmatrix}\dot{\boldsymbol{x}}\\ \dot{\boldsymbol{e}}\end{bmatrix}=\begin{bmatrix}\boldsymbol{A}-\boldsymbol{B}\boldsymbol{K} & \boldsymbol{B}\boldsymbol{K}\\ 0 & \boldsymbol{A}-\boldsymbol{K}_e\boldsymbol{C}\end{bmatrix}\begin{bmatrix}\boldsymbol{x}\\ \boldsymbol{e}\end{bmatrix}+\begin{bmatrix}\boldsymbol{B}\\ 0\end{bmatrix}\boldsymbol{v} \tag{9-151}$$

式(9-151) 描述了观测-状态反馈控制系统的动态特性。该系统的特征方程为

$$\begin{vmatrix}s\boldsymbol{I}-\boldsymbol{A}+\boldsymbol{B}\boldsymbol{K} & -\boldsymbol{B}\boldsymbol{K}\\ 0 & s\boldsymbol{I}-\boldsymbol{A}+\boldsymbol{K}_e\boldsymbol{C}\end{vmatrix}=0$$

或

$$|s\boldsymbol{I}-\boldsymbol{A}+\boldsymbol{B}\boldsymbol{K}|\,|s\boldsymbol{I}-\boldsymbol{A}+\boldsymbol{K}_e\boldsymbol{C}|=0$$

注意，观测-状态反馈控制系统的闭环极点包括由极点配置单独设计产生的极点和由观测器单独设计产生的极点。这意味着，极点配置和观测器设计是相互独立的。它们可分别进行设计，并合并为观测-状态反馈控制系统。如果系统的阶次为 n，则观测器也是 n 阶的（如果采用全维状态观测器），并且整个闭环系统的特征方程为 $2n$ 阶的。

定理 9-3（分离定理） 若受控系统（$\boldsymbol{A},\boldsymbol{B},\boldsymbol{C}$）可控可观测，用状态观测器估值形成状态反馈时，其系统的极点配置和观测器设计可分别独立进行。即 $\boldsymbol{K}$ 与 $\boldsymbol{K}_e$ 的设计可分别独立进行。

由状态反馈（极点配置）选择所产生的期望闭环极点，应使系统能满足性能要求。观测器极点的选取通常使得观测器响应比系统的响应快得多。一个经验法则是选择观测器的响应至少比系统的响应快 2～5 倍。因为观测器通常不是硬件结构，而是计算软件，所以它可以加快响应速度，使观测状态迅速收敛到真实状态，观测器的最大响应速度通常只受到控制系统中的噪声和灵敏性的限制。注意，由于在极点配置中，观测器极点位于所期望的闭环极点的左边，所以后者在响应中起主导作用。

【例 9-31】 考虑一个控制器系统的设计。给定线性定常系统为

$$\dot{\boldsymbol{x}}=\boldsymbol{A}\boldsymbol{x}+\boldsymbol{B}u$$
$$y=\boldsymbol{C}\boldsymbol{x} \tag{9-152}$$

式中 $\boldsymbol{A}=\begin{bmatrix}0 & 1\\ 20.6 & 0\end{bmatrix},\quad \boldsymbol{B}=\begin{bmatrix}0\\ 1\end{bmatrix},\quad \boldsymbol{C}=[1\quad 0]$

且闭环极点为 $s=\mu_i(i=1,2)$，其中

$$\mu_1=-1.8+j2.4,\quad \mu_2=-1.8-j2.4$$

期望用观测-状态反馈控制，而不是用真实的状态反馈控制。观测器的期望特征值为

$$\mu_1=\mu_2=-8$$

试采用手算法和 Matlab 确定出相应的状态反馈增益矩阵 $\boldsymbol{K}$ 和观测器增益矩阵 $\boldsymbol{K}_e$。

解 ① 手算法。假设采用极点配置方法来设计该系统，并使其闭环极点为 $s=\mu_i(i=1,2)$，其中 $\mu_1=-1.8+j2.4$，$\mu_2=-1.8-j2.4$。在此情况下，可得状态反馈增益矩阵 $\boldsymbol{K}$ 为

$$\boldsymbol{K}=[29.6\quad 3.6]$$

采用该状态反馈增益矩阵 $\boldsymbol{K}$，可得控制输入 u 为

$$u=v-\boldsymbol{Kx}=v-[29.6\quad 3.6]\begin{bmatrix}x_1\\x_2\end{bmatrix}$$

假设采用观测-状态反馈控制替代真实状态反馈控制，即

$$u=v-\boldsymbol{K}\tilde{\boldsymbol{x}}=v-[29.6\quad 3.6]\begin{bmatrix}\tilde{x}_1\\\tilde{x}_2\end{bmatrix}$$

式中，观测器增益矩阵的特征值选择为

$$\mu_1=\mu_2=-8$$

现求观测器增益矩阵 $\boldsymbol{K}_e$。并画出观测-状态反馈控制系统的方块图。再求该控制-观测器的传递函数 $U(s)/[-Y(s)]$，并画出系统的方块图。

对于由式(9-152) 定义的系统，其特征多项式为

$$|s\boldsymbol{I}-\boldsymbol{A}|=\begin{vmatrix}s&-1\\-20.6&s\end{vmatrix}=s^2-20.6=s^2+a_1s+a_2$$

因此 $$a_1=0,\quad a_2=-20.6$$

该观测器的期望特征方程为

$$(s-\mu_2)(s-\mu_2)=(s+8)(s+8)=s^2+16s+64=s^2+a_1^*s+a_2^*$$

因此 $$a_1^*=16,\quad a_2^*=64$$

为了确定观测器增益矩阵，利用式(9-146)，则有

$$\boldsymbol{K}_e=(\boldsymbol{WR})^{-1}\begin{bmatrix}a_2^*-a_2\\a_1^*-a_1\end{bmatrix}$$

式中 $$\boldsymbol{R}^T=[\boldsymbol{C}^T\quad \boldsymbol{A}^T\boldsymbol{C}^T]=\begin{bmatrix}1&0\\0&1\end{bmatrix}$$

$$\boldsymbol{W}=\begin{bmatrix}a_1&1\\1&0\end{bmatrix}=\begin{bmatrix}0&1\\1&0\end{bmatrix}$$

因此 $$\boldsymbol{K}_e=\left\{\begin{bmatrix}0&1\\1&0\end{bmatrix}\begin{bmatrix}1&0\\0&1\end{bmatrix}\right\}^{-1}\begin{bmatrix}64+20.6\\16-0\end{bmatrix}=\begin{bmatrix}0&1\\1&0\end{bmatrix}\begin{bmatrix}84.6\\16\end{bmatrix}=\begin{bmatrix}16\\84.6\end{bmatrix}\tag{9-153}$$

式(9-153) 给出了观测器增益矩阵 $\boldsymbol{K}_e$。观测器的方程由式(9-154) 定义，即

$$\dot{\tilde{\boldsymbol{x}}}=(\boldsymbol{A}-\boldsymbol{K}_e\boldsymbol{C})\tilde{\boldsymbol{x}}+\boldsymbol{B}u+\boldsymbol{K}_e y\tag{9-154}$$

由于 $$u=v-\boldsymbol{K}\tilde{\boldsymbol{x}}$$

所以，式(9-154) 为

$$\dot{\tilde{\boldsymbol{x}}}=(\boldsymbol{A}-\boldsymbol{K}_e\boldsymbol{C}-\boldsymbol{BK})\tilde{\boldsymbol{x}}+\boldsymbol{K}_e y+\boldsymbol{B}v$$

或

$$\begin{bmatrix}\dot{\tilde{x}}_1\\\dot{\tilde{x}}_2\end{bmatrix}=\left\{\begin{bmatrix}0&1\\20.6&0\end{bmatrix}-\begin{bmatrix}16\\84.6\end{bmatrix}[1\quad 0]-\begin{bmatrix}0\\1\end{bmatrix}[29.6\quad 3.6]\right\}\begin{bmatrix}\tilde{x}_1\\\tilde{x}_2\end{bmatrix}+\begin{bmatrix}16\\84.6\end{bmatrix}y+\begin{bmatrix}0\\1\end{bmatrix}v$$

$$=\begin{bmatrix}-16 & 1\\ -93.6 & -3.6\end{bmatrix}\begin{bmatrix}\tilde{x}_1\\ \tilde{x}_2\end{bmatrix}+\begin{bmatrix}16\\ 84.6\end{bmatrix}y+\begin{bmatrix}0\\ 1\end{bmatrix}v$$

控制器-观测器的传递函数为

$$\frac{U(s)}{-Y(s)}=\boldsymbol{K}(s\boldsymbol{I}-\boldsymbol{A}+\boldsymbol{K}_e\boldsymbol{C}+\boldsymbol{BK})^{-1}\boldsymbol{K}_e=[29.6\quad 3.6]\begin{bmatrix}s+16 & -1\\ 93.6 & s+3.6\end{bmatrix}^{-1}\begin{bmatrix}16\\ 84.6\end{bmatrix}$$

$$=\frac{778.16s+3690.72}{s^2+19.6s+151.2}$$

该系统的方块图如图 9-20 所示。

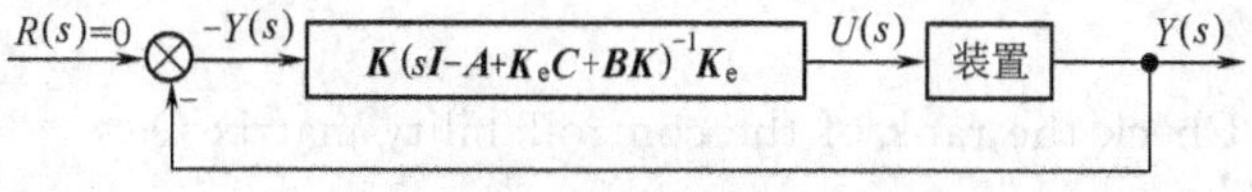

图 9-20 观测-状态反馈的系统方块图

设计的观测-状态反馈控制系统的动态特性由下列方程描述。对于系统

$$\begin{bmatrix}\dot{x}_1\\ \dot{x}_2\end{bmatrix}=\begin{bmatrix}0 & 1\\ 20.6 & 0\end{bmatrix}\begin{bmatrix}x_1\\ x_2\end{bmatrix}+\begin{bmatrix}0\\ 1\end{bmatrix}u$$

$$y=[1\quad 0]\begin{bmatrix}x_1\\ x_2\end{bmatrix}$$

$$u=-[29.6\quad 3.6]\begin{bmatrix}\tilde{x}_1\\ \tilde{x}_2\end{bmatrix}$$

对于观测器

$$\begin{bmatrix}\dot{\tilde{x}}_1\\ \dot{\tilde{x}}_2\end{bmatrix}=\begin{bmatrix}-16 & 1\\ -93.6 & -3.6\end{bmatrix}\begin{bmatrix}\tilde{x}_1\\ \tilde{x}_2\end{bmatrix}+\begin{bmatrix}16\\ 84.6\end{bmatrix}y$$

作为整体而言，该系统是四阶的，其系统特征方程为

$$|s\boldsymbol{I}-\boldsymbol{A}+\boldsymbol{BK}||s\boldsymbol{I}-\boldsymbol{A}+\boldsymbol{K}_e\boldsymbol{C}|=(s^2+3.6s+9)(s^2+16s+64)$$

$$=s^4+19.6s^3+130.6s^2+374.4s+576=0$$

该特征方程也可由图 9-20 所示的系统的方块图得到。由于闭环传递函数为

$$\frac{Y(s)}{R(s)}=\frac{778.16s+3690.72}{(s^2+19.6s+151.2)(s^2-20.6)+778.16s+3690.72}$$

则特征方程为

$$(s^2+19.6s+151.2)(s^2-20.6)+778.16s+3690.72$$

$$=s^4+19.6s^3+130.6s^2+374.4s+576=0$$

事实上，该系统的特征方程对于状态空间表达式和传递函数表达式是相同的。

求出的状态反馈增益矩阵 $\boldsymbol{K}$ 为

$$\boldsymbol{K}=[29.6\quad 3.6]$$

观测器增益矩阵 $\boldsymbol{K}_e$ 为

$$\boldsymbol{K}_e=\begin{bmatrix}16\\ 84.6\end{bmatrix}$$

该系统是四阶的，其特征方程为

$$|s\boldsymbol{I}-\boldsymbol{A}+\boldsymbol{BK}||s\boldsymbol{I}-\boldsymbol{A}+\boldsymbol{K}_e\boldsymbol{C}|=0$$

通过将期望的闭环极点和期望的观测器极点代入上式，可得

$$|s\boldsymbol{I}-\boldsymbol{A}+\boldsymbol{BK}||s\boldsymbol{I}-\boldsymbol{A}+\boldsymbol{K}_e\boldsymbol{C}|=(s+1.8-j2.4)(s+1.8+j2.4)(s+8)^2$$

$$=s^4+19.6s^3+130.6s^2+374.4s+576$$

② Matlab 方法。如 Matlab 程序 9-6、程序 9-7 所示。

Matlab 程序 9-6

```
%······ Pole placement and design of observer ······
% * * * * * Design of a control system using pole-placement
% technique and state observer. First solve pole-placement
% problem * * * * *
% * * * * * Enter matrices A,B,C,and D * * * * *
A=[0  1;20.6  0];
B=[0;1];
C=[1  0];
D=[0];
% * * * * * Check the rank of the controllability matrix Q * * * * *
Q=[B  A*B];
Rank(Q)
ans=
    2
% * * * * * Enter the desired characteristic polynomial by
% defining the following matrix J and computing poly(J) * * * * *
J=[-1.8+2.4*j  0;0  -1.8-2.4*j];
poly(J)
ans=
    1.000  3.6000  9.0000
% * * * * * Enter characteristic polynomial Phi * * * * *
Phi=polyvalm(poly(J),A);
% * * * * * State feedback gain matrix K can be given by * * * * *
K=[0  1]*inv(Q)*Phi
K=
    29.6000  3.6000
% * * * * * The following program determines the observer matrix Ke * * * * *
% * * * * * Enter the observability matrix RT and check its rank * * * * *
RT=[C'  A'*C'];
rank(RT)
ans=
    2
% * * * * Enter the desired characteristic polynomial by defining
% the following matrix J0 and entering statement poly(JO) * * * * *
JO=[-8  0;0  -8];
Poly(JO)
ans=
    1  16  64
% * * * * * Enter characteristic polynomial Ph * * * * *
Ph=polyvalm(ply(JO),A);
% * * * * * The observer gain matrix Ke is obtained from * * * * *
Ke=Ph*(inv(RT'))*[0;1]
Ke=
    16.0000
    84.60000
```

Matlab 程序 9-7

```
%······ Characteristic polynomial ······
%* * * * * The characteristic polynomial for the designed system
% is given by |sI－A＋BK||sI－A＋KeC| * * * * *
%* * * * * This characteristic polynomial can be obtained by use of
% eigenvalues of A-BK and A-KeC as follows * * * * *
X=[eig(A－B* K);eig(A－Ke* C)]
X=
    －1.8000＋2.4000j
    －1.8000－2.4000j
    －8.0000
    －8.0000
poly(X)
ans=
   1.0000  19.6000  130.6000  374.4000  576.0000
```

(6) 最小阶观测器

迄今为止所讨论的观测器设计都是重构所有的状态变量，实际上，有一些状态变量可以准确测量，对这些可准确测量的状态变量就不必估计了。

假设状态向量 $\boldsymbol{x}$ 为 n 维向量，输出向量 $\boldsymbol{y}$ 为可量测的 m 维向量。由于 m 个输出变量是状态变量的线性组合，所以 m 个状态变量就不必进行估计，只需估计 $(n-m)$ 个状态变量即可，因此，该降维观测器为 $(n-m)$ 阶观测器。这样的 $(n-m)$ 阶观测器就是最小阶观测器。图 9-21 所示为具有最小阶观测器系统的方块图。

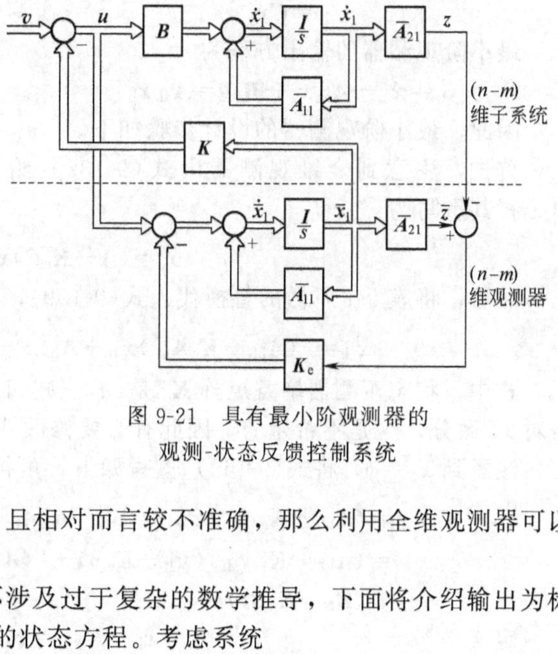

图 9-21 具有最小阶观测器的观测-状态反馈控制系统

如果输出变量的测量中含有严重的噪声，且相对而言较不准确，那么利用全维观测器可以得到更好的系统性能。

为了介绍最小阶观测器的基本概念，又不涉及过于复杂的数学推导，下面将介绍输出为标量（即 $m=1$）的情况，并推导最小阶观测器的状态方程。考虑系统

$$\dot{\boldsymbol{x}}=\boldsymbol{A}\boldsymbol{x}+\boldsymbol{B}u$$

$$y=\boldsymbol{C}\boldsymbol{x}$$

式中，状态向量 $\boldsymbol{x}$ 可划分为 $\boldsymbol{x}_a$（纯量）和 $\boldsymbol{x}_b$[$(n-1)$ 维向量] 两部分。这里，状态变量 $\boldsymbol{x}_a$ 等于输出 y，因而可直接量测，而 $\boldsymbol{x}_b$ 是状态向量的不可量测部分。于是，经过划分的状态方程和输出方程为

$$\begin{bmatrix}\dot{\boldsymbol{x}}_a\\ \dot{\boldsymbol{x}}_b\end{bmatrix}=\begin{bmatrix}\boldsymbol{A}_{aa} & \boldsymbol{A}_{ab}\\ \boldsymbol{A}_{ba} & \boldsymbol{A}_{bb}\end{bmatrix}\begin{bmatrix}\boldsymbol{x}_a\\ \boldsymbol{x}_b\end{bmatrix}+\begin{bmatrix}\boldsymbol{B}_a\\ \boldsymbol{B}_b\end{bmatrix}u \tag{9-155}$$

$$y=\begin{bmatrix}1 & 0\end{bmatrix}\begin{bmatrix}\boldsymbol{x}_a\\ \boldsymbol{x}_b\end{bmatrix} \tag{9-156}$$

式中，$\boldsymbol{A}_{aa}\in \mathrm{R}^{1\times 1}$，$\boldsymbol{A}_{ab}\in \mathrm{R}^{1\times (n-1)}$，$\boldsymbol{A}_{ba}\in \mathrm{R}^{(n-1)\times 1}$，$\boldsymbol{A}_{bb}\in \mathrm{R}^{(n-1)\times (n-1)}$，$\boldsymbol{B}_{a}\in \mathrm{R}^{1\times 1}$，$\boldsymbol{B}_{b}\in \mathrm{R}^{(n-1)\times 1}$。

由式(9-155)，状态可测部分的状态方程为

$$\dot{\boldsymbol{x}}_a=\boldsymbol{A}_{aa}\boldsymbol{x}_a+\boldsymbol{A}_{ab}\boldsymbol{x}_b+\boldsymbol{B}_a u$$

或

$$\dot{\boldsymbol{x}}_a-\boldsymbol{A}_{aa}\boldsymbol{x}_a-\boldsymbol{B}_a u=\boldsymbol{A}_{ab}\boldsymbol{x}_b \tag{9-157}$$

式(9-157)可看作输出方程，其左端各项是可量测的。在设计最小阶观测器时，可认为式(9-157)左端是已知量。因此，式(9-157)可将状态的可量测和不可量测部分联系起来。

由式(9-155)，对于状态的不可量测部分

$$\dot{\boldsymbol{x}}_b=\boldsymbol{A}_{ba}\boldsymbol{x}_a+\boldsymbol{A}_{bb}\boldsymbol{x}_b+\boldsymbol{B}_b u \tag{9-158}$$

注意，$\boldsymbol{A}_{ba}\boldsymbol{x}_a$ 和 $\boldsymbol{B}_b u$ 这两项是已知量，式(9-158)为状态的不可量测部分的状态方程。

下面将介绍设计最小阶观测器的一种方法。如果采用全维状态观测器的设计方法，则最小阶观测器的设计步骤可以简化。

现比较全维观测器的状态空间表达式和最小阶观测器的状态空间表达式。

全维观测器的状态方程为 $\dot{\boldsymbol{x}}=\boldsymbol{A}\boldsymbol{x}+\boldsymbol{B}u$

最小阶观测器的状态方程为

$$\dot{\boldsymbol{x}}_b=\boldsymbol{A}_{bb}\boldsymbol{x}_b+\boldsymbol{A}_{ba}\boldsymbol{x}_a+\boldsymbol{B}_b u$$

全维观测器的输出方程为

$$y=\boldsymbol{C}\boldsymbol{x}$$

最小阶观测器的输出方程为

$$\boldsymbol{y}_b=\dot{\boldsymbol{x}}_a-\boldsymbol{A}_{aa}\boldsymbol{x}_a-\boldsymbol{B}_a\boldsymbol{u}=\boldsymbol{A}_{ab}\boldsymbol{x}_b$$

表 9-1 给出式(9-160)的最小阶状态观测器方程所做的替换

全维状态观测器	最小阶状观测器
$\tilde{\boldsymbol{x}}$	$\tilde{\boldsymbol{x}}_b$
$\boldsymbol{A}$	$\boldsymbol{A}_{bb}$
$\boldsymbol{B}u$	$\boldsymbol{A}_{ba}\boldsymbol{x}_a+\boldsymbol{B}_b u$
y	$\dot{\boldsymbol{x}}_a-\boldsymbol{A}_{aa}\boldsymbol{x}_a-\boldsymbol{B}_a u$
$\boldsymbol{C}$	$\boldsymbol{A}_{ab}$
$\boldsymbol{K}_e$($n\times 1$ 矩阵)	$\boldsymbol{K}_e$[$(n-1)\times 1$ 矩阵]

因此，最小阶观测器的设计步骤如下。

首先，注意到全维观测器由式(9-139)给出，将其重写为

$$\dot{\tilde{\boldsymbol{x}}}=(\boldsymbol{A}-\boldsymbol{K}_e\boldsymbol{C})\tilde{\boldsymbol{x}}+\boldsymbol{B}u+\boldsymbol{K}_e y \tag{9-159}$$

然后，将表 9-1 所做的替换代入式(9-159)，可得

$$\dot{\tilde{\boldsymbol{x}}}_b=(\boldsymbol{A}_{bb}-\boldsymbol{K}_e\boldsymbol{A}_{ab})\tilde{\boldsymbol{x}}_b+\boldsymbol{A}_{ba}\boldsymbol{x}_a+\boldsymbol{B}_b u+\boldsymbol{K}_e(\dot{\boldsymbol{x}}_a-\boldsymbol{A}_{aa}\boldsymbol{x}_a-\boldsymbol{B}_a u) \tag{9-160}$$

式中，状态观测器增益矩阵 $\boldsymbol{K}_e$ 是$(n-1)\times 1$ 维矩阵。在式(9-160)中，注意到为估计$\tilde{\boldsymbol{x}}_b$，需对 $\boldsymbol{x}_a$ 微分，这是不希望的，因此有必要修改式(9-160)。

注意到 $\boldsymbol{x}_a=y$，将式(9-160)重写如下，可得

$$\begin{aligned}\dot{\tilde{\boldsymbol{x}}}_b-\boldsymbol{K}_e\dot{\boldsymbol{x}}_a&=(\boldsymbol{A}_{bb}-\boldsymbol{K}_e\boldsymbol{A}_{ab})\tilde{\boldsymbol{x}}_b+(\boldsymbol{A}_{ba}-\boldsymbol{K}_e\boldsymbol{A}_{aa})y+(\boldsymbol{B}_b-\boldsymbol{K}_e\boldsymbol{B}_a)u\\&=(\boldsymbol{A}_{bb}-\boldsymbol{K}_e\boldsymbol{A}_{ab})(\tilde{\boldsymbol{x}}_b-\boldsymbol{K}_e y)+[(\boldsymbol{A}_{bb}-\boldsymbol{K}_e\boldsymbol{A}_{ab})\boldsymbol{K}_e+\boldsymbol{A}_{ba}-\boldsymbol{K}_e\boldsymbol{A}_{aa}]y+\\&\quad(\boldsymbol{B}_b-\boldsymbol{K}_e\boldsymbol{B}_a)u\end{aligned} \tag{9-161}$$

定义

$$\boldsymbol{x}_b-\boldsymbol{K}_e y=\boldsymbol{x}_b-\boldsymbol{K}_e\boldsymbol{x}_a=\boldsymbol{\eta}$$

及

$$\tilde{\boldsymbol{x}}_b-\boldsymbol{K}_e y=\tilde{\boldsymbol{x}}_b-\boldsymbol{K}_e\boldsymbol{x}_a=\tilde{\boldsymbol{\eta}} \tag{9-162}$$

则式(9-161)成为

$$\dot{\tilde{\boldsymbol{\eta}}}=(\boldsymbol{A}_{bb}-\boldsymbol{K}_e\boldsymbol{A}_{ab})\tilde{\boldsymbol{\eta}}+[(\boldsymbol{A}_{bb}-\boldsymbol{K}_e\boldsymbol{A}_{ab})\boldsymbol{K}_e+\boldsymbol{A}_{ba}-\boldsymbol{K}_e\boldsymbol{A}_{aa}]y+(\boldsymbol{B}_b-\boldsymbol{K}_e\boldsymbol{B}_a)u \tag{9-163}$$

从而式(9-163)和式(9-162)一起确定了实际的最小阶观测器。

下面推导观测器的误差方程。利用式(9-158)，将式(9-160)改写为

$$\dot{\tilde{\boldsymbol{x}}}_b=(\boldsymbol{A}_{bb}-\boldsymbol{K}_e\boldsymbol{A}_{ab})\tilde{\boldsymbol{x}}_b+\boldsymbol{A}_{ba}\boldsymbol{x}_a+\boldsymbol{B}_b u+\boldsymbol{K}_e\boldsymbol{A}_{ab}\boldsymbol{x}_b \tag{9-164}$$

用式(9-164)减去式(9-158)，可得

$$\dot{\boldsymbol{x}}_b-\dot{\tilde{\boldsymbol{x}}}_b=(\boldsymbol{A}_{bb}-\boldsymbol{K}_e\boldsymbol{A}_{ab})(\boldsymbol{x}_b-\tilde{\boldsymbol{x}}_b) \tag{9-165}$$

定义 $$e=x_b-\tilde{x}_b=\eta-\tilde{\eta}$$

于是，式(9-165) 为

$$\dot{e}=(A_{bb}-K_eA_{ab})e \tag{9-166}$$

这就是最小阶观测器的误差方程。注意，e 是 $(n-1)$ 维向量。

由式(9-166) 得到的最小阶观测器的期望特征方程为

$$\begin{aligned}|sI-A_{bb}+K_eA_{ab}|&=(s-\mu_1)(s-\mu_2)\cdots(s-\mu_{n-1})\\&=s^{n-1}+\tilde{a}_1^*s^{n-2}+\cdots+\tilde{a}_{n-2}^*s+\tilde{a}_{n-1}^*=0\end{aligned} \tag{9-167}$$

式中，$\mu_1,\mu_2,\cdots,\mu_{n-1}$是最小阶观测器的期望特征值。观测器的增益矩阵 K_e 确定如下：首先选择最小阶观测的期望特征值［即将特征方程（9-167）的根置于所期望的位置］；然后采用在全维观测器设计中提出并经过适当修改的方法。例如，若采用由式(9-146) 给出的确定矩阵 K_e 的公式，则应将其修改为

$$K_e=(\tilde{W}\tilde{R})^{-1}\begin{bmatrix}\tilde{a}_{n-1}^*-\tilde{a}_{n-1}\\\tilde{a}_{n-2}^*-\tilde{a}_{n-2}\\\vdots\\\tilde{a}_1^*-\tilde{a}_1\end{bmatrix}$$

式中，K_e 是 $(n-1)\times1$ 维矩阵，并且

$$\tilde{R}^T=[A_{ab}^T\quad A_{bb}^TA_{ab}^T\quad\cdots\quad(A_{bb}^T)^{n-2}A_{ab}^T]$$

$$\tilde{W}=\begin{bmatrix}\tilde{a}_{n-2}&\tilde{a}_{n-3}&\cdots&\tilde{a}_1&1\\\tilde{a}_{n-3}&\tilde{a}_{n-4}&\cdots&1&0\\\vdots&\vdots&&\vdots&\vdots\\\tilde{a}_1&1&\cdots&0&0\\1&0&\cdots&0&0\end{bmatrix} \tag{9-168}$$

这里，$\tilde{R}$，$\tilde{W}$ 均为 $(n-1)\times(n-1)$ 维矩阵。注意，$\tilde{a}_1,\tilde{a}_2,\cdots,\tilde{a}_{n-2}$是如下特征方程的系数

$$|sI-A_{bb}|=s^{n-1}+\tilde{a}_1s^{n-2}+\cdots+\tilde{a}_{n-2}s+\tilde{a}_{n-1}=0$$

【例 9-32】 考虑系统

$$\dot{x}=Ax+Bu$$
$$y=Cx$$

式中 $$A=\begin{bmatrix}0&1&0\\0&0&1\\-6&-11&-6\end{bmatrix},\quad B=\begin{bmatrix}0\\0\\1\end{bmatrix},\quad C=[1\quad0\quad0]$$

假设输出 y 可准确量测，因此状态变量 x_1（等于 y）不需要估计。试设计一个最小阶观测器（显然该最小阶观测器是二阶的）。此外，假设最小阶观测器的期望特征值为

$$\mu_1=-2+j2\sqrt{3},\quad\mu_2=-2-j2\sqrt{3}$$

解

$$x=\begin{bmatrix}x_a\\x_b\end{bmatrix}=\begin{bmatrix}x_1\\x_2\\x_3\end{bmatrix},\quad A=\begin{bmatrix}0&1&0\\0&0&1\\-6&-11&-6\end{bmatrix},\quad B=\begin{bmatrix}0\\0\\1\end{bmatrix}$$

可得 $$A_{aa}=0,\quad A_{ab}=[1\quad0],\quad A_{ba}=\begin{bmatrix}0\\-6\end{bmatrix}$$

$$A_{bb}=\begin{bmatrix}0&1\\-11&-6\end{bmatrix},\quad B_a=0,\quad B_b=\begin{bmatrix}0\\1\end{bmatrix}$$

参照式(9-167)，该最小阶观测器的特征方程为

$$|s\boldsymbol{I}-\boldsymbol{A}_{bb}+\boldsymbol{K}_e\boldsymbol{A}_{ab}|=(s-\mu_1)(s-\mu_2)=(s+2-j2\sqrt{3})(s+2+j2\sqrt{3})$$
$$=s^2+4s+16=0$$
$$|s\boldsymbol{I}-\boldsymbol{A}_{bb}|=s^2+6s+11$$

由式(9-168) 有

$$\boldsymbol{R}=[\boldsymbol{A}_{ab}^{T}\quad \boldsymbol{A}_{bb}^{T}\boldsymbol{A}_{ab}^{T}]=\begin{bmatrix}1&0\\0&1\end{bmatrix},\quad \boldsymbol{W}=\begin{bmatrix}6&1\\1&0\end{bmatrix}$$

$$\boldsymbol{K}_e=\left\{\begin{bmatrix}6&1\\1&0\end{bmatrix}\begin{bmatrix}1&0\\0&1\end{bmatrix}\right\}^{-1}\begin{bmatrix}16-11\\4-6\end{bmatrix}=\begin{bmatrix}0&1\\1&-6\end{bmatrix}\begin{bmatrix}5\\-2\end{bmatrix}=\begin{bmatrix}-2\\17\end{bmatrix}$$

参照式(9-162) 和式(9-163)，最小阶观测器的方程为

$$\dot{\tilde{\boldsymbol{\eta}}}=(\boldsymbol{A}_{bb}-\boldsymbol{K}_e\boldsymbol{A}_{ab})\tilde{\boldsymbol{\eta}}+[(\boldsymbol{A}_{bb}-\boldsymbol{K}_e\boldsymbol{A}_{ab})\boldsymbol{K}_e+\boldsymbol{A}_{ba}-\boldsymbol{K}_e\boldsymbol{A}_{aa}]y+(\boldsymbol{B}_b-\boldsymbol{K}_e\boldsymbol{B}_a)u \qquad (9\text{-}169)$$

式中

$$\tilde{\boldsymbol{\eta}}=\tilde{\boldsymbol{x}}_b-\boldsymbol{K}_e y=\tilde{\boldsymbol{x}}_b-\boldsymbol{K}_e\boldsymbol{x}_1$$

注意到

$$\boldsymbol{A}_{bb}-\boldsymbol{K}_e\boldsymbol{A}_{ab}=\begin{bmatrix}0&1\\-11&-6\end{bmatrix}-\begin{bmatrix}-2\\17\end{bmatrix}[1\quad 0]=\begin{bmatrix}2&1\\-28&-6\end{bmatrix}$$

因此，式(9-169) 的最小阶观测器为

$$\begin{bmatrix}\dot{\tilde{\eta}}_2\\\dot{\tilde{\eta}}_3\end{bmatrix}=\begin{bmatrix}2&1\\-28&-6\end{bmatrix}\begin{bmatrix}\tilde{\eta}_2\\\tilde{\eta}_3\end{bmatrix}+\left\{\begin{bmatrix}2&1\\-28&-6\end{bmatrix}\begin{bmatrix}-2\\17\end{bmatrix}+\begin{bmatrix}0\\-6\end{bmatrix}-\begin{bmatrix}-2\\17\end{bmatrix}0\right\}y+$$
$$\left\{\begin{bmatrix}0\\1\end{bmatrix}-\begin{bmatrix}-2\\17\end{bmatrix}0\right\}u$$

或

$$\begin{bmatrix}\dot{\tilde{\eta}}_2\\\dot{\tilde{\eta}}_3\end{bmatrix}=\begin{bmatrix}2&1\\-28&-6\end{bmatrix}\begin{bmatrix}\tilde{\eta}_2\\\tilde{\eta}_3\end{bmatrix}+\begin{bmatrix}13\\-52\end{bmatrix}y+\begin{bmatrix}0\\1\end{bmatrix}u$$

式中 $\begin{bmatrix}\tilde{\eta}_2\\\tilde{\eta}_3\end{bmatrix}=\begin{bmatrix}\tilde{x}_2\\\tilde{x}_3\end{bmatrix}-\boldsymbol{K}_e y$ 或 $\begin{bmatrix}\tilde{x}_2\\\tilde{x}_3\end{bmatrix}=\begin{bmatrix}\tilde{\eta}_2\\\tilde{\eta}_3\end{bmatrix}+\boldsymbol{K}_e x_1$

如果采用观测-状态反馈，则控制输入为

$$u=-\boldsymbol{K}\tilde{\boldsymbol{x}}=-\boldsymbol{K}\begin{bmatrix}x_1\\\tilde{x}_2\\\tilde{x}_3\end{bmatrix}$$

式中，$\boldsymbol{K}$ 为状态反馈增益矩阵（矩阵 $\boldsymbol{K}$ 不是在本例中确定的)。

下面介绍该问题的 Matlab 程序 Matlab 程序 9-8。

Matlab 程序 9-8

```
%------- Design of minimum-order observer -------
%***** This program uses transformation matrix P *****
%***** Enter matrices A and B *****
A=[0  1  0;0  0  1;-6  -11  -6];
B=[0;0;1];
%***** Enter matrices Aaa,Aab,Aba,Abb,Ba,and Bb. Note
```

```
% that A=[Aaa  Aab;Aba  Abb] and B=[Ba;Bb] *****
Aaa=[0];Aab=[1  0];Aba=[0;-6];Abb=[0  1;-11  -6];
Ba=[0];Bb=[0;1];
%***** Determine a1 and a2 of the characteristic polynomial
% for the unobserved portion of the system *****
P=poly(Abb)
P=

    1   6   11
a1=P(2);a2=P(3);
%***** Enter the reduced observability matrix RT and matrix W *****
RT=[Aab'  Abb'* Aab'];
W=[a1  1;1  0];
%***** Enter the desired characteristic polynomial by defining
% the following matrix J and entering stastement poly(J) *****
J=[-2+2* sqrt(3)* j  0;0  -2-2* sqrt(3)* j];
JJ=poly(J)
JJ=

    1.0000   4.0000   16.0000
%***** Determine aa1 and aa2 of the desired characteristic
% polynomial *****
aa1=JJ(2);aa2=JJ(3);
%***** Observer gain matrix Ke for the minimum-order observer
% is given by *****
Ke=inv(W* RT')[aa2-a2;aa1-a1]
Ke=

    -2
    17
```

(7) 利用极点配置法设计调节系统

考虑如图 9-22 所示的倒立摆系统。图中，倒立摆安装在一个小车上。这里仅考虑倒立摆在平面内运动的二维问题。

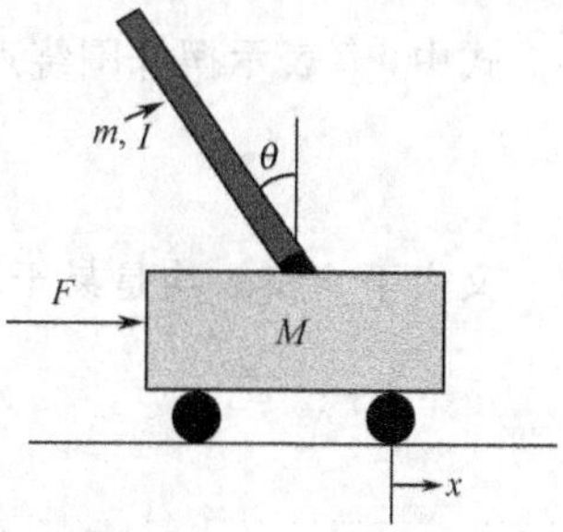

图 9-22 倒立摆系统

希望在有干扰（如作用于质量 m 上的阵风施加于小车的这类外力）时，保持摆垂直。当以合适的控制力施加于小车时，可将该倾斜的摆返回到垂直位置，且在每一控制过程结束时，小车都将返回到参考位置 $x=0$。

设计一个控制系统，使得当给定任意初始条件（由干扰引起）时，用合理的阻尼（如对主导闭环极点有 $\zeta=0.5$），可快速地（如调整时间约为 2s）使摆返回至垂直位置，并使小车返回至参考位置($x=0$)。假设 M，m 和 l 的值为

$$M=2\text{kg},\quad m=0.1\text{kg},\quad l=0.5\text{m}$$

进一步设摆的质量集中在杆的顶端，且杆是无质量的。

对于给定的角度 θ 和角速度 $\dot{\theta}$ 的初始条件，设计一个使倒立摆保持在垂直位置的控制系统。此外，还要求控制系统在每一控制过程结束时，小车返回到参考位置。该系统对初始条件的干扰有效地做出响应（所期望的角 θ_d 总为零，并且所期望的小车的位置总在参考位置上。

因此，该系统是一个调节系统）。

这里采用极点配置的状态反馈控制方法来设计控制器。如前所述，对任意极点配置的充要条件为系统状态完全可控。

设计的第一步是推导倒立摆系统的数学模型。

当角度 θ 不大时，描述系统动态特性的方程为

$$(M+m)\ddot{x}+ml\ddot{\theta}=u$$

$$(I+ml^2)\ddot{\theta}+ml\ddot{x}=mgl\theta$$

式中，I 是摆杆围绕其重心的转动惯量。由于该系统的质量集中在杆的顶端，所以重心就是摆的中心。在分析中，假设摆围绕其重心的转动惯量为零，即 $I=0$。那么，其数学模型为

$$(M+m)\ddot{x}+ml\theta=u \tag{9-170}$$

$$ml^2\ddot{\theta}+ml\ddot{x}=mgl\theta \tag{9-171}$$

式(9-170) 和式(9-171) 定义了如图 9-22 所示的倒立摆系统的数学模型。只要 θ 不大，线性化方程就是有效的。式(9-170) 消去 $\ddot{x}$，式(9-171) 消去 $\ddot{\theta}$，整理可得

$$Ml\ddot{\theta}=(M+m)g\theta-u \tag{9-172}$$

$$M\ddot{x}=u-mg\theta \tag{9-173}$$

从式(9-172) 可得系统的传递函数为

$$\frac{\Theta(s)}{-U(s)}=\frac{1}{Mls^2-(M+m)g}$$

代入给定的数值，且注意到 $g=9.81\mathrm{m/s^2}$，可得

$$\frac{\Theta(s)}{-U(s)}=\frac{1}{s^2-20.601}=\frac{1}{s^2-(4.539)^2}$$

显然，该倒立摆系统在负实轴上有一个极点（$s=-4.539$），另一个极点在正实轴上（$s=4.539$），因此，该系统是开环不稳定的。

定义状态变量为

$$x_1=\theta,\quad x_2=\dot{\theta},\quad x_3=x,\quad x_4=\dot{x}$$

式中，θ 表示摆杆围绕点 P 的旋转角，x 表示小车的位置，将 θ 和 x 作为系统的输出，即

$$\boldsymbol{y}=\begin{bmatrix}y_1\\y_2\end{bmatrix}=\begin{bmatrix}\theta\\x\end{bmatrix}=\begin{bmatrix}x_1\\x_3\end{bmatrix}$$

又由于 θ 和 x 均是易于测量的量。由状态变量的定义和式(9-172) 和式(9-173)，可得

$$\dot{x}_1=x_2$$

$$\dot{x}_2=\frac{M+m}{Ml}gx_1-\frac{1}{Ml}u$$

$$\dot{x}_3=x_4$$

$$\dot{x}_4=-\frac{m}{M}gx_1+\frac{1}{M}u$$

写成状态空间表达式有

$$\begin{bmatrix}\dot{x}_1\\\dot{x}_2\\\dot{x}_3\\\dot{x}_4\end{bmatrix}=\begin{bmatrix}0&1&0&0\\\frac{(M+m)g}{Ml}&0&0&0\\0&0&0&1\\-\frac{mg}{M}&0&0&0\end{bmatrix}\begin{bmatrix}x_1\\x_2\\x_3\\x_4\end{bmatrix}+\begin{bmatrix}0\\-\frac{1}{Ml}\\0\\\frac{1}{M}\end{bmatrix}u \tag{9-174}$$

$$\begin{bmatrix} y_1 \\ y_2 \end{bmatrix}=\begin{bmatrix} 1 & 0 & 0 & 0 \\ 0 & 0 & 1 & 0 \end{bmatrix}\begin{bmatrix} x_1 \\ x_2 \\ x_3 \\ x_4 \end{bmatrix} \tag{9-175}$$

式(9-174) 和式(9-175) 给出了该倒立摆系统的状态空间表达式。

代入给定的 M，m 和 l 的值，可得

$$\frac{M+m}{Ml}g=20.601,\quad \frac{m}{M}g=0.4905,\quad \frac{1}{Ml}=1,\quad \frac{1}{M}=0.5$$

于是，式(9-174) 和式(9-175) 可重写为

$$\dot{\boldsymbol{x}}=\boldsymbol{A}\boldsymbol{x}+\boldsymbol{B}u$$
$$\boldsymbol{y}=\boldsymbol{C}\boldsymbol{x}$$

式中 $$\boldsymbol{A}=\begin{bmatrix} 0 & 1 & 0 & 0 \\ 20.601 & 0 & 0 & 0 \\ 0 & 0 & 0 & 1 \\ -0.4905 & 0 & 0 & 0 \end{bmatrix},\quad \boldsymbol{B}=\begin{bmatrix} 0 \\ -1 \\ 0 \\ 0.5 \end{bmatrix},\quad \boldsymbol{C}=\begin{bmatrix} 1 & 0 & 0 & 0 \\ 0 & 0 & 1 & 0 \end{bmatrix}$$

采用下列线性状态反馈控制方案，因为给定 $v=0$，此处忽略了。

$$u=-\boldsymbol{K}\boldsymbol{x}$$

为此首先检验该系统是否状态完全可控。由于

$$\boldsymbol{Q}=[\boldsymbol{B}\quad \boldsymbol{A}\boldsymbol{B}\quad \boldsymbol{A}^2\boldsymbol{B}\quad \boldsymbol{A}^3\boldsymbol{B}]=\begin{bmatrix} 0 & -1 & 0 & -20.601 \\ -1 & 0 & -20.601 & 0 \\ 0 & 0.5 & 0 & 0.4905 \\ 0.5 & 0 & 0.4905 & 0 \end{bmatrix}$$

的秩为 4，所以系统是状态完全可控的。

系统的特征方程为

$$|s\boldsymbol{I}-\boldsymbol{A}|=\begin{bmatrix} s & -1 & 0 & 0 \\ -20.601 & s & 0 & 0 \\ 0 & 0 & s & -1 \\ 0.4905 & 0 & 0 & s \end{bmatrix}$$
$$=s^4-20.601s^2=s_4+a_1s^3+a_2s^2+a_3s+a_4=0$$

因此 $$a_1=0,\quad a_2=-20.601,\quad a_3=0,\quad a_4=0$$

其次，选择期望的闭环极点位置。由于要求系统具有相当短的调整时间（约 2s）和合适的阻尼（在标准的二阶系统中等价于 $\zeta=0.5$），所以选择期望的闭环极点为 $s=\mu_i(i=1,2,3,4)$，其中

$$\mu_1=-2+\mathrm{j}2\sqrt{3},\quad \mu_2=-2-\mathrm{j}2\sqrt{3},\quad \mu_3=-10,\quad \mu_4=-10$$

在这种情况下，μ_1 和 μ_2 是一对具有 $\zeta=0.5$ 和 $\omega_n=4$ 的主导闭环极点。剩余的两个极点 μ_3 和 μ_4 位于远离主导闭环极点对的左边。因此，μ_3 和 μ_4 响应的影响很小。所以，可满足快速性和阻尼的要求。期望的特征方程为

$$(s-\mu_1)(s-\mu_2)(s-\mu_3)(s-\mu_4)=(s+2-\mathrm{j}2\sqrt{3})(s+2+\mathrm{j}2\sqrt{3})(s+10)(s+10)$$
$$=(s2+4s+16)(s2+20s+100)$$
$$=s^4+24s^3+196s^2+720s+1600$$
$$=s^4+a_1^*s^3+a_2^*s^2+a_3^*s+a_4^*=0$$

因此 $$a_1^*=24,\quad a_2^*=196,\quad a_3^*=720,\quad a_4^*=1600$$

现采用式(9-131) 来确定增益矩阵 $\boldsymbol{K}$，即

$$K=[a_4^*-a_4 \quad a_3^*-a_3 \quad a_2^*-a_2 \quad a_1^*-a_1]P^{-1}$$

式中，$\boldsymbol{P}$ 由式(9-124) 得到，即

$$P=QW$$

这里 $\boldsymbol{Q}$ 和 $\boldsymbol{W}$ 由式(9-125) 给出，于是

$$Q=[B \quad AB \quad A^2B \quad A^3B]=\begin{bmatrix} 0 & -1 & 0 & -20.601 \\ -1 & 0 & -20.601 & 0 \\ 0 & 0.5 & 0 & 0.4905 \\ 0.5 & 0 & 0.4905 & 0 \end{bmatrix}$$

$$W=\begin{bmatrix} a_3 & a_2 & a_1 & 1 \\ a_2 & a_1 & 1 & 0 \\ a_1 & 1 & 0 & 0 \\ 1 & 0 & 0 & 0 \end{bmatrix}=\begin{bmatrix} 0 & -20.601 & 0 & 1 \\ -20.604 & 0 & 1 & 0 \\ 0 & 1 & 0 & 0 \\ 1 & 0 & 0 & 0 \end{bmatrix}$$

变换矩阵 $\boldsymbol{P}$ 成为

$$P=QW=\begin{bmatrix} 0 & 0 & -1 & 0 \\ 0 & 0 & 0 & -1 \\ -9.81 & 0 & 0.5 & 0 \\ 0 & -9.81 & 0 & 0.5 \end{bmatrix}$$

故状态反馈增益矩阵 $\boldsymbol{K}$ 为

$$\begin{aligned} K &= [a_4^*-a_4 \quad a_4^*-a_3 \quad a_4^*-a_2 \quad a_4^*-a_1]P^{-1} \\ &= [1600-0 \quad 720-0 \quad 196+20.601 \quad 24-0]P^{-1} \\ &= [-298.1504 \quad -60.6972 \quad -163.0989 \quad -73.3945] \end{aligned}$$

反馈控制输入为

$$u=-Kx=298.1504x_1+60.6972x_2+163.0989x_3+73.3945x_4$$

注意，这是一个控制器系统。期望的角 θ_d 总为零，且期望的小车的位置也总为零。因此，参考输入为零。图 9-23 为倒立摆系统的状态反馈控制结构图。

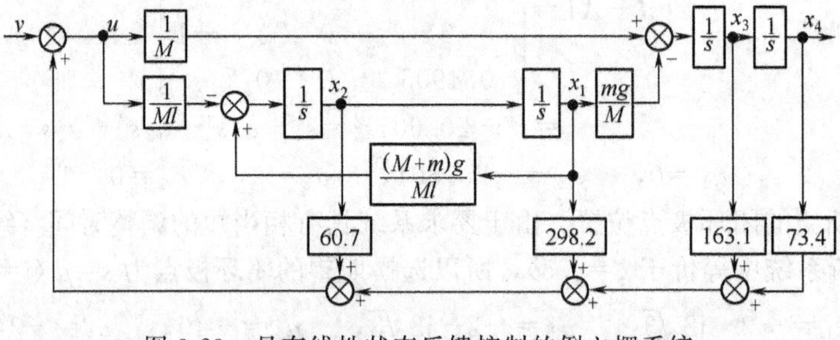

图 9-23　具有线性状态反馈控制的倒立摆系统

(8) 利用 Matlab 确定状态反馈增益矩阵 $\boldsymbol{K}$

Matlab 程序 9-9 是一种能求出所需状态反馈增益矩阵 $\boldsymbol{K}$ 的 Matlab 程序。

Matlab 程序 9-9

```
%------ Design of an inverted pendulum control system ------
%*****This program determines the state-feedback gain
%matrix K = [k1,k2 k3 k4] by use of Ackermann's
%formula*****
%*****Enter matrices A,B,C,and D*****
```

```
A=[0            1        0       0;
   20.601       0        0       0;
   0            0        0       0;
   -0.4905      0        0       0];
B=[0;-1;0;0.5];
C=[1  0  0  0;
   0  0  1  0];
D=[0;0];
%*****Define the controllability matrix Mand check its rank*****
Q=[B   A*B   A^2*B   A^3*B];
rank(Q)
ans=
  4
%*****Since the rank of Q is 4, the system is completely
%state controllable. Hence,arbitrary pole placement is
%possible*****
%*****Enter the desired characteristic polynomial,which
$ can be obtained defining the following matrix J and
%entering statement poly(J)*****
J=[-2+2*sqrt(3)*j          0           0      0;
        0            -2-2*sprt(3)*j    0      0;
        0                  0          -10     0;
        0                  0           0    -10];
JJ=poly(J)
JJ=
1.0e+003*
0.0010   0.0240   0.1960   0.7200   1.6000
%*****Enter characteristic polynomial Phi*****
Phi=polyvalm(poly(J),A);
%*****State feedback gain matrix K can be determined
%from*****
K=[0  0  0  1]*(inv(Q))*Phi
K=
-298.1504        -60.6972        -163.0989        -73.3945
```

(9) 所得系统对初始条件的响应

当状态反馈增益矩阵确定后，系统的性能就可由计算机仿真来检验。为了求得对任意初始条件的响应，可按下列步骤进行。

系统的基本方程为状态方程

$$\dot{\boldsymbol{x}}=\boldsymbol{A}\boldsymbol{x}+\boldsymbol{B}u$$

和线性反馈控制律

$$u=-\boldsymbol{K}\boldsymbol{x}$$

将上述控制输入代入状态方程，可得

$$\dot{x}=(\boldsymbol{A}-\boldsymbol{B}\boldsymbol{K})\boldsymbol{x}$$

将有关数据代入上式，即

$$\begin{bmatrix}\dot{x}_1\\ \dot{x}_2\\ \dot{x}_3\\ \dot{x}_4\end{bmatrix}=\begin{bmatrix}0 & 1 & 0 & 0\\ -277.5494 & -60.6972 & -163.0989 & -73.3945\\ 0 & 0 & 0 & 0\\ 148.5847 & 30.3486 & 81.5494 & 36.6972\end{bmatrix}\begin{bmatrix}x_1\\ x_2\\ x_3\\ x_4\end{bmatrix} \tag{9-176}$$

下面用 Matlab 来求所设计的系统对初始条件的响应。

系统的状态方程为式(9-176)。假设初始条件为

$$\begin{bmatrix}x_1(0)\\ x_2(0)\\ x_3(0)\\ x_4(0)\end{bmatrix}=\begin{bmatrix}0.1\\ 0\\ 0\\ 0\end{bmatrix} \tag{9-177}$$

将式(9-176) 重写为 $\dot{\boldsymbol{x}}=\hat{\boldsymbol{A}}\boldsymbol{x}$

式中

$$\hat{\boldsymbol{A}}=\begin{bmatrix}0 & 1.0000 & 0 & 0\\ -277.5494 & -60.6972 & -163.0989 & -73.3945\\ 0 & 0 & 0 & 1.0000\\ 148.5847 & 30.3486 & 81.5494 & 36.6972\end{bmatrix}$$

将初始条件向量定义为 $\hat{\boldsymbol{B}}$，即

$$\hat{\boldsymbol{B}}=\begin{bmatrix}0.1\\ 0\\ 0\\ 0\end{bmatrix}$$

则系统对初始条件的响应可通过求解下列方程得到，即

$$\dot{\boldsymbol{z}}=\hat{\boldsymbol{A}}\boldsymbol{z}+\hat{\boldsymbol{B}}u$$

$$\boldsymbol{x}=\hat{\boldsymbol{C}}\boldsymbol{z}+\hat{\boldsymbol{D}}u$$

式中 $\hat{\boldsymbol{C}}=\hat{\boldsymbol{A}}$， $\hat{\boldsymbol{D}}=\hat{\boldsymbol{B}}$

Matlab 程序 9-10 将求出由式(9-176) 定义的系统对由式(9-177) 指定的初始条件的响应。注意，在给出的 Matlab 程序中，使用了下列符号

$$\hat{\boldsymbol{A}}=\boldsymbol{AA},\quad \hat{\boldsymbol{B}}=\boldsymbol{BB},\quad \hat{\boldsymbol{C}}=\boldsymbol{AA},\quad \hat{\boldsymbol{D}}=\boldsymbol{BB}$$

Matlab 程序 9-10

```
%------- Response to intial condition -------
%*****This program obtains the response of the system
%xdot=(Ahat)x to the given initial condition x(0)*****
%*****Enter matricesA,B,and K to produce matrix AA
%=Ahat*****
 A=[ 0          1   0   0;
     20.601     0   0   0;
     0          0   0   1;
     -4.4905    0   0   0];
```

```
B=[0;-1;0;0.5];
K=[-298.1504   -60.6972   -163.0989   -73.3945];
AA=A-B*K;
%*****Enter the initial condition matrix BB=Bhat*****
BB=[0.1;0;0;0];
[x,z,t]=step(AA,BB,AA,BB);
x1=[1  0  0  0]*x';
x2=[0  1  0  0]*x';
x3=[0  0  1  0]*x';
x4=[0  0  0  1]*x';
%*****Plot response curves x1 versus t,x2 versus t,x3 versus t,
%and x4 versus t on one diagram*****
subplot(2,2,1);
plot(t,x1);grid
title('x1(Theta) versus t')
xlabel('t Sec')
ylabel('x1 = Theta')
subplot(2,2,2);
plot(t,x2);grid
title('x2(Theta dot) versus t')
xlabel('t Sec')
ylabel('x2=Theta dot')
subplot(2,2,3);
plot(t,x3);grid
title('x3(Displacement of Cart) versus t')
xlabel('t Sec')
ylabel('x3=Displacement of Cart')
subplot(2,2,4);
plot(t,x4);grid
title('x4(Velocity of Cart) versus t')
xlabel('t Sec')
ylabel('x4=Velocity of Cart')
```

图 9-24 给出了用 Matlab 程序 9-10 求得的响应曲线。这些曲线表明，当给定倒立摆系统的初始条件 $\theta(0)=0.1\text{rad}$，$\dot{\theta}(0)=0$，$x(0)=0$ 和 $\dot{x}(0)=0$ 时，它是如何返回到参考位置（$\theta=0$，$x=0$）的。不难看出，这些响应曲线是令人满意的（这里用 subplot 命令同时画出几个独立的曲线，并将它们画在同一张纸上）。

注意，该响应曲线依赖于所期望的特征方程（即所期望的闭环极点），这一点非常重要。对不同的期望特征方程，响应曲线（对相同的初始条件）是不同的。

较快的响应通常要求较大的控制信号。在设计这样的控制系统时，最好检验几组不同的期望闭环极点，并确定相应的矩阵 $\boldsymbol{K}$。在完成系统的计算机仿真并检验了响应曲线后，选择系统总体性能最好的矩阵 $\boldsymbol{K}$。系统总体性能最好的标准取决于具体情况，包括应考虑的经济因素。

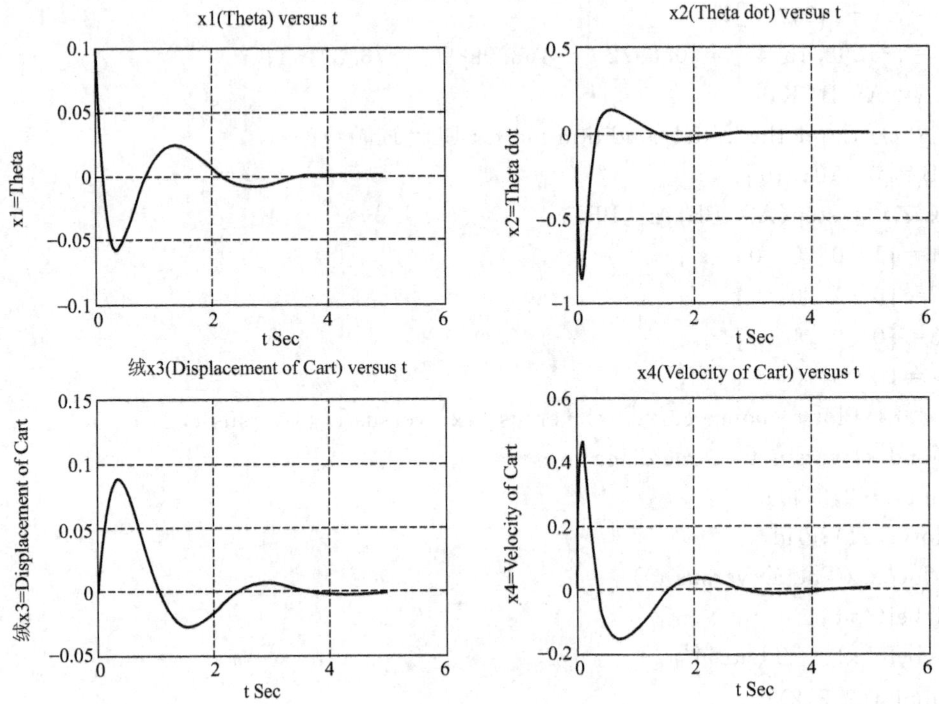

图 9-24 倒立摆系统在初始条件作用下的响应

9.7 李雅普诺夫稳定性分析

在经典控制理论中应用劳斯-赫尔维茨等判据对用传递函数描述的线性系统进行稳定性分析，应用于线性定常系统的稳定性分析方法很多。然而，实际系统总是非线性的，有的还具有时变特性。非线性系统和线性系统在稳定性方面有很大的不同。例如，线性系统的稳定性与系统的初始状态和外部扰动大小无关，而非线性系统的稳定性却与之相关。对于非线性系统和线性时变系统，这些稳定性分析方法实现起来可能非常困难，甚至是不可能的。李雅普诺夫稳定性分析是解决非线性系统稳定性问题的一般方法。

虽然在非线性系统的稳定性问题中，李雅普诺夫稳定性分析方法具有基础性的地位，但在具体确定许多非线性系统的稳定性时，却并不是直截了当的，技巧和经验在解决非线性问题时显得非常重要。在本节中，对于实际非线性系统的稳定性分析仅限于几种简单的情况。

9.7.1 李雅普诺夫意义下的稳定性问题

对于一个给定的控制系统，稳定性分析通常是最重要的。如果系统是线性定常的，那么有许多稳定性判据，如劳斯-赫尔维茨稳定性判据和奈奎斯特稳定性判据等可资利用。然而，如果系统是非线性的，或是线性时变的，则上述稳定性判据就将不再适用。

李雅普诺夫于 1892 年首先研究了一般微分方程的稳定性问题，提出了两种方法，称为李雅普诺夫第一法（间接法）和李雅普诺夫第二法（直接法），用于确定由常微分方程描述的动力学系统的稳定性。其中，第二法是确定非线性系统和线性时变系统稳定性的最一般的方法。当然，这种方法也可适用于线性定常系统的稳定性分析。

(1) 平衡状态、给定运动与扰动方程的原点

考虑如下非线性系统

$$\dot{\boldsymbol{x}}=f(\boldsymbol{x},t) \tag{9-178}$$

式中，$\boldsymbol{x}$ 为 n 维状态向量，$f(\boldsymbol{x},t)$是变量 $x_1,x_2,\cdots,x_n$ 和 t 的 n 维向量函数。假设在给定的初始条件下，式(9-178) 有惟一解 $\boldsymbol{\Phi}(t;\boldsymbol{x}_0,t_0)$，当 $t=t_0$ 时，$\boldsymbol{x}=\boldsymbol{x}_0$，$\boldsymbol{\Phi}(t;\boldsymbol{x}_0,t_0)=\boldsymbol{x}_0$。

在式(9-178) 的系统中，若总存在

$$f(\boldsymbol{x}_e,t)\equiv 0,\quad \text{对所有 } t \tag{9-179}$$

则称 $\boldsymbol{x}_e$ 为系统的平衡状态或平衡点。如果系统是线性定常的，也就是说 $f(\boldsymbol{x},t)=\boldsymbol{Ax}$，则当 $\boldsymbol{A}$ 为非奇异矩阵时，系统存在一个惟一的平衡状态；当 $\boldsymbol{A}$ 为奇异矩阵时，系统将存在无穷多个平衡状态。对于非线性系统，可有一个或多个平衡状态，这些状态对应于系统的常值解（对所有 t，总存在 $\boldsymbol{x}=\boldsymbol{x}_e$）。平衡状态的确定不包括式(9-178) 的系统微分方程的解，只涉及式(9-179) 的解。

任意一个孤立的平衡状态（即彼此孤立的平衡状态）或给定运动 $\boldsymbol{x}=g(t)$都可通过坐标变换，统一化为扰动方程 $\dot{\tilde{\boldsymbol{x}}}=f(\tilde{\boldsymbol{x}},t)$ 之坐标原点，即 $f(0,t)=0$ 或 $\boldsymbol{x}_e=0$。在本节中，除非特别申明，将仅讨论扰动方程关于原点（$\boldsymbol{x}_e=0$）处之平衡状态的稳定性问题。这种“原点稳定性问题”由于使问题得到极大简化，而不会丧失一般性，从而为稳定性理论的建立奠定了坚实的基础，这是李雅普诺夫的一个重要贡献。

（2）李雅普诺夫意义下的稳定性定义

下面首先给出李雅普诺夫意义下的稳定性定义，然后回顾某些必要的数学基础，以便在下一小节具体给出李雅普诺夫稳定性定理。

定义 9-1（李雅普诺夫意义下的稳定） 设系统

$$\dot{\boldsymbol{x}}=f(\boldsymbol{x},t),\qquad f(\boldsymbol{x}_e,t)\equiv 0$$

的平衡状态 $\boldsymbol{x}_e=0$ 的 H 邻域为

$$\|\boldsymbol{x}-\boldsymbol{x}_e\|\leqslant H$$

其中，$H>0$，$\|\cdot\|$为向量的 L_2 范数或欧几里得范数，即

$$\|\boldsymbol{x}-\boldsymbol{x}_e\|=[(x_1-x_{1e})^2+(x_2-x_{2e})^2+\cdots+(x_n-x_{ne})^2]^{1/2}$$

类似地，也可以相应定义球域 $S(\varepsilon)$ 和 $S(\delta)$。

在 H 邻域内，对于任意给定的 $0<\varepsilon<H$，均有如下几点。

① 如果对应于每一个 $S(\varepsilon)$，存在一个 $S(\delta)$，使得当 t 趋于无穷时，始于 $S(\delta)$的轨迹不脱离 $S(\varepsilon)$，则式(9-178) 系统之平衡状态 $\boldsymbol{x}_e=0$ 称为在李雅普诺夫意义下是稳定的。一般地，实数 δ 与 ε 有关，通常也与 t_0 有关。如果 δ 与 t_0 无关，则此时平衡状态 $\boldsymbol{x}_e=0$ 称为一致稳定的平衡状态。

以上定义意味着：首先选择一个域 $S(\varepsilon)$，对应于每一个 $S(\varepsilon)$，必存在一个域 $S(\delta)$，使得当 t 趋于无穷时，始于 $S(\delta)$的轨迹总不脱离域 $S(\varepsilon)$。

② 如果平衡状态 $\boldsymbol{x}_e=0$，在李雅普诺夫意义下是稳定的，并且始于域 $S(\delta)$的任一条轨迹，当时间 t 趋于无穷时，都不脱离 $S(\varepsilon)$，且收敛于 $\boldsymbol{x}_e=0$，则称式(9-178) 系统之平衡状态 $\boldsymbol{x}_e=0$ 为渐近稳定的，其中球域 $S(\delta)$被称为平衡状态 $\boldsymbol{x}_e=0$ 的吸引域。

实际上，渐近稳定性比纯稳定性更重要。考虑到非线性系统的渐近稳定性是一个局部概念，所以简单地确定渐近稳定性并不意味着系统能正常工作，通常有必要确定渐近稳定性的最大范围或吸引域。它是产生渐近稳定轨迹的那部分状态空间。换句话说，发生于吸引域内的每一个轨迹都是渐近稳定的。

③ 对所有的状态（状态空间中的所有点），如果由这些状态出发的轨迹都保持渐近稳定性，则平衡状态$\boldsymbol{x}_e=0$称为大范围渐近稳定。或者说，如果式(9-178) 系统的平衡状态$\boldsymbol{x}_e=0$ 渐近稳定的吸引域为整个状态空间，则称此时系统的平衡状态 $\boldsymbol{x}_e=0$ 为大范围渐近稳定的。显

然，大范围渐近稳定的必要条件是在整个状态空间中只有一个平衡状态。

在控制工程问题中，总希望系统具有大范围渐近稳定的特性。如果平衡状态不是大范围渐近稳定的，那么问题就转化为确定渐近稳定的最大范围或吸引域，这通常非常困难。然而，对所有的实际问题，如能确定一个足够大的渐近稳定的吸引域，以致扰动不会超过它就可以了。

④ 如果对于某个实数 $\varepsilon>0$ 和任一个实数 $\delta>0$，不管这两个实数多么小，在 $S(\delta)$ 内总存在一个状态 $\boldsymbol{x}_0$，使得始于这一状态的轨迹最终会脱离开 $S(\varepsilon)$，那么平衡状态 $\boldsymbol{x}_e=0$ 称为不稳定的。

图 9-25 中各图分别表示平衡状态及对应于稳定性、渐近稳定性和不稳定性的典型轨迹。在图 9-25 中，域 $S(\delta)$ 制约着初始状态 $\boldsymbol{x}_0$，而域 $S(\varepsilon)$ 是起始于 $\boldsymbol{x}_0$ 的轨迹的边界。

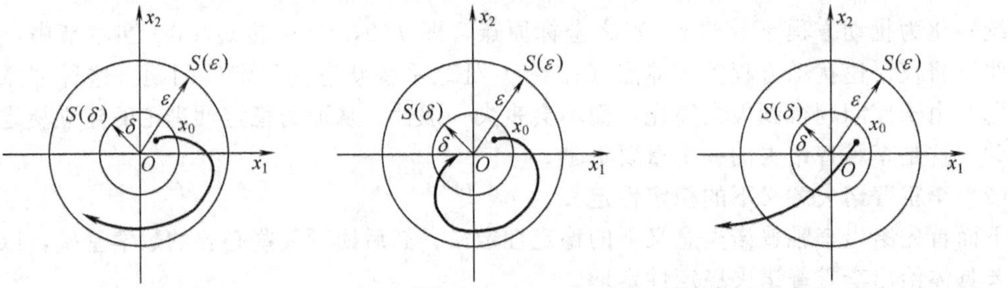

(a) 稳定平衡状态及一条典型轨迹 (b) 渐近稳定平衡状态及一条典型轨迹 (c) 不稳定平衡状态及一条典型轨迹

图 9-25 平衡状态的稳定性分析

注意，由于上述定义不能详细地说明可容许初始条件的精确吸引域，因而除非 $S(\varepsilon)$ 对应于整个状态平面，否则这些定义只能应用于平衡状态的邻域。

此外，在图 9-25(c) 中，轨迹离开了 $S(\varepsilon)$，这说明平衡状态是不稳定的。然而却不能说明轨迹将趋于无穷远处，这是因为轨迹还可能趋于在 $S(\varepsilon)$ 外的某个极限环（如果线性定常系统是不稳定的，则在不稳定平衡状态附近出发的轨迹将趋于无穷远。但在非线性系统中，这一结论并不一定正确）。

对于线性系统，渐近稳定等价于大范围渐近稳定。但对于非线性系统，一般只考虑吸引区为有限的一定范围的渐近稳定。

最后必须指出，在经典控制理论中已经学过的稳定性概念，与李雅普诺夫意义下的稳定性概念有一定的区别，例如，在经典控制理论中只有渐近稳定的系统才称为稳定的系统。在李雅普诺夫意义下是稳定的但却不是渐近稳定的系统，则叫做不稳定系统。两者的区别与联系如表 9-2 所示。

表 9-2 经典控制理论与李雅普诺夫意义下的稳定性对比

经典控制理论（线性系统）	不稳定 $(\mathrm{Re}(s)>0)$	临界情况 $(\mathrm{Re}(s)=0)$	稳定 $(\mathrm{Re}(s)<0)$
李雅普诺夫意义下	不稳定	稳定	渐近稳定

(3) 预备知识

在李雅普诺夫稳定性理论中，能量函数是一个重要的基本概念。该概念在数学上可以采用一类二次型函数来描述，下面简要介绍其基本知识。

① 纯量函数的正定性　如果对所有在域 Ω 中的非零状态 $\boldsymbol{x}\neq 0$，有 $V(\boldsymbol{x})>0$，且在 $\boldsymbol{x}=0$ 处有 $V(0)=0$，则在域 Ω（域 Ω 包含状态空间的原点）内的纯量函数 $V(\boldsymbol{x})$ 称为正定函数。例如 $V(\boldsymbol{x})=x_1^2+2x_2^2$ 是正定的。

如果时变函数 $V(\boldsymbol{x},t)$ 有一个定常的正定函数作为下限，即存在一个正定函数 $V(\boldsymbol{x})$，使得

$$V(\boldsymbol{x},t)>V(\boldsymbol{x}),\quad \text{对所有 } t\geqslant t_0$$
$$V(0,t)=0,\quad \text{对所有 } t\geqslant t_0$$

则称时变函数 $V(\boldsymbol{x},t)$ 在域 Ω（Ω 包含状态空间原点）内是正定的。

② 纯量函数的负定性　如果 $-V(\boldsymbol{x})$ 是正定函数，则纯量函数 $V(\boldsymbol{x})$ 称为负定函数。例如 $V(\boldsymbol{x})=-(x_1^2+2x_2^2)$ 是负定的。

③ 纯量函数的正半定性　如果纯量函数 $V(\boldsymbol{x})$ 除了原点以及某些状态等于零外，在域 Ω 内的所有状态都是正定的，则 $V(\boldsymbol{x})$ 称为正半定纯量函数。例如 $V(\boldsymbol{x})=(x_1+x_2)^2$ 是正半定的。

④ 纯量函数的负半定性　如果 $-V(\boldsymbol{x})$ 是正半定函数，则纯量函数 $V(\boldsymbol{x})$ 称为负半定函数。例如 $V(\boldsymbol{x})=-(x_1+2x_2)^2$ 是负半定的。

⑤ 纯量函数的不定性　如果在域 Ω 内，不论域 Ω 多么小，$V(\boldsymbol{x})$ 既可为正值，也可为负值时，纯量函数 $V(\boldsymbol{x})$ 称为不定的纯量函数。例如 $V(\boldsymbol{x})=x_1x_2+x_2^2$ 是不定的。

⑥ 二次型　建立在李雅普诺夫第二法基础上的稳定性分析中，有一类纯量函数起着很重要的作用，即二次型函数。例如

$$V(\boldsymbol{x})=\boldsymbol{x}^{\mathrm{T}}\boldsymbol{P}\boldsymbol{x}=[x_1\quad x_2\quad \cdots\quad x_n]\begin{bmatrix}p_{11} & p_{12} & \cdots & p_{1n}\\ p_{12} & p_{22} & \cdots & p_{2n}\\ \vdots & \vdots & & \vdots\\ p_{1n} & p_{2n} & \cdots & p_{nn}\end{bmatrix}\begin{bmatrix}x_1\\ x_2\\ \vdots\\ x_n\end{bmatrix}$$

注意，这里的 $\boldsymbol{x}$ 为实向量，$\boldsymbol{P}$ 为实对称矩阵。二次型 $V(\boldsymbol{x})$ 的正定性可用赛尔维斯特准则判断。该准则指出，二次型 $V(\boldsymbol{x})$ 为正定的充要条件是矩阵 $\boldsymbol{P}$ 的所有主子行列式均为正值，即

$$p_{11}>0,\quad \begin{vmatrix}p_{11} & p_{12}\\ p_{12} & p_{22}\end{vmatrix}>0,\quad \cdots,\quad \begin{vmatrix}p_{11} & p_{12} & \cdots & p_{1n}\\ p_{12} & p_{22} & \cdots & p_{2n}\\ \vdots & \vdots & & \vdots\\ p_{1n} & p_{2n} & \cdots & p_{nn}\end{vmatrix}>0$$

如果 $\boldsymbol{P}$ 是奇异矩阵，且它的所有主子行列式均非负，则 $V(\boldsymbol{x})=\boldsymbol{x}^{\mathrm{T}}\boldsymbol{P}\boldsymbol{x}$ 是正半定的。

如果 $-V(\boldsymbol{x})$ 是正定的，则 $V(\boldsymbol{x})$ 是负定的。同样，如果 $-V(\boldsymbol{x})$ 是正半定的，则 $V(\boldsymbol{x})$ 是负半定的。

【例 9-33】 试证明下列二次型是正定的

$$V(\boldsymbol{x})=10x_1^2+4x_2^2+x_3^2+2x_1x_2-2x_2x_3-4x_1x_3$$

证　二次型 $V(\boldsymbol{x})$ 可写为

$$V(\boldsymbol{x})=\boldsymbol{x}^{\mathrm{T}}\boldsymbol{P}\boldsymbol{x}=[x_1\quad x_2\quad x_3]\begin{bmatrix}10 & 1 & -2\\ 1 & 4 & -1\\ -2 & -1 & 1\end{bmatrix}\begin{bmatrix}x_1\\ x_2\\ x_3\end{bmatrix}$$

利用赛尔维斯特准则，可得

$$10>0,\quad \begin{vmatrix}10 & 1\\ 1 & 4\end{vmatrix}>0,\quad \begin{vmatrix}10 & 1 & -2\\ 1 & 4 & -1\\ -2 & -1 & 1\end{vmatrix}>0$$

因为矩阵 $\boldsymbol{P}$ 的所有主子行列式均为正值，所以 $V(\boldsymbol{x})$ 是正定的。

9.7.2 李雅普诺夫稳定性理论

(1) 李雅普诺夫第一法

第一法包括了利用微分方程显式解进行系统分析的所有步骤。基本思路是：首先将非线性系统线性化，然后计算线性化方程的特征值，最后则是判定原非线性系统的稳定性。其结论如下。

① 若线性化系统的系数矩阵 $\mathbf{A}$ 的特征值全部具有负实部，则实际系统就是渐近稳定的。线性化过程被忽略的高阶导数项对系统的稳定性没有影响。

② 若线性化系统的系数矩阵 $\mathbf{A}$ 的只要有一个实部为正的特征值，则实际系统就是不稳定的，与线性化过程被忽略的高阶导数项无关。

③ 若线性化系统的系数矩阵 $\mathbf{A}$ 的特征值中，即使只有一个实部为零，其余的都具有负实部，此时实际系统不能依靠线性化的数学模型判别其稳定性。这时系统稳定与否，与被忽略的高阶导数项有关，必须分析原始的非线性数学模型才能决定其稳定性。

(2) 李雅普诺夫第二法

第二法不需求出微分方程的解，也就是说，采用李雅普诺夫第二法，可以在不求出状态方程解的条件下，确定系统的稳定性。由于求解非线性系统和线性时变系统的状态方程通常十分困难，所以这种方法显示出极大的优越性。

尽管采用李雅普诺夫第二法分析非线性系统的稳定性时，需要相当的经验和技巧，然而当其他方法无效时，这种方法却能解决非线性系统的稳定性问题。

由力学经典理论可知，对于一个振动系统，当系统总能量（正定函数）连续减小（这意味着总能量对时间的导数必然是负定的），直到平衡状态时为止，则振动系统是稳定的。

李雅普诺夫第二法是建立在更为普遍的情况之上的，即：如果系统有一个渐近稳定的平衡状态，则当其运动到平衡状态的吸引域内时，系统存储的能量随着时间的增长而衰减，直到在平稳状态达到极小值为止。然而对于一些纯数学系统，毕竟还没有一个定义“能量函数”的简便方法。为了克服这个困难，李雅普诺夫引出了一个虚构的能量函数，称为李雅普诺夫函数。当然，这个函数无疑比能量更为一般，并且其应用也更广泛。实际上，任一纯量函数只要满足李雅普诺夫稳定性定理（见定理 9-4 和定理 9-5）的假设条件，都可作为李雅普诺夫函数。

李雅普诺夫函数与 $x_1, x_2, \cdots, x_n$ 和 t 有关，这里用 $V(x_1, x_2, \cdots, x_n, t)$ 或者 $V(\boldsymbol{x}, t)$ 来表示李雅普诺夫函数。如果在李雅普诺夫函数中不含 t，则用 $V(x_1, x_2, \cdots, x_n)$ 或 $V(\boldsymbol{x})$ 表示。在李雅普诺夫第二法中，$V(\boldsymbol{x}, t)$ 和其对时间的导数 $\dot{V}(\boldsymbol{x}, t) = \mathrm{d}V(\boldsymbol{x}, t)/\mathrm{d}t$ 的符号特征，提供了判断平衡状态处的稳定性、渐近稳定性或不稳定性的准则，而不必直接求出方程的解（这种方法既适用于线性系统，也适用于非线性系统）。

① 关于渐近稳定性。

可以证明，如果 $\boldsymbol{x}$ 为 n 维向量，且其纯量函数 $V(\boldsymbol{x})$ 正定，则满足

$$V(\boldsymbol{x}) = C$$

的状态 $\boldsymbol{x}$ 处于 n 维状态空间的封闭超曲面上，且至少处于原点附近，式中 C 是正常数。随着 $\|\boldsymbol{x}\| \to \infty$，上述封闭曲面可扩展为整个状态空间。如果 $C_1 < C_2$，则超曲面 $V(\boldsymbol{x}) = C_1$ 完全处于超曲面 $V(\boldsymbol{x}) = C_2$ 的内部。

对于给定的系统，若可求得正定的纯量函数 $V(\boldsymbol{x})$，并使其沿轨迹对时间的导数总为负值，则随着时间的增加，$V(\boldsymbol{x})$ 将取越来越小的 C 值。随着时间的进一步增长，最终 $V(\boldsymbol{x})$ 变为零，而 $\boldsymbol{x}$ 也趋于零。这意味着，状态空间的原点是渐近稳定的。李雅普诺夫主稳定性定理就是前述事实的普遍化，它给出了渐近稳定的充要条件。该定理阐述如下。

定理 9-4（李雅普诺夫，皮尔希德斯基，巴巴辛，克拉索夫斯基） 考虑如下非线性系统

$$\dot{\boldsymbol{x}}(t) = \boldsymbol{f}(\boldsymbol{x}(t), t)$$

式中

$$\boldsymbol{f}(0, t) \equiv 0, \quad 对所有\ t \geqslant t_0$$

如果存在一个具有连续一阶偏导数的纯量函数 $V(\boldsymbol{x},t)$，且满足以下条件：

a. $V(\boldsymbol{x},t)$ 正定；

b. $\dot{V}(\boldsymbol{x},t)$ 负定。

则在原点处的平衡状态是（一致）渐近稳定的。

进一步地，若 $\|\boldsymbol{x}\|\to\infty$，$V(\boldsymbol{x},t)\to\infty$，则在原点处的平衡状态是大范围一致渐近稳定的。

【例 9-34】 考虑如下非线性系统

$$\dot{x}_1=x_2-x_1(x_1^2+x_2^2)$$
$$\dot{x}_2=-x_1-x_2(x_1^2+x_2^2)$$

显然原点（$x_1=0$，$x_2=0$）是惟一的平衡状态。试确定其稳定性。

解 如果定义一个正定纯量函数 $V(\boldsymbol{x})=x_1^2+x_2^2$，则沿任一轨迹，有

$$\dot{V}(\boldsymbol{x})=2x_1\dot{x}_1+2x_2\dot{x}_2=-2(x_1^2+x_2^2)^2$$

是负定的，这说明 $V(\boldsymbol{x})$ 沿任一轨迹连续地减小，因此 $V(\boldsymbol{x})$ 是一个李雅普诺夫函数。由于 $V(\boldsymbol{x})$ 随 $\boldsymbol{x}$ 偏离平衡状态趋于无穷而变为无穷，则按照定理 9-4，该系统在原点处的平衡状态是大范围渐近稳定的。

注意，若使 $V(\boldsymbol{x})$ 取一系列的常值 $0,C_1,C_2,\cdots(0<C_1<C_2<\cdots)$，则 $V(\boldsymbol{x})=0$ 对应于状态平面的原点，而 $V(\boldsymbol{x})=C_1$，$V(\boldsymbol{x})=C_2$，…，描述了包围状态平面原点的互不相交的一簇圆，如图 9-26 所示。还应注意，由于 $V(\boldsymbol{x})$ 在径向是无界的，即随着 $\|\boldsymbol{x}\|\to\infty$，$V(\boldsymbol{x})\to\infty$，所以这一簇圆可扩展到整个状态平面。

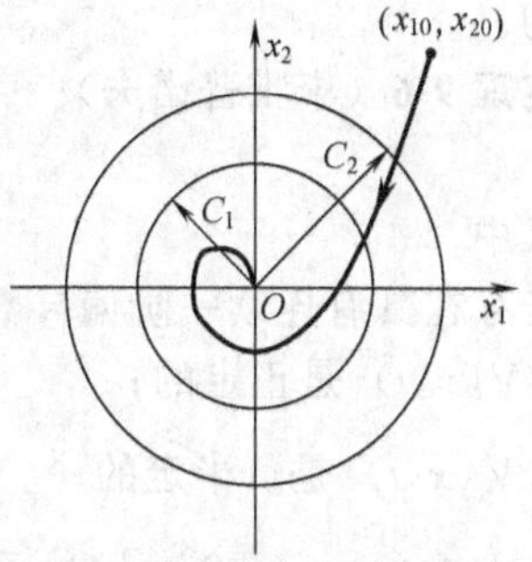

图 9-26 常数 V 圆和典型轨迹

由于圆 $V(\boldsymbol{x})=C_k$ 完全处在 $V(\boldsymbol{x})=C_{k+1}$ 的内部，所以典型轨迹从外向里通过 V 圆的边界。因此李雅普诺夫函数的几何意义可阐述如下 $V(\boldsymbol{x})$ 表示状态 $\boldsymbol{x}$ 到状态空间原点距离的一种度量。如果原点与瞬时状态 $\boldsymbol{x}(t)$ 之间的距离随 t 的增加而连续地减小［即 $\dot{V}(\boldsymbol{x}(t))<0$］，则 $\boldsymbol{x}(t)\to 0$。

定理 9-4 是李雅普诺夫第二法的基本定理，下面对这一重要定理作几点说明。

a. 这里仅给出了充分条件，也就是说，如果构造出了李雅普诺夫函数 $V(\boldsymbol{x},t)$，那么系统是渐近稳定的。但如果找不到这样的李雅普诺夫函数，则不能给出任何结论，例如不能据此说该系统是不稳定的。

b. 对于渐近稳定的平衡状态，李雅普诺夫函数必存在。

c. 对于非线性系统，通过构造某个具体的李雅普诺夫函数，可以证明系统在某个稳定域内是渐近稳定的，但这并不意味着稳定域外的运动是不稳定的。对于线性系统，如果存在渐近稳定的平衡状态，则它必定是大范围渐近稳定的。

d. 这里给出的稳定性定理，既适合于线性系统、非线性系统，也适合于定常系统、时变系统，具有极其一般的普遍意义。

显然，定理 9-4 仍有一些限制条件，比如 $\dot{V}(\boldsymbol{x},t)$ 必须是负定函数。如果在 $\dot{V}(\boldsymbol{x},t)$ 上附加一个限制条件，即除了原点以外，沿任一轨迹 $\dot{V}(\boldsymbol{x},t)$ 均不恒等于零，则要求 $\dot{V}(\boldsymbol{x},t)$ 负定的条件可用 $\dot{V}(\boldsymbol{x},t)$ 取负半定的条件来代替。

定理 9-5（克拉索夫斯基，巴巴辛） 考虑如下非线性系统

$$\dot{\boldsymbol{x}}(t)=f(\boldsymbol{x}(t),t)$$

式中 $f(0,t)\equiv 0$，对所有 $t\geqslant t_0$

若存在具有连续一阶偏导数的纯量函数$V(\boldsymbol{x},t)$，且满足以下条件：

a. $V(\boldsymbol{x},t)$是正定的；

b. $\dot{V}(\boldsymbol{x},t)$ 是负半定的；

c. $\dot{V}[\boldsymbol{\Phi}(t;\boldsymbol{x}_0,t_0),t]$对于任意 t_0 和任意 $\boldsymbol{x}_0\neq 0$，在 $t\geqslant t_0$ 时，不恒等于零，其中的$\boldsymbol{\Phi}(t;\boldsymbol{x}_0,t_0)$表示在 t_0 时从 $\boldsymbol{x}_0$ 出发的轨迹或解，则在系统原点处的平衡状态是大范围渐近稳定的。

注意，若 $\dot{V}(\boldsymbol{x},t)$ 不是负定的，而只是负半定的，则典型点的轨迹可能与某个特定曲面$V(\boldsymbol{x},t)=C$ 相切，然而由于 $\dot{V}[\boldsymbol{\Phi}(t;\boldsymbol{x}_0,t_0),t]$对任意 t_0 和任意 $\boldsymbol{x}_0\neq 0$，在 $t\geqslant t_0$ 时不恒等于零，所以典型点就不可能保持在切点处［在这点上，$\dot{V}(\boldsymbol{x},t)=0$］，因而必然要运动到原点。

② 关于稳定性。

然而，如果存在一个正定的纯量函数 $V(\boldsymbol{x},t)$，使得 $\dot{V}(\boldsymbol{x},t)$ 始终为零，则系统可以保持在一个极限环上。在这种情况下，原点处的平衡状态称为在李雅普诺夫意义下是稳定的。

定理 9-6（李雅普诺夫） 考虑如下非线性系统

$$\dot{\boldsymbol{x}}(t)=\boldsymbol{f}(\boldsymbol{x}(t),t)$$

式中 $f(0,t)\equiv 0$，对所有 $t\geqslant t_0$

若存在具有连续一阶偏导数的纯量函数$V(\boldsymbol{x},t)$，且满足以下条件：

a. $V(\boldsymbol{x},t)$ 是正定的；

b. $\dot{V}(\boldsymbol{x},t)$ 是负半定的；

c. $\dot{V}[\boldsymbol{\Phi}(t;\boldsymbol{x}_0,t_0),t]$ 对于任意 t_0 和任意 $\boldsymbol{x}_0\neq 0$，在 $t\geqslant t_0$ 时，均恒等于零，其中的$\boldsymbol{\Phi}(t;\boldsymbol{x}_0,t_0)$，表示在 t_0 时从 $\boldsymbol{x}_0$ 出发的轨迹或解，则在系统原点处的平衡状态是李雅普诺夫意义下稳定的。

③ 关于不稳定性。

如果系统平衡状态 $\boldsymbol{x}=0$ 是不稳定的，则存在纯量函数$W(\boldsymbol{x},t)$，可用其确定平衡状态的不稳定性。下面介绍不稳定性定理。

定理 9-7（李雅普诺夫） 考虑如下非线性系统

$$\dot{\boldsymbol{x}}(t)=\boldsymbol{f}(\boldsymbol{x}(t),t)$$

式中 $f(0,t)\equiv 0$，对所有 $t\geqslant t_0$

若存在一个纯量函数 $W(\boldsymbol{x},t)$，具有连续的一阶偏导数，且满足下列条件：

a. $W(\boldsymbol{x},t)$ 在原点附近的某一邻域内是正定的；

b. $\dot{W}(\boldsymbol{x},t)$ 在同样的邻域内是正定的。

则原点处的平衡状态是不稳定的。

（3）线性系统的稳定性与非线性系统的稳定性比较

在线性定常系统中，若平衡状态是局部渐近稳定的，则它是大范围渐近稳定的，然而在非线性系统中，不是大范围渐近稳定的平衡状态可能是局部渐近稳定的。因此，线性定常系统平衡状态的渐近稳定性的含义和非线性系统的含义完全不同。

如果要检验非线性系统平衡状态的渐近稳定性，则非线性系统的线性化模型稳定性分析远远不够，必须研究没有线性化的非线性系统。有几种基于李雅普诺夫第二法的方法可达到这一目的，包括用于判断非线性系统渐近稳定性充分条件的克拉索夫斯基方法，用于构成非线性系统李雅普诺夫函数的阿塞尔曼法、Schultz-Gibson 变量梯度法，用于某些非线性控制系统稳定性分析的鲁里叶（Lure'）法，以及用于构成吸引域的波波夫方法等。下面介绍几种常用的方法。

① 阿塞尔曼法　设系统的状态方程为

$$\dot{\boldsymbol{x}}=\boldsymbol{A}\boldsymbol{x}+\boldsymbol{b}f(x_i) \tag{9-180}$$

式中，$\boldsymbol{b}=[1\quad 0\quad \cdots\quad 0\quad 0]^{\mathrm{T}}$，$f(x_i)$ 为单值非线性函数，$f(0)=0$，x_i 为 $x_1, x_2, \cdots, x_n$ 中的任意一个变量，展开式(9-180) 有

$$\begin{aligned}\dot{x}_1&=a_{11}x_1+a_{12}x_2+\cdots+a_{1n}x_n+f(x_i)\\ \dot{x}_2&=a_{21}x_1+a_{22}x_2+\cdots+a_{2n}x_n\\ &\vdots\\ \dot{x}_n&=a_{n1}x_1+a_{n2}x_2+\cdots+a_{nn}x_n\end{aligned}$$

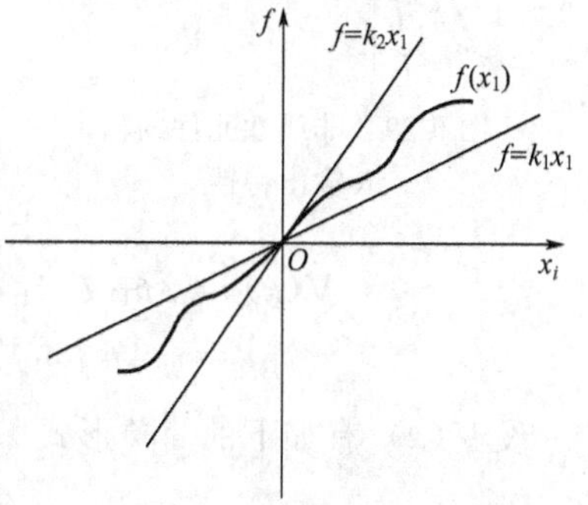

图 9-27　非线性特性

由于 $\boldsymbol{x}=0$ 时 $\dot{\boldsymbol{x}}=0$，说明状态空间的原点是平衡点。阿塞尔曼法的思想是用线性函数代替非线性函数，即令 $f(x_i)=kx_i$，将系统线性化以后，就可比较容易构造李雅普诺夫函数 $V(\boldsymbol{x})$，然后将此函数当作非线性系统的备选李雅普诺夫函数。如果其导数 $\dot{V}(\boldsymbol{x})$ 在区间 $k_1\leqslant k\leqslant k_2$ 是负定的，则可以得出结论：当非线性系统中的非线性元件满足条件 $k_1x_i\leqslant kx_i\leqslant k_2x_i$ 时，非线性系统在 $\boldsymbol{x}=0$ 处其平衡状态是大范围渐近稳定的，如图 9-27所示。

【例 9-35】 设非线性系统的动态方程为

$$\begin{cases}\ddot{x}+2\dot{x}+u=0\\ u=f(x)\end{cases}$$

其中，$f(x)$为非线性函数，试分析其稳定性。

解　令 $x_1=x$，$x_2=\dot{x}$，则系统的状态方程为

$$\begin{cases}\dot{x}_1=x_2\\ \dot{x}_2=-2x_2-f(x_1)\end{cases} \tag{9-181}$$

其结构图如图 9-28 所示。

a. 假设非线性元件的输入输出特性如图 9-29 所示，它可以用一条斜率为 $k=2$ 的直线

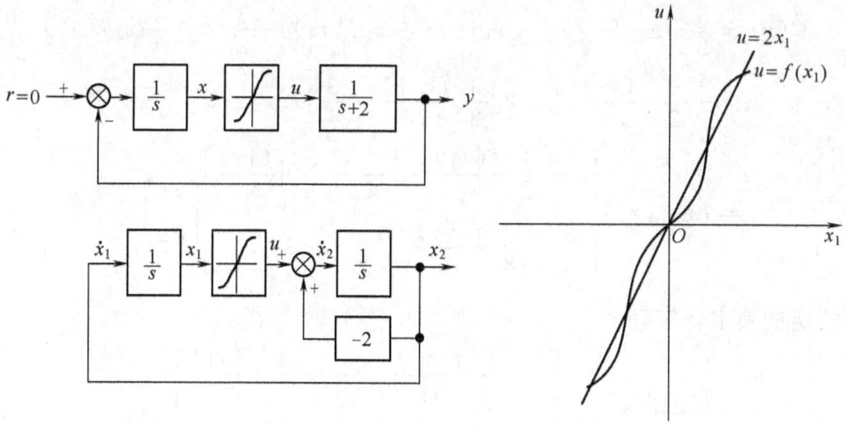

(a) 结构图　　(b) 非线性特性

图 9-28　非线性系统结构图

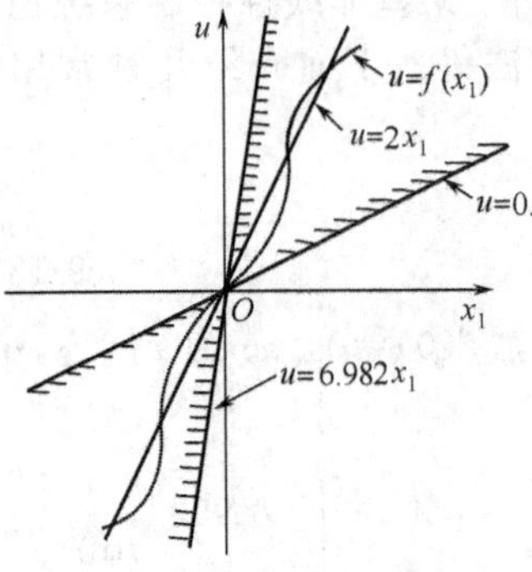

图 9-29 非线性元件的输入输出特性

来近似，即

$$u=f(x_1)\approx 2x_1$$

于是，线性化以后的系统状态方程为

$$\begin{cases}\dot{x}_1=x_2\\ \dot{x}_2=-2x_2-2x_1\end{cases} \tag{9-182}$$

b. 构造李雅普诺夫函数。取二次型李雅普诺夫备选函数为

$$V(\boldsymbol{x})=[x_1\quad x_2]\begin{bmatrix}p_{11} & p_{12}\\ p_{12} & p_{22}\end{bmatrix}\begin{bmatrix}x_1\\ x_2\end{bmatrix}=p_{11}x_1^2+2p_{12}x_1x_2+p_{22}x_2^2 \tag{9-183}$$

c. 对线性化系统求 $\dot{V}(\boldsymbol{x})$

$$\begin{aligned}\dot{V}(\boldsymbol{x})&=2p_{11}x_1\dot{x}_1+2p_{12}x_1\dot{x}_2+2p_{12}x_2\dot{x}_1+2p_{22}x_2\dot{x}_2\\ &=-4p_{11}x_1^2+(2p_{11}-4p_{12}-4p_{22})x_1x_2+(2p_{12}-4p_{22})x_2^2\end{aligned} \tag{9-184}$$

设 $\dot{V}(\boldsymbol{x})$ 有如下的简单形式

$$\dot{V}(\boldsymbol{x})=-x_1^2-x_2^2$$

则比较式(9-184) 和式(9-183) 可得

$$\begin{aligned}-4p_{11}&=-1\\ 2p_{11}-4p_{12}-4p_{22}&=0\\ 2p_{12}-4p_{12}&=-1\end{aligned}$$

由此解得，$p_{11}=5/4$，$p_{12}=1/4$，$p_{22}=3/8$。

d. 将上述结果代入式(9-183)，得

$$V(\boldsymbol{x})=\frac{5}{4}x_1^2+\frac{1}{2}x_1x_2+\frac{3}{8}x_2^2 \tag{9-185}$$

可证明它是正定的，这说明线性化系统（9-182）在平衡点是渐近稳定的。

e. 将式(9-185) 看成非线性系统（9-181）的李雅普诺夫备选函数，则

$$\dot{V}(\boldsymbol{x})=\frac{5}{2}x_1\dot{x}_1+\frac{1}{2}(x_1\dot{x}_2+x_2\dot{x}_1)+\frac{3}{4}x_2\dot{x}_2 \tag{9-186}$$

式(9-181) 代入式(9-186)，可得

$$\begin{aligned}\dot{V}(\boldsymbol{x})&=\frac{5}{2}x_1x_2+\frac{1}{2}x_2^2-x_1x_2-\frac{1}{2}x_1f(x_1)-\frac{3}{2}x_2^2-\frac{3}{4}x_2f(x_1)\\ &=-\frac{1}{2}\frac{f(x_1)}{x_1}x_1^2-2\left[\frac{3}{8}\frac{f(x_1)}{x_1}-\frac{3}{4}\right]x_1x_2-x_2^2\\ &=[x_1\quad x_2]\begin{bmatrix}-\frac{1}{2}\frac{f(x_1)}{x_1} & \frac{3}{4}-\frac{3}{8}\frac{f(x_1)}{x_1}\\ \frac{3}{4}-\frac{3}{8}\frac{f(x_1)}{x_1} & -1\end{bmatrix}\begin{bmatrix}x_1\\ x_2\end{bmatrix}\end{aligned}$$

根据 $\dot{V}(\boldsymbol{x})$ 负定的要求，应有

$$\frac{f(x_1)}{x_1}>0,\quad \begin{bmatrix}-\frac{1}{2}\frac{f(x_1)}{x_1} & \frac{3}{4}-\frac{3}{8}\frac{f(x_1)}{x_1}\\ \frac{3}{4}-\frac{3}{8}\frac{f(x_1)}{x_1} & -1\end{bmatrix}>0$$

由此解出

$$0.573<\frac{f(x_1)}{x_1}<6.982$$

这就是说，式(9-184)是非线性系统式(9-181)的李雅普诺夫函数。只要非线性特性 $u=f(x_1)$ 在图的阴影区内，非线性系统的 $V(\boldsymbol{x})$ 正定，$\dot{V}(\boldsymbol{x})$ 负定，系统在平衡点处是大范围渐近稳定的。

阿塞尔曼方法简单实用，但是必须指出，在有些场合，即使线性化之后的系统在所有的 k 下是稳定的，非线性系统也不一定是大范围稳定的。

② 克拉索夫斯基方法　克拉索夫斯基方法给出了非线性系统平衡状态渐近稳定的充分条件。克拉索夫斯基方法的基本思想是不用状态变量，而是用其导数 $\dot{\boldsymbol{x}}$ 来构造李雅普诺夫函数。不失一般性，可认为状态空间的原点是系统的平衡状态。

定理 9-8（克拉索夫斯基定理）　考虑如下非线性系统

$$\dot{\boldsymbol{x}}=f(\boldsymbol{x})$$

式中，$\boldsymbol{x}$ 为 n 维状态向量，$f(\boldsymbol{x})$ 为 $x_1,x_2,\cdots,x_n$ 的非线性 n 维向量函数，假定 $f(0)=0$，且 $f(\boldsymbol{x})$ 对 $x_i(i=1,2,\cdots,n)$ 可微。

该系统的雅可比矩阵定义为

$$\boldsymbol{F}(\boldsymbol{x})=\left[\frac{\partial(f_1,\cdots,f_n)}{\partial(x_1,\cdots,x_n)}\right]=\begin{bmatrix}\dfrac{\partial f_1}{\partial x_1} & \dfrac{\partial f_1}{\partial x_2} & \cdots & \dfrac{\partial f_1}{\partial x_n}\\ \dfrac{\partial f_2}{\partial x_1} & \dfrac{\partial f_2}{\partial x_2} & \cdots & \dfrac{\partial f_2}{\partial x_n}\\ \vdots & \vdots & & \vdots\\ \dfrac{\partial f_n}{\partial x_1} & \dfrac{\partial f_n}{\partial x_2} & \cdots & \dfrac{\partial f_n}{\partial x_n}\end{bmatrix}$$

又定义

$$\hat{\boldsymbol{F}}(\boldsymbol{x})=\boldsymbol{F}^{\mathrm{T}}(\boldsymbol{x})+\boldsymbol{F}(\boldsymbol{x})$$

式中，$\boldsymbol{F}(\boldsymbol{x})$ 是雅可比矩阵，$\boldsymbol{F}^{\mathrm{T}}(\boldsymbol{x})$ 是 $\boldsymbol{F}(\boldsymbol{x})$ 的转置矩阵，$\hat{\boldsymbol{F}}(\boldsymbol{x})$ 为实对称矩阵。如果 $\hat{\boldsymbol{F}}(\boldsymbol{x})$ 是负定的，则平衡状态 $\boldsymbol{x}=0$ 是渐近稳定的。该系统的李雅普诺夫函数为

$$V(\boldsymbol{x})=f^{\mathrm{T}}(\boldsymbol{x})f(\boldsymbol{x})$$

此外，若随着 $\|\boldsymbol{x}\|\to\infty$，$f^{\mathrm{T}}(\boldsymbol{x})f(\boldsymbol{x})\to\infty$，则平衡状态是大范围渐近稳定的。

证　由于 $\hat{\boldsymbol{F}}(\boldsymbol{x})$ 是负定的，所以除 $\boldsymbol{x}=0$ 外，$\hat{\boldsymbol{F}}(\boldsymbol{x})$ 的行列式处处不为零。因而，在整个状态空间中，除 $\boldsymbol{x}=0$ 这一点外，没有其他平衡状态，即在 $\boldsymbol{x}\neq 0$ 时，$f(\boldsymbol{x})\neq 0$。因为 $f(0)=0$，在 $\boldsymbol{x}\neq 0$ 时，$f(\boldsymbol{x})\neq 0$，且 $V(\boldsymbol{x})=f^{\mathrm{T}}(\boldsymbol{x})f(\boldsymbol{x})$，所以 $V(\boldsymbol{x})$ 是正定的。

注意到

$$\dot{f}(\boldsymbol{x})=\boldsymbol{F}(\boldsymbol{x})\dot{\boldsymbol{x}}=\boldsymbol{F}(\boldsymbol{x})f(\boldsymbol{x})$$

从而

$$\begin{aligned}\dot{V}(\boldsymbol{x})&=\dot{f}^{\mathrm{T}}(\boldsymbol{x})f(\boldsymbol{x})+f^{\mathrm{T}}(\boldsymbol{x})\dot{f}(\boldsymbol{x})=[\boldsymbol{F}(\boldsymbol{x})f(\boldsymbol{x})]^{\mathrm{T}}f(\boldsymbol{x})+f^{\mathrm{T}}(\boldsymbol{x})\boldsymbol{F}(\boldsymbol{x})f(\boldsymbol{x})\\&=f^{\mathrm{T}}(\boldsymbol{x})[\boldsymbol{F}^{\mathrm{T}}(\boldsymbol{x})+\boldsymbol{F}(\boldsymbol{x})]f(\boldsymbol{x})=f^{\mathrm{T}}(\boldsymbol{x})\hat{\boldsymbol{F}}(\boldsymbol{x})f(\boldsymbol{x})\end{aligned}$$

因为 $\hat{\boldsymbol{F}}(\boldsymbol{x})$ 是负定的，所以 $\dot{V}(\boldsymbol{x})$ 也是负定的。因此，$V(\boldsymbol{x})$ 是一个李雅普诺夫函数，所以原点是渐近稳定的。如果随着 $\|\boldsymbol{x}\|\to\infty$，$V(\boldsymbol{x})=f^{\mathrm{T}}(\boldsymbol{x})f(\boldsymbol{x})\to\infty$，则根据定理 9-4 可知，平衡状态是大范围渐近稳定的。

注意，克拉索夫斯基定理与通常的线性方法不同，它不局限于稍稍偏离平衡状态的情况。$V(\boldsymbol{x})$ 和 $\dot{V}(\boldsymbol{x})$ 以 $f(\boldsymbol{x})$ 或 $\dot{\boldsymbol{x}}$ 的形式而不是以 $\boldsymbol{x}$ 的形式表示。

前面所述的定理对于非线性系统给出了大范围渐近稳定性的充分条件，对线性系统则给出了充要条件。非线性系统的平衡状态即使不满足上述定理所要求的条件，也可能是稳定的。因此，在应用克拉索夫斯基定理时，必须十分小心，以防止对给定的非线性系统平衡状态的稳定性分析做出错误的结论。

【例 9-36】 考虑具有两个非线性因素的二阶系统

$$\dot{x}_1 = f_1(x_1) + f_2(x_2)$$
$$\dot{x}_2 = x_1 + ax_2$$

假设 $f_1(0)=f_2(0)=0$，$f_1(x_1)$ 和 $f_2(x_2)$ 是实函数且可微。又假定当 $\|\boldsymbol{x}\| \to \infty$ 时，$[f_1(x_1)+f_2(x_2)]^2+(x_1+ax_2)^2 \to \infty$。试确定使平衡状态 $\boldsymbol{x}=0$ 渐近稳定的充分条件。

解 在该系统中，$\boldsymbol{F}(\boldsymbol{x})$ 为

$$\boldsymbol{F}(\boldsymbol{x}) = \begin{bmatrix} f_1'(x_1) & f_2'(x_2) \\ 1 & a \end{bmatrix}$$

式中 $$f_1'(x_1) = \frac{\partial f_1}{\partial x_1},\quad f_2'(x_2) = \frac{\partial f_2}{\partial x_2}$$

于是 $\hat{\boldsymbol{F}}(\boldsymbol{x})$ 为

$$\hat{\boldsymbol{F}}(\boldsymbol{x}) = \boldsymbol{F}^{\mathrm{T}}(\boldsymbol{x}) + \boldsymbol{F}(\boldsymbol{x}) = \begin{bmatrix} 2f_1'(x_1) & 1+f_2'(x_2) \\ 1+f_2'(x_2) & 2a \end{bmatrix}$$

由克拉索夫斯基定理可知，如果 $\hat{\boldsymbol{F}}(\boldsymbol{x})$ 是负定的，则所考虑系统的平衡状态 $\boldsymbol{x}=0$ 是大范围渐近稳定的。因此，若

$$f_1'(x_1) < 0,\quad \text{对所有 } x_1 \neq 0$$
$$4af_1'(x_1) - [1+f_2'(x_2)]^2 > 0,\quad \text{对所有 } x_1 \neq 0, x_2 \neq 0$$

则平衡状态 $\boldsymbol{x}_e=0$ 是大范围渐近稳定的。

这两个条件是渐近稳定性的充分条件。显然，由于稳定性条件完全与非线性 $f_1(x)$ 和 $f_2(x)$ 的实际形式无关，所以上述限制条件是不适当的。

(4) 线性定常系统的李雅普诺夫稳定性分析

前已指出，李雅普诺夫第二法不仅对非线性系统，而且对线性定常系统、线性时变系统，以及线性离散系统等均完全适用。

利用李雅普诺夫第二法对线性系统进行分析，有如下几个特点：

① 都是充要条件，而非仅充分条件；

② 渐近稳定性等价于李雅普诺夫方程的存在性；

③ 渐近稳定时，必存在二次型李雅普诺夫函数 $V(\boldsymbol{x})=\boldsymbol{x}^{\mathrm{T}}\boldsymbol{P}\boldsymbol{x}$ 及 $\dot{V}(\boldsymbol{x})=-\boldsymbol{x}^{\mathrm{T}}\boldsymbol{Q}\boldsymbol{x}$；

④ 对于线性自治系统，当系统矩阵 $\boldsymbol{A}$ 非奇异时，仅有惟一平衡点，即原点 $\boldsymbol{x}_e=0$；

⑤ 渐近稳定就是大范围渐近稳定，两者完全等价。

众所周知，对于线性定常系统，其渐近稳定性的判别方法很多。例如，对于连续时间定常系统 $\dot{\boldsymbol{x}}=\boldsymbol{A}\boldsymbol{x}$，渐近稳定的充要条件是：$\boldsymbol{A}$ 的所有特征值均有负实部，或者相应的特征方程 $|s\boldsymbol{I}-\boldsymbol{A}|=s^n+a_1s^{n-1}+\cdots+a_{n-1}s+a_n=0$ 的根具有负实部。但为了避开困难的特征值计算，如劳斯-赫尔维茨稳定性判据通过判断特征多项式的系数来直接判定稳定性，奈奎斯特稳定性判据根据开环频率特性来判断闭环系统的稳定性。这里将介绍的线性系统的李雅普诺夫稳定性方法，是一种代数方法，不要求把特征多项式进行因式分解，而且可进一步应用于求解某些最优控制问题。

考虑如下线性定常自治系统

$$\dot{\boldsymbol{x}} = \boldsymbol{A}\boldsymbol{x} \tag{9-187}$$

式中，$\boldsymbol{x}\in R^n$，$\boldsymbol{A}\in R^{n\times n}$。假设 $\boldsymbol{A}$ 为非奇异矩阵，则有惟一的平衡状态 $\boldsymbol{x}_e=0$，其平衡状

态的稳定性很容易通过李雅普诺夫第二法进行研究。

对于式(9-187) 的系统，选取如下二次型李雅普诺夫函数，即

$$V(\boldsymbol{x})=\boldsymbol{x}^{\mathrm{T}}\boldsymbol{P}\boldsymbol{x}$$

式中，$\boldsymbol{P}$ 为正定的实对称矩阵。$V(\boldsymbol{x})$ 沿任一轨迹的时间导数为

$$\begin{aligned}\dot{V}(\boldsymbol{x})&=\dot{\boldsymbol{x}}^{\mathrm{T}}\boldsymbol{P}\boldsymbol{x}+\boldsymbol{x}^{\mathrm{T}}\boldsymbol{P}\dot{\boldsymbol{x}}=(\boldsymbol{A}\boldsymbol{x})^{\mathrm{T}}\boldsymbol{P}\boldsymbol{x}+\boldsymbol{x}^{\mathrm{T}}\boldsymbol{P}\boldsymbol{A}\boldsymbol{x}\\&=\boldsymbol{x}^{\mathrm{T}}\boldsymbol{A}^{\mathrm{T}}\boldsymbol{P}\boldsymbol{x}+\boldsymbol{x}^{\mathrm{T}}\boldsymbol{P}\boldsymbol{A}\boldsymbol{x}=\boldsymbol{x}^{\mathrm{T}}(\boldsymbol{A}^{\mathrm{T}}\boldsymbol{P}+\boldsymbol{P}\boldsymbol{A})\boldsymbol{x}\end{aligned}$$

由于 $V(\boldsymbol{x})$ 取为正定，对于渐近稳定性，要求 $\dot{V}(\boldsymbol{x})$ 为负定的，因此必须有

$$\dot{V}(\boldsymbol{x})=-\boldsymbol{x}^{\mathrm{T}}\boldsymbol{Q}\boldsymbol{x}$$

式中

$$-\boldsymbol{Q}=\boldsymbol{A}^{\mathrm{T}}\boldsymbol{P}+\boldsymbol{P}\boldsymbol{A}$$

为正定矩阵。因此，对于式(9-187) 的系统，其渐近稳定的充要条件是 $\boldsymbol{Q}$ 正定。为了判断 $n\times n$ 维矩阵的正定性，可采用赛尔维斯特准则，即矩阵为正定的充要条件是矩阵的所有主子行列式均为正值。

在判别 $\dot{V}(\boldsymbol{x})$ 时，方便的方法，不是先指定一个正定矩阵 $\boldsymbol{P}$，然后检查 $\boldsymbol{Q}$ 是否也是正定的，而是先指定一个正定的矩阵 $\boldsymbol{Q}$，然后检查由

$$\boldsymbol{A}^{\mathrm{T}}\boldsymbol{P}+\boldsymbol{P}\boldsymbol{A}=-\boldsymbol{Q}$$

确定的 $\boldsymbol{P}$ 是否也是正定的。这可归纳为如下定理。

定理 9-9 线性定常系统 $\dot{\boldsymbol{x}}=\boldsymbol{A}\boldsymbol{x}$ 在平衡点 $\boldsymbol{x}_{\mathrm{e}}=0$ 处渐近稳定的充要条件是：对于任意 $\boldsymbol{Q}>0$，存在 $\boldsymbol{P}>0$ 满足如下李雅普诺夫方程

$$\boldsymbol{A}^{\mathrm{T}}\boldsymbol{P}+\boldsymbol{P}\boldsymbol{A}=-\boldsymbol{Q}$$

这里 $\boldsymbol{P}$，$\boldsymbol{Q}$ 均为实对称矩阵。此时，李雅普诺夫函数为

$$V(\boldsymbol{x})=\boldsymbol{x}^{\mathrm{T}}\boldsymbol{P}\boldsymbol{x},\quad \dot{V}(\boldsymbol{x})=-\boldsymbol{x}^{\mathrm{T}}\boldsymbol{Q}\boldsymbol{x}$$

现对该定理作以下几点说明：

① 如果 $\dot{V}(\boldsymbol{x})=-\boldsymbol{x}^{\mathrm{T}}\boldsymbol{Q}\boldsymbol{x}$ 沿任一条轨迹不恒等于零，则 $\boldsymbol{Q}$ 可取正半定矩阵；

② 如果取任意的正定矩阵 $\boldsymbol{Q}$，或者如果 $\dot{V}(\boldsymbol{x})$ 沿任一轨迹不恒等于零时取任意的正半定矩阵 $\boldsymbol{Q}$，并求解矩阵方程

$$\boldsymbol{A}^{\mathrm{T}}\boldsymbol{P}+\boldsymbol{P}\boldsymbol{A}=-\boldsymbol{Q}$$

以确定 $\boldsymbol{P}$，则对于在平衡点 $\boldsymbol{x}_{\mathrm{e}}=0$ 处的渐近稳定性，$\boldsymbol{P}$ 为正定是充要条件；

③ 只要选择的矩阵 $\boldsymbol{Q}$ 为正定的（或根据情况选为正半定的），则最终的判定结果将与矩阵 $\boldsymbol{Q}$ 的不同选择无关。通常取 $\boldsymbol{Q}=\boldsymbol{I}$。

【例 9-37】 设二阶线性定常系统的状态方程为

$$\begin{bmatrix}\dot{x}_1\\\dot{x}_2\end{bmatrix}=\begin{bmatrix}0&1\\-1&-1\end{bmatrix}\begin{bmatrix}x_1\\x_2\end{bmatrix}$$

显然，平衡状态是原点。试确定该系统的稳定性。

解 不妨取李雅普诺夫函数为

$$V(\boldsymbol{x})=\boldsymbol{x}^{\mathrm{T}}\boldsymbol{P}\boldsymbol{x}$$

此时实对称矩阵 $\boldsymbol{P}$ 可由下式确定

$$\boldsymbol{A}^{\mathrm{T}}\boldsymbol{P}+\boldsymbol{P}\boldsymbol{A}=-\boldsymbol{I}$$

上式可写为

$$\begin{bmatrix}0&-1\\1&-1\end{bmatrix}\begin{bmatrix}p_{11}&p_{12}\\p_{12}&p_{22}\end{bmatrix}+\begin{bmatrix}p_{11}&p_{12}\\p_{12}&p_{22}\end{bmatrix}\begin{bmatrix}0&1\\-1&-1\end{bmatrix}=\begin{bmatrix}-1&0\\0&-1\end{bmatrix}$$

将矩阵方程展开，可得联立方程组为

$$-2p_{12}=-1$$
$$p_{11}-p_{12}-p_{22}=0$$
$$2p_{12}-2p_{22}=-1$$

从方程组中解出 p_{11}, p_{12}, p_{22}，可得

$$\begin{bmatrix} p_{11} & p_{12} \\ p_{12} & p_{22} \end{bmatrix}=\begin{bmatrix} \frac{3}{2} & \frac{1}{2} \\ \frac{1}{2} & 1 \end{bmatrix}$$

为了检验 $\boldsymbol{P}$ 的正定性，先来校核各主子行列式

$$\frac{3}{2}>0, \qquad \begin{vmatrix} \frac{3}{2} & \frac{1}{2} \\ \frac{1}{2} & 1 \end{vmatrix}>0$$

显然，$\boldsymbol{P}$ 是正定的。因此，在原点处的平衡状态是大范围渐近稳定的，且李雅普诺夫函数为

$$V(\boldsymbol{x})=\boldsymbol{x}^{\mathrm{T}}\boldsymbol{P}\boldsymbol{x}=\frac{1}{2}(3x_1^2+2x_1x_2+2x_2^2)$$

且 $$\dot{V}(\boldsymbol{x})=-(x_1^2+x_2^2)$$

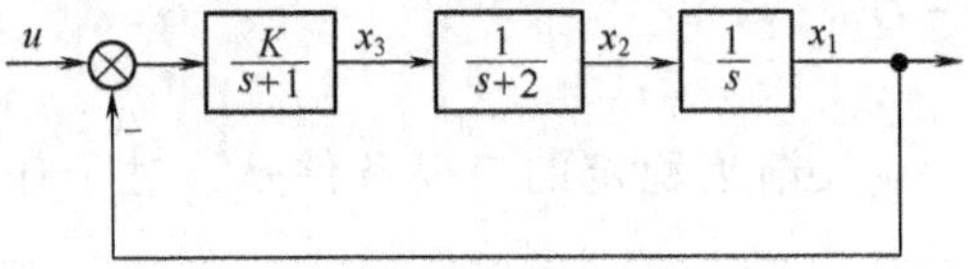

图 9-30 控制系统框图

【例 9-38】 试确定如图 9-30 所示系统的增益 K 的稳定范围。

解 容易推得系统的状态方程为

$$\begin{bmatrix} \dot{x}_1 \\ \dot{x}_2 \\ \dot{x}_3 \end{bmatrix}=\begin{bmatrix} 0 & 1 & 0 \\ 0 & -2 & 1 \\ -K & 0 & -1 \end{bmatrix}\begin{bmatrix} x_1 \\ x_2 \\ x_3 \end{bmatrix}+\begin{bmatrix} 0 \\ 0 \\ K \end{bmatrix}u$$

在确定 K 的稳定范围时，假设输入 u 为零。于是上式可写为

$$\dot{x}_1=x_2 \tag{9-188}$$
$$\dot{x}_2=-2x_2+x_3 \tag{9-189}$$
$$\dot{x}_3=-Kx_1-x_3 \tag{9-190}$$

由式(9-188) ～式(9-190) 可发现，原点是平衡状态。假设取正半定的实对称矩阵$\boldsymbol{Q}$ 为

$$\boldsymbol{Q}=\begin{bmatrix} 0 & 0 & 0 \\ 0 & 0 & 0 \\ 0 & 0 & 1 \end{bmatrix}$$

由于除原点外 $\dot{V}(\boldsymbol{x})=-\boldsymbol{x}^{\mathrm{T}}\boldsymbol{Q}\boldsymbol{x}$ 不恒等于零，因此可选上式的 $\boldsymbol{Q}$。为了证实这一点，注意

$$\dot{V}(\boldsymbol{x})=-\boldsymbol{x}^{\mathrm{T}}\boldsymbol{Q}\boldsymbol{x}=-x_3^2$$

取 $\dot{V}(\boldsymbol{x})$ 恒等于零，意味着 x_3 也恒等于零。如果 x_3 恒等于零，x_1 也必恒等于零，因为由式(9-190) 可得

$$-Kx_1=0$$

如果 x_1 恒等于零，x_2 也恒等于零。因为由式(9-188) 可得

$$0=x_2$$

于是 $\dot{V}(\boldsymbol{x})$ 只在原点处才恒等于零。因此，为了分析稳定性，可采用由式(9-190) 定义的矩阵 $\boldsymbol{Q}$。

现在求解如下李雅普诺夫方程

$$A^{\mathrm{T}}P+PA=-Q$$

它可重写为

$$\begin{bmatrix}0&0&-K\\1&-2&0\\0&1&-1\end{bmatrix}\begin{bmatrix}p_{11}&p_{12}&p_{13}\\p_{12}&p_{22}&p_{23}\\p_{13}&p_{23}&p_{33}\end{bmatrix}+\begin{bmatrix}p_{11}&p_{12}&p_{13}\\p_{12}&p_{22}&p_{23}\\p_{13}&p_{23}&p_{33}\end{bmatrix}\begin{bmatrix}0&1&0\\0&-2&1\\-K&0&-1\end{bmatrix}=\begin{bmatrix}0&0&0\\0&0&0\\0&0&-1\end{bmatrix}$$

对 P 的各元素求解，可得

$$P=\begin{bmatrix}\dfrac{K^2+12K}{12-2K}&\dfrac{6K}{12-2K}&0\\\dfrac{6K}{12-2K}&\dfrac{3K}{12-2K}&\dfrac{K}{12-2K}\\0&\dfrac{K}{12-2K}&\dfrac{6K}{12-2K}\end{bmatrix}$$

为使 P 成为正定矩阵，其充要条件为

$$12-2K>0 \text{ 和 } K>0$$

即

$$0<K<6$$

因此，当 $0<K<6$ 时，系统在李雅普诺夫意义下是稳定的，也就是说，原点是大范围渐近稳定的。

(5) 线性定常离散系统渐近稳定的判别

设系统状态方程为

$$x(k+1)=Gx(k) \tag{9-191}$$

式中，G 为非奇异矩阵，原点是平衡状态。设取如下正定二次型函数

$$V[x(k)]=x^{\mathrm{T}}(k)Px(k) \tag{9-192}$$

以代替 $\dot{V}(x)$，计算 $\Delta V[x(k)]$ 有

$$\begin{aligned}\Delta V[x(k)]&=x^{\mathrm{T}}(k+1)Px(k+1)-x^{\mathrm{T}}(k)Px(k)=[Gx(k)]^{\mathrm{T}}P[Gx(k)]-x^{\mathrm{T}}(k)Px(k)\\&=x^{\mathrm{T}}(k)[G^{\mathrm{T}}PG-P]x(k)\end{aligned} \tag{9-193}$$

令

$$G^{\mathrm{T}}PG-P=-Q \tag{9-194}$$

式(9-194) 称为离散的李雅普诺夫代数方程，于是

$$\Delta[x(k)]=-x^{\mathrm{T}}(k)Qx(k)$$

于是得到如下定理。

定理 9-10 离散系统 $x(k+1)=Gx(k)$ 渐近稳定的充要条件是，给定任一正定实对称矩阵 Q，存在一个正定实对称矩阵 P，使式(9-194) 成立。$x^{\mathrm{T}}(k)Px(k)$ 是系统的一个李雅普诺夫函数。通常可取 $Q=I$。

如果 $\Delta V[x(k)]$沿任意一个解的序列不恒为零，Q 也可以取为半正定矩阵。

本 章 小 结

本章介绍了状态空间的基本概念，包括状态的定义、状态空间表达式的建立等。

值得指出的是，线性系统的状态空间表达式不是惟一的，存在无穷多种等价的表达式。其中可控标准型、可观标准形，Jordan 标准型是几种最重要的标准形。本章介绍了状态空间表达式到标准形的变换方法。

在建立了系统的状态空间表达式之后，本章介绍了状态方程的解的问题。其中最重要的一步是计算线性系统的状态转移矩阵，本章介绍了几种常用的方法。其中拉氏变换和基于凯莱-哈密尔顿定理的方法适合于低阶系统手工计算。

线性系统的可控性和可观性是状态空间方法的两个最重要的基本概念。本章讨论了其基本定义以及相关的判据。

在基于状态空间方法的控制器设计方面，本章主要介绍了单输入单输出系统的极点配置方法和观测器方法。

稳定性是控制系统的一个十分重要的问题。本章介绍了李雅普诺夫的稳定性理论。在非线性系统稳定性方面，介绍了几个稳定性定理，两种构造李雅普诺夫的方法。而线性系统的稳定性可以通过求解李雅普诺夫方程，判断其解的正定性得到。

习 题 9

9-1 已知电枢控制的直流伺服电机的方程组及传递函数为

$$u_a = R_a i_a + L_a \frac{di_a}{dt} + E_a$$

$$E_b = K_b \frac{d\theta_m}{dt}$$

$$M_m = C_m i_a$$

$$M_m = J_m \frac{d^2\theta_m}{dt^2} + f_m \frac{d\theta_m}{dt}$$

$$\frac{\theta_m(s)}{u_a(s)} = \frac{C_m}{s[L_a L_m s^2 + (L_a f_m + J_m R_a)s + (R_a f_m + K_b C_m)]}$$

① 设状态变量为 $x_1=\theta_m$，$x_2=\dot{\theta}_m$，$x_3=\ddot{\theta}_m$ 及输出量为 $y=\theta_m$，试建立其状态空间表达式；

② 设状态变量为 $\overline{x}_1=i_a$，$\overline{x}_2=\theta_m$，$\overline{x}_3=\dot{\theta}_m$ 及输出量为 $y=\theta_m$，试建立其状态空间表达式；

③ 设 $\boldsymbol{x}=T\overline{\boldsymbol{x}}$，确定两组状态变量之间的变换矩阵。

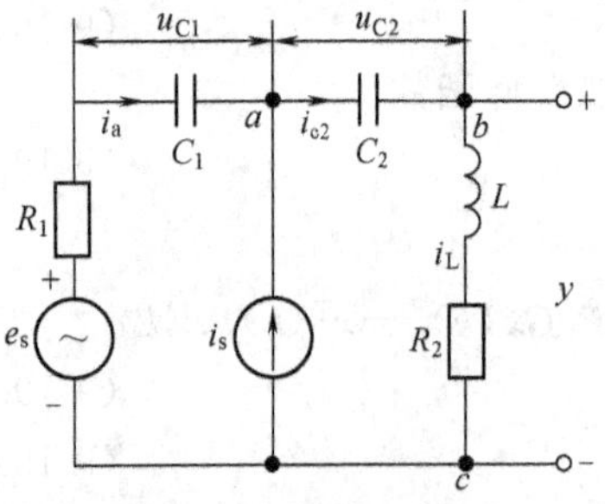

图 9-31 习题 9-2 图

9-2 如图 9-31 所示的电气网络，有电压源 e_s 及电流源 i_s 两个输入量。$x_1=i_L$，$x_2=u_{C1}$，$x_3=u_{C2}$，输出量 y。试建立其网络动态方程，写出其向量-矩阵形式（提示：先列写节点 a,b 的电流方程及回路的电势平衡方程）。

9-3 设系统微分方程为

$$\ddot{x}+3\dot{x}+2x=u$$

式中，u 为输入量，x 为输出量。

① 设取状态变量 $x_1=x$，$x_2=\dot{x}$，试列写状态方程；

② 设有状态变换，$x_1=\overline{x}_1+\overline{x}_2$，$x_2=\overline{x}_1-2\overline{x}_2$，试确定变换矩阵及变换后的状态方程。

9-4 考虑下列单输入单输出系统：

$$\dddot{y}+6\ddot{y}+11\dot{y}+6y=6u$$

试求该系统状态空间表达式的对角线标准形，画出状态变量图。

9-5 考虑以下系统的传递函数

$$\frac{Y(s)}{U(s)}=\frac{s+6}{s^2+5s+6}$$

试求该系统状态空间表达式的可控标准形和可观测标准形。

9-6 已知系统结构图如图 9-32 所示，设其状态变量为 x_1,x_2,x_3。试求状态空间表达式。

9-7 已知双输入双输出系统的状态方程和输出方程，写出向量-矩阵形式，并画出状态变量图。

$$\dot{x}_1 = x_2 + u_1$$

$$\dot{x}_2 = x_3 + 2u_1 - u_2$$

$$\dot{x}_3 = -6x_1 - 11x_2 - 6x_3 + 2u_2$$

$$y_1 = x_1 - x_2$$

$$y_2 = 2x_1 + x_2 - x_3$$

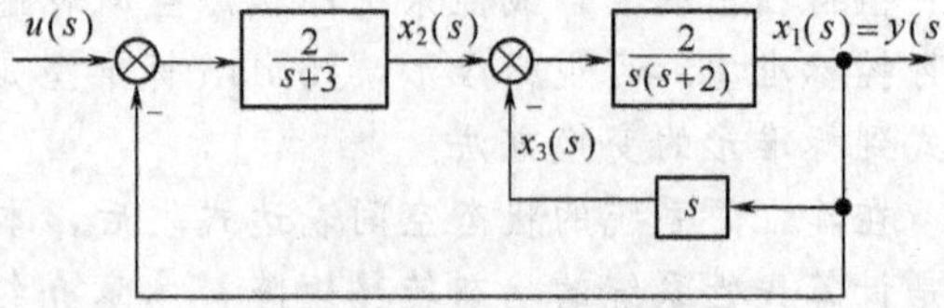

图 9-32 习题 9-6 结构图

9-8 考虑由下式定义的系统

$$\dot{\boldsymbol{x}}=\boldsymbol{A}\boldsymbol{x}+\boldsymbol{B}u$$
$$y=\boldsymbol{C}\boldsymbol{x}$$

式中

$$\boldsymbol{A}=\begin{bmatrix}1 & 2\\-4 & -3\end{bmatrix},\quad \boldsymbol{B}=\begin{bmatrix}1\\2\end{bmatrix},\quad \boldsymbol{C}=[1\quad 1]$$

试将该系统的状态空间表达式变换为可控标准形。

9-9 考虑由下式定义的系统

$$\dot{\boldsymbol{x}}=\boldsymbol{A}\boldsymbol{x}+\boldsymbol{B}u$$
$$y=\boldsymbol{C}\boldsymbol{x}$$

式中

$$\boldsymbol{A}=\begin{bmatrix}-1 & 0 & 1\\1 & -2 & 0\\0 & 0 & -3\end{bmatrix},\quad \boldsymbol{B}=\begin{bmatrix}0\\0\\1\end{bmatrix},\quad \boldsymbol{C}=[1\quad 1\quad 0]$$

试求其传递函数 $Y(s)/U(s)$。

9-10 考虑下列矩阵

$$\boldsymbol{A}=\begin{bmatrix}0 & 1 & 0 & 0\\0 & 0 & 1 & 0\\0 & 0 & 0 & 1\\1 & 0 & 0 & 0\end{bmatrix}$$

试求矩阵 **A** 的特征值 $\lambda_1, \lambda_2, \lambda_3$ 和 λ_4。再求变换矩阵 $\boldsymbol{P}$，使得

$$\boldsymbol{P}^{-1}\boldsymbol{A}\boldsymbol{P}=\mathrm{diag}(\lambda_1,\lambda_2,\lambda_3,\lambda_4)$$

9-11 考虑下列矩阵

$$\boldsymbol{A}=\begin{bmatrix}0 & 1\\-2 & -3\end{bmatrix}$$

试利用三种方法计算 $e^{\boldsymbol{A}t}$。

9-12 给定线性定常系统

$$\dot{\boldsymbol{x}}=\boldsymbol{A}\boldsymbol{x}$$

式中

$$\boldsymbol{A}=\begin{bmatrix}0 & 1\\-3 & -2\end{bmatrix}$$

且初始条件为

$$\boldsymbol{x}(0)=\begin{bmatrix}1\\-1\end{bmatrix}$$

试求该齐次状态方程的解 $\boldsymbol{x}(t)$。

9-13 考虑由下式定义的系统

$$\dot{\boldsymbol{x}}=\boldsymbol{A}\boldsymbol{x}+\boldsymbol{B}u$$
$$y=\boldsymbol{C}\boldsymbol{x}$$

式中

$$\boldsymbol{A}=\begin{bmatrix}-1 & -2 & -2\\0 & -1 & 1\\1 & 0 & -1\end{bmatrix},\quad \boldsymbol{B}=\begin{bmatrix}2\\0\\1\end{bmatrix},\quad \boldsymbol{C}=[1\quad 1\quad 0]$$

试判断该系统是否为状态可控和状态可观测。该系统是输出可控的吗？

9-14 下列可控标准形是状态可控和状态可观测的吗？

$$\dot{\boldsymbol{x}}=\boldsymbol{A}\boldsymbol{x}+\boldsymbol{B}u$$
$$y=\boldsymbol{C}\boldsymbol{x}$$

式中

$$A=\begin{bmatrix}0&1&0\\0&0&1\\-6&-11&-6\end{bmatrix},\quad B=\begin{bmatrix}0\\0\\1\end{bmatrix},\quad C=[20\quad 9\quad 1]$$

9-15 考虑如下系统

$$\dot{x}=Ax+Bu$$
$$y=Cx$$

式中

$$A=\begin{bmatrix}0&1&0\\0&0&1\\-6&-11&-6\end{bmatrix},\quad B=\begin{bmatrix}0\\1\\0\end{bmatrix},\quad C=[c_1\quad c_2\quad c_3]$$

除了明显地选择 $c_1=c_2=c_3=0$ 外，试找出使该系统状态不能观测的一组 c_1，c_2 和 c_3。

9-16 给定线性定常系统

$$\dot{x}=Ax+Bu$$
$$y=Cx$$

式中

$$A=\begin{bmatrix}-1&0&1\\1&-2&0\\0&0&-3\end{bmatrix},\quad B=\begin{bmatrix}0\\0\\1\end{bmatrix},\quad C=[1\quad 1\quad 0]$$

试将该状态方程化为可控标准形和可观测标准形。

9-17 给定线性定常系统

$$\dot{x}=Ax+Bu$$
$$y=Cx$$

式中

$$A=\begin{bmatrix}-1&0&1\\1&-2&0\\0&0&-3\end{bmatrix},\quad B=\begin{bmatrix}0\\1\\1\end{bmatrix},\quad C=[1\quad 1\quad 1]$$

试将该状态方程化为可观测标准形。

9-18 直流电动机的传递函数为

$$G(s)=\frac{4}{s(s^2+5s+4)}$$

试确定该系统是否可控和可观。

9-19 无线电遥控的机器人系统状态空间表达式为

$$\dot{x}=\begin{bmatrix}-1&0&0\\0&-2&0\\0&0&-3\end{bmatrix}x+\begin{bmatrix}1\\1\\0\end{bmatrix}u$$
$$y=[1\quad 0\quad 2]x$$

① 试确定其传函 $G(s)=Y(s)/U(s)$；

② 画出信号流程图并标出状态变量；

③ 判断系统是否可控；

④ 判断系统是否可观。

9-20 系统的矩阵差分方程

$$\dot{x}=\begin{bmatrix}1&0\\0&2\end{bmatrix}x+\begin{bmatrix}b_1\\b_2\end{bmatrix}u$$

试确定 b_1 与 b_2 的大小，使得系统可控。

9-21 试确定下列二次型是否为正定的

$$Q=x_1^2+4x_2^2+x_3^2+2x_1x_2-6x_2x_3-2x_1x_3$$

9-22 试确定下列二次型是否为负定的

$$Q=-x_1^2-3x_2^2-11x_3^2+2x_1x_2-4x_2x_3-2x_1x_3$$

9-23 试确定下列非线性系统的原点稳定性

$$\dot{x}_1 = -x_1 + x_2 + x_1(x_1^2 + x_2^2)$$
$$\dot{x}_2 = x_1 - x_2 + x_2(x_1^2 + x_2^2)$$

考虑下列二次型函数是否可以作为一个可能的李雅普诺夫函数

$$V = x_1^2 + x_2^2$$

9-24 试写出下列系统的几个李雅普诺夫函数

$$\begin{bmatrix}\dot{x}_1\\ \dot{x}_2\end{bmatrix} = \begin{bmatrix}-1 & 1\\ 2 & -3\end{bmatrix}\begin{bmatrix}x_1\\ x_2\end{bmatrix}$$

并确定该系统原点的稳定性。

9-25 试确定下列线性系统平衡状态的稳定性

$$\dot{x}_1 = -x_1 - 2x_2 + 2$$
$$\dot{x}_2 = x_1 - 4x_2 - 1$$

9-26 试确定下列线性系统平衡状态的稳定性

$$\dot{x}_1 = x_1 + 3x_2$$
$$\dot{x}_2 = -3x_1 - 2x_2 - 3x_3$$
$$\dot{x}_3 = x_1$$

9-27 火箭的动力系统可表示为

$$G(s) = \frac{Y(s)}{U(s)} = \frac{1}{s^2},$$

其状态反馈为 $x_1 = Y(t)$，$u = -x_2 - 0.5x_1$，试确定系统特征方程的根和初始条件为 $x_1(0) = 0$ 和 $x_2(0) = 1$ 时的系统响应。

9-28 给定线性定常系统

$$\dot{\boldsymbol{x}} = \boldsymbol{A}\boldsymbol{x} + \boldsymbol{B}u$$

式中

$$\boldsymbol{A} = \begin{bmatrix}0 & 1 & 0\\ 0 & 0 & 1\\ -1 & -5 & -6\end{bmatrix},\quad \boldsymbol{B} = \begin{bmatrix}0\\ 0\\ 1\end{bmatrix}$$

采用状态反馈控制律 $u = -\boldsymbol{K}\boldsymbol{x}$，要求该系统的闭环极点为 $s_{1,2} = -2 \pm \mathrm{j}4$，$s_3 = -10$。试确定状态反馈增益矩阵 $\boldsymbol{K}$。

9-29 给定线性定常系统

$$\begin{bmatrix}\dot{x}_1\\ \dot{x}_2\end{bmatrix} = \begin{bmatrix}-1 & 1\\ 0 & 2\end{bmatrix}\begin{bmatrix}x_1\\ x_2\end{bmatrix} + \begin{bmatrix}1\\ 0\end{bmatrix}u$$

试证明无论选择什么样的矩阵 $\boldsymbol{K}$，该系统均不能通过状态反馈控制 $u = -\boldsymbol{K}\boldsymbol{x}$ 来稳定。

9-30 调节器系统被控对象的传递函数为

$$\frac{Y(s)}{U(s)} = \frac{10}{(s+1)(s+2)(s+3)}$$

定义状态变量为 $x_1 = y,\quad x_2 = \dot{x}_1,\quad x_3 = \dot{x}_2$

利用状态反馈控制律 $u = -\boldsymbol{K}\boldsymbol{x}$，要求闭环极点为 $s = \mu_i (i = 1, 2, 3)$，其中

$$\mu_1 = -2 + \mathrm{j}2\sqrt{2},\quad \mu_2 = -2 - \mathrm{j}2\sqrt{2},\quad \mu_3 = -10$$

试确定必需的状态反馈增益矩阵 $\boldsymbol{K}$。

9-31 某机械设备的传递函数 $G(s)$ 表示为

$$\frac{C(s)}{U(s)} = G(s) = \frac{1}{s^2 + 5s + 4}$$

用状态反馈与输入 $R(s)$，使得其阶跃响应的稳态误差为 0，同时选择增益使得其响应满足超调量约为 1%，调整时间少于 1s。

9-32 某反馈系统的过程传递函数为

$$G(s) = \frac{Y(s)}{U(s)} = \frac{\boldsymbol{K}}{s(s+70)}$$

希望其速度误差系数 K_v 为 35，且其阶跃响应的超调量约为 4%，ζ 为 $1/\sqrt{2}$，超调时间为 0.11s，试设计一个合适的状态反馈系统。

9-33 某机械设备的传递函数为

$$\frac{Y(s)}{U(s)}=\frac{1}{s(s+10)}$$

确定状态反馈增益，使得系统响应的调整时间为 1s，超调量约为 10%。绘制反馈系统的状态变量图，并选择一个合适的输入 $R(s)$ 与变量 $U(s)$ 的比例系数，使得系统阶跃响应的稳态误差为 0。

9-34 《侏罗纪公园》中的恐龙一只翼的运动的表达式为

$$G(s)=\frac{1}{s(s+1)}$$

希望其闭环极点为 $s=-2+j2$，运用爱克曼公式确定状态反馈增益。假定输出运动的位置和速度可测得。

9-35 某系统的传递函数为

$$\frac{Y(s)}{R(s)}=\frac{s+a}{s^4+53s^3+10s^2+4}$$

试确定系统可控可观时的 a 值。

9-36 某系统有传递函数

$$G(s)=\frac{Y(s)}{U(s)}=\frac{1}{(s+1)^2}$$

① 用状态空间表达式描述该系统，并绘制状态变量图；

② 用 $U(t)$ 构成一个状态变量反馈系统，并确定反馈增益使得当 $x_1(0)=1$，$x_2(0)=0$，且 $x_1(t)=Y(t)$ 时，系统的响应 $Y(t)$ 得到完全抑制，重根为 $s=-\sqrt{2}$。

9-37 某机械控制系统的传函为

$$G(s)=\frac{1}{s(s+0.4)}$$

其负反馈为 [17，22]，分别用状态空间表达式和状态变量图来表示该系统。

① 绘出闭环系统的阶跃响应；

② 运用状态反馈，使得超调量为 5% 且调节时间为 1.35s；

③ 绘出状态反馈系统的阶跃响应。

9-38 轮船的自动航行系统的状态空间表达式为

$$\dot{\boldsymbol{x}}=\begin{bmatrix}-0.05 & -6 & 0 & 0\\ -10^{-3} & -0.15 & 0 & 0\\ 1 & 0 & 0 & 13\\ 0 & 1 & 0 & 0\end{bmatrix}\boldsymbol{x}(t)+\begin{bmatrix}-0.2\\ 0.03\\ 0\\ 0\end{bmatrix}\delta(t)$$

其中

$$\boldsymbol{x}^{\mathrm{T}}=[v \quad \omega_s \quad y \quad \theta]$$

状态变量分别为 $x_1=v$=加速度；$x_2=\omega_s$=船中与响应机构相关联的协调机构的角速度；$x_3=y$=在垂直轴线上偏离航线的偏差距离；$x_4=\theta$=偏差角度。

① 确定系统是否稳定；

② 加上反馈后

$$\delta(t)=-k_1x_1-k_3x_3$$

确定是否有合适的 k_1 和 k_2 使得系统稳定。

9-39 某系统为

$$G(s)=\frac{3s^2+4s+2}{s^3+3s^2+7s+5}$$

加入状态变量反馈使得闭环极点为 $s=-4, -4$ 和 -5，试确定反馈矩阵 $\boldsymbol{K}$。

9-40 倒转钟摆的运动的状态空间表达式为

$$\frac{d\boldsymbol{x}}{dt}=\begin{bmatrix}0 & 1 & 0 & 0\\ 0 & 0 & -1 & 0\\ 1 & 0 & 0 & 1\\ 0 & 0 & 9.8 & 0\end{bmatrix}\boldsymbol{x}+\begin{bmatrix}0\\ 1\\ 0\\ -1\end{bmatrix}u$$

假定所有的状态变量可测得，设计状态反馈使得系统的特征方程根为 $s=-2\pm j$，-5 和 -5。

9-41 高性能的直升机的控制目标是通过调节水平旋翼的角速度来控制直升机的倾斜角 θ 和直升机的运行。其方程为

$$\frac{d^2\theta}{dt^2}=-\sigma_1\frac{d\theta}{dt}-\alpha_1\frac{dx}{dt}+n\delta$$

$$\frac{d^2x}{dt^2}=g\theta-\alpha_2\frac{d\theta}{dt}-\sigma_2\frac{dx}{dt}+g\delta$$

其中 x 是在水平方向上的位移。军用高性能直升机的有关参数为

$$\sigma_1=0.415,\quad \alpha_2=1.43$$

$$\sigma_2=0.0198,\quad n=6.27$$

$$\alpha_1=0.0111,\quad g=9.8$$

确定：① 此系统的状态变量；

② 传递函数 $\theta(s)/\delta(s)$；

③ 用状态变量反馈来得到理想的性能指标。

理想的技术要求包括：对给定的 $\theta_d(s)$ 而言，阶跃输入响应为稳态，理想的倾斜角小于输入阶跃大小的 20%；阶跃响应的超调量小于 20%；阶跃响应的调整时间小于 1.5s。

9-42 造纸工业中头箱在某点上的线性化状态空间表达式为

$$\dot{\boldsymbol{x}}=\begin{bmatrix}-0.4 & 0.01\\ -0.01 & 0\end{bmatrix}\boldsymbol{x}+\begin{bmatrix}3.4\times10^{-2} & 1\\ 1\times10^{-3} & 0\end{bmatrix}\boldsymbol{u}$$

$$\boldsymbol{y}=\begin{bmatrix}1 & 0\\ 0 & 1\end{bmatrix}\begin{bmatrix}x_1\\ x_2\end{bmatrix}$$

状态变量 x_1 为液面高度，x_2 为压力；控制变量 u_1 为泵的流量，u_2 为阀的开度，试设计一个状态变量反馈系统，使其特征方程的实根的值大于 4。

9-43 某联动装置的二阶模型是

$$\dot{\boldsymbol{x}}=\begin{bmatrix}0 & 1\\ -36 & -12\end{bmatrix}\boldsymbol{x}+\begin{bmatrix}0\\ 1\end{bmatrix}u$$

$$y=x_1$$

试设计一个状态变量反馈控制器，系统产生的阶跃响应无振荡，并且其超调时间小于 0.5s。

9-44 试用 Matlab 求解习题 9-28。

9-45 试用 Matlab 求解习题 9-30。

9-46 考虑系统为

$$\dot{\boldsymbol{x}}=\begin{bmatrix}-1 & 1 & 0\\ 4 & 0 & -3\\ -6 & 8 & 10\end{bmatrix}\boldsymbol{x}+\begin{bmatrix}1\\ 0\\ -1\end{bmatrix}u$$

$$y=[1\quad 2\quad 1]\boldsymbol{x}$$

用可控与可观函数来判断系统是否可控或可观。

9-47 下面这个模型是用来描述恒速导弹的运行

$$\dot{\boldsymbol{x}}=\begin{bmatrix}0 & 1 & 0 & 0 & 0\\ -0.1 & -0.5 & 0 & 0 & 0\\ 0.5 & 0 & 0 & 0 & 0\\ 0 & 0 & 10 & 0 & 0\\ 0.5 & 1 & 0 & 0 & 0\end{bmatrix}\boldsymbol{x}+\begin{bmatrix}0\\ 1\\ 0\\ 0\\ 0\end{bmatrix}u$$

$$y=[0\quad 0\quad 0\quad 1\quad 0]\boldsymbol{x}$$

① 调用 ctrb 函数分析可控性能矩阵确定系统的不可控性；

② 首先计算出从 u 到 y 的传递函数，然后消去传递函数中分子分母相同的多项式，得到一个可控的状态变量模型，接着用 tf2ss 函数来确定系统的改进过的状态变量模型；

③ 判定②中改进的状态变量模型是否可控；

④ 恒速导弹稳定吗？

⑤ 讨论可控性与状态变量模型复杂程度（由状态变量的个数来衡量）之间的关系。

9-48 垂直起飞与降落的飞行器（VTOL）的运动线性化模型为

$$\dot{\boldsymbol{x}}=\boldsymbol{A}\boldsymbol{x}+\boldsymbol{b}_1u_1+\boldsymbol{b}_2u_2$$

其中

$$\boldsymbol{A}=\begin{bmatrix}-0.0366 & 0.0271 & 0.0188 & -0.4555\\ 0.0482 & -1.0100 & 0.0024 & -4.0208\\ 0.1002 & 0.3681 & -0.7070 & 1.4200\\ 0 & 0 & 1 & 0\end{bmatrix}$$

和

$$\boldsymbol{b}_1=\begin{bmatrix}0.4422\\ 3.5446\\ -5.5200\\ 0\end{bmatrix},\quad \boldsymbol{b}_2=\begin{bmatrix}0.1761\\ -7.5922\\ 4.4900\\ 0\end{bmatrix}$$

其状态变量部分有ⓐx_1 是水平速度，n mile(海里)/s；ⓑx_2 是竖直速度，n mile(海里)/s；ⓒx_3 是倾斜率，°(度)/s；ⓓx_4 是倾斜角度，°（度）。输入 u_1 主要是用来控制垂直运动，u_2 是用来控制水平运动的。

① 计算系统矩阵 $\boldsymbol{A}$ 的特征值，系统稳定吗？

② 用 poly 函数来确定 $\boldsymbol{A}$ 的特征多项式。计算特征方程的根，并与ⓐ中算出的特征值相比较；

③ 只有 u_1 的话，系统可控吗？如果只有 u_2 呢？讨论结果。

9-49 在探索登陆月球的过程中，研究在太阳-月亮-地球系中于月球的外侧的平衡点放置一颗通讯卫星的可能性。理想的卫星轨道称为哈雷轨道。控制器的目的是为了确使卫星在哈雷轨道上运行的同时，可从地球上观察到，使得随时都可能进行通讯联络。通讯方式是从地球到卫星然后再到远处月球的另一侧。线性化（或标准化）的卫星围绕月球外的平衡点的方程为

$$\dot{\boldsymbol{x}}=\begin{bmatrix}0 & 0 & 0 & 1 & 0 & 0\\ 0 & 0 & 0 & 0 & 1 & 0\\ 0 & 0 & 0 & 0 & 0 & 1\\ 7.3809 & 0 & 0 & 0 & 2 & 0\\ 0 & -2.1904 & 0 & -2 & 0 & 0\\ 0 & 0 & -3.1904 & 0 & 0 & 0\end{bmatrix}\boldsymbol{x}+\begin{bmatrix}0\\0\\0\\1\\0\\0\end{bmatrix}u_1+\begin{bmatrix}0\\0\\0\\0\\1\\0\end{bmatrix}u_2+\begin{bmatrix}0\\0\\0\\0\\0\\1\end{bmatrix}u_3$$

状态向量 $\boldsymbol{x}$ 是卫星的位置和速度，输入 u_i，其中 $i=1，2，3$，分别是在 ξ，η，ζ 方向上加速推进器的作用，如图 9-33 所示。

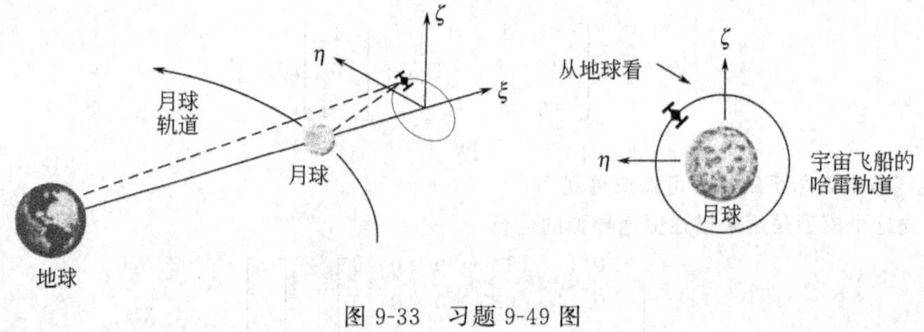

图 9-33 习题 9-49 图

① 月球外侧的平衡点是个固定的位置吗？

② 如果只有 u_1，系统可控吗？

③ 若只有 u_2 呢？

④ 若只有 u_3 呢？

⑤ 假设可以从 η 方向观察到具体的位置，试确定从 u_2 到 η 的传递函数；（提示：令 $y=[0\ \ 1\ \ 0\ \ 0\ \ 0\ \ 0]\boldsymbol{x}$）

⑥ 用 tf2ss 函数来计算⑤中传函的状态空间表达式，并确定系统是否可控；

⑦ 在⑥的条件下，用状态反馈 $u_2=-\boldsymbol{K}\boldsymbol{x}$，设计一个控制器，确定 $\boldsymbol{K}$ 使得系统的闭环极点为 $s_{1,2}=-1\pm \mathrm{j}$，

$s_{3,4}=-10$。

9-50 考虑系统为

$$\dot{x}=\begin{bmatrix}0 & 1 & 0\\0 & 0 & 1\\-2 & -4 & -6\end{bmatrix}x(t)$$

$$y(t)=[1\quad 0\quad 0]x(t)$$

假定有三个观察值 $y(t_i)$（$i=1,2,3$）如下所示

$$y(t_1)=1,\qquad t_1=0$$

$$y(t_2)=-0.0256,\qquad t_2=2$$

$$y(t_3)=-0.2522,\qquad t_3=4$$

① 利用三个观察值，通过某种途径来确定系统中的状态变量 $x(t_0)$ 的初始值，当用到 lism 函数时会重新产生三个观测值；

② 根据所给的观测值，计算 $x(t_0)$，并讨论在什么情况下这个问题能够彻底解决；

③ 确定系统在计算出来的初始条件下的响应结果［提示：设 $x(t)=e^{\lambda(t-t_0)}x(t_0)$］。

10 鲁棒控制系统

内容提要

鲁棒性是描述控制系统具有不确定和扰动情况下系统性能的度量。本章介绍鲁棒性的基本概念和控制系统具有参数不确定时的稳定鲁棒性分析的集中方法。

知识要点

稳定鲁棒性，性能鲁棒性，Kharitonov 定理，稳定鲁棒性判据。

实际的物理系统及其工作环境中不可避免的存在各种不确定性，为使控制系统能够可靠工作，在系统的分析设计阶段就应该考虑不确定性对系统性能的影响，特别是对稳定性的影响，因为稳定是对控制系统最基本的要求。鲁棒控制理论是 20 世纪末发展起来的控制理论重要分支，在本章中将介绍鲁棒控制的初步概念和若干种稳定鲁棒性分析的经典方法。

10.1 鲁棒性的基本概念

实际的控制系统中不可避免地存在着各种不确定性，例如外界对系统的不确定性扰动、系统内部参数随时间发生不确定性的变化、系统建模的不精确等。“鲁棒”一词源于英文单词“Robust”的音译，其原意是强壮的、健壮的、稳健的。若控制系统能在一定程度上容忍不确定性，使不确定性对系统的某种性能指标（例如稳定性，抗扰性，跟踪性能等）所造成的影响保持在可以接受的范围之内，则称该控制系统具有鲁棒性“Robustness”。在本章中主要考虑闭环系统对模型不确定性的稳定鲁棒性问题。

由于受掌握的知识或检测工具所限，系统建模时得到数学模型中总是有部分参数仅能知道它们的近似值，并且系统的实际参数在系统运行时还会发生变化。另外，即便是可以得到十分精确的模型，但是为了分析和设计的方便，常常需要做必要的降阶和线性化处理。这些因素都会使得供分析和设计使用的标称系统（数学模型）与实际的物理系统之间不可避免的存在差异，这种差异称为模型与实际对象的失配或简称为模型不确定性。

若存在系统模型不确定性时闭环控制系统仍然能够保持稳定，则称该系统是稳定鲁棒的(Robust Stability)。若控制系统在稳定鲁棒的同时其他某一性能指标（如抗扰性、跟踪性能等）也具有鲁棒性，则称该系统是性能鲁棒的（Robust Performance)。

需注意到鲁棒控制系统的实际控制效果并非一定总是最优的。因为鲁棒控制的目标是保障在最不利的情况下，系统仍能具有满足工作要求的基本性能指标，如果最不利的情况并未发生，其他的控制方法可能会具有更好的控制效果。

10.2 参数不确定系统的稳定鲁棒性

10.2.1 使用劳斯判据分析参数不确定系统的稳定区域

下面通过一个简单的例子来说明如何利用传统控制理论中的 Routh 判据分析具有参数不确定性的低阶系统的稳定区域。

【例 10-1】 在图 10-1 所示的反馈系统中被控对象的传递函数为

$$P(s)=\frac{g}{s^2(1+\theta s)} \tag{10-1}$$

其中增益 g 的精确值未知，供设计时使用的标称值是$g=1$，θ 是寄生时间常数，标称值为$\theta_0=0$，即标称系统是

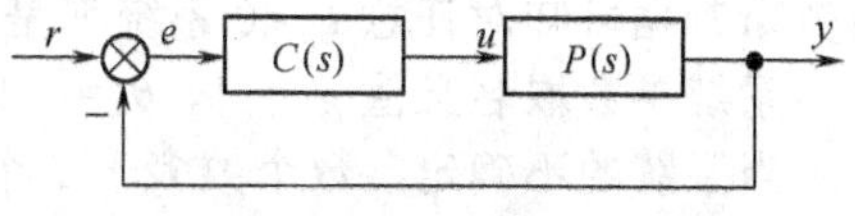

图 10-1 负反馈控制系统

$$P_0(s)=\frac{1}{s^2} \tag{10-2}$$

选用控制器

$$C(s)=\frac{k(1+T_d s)}{1+T_0 s} \tag{10-3}$$

当取 $k=1$，$T_d=\sqrt{2}$，$T_0=0.1$ 时，闭环系统有一个负实数极点 -8.4697，和一对主导极点 $-0.7652\pm j0.7715$，系统稳定并有如图 10-2 所示满意的单位阶跃响应曲线。

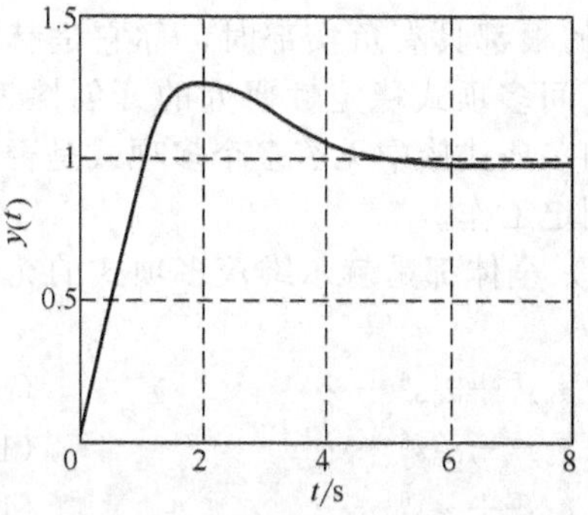

图 10-2 校正后系统的单位阶跃响应曲线

但是，基于标称模型式(10-2) 设计出来的控制器式(10-3) 是要用来控制实际被控对象式(10-1) 的，这时闭环系统还能保持稳定吗？

实际系统的闭环特征多项式为

$$\begin{aligned} f(s)&=\alpha_4 s^4+\alpha_3 s^3+\alpha_2 s^2+\alpha_1 s+\alpha_0 \\ &=\frac{\theta}{10}s^4+\left(\theta+\frac{1}{10}\right)s^3+s^2+\sqrt{2}gs+g \end{aligned} \tag{10-4}$$

系统特征值（极点）与不确定参数之间的直接关系一般很难确定，但是对于简单的情况可以使用劳斯判据确定闭环系统稳定时不确定参数的允许变化范围。列劳斯表如下

$$\begin{array}{llll} s^4 & \frac{\theta}{10} & 1 & g \\ s^3 & \theta+\frac{1}{10} & \sqrt{2}g & \\ s^2 & b_0 & g & \\ s^1 & b_1 & & \\ s^0 & g & & \end{array}$$

其中

$$b_0=\frac{\theta+\frac{1}{10}-\frac{\sqrt{2}}{10}g\theta}{\theta+\frac{1}{10}},\quad b_1=\frac{\sqrt{2}\left(\theta+\frac{1}{10}-\frac{\sqrt{2}}{10}g\theta\right)-\left(\theta+\frac{1}{10}\right)^2}{\theta+\frac{1}{10}-\frac{\sqrt{2}}{10}g\theta}g$$

察看闭环特征多项式(10-4) 可知闭环系统稳定的必要条件是参数 g,θ 都大于零，这同时也使得劳斯表第 1 列中的第 1,2,5 个数均大于零。为使 b_0,b_1 大于零，g 还需要满足 $g<g_1(\theta)$和$g<g_2(\theta)$，其中

$$g_1(\theta)=\frac{5\sqrt{2}\left(\theta+\frac{1}{10}\right)}{\theta},\quad g_2(\theta)=\frac{5\left(\theta+\frac{1}{10}\right)\left(\sqrt{2}-\frac{1}{10}-\theta\right)}{\theta}$$

图 10-3 给出了 $g_1(\theta)$和 $g_2(\theta)$的曲线，图中的阴影部分是闭环系统的稳定区域。但是$\theta=0$ 时需要单独考虑，这时系统的特征方程为

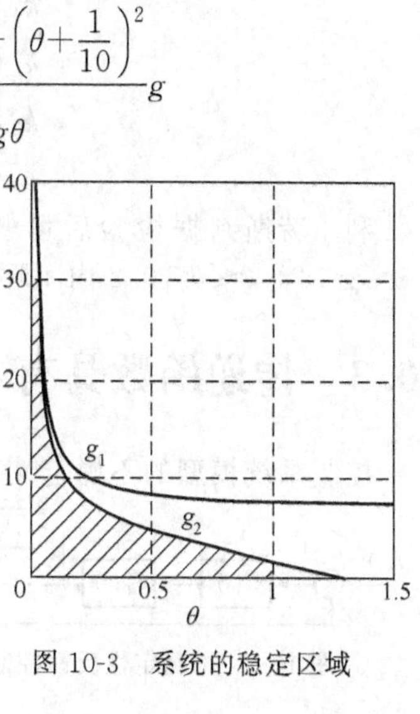

图 10-3 系统的稳定区域

$$f(s)=0.1s^3+s^2+\sqrt{2}gs+g$$

由劳斯判据可知对任意 $g>0$ 系统都是稳定的。

系统参数取名义值 $g_0=1$，$\theta_0=0$ 时，由图 10-3 可以看出系统具有较强的稳定鲁棒性。

当系统的不确定参数个数多于 2 个时，像这样通过解析的方法得出稳定性区域一般是不太容易的，即便是能够求出结果，也可能十分复杂而无法使用。这时需要利用下面的 Kharitonov 定理进行分析。

10.2.2 Kharitonov 定理

定义区间多项式族

$$f(s)=\alpha_n s^n+\alpha_{n-1}s^{n-1}+\cdots+\alpha_1 s+\alpha_0 \tag{10-5}$$

其中系数属于如下区间

$$\underline{\alpha}_i\leqslant\alpha\leqslant\overline{\alpha}_i,\quad i=0,1,2,\cdots,n$$

当多项式 $f(s)=\alpha_n s^n+\alpha_{n-1}s^{n-1}+\cdots+\alpha_1 s+\alpha_0$ 所有的根都具有负实部时，称它是赫尔维茨多项式。俄国学者 Kharitonov 在 1978 年发表了关于区间多项式稳定性研究的开创性工作，他指出可以通过检查 4 个多项式的赫尔维茨性来判别区间多项式族中无穷多个多项式是否为赫尔维茨多项式。这大大简化了参数不确定系统稳定性的判定工作。

定理 10-1（Kharitonov 定理） 区间多项式族（10-5）全体都是赫尔维茨多项式的充分必要条件是如下定义的 4 个 Kharitonov 多项式

$$k_1(s)=\underline{\alpha}_0+\underline{\alpha}_1 s+\overline{\alpha}_2 s^2+\overline{\alpha}_3 s^3+\underline{\alpha}_4 s^4+\underline{\alpha}_5 s^5+\overline{\alpha}_6 s^6+\cdots \tag{10-6}$$

$$k_2(s)=\overline{\alpha}_0+\overline{\alpha}_1 s+\underline{\alpha}_2 s^2+\underline{\alpha}_3 s^3+\overline{\alpha}_4 s^4+\overline{\alpha}_5 s^5+\underline{\alpha}_6 s^6+\cdots \tag{10-7}$$

$$k_3(s)=\overline{\alpha}_0+\underline{\alpha}_1 s+\underline{\alpha}_2 s^2+\overline{\alpha}_3 s^3+\overline{\alpha}_4 s^4+\underline{\alpha}_5 s^5+\underline{\alpha}_6 s^6+\cdots \tag{10-8}$$

$$k_4(s)=\underline{\alpha}_0+\overline{\alpha}_1 s+\overline{\alpha}_2 s^2+\underline{\alpha}_3 s^3+\underline{\alpha}_4 s^4+\overline{\alpha}_5 s^5+\overline{\alpha}_6 s^6+\cdots \tag{10-9}$$

都是赫尔维茨多项式。

【例 10-2】 将 Kharitonov 定理应用于例 10-1，例中不确定闭环系统的特征多项式是

$$f(s)=\theta T_0 s^4+(\theta+T_0)s^3+s^2+gT_{\mathrm{d}}ks+gk$$

其中 $k=1$，$T_{\mathrm{d}}=\sqrt{2}$，$T_0=0.1$，不确定性参数 g 和 θ 有界

$$\underline{g}\leqslant g\leqslant\overline{g},\quad \underline{\theta}\leqslant\theta\leqslant\overline{\theta}$$

于是特征多项式各系数满足

$$\underline{g}\leqslant\alpha_0\leqslant\overline{g},\quad \underline{g}\sqrt{2}\leqslant\alpha_1\leqslant\overline{g}\sqrt{2},\quad 1\leqslant\alpha_2\leqslant 1,\quad 0.1+\underline{\theta}\leqslant\alpha_3\leqslant 0.1+\overline{\theta},\quad 0.1\underline{\theta}\leqslant\alpha_4\leqslant 0.1\overline{\theta}$$

设 $0\leqslant\theta\leqslant 0.2$，$0.5\leqslant g\leqslant 2$，即 $\underline{\theta}=0$，$\overline{\theta}=0.2$，$\underline{g}=0.5$，$\overline{g}=2$。Kharitonov 多项式为

$$k_1(s)=0.5+0.5\sqrt{2}s+s^2+0.3s^3$$

$$k_2(s)=2+2\sqrt{2}s+s^2+0.1s^3+0.02s^4$$

$$k_3(s)=2+0.5\sqrt{2}s+s^2+0.3s^3+0.02s^4$$

$$k_4(s)=0.5+2\sqrt{2}s+s^2+0.1s^3$$

利用劳斯判据检验后可知 4 个 Kharitonov 多项式都是赫尔维茨的，所以在参数范围 $0.5\leqslant g\leqslant 2$，$0\leqslant\theta\leqslant 0.2$ 内闭环系统是稳定的。

10.3 传递函数具有不确定性时的稳定鲁棒性

控制系统模型的不确定性不仅仅局限于参数不确定性。在图 10-4 所示的反馈系统中，被控对象为

$$P(s)=P_0(s)(1+P_\Delta) \tag{10-10}$$

其中 $P_0(s)$ 是标称模型，P_Δ 表示模型中的不确定部分，它未知但稳定并且满足关系

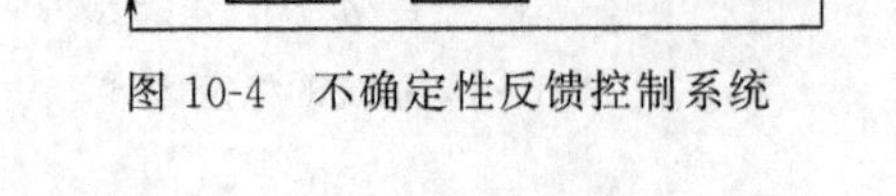

图 10-4 不确定性反馈控制系统

$$|P_{\Delta}(j\omega)| \leqslant |W(j\omega)|, \quad \forall \omega \tag{10-11}$$

$W(s)$是一个稳定的已知传递函数。由式(10-10) 和式(10-11) 可有

$$\left|\frac{P(j\omega)-P_0(j\omega)}{P_0(j\omega)}\right| \leqslant |W(j\omega)|, \quad \forall \omega \tag{10-12}$$

$|W(j\omega)|$代表了模型相对不确定性的上界。

设控制器 $C(s)$使标称系统闭环稳定，则 $P_0(s)C(s)(1+P_0(s)C(s))^{-1}$是稳定的传递函数，又已经假设 $P_{\Delta}(s)$稳定，所以由奈奎斯特稳定判据可知闭环系统稳定的充分条件是

$$\begin{aligned} &P_0(j\omega)C(j\omega)(1+P_0(j\omega)C(j\omega))^{-1}P_{\Delta}(j\omega) \\ \leqslant &P_0(j\omega)C(j\omega)(1+P_0(j\omega)C(j\omega))^{-1}W(j\omega) \\ &<1, \quad \forall \omega \end{aligned}$$

记 $T(s)=P_0(s)C(s)(1+P_0(s)C(s))^{-1}$，则闭环系统稳定鲁棒的充分条件为

$$T(j\omega)<W^{-1}(j\omega), \quad \forall \omega \tag{10-13}$$

【例 10-3】 设标称被控对象为

$$P_0(s)=\frac{850(s+0.1)}{s(s+3)(s^2+10s+10000)}$$

当控制器取为常数增益 $C_1(s)=115$ 时，系统的闭环极点是$\{-0.08, -12.67, -0.13\pm 100.13j\}$，系统稳定。设实际的被控对象中含有未建模因子$\frac{s+100}{s+70}$，在式(10-10) 中则有

$$(1+P_{\Delta})=\frac{s+100}{s+70}, \quad W(s)=\frac{30}{s+70}$$

作 $T(s)$和 $1/W(s)$的对数幅频特性，由图 10-5 可见系统不满足鲁棒稳定条件 (10-13)，因此实际系统可能是不稳定的。经验算，实际闭环系统的极点是

$$\{-0.0827, -18.1199, -66.1944, 0.6985\pm 99.2522j\}$$

有两个右半 S 平面的极点，系统的确不稳定。

将控制器改用滞后校正网络

$$C_2(s)=\frac{11.5(s+25)}{(s+2.5)}$$

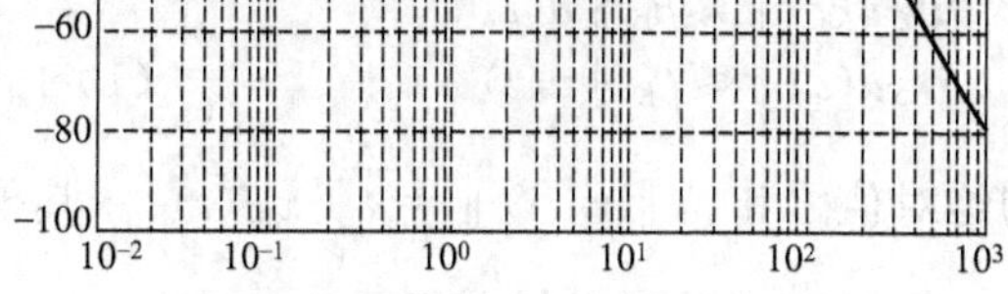

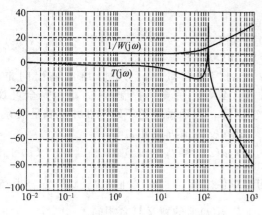

图 10-5 例 10-3 中采用 $C_1(s)$时 $T(j\omega)$ 和 $1/W(j\omega)$的对数幅频特性

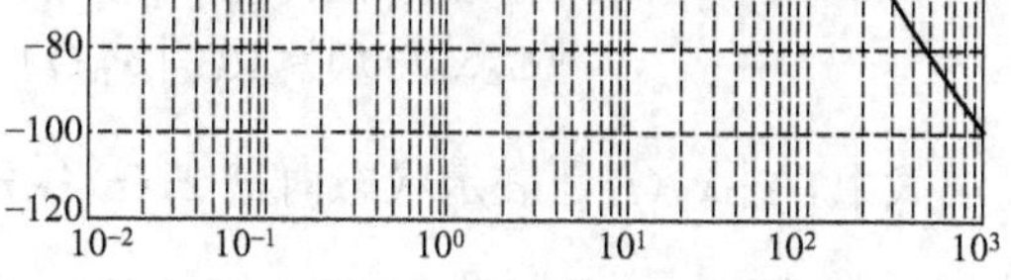

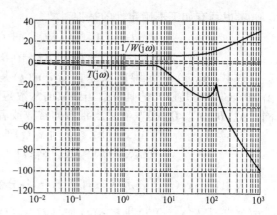

图 10-6 例 10-3 中采用 $C_2(s)$时 $T(j\omega)$ 和 $1/W(j\omega)$的对数幅频特性

这时 $T(s)$和 $1/W(s)$的对数幅频特性如图 10-6 所示，显然能够满足式(10-13)。验算后可知这时实际闭环系统的极点是$\{-0.0832, -69.7927, -4.4693\pm 99.6388j, -3.3428\pm 5.5814j\}$，系统对给定的模型不确定性具有稳定鲁棒性。

【例 10-4】 被控对象的标称模型和采用的控制器均与例 10-3 中的相同，仅设实际被控对

象中含有的未建模因子是$\frac{50}{s+50}$，这时在式(10-10) 中有

$$(1+P_{\Delta})=\frac{50}{s+50},\quad W(s)=\frac{s}{s+50}$$

采用控制器$C_1(s)$和$C_2(s)$后，实际闭环系统的极点分别为

$$\{-0.0770,-17.9523,-36.9371,-4.0168\pm 97.7494\mathrm{j}\}$$

和

$$\{-0.0775,-49.5428,-2.9811\pm 4.8038\mathrm{j},-4.9588\pm 99.6495\mathrm{j}\}$$

两种情况下系统对模型摄动50/(s+50)均具有稳定鲁棒性。两种情况下$T(s)$和$1/W(s)$的对数幅频特性分别如图10-7和图10-8所示，但由图10-7可见采用控制器$C_1(s)$时并不满足式(10-13) 的稳定鲁棒性条件，其原因在于对给定的模型摄动，式(10-13) 仅是稳定鲁棒的充分条件，而非必要条件。

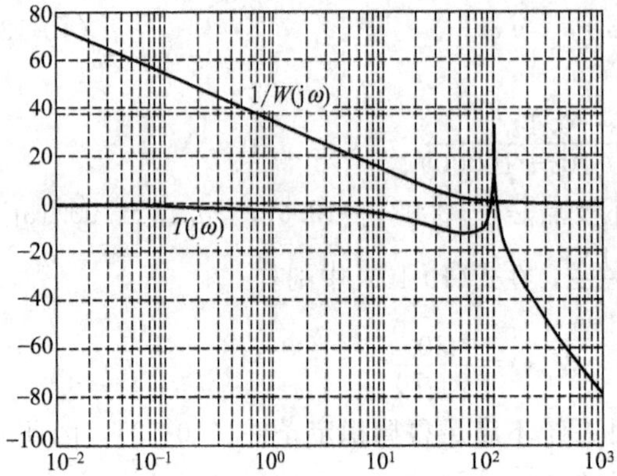

图10-7　例10-4中采用$C_1(s)$时$T(\mathrm{j}\omega)$和$1/W(\mathrm{j}\omega)$的对数幅频特性

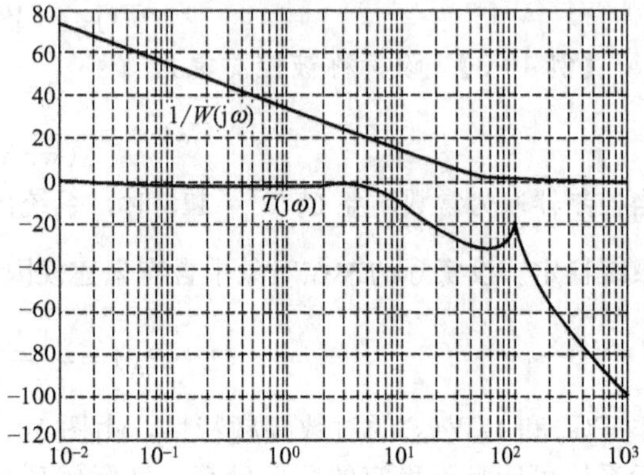

图10-8　例10-4中采用$C_2(s)$时$T(\mathrm{j}\omega)$和$1/W(\mathrm{j}\omega)$的对数幅频特性

10.4　状态方程具有不确定性时的稳定鲁棒性

考虑具有如下不确定性的被控对象

$$\begin{aligned}\dot{\boldsymbol{x}}_{\mathrm{p}}(t)&=(\boldsymbol{A}_{\mathrm{p}}+\boldsymbol{A}_{\Delta})\boldsymbol{x}_{\mathrm{p}}(t)+(\boldsymbol{B}_{\mathrm{p}}+\boldsymbol{B}_{\Delta})\boldsymbol{u}(t),\quad \boldsymbol{x}_{\mathrm{p}}(0)=\boldsymbol{x}_{\mathrm{p}0}\\ \boldsymbol{y}(t)&=(\boldsymbol{C}_{\mathrm{p}}+\boldsymbol{C}_{\Delta})\boldsymbol{x}_{\mathrm{p}}(t)+(\boldsymbol{D}_{\mathrm{p}}+\boldsymbol{D}_{\Delta})\boldsymbol{u}(t)\end{aligned}\tag{10-14}$$

式中，$\boldsymbol{x}_{\mathrm{p}}(t)$是$n$维的状态向量，$\boldsymbol{u}(t)$是$m$维的控制向量，$\boldsymbol{y}(t)$是$l$维的输出向量；$\boldsymbol{A}_{\mathrm{p}},\boldsymbol{B}_{\mathrm{p}},\boldsymbol{C}_{\mathrm{p}},\boldsymbol{D}_{\mathrm{p}}$是已知的具有适当维数的常数矩阵，且$(\boldsymbol{A}_{\mathrm{p}},\boldsymbol{B}_{\mathrm{p}})$完全可控制，$(\boldsymbol{C}_{\mathrm{p}},\boldsymbol{A}_{\mathrm{p}})$完全可观测；$\boldsymbol{A}_{\Delta},\boldsymbol{B}_{\Delta},\boldsymbol{C}_{\Delta},\boldsymbol{D}_{\Delta}$是具有适当维数的常数或者时变矩阵，表示系统的不确定性并且满足关系

$$\begin{aligned}&\|\boldsymbol{A}_{\Delta}\boldsymbol{x}_{\mathrm{p}}(t)\|\leqslant\beta_{\mathrm{A}}\|\boldsymbol{x}_{\mathrm{p}}(t)\|,\quad \|\boldsymbol{B}_{\Delta}\boldsymbol{u}(t)\|\leqslant\beta_{\mathrm{B}}\|\boldsymbol{u}(t)\|\\ &\|\boldsymbol{C}_{\Delta}\boldsymbol{x}_{\mathrm{p}}(t)\|\leqslant\beta_{\mathrm{C}}\|\boldsymbol{x}_{\mathrm{p}}(t)\|,\quad \|\boldsymbol{D}_{\Delta}\boldsymbol{u}(t)\|\leqslant\beta_{\mathrm{D}}\|\boldsymbol{u}(t)\|\end{aligned}\tag{10-15}$$

式中，$\|\boldsymbol{x}_{\mathrm{p}}(t)\|$表示状态向量$\boldsymbol{x}_{\mathrm{p}}(t)$各分量的绝对值之和，$\|\boldsymbol{x}_{\mathrm{p}}(t)\|=\sum_{i=1}^{n}|x_{\mathrm{p}i}(t)|$。其他$\|\boldsymbol{u}(t)\|,\|\boldsymbol{A}_{\Delta}\boldsymbol{x}_{\mathrm{p}}(t)\|,\|\boldsymbol{B}_{\Delta}\boldsymbol{u}(t)\|,\|\boldsymbol{C}_{\Delta}\boldsymbol{x}_{\mathrm{p}}(t)\|,\|\boldsymbol{D}_{\Delta}\boldsymbol{u}(t)\|$的意义与之相同。

反馈控制器取为

$$\begin{aligned}\dot{\boldsymbol{x}}_{\mathrm{c}}(t)&=\boldsymbol{A}_{\mathrm{c}}\boldsymbol{x}_{\mathrm{c}}(t)+\boldsymbol{B}_{\mathrm{c}}\boldsymbol{y}(t),\quad \boldsymbol{x}_{\mathrm{c}}(0)=\boldsymbol{x}_{\mathrm{c}0}\\ \boldsymbol{u}(t)&=\boldsymbol{K}_{\mathrm{p}}\boldsymbol{x}_{\mathrm{p}}(t)+\boldsymbol{K}_{\mathrm{c}}\boldsymbol{x}_{\mathrm{c}}(t)\end{aligned}\tag{10-16}$$

式中，$\boldsymbol{x}_{\mathrm{c}}(t)$是$q$维的控制器状态向量，$\boldsymbol{A}_{\mathrm{c}},\boldsymbol{B}_{\mathrm{c}},\boldsymbol{K}_{\mathrm{p}},\boldsymbol{K}_{\mathrm{c}}$是已知的具有适当维数的常数矩阵。当$\boldsymbol{K}_{\mathrm{p}}=0$时，上式是单一的动态输出反馈控制器；而当$\boldsymbol{K}_{\mathrm{c}}=0$时，上式退化为普通的状态反馈控制器$\boldsymbol{u}(t)=\boldsymbol{K}_{\mathrm{p}}\boldsymbol{x}_{\mathrm{p}}(t)$。若控制器式(10-16) 不仅能使标称的闭环系统稳定，并且能保持实

际的不确定性系统（10-14）也稳定，则闭环系统具有稳定鲁棒性。

将式(10-16) 代入式(10-14)，得到闭环系统的状态方程为

$$\begin{aligned}\dot{\bar{x}}(t)&=\bar{A}\bar{x}(t)+\bar{A}_{\Delta}(\bar{x}),\quad \bar{x}(0)=\bar{x}_0\\ y(t)&=\bar{C}\bar{x}(t)+\bar{C}_{\Delta}(\bar{x})\end{aligned}\tag{10-17}$$

其中

$$\bar{x}(t)=[x_{\mathrm{p}}^{\mathrm{T}}(t),x_{\mathrm{c}}^{\mathrm{T}}(t)]^{\mathrm{T}},\quad \bar{x}_0=[x_{\mathrm{p0}}^{\mathrm{T}},x_{\mathrm{c0}}^{\mathrm{T}}]^{\mathrm{T}}$$

$$\bar{A}=\begin{bmatrix}A_{\mathrm{p}}+B_{\mathrm{p}}K_{\mathrm{p}} & B_{\mathrm{p}}K_{\mathrm{c}}\\ B_{\mathrm{c}}C_{\mathrm{p}}+B_{\mathrm{c}}D_{\mathrm{p}}K_{\mathrm{p}} & A_{\mathrm{c}}+B_{\mathrm{c}}D_{\mathrm{p}}K_{\mathrm{c}}\end{bmatrix},\quad \bar{A}_{\Delta}(\bar{x})=\begin{bmatrix}A_{\Delta}x_{\mathrm{p}}(t)+B_{\Delta}u(t)\\ B_{\mathrm{c}}C_{\Delta}x_{\mathrm{p}}(t)+B_{\mathrm{c}}D_{\Delta}u(t)\end{bmatrix}$$

$$\bar{C}=[C_{\mathrm{p}}+D_{\mathrm{p}}K_{\mathrm{p}}\quad D_{\mathrm{p}}K_{\mathrm{c}}],\quad \bar{C}_{\Delta}(\bar{x})=C_{\Delta}x_{\mathrm{p}}(t)+D_{\Delta}u(t)$$

被控对象无参数不确定性时($A_{\Delta}=B_{\Delta}=C_{\Delta}=D_{\Delta}=0$)，闭环系统的状态转移矩阵为 $\boldsymbol{\Phi}(t)=\{\phi_{ij}(t)\}=\mathrm{e}^{\bar{A}\cdot t}$，若系统稳定则存在常数 m，$a>0$ 使下式成立

$$\|\boldsymbol{\Phi}(t)\|=\max_{1\leqslant j\leqslant n+q}\left\{\sum_{i=1}^{n+q}|\phi_{ij}(t)|\right\}\leqslant m\mathrm{e}^{-at},\quad \forall t\geqslant 0\tag{10-18}$$

将 $\bar{A}_{\Delta}(\bar{x})$ 视为闭环系统式(10-17) 的输入，则闭环系统的状态响应 $\bar{x}(t)$ 为

$$\bar{x}(t)=\boldsymbol{\Phi}(t)\bar{x}_0+\int_0^t\boldsymbol{\Phi}(t-\tau)\bar{A}_{\Delta}(\bar{x}(\tau))\mathrm{d}\tau\tag{10-19}$$

于是有

$$\|\bar{x}(t)\|\leqslant\|\boldsymbol{\Phi}(t)\|\cdot\|\bar{x}_0\|+\int_0^t\|\boldsymbol{\Phi}(t-\tau)\|\cdot\|\bar{A}_{\Delta}(\bar{x}(\tau))\|\mathrm{d}\tau\tag{10-20}$$

由式(10-15)～式(10-17) 可有

$$\begin{aligned}\|\bar{A}_{\Delta}(\bar{x})\|&\leqslant\|A_{\Delta}x_{\mathrm{p}}(t)+B_{\Delta}u(t)\|+\|B_{\mathrm{c}}C_{\Delta}x_{\mathrm{p}}(t)+B_{\mathrm{c}}D_{\Delta}u(t)\|\\&\leqslant\|A_{\Delta}x_{\mathrm{p}}(t)\|+\|B_{\Delta}u(t)\|+\|B_{\mathrm{c}}\|\cdot\|C_{\Delta}x_{\mathrm{p}}(t)\|+\|B_{\mathrm{c}}\|\cdot\|D_{\Delta}u(t)\|\\&\leqslant\beta_{\mathrm{A}}\|x_{\mathrm{p}}(t)\|+\beta_{\mathrm{B}}\|u(t)\|+\|B_{\mathrm{c}}\|(\beta_{\mathrm{C}}\|x_{\mathrm{p}}(t)\|+\beta_{\mathrm{D}}\|u(t)\|)\\&\leqslant\{\beta_{\mathrm{A}}+(\beta_{\mathrm{B}}+\beta_{\mathrm{D}}\|B_{\mathrm{c}}\|)\cdot\|[K_{\mathrm{p}}\quad K_{\mathrm{c}}]\|+\beta_{\mathrm{C}}\|B_{\mathrm{C}}\|\}\cdot\|\bar{x}(t)\|\end{aligned}\tag{10-21}$$

记 $\rho_{\mathrm{A}}=\beta_{\mathrm{A}}+(\beta_{\mathrm{B}}+\beta_{\mathrm{D}}\|B_{\mathrm{c}}\|)\cdot\|[K_{\mathrm{p}}\quad K_{\mathrm{c}}]\|+\beta_{\mathrm{C}}\|B_{\mathrm{C}}\|$，则有 $\|\bar{A}_{\Delta}(\bar{x})\|\leqslant\rho_{\mathrm{A}}\|\bar{x}(t)\|$。其中 $\|B_{\mathrm{c}}\|$ 和 $\|[K_{\mathrm{p}}\quad K_{\mathrm{c}}]\|$ 的定义与式(10-18) 类似。同样的还可有

$$\begin{aligned}\|\bar{C}_{\Delta}(\bar{x})\|&=\|C_{\Delta}x_{\mathrm{p}}(t)+D_{\Delta}u(t)\|\\&\leqslant(\beta_{\mathrm{C}}+\beta_{\mathrm{D}}\|[K_{\mathrm{p}}\quad K_{\mathrm{c}}]\|)\cdot\|\bar{x}(t)\|\\&=\rho_{\mathrm{C}}\|\bar{x}(t)\|\end{aligned}\tag{10-22}$$

式中，$\rho_{\mathrm{C}}=\beta_{\mathrm{C}}+\beta_{\mathrm{D}}\|[K_{\mathrm{p}}\quad K_{\mathrm{c}}]\|$。

将式(10-18) 和式(10-21) 代入式(10-20) 得到

$$\|\bar{x}(t)\|\leqslant m\mathrm{e}^{-at}\|\bar{x}_0\|+\int_0^t m\mathrm{e}^{-a(t-\tau)}\rho_{\mathrm{A}}\|\bar{x}(\tau)\|\mathrm{d}\tau$$

于是有

$$\|\bar{x}(t)\|\mathrm{e}^{at}\leqslant m\|\bar{x}_0\|+\int_0^t m\mathrm{e}^{a\tau}\rho_{\mathrm{A}}\|\bar{x}(\tau)\|\mathrm{d}\tau\tag{10-23}$$

根据 Bellman-Gronwall 引理[1]，有

---

[1] Bellman-Gronwall 引理：

设 $f(t)$，$x(t)$ 是 $[t_0,\infty)$ 上的连续函数，而 M,N 是非负常数，若

$$|x(t)|\leqslant M+N\int_{t_0}^t|f(\tau)|\cdot|x(\tau)|\mathrm{d}\tau,\quad \forall t\geqslant t_0$$

则有 $|x(t)|\leqslant M\mathrm{e}^{N\int_{t_0}^t|f(\tau)|\mathrm{d}\tau}$，$\forall t\geqslant t_0$

$$\|\overline{x}(t)\|e^{at}\leqslant m\|\overline{x}_0\|e^{m\rho_A\int_0^t d\tau}=m\|\overline{x}_0\|e^{m\rho_A t}$$

于是

$$\|\overline{x}(t)\|\leqslant m\|\overline{x}_0\|e^{(m\rho_A-a)t} \tag{10-24}$$

由式(10-17)、式(10-22) 和式(10-24) 有

$$\|y(t)\|\leqslant\|\overline{C}\|\cdot\|\overline{x}\|+\rho_C\|\overline{x}\|\leqslant(\|\overline{C}\|+\rho_C)m\|\overline{x}_0\|e^{(m\rho_A-a)t} \tag{10-25}$$

由式(10-17)、式(10-24)和式(10-25)可知，若设计控制器式(10-16) 能够使得闭环系统矩阵 $\overline{A}$ 的特征值都具有负实部，即 $\mathrm{Re}\{\lambda(\overline{A})\}<0$，并且成立关系 $\rho_A<\frac{a}{m}$，则闭环系统对于模型摄动 $A_\Delta,B_\Delta,C_\Delta,D_\Delta$ 具有稳定鲁棒性。

【例 10-5】 已知动态系统的线性数学模型为

$$\dot{x}_p(t)=\begin{bmatrix}-4&-2\\1&3\end{bmatrix}x_p(t)+\begin{bmatrix}1&0\\0&1\end{bmatrix}u(t),\quad x_{p0}=\begin{bmatrix}1\\1\end{bmatrix}$$

$$y(t)=\begin{bmatrix}1&0\\0&1\end{bmatrix}x(t)$$

控制器为

$$\dot{x}_c(t)=\begin{bmatrix}-5&0\\1&-7\end{bmatrix}x_c(t)+\begin{bmatrix}-3&0\\0&-12\end{bmatrix}y(t),\quad x_{c0}=\begin{bmatrix}0\\0\end{bmatrix}$$

$$u(t)=\begin{bmatrix}-5&2\\1&-3\end{bmatrix}x_p(t)+\begin{bmatrix}1&0\\-1&1\end{bmatrix}x_c(t)$$

若系统矩阵存在偏差

$$A_\Delta=\begin{bmatrix}0.24&0.11\\0.22&0.34\end{bmatrix}$$

试分析闭环系统的稳定鲁棒性。

解 由给定的参数有

$$\|A_\Delta x_p(t)\|\leqslant 0.46\|x_p(t)\|$$

于是有

$$\beta_A=0.46,\quad \beta_B=0,\quad \beta_C=0,\quad \beta_D=0$$

$$\rho_A=\beta_A+(\beta_B+\beta_D\|B_c\|)\cdot\|[K_p\quad K_c]\|+\beta_C\|B_c\|=\beta_A=0.46$$

闭环系统为

$$\dot{\overline{x}}(t)=\begin{bmatrix}A_p+B_pK_p&B_pK_c\\B_cC_p&A_c\end{bmatrix}\overline{x}(t)+\begin{bmatrix}A_\Delta x_p(t)\\0\end{bmatrix}$$

$$=\begin{bmatrix}-9&0&1&0\\2&0&-1&1\\-3&0&-5&0\\0&-12&1&-7\end{bmatrix}\overline{x}(t)+\begin{bmatrix}0.24x_{p1}(t)+0.11x_{p2}(t)\\0.22x_{p1}(t)+0.34x_{p2}(t)\\0\\0\end{bmatrix}$$

$$\overline{x}(0)=[x_{p0}^T\quad x_{c0}^T]^T=[1\quad 1\quad 0\quad 0]^T$$

$$y(t)=[C_p+D_pK_p\quad D_pK_c]\overline{x}(t)=\begin{bmatrix}1&0&0&0\\0&1&0&0\end{bmatrix}\overline{x}(t) \tag{10-26}$$

闭环系统的特征值为−3,−4,−6,−8。状态转移矩阵为

$$\Phi(t)=\begin{bmatrix}\frac{3}{2}e^{-8t}-\frac{1}{2}e^{-6t}&0&\frac{1}{2}e^{-6t}-\frac{1}{2}e^{-8t}&0\\ \frac{5}{3}e^{-3t}-\frac{1}{6}e^{-6t}-\frac{3}{2}e^{-4t}&4e^{-3t}-3e^{-4t}&\frac{1}{6}e^{-6t}-\frac{2}{3}e^{-3t}+\frac{1}{2}e^{-4t}&e^{-3t}-e^{-4t}\\ \frac{3}{2}e^{-8t}-\frac{3}{2}e^{-6t}&0&\frac{3}{2}e^{-6t}-\frac{1}{2}e^{-8t}&0\\ \frac{1}{2}e^{-6t}-\frac{3}{2}e^{-8t}-5e^{-3t}+6e^{-4t}&12e^{-4t}-12e^{-3t}&2e^{-3t}-\frac{1}{2}e^{-6t}+\frac{1}{2}e^{-8t}-2e^{-4t}&4e^{-4t}-3e^{-3t}\end{bmatrix}$$

图 10-9 中 sum1，sum2，sum3，sum4 分别是状态转移矩阵 $\boldsymbol{\Phi}(t)$ 各列元素绝对值之和随时间变化的曲线，与 $3.61\mathrm{e}^{-1.7t}$ 的曲线相比之后可知有如下关系成立。

$$\|\boldsymbol{\Phi}(t)\| = \max_{1\leqslant j\leqslant n+q}\left\{\sum_{i=1}^{n+q}|\phi_{ij}(t)|\right\}\leqslant 3.61\mathrm{e}^{-1.7t},\quad \forall t\geqslant 0$$

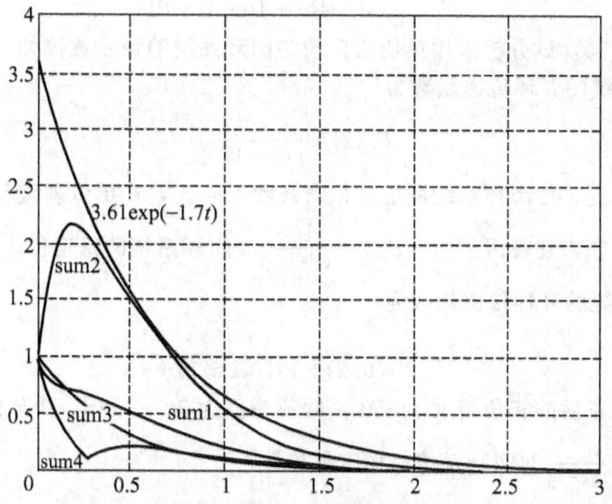

图 10-9　状态转移矩阵各列元素绝对值之和随时间变化的曲线

于是有 $a=1.7$，$m=3.61$，成立关系 $\rho_{\mathrm{A}}=0.46<\dfrac{a}{m}=0.47$，闭环系统对于模型摄动 $\boldsymbol{A}_\Delta$ 具有稳定鲁棒性。

由式(10-26) 可知实际的闭环系统矩阵为

$$\bar{\boldsymbol{A}}+\begin{bmatrix}\boldsymbol{A}_\Delta & 0\\ 0 & 0\end{bmatrix}=\begin{bmatrix}-8.76 & 0.11 & 1.00 & 0\\ 2.22 & 0.34 & -1.00 & 1.00\\ -3.00 & 0 & -5.00 & 0\\ 0 & -12.00 & 1.00 & -7.00\end{bmatrix}$$

它的特征值为 -2.0328，-7.6051，-6.1800，-4.6020，实际闭环系统稳定。

本 章 小 结

本章首先介绍了鲁棒控制理论的一些基本概念，如果控制系统存在模型不确定性时，闭环控制系统仍然能够保持稳定，则称该系统是稳定鲁棒的。若控制系统在稳定鲁棒的同时其他性能指标（如抗扰性、跟踪性能等）也具有鲁棒性，则该系统是性能鲁棒的。研究控制系统鲁棒分析和综合的理论称为鲁棒控制理论。

结合本科控制理论教学体系，本章分别介绍了三种鲁棒分析方法，基于系统特征方程的方法，基于系统频率特性的方法和基于系统状态方程的方法。通过学习本章的内容可对鲁棒控制理论有一个粗浅的了解，但是，鲁棒控制理论自 20 世纪 80 年代初以来一直是国际控制界的研究热点，经过二十余年的发展现已经形成了相当完善的理论体系。系统掌握控制系统鲁棒分析与综合的理论和方法需要在研究生阶段进一步系统学习鲁棒控制理论。

习　题　10

10-1　在例 10-2 中设 $0\leqslant\theta\leqslant0.2$，$0.5\leqslant g\leqslant5$，重新用 Kharitonov 定理分析系统的稳定性，并与例 10-1 中用图 10-3 得出的结论相比较。试对结果做出合理的解释。

10-2　用 Kharitonov 定理分析如下区间多项式是否是赫尔维茨多项式族

$$f(s)=a_7s^7+a_6s^6+a_5s^5+a_4s^4+a_3s^3+a_2s^2+a_1s+a_0$$

其中 $0.2\leqslant a_7\leqslant 0.3, 0.01\leqslant a_6\leqslant 0.1, 0.15\leqslant a_5\leqslant 0.18, 0.22\leqslant a_4\leqslant 0.13$

$0.6\leqslant a_3\leqslant 0.65, 1.65\leqslant a_2\leqslant 1.73, 0.54\leqslant a_1\leqslant 0.63, 0.9\leqslant a_0\leqslant 1.2$

10-3 已知系统的开环传递函数为

$$P(s)=\frac{k(s+2)}{(s^2+10s+100)(s+\theta)}$$

其中 $80\leqslant k\leqslant 90$，$100\leqslant\theta\leqslant 110$，试分析采用单位负反馈时闭环系统的稳定鲁棒性。

10-4 设单位负反馈系统的开环传递函数为

$$P_0(s)=\frac{k}{s(s+1)}$$

试设计一个串联超前校正装置，使闭环系统满足：相角裕度 $\gamma\geqslant 45°$，在单位斜坡信号下的稳态误差 $e_{ss}<0.1$。分析当系统开环传递函数存在未建模因子$(1+P_\Delta)=\dfrac{100}{s+100}$时闭环系统的稳定鲁棒性。

10-5 设单位负反馈系统的开环传递函数为

$$P_0(s)=\frac{40}{s(0.2s+1)(0.0625s+1)}$$

设计串联迟后校正装置使校正后的相角裕度 $\gamma>50°$，幅值裕度为 30～40dB，并分析当系统开环传递函数存在未建模因子 $(1+P_\Delta)=\dfrac{1}{0.001s+1}$时闭环系统的稳定鲁棒性。

10-6 设被控对象的状态方程为

$$\dot{\boldsymbol{x}}(t)=\begin{bmatrix}0 & 1 & 0\\ 0 & -1 & 1\\ 0 & -1 & 10\end{bmatrix}\boldsymbol{x}(t)+\begin{bmatrix}0\\ 0\\ 10\end{bmatrix}\boldsymbol{u}(t)$$

求状态反馈矩阵 $\boldsymbol{u}(t)=-\boldsymbol{Kx}(t)$ 使闭环极点位于-10，$-1\pm \mathrm{j}\sqrt{3}$，若系统矩阵存在偏差

$$\boldsymbol{A}_\Delta=\begin{bmatrix}-0.01 & 0.005 & 0\\ 0 & 0.032 & 0\\ 0.002 & 0 & -0.01\end{bmatrix}$$

试分析闭环系统的稳定鲁棒性。

10-7 在题 10-6 中设

$$\boldsymbol{y}(t)=\begin{bmatrix}1 & 0 & 0\\ 0 & 0 & 1\end{bmatrix}\boldsymbol{x}(t)$$

设计全维状态观测器，使观测器的极点位于-20，$-25\pm \mathrm{j}2$。用题 10-6 中设计的状态反馈矩阵与观测器一起构成输出反馈控制，再分析存在系统矩阵偏差 $\boldsymbol{A}_\Delta$ 时闭环系统的稳定鲁棒性。

附录 Matlab 简介

下面将以 Matlab 6.5 为例，介绍 Matlab 的特点，Matlab 的基本知识，包括基本语言操作、编程基础，并介绍 Matlab 6.5 所包括的控制系统工具箱 5.2 的基本功能和常用函数。对于不熟悉 Matlab 基本知识的读者，附录中的知识对于掌握本书的有关内容是必要的。

Matlab 是一种数值计算型科技应用软件。其全称是 Matrix Laboratory，亦即矩阵实验室。与 Basic、Fortran、Pascal、C 等编程语言相比，Matlab 具有编程简单直观，用户界面友善，开放性强等优点，因此自面世以来，在国际上很快得到了推广利用，被 IEEE 称为国际公认最优秀的科技应用软件之一。

M.1 Matlab 的特点

Matlab 具有强大的数值计算与符号计算功能。

(1) 数值计算功能

Matlab 以矩阵为运算单元，除非特殊需要，不必事先定义矩阵维数的大小。Matlab 还提供了丰富的矩阵运算函数，如求逆矩阵的 inv 函数，求方阵行列式的 det 函数，求矩阵特征值及特征向量的 eig 函数等。正因为如此，在矩阵运算上，Matlab 体现出比 Basic、Fortran、Pascal、C 等语言要高得多的编程效率，而且程序可读性强，调试简单，容易维护。许多含有矩阵运算的复杂的源程序如果用 Matlab 编写，只要寥寥几行就可结束，就像在草稿纸上进行演算一样简捷直观，故 Matlab 又被称为“演算纸式的程序设计语言”。

(2) 符号计算功能

除了数值计算，在安装了符号计算工具箱后，Matlab 4.0 以上版本还提供了 Basic、Fortran、Pascal、C 等语言所没有的符号计算功能。在数值计算中，所有运作的变量都是被赋值的数值变量，而在符号计算中，所运作的都是符号变量。在高等数学中的级数、微分、积分，甚至微分方程组通过 Matlab 的符号计算工具箱都可以方便地求解。

(3) 强大的科学数据可视化能力

作为一个优秀的科技应用软件，Matlab 不仅在数值计算方面无与伦比，而且在数据可视化方面也有上佳表现。Matlab 有两个层次的绘图命令：一组是直接对句柄进行操作的底层绘图指令；另一组是在底层指令基础上建立起来的高层绘图指令。

① 高层绘图指令实现默认的图形表现方式 用高层绘图指令可以实现 Matlab 中默认的图形表现方式，这些指令简单明了，极易为用户掌握。例如调用 plot 函数可绘制直角坐标二维曲线，调用 plot3 函数可绘制直角坐标三维曲线。另外还有其他许多简便的高层绘图指令，可用于绘制一些特殊的平面图形（如统计频数直方图），实现对图的注释等。

② 底层绘图指令更改图形属性 如果用户对默认的图形表现方式不甚满意，可用底层绘图指令如 set 函数更改图形句柄对象的属性。例如可以更改图形窗口的背景色，轴的位置，纵横轴的比例，绘图的线型、线宽等。

③ 符号函数的可视化 对于符号函数，Matlab 也可简便地实现可视化。定义符号函数

后，调用 ezplot 函数即可绘制符号函数的曲线，而且图名及横坐标名都将自动生成。

M. 2 Matlab 的基本功能

M. 2. 1 Matlab 的编程环境

Matlab 既是一种语言，又是一种编程环境。Matlab 提供了很多方便用户的工具，用于管理变量、输入输出数据以及生成和管理 M 文件。以下以 Matlab 6. 5 为例作一简单介绍。

Matlab 6. 5 的界面与以前的版本有所不同，是一个 web 浏览器形式的工作环境，如图 M-1 所示。

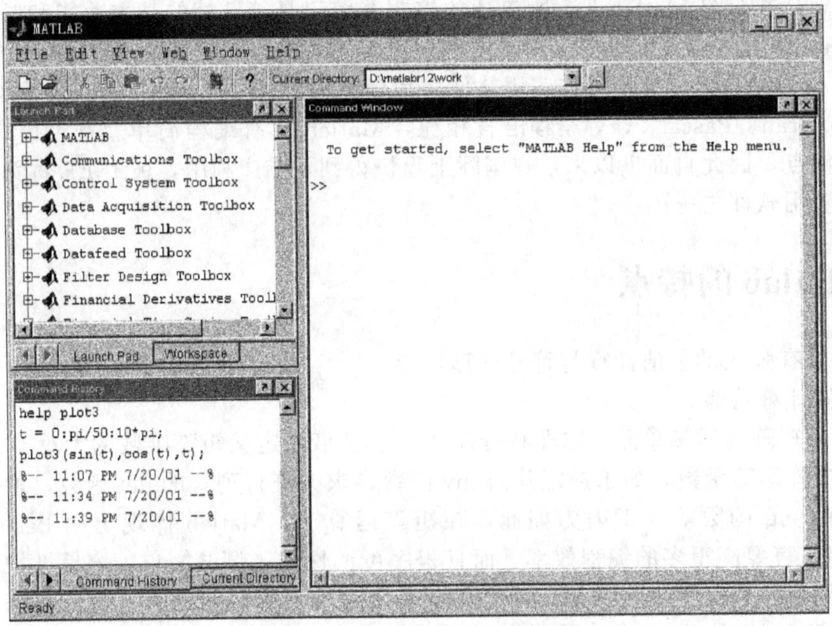

图 M-1 Matlab 6. 5 的工作界面

Matlab 的缺省方式有一个主菜单，包括 Matlab 常用的命令，如基本文件（File）操作，编辑（Edit），窗口显示（View），网络功能（Web），窗口（Window）以及求助（Help）等命令，用户可以点击相应的图标，执行期望的操作。Matlab 基本菜单中还以图标（Icon）方式提供了文件操作，编辑操作，打开 Simulink，求助操作等操作。除此之外，Matlab 工作界面在窗口显示（View）选项的定义下，将整个画面分成三个工作窗口。

① 左上窗口包括ⓐ所安装的 Matlab 基本组件和工具箱的目录一览表，用户可以点击相应的图标，寻求帮助，查看示例（Demos）；ⓑMatlab 的工作空间（Workspace），它记录了运行 Matlab 程序或命令所生成的所有变量，用户可以方便地查看。

② 左下窗口包括ⓐ命令的历史窗口，之中记录了所有的曾经使用过的 Matlab 的命令，用户可以使用上下键寻找相应的命令，点击后即可执行；ⓑ当前的目录窗口（Current Directory），用户可以点击图标“…”，选择设定所需目录为当前工作目录，以保证 Matlab 的正常运行。

③ 右窗口为 Matlab 的命令（Command）窗口，它是 Matlab 的重要组成部分，是 Matlab 用户与 Matlab 交互的工具。用户可以键入相应的命令，以执行相应的操作。

有关 Matlab 菜单的操作，用户可以参考相应的帮助文件。

M. 2. 2 Matlab 的程序设计基础

Matlab 实际上可以认为是一种解释性语言。用户可以在 Matlab 的命令窗口键入一个命令，也可以由它定义的语言在编辑器中编写应用程序，Matlab 软件对此命令或程序进行解释，然后在 Matlab 环境下 Matlab 对它进行处理，最后返回结果。

（1）Matlab 的基本语句结构

Matlab 以复数矩阵作为最基本的运算单元，既可以对它进行 Matlab 整体处理，也可以对它的元素进行单独处理。

Matlab 语言最基本的赋值语句结构为

变量名列表＝表达式

其中等号左边的变量名列表为 Matlab 语句的返回值。赋值语句也可以没有等式左边的变量名列表，此时返回值赋值给系统的一个变量名 ans。等式右边为表达式的定义，它可以是 Matlab 允许的矩阵运算，也可以包括 Matlab 的函数调用。

注意 ① 等式右边表达式的结束：

a. 由分号（;）结束，则等式左边的变量结果将不在屏幕上显示；

b. 由逗号或回车、换行结束，结果在屏幕上显示。

② Matlab 的函数调用与 C 语言不同，允许一次返回多个结果，此时等式左边的变量列表必须用中括号括起来。

（2）Matlab 的变量操作

① 向量 向量是 Matlab 中的一个基本单位，向量为以方括号作为分界标识的一种变量，向量的每一个元素由空格分隔。向量的运算包括以下几种：向量的创建；向量的加减运算；向量的乘除运算。

a. 向量的创建。

可以在 Matlab 的命令窗口键入以下字符，创建一个向量。

```
a=[1 2 3 4 5 6 9 8 7]
```

Matlab 将显示

```
>>a=
        1  2  3  4  5  6  9  8  7
```

如果希望得到元素从 0 到 20，步距为 2 的一个向量，只需简单地键入以下命令即可。

```
t=0：2：20
```

Matlab 将显示

```
>>t=
        2  4  6  8  10  12  14  16  18  20
```

以上的冒号（:）为一运算符，其一般形式为 S_1：S_2：S_3，其中 S_1 为起始值，S_2 为步长，S_3 为终止值。当不给出 S_2 时，缺省值为 1。

b. 向量的加减运算。

向量的加减运算包括同维向量之间的加减，向量加减一个常数，要求参加运算的两个向量维数相同。

设 $\boldsymbol{a}$,$\boldsymbol{b}$ 为同维向量，则 $\boldsymbol{c}=\boldsymbol{a}+\boldsymbol{b}$ 或 $\boldsymbol{c}=\boldsymbol{a}-\boldsymbol{b}$ 得到两个向量相加减的结果。向量与常数的相加减结果是得到一个新的向量，其每个元素加减这个常数。如向量 $\boldsymbol{a}$ 如上，则

$$\boldsymbol{b}=\boldsymbol{a}+2$$

得到

```
>>b=
        3  4  5  6  7  8  11  10  9
```

$c=a+b$ 结果为

```
>>c=
        4  6  8  10  12  14  20  18  16
```

c. 向量的乘除运算。

ⓐ 向量的乘法运算　向量的乘法运算有普通积，点积和叉积等方式。进行普通积运算时两个向量必须满足矩阵乘法的相容条件。点积运算的运算符为 .*，其意义为两个向量的对应元素进行乘法运算，例如

$a=[1\ 2]$,$b=[3\ 4]$则 $c=a.*b=[3\ 8]$

.^ 为向量的乘方运算，例如

$c=a.\hat{}2=[1\ 4]$

ⓑ 向量的除法运算　向量的除法运算有运算符为 ./和 .\，其意义为两个向量的对应元素进行除法运算，其中使用“./”运算符是被除数为运算符左边的向量，而使用“.\”运算符是被除数为运算符右边的向量。因此，$x./y$ 和 $y.\backslash x$ 结果是一样的。例如

$c=[3\ \ 8]$,$b=[3\ \ 4]$则 $a=c./b=b.\backslash c=[1.000\ \ 2.000]$

② 矩阵　在 Matlab 中输入矩阵如同输入向量，此时，每一行元素有分号或者回车键分隔。例如

```
>>B= [1 2 3 4; 5 6 7 8; 9 10 11 12]
    B=
         1   2   3   4
         5   6   7   8
         9  10  11  12
>>B= [1  2  3  4
      5  6  7  8
      9  10  11  12]
    B=
         1   2   3   4
         5   6   7   8
         9  10  11  12
```

Matlab 中矩阵可以进行多种运算。

a. 矩阵转置运算　矩阵的转置可以使用符号“'”。

```
>>C=B'
    C=
         1  5   9
         2  6  10
         3  7  11
         4  8  12
```

如果 C 是复矩阵，则“'”给出共轭转置。如果仅仅希望得到转置，利用符号 .'（如果矩阵不是复矩阵，' 和 .' 结果相同）。

b. 矩阵乘法　两个相乘的矩阵必须满足相容条件。

```
>>D=B*C
     D=

            30    70   110
            70   174   278
           110   278   446
>>D=C*B
     D=

           107   122   137   152
           122   140   158   176
           137   158   179   200
           152   176   200   224
```

c. 矩阵点乘　当参与运算的两个矩阵维数相同时，运算符 .* 的结果是两个矩阵的对应元素相乘。例如

```
>>E=[1 2; 3 4]
>>F=[2 3; 4 5]
>>G=E.*F
     E=

           1   2
           3   4
     F=

           2   3
           4   5
     G=

           2   6
          12  20
```

d. 矩阵的乘方　当矩阵为方阵时，可以进行矩阵的乘方运算，运算符为^。

```
>>E.^3
ans=

           37   54
           81  118
```

如果希望仅仅矩阵的元素进行乘方运算，可以使用运算符 .^，例如

```
>>E.^3
     ans=

           1    8
          27   64
```

e. 矩阵的逆　矩阵逆利用函数 inv 计算，此时，要求矩阵为方阵且可逆。

```
>>X=inv(E)
    X=
        -2.0000    1.0000
         1.5000   -0.5000
```

f. 矩阵元素的赋值与运算 Matlab 允许用户对矩阵的单个元素进行赋值和操作，Matlab 此时命令方式为

X(i,j)=变量名

其中，***X*** 为矩阵名，i，j 分别为矩阵元素的行和列。如果给出的元素行或列超出原来矩阵的范围，Matlab 会自动扩展原来的矩阵，并将扩展后未赋值的矩阵元素置为零。

Matlab 还允许对子矩阵进行定义和处理，此时使用冒号（:）操作符。如 A(:,j) 指 **A** 矩阵的第 j 列全部元素。又如 A(1:2,2:4) 表示 Matlab 对矩阵 **A** 取第一行和第二行，第二列到第四列中的所有元素构成子矩阵。

g. 矩阵的特征值及特征多项式。

ⓐ 特征值 利用函数 eig 可以计算矩阵特征值。

```
>>eig(E)
    ans=
        -0.3723
         5.3723
```

ⓑ 特征多项式 利用函数 poly 可以计算出矩阵特征多项式的系数，此时，多项式系数以降幂形式排列。

```
>>p=poly(E)
p=
    1.0000   -5.0000   -2.0000
```

记住矩阵的特征值与特征多项式的根是相同的。例如

```
roots(p)
    ans=
        5.3723
        -0.3723
```

③ 多项式。

a. 多项式的创建 在 Matlab 中，多项式用向量表示。在 Matlab 中创建一个多项式，只需要简单地按照降幂方式将多项式的系数输入到向量中。例如，假设有如下的多项式

$$s^4+3s^3-15s^2-2s+9$$

如果想将其输入到 Matlab 中，只需按下列方式输入向量

```
>>x=[1  3  -15  -2  9]
    x=
        1  3  -15  -2  9
```

Matlab 能够将 $n+1$ 长度的向量解释为 n 阶多项式。于是，如果多项式缺少某些系数，必须在向量的适当位置补充零。例如

$$s^4+1$$

$$y=[1\ 0\ 0\ 0\ 1]$$

b. 计算多项式的值　可以利用函数“polyval”计算多项式的值。例如，为了计算上述多项式在 $s=2$ 的值，有

```
>>z=polyval([1 0 0 0 1],2)
   z=
        17
```

c. 求多项式的根　当有一个高阶多项式时，求出多项式的根这一功能十分有用。例如，如果希望计算以下多项式的根

$$s^4+3s^3-15s^2-2s+9$$

利用以下的命令将很有用

```
>>roots([1 3 -15 -2 9])
   ans=
        -5.5745
          2.5836
        -0.7951
          0.7860
```

d. 多项式的乘法和除法。

ⓐ 多项式的乘积　如果希望得到两个多项式的乘积，可以利用它们系数的卷积得到。Matlab 的函数 conv 可以做到这一点。

```
>>x=[1 2];
>>y=[1 4 8];
>>z=conv(x,y)
   z=
        1  6  16  16
```

ⓑ 多项式的除法　利用函数 deconv 可以返回两个多项式除法的结果和余数。假设 z 被 y 除，得到 x。

```
>>[xx,R]=deconv(z,y)
    xx=
         1  2
    R=
         0  0  0  0
```

结果 xx 与多项式/向量 x 完全相同。如果 y 不能整除 z，则余数向量会有一些系数不为零。

e. 多项式的加法　两个同阶多项式的相加，可以简单地利用 $z=x+y$（此时 x，y 具有相同的维数）。对于一般 x 和 y 不同维数的情况，可以利用用户自定义的函数 polyadd 完成。

```
function[poly]=polyadd(poly1,poly2)
%polyadd(poly1,poly2) adds two polynominals possibly of uneven length
if length(poly1)<length(poly2)
  short=poly1;
  long=poly2;
else
  short=poly2;
  long=poly1;
end
mz=length(long)-length(short);
if mz>0
  poly=[zeros(1,mz),short]+long;
else
  poly=long+short;
end

>>z=polyadd (x, y)
    x=
        1  2
    y=
        1  4  8
    z=
        1  5  10
```

(3) Matlab的编程基础

Matlab的编程效率要比其他高级语言Basic、Fortran、Pascal、C高，且易于维护。

① M文件　M文件是用Matlab语言编写的可在Matlab命令窗口中运行的程序，Matlab有两种常用的方式。

a. 直接交互的命令行操作方式；

b. M文件的编程工作方式。

第一种方式，如上所述，为用户在命令窗口中直接键入命令，同时可看到运算结果，Matlab好像一种“高级计算器和图示器”。

第二种方式，指用户采用任何文字处理软件编写和修改一个ASCII码文件，其扩展名必须为.m。从语法上说，Matlab与C十分相似，因而熟悉C语言的用户可以轻松地掌握Matlab的编程技巧。

M文件有两种形式 { 命令文件（Script File）
函数文件（Function File）

这两种文件的扩展名都是.m。

命令文件是将一组相关的命令编辑在同一个ASCII码文件中，运行时只要输入文件名，Matlab就会自动按顺序执行文件中的命令。

命令文件中的语句可以访问Matlab工作空间中的所有数据，运行过程中产生的所有变量都是全局变量。

② 函数　从理论上讲，只要有顺序、循环和分支这三种结构，就可以构成任何一个程序并完成相应的工作。Matlab同样具有这三种程序结构，其具体体现在Matlab的函数编程中。Matlab的函数功能与C及其他高级语言的函数相仿，不过功能更为强大。

Matlab由包括许多标准函数，每个函数都由完成某一特定功能的代码组成。Matlab包括几乎所有的数学标准函数，如sin，cos，log，exp，sqrt等。一些常用的常数，如π用pi表示，i或者j表示−1的平方根等。在Matlab的命令窗口中键入

```
>>sin(pi/4)
ans=
      0.7071
```

如果需要了解函数的用途，可以在Matlab的命令窗口中键入help [函数名]。实际上，当在Matlab命令窗口键入roots，plot或step等命令时，Matlab实际上在运行某个具有特定输入和输出的M文件，以完成某个特定功能。这些M文件与程序设计语言中的函数类似。Matlab中称此为M文件函数。Matlab也允许用户编写自己所需要的函数，其扩展名为.m，其中用户自定义函数必须以关键字function开头，包括函数文件的关键字，定义的函数名、输入参数和输出参数。第一行为

function [output1,output2]=filename(input1,input2,input3)

Matlab的函数能够根据要求输入或输出若干个变量。

下面给出一个完成加法功能的函数add.m。

```
function[var3]=add(var1,var2)
% add is a function that adds two numbers
var3=var1+var2;
```

第二行以%开头为注释语句，用以说明函数的功能等。

将以上3行保存为add.m的文件于Matlab某个目录中，于是，可以键入以下命令行执行加法。

y=add(3,8)

实际上，Matlab中大多数函数比以上示例更复杂。需要时，可以随时键入help function以得到更多有关函数的信息。

③ 绘图　在Matlab环境下很容易绘制图像。假如希望绘制一个作为时间函数的正弦波的图像。首先可以产生一个时间向量，然后计算每一时刻的正弦值。

```
>>t=0:0.25:7;
>>y=sin(t);
>>plot(t,y)
```

该图包含大约一个周期的正弦波，如图M-2所示。基本的绘图在Matlab中十分容易，“plot”命令还有一些很强的附加功能，下面简单介绍。

a. 绘制多条曲线　为了在一幅图上绘制多条曲线，可采用具有多个自变量的plot命令

plot(X1,Y1,X2,Y2,…,Xn,Yn)

变量$X1$，$Y1$，$X2$，$Y2$，…，Xn，Yn是一些向量对。每一对x-y对都可以图解出来，从而在一幅图上形成多条曲线。多重变量的优点是它允许不同长度的向量在同一幅图上显示出来。每一向量对可以采用不同的线型。

在一幅图上绘制一条以上的曲线，也可以利用命令hold。hold命令保持当前的图形，并且防止删除和修改比例尺。因此，随后的一条曲线将会重叠地画在原曲线上。再次输入hold命令，会使当前的图形复原。

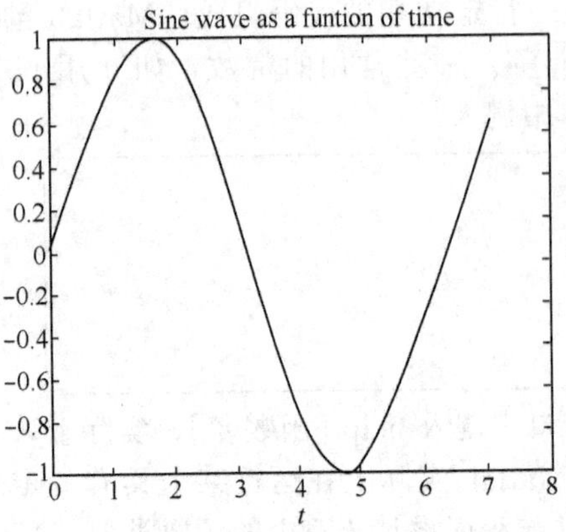

图 M-2 正弦波函数图

b. 给图形加网格线、标题、坐标标记 一旦在屏幕上显示图形，就可以画出网格线，定出图形标题，并且标定 x，y 轴或 z 轴标记。Matlab 中相应命令如下。

grid（网格线）

title（图形标题）

xlable（x 轴标记）

ylable（y 轴标记）

zlable（z 轴标记）

c. 在图形屏幕上书写文字 为了在图形屏幕的点（x，y）上书写文字，采用命令

text(x,y,'text')

例如，利用语句

text(3,0.45,'sin t')

将从点（3，0.45）开始，水平地绘出 sin$t$。另外，语句

plot(x1,y1,x2,y2),text(x1,y1,'1'),text(x2,y2,'2')

标记出两条曲线，使它们很容易地区别开来。

注：Matlab 5.3 以上的版本还允许利用图形编辑窗口，直接编辑图形的网格线、标题，坐标标记，在图形上添加文字以及对图形进行旋转等操作。

d. 图形类型和颜色 Matlab 的图形允许用户定义点、线的类型及其颜色，其命令行格式为

plot(x,y,str)

其中 str 为字符串，具体意义见表 M-1。通过将字符串 str 作为一个参数传递给 plot，可以指定图形的颜色和线型。表 M-1 列出了允许的值和它们代表的意义。这些参数可以组合起来使用，例如，'y+' 表示一个黄色的加号，而 'b——' 表示一个蓝色的虚线。如果将要画的是几组数据，但是没有指定线型，系统将会自动按照表 M-1 赋予它们从黄到黑各种不同的颜色线型。

表 M-1 点、线类型及其颜色

点类型		线类型	
·	点	-	实线
*	星号	— —	虚线
square	正方形	—-	点划线
diamond	菱形	:	点线
pentagram	五角星形	none	无线
hexagram	六角星形	颜色	
none	无点	g	绿色
○	○	m	品红色
+	+	b	蓝色
×	×	c	灰色
<	顶点指向左边的三角	w	白色
>	顶点指向右边的三角	r	红色
∧	正三角	k	黑色
∨	倒三角	y	黄色

e. 坐标轴的设定　在绘制图形时，Matlab 允许手工设定坐标的范围。例如，如果需要在下列语句指定的范围内绘制曲线

v=[x-min x-max y-min y-max]

则应输入命令 axis(v)，式中 v 是一个四元向量。axis(v) 把坐标轴建立在规定的范围内。对于对数坐标图，v 的元素应为最小值和最大值的常用对数。

执行 axis(v) 会把当前的坐标轴保持到后面的图形中，再次键入 axis 恢复自动定标。

axis('square') 把图形设定在正方形范围内，即长宽比=1。axis('normal') 将使长宽比恢复到正常状态。

读者可以参考“plot”帮助，学习更多关于绘图的知识。

M.3　Matlab 控制系统工具箱简介

控制系统工具箱建立在 Matlab 基础上，提供了若干用于控制工程的函数。这些函数大多数为 M 文件函数，可用于控制系统设计、分析、建模等。便利的图形用户界面（GUI）简化了典型的控制工程任务。

控制系统的模型可以是传递函数，零极点增益，或者状态空间形式，人们可以使用经典的或者现代控制技术，操作连续的或者离散系统。控制系统工具箱提供了这些模型之间的相互转换。可以方便地计算时间响应，频率响应和根轨迹，并方便绘制图形。其他一些函数允许进行极点配置，最优控制和状态估计等。最重要的一点，控制系统工具箱是开放的，可扩展的，可以创建用户自己的 M 文件函数以适应某种特定需要。

M.3.1　线性系统的数学模型

Matlab 控制系统工具箱中包括一些有用的命令，它们使线性系统的一种数学模型转换成另外一种数学模型。这些线性系统变换对于求解控制工程模型十分有用。

(1) 从传递函数到状态空间

命令

[A, B, C, D]=tf2ss(num,den)

可以把传递函数形式表示的系统

$$\frac{Y(s)}{U(s)}=\frac{\text{num}}{\text{den}}=\boldsymbol{C}(s\boldsymbol{I}-\boldsymbol{A})^{-1}\boldsymbol{B}+\boldsymbol{D}$$

变换成状态空间形式

$$\dot{\boldsymbol{x}}=\boldsymbol{A}\boldsymbol{x}+\boldsymbol{B}\boldsymbol{u}$$

$$\boldsymbol{y}=\boldsymbol{C}\boldsymbol{x}+\boldsymbol{D}\boldsymbol{u}$$

(2) 从状态空间到传递函数

如果系统是单输入/单输出系统，则命令

[num, den]=ss2tf(A, B, C, D)

将给出传递函数 $Y(s)/U(s)$。

如果系统是多输入/多输出系统，利用以下命令

[num, den]=ss2tf(A,B,C,D,iu)

将计算出状态空间表达式

$$\dot{\boldsymbol{x}}=\boldsymbol{A}\boldsymbol{x}+\boldsymbol{B}\boldsymbol{u}$$

$$\boldsymbol{y}=\boldsymbol{C}\boldsymbol{x}+\boldsymbol{D}\boldsymbol{u}$$

对应的传递函数 $Y(s)/U_i(s)$

$$\frac{Y(s)}{U_i(s)}=[\boldsymbol{C}(s\boldsymbol{I}-\boldsymbol{A})^{-1}\boldsymbol{B}+\boldsymbol{D}]\text{的第 } i \text{ 个元素}$$

下标“i”表示系统的第 i 个输入量。

【例 M-1】 考虑两输入单输出系统的状态空间描述

$$\begin{bmatrix}\dot{x}_1\\ \dot{x}_2\end{bmatrix}=\begin{bmatrix}0 & 1\\ -2 & -3\end{bmatrix}\begin{bmatrix}x_1\\ x_2\end{bmatrix}+\begin{bmatrix}1 & 0\\ 0 & 1\end{bmatrix}\begin{bmatrix}u_1\\ u_2\end{bmatrix}$$

$$y=\begin{bmatrix}1 & 0\end{bmatrix}\begin{bmatrix}x_1\\ x_2\end{bmatrix}+\begin{bmatrix}0 & 0\end{bmatrix}\begin{bmatrix}u_1\\ u_2\end{bmatrix}$$

试求传递函数 $Y(s)/U_1(s)$ 和 $Y(s)/U_2(s)$。

解 Matlab 程序及运行结果如下

```
>>A=[0 1;-2 -3];
>>B=[1 0;0 1];
>>C=[1 0];
>>D=[0 0];
>>[num,den]=ss2tf(A,B,C,D,1)
num=
          0    1.0000    3.0000
den=
     1    3    2
>>[num,den]=ss2tf(A,B,C,D,2)
num=
          0    0.0000    1.0000
den=
     1    3    2
```

由 Matlab 输出，得到

$$\frac{Y(s)}{U_1(s)}=\frac{s+3}{s^2+3s+2},\quad \frac{Y(s)}{U_2(s)}=\frac{1}{s^2+3s+2}$$

(3) 传递函数的部分分式展开

考虑下列传递函数

$$\frac{B(s)}{A(s)}=\frac{\text{num}}{\text{den}}=\frac{b(1)s^n+b(2)s^{n-1}+\cdots+b(n)}{a(1)s^n+a(2)s^{n-1}+\cdots+a(n)}$$

式中，$a(1)\neq 0$，但是 $a(i)$ 和 $b(j)$ 中某些量可能为零。

行向量 num 和 den 表示传递函数的分子和分母的系数，即

$$\text{num}=[b(1)\quad b(2)\quad \cdots\quad b(n)]$$
$$\text{den}=[a(1)\quad a(2)\quad \cdots\quad a(n)]$$

命令

$$[\text{r,p,k}]=\text{residue(num,den)}$$

将求出两个多项式 $B(s)$ 和 $A(s)$ 之比的部分分式展开的留数、极点和直接项。$B(s)/A(s)$ 的部分分式由下式给出

$$\frac{B(s)}{A(s)}=\frac{r(1)}{s-p(1)}+\frac{r(2)}{s-p(2)}+\cdots+=\frac{r(n)}{s-p(n)}+k(s)$$

【例 M-2】 试求以下传递函数的部分分式表达式

$$\frac{B(s)}{A(s)}=\frac{2s^3+5s^2+3s+6}{s^3+6s^2+11s+6}$$

解 此时对应的 num 和 den 分别为

num= [2 5 3 6]

den= [1 6 11 6]

相应的 Matlab 命令

[r,p,k]=residue(num,den)

运行结果如下

```
>>num=[2  5  3  6];
>>den=[1  6  11  6];
>>[r,p,k]=residue(num,den)

r=
    -6.0000
    -4.0000
     3.0000
p=
    -3.0000
    -2.0000
    -1.0000
k=
     2
```

由此可得上述问题的解为

$$\frac{B(s)}{A(s)}=\frac{2s^3+5s^2+3s+6}{(s+1)(s+2)(s+3)}=\frac{3}{s+1}+\frac{-4}{s+2}+\frac{-6}{s+3}+2$$

命令

[num,den]=residue(r,p,k)

将把部分分式展开式转换回多项式 $B(s)/A(s)$ 之比。式中，r，p，k 意义同前。

```
>>[num,den]=residue(r,p,k)
num=
     2.0000     5.0000    3.0000     6.0000
den=
     1.0000     6.0000   11.0000     6.0000
```

(4) 从连续时间系统转换到离散时间系统

命令

[G,H]=c2d(A,B,Ts)

在零阶保持器作用于输入量的假设前提下，可以将状态空间模型从连续时间转换成离散时间。命令中 Ts 为采样周期 (s)。这就是说，可以将

$$\dot{\boldsymbol{x}}=\boldsymbol{Ax}+\boldsymbol{Bu}$$

转换成

$$\boldsymbol{x}(k+1)=\boldsymbol{Gx}(k)+\boldsymbol{Hu}(k)$$

【例 M-3】 求下列连续状态空间模型

$$\begin{bmatrix}\dot{x}_1\\ \dot{x}_2\end{bmatrix}=\begin{bmatrix}0 & 1\\ -25 & -4\end{bmatrix}\begin{bmatrix}x_1\\ x_2\end{bmatrix}+\begin{bmatrix}0\\ 1\end{bmatrix}u$$

在采样周期 $T_s=0.05s$ 时的离散状态空间模型。

解 利用命令 [G,H]=c2d(A,B,Ts)，可以求得一个等效的离散时间模型，相应的 Matlab 程序和运行结果如下

```
>>A=[0 1;-25 -4];
>>B=[0;1];
>>format long
>>[G,H]=c2d(A,B,0.05)

G=
    0.97088325381929    0.04484704238264
  -1.12117605956599   0.79149508428874


H=
    0.00116466984723
    0.04484704238264
```

由此可得等效离散时间状态空间模型为

$$\begin{bmatrix}x_1(k+1)\\ x_2(k+1)\end{bmatrix}=\begin{bmatrix}0.9707 & 0.04485\\ -1.1212 & 0.7915\end{bmatrix}\begin{bmatrix}x_1(k)\\ x_2(k)\end{bmatrix}+\begin{bmatrix}0.001165\\ 0.04485\end{bmatrix}u(k)$$

M.3.2 Matlab 控制系统工具箱函数介绍

Matlab 控制系统工具箱 Version 5.2.1 (R13SP1) 27-Dec-2002 包含以下常用函数

线性定常(LTI)模型(linear time invariant model)	
函 数 名	说 明
drss	产生随机离散状态空间模型
dss	创建描述子状态空间模型
filt	创建具有 DSP 约定的离散滤波器
frd	创建频率响应数据(FRD)模型
frdata	从 FRD 模型中获取数据
get	查询 LTI 模型特性
rss	产生随机连续状态空间模型
set	设置 LTI 模型特性
ss	创建状态空间模型
ssdata,dssdata	从状态空间模型中获取数据
tf	创建传递函数模型
tfdata	从传递函数模型中获取数据
totaldelay	提供 LTI 模型的总时滞
zpk	创建零极点增益模型
zpkdata	从零极点增益模型中获取数据

续表

模型特性(Model Characteristics)	
函数名	说明
class	显示模型类型('tf','zpk','ss',或'frd')
hasdelay	测试 LTI 模型是否具有时滞
isa	测试 LTI 模型是否为特殊类型
isct	测试连续模型是否为真
isdt	测试离散模型是否为真
isempty	测试连续模型是否为空
isproper	测试真有理 LTI 模型是否为真
issiso	测试 SISO 模型是否为真
ndims	显示模型/数组维数
size	显示输出/输入/数组维数

模型阶次化简(Model Order Reduction)	
函数名	说明
balreal	计算 I/O 平衡化实现
minreal	计算零极点对消后的最小实现
modred	删去 I/O 平衡化实现中的状态
sminreal	计算结构化模型化简

状态空间实现(State-Space Realizations)	
函数名	说明
canon	状态空间的规范形实现
ctrb	求可控性矩阵
ctrbf	求可控标准形
gram	可控性和可观性克来姆矩阵
obsv	求可观性矩阵
obsvf	求可观标准形
ss2ss	状态坐标相似变换
ssbal	状态空间实现的对角平衡

模型动态特性(Model Dynamics)	
函数名	说明
damp	计算自然频率和阻尼
dcgain	计算低频(DC)增益
covar	计算白噪声响应的协方差
dsort	按大小给离散极点排序
esort	按实部大小给连续极点排序
norm	计算 LTI 模型的范数(H_2 和 L_∞)
pole,eig	计算 LTI 模型的极点
pzmap	绘制 LTI 模型的零/极点图
rlocus	计算和绘制根轨迹

续表

模型动态特性(Model Dynamics)	
函　数　名	说　　明
roots	计算多项式的根
sgrid,zgrid	给S平面和Z平面的根轨迹或零极点图加网格线
zero	计算LTI模型的零点
模型互联(Model Interconnections)	
函　数　名	说　　明
append	追加模型于块对角形式
augstate	追加状态的扩展输出
connect	根据所选择的模式连接一个块对角子系统
feedback	计算反馈连续模型
lft	形成LFT内部互联(star product)
ord2	产生二阶模型
parallel	创建广义并联模型
series	创建广义串连模型
stack	将LTI模型放入模型数组
时间响应(Time Response)	
函　数　名	说　　明
gensig	产生输入信号
impulse	计算和绘制脉冲响应
initial	计算和绘制初值响应
lsim	仿真任意输入时LTI模型响应
ltiview	打开LTI Viewer用于线性响应分析
step	计算阶跃响应
时间滞后(Time Delays)	
函　数　名	说　　明
delay2z	转换离散时间模型或FRD模型中的时滞
pade	计算滞后的派德近似
totaldelay	提供LTI模型的总时滞
频率响应(Frequency Response)	
函　数　名	说　　明
allmargin	计算所有穿越频率和相应的增益,相位和滞后裕量
bode	计算和绘制波德响应
bodemag	计算和绘制波德幅值图
evalfr	评估单一复频率点的响应
freqresp	评估所选复频率点的响应
interp	频率点FRD模型的插值
linspace	创建相等间隔频率的向量
logspace	创建对数间隔频率的向量

续表

频率响应(Frequency Response)	
函　数　名	说　明
ltiview	打开 LTI Viewer 用于线性响应分析
margin	计算增益和相位裕量
ngrid	给尼柯尔斯图加网格线
nichols	计算尼科尔斯图
nyquist	计算奈奎斯特图
sigma	计算奇异值图
SISO 系统设计(SISO Feedback Design)	
函　数　名	说　明
allmargin	计算所有穿越频率和相应的增益,相位和滞后裕量
margin	计算增益和相位裕量
rlocus	计算和绘制根轨迹图
sisotool	打开 SISO 设计工具
极点配置 (Pole Placement)	
函　数　名	说　明
acker	计算 SISO 系统的极点配置设计
place	计算 MIMO 系统的极点配置设计
estim	形成给定增益的状态估计器
reg	形成给定状态反馈和估计器增益的输出反馈补偿器
LQG 设计(LQG Design)	
函　数　名	说　明
lqr	计算连续模型的 LQ 最优增益
dlqr	计算离散模型的 LQ 最优增益
lqry	计算输出加权的 LQ 最优增益
lqrd	计算连续模型的 LQ 离散最优增益
kalman	计算卡尔曼估计器
kalmd	计算连续模型的离散卡尔曼估计器
lqgreg	形成给定 LQ 增益和卡尔曼滤波器的 LQG 调节器
方程求解(Equation Solvers)	
函　数　名	说　明
care	求解连续时间的代数黎卡迪方程
dare	求解离散时间的代数黎卡迪方程
lyap	求解连续时间的李雅普诺夫方程
dlyap	求解离散时间的李雅普诺夫方程
控制系统分析和设计的图形用户界面(GUI)	
函　数　名	说　明
ltiview	打开 LTI Viewer 用于线性响应分析
sisotool	打开 SISO 设计的 GUI

M.3.3 使用 Matlab 符号运算工具箱进行拉氏变换

Matlab 的符号运算工具箱提供了许多符号运算的功能，例如求解函数的微分、积分，求解代数方程的解析解等。本节主要介绍利用符号运算功能进行拉氏变换和逆变换。

在利用符号运算工具箱求解问题时，必须首先用 syms 命令来声明符号变量。如果没有声明，Matlab 将把该变量当成一般数值变量，从而得不到正确结果。下面的例子给出了声明符号变量的形式

```
Syms a b t d e y
```

此时变量 a，b，t，d，e，y 被定义为符号变量。注意在 syms 命令中，各个变量之间是不加逗号的。

符号运算工具箱中提供了两个函数，laplace( ) 和 ilaplace( )，利用这两个函数可以分别求解 Laplace 变换及其逆变换。

【例 M-4】 求解函数 $e^{-bt}\cos(at+c)$ 的拉氏变换。

解 相应的 Matlab 运行结果如下

```
>>syms s t a b c
>>laplace(exp(-b*t)*cos(a*t+c))
ans=
    ((s+b)*cos(c)-a*sin(c))/((s+b)^2+a^2)
```

即输出为

$$\frac{(s+b)\cos c-a\sin c}{(s+b)^2+a^2}$$

【例 M-5】 求函数 $\dfrac{s+d}{(s+a)\ (s+b)\ (s+c)}$ 的拉氏反变换。

解 Matlab 解为

```
>>syms s a b c d
>>ilaplace((s+d)/((s+a)*(s+b)*(s+c)))
ans=
    1/(a-b)/(a-c)*exp(-a*t)*d-1/(a-b)/(a-c)*exp(-a*t)*a-1/
(b-c)/(a-b)*exp(-b*t)*d
    +1/(b-c)/(a-b)*exp(-b*t)*b-1/(b-c)/(a-c)*exp(-c*t)*c+1/
(b-c)/(a-c)*exp(-c*t)*d
```

转换成一般形式为

$$\frac{e^{-at}d}{(a-b)(a-c)}-\frac{e^{-at}a}{(a-b)(a-c)}-\frac{e^{-bt}d}{(b-c)(a-b)}+\frac{e^{-bt}b}{(b-c)(a-b)}-\frac{e^{-ct}c}{(b-c)(a-c)}+\frac{e^{-ct}d}{(b-c)(a-c)}$$

【例 M-6】 求函数 $\dfrac{s^3+7s^2+24s+24}{s^4+10s^3+35s^2+50s+24}$ 的拉氏反变换。

解 Matlab 解为

```
>> ilaplace((s^3+7*s^2+24*s+24)/(s^4+10*s^3+35*s^2+50*s+24))
ans =
    4*exp(-4*t)-6*exp(-3*t)+2*exp(-2*t)+exp(-t)
```

转换成一般形式为

$$4e^{-4t}-6e^{-3t}+2e^{-2t}+e^{-t}$$

Matlab 符号运算工具箱 ver 2.1.2 功能有了较大改进，原先有的不能直接计算的结果，现在也可以得出结果了。下面两个例子在以前的低版本符号运算工具箱中，不能得到解析解，但使用 Matlab 6 时，可以得到解析解。

【例 M-7】 求解函数$\dfrac{1}{s^4+a^4}$的拉氏反变换。

解

```
>> L=ilaplace(a/(s^4+a^4))
L=
1/2*a*2^(1/2)/(a^4)^(3/4)*(sin(1/2*2^(1/2)*(a^4)^(1/4)*t)*cosh(1/2*
2^(1/2)*(a^4)^(1/4)*t)-cos(1/2*2^(1/2)*(a^4)^(1/4)*t)*sinh(1/2*2^(1/2)*
(a^4)^(1/4)*t))
```

转换成一般形式为

$$\frac{1}{2}\,\frac{a\sqrt{2}\left[\sin\left(\frac{1}{2}\sqrt{2}\sqrt[4]{a^4}\,t\right)\cosh\left(\frac{1}{2}\sqrt{2}\sqrt[4]{a^4}\,t\right)-\cos\left(\frac{1}{2}\sqrt{2}\sqrt[4]{a^4}\,t\right)\sinh\left(\frac{1}{2}\sqrt{2}\sqrt[4]{a^4}\,t\right)\right]}{(a^4)^{3/4}}$$

【例 M-8】 求解函数$\dfrac{1}{s^8+a^8}$的拉氏反变换。

解

```
>> L=ilaplace(a/(s^8+a^8))
L =
    1/8*a/(a^8)^(7/8)*Sum(exp(1/8*i*pi*(2*k-1))*exp(-(a^8)^(1/8)*
exp(1/8*i*pi*(2*k-1))*t),k = 1 .. 8)
```

转换成一般形式为

$$\frac{1}{8}a\sum_{k=1}^{8}e^{\frac{1}{8}\sqrt{-1}\pi(2k-1)}\,e^{-\sqrt[8]{a^8}\,e^{\frac{1}{8}\sqrt{-1}\pi(2k-1)t}}\,(a^8)^{-\frac{7}{8}}$$

【例 M-9】 求解函数$\dfrac{1}{s^5+2s^4+3s^3+4s^2+5s+6}$的拉氏反变换。

解 Matlab 解为

```
>> ilaplace(1/(s^5+2*s^4+3*s^3+4*s^2+5*s+6))
ans=
sum(1/42*_alpha*(-1+_alpha)*exp(_alpha*t),_alpha = RootOf(_Z^5+
2*_Z^4+3*_Z^3+4*_Z^2+5*_Z+6))
```

由此看出，得不到解析解，因为 5 次以上的代数方程一般没有解析解。此时，可利用求根函数，求出系统的极点。

```
>> roots([1,2,3,4,5,6])
ans=
    0.5517+1.2533j
    0.5517-1.2533j
    -1.4918
```

−0.8058＋1.2229j
−0.8058−1.2229j

其近似拉氏反变换可以写成

$$\frac{1}{42}\left[\frac{0.5517+1.2533j}{-0.4483+1.2533j}e^{(0.5517+1.2533j)t}+0.5987e^{-1.4918t}+\frac{-0.8058+1.2229j}{-1.8058+1.2229j}\right.$$
$$\left.e^{(-0.8058+1.2229j)t}+\frac{0.5517-1.2533j}{-0.4483-1.2533j}e^{(0.5517-1.2533j)t}+\frac{-0.8058-1.2229j}{-1.8058-1.2229j}e^{(-0.8058-1.2229j)t}\right]$$

使用 pfrac 函数，可以得出系统的部分分式表达式，从而得到更为简洁的结果。

```
[P,R,K]=pfrac(1,[1,2,3,4,5,6])
P=
   0.0885+0.0000j
   -0.1521
   3.1289
   -0.0868
   1.4997
R=
   -1.4918
   -0.8058+1.2229j
   -0.8058-1.2229j
   0.5517+1.2533j
   0.5517-1.2533j

K =
     []
```

其结果的数学表达式为

$$0.0885e^{-1.4918t}-0.1521e^{-0.8058t}\sin(1.2229t+3.1289)-0.0868e^{1.4997t}\sin(1.2533t+1.4997)$$

函数 pfrac 源程序如下。

```
function [R,P,K]=pfrac(G1,G2)
G=tf(G1,G2);
[R,P,K]=residue(G.num{1},G.den{1});
for i=1:length(R)
    if imag(P(i))>eps
        a=real(R(i)); b=imag(R(i));
        R(i)=-2*sqrt(a^2+b^2);
        R(i+1)=atan2(-a,b);
    end
end
```

参 考 文 献

[1] 王永骥，王金城，王敏. 自动控制原理. 第2版. 北京：化学工业出版社，2007.
[2] 胡寿松. 自动控制原理. 第6版. 北京：科学出版社，2013.
[3] 李友善. 自动控制原理. 第3版. 北京：国防工业出版社，2005.
[4] 吴麒. 自动控制原理（下册）. 第2版. 北京：清华大学出版社，2006.
[5] 蔡尚峰. 自动控制理论. 北京：机械工业出版社，1980.
[6] （日）绪方胜彦. 现代控制工程. 卢伯英等译. 第3版. 北京：科学出版社，1999.
[7] Richard C. Dorf and Robert M. Bishop. Modern Control Systems. Seventh Edition. Addison-Wesley，Reading，Massachusetts，1995.
[8] Benjamin C. Kuo. Automatic Control Systems. Seventh Edition. Prentice Hall，Englewood Cliffs，New Jersey，1995.
[9] Norman S. Nise. Control Systems Engineering. Second Edition. Benjamin-Cummings，Redwood City，California，1995.
[10] 楼顺天，于卫. 基于Matlab的系统分析与设计——控制系统. 西安：西安电子科技大学出版社，2000.
[11] 张培强. Matlab语言——演算纸式的科学工程计算语言. 合肥：中国科学技术大学出版社，1995.